光學元件
精密製造與檢測

Precision Manufacturing & Inspection of Optical Components

國家實驗研究院
儀器科技研究中心

序

　　光學製造與檢測技術依循著科技發展與產業需求與日俱進。十六世紀初期，光學製造採工藝方式製作各式透鏡，並組合成光學望遠鏡與顯微鏡，爲近代科學奠定基礎；近代光學製造與檢測直至十九世紀末始快速發展，1846 年 Carl Friedrich Zeiss 建立 Carl Zeiss 公司並與 Ernst Abbe 聯手奠定近代光學設計加工物理基礎；1884 年 Otto Schott 設立光學玻璃實驗室開發玻璃材料，光學設計製造更進入系統化時代。二十世紀得力於雷射，開始運用雷射干涉技術量測光學元件表面與形狀精度。近年隨著微機電技術發展，光學製作技術引進微影蝕刻等半導體製程，用於微型化與繞射光學元件光學製造，更引領製造技術進入另外一個紀元。

　　早期光學元件以光學玻璃材料經成形、研磨、拋光方式進行加工，用以滿足天文、顯微觀測與攝影需求；然隨著消費電子產業發展，無論投影機、掃描器、數位相機與相機手機等產品，爲滿足其功能、價格與大量生產需求，使得光學元件形狀、光學材料及相對檢測技術複雜化。台灣光學製造源於機械加工與模造技術，歷經二十餘年發展，配合產業發展進入高度成長期，已成爲國際重要光學鏡頭生產基地，但台灣過去在光學製造與檢測投資有限，在後續人力供給與參考資料仍有努力提升的空間。

　　國家實驗研究院儀器科技研究中心兼具研發、服務與育才之任務，且爲台灣光學與眞空技術發源地，長久投入發展光學元件製造、鍍膜技術發展、系統整合與檢測技術；值此台灣光電產業快速發展時期，邀集國內光學製造與檢測領域專家學者五十餘位，結合儀科中心累積技術與專家學者經驗與智慧，費時一年半時間，編輯出版「光學元件精密製造與檢測」一書內容豐富完整，定能爲台灣光電產業人才培訓與產業發展盡一份力量。

財團法人國家實驗研究院
董事長　　　　　　　　　　謹誌

中華民國九十六年五月

序

近年來光電產業蓬勃發展，隨著電子與光電時代的來臨，光學元件的應用範圍從早期的傳統相機、望遠鏡、顯微鏡、掃描器以及傳真機等，已擴展到人們日常生活中，無論是光儲存媒體所需的光碟機，還是消費性電子的數位相機、攝影機、投影機，或者背投影電視、影像電話、PDA、3G 手機等，這些技術的發展帶給人們生活相當大的轉變，而構成這些產品中的光學元件更是光電產品的關鍵所在。

我國光學產業始於五〇年代日本、美國傳統光學大廠在台灣設立分公司，以鏡片及鏡頭之組立代工為主，而光學元件之設計以及製造技術卻相當缺乏。根據光電科技工業協進會之預估，2005 年全球精密光學元件市值約為 90.79 億美元，約合新台幣 3000 億元，而台灣的精密光學元件產值由 2002 年的新台幣 92 億元，成長至 2006 年新台幣 162 億，全球佔有率 4.55%，意謂著台灣精密光學元件的未來市場成長空間仍相當廣大。

國家實驗研究院儀器科技研究中心長期投入光學設計及元件製造技術發展，並累積豐富的經驗及技術能量。該中心向來以「研發、服務、育才」為使命，並以「支援學術研究、支援高科技產業」為任務。本人喜見該中心籌劃出版「光學元件精密製造與檢測」一書，希望藉此書能培養國內光學元件設計及製造人才，建立我國光學元件自主設計開發能量，進而拓展我國光電產業發展的競爭力。

財團法人國家實驗研究院
院長

莊哲男　謹誌

中華民國九十六年五月

序

近年來台灣光電產業產值成長十分快速，並且已成爲全世界光學鏡頭的生產基地，產業群聚效果十分顯著。在光學相關產品輕薄短小的趨勢要求下，未來幾年非球面玻璃鏡片的市場需求將不斷激增。模造非球面玻璃鏡片技術可協助國內玻璃成形或模造業者在技術、品質上的改良，更可大幅提升量產能力，帶動整體光學元件產值，使國內光學或光電產品更具國際競爭力。國內業者近年來在產品精度及良率已有顯著的進步，未來仍需加強產學研合作交流，尋求技術突破，才有機會降低成本，進而拓展我國光電產業發展空間與提升國際競爭力。

儀科中心多年來致力於光學元件製作技術開發與系統研製，培養了眾多的光學及光電科技人才。有鑑於光電系統的技術跨越多項領域，因此本中心費時一年半，編輯出版「光學元件精密製造與檢測」一書，目的就是爲深植我國光電產業，以建立關鍵性元件自主能力及系統開發能量，並帶動相關學術研究的發展，以期能開拓國內光學產業新的商業契機。

本書邀集了光學、光電、材料及機械領域五十餘位專家學者共同執筆，深入淺出介紹光學元件相關專業知識與應用，以及未來的遠景發展。全書共有十七章、六百餘頁，從光學系統及基礎光學設計開始，介紹光學材料特性以及相關國際光學元件製圖標準，並詳述各類加工製造技術與檢測方法，進而以實例廣泛介紹光學元件的應用，最後則深入探討光學元件的遠景及未來發展。在此謹對所有參與策劃、撰稿與審稿的學者專家特致謝忱，感謝所有委員與作者的無私奉獻，本書方能順利付梓，也希望本書的出版能夠爲提升培育科技人才與國家競爭力有所助益。科技發展迅速，本書內容若有未盡完善或疏漏之處，冀望讀者先進不吝指正。

國家實驗研究院儀器科技研究中心

主任

陳建人 謹誌

中華民國九十六年五月一日

諮詢委員

COUNSEL COMMITTEE

李世光 國立臺灣大學應用力學研究所教授
谷家恆 中國科技大學校長
陳朝光 國立成功大學機械工程學系教授
陸懋宏 國立交通大學光電研究所教授
劉容生 國立清華大學光電研究所所長
蔡新源 工業技術研究院南分院執行長
鄧霖銘 聯偉光電股份有限公司總經理
羅仁權 國立中正大學校長

(按姓名筆劃序)

編審委員

作者

AUTHORS

丁均怡 國立清華大學化學碩士＼臺灣明尼蘇達礦業製造股份有限公司資深產品發展工程師
左培倫 美國密蘇里大學羅拉分校機械工程博士＼國立清華大學動力機械工程學系教授
任貽均 國立中央大學光電科學博士＼國立臺北科技大學光電工程系教授
曲昌盛 中華大學電機工程碩士＼工業技術研究院電子與光電工業研究所副工程師
朱正煒 國立中央大學光電科學博士＼工業技術研究院電子與光電工業研究所專案經理
江政忠 國立中央大學光電科學博士＼明新科技大學光電系統工程系助理教授
何承舫 國立成功大學物理研究所博士班肄業＼國家實驗研究院儀器科技研究中心助理研究員
余宗儒 國立海洋大學機械工程碩士＼國家實驗研究院儀器科技研究中心助理研究員
吳文弘 國立臺灣科技大學機械工程博士＼國家實驗研究院儀器科技研究中心副研究員
呂英宗 國立交通人學光電工程博士＼迎輝科技股份有限公司總經理
李正中 美國亞利桑那大學光學博士＼國立中央大學光電科學與工程學系教授
李建興 國立成功大學機械工程碩士＼國家實驗研究院儀器科技研究中心助理研究員
李昭德 國立臺灣大學材料科學與工程博士＼國家實驗研究院儀器科技研究中心副研究員
沈永康 國立臺灣大學造船及海洋工程博士＼龍華科技大學機械工程系副教授
林宇仁 國立中央大學光電科學碩士＼康博科技股份有限公司研發部副理
林俊全 國立彰化師範大學光電碩士＼工業技術研究院電子與光電工業研究所經理
林郁洧 國立清華大學工程與系統科學碩士＼國家實驗研究院儀器科技研究中心助理研究員
林暉雄 國立交通大學光電工程研究所博士班＼工業技術研究院機械與系統研究所經理
施至柔 國立交通大學光電工程博士＼國家實驗研究院儀器科技研究中心副研究員
施銘洲 國立清華大學工程與系統科學碩士＼工業技術研究院電子與光電工業研究所工程師
柯志忠 國立清華大學材料科學與工程碩士＼國家實驗研究院儀器科技研究中心助理研究員
孫文信 國立中央大學光電科學博士＼國立中央大學光電科學與工程學系助理教授
徐進成 國立中央大學光電科學博士＼輔仁大學物理學系助理教授
馬廣仁 英國伯明罕大學冶金及材料博士＼中華大學機械工程系副教授
張奇偉 國立交通大學光電工程博士＼工業技術研究院電子與光電工業研究所專案經理
張勝聰 美國天主教大學物理碩士＼國家實驗研究院儀器科技研究中心副研究員
張銓仲 國立中央大學光電科學碩士＼工業技術研究院電子與光電工業研究所工程師
郭慶祥 大葉大學機械工程碩士＼國家實驗研究院儀器科技研究中心助理研究員

陳宏彬 元智大學電機工程碩士 \ 國家實驗研究院儀器科技研究中心助理研究員

陳志隆 美國新墨西哥大學光電科學博士 \ 國立交通大學光電工程學系教授

曾釋鋒 國立彰化師範大學機電工程碩士 \ 國家實驗研究院儀器科技研究中心助理研究員

黃承揚 國立中央大學光電科學碩士 \ 工業技術研究院電子與光電工業研究所工程師

黃建堯 國立中央大學機械工程碩士 \ 國家實驗研究院儀器科技研究中心助理研究員

黃國政 國立臺灣大學機械工程博士 \ 國家實驗研究院儀器科技研究中心副組長員

黃嘉宏 美國伊利諾大學材料博士 \ 國立清華大學工程與系統科學系教授

楊申語 美國明尼蘇達大學機械工程博士 \ 國立臺灣大學機械工程學研究所教授

詹德均 國立中央大學光電科學博士 \ 核能研究所電漿技術推展中心助理研究員

趙　煦 美國德州大學奧斯汀分校博士 \ 國立清華大學光電工程研究所教授

趙主立 中華大學機械與航太工程碩士 \ 工業技術研究院電子與光電工業研究所工程師

趙偉忠 國立交通大學光電工程博士 \ 亞岠光學股份有限公司總經理

趙崇禮 英國克蘭斐德理工學院機械工程博士 \ 淡江大學機械與機電工程學系教授

劉旻忠 國立中央大學光電科學博士 \ 國立中央大學光電科學與工程學系博士後研究員

劉信炘 美國紐約州立大學石溪分校電機工程博士 \ 新儀光電科技股份有限公司前總經理

劉裕永 國立中央大學光電科學博士 \ 建國科技大學電子系教授

劉達人 國立臺灣大學物理博士 \ 國家實驗研究院儀器科技研究中心副研究員

歐陽盟 國立中央大學光電科學博士 \ 國立中央大學光電科學與工程學系助理教授

潘漢昌 國立臺灣科技大學機械工程博士 \ 國家實驗研究院儀器科技研究中心副研究員

蔡朝旭 國立臺灣大學應用力學博士 \ 工業技術研究院電子與光電工業研究所專案經理

蔡榮源 國立清華大學材料科學工程博士 \ 工業技術研究院電子與光電工業研究所組長

黎育騰 英國 Salford 大學應用光學碩士 \ 工業技術研究院電子與光電工業研究所專案副理

蕭健男 國立臺灣大學材料科學與工程博士 \ 國家實驗研究院儀器科技研究中心副組長

蕭銘華 國立中興大學材料工程博士 \ 國家實驗研究院儀器科技研究中心副研究員

薛新國 英國 Reading 大學光學博士 \ 美國 Creo-Kodak 公司資深光電工程師

蘇健穎 國立中正大學物理碩士 \ 國家實驗研究院儀器科技研究中心助理研究員

(按姓名筆劃序)

目錄

CONTENTS

第一章　光學系統簡介

1.1 前言

　　依據光的科學二元性假說，光可以是粒子性也可以是波動性。在光學系統設計中，由於涉及的物理量遠大於光波波長，所以我們選擇波動性。系統設計上，主要是採用幾何光學。幾何光學把光看作是幾何線，只有在成像面附近，由於繞射效應的影響與光波波長的物理量相近，需採用波動光學來分析其特性，這些特性包括點擴散函數 (point spread function)、線擴散函數 (linc sprcad function)、邊對應函數 (edge response function) 與光學傳遞函數 (optical transfer function, OTF)[1] 等；在討論光學元件表面平整度時，因元件要求到波長範圍的精度，亦需採用波面理論說明。幾何光學可以處理大部分的光學設計，只有在像質評價上需再以繞射理論來處理成像面的品質。

　　所謂光學系統泛指與光學有關之系統，最簡單的光學系統是放大鏡，它可以是一個單一鏡片，而兩個鏡片組 (component) 就可構成簡單的望遠鏡或顯微鏡系統。早期光學系統幾乎全是光學鏡片和機械的組合，自雷射與各種光電元件陸續被發明後，光學系統已擴展至光學、機械、電子、化學及材料的整合科技。光學系統的設計也更加複雜與重要，除了要對每個光電元件了解清楚外，對系統規格的制定必須更加仔細，以免最終設計的結果不如預期。

　　光學系統設計的目的在於把物體依照需求的放大率成像，或是將能量輸送至預定位置。設計光學結構的光學稱為高斯光學 (Gaussian optics) 或初階光學，傳統上光學設計分為以下幾大部分：

(1) 系統設計 (或稱高斯光學)
(2) 薄透鏡初階光線追跡
(3) 光學材料的選擇
(4) 光學鏡片加厚與實際光線追跡
(5) 優化 (optimization)
(6) 像質評價 (image assessment)
(7) 光學像質容差分析 (tolerance analysis)

　　如果第一步驟的高斯光學設計不好，則優化過程有可能無法達到滿意的效果，需重新安排高斯光學計算的鏡組架構。本章將介紹如何利用高斯光學來安排系統，並以實際例子說明。

1.2 高斯光學

　　高斯光學是光學設計的第一個步驟，看似簡單，但高斯光學的解有無限多，好的系統安排能夠得到較好成像品質與加速光學設計的完成。在介紹高斯光學前，我們先說明符號的定義：

(1) 鏡片的曲率半徑圓心如果在像方，則為正，反之則為負。

(2) 距離的標定是由鏡片至像方為正，反之為負。

(3) 角度的定義是由光線至光軸方向，如為順時鐘定義為正，反之為負。

　　高斯光學是以近軸光學 (paraxial optics) 為基礎來執行系統的分析。在光學設計中成像點必須盡量降低包含近軸和離軸光線的像差，而以近軸光學來分析系統較為簡單，這是因為在光線追跡中我們以 Snell 定律來追跡光線，即：

$$n\sin\theta = n'\sin\theta' \tag{1.1}$$

其中，n 與 n' 為物與像空間的折射率，θ 與 θ' 為入射和折射角，由於近軸光線追跡採用 $\sin\theta \sim \theta$、$\sin\theta' \sim \theta'$ 的近似運算，因此 Snell 定律簡化為 $n\theta \sim n'\theta'$。我們把相關的參數以圖 1.1 來表示，任何光學系統均可以此圖來表示；也就是說不論其由幾個鏡組組成，在近軸光區中都可以一個總合鏡組來說明。從圖中，我們可以近軸光線追跡公式和光學不變量 (optical invariance, H) 推導出所有需求的系統公式。

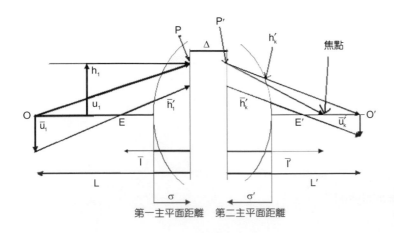

圖 1.1
光學系統相關參數說明圖。

在介紹公式前先說明符號，u、u' 與 $\bar{u}$、$\bar{u}'$ 分別代表近軸邊緣光線與主光線的入射與出射角，k 為光功率，是焦距的倒數；h 與 $\bar{h}$ 分別為邊緣光線與主光線截於鏡組主平面的光線高度，δ 與 δ' 代表由鏡面回到主平面的距離，Δ 為兩主平面之間距；符號中有上標點者代表像空間，無則代表物空間之值，有上橫線者代表主光線相關參數，無則代表一般光線相關參數。有了以上的定義，我們可以開始介紹近軸光線公式如下：

光線折射方程式 $\quad n'u' - nu = hk$ ，$n'\bar{u}' - n\bar{u} = \bar{h}k$ $\hspace{2cm}$ (1.2)

可得 $\qquad\qquad n'(\bar{u}'u - u'\bar{u}) = (\bar{h}u - h\bar{u})k$ $\hspace{2.5cm}$ (1.3)

因光學不變量： $\quad H = n(\bar{h}u - h\bar{u}) = n'(\bar{h}'u' - h'\bar{u}') = nu\eta = n'u'\eta'$ $\hspace{1cm}$ (1.4)

所以 $\qquad\qquad k = \dfrac{nn'(u\bar{u}' - \bar{u}u')}{H}$ $\hspace{4cm}$ (1.5)

光學不變量 H 是一個非常重要的光學參數，其值在初階光學系統中的任何一個位置都維持不變。H 值的計算與光學系統的規格有關，光學系統共分為四大類型，如表 1.1 所列。光學不變量的大小決定了光學系統設計的困難度。同一類型的光學系統，H 值越大代表設計困難度越高。例如，顯微物鏡的 H 值可由其數值口徑 $(NA = n\sin\theta)$ 和其可視物體大小來計算，即 $H = nu\eta$，η 為物高。其中 $nu = n\sin\theta$，所以對相同 NA 值的物鏡而言，視場越大，H 值越大，設計困難度也越高。

表 1.1 四種類型的光學系統及其相關參數和公式。

物距	像距	案例	參數	公式
無限遠	有限距離	成像物鏡	$\bar{u}_1$、ϕ_E、η'、$F/\#$、NA'	$\phi_E \times \bar{u}_1 = \eta'/(F/\#)$
有限距離	有限距離	中繼透鏡	η、η'、NA、M、$F/\#$、NA'	$n_1 u_1 \eta = \eta'/(2(F/\#))$
有限距離	無限遠	準直儀	η、NA、ϕ'_E、$\bar{u}'$	$n_1 u_1 \eta = \phi'_E \times \bar{u}'$
無限遠	無限遠	望遠鏡	$\bar{u}$、$\bar{u}'$、ϕ_E、ϕ'_E、M	$\phi_E \times \bar{u}' = \phi'_E \times \bar{u}'$

註：η' 為像高，M 為放大倍率，ϕ_E 與 ϕ'_E 為入瞳與出瞳直徑。

1.2.1 光學系統中的主平面值

任何鏡片和鏡組均有其獨立的主平面，我們定義 δ 與 δ' 為主平面至物面和像面的距離，主平面的值不僅可用來計算系統的視場角、焦距入瞳和出瞳距離，亦可計算鏡組傾斜和離軸所造成的像位移。其值可參考圖 1.1 推導而獲得，即

$$n'u' - nu = hk$$

將主平面上的邊緣光線高度 $h = h_1 - u\delta$ 代入公式 (1.2) 中可得：

$$n'u' - nu = h_1 k - uk\delta \tag{1.6}$$

同理：

$$n'\overline{u}' - n\overline{u} = \overline{h}_1 k - \overline{u}k\delta \tag{1.7}$$

將公式 (1.6) 與公式 (1.7) 相減得：

$$\delta = \left(\frac{h_1 - \overline{h}_1}{u - \overline{u}}\right) - \frac{(n'u' - nu) - (n'\overline{u}' - n\overline{u})}{(u - \overline{u})k} \tag{1.8}$$

同理可得：

$$\delta' = \left(\frac{h_k' - \overline{h}_k'}{u - \overline{u}'}\right) - \frac{(n'u' - nu) - (n'\overline{u}' - n\overline{u})}{(u_k' - \overline{u}')k} \tag{1.9}$$

所以在一個系統中，只要用近軸光線追跡經過全系統就可求出系統的焦距及主平面位置。入瞳、出瞳距離大小也可由公式 (1.10) 獲知，即：

$$
\begin{aligned}
&\text{入瞳位置：} \overline{l}_E = \overline{h}_1 / \overline{u}_1 \\
&\text{出瞳位置：} \overline{l}_{E'} = \overline{h}_k / \overline{u}_k \\
&\text{入瞳直徑：} \phi_E = -2H / \overline{u}_1 \\
&\text{出瞳直徑：} \phi_{E'} = -2H / \overline{u}_k
\end{aligned} \tag{1.10}
$$

以上的關係式在光學系統求解後獲得，而求解系統架構有：(1) 優化法、(2) $Y\overline{Y}$ 圖解法及 (3) 霍普金斯解析法。基本上，第二和第三種方法均屬解析法，只是方法不同。第一種優化法由於解太多經常會求解出一些不實際的答案，因此起始值的設定非常重要。本節主要介紹霍普金斯的解析法，並以例子說明之。

　　兩鏡組可以解決所有的系統問題，但是其解也有可能並不實際，三鏡組和四鏡組的系統解在霍普金斯的文章亦有提及[2]，在此我們只介紹兩鏡組系統。

圖 1.2 爲兩鏡組的高斯架構，圖中描述了邊緣和主光線的路徑，依近軸公式可得：

$$u_1' = u_2 = \frac{h_1 - h_2}{d_{12}} \tag{1.11}$$

將公式 (1.3) 代入公式 (1.11) 可得：

$$k_1 = \frac{1 - h_2/h_1}{d_{12}} - \frac{n_1}{l_1}$$
$$k_2 = \frac{n_2'}{l_2'} - \frac{h_1/h_2 - 1}{d_{12}} \tag{1.12}$$

公式 (1.11) 亦可以主光線相關參數表示如下：

$$k_1 = \frac{1 - \overline{h}_2/\overline{h}_1}{d_{12}} - \frac{n_1}{l_1}$$
$$k_2 = \frac{n_2'}{l_2'} - \frac{\overline{h}_1/\overline{h}_2 - 1}{d_{12}} \tag{1.13}$$

利用公式 (1.12) 和公式 (1.13) 所計算出的光功率值最後的結果是相同的，端視所獲得的參數而定。將公式 (1.12) 和公式 (1.13) 相減可得兩鏡組間距如下：

$$d_{12} = \frac{h_1 \overline{h}_2 - h_1 h_2}{H} \tag{1.14}$$

由公式 (1.12)、公式 (1.13) 與公式 (1.14) 可求解出任何的光學系統，但其值 k_1、k_2 與 d_{12} 也許並不實際，在此情形下，需採用三鏡組，甚或四鏡組型式以求解得合理的高斯架構。以下我們以一個實際例子說明二鏡組系統。

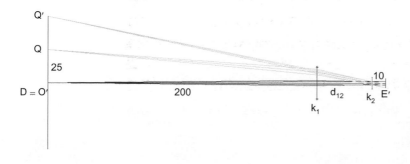

圖 1.2
兩鏡組的高斯架構圖。

1.2.2 範例介紹

　　例題：設計一個 2 倍的目鏡其需求如下：

(1) 物和像位於相同位置。

(2) 放大倍率為 +2 倍。

(3) 像位於明視距離處，即眼點前 250 mm 處。

(4) 接目距離為 10 mm。

(5) 系統要輕且小。

(6) 被測物直徑為 50 mm (像高為 100 mm)。

(7) 出瞳直徑為 4 mm。

　　解答：參考圖 1.2 所示，圖中的間距 d_{12} 為

$$d_{12} = 250 - 10 - 200 = 40$$

$$h'_E = 2 \;\; ; \;\; u'_2 = -\frac{2}{250} = -0.008$$

$$\because M = 2 \text{，} u_1 = Mu'_2 = 2 \times (-0.008) = -0.016$$

$$h_2 = h'_E + 10 \times u'_2 = 1.92$$

$$M = n'u'_2\delta' = -0.016 \times (-25) = 0.4$$

$$\because h_1 = h_2 + d_{12}u'_1 = 1.92 + 40 \times u'_1$$

$$\text{又 } h_1 = u_1 l_1 = -0.016 \times (-200) = 3.2$$

$$\therefore u'_1 = 0.032 \;\; ; \;\; \vec{u}_2 = \frac{-50}{250} = -0.2$$

利用公式 (1.12) 可得：$k_1 = 0.015$ 與 $k_2 = -0.0208$。由於系統中鏡組大小為其上之主光線和邊緣高度絕對值的兩倍，所以必須把所有鏡組之 $\bar{h}$ 與 h 計算出：

$$\because \vec{u}_1 = \vec{u}_2 - \bar{h}_2 k_2 = -0.242$$

將 $\vec{u}_1$ 代入下式：

$$\bar{h}_1 = \bar{h}_2 + d_{12}\bar{u}_1 \text{ 又 } \bar{h}_2 = \bar{h}_E + \vec{u}_2 d = -2 \quad (\bar{h}_E = 0)$$

$$\therefore \bar{h}_1 = -11.68$$

有了 h、$\bar{h}_1$、h_2 與 $\bar{h}_2$ 就可以計算出二個鏡組的尺寸如下：

$$\phi_1 = 2(|h_1| + |\bar{h}_1|) = 24$$

$$\phi_2 = 2(|h_2| + |\bar{h}_2|) = 7.84$$

這個尺寸戴在眼睛上應該可以被接受。有了兩鏡組的間距和焦距，剩下的問題是安排每個鏡組的鏡片組成來達到消除像差的目的，這是鏡片設計在完成高斯設計後的另一重要課題。

1.3 輻射度學和光度學

第 1.2 節描述了光學系統的架構，所討論的是能量的傳導方向，但尚未定量說明能量的大小。在光學系統中，這個學門稱為輻射度學 (radiometry)，其所討論的波長範圍涵蓋整個電磁輻射波，從 UV 光、可見光到紅外光，甚至毫米波。對我們生活最密切相關的可見光，我們以光度學 (photometry) 名之[3]，也就是波長範圍介於 350 nm 至 770 nm 間的電磁波輻射。在介紹光度學的基本應用前，我們必須先對其基本定義有所了解。光度學中的幾個重要參數的定義如下：

(1) 光通量

光通量 (flux) 在光度學的單位是流明 (lumen, lm)，相對應於輻射度學的瓦特 (watt, W)，其定義是一黑體輻射源其面積為 1 cm^2 在絕對溫度 2045 K 時，每單位立體角輻射出的能量為 60 流明。

(2) 光源的發光強度

發光強度 (I) 的定義為單位立體角內光源所輻射出的光通量，即：1 candela = 1 cd = 1 lm/sr，sr 為單位立體角。100 W 燈泡的燈絲之發光強度約為 50 W 燈泡的兩倍大，光強度的單位過去常用燭光 (candle power) 表示，現已不常用。

(3) 光出射度

光出射度 (luminous excitance of a source, J) 的定義是單位米平方光源的射出光通量，即 1 J = 1 lm/m^2。所以 100 W 燈泡的燈絲之光出射度約同於 50 W 的燈泡。

(4) 燈源的亮度

亮度 (luminance of a source, B) 的定義為光源的單位面積及立體角的投射光通量，即 1 B = 1 $lm/sr·m^2$，其常用單位 nit 的定義為：1 nit = 1 $lm/sr·m^2$ = 1 cd/m^2。100 W 燈泡的燈絲所發出的亮度約等於 50 W 燈泡的燈絲大小。

(5) 光照度

光照度 (illuminance, E) 是指單位面積所接收到的光通量，其常用單位為 lux (lx)，即 $1 \text{ lx} = 1 \text{ lm/m}^2$。

(6) 一般常用光度學單位

光亮度：stilb: 1 sb = 1 cd /cc

　　　　lambert: 1 L = $(1/\pi)$ cd/cm^2 = 3183.1 nit

　　　　foot-lambert: 1 ft-L = $(1/\pi)$ cd/ft^2 = 3.4263 nit

光照度：foot-candle: 1 fc = 1 lm/ft^2 = 10.764 lx

　　　　phot: 1 phot = 1 lm/cm^2 = 10^4 lx

(7) 光視效能

光視效能 (spectral luminous efficacy, K_λ) 的定義是可見光通量與輻射通量之間的關係，K_λ 是以 lumen/watt (lm/W) 為單位，歸一化的光視效能稱為相對光視因數 (relative luminosity factor, V_λ)，其與可見波長的相對關係如圖 1.3 所示。K_λ 與 V_λ 的關係為[4]：

$$K_\lambda = 673 V_\lambda \tag{1.15}$$

如果光源為廣波域，則 K_λ 函數為其波長範圍的積分值，以 K 表示之，即：

$$K = \frac{\int_0^\infty K_\lambda W_\lambda d_\lambda}{\int_0^\infty W_\lambda d_\lambda} = 673 \frac{\int_0^\infty V_\lambda W_\lambda d_\lambda}{\int_0^\infty W_\lambda d_\lambda} \tag{1.16}$$

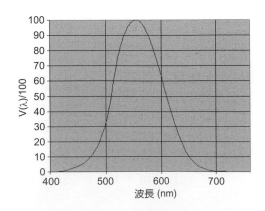

圖 1.3
相對光視函數與可見波長的相對關係圖。

K 稱為光視效能，單位為 lm/W，也就是發光源每單位 W 所發出之光通量。現以美國 Novalux 公司的投影機為例，來計算一個雷射投影機的發光效率，其雷射光源是由 RGB 三種雷射，每種雷射假設由 12 個線陣列組成。每個發射源約 50 mW，RGB 波長分別為 620 nm、532 nm 及 460 nm。針對這三波長的 V_λ 值約為 0.381、0.862 及 0.06，每組雷射約為 600 mW，則其光通量為：

$$(0.6 \times 0.381 + 0.6 \times 0.862 + 0.6 \times 0.06) \times 673 \cong 526 \text{ lm}$$

則在其一 50″ 電視屏幕的光照度為：

$$\frac{526 \text{ lm}}{1.016 \text{ m} \times 0.762 \text{ m}} = 679.4 \text{ lx}$$

假設屏幕的增益 (gain) 為 2.5，則亮度以常用的 nit 單位來表示為：

$$679.4 \text{ lx} \times 2.5 / \pi = 540.66 \text{ nit}$$

1.3.1 朗伯發光源的光出射度

一個朗伯 (Lambertian) 光源度 B 和面積為 S 的光通量 F 必須符合公式 (1.17) 的關係。

$$dF = B\Delta S \cos\theta d\Omega \tag{1.17}$$

其中 $d\Omega = 2\pi \sin\theta d\theta$，則總光通量對半球積分可得：

$$F = \pi B\Delta S \int_0^{\pi/2} \sin 2\theta d\theta = \pi B\Delta S \tag{1.18}$$

所以其出射源 $J = \pi B \text{ lm/m}^2$ \tag{1.19}

1.3.2 鏡頭光通量的收集量

圖 1.4 為一個面積為 ΔS 及亮度為 B 的發光源，中心位於光軸上，則其對一光學鏡組入瞳接收角度為 2α 的光通量可以公式 (1.20) 表示。

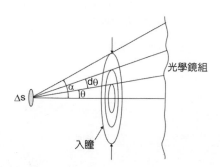

圖 1.4
鏡頭光通量的收集量示意圖。

$$F = \pi B \Delta S \int_0^{\pi/2} \sin\theta \, 2\theta \, d\theta = \pi B \Delta S \sin^2 \alpha \tag{1.20}$$

假設光源為圓形，其半徑為 $\Delta\eta$，則：

$$F = \frac{\pi^2}{n^2} BH^2 \quad ; \quad H = n\sin\alpha\Delta\eta \tag{1.21}$$

H 為光學不變量，其平方值與光通量成正比。

1.3.3 鏡頭像面上的照度

　　一個鏡頭所接收的光通量 (F) 投射在面積為 S 的像面上，其照度 $E' = F/S'$，假設 S' 為圓形，其半徑為 η'，因 $H = n\sin\alpha\eta = n'\sin\alpha'\eta'$，$\eta$ 為物的高度，則：

$$E' = \pi B \left(\frac{n'}{n}\right)^2 \sin^2 \alpha' \tag{1.22}$$

其中 α、α' 為物像點對入瞳和出瞳的張角。公式 (1.22) 如以 $F/\#$ 表示則為：

$$E' = \pi B \left(\frac{n'}{n}\right)^2 \left[\frac{1}{2(F/\#)}\right]^2 \tag{1.23}$$

這是為什麼相機鏡頭上的 $F/\#$ 以 1，1.4，2，2.8，4，5.6，8，11，16 數列表示，因為光照度每調整一段，其在底片或 CCD 上的照度會增減約 2 倍。如果由物面進入鏡組的角度不為零，則像面上的中央與離軸的光照度會有 $\cos^4\theta$ 的關係，即：

$$E' = E'_0 \cos^4 \theta \tag{1.24}$$

其中，E'_0 為像面中央之照度，公式 (1.24) 成立必須滿足以下三個條件：(1) 入瞳的立體角不能太大，(2) 面積倍率與主光線出射角 $\bar{\theta}$ 無關， (3) 出瞳面積與 $\bar{\theta}$ 無關。一般情形下，條件 (1) 都能被滿足，條件 (2) 及 (3) 在大視角情形下就會無法滿足，必須有所修正。

1.3.4 物空間和像空間的亮度關係

假設物爲朗伯光源，其面積爲 ΔS，則其出射之光通量與發光亮度之關係爲：

$$dF = \pi B \Delta S \sin 2\theta d\theta \tag{1.25}$$

此光通量進入光學系統中再以 $d\Omega'$ 的立體角輻射至像面，依光學不變量的關係可得：

$$\sin\theta' = \frac{n}{n'}\frac{1}{M}\sin\theta \tag{1.26}$$

$$\therefore d\theta' = \left(\frac{n}{n'}\frac{1}{M}\frac{\cos\theta}{\cos\theta'}\right)d\theta$$

因此，

$$d\Omega' = \pi\left(\frac{n}{n'}\frac{1}{M}\right)^2\frac{\sin 2\theta}{\cos\theta'}d\theta$$

與公式 (1.25) 比較，

$$B' = \frac{dF}{d\Omega'\Delta S'\cos\theta'}$$

又因 $M^2 = \Delta S'/\Delta S$，所以

$$B' = \left(\frac{n'}{n}\right)^2 B \tag{1.27}$$

公式 (1.27) 是一個非常重要的關係式。也就是說，由光源所發出之亮度在像面的亮度 B' 與像空間之折射率 n' 的平方成正比。所以，在系統設計時要得到較大像空間的亮度，可在 (n'/n) 方面做調整。

1.3.5 光學系統中的光照度

圖 1.5 爲一投影系統示意圖，光源由聚光系統成像在投影物鏡的入瞳上，而投影片位於聚光鏡的出瞳位置上。此例題可分成兩組光學系統討論，一爲光源和聚光 (condenser) 系統，其光學不變量爲 Hc，另一爲投影片與投影物鏡系統，其不變量爲 Hp。如果 $Hc > Hp$，則光能無法全部傳送到屏幕上；反之，如果 $Hc < Hp$，則投影物鏡的

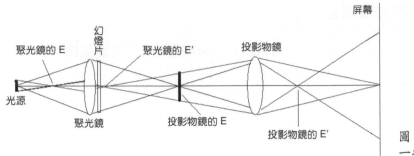

圖 1.5
一投影系統架構示意圖。

口徑未能完全被覆蓋，在屏幕上的成像邊緣會有昏暗的現象。正常情況下我們會犧牲光能而採 Hc 略大於 Hp 的條件，使像面均勻。

公式 (1.28) 未考慮系統光能的損耗。設定像面半徑為 η'，則系統光照度 E' 為：

$$E' = \frac{\pi B H^2}{\eta'^2} \; ; \; H = n\sin\alpha \times \eta \tag{1.28}$$

其中，$n\sin\alpha$ 為投影物鏡物空間的數值口徑，η 是投影片的半徑，則上式可寫為：

$$E' = \pi B \left(\frac{\sin\alpha}{M} \right)^2 \tag{1.29}$$

其中，M 為放大倍率。由公式 (1.29) 可知，屏幕上光照度與光源亮度和物鏡接收口徑平方成正比。以下我們以一實際例子來說明這些參數在系統上的應用。

1.3.6 範例介紹[3, 14]

範例：當設計一個幻燈片投影機時，其規格需求為：

    (1) 螢幕尺寸為 2.65 m × 1.76 m，距離投影機 7.76 m。

    (2) 螢幕上的光照度要求為 150 lx。

    (3) 幻燈片尺寸為 34 mm × 22 mm。

解答：前節所推導的光通量通過鏡組的公式 $F = \pi^2 B H^2$，是假設光源為圓形。但實際光源並非圓形，必須乘以 $2/\pi$ 來修正。另考慮會有約 40% 的光效能損耗，上式可改寫成為

$$F = 1.2\pi B H^2 \tag{1.30}$$

假設光源爲鹵素鎢燈，其 B 值約爲 30 cd/mm^2。由於要求光照度 $E' = 150$ lx，在面積爲 2.65 m × 1.76 m = 4.664 m^2 的螢幕上，所以 $F = 150$ lx × 4.664 m^2 約爲 700 lm。代入修正後的公式 (1.30) 可得：$H = 2.5$ mm。而因 $H = \sin\alpha_{\text{lamp}} \times \eta_{\text{lamp}} = 2.5$ mm，其中，α_{lamp} 爲聚光鏡之接收光能角度，而 η_{lamp} 爲燈絲尺寸的一半。鹵素鎢燈瓦特數、燈絲尺寸與 $\sin\alpha_{\text{lamp}}$ 的關係如表 1.2 所列。

表 1.2 鹵素鎢燈瓦特數、燈絲尺寸與 $\sin\alpha_{\text{lamp}}$ 的關係表。

燈泡 (W)	燈絲尺寸	η_{lamp}	$\sin\alpha_{\text{lamp}}$
50	3.1 × 1.6	2.2	1.136
100	4.4 × 12.2	3.1	0.806
150	5.4 × 12.7	3.8	0.657
250	7.0 × 13.5	5.0	0.50
500	10 × 15.0	7.1	0.352

考慮燈泡的耗電量和聚光鏡的價錢與製作難易度，250 W 的燈源與數值口徑 $\sin\alpha_{\text{lamp}} = 0.5$ 爲較合適的解。接下來是投影物鏡焦距和口徑的選擇。

由高斯公式物像距離，$T = [2 - M - (1/M)]F$。其中 $T = 7760$ mm，$M = -78.6$，得 $F \sim 96.3$ mm。取 $F = 100$ mm。再由 $H = \sin\alpha_{\text{lamp}}\eta_L = 2.5$，可得 $\sin\alpha_{\text{lamp}} = -0.122$。在物像距離相差很大的情形下，$F/\# \cong 1/(\sin\alpha_{\text{lamp}}) = 4.1$，所以物鏡入瞳直徑爲 100/4.1 = 24.4 mm。

·聚光鏡組的設計

參考圖 1.6 得物鏡入瞳和光源間的放大率爲 −2.44，且其像將充滿物鏡入瞳，所以聚光鏡的像空間邊緣光線的 $u' = \sin\alpha_{\text{condenser}} = 0.205$。因此，聚光鏡的焦距可依近軸追跡公式求得。即：

$$u' - u = \frac{h}{F}$$

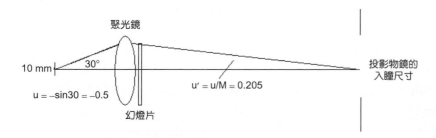

圖 1.6
聚光鏡組的設計架構圖。

其中 h 爲幻燈片半高，$h = 20.5$ mm，得 $F = 29$ mm。因此，聚光鏡之相對口徑約爲：

$$F/\# = \frac{F}{2h} \sim 0.7$$

一個 $F/0.7$ 的物鏡，必須以數個球面鏡片或一個單一非球面來消除球面像差。

1.4 目視光學系統

目視儀器主要分爲「看遠」與「看小」兩大類。「看遠」是要用望遠鏡，「看小」則要採用顯微鏡，兩者都以眼睛爲接收器。隨著電子科技的進步，大部分系統都以檢光器來取代人眼或兩者共用的系統。在介紹目視系統前，對眼睛要有所認識，否則設計出來的系統無法達到規格要求或是超出規範。同理，使用檢光器前也需先行瞭解它的規格。

1.4.1 眼睛的分辨率

眼睛能看見物體是由網膜上的視神經經過眼睛上的透鏡，焦距 ~ 16.68 mm，將物體經水晶體成像在視網膜上。而分辨兩個物點在視網膜上的最小距離至少需要有兩個視神經細胞才能達成。在視網膜上最小與最敏感的視神經細胞，直徑約爲 $1-3$ μm。兩個視神經元的大小爲 $2-6$ μm，取 6 μm，再依光學像高等於焦距乘以 $\tan\bar{\theta}$，$\bar{\theta}$ 爲視場的半角，可得眼睛的分辨率如下：

$$\bar{\theta}_{min} = \tan^{-1}\left(\frac{0.006}{16.68}\right) \sim 1' \quad (1弧分)$$

眼睛對線的分辨率較高，這是因爲其在視網膜上會佔據較多的視神經。實驗上證明，眼睛對平行線的分辨率可達 $10''$。人眼一弧分的分辨率相當於在明視距離 250 mm 處可分辨 75 μm 的物體。

1.4.2 望遠系統[6]

由於人眼的分辨率有限，要看清楚遠方的物體必須藉由光學儀器來辨別遠方物體。要看清楚物體，其在視網膜成像的視角要大。同樣大小的物體在遠方與近處的視角不同，遠方小，近處則大。因此，望遠鏡的主要功能是把遠方物體拉到眼前，使物進入眼睛的視角變大，以達到看清遠方目標的目的。

望遠鏡系統主要分爲兩種：(1) 伽利略式望遠系統 (Galilean telescope) 與 (2) 克朴勒式望遠系統 (Kepler telescope)。

(1) 伽利略式望遠系統

這是一種由一正焦距物鏡和一負焦距目鏡所組成的望遠系統，間距爲兩透鏡的焦距差值。出瞳爲眼睛瞳孔位置。此種系統放大率爲正值，在鏡組間不成實像，且放大倍率較小。由於體積小攜帶方便，適用於劇院觀賞用和廣泛應用在相機的觀景窗。這種望遠鏡由於在系統中並未聚焦，所以適合用在高能雷射擴束，因其不會產生游離空氣分子而污染管壁。

(2) 克朴勒式望遠系統

克朴勒望遠鏡是由兩個正透鏡組成，間距爲兩物鏡焦距之和，如圖 1.7 所示，其放大倍率爲物鏡焦距 F_0，除以目鏡焦距 F_e，即 F_0/F_e。成像爲倒像，所以必須內加倒像系統，例如利用稜鏡來達到正像的目的。又由於系統中有實像產生，其位於物鏡 F_0 的焦點處，我們可以在其處置放分劃板，分劃板的刻度配合 F_0，我們就可以執行測距的目的。克朴勒望遠鏡的放大倍率也較伽利略式望遠鏡爲大，變化較多。在設計上，入瞳都放在第一物鏡上，以減少鏡片體積及降低成本，在軍事上和商業上的運用較多。

例題：要辨別 10 公里以外 30 公分的電線桿，需要用多大倍率的望遠鏡？

解答：30 公分電線桿在 10 公里外對人眼的夾角爲：

$$\frac{0.3 \text{ m}}{10 \times 10^3 \text{m}} \cong 0.03 \text{ mrad} \cong 0.1'$$

因人眼的視角分辨率爲 1'，所以要分辨它的望遠鏡的放大倍率爲：

$$\frac{1'}{0.1'} = 10 \times$$

10× 是指望遠鏡的放大倍率，但是被測物要先能清晰的成像在目鏡前，才能被眼清楚分辨。依據艾利判則 (Airy criterion)，要分辨兩點的條件爲：

$$\frac{0.61\lambda}{\text{NA}} = 1.22\lambda \times \frac{f}{D}$$

其中，λ 爲波長，f 爲物鏡焦距，D 爲其口徑，再利用被測物在像面上大小爲 $f\tan\theta$ 的關係，我們可以將望遠鏡的極限解析度寫成下式：

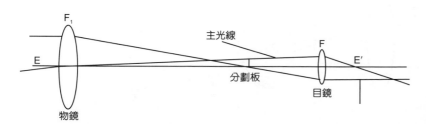

圖 1.7
克朴勒望遠鏡系統架構圖。

$$\theta \cong \frac{1.22\lambda}{D} \tag{1.31}$$

對於近視和遠視眼，望遠鏡的目鏡與物鏡間的距離要有所調整，以看清成像在物鏡焦面上的實像。依牛頓公式 $FF' = X^2$，我們可得：

$$目鏡調整距離 = \frac{(眼睛的視度值) \times 1000}{目鏡焦距的平方值}\ \text{mm}$$

近視眼的調整為將目鏡向物鏡移動，而遠視眼則為將目鏡向眼睛方向調整。

1.4.3 顯微鏡

　　不同於望遠系統，顯微鏡是看近和看小的東西。最簡單的放大系統為一單一鏡片置於人眼和被測物間，當物體位於鏡片焦距時，將成像於人眼視網膜上，如圖 1.8 所示。則其相關式為：

$$\tan\theta = \frac{\eta}{f} \tag{1.32}$$

相對於人眼直接觀察物體的角度 θ_{eye}：

$$\tan\theta_{eye} = \frac{\eta}{l} \tag{1.33}$$

當明視距離 l 為 250 mm，則可計算得此單鏡片的放大倍率 M 為：

$$M = \frac{\tan\theta}{\tan\theta_{eye}} = \frac{250}{f} \tag{1.34}$$

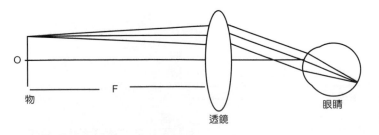

圖 1.8
顯微鏡的放大系統。

　　由公式 (1.34) 可知，物鏡焦距越短，放大倍率越大。傳統目鏡顯微鏡，是結合一焦距為 f_0 物鏡和一焦距為 f_e 接目鏡所組成的光學系統。物鏡的後焦點與目鏡的前焦點距離為 Δ。我們可以求解出顯微鏡的組合焦距 f_M，即：

$$f_M = \frac{f_0 f_e}{\Delta} \tag{1.35}$$

Δ 值有國際的統一值，以便各種有限共軛顯微物鏡可以共用，Δ 值約為 195 mm。依公式 (1.34) 和公式 (1.35)，我們可求得目視顯微系統的放大倍率為：

$$M = \frac{250}{f_M} \tag{1.36}$$

如果目鏡以 CCD 取代，再由 LCD 螢幕觀看成像，則系統放大倍率 M_s 為：

$$M_s = \frac{\Delta}{f_0} \times \frac{\eta_{\text{screen}}}{\eta_{\text{CCD}}} \times M_{\text{CCD}} \tag{1.37}$$

其中，η_{screen} 與 η_{CCD} 為螢幕與 CCD 的尺寸，M_{CCD} 為物鏡像高與 CCD 間的倍率。

　　所以，如果以 1/2 吋 CCD 取代目鏡，並以 11 吋螢幕觀察成像，則觀察 1 μm 的目標物所需要的物鏡倍率為：

$$M_0 = \frac{\text{人眼角分辨率}}{\text{物對人眼夾角}} \times \frac{\text{CCD 尺寸}}{\text{螢幕尺寸}} \tag{1.38}$$

可得 $M_0 = 2.15$ 倍，即 2.15 倍的物鏡就可滿足需求。當然，要看清楚 1 μm 的目標物，物鏡的數值孔鏡不能太小。依照愛利準則，NA 需大於 0.35。

1.4.4 雙目鏡

　　雙目鏡 (binocular) 是由雙眼透過單一光學目鏡同時觀看目標物的一種光學系統，此種系統的目標物可以是 CRT、LCD 和夜視管 (image tube) 呈現的影像。雙目鏡系統主要應用在飛機的抬頭顯示器 (head up display)，駕駛員可不必低頭看儀表板，儀表板的像可藉由光學鏡頭和分光鏡片將 CRT 上的像投射在人眼上，所以駕駛員可同時觀看外界景物和儀表上的影像。這種觀念也被應用在未來汽車的儀表板設計，儀表板可投射在汽車檔風玻璃，再以虛像方式反射至人眼。

　　單眼及雙眼的瞬間視角與兩眼的間距有關，視角與物鏡和 CRT 等的大小關係如圖 1.9 所示。圖中的 IFOV 為眼的瞬間視角，TFOV 為總視角的大小，e 為兩眼的間距，R 為物鏡的半徑，F 為其焦距，而 D 則為眼至分光鏡的距離。

1.4.5 目視儀器的設計要求

　　目視儀器大都是以雙眼觀看，設計時必須考量的因素為：(1) 雙眼系統的平行度，(2) 左右眼放大倍率不能相差太大，約 <2%，(3) 兩眼在視網膜上所成的像和傾斜角度要在誤差範圍內。

　　人眼對於雙眼水平方向收斂和發散角的容忍度約為 40 弧分和 20 弧分左右，對於雙目鏡這兩種情形可能同時發生，其要求更嚴苛，約為 10 弧分。對一個雙眼雙目鏡觀測系統允許的光軸平行度可以下式計算，即：

$$\theta = \frac{視差容忍度}{(放大倍率-1)} \tag{1.39}$$

因此一個 10× 的雙目系統其光軸在垂直方向的設計要求必須小於 1.1 弧分左右。

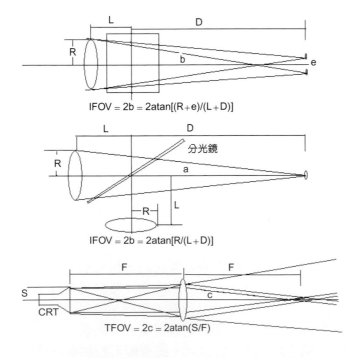

圖 1.9
視角與物鏡及 CRT 等的關係圖。

1.5 投影系統

　　投影系統是以光源照射物體使其成像在屏幕上，昔日所熟知的投影系統有電影放映機、幻燈片投影機及量測用投影儀，自從液晶顯示器 (liquid crystal display, LCD)、數位微鏡面元件 (digital micromirror device, DMD) 及矽基板液晶顯示器 (liquid crystal on silicon, LCOS) 等元件問世之後，投影系統更形多樣和普及化，其設計不同於傳統之幻燈片投影機，品質要求更為嚴格。本節主要是在介紹幾種數位式的投影機。

　　數位式投影機最大的優點是能與電腦連線，並將其中資料投射在屏幕上。數位投影發展初期只著重在將電腦內的軟體資料投射出來，其在亮度和均勻度上並無特別的要求；隨著科技的進步，新型高效率的顯示器陸續被發展出來，現在的數位投影機在亮度、均勻度及體積上都有了非常大的改進。

1.5.1 單片式投影機

　　圖 1.10 為第一代的數位投影機，採用大型 LCD，尺寸約有 5 吋，紅藍綠三色在同一LCD 上。設計上採用鹵素燈將光投照在 LCD 上，藉由菲涅耳塑膠鏡片 (Fresnel lens) 成像在投影鏡頭的入瞳上，再投射在屏幕上。由於 LCD 畫素 (pixel) 較大，解像率為 SVGA (800 × 600) 規範，鏡頭品質要求不高，三個鏡片組合就可達到品質需求。單片式投影機並未在光效率上有所處理，因此 LCD 前的偏光片會減損一半的光能。

1.5.2 三片式 LCD 投影機

　　圖 1.11 為三片式 LCD 投影機的架構，採用了三個 LCD，分別執行紅藍綠三個光路徑。為了要提高光的投影效能，燈泡的放電區域要小，使光線準直發射角不能太大，否

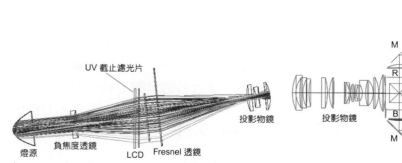

圖 1.10 第一代數位投影機的系統架構。

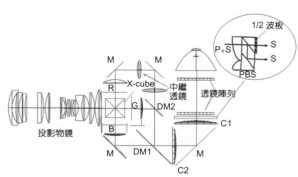

圖 1.11 三片式 LCD 投影機的系統架構。

則光效能會降低。因此燈泡製造廠都盡可能在不影響光能情形下，將其放電區縮小。圖中有兩個陣列透鏡，第一個目的是將光分別切割成許多小區域，並成像在第二個陣列透鏡位置外的 p-s 偏振分光鏡 (polarization beam splitter, PBS) 上，其架構是由許多長條型稜鏡所組成，其膠合處鍍有 PBS 薄膜層，使 p 光穿透膠合面後，由其外之 1/2 波片將其轉換成 s 偏振光。此裝置可使系統的偏光效能增加 50% 以上。在圖 1.11 中，M 代表反射面鏡，C 代表聚光鏡，其目的是將陣列鏡組的分割區域按一定比例投射至 LCD 上，由分割再積成的結果，像面均勻度可高達 90% 以上。DM 代表分色濾光片，其目的是將不同顏色光分配到不同顏色的光路上。DM 的製作有入射光及入射角度的考量，因此在規格製作上需要配合系統的設計，以使屏幕上的色澤均勻度盡量趨於完美。

　　X-cube 是由四個 45°-90°-45° 稜鏡組成，其膜層設計是使 B 光路及 R 光路的 s 偏振光反射，與 G 光路的 p 光再結合 RGB 三個顏色的光射至投影物鏡。投影物鏡的規格要求，除了接收口徑需配合 LCD 上微小透鏡的口徑外，另外就是遠心 (telecentric) 角度、放大倍率、倍率色差、像畸變、尺寸、解像率，以及投射影像提升的高度 (offset)、尺寸大小和變倍比等要求。

　　LCD 投影機的市場佔有率為投影市場的最大比率，但目前有逐漸被 DLP 投影機趕上的趨勢。

1.5.3 DLP 投影機

　　DLP 投影機一般是以 DLP (digital light processing) 名之。DLP 投影機所使用之微顯示器為 DMD，係由美國德州儀器公司所開發出的一種微振鏡裝置。此裝置是由數十萬個十幾微米的小振鏡所組成，振動角度約為 ±12°，其工作原理與 LCD 投影機有很大差異，不需要採用偏振片與光學延遲片來解決偏振光的問題，但是需要採用顏色旋轉盤 (color wheel) 來執行色彩的調整，色彩旋轉盤鍍有紅、藍、綠與空白色區。不同廠家在色彩盤上的設計有所不同，其主要的目的在增加色彩和光效率。DLP 的燈罩先將光能有效的導入寬高比與 DMD 形狀相當之光通道 (light pipe)，其作用在執行均光後，再藉由其後之光學中繼鏡組 (relay lens) 將光通道的像均勻的成像在 DMD 上，再藉由 DMD 上的振鏡將訊號透過投影物鏡投射至屏幕。

　　DLP 照明系統分為兩大類，其一為前投式 DLP，另一為背投射式 TV DLP。兩者最大的不同是後者之投射物鏡的設計是遠心物鏡 (telecentric lens)，即出射物鏡主光線的角度要小，盡可能平行於光軸，變化不能太大，因需考量置於物鏡與 DMD 間的全反射稜鏡 (total internal reflection prism，簡稱 TIR 稜鏡) 的全反射角度。前投系統不含 TIR 稜鏡，物鏡設計較易，且體積較小，但系統成像品質不如後者。圖 1.12 所示為背投式 DLP 的光路圖。

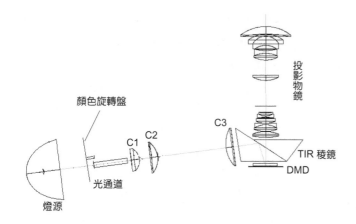

圖 1.12
背投式 DLP 投影機的光路圖。

1.5.4 LCOS 投影機

　　LCOS 投影機的製程不同於 LCD 投影機。LCOS 可以用 IC 製程生產，所以其每個畫素的尺寸可以控制到 10 微米以下，也就是說等同於 LCD 與 DLP 大小的面積上可置放更多的畫素，而達到真正高解析電視的需求。

　　早期 LCOS 投影機最大的困難在於 LCOS 是反射系統，因為必須置放 PBS 於 LCOS 和投影物鏡間，光線需來回 PBS 兩次。PBS 材料的要求非常嚴苛，目前最好的 PBS 材料為德國 Schott 公司所生產的 SF57HHT，其光的雙折射 (birefringence) 值是一般玻璃的百分之一左右，所以是目前用於 LCOS 投影機的最佳材質之一，但缺點是藍光的穿透性不佳與不易加工。

　　為了解決雙折射效應，美國 Color Link、3M 等公司先後開發了特殊之 PBS 元件來降低被雙折射影響的元件。LCOS 投影物鏡後工作距離較長，設計困難度較前兩者高許多，LCOS 光學系統設計上仍以 IBM 或其改良架構效果較佳，主要原因是這種架構能把三個顏色通道分開，如圖 1.13 所示，不會互相干擾，所以 LCOS 高亮度的系統仍以此型架構為主。工業技術研究院電光所也開發一種單片式 LCOS 投影機，係以顏色旋轉盤來分色的背投影系統，如圖 1.14 所示，以反射面鏡取代 LCOS 所測的對比度可達 3000：1。

1.5.5 以半導體元件為光源的投影機

　　由於燈泡壽命是數位式投影機的缺點之一，背投影式投影電視所採用 100 W 的燈泡壽命可達 8000 小時，而高亮度的前投影機所採用的金屬鹵素燈的壽命只有 2000 小時，壽命的定義是燈泡亮度降到起始亮度的一半所需時間。因此，新的光源一直是投影機製造廠家所追求的目標。

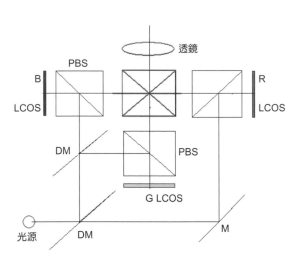

圖 1.13 LCOS 投影機的系統架構。

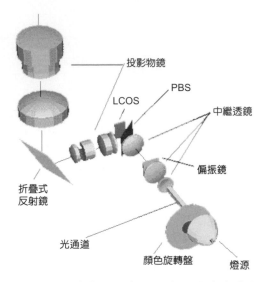

圖 1.14 工業技術研究院光電所開發的單片
式 LCOS 投影機。

　　高亮度之發光二極體 (light emitting diode, LED) 的壽命與其色彩飽和度的優勢[5]，使其成為數位式投影機首先被考慮的光源。其光機架構如圖 1.15 所示，類似 LCD 投影機。其優點是 LED 光源可以直接置於 LCD 的後方，但最大的缺點是 LED 的發散角度太大，以至其偏振光的轉換效果不佳。使用 DMD 雖可避免偏振光轉換的問題，但當光源離 DMD 太遠時，集光效率較差。目前陣列 LED 背投式投影機的光通量可達 250 流明左右，換算成在 56 吋螢幕上的亮度約可達到 400 nit。

　　不同於 LED 光源，半導體雷射光源的發散角小，但每個雷射發射器 (emitter) 的功率太小，無法達到期望的光通量。近年來，美國 Novalux 在線陣列雷射開發上有所突破，可將十幾個雷射發射器裝置在一個數毫米的基座上，使其輸出功率達到瓦特級，並將

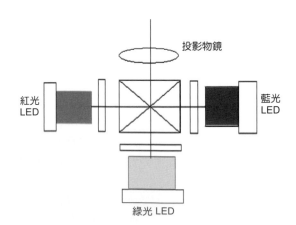

圖 1.15
數位式 LED 投影機的光機架構圖。

RGB 三種線列雷射成串排列作成一個模組[7]。這個模組可輸出約 1000 流明以上的光通量，適合於背投電視與前投系統。半導體雷射光源最大優點是其色域較 LED 更廣、壽命更長 (~20,000 小時，亮度不減)、效率更高，是未來高解析投影系統的發展趨勢。半導體雷射的光學系統不同於傳統光學，配合不同的光調制器而有不同的設計，系統中會採用許多柱面鏡片。另外，還必須考慮消除雷射光源同調 (coherent) 特性產生的散斑 (speckle) 等問題，而微量振動 (dithering) 雷射光源和全相光柵可以用來消除這些光斑。設計上必須以高斯光線傳輸來模擬，要格外注意[8]。

1.6 數位成像系統

電荷耦合元件 (charge-coupled device, CCD) 與互補性氧化金屬半導體 (complementary metal-oxide semiconductor, CMOS) 感測器是兩種最常用的數位感測器。近年來，由於 CMOS 的高解析度及訊雜比的提升，使其應用大大增加，最直接的應用是在數位相機及手機相機上。數位成像系統的設計不同於傳統成像系統，主要是因為數位成像的取像畫素非完全連續，在訊號取樣上會有拍頻 (beat frequency) 的現象產生。消除此種雜訊最好的方法是在感測器和鏡頭間加上一個低通濾波器 (low pass filter, LPF)，LPF 的設計與感測器每個畫素的大小和排列有關。一般常用於 LPF 的參數 G 之定義為[9]：

$G =$ 畫素邊長 (a) ／相鄰畫素的中心距離 (X_s)

而畫素邊長倒數的 1/2 值為我們常稱的 Nyquist 頻率，G 值與畫素的調制轉換函數值 (modulation transfer function, MTF) 關係如圖 1.16 所示。圖中，當 $G = 1/2$ 時，MTF 等於零的空間頻率，即為 Nyquist 頻率。G 值越高，空間截止頻率 (cut-off frequency) 就越高，但相對的拍頻雜訊較大。$G = 1$ 是最常用來設計 LPF 的參數，但如果畫素排列已滿足 $G = 1$ 的條件，就不需要外加 LPF。一般最常用的 LPF 材料是石英，當一個厚度為 t 的石英片，其對一非偏振光可產生的光線分離為：

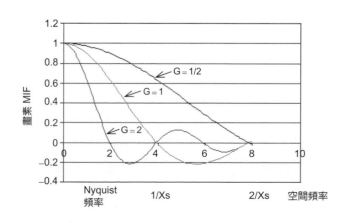

圖 1.16
G 值與畫素之調制轉換函數值的關係圖。

$$x_0 \cong t \tan(0.38) \tag{1.40}$$

CCD 或是 CMOS 的尺寸較傳統用的相機底片 (36 mm × 24 mm) 小了許多，一般大家也習慣於傳統相機的焦距所代表的視野。數位相機 (digital still camera, DSC) 與傳統相機間的相對應焦距如下：

$$F_{CCD} = F_{35mm} \times \left(\frac{\text{CCD 對角線長度}}{43.27} \right) \tag{1.41}$$

適當的利用公式 (1.40)，就可設計出需求之 LPF。

數位相機鏡頭不同於傳統相機的鏡頭，其品質要求非常嚴苛。理論上，成像品質希望達到鏡頭的繞射極限值。但是一般數位相機鏡頭的規範是以 MTF 在一半的 Nyquist 空間頻率值能達 50% 以上為其設計標準。

數位相機的大小直接與 CCD 和 CMOS 的尺寸有關，而 CMOS 等的尺寸與總畫素數及畫素大小相關。目前畫素的極值為 2 μm，主要受限於其接受光通量的能力和光學鏡頭的孔徑必須增加。對高品質鏡頭，F/# 如果小於 2.8，在設計上有一定的困難。

數位成像系統除了應用在數位相機外，在手機相機、監控系統和網路相機等應用上也越來越多。手機相機鏡頭的設計略不同於 DSC 鏡頭，主要是在於 CMOS 所使用的集光微型鏡片有較大的離軸偏移量。所以設計上主光線與光軸的夾角不同於 DSC 的遠心光學設計，而是有約 20° 左右的夾角 (這個角度需求需視 CMOS 的規範而定)，因此手機鏡頭的體積可以設計成很小。CMOS 的邊緣照度可藉微型鏡片的偏心加以補強，所以設計上主光線與光軸的夾角必須依照廠商所提供的曲線設計，以達到畫面均勻度的需求。

手機相機由於其體積太小，設計上都採用塑膠材料為主要架構。雜散光的分析和容差分析是手機相機的重要考量因素。

一般監控系統都採用大變倍比的變焦鏡頭，變倍比可高達 30：1 以上，由於品質為 VGA (640 × 480) 要求，所以設計上採用較多的塑膠鏡片。

1.7 變焦系統[12]

變焦系統 (zoom lens) 是一種移動兩組以上的鏡組來改變系統焦距或倍率而維持物和像之間距離不變的光學系統。變焦系統分為光學變焦和機械變焦，前者主要應用在早期機械加工精度不高的時代，其鏡組以線性移動來達到變倍的目的，但光學變焦只有在數個位置上維持物像距離不變；機械變焦的鏡組必須移動至少兩個以上的鏡組，其中至少有一組須以非線性滑動來達到變倍和維持物像距離不變的需求。由於機械加工的進步，光學變焦系統已很少被使用。

　　第一個機械變焦系統是由英國 H. H. Hopkins 所設計之變倍比為 5：1 的鏡頭，當時這個鏡頭主要是應用在電影業，其後各種設計陸續被開發出來，且廣泛的被使用在商業、工業、醫學和軍事上。

　　一般的變焦光學系統包括變倍組、補償組及固定組，高斯光學設計的要點是在維持變倍組的物點至補償組的像點位置維持不變。設計變焦系統須先由軌跡設計開始，軌跡的設計必須考量每個鏡組的焦距和鏡片移動的間距是否有重疊的情形。在求解變焦系統的軌跡後，是求解相對應每個固定和滑動鏡組的鏡片組合。每組鏡組的焦距和組合後每個位置的系統焦距值，必須等於起始的高斯數據。好的起始架構在執行優化時較易收斂。變焦系統的高斯解方法很多，這裡我們介紹兩種變倍系統的解析方法。

1.7.1 兩鏡組式變倍系統

　　最簡單的變焦系統是兩鏡組變倍系統，此系統的變倍比不大，最常用在早期的傳統相機。其高斯解可由採用兩鏡組的基本公式開始，即：

$$K = K_1 + K_2 - K_1 K_2 d_{12} \tag{1.42}$$

及像面至第二鏡組之距離：

$$l_2' = F_2 - \left(\frac{F_2}{F_1} \right) F \tag{1.43}$$

輸入 K_1、K_2 與 K 值的範圍，就可以計算出鏡組的間距與像距 l_2'。

　　$L = d_{12} + l_2'$，L 為鏡頭的總長。系統的總長可將 L 值對 d_{12} 取微分，也就是當 $F^2 = F_1^2$ 時，系統總長度最短，這個極值須對 F_1 與 F_2 為正或負來分析，圖 1.17 為一 3 倍變焦系統的高斯解。

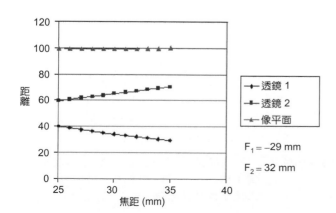

$F_1 = -29$ mm

$F_2 = 32$ mm

圖 1.17
一 3 倍變焦系統的高斯解。

1.7.2 三鏡組式變倍系統

本節介紹一個解析的方法來計算鏡組的焦距和滑動軌跡。首先，我們考慮第一鏡組為固定，第二和第三為滑動鏡組，並定 R 為系統變倍比，並以三個倍率，即 $\sqrt{R}$、± 1 與 $1/\sqrt{R}$ 來求解系統之方程式後，再代入需求焦距或倍率範圍，求解軌跡和鏡組焦距，如圖 1.18 所示。

(1) 中間倍率 $(M = +1)$

$$T_{23} = (O_2 O_3') = \left(2 - M_2 - \frac{1}{M_2}\right)F_2 + \left(2 - M_3 - \frac{1}{M_3}\right)F_3 \tag{1.44}$$

設定 $M_2 = M_3 = -1$，則由上式可為

$$T_{23} = (O_2 O_3') = 4(F_2 + F_3) \tag{1.45}$$

又 $\qquad d_{12} = l_1' - l_2 = F_1 + 2F_2 \tag{1.46}$

$$d_{23} = l_2' - l_3 = 2F_2 + 2F_3 \tag{1.47}$$

可得 $\qquad L = d_{12} + d_{23} + l_3' = F_1 + 4(F_2 + F_3) \tag{1.48}$

其中，L 必須在變倍過程中維持不變。

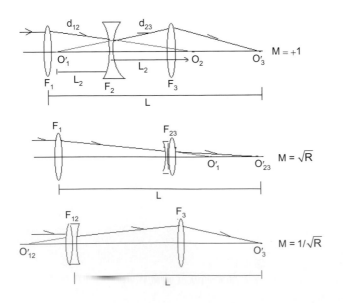

圖 1.18
三鏡組式變倍系統。

(2) 最高倍率 $(M = \sqrt{R})$

在此我們假設第二鏡組移至與第三鏡組重合，可得一複合鏡組，其複合焦距爲 $F_{12} = F_1 F_2/(F_1 + F_2)$，則

$$T_{23} = \left(2 - \sqrt{R} - \frac{1}{\sqrt{R}}\right)F_{23} = 4(F_2 + F_3) \tag{1.49}$$

$$d_{12} = l_1' - l_2 = F_1 - \left(\frac{1}{\sqrt{R}} - 1\right)F_{23} \tag{1.50}$$

(3) 最低倍率 $(M = 1/\sqrt{R})$

在低倍率時，第二鏡組的極值與第一鏡組重合。在此情形下，$F_{12} = F_1 F_2/(F_1 + F_2)$，則

$$l_{12}' = F_{12}' \tag{1.51}$$

$$T_3 = (2 - \sqrt{R} - \frac{1}{\sqrt{R}})F_3 \tag{1.52}$$

$$d_{12} = l_{12}' - l_3 = F_{12} - (\sqrt{R} - 1)F_3 \tag{1.53}$$

$$T_3 = (O_{12}'O_3') = -l_{12}' + L = F_{12} + L = \frac{F_1 F_2}{F_1 + F_2} + L \tag{1.54}$$

因物在無窮遠，所以 $F = F_1/\sqrt{R} = F_{12}M_3$，因此

$$M_3 = \frac{F_1}{\sqrt{R}F_{12}} \tag{1.55}$$

將 $T_3 = [2 - M_3 - (1/M_3)]F_3$ 代入公式 (1.54)，可得：

$$\frac{F_1 F_2}{F_1 + F_2} + F_1 + 4(F_2 + F_3) = \left[2 - \frac{F_1 + F_2}{\sqrt{R}F_2} - \frac{\sqrt{R}F_2}{F_1 + F_2}\right]F_3 \tag{1.56}$$

假設物在無窮遠處，則 $l_1 = \infty$、$F_{max} = \sqrt{R}F_1$ 及 $F_{min} = F_1/\sqrt{R}$。F_{max} 與 F_{min} 爲最長焦距和最短焦距，這兩個值在設計前就可先設定。由公式 (1.49) 與公式 (1.56) 可求解出四個

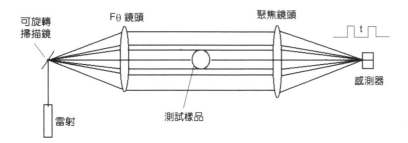

圖 1.20
Fθ 透鏡配合準直徑和掃描系統
架構。

$$t = \frac{\phi}{v} = \frac{\phi}{F\omega} \ ; \ \phi = F\omega t \tag{1.60}$$

由公式 (1.60) 可知 *t* 與工件大小有關，測定出時間 *t* 就可計算得工作尺寸 *φ*。

1.8.3 傅利葉轉換鏡頭

　　傅利葉轉換鏡頭是一種用來處理訊息的光學鏡頭，它與 *Fθ* 鏡頭的最大不同處是與像高的關係爲 $\sin\theta$，而非 θ 或 $\tan\theta$，即：

$$\eta' = F\sin\theta' \tag{1.61}$$

　　傅利葉轉換鏡頭主要是在相干涉光下運作，規格判定計上必須說明：(1) 工作波長，(2) 對物的分辨率：分辨率 $= (2\lambda(F/\#))^{-1}$，(3) 物高或工作尺寸。

　　傅氏鏡頭在設計上必須注意以下數點：

(1) 有兩組共軛點，如圖 1.21 所示。其一是透明輸入面，被平行光照射後聚焦在傅氏鏡頭的焦點。其二是輸入面位於傅氏鏡頭前方的焦點，成像在傅氏鏡頭無窮遠處。這兩個共軛點的像差在理論上必須完全消除，才能確實達到傅利葉轉換的目的。

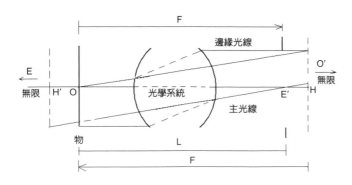

圖 1.21
傅利葉轉換鏡頭的系統架構。

(2) 像差消除方法，可設定兩共軛點，再分別消除其像差或同時消除單一共軛位置的像差和瞳差。傅利葉轉換鏡頭不需考慮消除畸變，但對稱性的光學架構則會自動將畸變消除。

第一個光訊息處理鏡頭是 Brian Blandford 在 1970 年所發表，他採用了兩個鏡組的對稱系統，每個鏡組為一 telephoto 雙鏡組系統，其解析率為 47 lines/mm，輸入面尺寸為 65 mm，波長為 632.8 mm；從輸入面到頻譜面長度為 576 mm，如圖 1.22 所示，系統總長為 1412 mm[15]。

1.8.4 高功率半導體雷射系統

高能半導體的雷射主要是應用在焊接、切割、雷射印刷與雷射打印，近幾年來，由於紅藍綠三色半導體雷射功率和技術的提升，雷射投影電視將成為未來的明星產品。

目前單一半導體雷射就有數瓦特的輸出功率，其發光源大小約為 $100\ \mu m \times 1\ \mu m$。光束慢軸和快軸的發散角在 FWHM (full-width half-maximum) 約 6° 與 30° 左右，為了要得到更大的輸出功率，需要將更多的半導體雷射成列組裝。要如何將這個高功率雷射傳輸至特定位置和大小，需要利用一些特殊的光學系統來安排。成列的半導體雷射光源必須先以微小線列鏡片將快軸光束準直，再利用光通道配合球面鏡和柱面鏡的水平及垂直組合，將光束整形至需求形狀。光能傳輸效率的提高，也是系統的設計重點之一。

美國柯達公司的專利是首先提出使用柱狀微透鏡陣列來準直光源和配合光通道來勻光之技術，再將光束整形成線狀至光調制器來執行雷射打印的工作，如圖 1.23 所示，相同的原理也可修正成雷射焊接系統[16]。

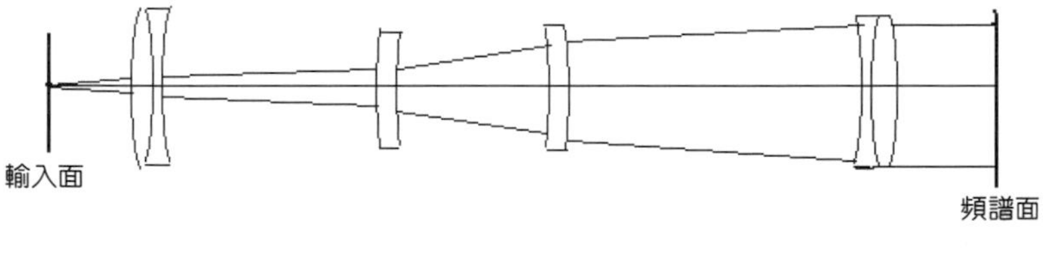

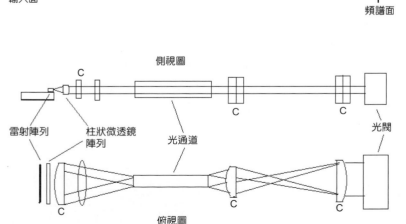

輸入面　　　　　　　　　　　　　　　　　　頻譜面

圖 1.22

側視圖

C　　　　　　　　　　C　　　　　C

雷射陣列　　柱狀微透鏡　　光通道　　　　　　　　光閥
　　　　　　　陣列

C　　　　　　　　C　　　C

俯視圖

圖 1.23
高功率半導體雷射系統的架構圖。

　　半導體雷射系統設計需考量點如下：
(1) 單一光源的光度分配模擬必須先建立，以確保分析的正確性。
(2) 快軸方向必須以雷射高斯傳輸公式計算光腰的位置和大小。
(3) 慢軸為非高斯光束，可以傳統光束處理。
(4) 整體系統必須以非連續光源 (non-sequential) 方式追跡分析光能的分布。

1.9 結論

　　光學系統所涵蓋的範圍太廣，不僅對系統設計的概念要能掌握，對各種光學元件、鍍膜、機構設計、感測器和生產組裝技術等都應該要有所瞭解，才能夠設計出好的系統。本章所介紹的內容只能以引導元件製作與理論依據為主，其他系統設計原理請參考文獻資料[10–12]。

參考文獻

1. Zemax Optical Design Program User Guide.
2. H. H. Hopkins, *Proceedings of the Conference on Optical Instrument*, London: Chapman & Hall Ltd., pp.133-159 (1962).
3. Reading University Summer School, 9 (1987).
4. RCA Optoelectronic Handbook.
5. Photonics Spectra, July, p.4 (2006).
6. 袁旭滄, 應用光學, 國防工業出版社 (1987).
7. http:/www.Novalux.com
8. D. Kappel, *et al*., United States Patent 6,606,173 B2, Aug. 12, 2003.
9. J. E. Greivenkamp, *A.O.*, **29** (5), 676 (1990).
10. R. Kingslake, Optical System Design, Academic Press (1983).
11. W. J. Smith, *Modern Optical Engineering*, 2nd ed., New York: McGraw-Hill, Inc. (1990).
12. W. J. Smith, *Lens Design*, SPIE Optical Engineering Press (1992).
13. J. M. Lloyd, *Thermal Imaging System*, New York and London: Plenum Press (1975).
14. D. C. O'Shea, *Element of Modern Optical Design*, Wiley Series in Pure and Applied Optics (1985).
15. B. A. F. Blandford, *Optical Instruments and Techniques*, pp.435 (1970).
16. M. Moulin, United States Patent 6,137,631, Oct. 24, 2000.

第二章　基礎光學設計

　　光學設計初學者須能了解其設計鏡組的焦距、後焦距、出入瞳的位置與大小等初階設計，也能評估所設計的像差。本章內容將以計算雙片鏡組的初階設計與三階像差為例，詳細介紹光學設計的基礎，並且介紹目前常用商用設計軟體的主要功能，以及光學設計的品質評估與公差 (tolerance) 分析。

2.1 鏡組初階設計

　　由鏡組資料利用近軸光線追跡可計算鏡組初階設計。鏡組設計有四個主要位置，分別為第一主點與前焦點、第二主點與後焦點。如圖 2.1 所示，一束平行光線從右射入一鏡組後聚焦在光軸上前焦點 (F)，該平行光束與聚焦光束交會於第一主平面，第一主平面與光軸的交點為第一主點 (P)，由第一主點至前焦點距離 (PF) 為鏡組焦距 f，鏡組第一面頂點 (V) 至前焦點距離 (VF) 為前焦距 (FFL)。同理可知，在圖 2.2 中平行光線從左進入一鏡組聚焦於光軸上後焦點 (F′)，由第二主點 (P′) 至後焦點距離 (P′F′) 為鏡組焦距 f' 也稱有效焦距 (EFL)，鏡組最後一面頂點 (V′) 至後焦點距離 (V′F′) 為後焦距 (BFL)。

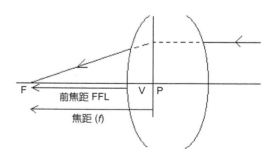

圖 2.1 第一主點與前焦點。

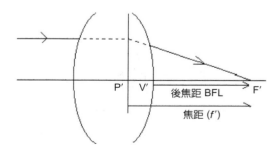

圖 2.2 第二主點與後焦點。

第 2.1 節及第 2.2 節作者為孫文信先生。

2.1.1 近軸光線追跡

當光線小角度入射 ($\sin\theta \approx \tan\theta \approx \theta$) 一鏡組時，該光線非常靠近光軸，則 Snell 定理－光線折射定理 (law of refraction) 可用近似值表示為 $n_1\theta_1 = n_2\theta_2$，以簡化光線追跡的複雜性。

2.1.2 符號定義

光線在鏡組高度定義為向上為正，向下為負；光線追跡距離往右追跡為正，往左追跡為負；鏡組焦距收斂鏡片為正，發散鏡片為負；鏡面曲率半徑其曲率中心位於曲面右方者為正，曲率中心位於曲面左方者為負。光線至光軸角度，從光線至光軸順時針方向為正，從光線至光軸逆時針方向為負。當光線往右追跡時，介質折射率為正，往左追跡時為負。

2.1.3 近軸光線追跡公式

近軸光線追跡折光過程如圖 2.3 所示，其中，n_{j-1} 與 n_j 分別表示為在界面兩邊折射率、R_j 為界面曲率半徑、C 為界面曲率中心、h_j 為光線在曲面之高度 ($h_j \approx 0$)、I_{j-1} 與 I_j 分別為光線在界面上入射角和折射角，而 u_{j-1} 與 u_j 分別表示為光線入射前與入射後之收斂角。設 $R_j > 0$、$u_{j-1} < 0$、$I_{j-1} > 0$、$u_j < 0$、$I_j > 0$，而 C_j 為界面曲率，是曲率半徑的倒數 ($C_j = 1/R_j$)，由 Snell 定律 $n_{j-1}I_{j-1} = n_jI_j$ 可知：

$$n_{j-1}\left(h_jC_j + u_{j-1}\right) = n_j\left(h_jC_j + u_j\right) \tag{2.1}$$

故
$$n_ju_j = n_{j-1}u_{j-1} - h_jC_j\left(n_j - n_{j-1}\right) \tag{2.2}$$

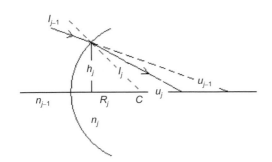

圖 2.3
近軸光線折光過程。

圖 2.4 爲近軸光線追跡傳遞過程，h_j 與 h_{j+1} 分別爲光線在兩界面之高度，d_j 爲兩界面間距離，u_j 爲在兩界面間之光線收斂角。則

$$h_{j+1} = h_j + d_j u_j \tag{2.3}$$

2.1.4 有效焦距與後焦距

如圖 2.5 所示，一束平行入射光線其收斂角 $u_0 = 0$，光線在鏡組第一面高度爲 h_1，且 h_1 爲任意值，h_i 爲光線在鏡組最後一面高度，u_i 爲光線在像方收斂角。則鏡組的後焦距與有效焦距分別定義爲：

$$\text{後焦距 BFL} = -\frac{h_i}{u_i} \tag{2.4}$$

$$\text{有效焦距 EFL} = -\frac{h_1}{u_i} \tag{2.5}$$

有效焦距之 h_1 與 u_i 比值不隨 h_1 大小而改變。

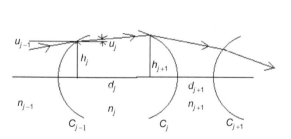

圖 2.4 近軸光線傳遞過程。

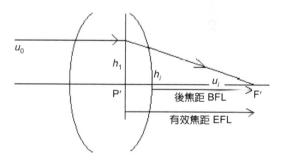

圖 2.5 有效焦距與後焦距示意圖。

2.1.5 入瞳和出瞳之位置與大小

光學系統有一光圈存在，其擋光最多地方即光圈位置，入瞳爲從物方所看到光圈影像，而出瞳爲從像方所看到光圈影像。在成像系統有兩條代表性光線，一爲主光線，另一爲邊緣光線。主光線是由物的邊緣發出，未進入光學系統前，主光線或其延長線會進入入瞳中心；而主光線進入光學系統會交於光圈中心點；主光線或其延長線出光學系統後會交於出瞳中心。同理邊緣光線是由物中心出發，未進入光學系統前，邊緣光線或其

延長線交會入瞳邊緣；當邊緣光線進入光學系統會交於光圈邊緣；邊緣光線或其延長線出光學系統後會交於出瞳邊緣。如圖 2.6 所示，入瞳和出瞳位置與大小計算方式是利用主光線近軸光線追跡公式：

$$n_{j+1}\bar{u}_{j+1} = n_j\bar{u}_j - \bar{h}_j C_j \left(n_{j+1} - n_j\right) \tag{2.6}$$

$$\bar{h}_{j+1} = \bar{h}_j + d_{j+1}\bar{u}_{j+1} \tag{2.7}$$

設在光圈上主光線收斂角 $\bar{u}_S = -0.01$ (可設任意值)，主光線在光圈高度 $\bar{h}_S = 0$。主光線由光圈位置逆向追跡至第一面可得 $\bar{h}_1$、$\bar{u}_0$，入瞳位置為距第一界面距離 $l = -(\bar{h}_1/\bar{u}_0)$，而入瞳口徑 D_{en} 可由鏡組焦距與進光量 $F/\#$ 得知，即 $D_{en} = \text{EFL}/(F/\#)$。同理，主光線由光圈位置追跡至最後一面可得 $\bar{h}_i$、$\bar{u}_i$，出瞳位置為距最後一面距離 $l' = -(\bar{h}_i/\bar{u}_i)$，而出瞳口徑 D_{ex} 可由邊緣光線近軸追跡求知：

$$n_{j+1}u_{j+1} = n_j u_j - h_j C_j \left(n_{j+1} - n_j\right) \tag{2.8}$$

$$h_{j+1} = h_j + d_{j+1}u_{j+1} \tag{2.9}$$

由物中心描光至入瞳邊緣可得邊緣光線在鏡組第一面高度 h_1 與角度 u_0，再追跡至鏡組最後一面高度 h_i 與角度 u_i，而出瞳高度為 $h' = h_i + l' \times u_i$，故出瞳口徑 $D_{ex} = |2h'|$。

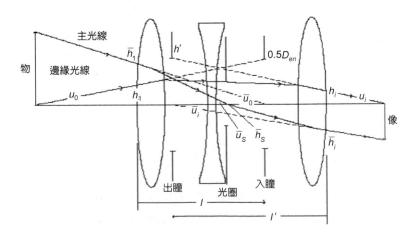

圖 2.6
入瞳與出瞳的位置與大小。

2.1.6 範例

有一雙片鏡組資料如表 2.1 所列，$F/\# = 5$，半視角 = 3°，鏡片折射率分別為 $n_0 =$ 1、$n_1 = 1.5168$、$n_2 = 1$、$n_3 = 1.62004$、$n_4 = 1$，鏡面曲率分別為 $C_1 = 0.016736$、$C_2 = -0.02814$、$C_3 = -0.0287$、$C_4 = -0.007331$，鏡片厚度或空氣間隔分別為 $d_1 = 6$ mm、$d_2 = 0.5$ mm、$d_3 = 3$ mm，而鏡面折光率 (refractive power) 公式 $\phi_j = (n_j - n_{j-1})C_j$，則每一面折光率分別為 $\phi_1 = -0.008649$、$\phi_2 = -0.014543$、$\phi_3 = 0.017795$、$\phi_4 = -0.004546$。

表 2.1 雙片鏡組資料。

	曲面	介質	曲率 (1/mm)	距離 (mm)	材質
		空氣		0	
1	球面 (光圈)		0.016736		
		玻璃		6	Schott-BK7
2	球面		−0.02814		
		空氣		0.5	
3	球面		−0.0287		
		玻璃		3	Schott-F2
4	球面		−0.007331		
		空氣			

註：$F/\# = 5$、半視角 = 3°。

(1) 計算鏡組有效焦距 (EFL)、後焦距 (BFL) 與第二主平面位置

設邊緣光線在第一面高度 $h_1 = 1$，在物方之入射角 $u_0 = 0$，由近軸光線追跡公式：

$$n_1 u_1 = h_1(-\phi_1) + n_0 u_0 = 1 \times (-0.008649) + 0 = -0.008649$$

$$h_2 = (n_1 u_1)\left(\frac{d_1}{n_1}\right) + h_1 = (-0.008649) \times 3.955696 + 1 = 0.965787$$

以此類推可計算出每一面高度與角度如表 2.2 計算表。

$$\text{EFL} = -\frac{h_1}{u_4} = -\frac{1}{-0.01} = 100 \ (\text{mm})$$

$$\text{BFL} = -\frac{h_4}{u_4} = -\frac{0.943866}{-0.01} = 94.3866 \ (\text{mm})$$

$$\text{BFL} - \text{EFL} = -5.6134 \ \text{mm}$$

則第二主平面位置為鏡組最後一面左方 5.6134 mm 處。

表 2.2 EFL、BFL 與第二主平面計算表。

	space 0	surface 1	space1	surface 2	space 2	surface 3	space 3	surface 4	space 4
C		0.016736		−0.02814		−0.0287		−0.007331	
d			6		0.5		3		
n	1		1.5168		1		1.62004		1
$-\phi$		−0.008649		−0.014543		0.017795		−0.004546	
d/n			3.955696		0.5		1.851806		
h		1		0.965787		0.9544		0.943866	
nu	0	−0.008649		−0.022694		−0.00571			−0.01
u	0	−0.005702		−0.002964		−0.003525			−0.01

(2) 前焦距 (FFL) 與第一主平面位置

設邊緣光線在最後一面高度 $h_4 = 1$，在像方之入射角 $u_4 = 0$ 光線逆向追跡時其折射率與厚度須設為負值，由近軸光線追跡公式知：

$$n_3u_3 = h_4(-\phi_4) + n_4u_4 = 1\times(-0.004546) + 0 = -0.004546$$

$$h_3 = (n_3u_3)\left(\frac{d_3}{n_3}\right) + h_4 = -0.004546\times1.851806 + 1 = 0.991582$$

以此類推可計算出每一面高度與角度如表 2.3 計算表。

$$f = -\frac{h_4}{u_0} = -\frac{1}{0.01} = -100 \text{ (mm)}$$

$$\text{FFL} = -\frac{h_1}{u_0} = -\frac{0.992527}{0.01} = -99.2527 \text{ (mm)}$$

$$\text{FFL} - f = 0.7473 \text{ mm}$$

則第一主平面位置在鏡組第一面右方 0.7473 mm 處。

表 2.3 FFL 與第一主平面計算表。

	space 0	surface 1	space1	surface 2	space 2	surface 3	space 3	surface 4	space 4
C		0.016736		−0.02814		−0.0287		−0.007331	
d			−6		−0.5		−3		
n	−1		−1.5168		−1		−1.62004		−1
$-\phi$		−0.008649		−0.014543		0.017795		−0.004546	
d/n			3.955696		0.5		1.851806		
h		0.992527		0.998132		0.991582		1	
nu	−0.01		−0.001417		0.013699		−0.004546		0
u	0.01		−0.000934		−0.013699		0.002806		0

(3) 入瞳大小與入瞳位置

已知 $F/\# = EFL/D_{en}$，D_{en} 為入瞳直徑，$D_{en} = EFL/(F/\#) = 100 \text{ mm}/5 = 20 \text{ mm}$，而光圈在鏡組第一面上，故入瞳與光圈位置重疊，即 $l = 0$。

(4) 出瞳位置

由於主光線在光圈的高度為零即 $h_1 = 0$，設主光線在物方入射角 $\bar{u}_0 = -0.01$，則近軸光線追跡如表 2.4 計算可知：

$$l' = -\frac{\bar{h}_4}{\bar{u}_4} = -\frac{-0.063181}{-0.009928} = -6.363724 \text{ (mm)}$$

(5) 出瞳高度

由於入瞳直徑 $D_{en} = 20 \text{ mm}$，則鏡組邊緣光線在第一面高度為 $h_1 = D_{en}/2 = 10 \text{ mm}$，邊緣光線在物方入射角 $u_0 = 0$，則近軸光線追跡如表 2.5 所列之計算表，出瞳高度為 h'，則

$$h' = h_4 + l' \times u_4 = 9.438659 + (-6.363724) \times (-0.1) = 10.075031 \text{ mm}$$

出瞳直徑 $D_{ex} = |2h'| = 20.150063 \text{ mm}$。

表 2.4 出瞳位置計算表。

	space 0	surface 1	space1	surface 2	space 2	surface 3	space 3	surface 4	space 4
C		0.016736		−0.02814		−0.0287		−0.007331	
d			6		0.5		3		
n	1		1.5168		1		1.62004		1
$-\phi$		−0.008649		−0.014543		0.017795		−0.004546	
d/n			3.955696		0.5		1.851806		
h		0		−0.039557		0044269		−0.063181	
nu	−0.01		−0.01		−0.009425		−0.010213		−0.009928
u	−0.01		−0.006593		−0.009425		−0.007420		−0.009928

表 2.5 出瞳大小計算表。

	space 0	surface 1	space1	surface 2	space 2	surface 3	space 3	surface 4	space 4
C		0.016736		−0.02814		−0.0287		−0.007331	
d			6		0.5		3		
n	1		1.5168		1		1.62004		1
$-\phi$		−0.008649		−0.014543		0.017795		−0.004546	
d/n			3.955696		0.5		1.851806		
h		10		9.657872		9.5444		9.438659	
nu	0		0.08649		−0.226944		−0.057101		−0.1
u	0		−0.057021		−0.226944		−0.035247		−0.1

2.2 波面像差

波面像差定義爲一物點發出一球面波光束經過一含有像差的光學系統，當光束離開此系統時會造成其波面扭曲，而此扭曲量大小即爲波面像差，如圖 2.7 所示。在同一波面任何一點其光程是相等，故 $\left[O\bar{A}D\bar{E}\right]=[OADE]$、$[OADE]=[OADR]+[RE]$、$[RO']=[\bar{E}O']$，則波面像差 W 爲

$$
\begin{aligned}
W &= \left[O\bar{A}\bar{D}O'\right]-[OADO'] \\
&= \left[O\bar{A}D\bar{E}\right]+\left[\bar{E}O'\right]-\left([OADR]+[RO']\right) \\
&= \left[O\bar{A}D\bar{E}\right]-[OADR] \\
&= [RE] \\
&= n'(RE)
\end{aligned}
\tag{2.10}
$$

光程差在每一界面上可以獨立計算，故光學系統波面像差爲 $W_{\text{total}}=W_1+W_2+W_3+...$。

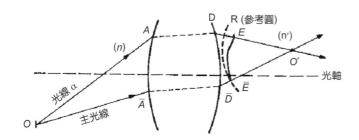

圖 2.7
波面像差定義。

2.2.1 波面像差的函數理論

一般光學系統是一軸對稱系統，必須滿足座標旋轉不變量，利用座標旋轉不變量對波面像差展開，而取其初階像差與三階像差討論。

(1) 座標旋轉不變量

圖 2.8 定義物座標水平與垂直方向分別爲 (ξ,η)，在光學系統入瞳座標爲 (x,y)，則光線通過光學系統後之波面像差的函數含有 (ξ,η,x,y) 四個變數。在此四個變數，有三項數學式滿足座標旋轉不變量：x^2+y^2、$x\xi+y\eta$、$\xi^2+\eta^2$，座標旋轉不變量關係式爲

$$\begin{pmatrix} \xi \\ \eta \\ x \\ y \end{pmatrix}$$  $$\begin{pmatrix} \mathbf{x} \\ \mathbf{y} \end{pmatrix}$$ $$\begin{pmatrix} \xi \\ \eta \end{pmatrix}$$

圖 2.8
座標定義。

$$x = x'\cos\phi - y'\sin\phi \quad , \quad y = x'\sin\phi + y'\cos\phi$$
$$\xi = \xi'\cos\phi - \eta'\sin\phi \quad , \quad \eta = \xi'\sin\phi + \eta'\cos\phi \tag{2.11}$$

如果只考慮物座標垂直方向 η，則 $\xi = 0$，而入瞳座標 (x, y) 以極座標表示則可得三項簡化座標旋轉不變量方程式 ρ^2、$\eta\rho\cos\phi$、η^2，其中 ρ 爲入瞳半徑，ϕ 爲光線在入瞳位置與入瞳 y 軸之間角度。

(2) 波面像差展開式

光學系統是一軸對稱系統，其波面像差是以 $\left(\rho^2 + \eta\rho\cos\phi + \eta^2\right)^n$ 等項次展開的函數

$$W(\eta, \rho, \phi) = {}_0W_{00} + {}_0W_{20}\rho^2 + {}_1W_{11}\eta\rho\cos\phi + {}_2W_{00}\eta^2 + {}_0W_{40}\rho^4 + {}_1W_{31}\eta\rho^3\cos\varphi$$
$$+ {}_2W_{22}\eta^2\rho^2\cos^2\phi + {}_4W_{00}\eta^4 + {}_2W_{20}\eta^2\rho^2 + {}_3W_{11}\eta^3\rho\cos\phi + 高階項 \tag{2.12}$$

其中，${}_iW_{jk}\eta^i\rho^j\cos^k\phi$ 的 ${}_iW_{jk}$ 爲波面像差之各種不同像差係數值。一般在主光線的位置爲參考點所在，沒有像差存在 $(W(\rho = 0) = 0)$，故 $W(\rho = 0) = {}_0W_{00} + {}_2W_{00}\eta^2 + {}_4W_{00}\eta^4 = 0$。如果物高不爲零則 ${}_0W_{00} = {}_2W_{00} = {}_4W_{00} = 0$，波面像差方程式可更改爲

$$W(\eta, \rho, \phi) = {}_0W_{20}\rho^2 + {}_1W_{11}\eta\rho\cos\phi + {}_0W_{40}\rho^4 + {}_1W_{31}\eta\rho^3\cos\varphi + {}_2W_{22}\eta^2\rho^2\cos^2\phi$$
$$+ {}_2W_{20}\eta^2\rho^2 + {}_3W_{11}\eta^3\rho\cos\phi + 高階項 \tag{2.13}$$

(3) 初階像差與三階像差

若以 n 爲多項次的冪層次，則每一層次中項數爲 $n(n + 3)/2$。$n = 1$ 爲波面初階像差，共有兩項分別爲：像面位移 (defocus) ${}_0W_{20}\rho^2$ 及像面傾斜 (tilt) ${}_1W_{11}\eta\rho\cos\phi$。$n = 2$ 爲波

面三階像差，共有五項分別爲：球面像差 (spherical aberration) $_0W_{40}\rho^4$、彗星像差 (coma) $_1W_{31}\eta\rho^3\cos\phi$、像散 (astigmatism) $_2W_{22}\eta^2\rho^2\cos^2\phi$、場曲 (field curvature) $_2W_{20}\eta^2\rho^2$ 及畸變 (distortion) $_3W_{11}\eta^3\rho\cos\phi$。

2.2.2 光點像差與波面像差間的關係

一光學系統在出瞳之波面 Σ，如圖 2.9 所示，設 $\delta u << 0$，則波面像差爲

$$W = [Q_0Q] = nQ_0Q = \frac{nQ_0'Q}{\cos\delta u} = nQ_0'Q \tag{2.14}$$

在主光線參考圓 S

$$QP_0' = Q_0'P_0' - Q_0Q = R - \frac{W(x,y)}{n} \tag{2.15}$$

$$x^2 + (y-\eta_0)^2 + (z-z_p)^2 = \left(R - \frac{W}{n}\right)^2 \tag{2.16}$$

設波面方程式 $F(x,y,z) = x^2 + (y-\eta_0)^2 + (z-z_p)^2 - R^2 + 2R(W/n)$，在波面法線方向爲光線方向餘弦

$$(L,M,N) = \frac{\nabla F}{|\nabla F|} = \frac{\left(\dfrac{\partial F}{\partial x}, \dfrac{\partial F}{\partial y}, \dfrac{\partial F}{\partial z}\right)}{\sqrt{\left(\dfrac{\partial F}{\partial x}\right)^2 + \left(\dfrac{\partial F}{\partial y}\right)^2 + \left(\dfrac{\partial F}{\partial z}\right)^2}} \tag{2.17}$$

其中 $\dfrac{\partial F}{\partial x} = 2x + \dfrac{2R}{n}\dfrac{\partial W}{\partial x}$，$\dfrac{\partial F}{\partial y} = 2(y-\eta_0) + \dfrac{2R}{n}\dfrac{\partial W}{\partial y}$，$\dfrac{\partial F}{\partial z} = 2(z-z_p)$，則

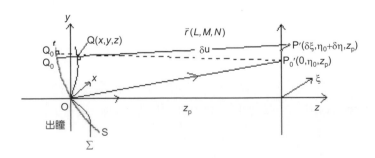

圖 2.9
光點像差與波面像差的關係。

$$(L,M,N) = \frac{\left(x + \frac{R}{n}\frac{\partial W}{\partial x}, (y-\eta_0) + \frac{R}{n}\frac{\partial W}{\partial y}, z - z_p \right)}{\sqrt{\left(x + \frac{R}{n}\frac{\partial W}{\partial x} \right)^2 + \left((y-\eta_0) + \frac{R}{n}\frac{\partial W}{\partial y} \right)^2 + \left(z - z_p \right)^2}} \tag{2.18}$$

光線方程式 $\dfrac{x - \delta\xi}{L} = \dfrac{y - (\eta_0 + \delta\eta)}{M} = \dfrac{z - z_p}{N}$，將 (L,M,N) 代入光線方程式得

$$\frac{x - \delta\xi}{x + \frac{R}{n}\frac{\partial W}{\partial x}} = \frac{y - (\eta_0 + \delta\eta)}{y - \eta_0 + \frac{R}{n}\frac{\partial W}{\partial y}} = 1 \tag{2.19}$$

所以 $\delta\xi = -\dfrac{R}{n}\dfrac{\partial W(x.y)}{\partial x}$，$\delta\eta = -\dfrac{R}{n}\dfrac{\partial W(x,y)}{\partial y}$。

2.2.3 像面縱向位移對像差值的影響

在圖 2.10 中，設原成像點位於 O_0' 其波面像差為 $W_0 = [Q_0 P]$，設像面位移為 Δz $(\Delta z < 0)$，成像於 O' 其波面像差為 $W = [QP]$，則像面縱向位移對像差的影響為 $\Delta W = W - W_0 = [QQ_0] = -n\Delta R$，而 $(Q_0 O')^2 = (Q_0 O_0')^2 + (O'O_0')^2 - 2(Q_0 O_0')(O'O_0')\cos\phi$、$(R + \Delta R)^2 = R_n^2 + (R_0 - R)^2 - 2R_0(R_0 - R)\cos\phi$、$R^2 + 2R\Delta R = R^2 + 2R_0(R_0 - R)(1 - \cos\phi)$，所以

$$\Delta R = (R_0 - R)(1 - \cos\phi) = -2\Delta z \sin^2\frac{\phi}{2} = -\frac{1}{2}\Delta z\phi^2 \tag{2.20}$$

$$\Delta W = -n\Delta R = \frac{1}{2}n\Delta z\phi^2 \tag{2.21}$$

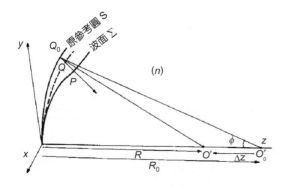

圖 2.10 縱向位移對像差的影響。

2.2.4 賽德像差公式的推導

賽德 (Seidel) 在 1856 年曾對波面三階像差作過有系統的討論，稱之爲賽德像差。

(1) 折射不變量與拉氏不變量

由圖 2.11 可定義折射不變量與拉氏不變量，依據 Snell 定理，每一折射面滿足：

$$A = ni = n'i' = A'$$
$$A = ni = n(u + hc)$$
$$\bar{A} = n\bar{i} = n(\bar{u} + \bar{h}c)$$

其中，A、i、u、h 分別爲邊緣光線折射不變量、入射角、收斂角、鏡面高度，同理 $\bar{A}$、$\bar{i}$、$\bar{u}$、$\bar{h}$ 爲主光線符號。

拉氏不變量定義爲 $H = nu\eta = n'u'\eta'$，n 爲物方折射率，u 爲物方收斂角，η 爲物高；同理，n' 爲像方折射率，u' 爲像方收斂角，η' 爲像高。而拉氏不變量也可以不同形式表示，如 $H = nu\eta = nu(\bar{h} + l\bar{u}) = nu\bar{u}(l - \bar{l}) = n(\bar{h}u - h\bar{u}) = \bar{h}A - h\bar{A}$。

(2) 賽德球面像差推導

在軸上物點其球面成像的像差爲球面像差如圖 2.12 所示，即

$$\begin{aligned} W &= [OAO'] - [OPO'] = (nOA + n'AO') - (nOP + n'PO') \\ &= n(OA - OP) + n'(AO' - PO') \end{aligned} \quad (2.22)$$

在 P 點上之曲面深度爲 z：

$$z = \frac{1}{c}\left(1 - \sqrt{1 - c^2 h^2}\right) = \frac{1}{c}\left[1 - \left(1 - \frac{1}{2}c^2 h^2 - \frac{1}{8}c^4 h^4 + ...\right)\right] = \frac{c}{2}h^2 + \frac{c^3}{8}h^4 \quad (2.23)$$

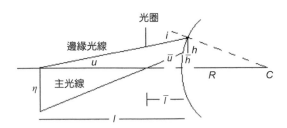

圖 2.11 折射不變量與拉氏不變量。

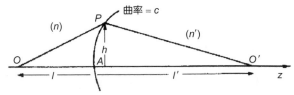

圖 2.12 賽德球面像差的定義。

$$OP^2 = \left(-l+z\right)^2 + h^2 = l^2\left(1-\alpha\right) \ , \quad \alpha = \frac{1}{l}\left(c-\frac{1}{l}\right)h^2 + \frac{c^2}{4l}\left(c-\frac{1}{l}\right)h^4 \tag{2.24}$$

$$\begin{aligned} OP &= -l\sqrt{1-\alpha} = -l\left(1-\frac{1}{2}\alpha - \frac{1}{8}\alpha^2....\right) \\ &= -l\left[1-\frac{1}{2l}\left(c-\frac{1}{l}\right)h^2 - \frac{c^2}{8l}\left(c-\frac{1}{l}\right)h^4 - \frac{1}{8l^2}\left(c-\frac{1}{l}\right)^2 h^4\right] \end{aligned} \tag{2.25}$$

$$OA - OP = -\frac{1}{2}\left(c-\frac{1}{l}\right)h^2 - \frac{C^2}{8}\left(c-\frac{1}{l}\right)h^4 - \frac{1}{8l}\left(c-\frac{1}{l}\right)^2 h^4 \tag{2.26}$$

$$PO'^2 = \left(l'-z\right)^2 + h^2 = l'^2\left(1-\alpha'\right) \ , \quad \alpha' = \frac{1}{l'}\left(c-\frac{1}{l'}\right)h^2 + \frac{c^2}{4l'}\left(c-\frac{1}{l'}\right)h^4 \tag{2.27}$$

$$\begin{aligned} PO' &= l'\sqrt{1-\alpha'} = l'\left(1-\frac{1}{2}\alpha' - \frac{1}{8}\alpha'^2....\right) \\ &= l'\left[1-\frac{1}{2l'}\left(c-\frac{1}{l'}\right)h^2 - \frac{c^2}{8l'}\left(c-\frac{1}{l'}\right)h^4 - \frac{1}{8l'^2}\left(c-\frac{1}{l'}\right)^2 h^4\right] \end{aligned} \tag{2.28}$$

$$AO' - PO' = \frac{1}{2}\left(c-\frac{1}{l'}\right)h^2 + \frac{c^2}{8}\left(c-\frac{1}{l'}\right)h^4 + \frac{1}{8l'}\left(c-\frac{1}{l'}\right)^2 h^4 \tag{2.29}$$

由　$A = ni = n\left(hc+u\right) - nh\left(c-\frac{1}{l}\right) = n'h\left(c-\frac{1}{l'}\right)$,

$$\begin{aligned} {}_0W_{40} &= n\left(OA-OP\right) + n'\left(AO'-PO'\right) \\ &= \frac{1}{2}\left[n'\left(c-\frac{1}{l'}\right)h^2 - n\left(c-\frac{1}{l}\right)h^2\right] \\ &\quad + \frac{C^2}{8}\left[n'\left(c-\frac{1}{l'}\right)h^4 - n\left(c-\frac{1}{l}\right)h^4\right] + \frac{1}{8}\left[\frac{n'}{l'}\left(c-\frac{1}{l'}\right)^2 h^4 - \frac{n}{l}\left(c-\frac{1}{l}\right)^2 h^4\right] \end{aligned} \tag{2.30}$$

前兩項為零，故

$$_0W_{40} = \frac{1}{8}\left[\frac{n'}{l'}\left(c-\frac{1}{l'}\right)^2 h^4 - \frac{n}{l}\left(c-\frac{1}{l}\right)^2 h^4\right] = \frac{h}{8}\left[n'\frac{h}{l'}\left(hc-\frac{h}{l'}\right)^2 - n\frac{h}{l}\left(hc-\frac{h}{l}\right)^2\right]$$

$$= -\frac{1}{8}A^2 h\left(\frac{u'}{n'}-\frac{u}{n}\right) = -\frac{1}{8}A^2 h\delta\left(\frac{u}{n}\right) = \frac{1}{8}S_I$$

$$(2.31)$$

$S_I = -A^2 h\delta\left(u/n\right)$，為賽德球面像差 (Seidel spherical aberration)。

(3) 賽德離軸像差推導

以下就兩種賽德離軸像差：不考慮場曲的離軸像差與考慮場曲的離軸像差之推導，作一詳細敘述。

① 無場曲的賽德離軸像差

有一曲面物體在離軸上成像在一像曲面，如圖 2.13 所示，設 W^* 為歪斜光線 O_1PO_1' 在輔助光軸上的球面像差，$\bar{W}^*$ 為主光線 O_1SO_1' 在輔助光軸上的球面像差，則 W 為以主光線 O_1SO_1' 為基準的歪斜光線 O_1PO_1' 之球面像差。由球面像差公式，球面像差與光線在界面上截高 h^4 成正比，故歪斜光線離軸像差與在鏡面上高度 TP^4 成正比。

$$W^* = [O_1TO_1'] - [O_1PO_1'] = -\frac{1}{8}A^2 h\delta\left(\frac{u}{n}\right)\left(\frac{TP^4}{h^4}\right)$$

$$(2.32)$$

$$\bar{W}^* = [O_1TO_1'] - [O_1SO_1'] = -\frac{1}{8}A^2 h\delta\left(\frac{u}{n}\right)\left(\frac{TS^4}{h^4}\right)$$

$$(2.33)$$

$$W = W^* - \bar{W}^* = [O_1SO_1'] - [O_1PO_1'] = -\frac{1}{8}A^2 h\delta\left(\frac{u}{n}\right)\left(\frac{TP^4 - TS^4}{h^4}\right)$$

$$(2.34)$$

$$TP^2 = (TS+y)^2 + x^2 \ , \ TB = \frac{\eta r}{l-r} \ , \ TS = TB + \bar{h} = \frac{\bar{A}h}{A}$$

$$(2.35)$$

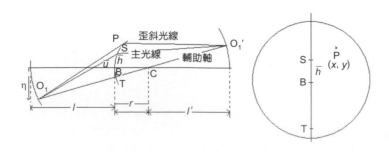

圖 2.13
賽德離軸像差關係圖。

$$TP^4 - TS^4 = \left[(TS + y)^2 + x^2 \right]^2 - TS^4$$

$$= \left(x^2 + y^2 \right)^2 + \frac{4y\bar{A}h}{A}\left(x^2 + y^2 \right) + 2\left(\frac{\bar{A}h}{A} \right)^2 \left(x^2 + y^2 \right) \qquad (2.36)$$

$$+ 4y^2 \left(\frac{\bar{A}h}{A} \right)^2 + 4y \left(\frac{\bar{A}h}{A} \right)^3$$

② 有場曲的賽德離軸像差

設 u^* 指在物域中歪斜光線和輔助光線間的夾角，u'^* 指在像域中歪斜光線和輔助光線間的夾角，$\bar{u}^*$ 指在物域中主光線和輔助光線間的夾角，$\bar{u}'^*$ 指在像域中主光線和輔助光線間的夾角，$\Delta\varepsilon$ 指在物域中的縱向焦點位移，$\Delta\varepsilon'$ 指在像域中的縱向焦點位移，則歪斜光線因場曲所造成之像差變W化爲 δW^*，而主光線所造成之像差變化爲 $\delta\bar{W}^*$，其分別爲：

$$\delta W^* = W'^* - W^* = \frac{1}{2}\left(n'u'^{*2}\Delta\varepsilon' - nu^{*2}\Delta\varepsilon \right) = \frac{1}{2}\delta\left(nu^{*2}\Delta\varepsilon \right) \qquad (2.37)$$

$$\delta\bar{W}^* = \bar{W}'^* - \bar{W}^* = \frac{1}{2}\left(n'\bar{u}'^{*2}\Delta\varepsilon' - n\bar{u}^{*2}\Delta\varepsilon \right) = \frac{1}{2}\delta\left(n\bar{u}^{*2}\Delta\varepsilon \right) \qquad (2.38)$$

$$\delta W = \delta W^* - \delta\bar{W}^* = \frac{1}{2}\delta\left[n\Delta\varepsilon\left(u^{*2} - \bar{u}^{*2} \right) \right] \qquad (2.39)$$

由圖 2.13 可知

$$u^{*2} = \frac{TP^2}{l^2} = \frac{(TS + y)^2 + x^2}{l^2} \quad , \quad \bar{u}^{*2} = \frac{TS^2}{l^2} \quad ,$$

$$\Delta\varepsilon = -\sqrt{(l-r)^2 + \eta^2} - (l-r) = \frac{\eta^2 c}{2}\left(\frac{nhc - A}{A} \right) \qquad (2.40)$$

所以因場曲所造成誤差爲 δW，則

$$\delta W = \frac{1}{2}\delta\left[\frac{m\eta^2 c}{2l^2}\left(\frac{nhc - A}{A} \right)\left(x^2 + y^2 + 2y\frac{\bar{A}h}{A} \right) \right]$$

$$= \frac{1}{4}\delta\left[H^2\left(\frac{hc^2}{A} - \frac{c}{n} \right)\left(\frac{x^2 + y^2 + 2y\frac{\bar{A}h}{A}}{h^2} \right) \right] \qquad (2.41)$$

$$= -\frac{1}{4}H^2\frac{\left(x^2 + y^2 + 2y\frac{\bar{A}h}{A} \right)}{h^2}\delta\left(\frac{c}{n} \right)$$

把上述因場曲所造成像差與不考慮場曲所造成之像差合併，即可得到波面三階像差值 W

$$
\begin{aligned}
W =\; & \frac{-\frac{1}{8}A^2h\delta\left(\dfrac{u}{n}\right)}{h^4}\left(TP^4 - TS^4\right) - \frac{1}{4}H^2\left(\frac{x^2+y^2+2y\bar{A}h/A}{h^2}\right)\delta\left(\frac{c}{n}\right) \\
=\; & -\frac{1}{8}A^2h\delta\left(\frac{u}{n}\right)\left(x^2+y^2\right)^2/h^4 \\
& -\frac{1}{2}A\bar{A}h\delta\left(\frac{u}{n}\right)y\left(x^2+y^2\right)/h^3 - \frac{1}{2}\bar{A}^2h\delta\left(\frac{u}{n}\right)y^2/h^2 \\
& -\frac{1}{4}\bar{A}^2h\delta\left(\frac{u}{n}\right)\left(x^2+y^2\right)/h^2 - \frac{1}{4}H^2c\delta\left(\frac{1}{n}\right)\left(x^2+y^2\right)/h^2 \\
& -\frac{1}{2}\left(\frac{\bar{A}^3}{A}\right)h\delta\left(\frac{u}{n}\right)\frac{y}{h} - \frac{1}{2}\left(\frac{\bar{A}}{A}\right)H^2c\delta\left(\frac{1}{n}\right)y/h
\end{aligned}
\tag{2.42}
$$

(4) 單一波長賽德像差公式

賽德球面像差： $S_{\mathrm{I}} = -A^2h\delta\left(\dfrac{u}{n}\right)$

賽德彗星像差： $S_{\mathrm{II}} = -A\bar{A}h\delta\left(\dfrac{u}{n}\right)$

賽德像散： $S_{\mathrm{III}} = -\bar{A}^2h\delta\left(\dfrac{u}{n}\right)$

賽德場曲： $S_{\mathrm{IV}} = -H^2c\delta\left(\dfrac{1}{n}\right)$

賽德畸變： $S_{\mathrm{V}} = -\left(\dfrac{\bar{A}^3}{A}\right)h\delta\left(\dfrac{u}{n}\right) - \left(\dfrac{\bar{A}}{A}\right)H^2c\delta\left(\dfrac{1}{n}\right) = \dfrac{\bar{A}}{A}\left(S_{\mathrm{III}} + S_{\mathrm{IV}}\right)$

(5) 三階波面像差與賽德像差的關係

設入瞳半徑為 h，物面最大視場 $\eta_{\max}$，則三階波面差與賽德像差的關係為

$$
\begin{aligned}
W =\; & \frac{1}{8}S_{\mathrm{I}}\frac{\left(x^2+y^2\right)^2}{h^4} + \frac{1}{2}S_{\mathrm{II}}\frac{y\left(x^2+y^2\right)}{h^3}\left(\frac{\eta}{\eta_{\max}}\right) + \frac{1}{2}S_{\mathrm{III}}\frac{y^2}{h^2}\left(\frac{\eta}{\eta_{\max}}\right)^2 \\
& + \frac{1}{4}\left(S_{\mathrm{III}} + S_{\mathrm{IV}}\right)\frac{\left(x^2+y^2\right)}{h^2}\left(\frac{\eta}{\eta_{\max}}\right)^2 + \frac{1}{2}S_{\mathrm{V}}\frac{y}{h}\left(\frac{\eta}{\eta_{\max}}\right)^3
\end{aligned}
\tag{2.43}
$$

設 $y = r\cos\phi$、$x = r\sin\phi$ 及 $\rho = r/h$

$$W = \frac{1}{8}S_{\mathrm{I}}\rho^4 + \frac{1}{2}S_{\mathrm{II}}\rho^3\cos\phi\left(\frac{\eta}{\eta_{\max}}\right) + \frac{1}{4}(3S_{\mathrm{III}} + S_{\mathrm{IV}})\rho^2\cos^2\phi\left(\frac{\eta}{\eta_{\max}}\right)^2$$
$$+ \frac{1}{4}(S_{\mathrm{III}} + S_{\mathrm{IV}})\rho^2\sin^2\phi\left(\frac{\eta}{\eta_{\max}}\right)^2 + \frac{1}{2}S_{\mathrm{V}}\rho\cos\phi\left(\frac{\eta}{\eta_{\max}}\right)^3 \tag{2.44}$$

與數學式推導所得像差比較

$$W = {}_0W_{40}\rho^4 + {}_1W_{31}\eta\rho^3\cos\phi + {}_2W_{22}\eta^2\rho^2\cos^2\phi$$
$$+ {}_2W_{20}\eta^2\rho^2 + {}_3W_{11}\eta^3\rho\cos\phi\left(\frac{\eta}{\eta_{\max}}\right)^3 \tag{2.45}$$

即 ${}_0W_{40} = \frac{1}{8}S_{\mathrm{I}}$、${}_1W_{31} = \frac{1}{2}S_{\mathrm{II}}$、${}_3W_{11} = \frac{1}{2}S_{\mathrm{V}}$。

- 三階像散與場曲的關係

  波面三階像散與場曲為

$$W = \frac{1}{4}(3S_{\mathrm{III}} + S_{\mathrm{IV}})\rho^2\cos^2\phi\left(\frac{\eta}{\eta_{\max}}\right)^2 + \frac{1}{4}(S_{\mathrm{III}} + S_{\mathrm{IV}})\rho^2\sin^2\phi\left(\frac{\eta}{\eta_{\max}}\right)^2$$
$$= {}_2W_{22}\eta^2\rho^2\cos^2\phi + {}_2W_{20}\eta^2\rho^2 \tag{2.46}$$

當 $\phi = 0$ 時，入瞳子午面方向的像面高斯焦點至子午焦點距離 ${}_2W_{20T} = \sum_T = (3S_{\mathrm{III}} + S_{\mathrm{IV}})/4$；當 $\phi = 90°$ 時，入瞳弧矢面方向的像面高斯焦點至弧矢焦點距離 ${}_2W_{20S} = \sum_S = (S_{\mathrm{III}} + S_{\mathrm{IV}})/4$；而當 $\phi = 45°$ 時，像面高斯焦點至平均焦點距離 ${}_2W_{20M} = \left(\sum_T + \sum_S\right)/2 = (2S_{\mathrm{III}} + S_{\mathrm{IV}})/4$。

波面三階像散 ${}_2W_{22}$ 為離軸某一視場子午焦點至弧矢焦點距離 $W = {}_2W_{22} = \sum_T - \sum_S = 1/2S_{\mathrm{III}}$。當 ${}_2W_{22} = 0$ 則 $S_{\mathrm{III}} = 0$，即三曲面重疊 $\sum_T = \sum_S = \sum_P$，此時波面三階場曲 ${}_2W_{20}$ 為高斯焦點至匹茲法伐 (Petzval) 像面距離 $W(S_{\mathrm{III}} = 0) = {}_2W_{20} = 1/4S_{\mathrm{IV}}$。

2.2.5 波面色像差

如圖 2.14 所示，軸上光線在鏡組出瞳位置因不同波長造成不同曲率的波面在軸上聚焦位置不同而形成了縱向色差，離軸光線各波長成像像高不同造成各色波面交錯就是橫向色差。

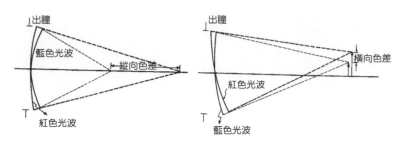

圖 2.14
波面色差。

(1) 柯拉弟 (Conrady) 方程式

設 $\sum$ 表所有介質中光程之總和，D 為邊緣光線行程，$\bar{D}$ 為主光線行程，λ 為所選光線波長，$W_\lambda = \sum n\bar{D} - \sum nD$。當 λ 變更為 $\lambda + \Delta\lambda$，則折射率變化為 $n + \Delta n$，光程差變化為 $W_\lambda + \Delta W_\lambda = W_{\lambda+\Delta\lambda} = \sum(n+\Delta n)(\bar{D}+\Delta\bar{D}) - \sum(n+\Delta n)(D+\Delta D)$，則

$$\Delta W_\lambda = \sum \Delta n(\bar{D}-D) + \sum n(\Delta\bar{D}-\Delta D) + \sum \Delta n(\Delta\bar{D}-\Delta D) \tag{2.47}$$

其中 $\sum \Delta n(\Delta\bar{D}-\Delta D) << 0$，由 Fermat 原理 (光線行走最短光程) 即 $\sum n(\Delta\bar{D}-\Delta D) = 0$，則 $\Delta W_\lambda = \sum \Delta n(\bar{D}-D)$。

(2) 賽德色差公式

如圖 2.15 所示，波面像差為 ΔW_λ

$$\Delta W_\lambda = \sum \Delta n(\bar{D}-D) = \Delta n(OA-OP) + \Delta n'(AO'-PO') \tag{2.48}$$

$$\begin{aligned} OA - OP &= -\frac{1}{2}\left(c-\frac{1}{l}\right)h^2 - \frac{c^2}{8}\left(c-\frac{1}{l}\right)h^4 - \frac{1}{8l}\left(c-\frac{1}{l}\right)^2 h^4 \\ &= -\frac{1}{2}\left(c-\frac{1}{l}\right)h^2 \end{aligned} \tag{2.49}$$

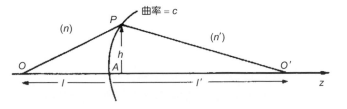

圖 2.15
賽德色差定義。

同理 $AO' - PO' = \dfrac{1}{2}\left(c - \dfrac{1}{l'} \right)h^2$

$$\begin{aligned}
\Delta W_\lambda &= \frac{1}{2}\left[\Delta n'\left(c - \frac{1}{l'} \right) - \Delta n\left(c - \frac{1}{l} \right) \right]h^2 \\
&= \frac{1}{2}\left(\frac{\Delta n'}{n'}A - \frac{\Delta n}{n}A \right)h = \frac{1}{2}Ah\delta\left(\frac{\Delta n}{n} \right)
\end{aligned} \tag{2.50}$$

當考慮離軸的色差效應時,

$$\begin{aligned}
\Delta W_\lambda &= \frac{1}{2}Ah\delta\left(\frac{\Delta n}{n} \right)\left(\frac{TP^2 - TS^2}{h^2} \right) \\
&= \frac{1}{2}Ah\delta\left(\frac{\Delta n}{n} \right)\left(\frac{x^2 + y^2}{h^2} \right) + \bar{A}h\delta\left(\frac{\Delta n}{n} \right)\left(\frac{y}{h} \right)
\end{aligned} \tag{2.51}$$

賽德縱向色差: $C_\mathrm{I} = Ah\delta\left(\dfrac{\Delta n}{n} \right)$,賽德橫向色差: $C_\mathrm{II} = \bar{A}h\delta\left(\dfrac{\Delta n}{n} \right)$

$y = r\cos\phi$,$x = r\sin\phi$,$\rho = \dfrac{r}{h}$,$\Delta n = n_F - n_C$,$\dfrac{\Delta n}{n} = \dfrac{n-1}{nV}$

故 $\Delta W_\lambda = \dfrac{1}{2}C_\mathrm{I}\rho^2 + C_\mathrm{II}\rho\cos\phi\left(\dfrac{\eta}{\eta_{\max}} \right)$,$_0W_{20}(\lambda) = \dfrac{1}{2}C_\mathrm{I}$,$_1W_{11}(\lambda) = C_\mathrm{II}$

2.2.6 賽德像差公式

球面像差: $S_\mathrm{I} = -\sum A^2 h\delta\left(\dfrac{u}{n} \right)$

彗星像差: $S_\mathrm{II} = -\sum A\bar{A}h\delta\left(\dfrac{u}{n} \right)$

像散: $S_\mathrm{III} = -\sum \bar{A}^2 h\delta\left(\dfrac{u}{n} \right)$

場曲: $S_\mathrm{IV} = -\sum H^2 c\delta\left(\dfrac{1}{n} \right)$

畸變：$S_V = -\sum\left[\left(\dfrac{\overline{A}^3}{A}\right)h\delta\left(\dfrac{u}{n}\right)+\left(\dfrac{\overline{A}}{A}\right)H^2c\delta\left(\dfrac{1}{n}\right)\right]$

縱向色差：$C_I = \sum Ah\delta\left(\dfrac{\Delta n}{n}\right)$

橫向色差：$C_{II} = \sum \overline{A}h\delta\left(\dfrac{\Delta n}{n}\right)$

2.2.7 範例

　　如表 2.1 所列之雙片鏡組，$F/\# = 5$，半視角 = 3°，可計算邊緣光線 (表 2.6) 與主光線 (表 2.7) 在鏡面上的高度與角度，及其賽德像差與波面三階像差。

表 2.6 邊緣光線計算表。

	space 0	surface 1	space1	surface 2	space 2	surface 3	space 3	surface 4	space 4
C		0.016736		−0.02814		−0.0287		−0.007331	
d			6		0.5		3		
n	1		1.5168		1		1.62004		1
−ϕ		−0.008649		−0.014543		0.017795		−0.004546	
d/n			3.955696		0.5		1.851806		
h		10		9.657872		9.5444		9.438659	
nu	0		−0.08649		−0.226944		−0.057101		−0.1
u	0		−0.057021		−0.226944		−0.035247		−0.1

表 2.7 主光線計算表。

	space 0	surface 1	space1	surface 2	space 2	surface 3	space 3	surface 4	space 4
C		0.016736		−0.02814		−0.0287		−0.007331	
d			6		0.5		3		
n	1		1.5168		1		1.62004		1
−ϕ		−0.008649		−0.014543		0.017795		−0.004546	
d/n			3.955696		0.5		1.851806		
h		0		0.20731		0.232007		0.331119	
nu	0.052408		0.052408		0.049393		0.053522		0.052017
u	0.052408		0.034552		0.049393		0.033037		0.052017

(1) 各種參數計算

因光圈在第一面上，入瞳與光圈重疊，已知入瞳大小爲 $D_{en} = 20$ mm，則邊緣光線在第一面高度爲 $h_1 = 10$ mm，入射角度 $u_0 = 0$，可使用表 2.6 計算表得到邊緣光線每一面高度與角度。同理主光線在第一面高度 $\overline{h}_1 = 0$，入射角度 $\overline{u}_0 = \tan 3° = 0.052408$，由表 2.7 可得到主光線每一面高度與角度。每一面邊緣光線與主光線折射不變量如下：

$$A_1 = n_0\left(u_0 + h_1 c_1\right) = 1 \times \left(0 + 10 \times 0.016736\right) = 0.16736$$

$$A_2 = n_1\left(u_1 + h_2 c_2\right) = 1.5168 \times \left(-0.057021 + 9.657872 \times \left(-0.02814\right)\right) = -0.498714$$

$$A_3 = n_2\left(u_2 + h_3 c_3\right) = 1 \times \left(-0.226944 + 9.5444 \times \left(-0.0287\right)\right) = -0.500868$$

$$A_4 = n_3\left(u_3 + h_4 c_4\right) = 1.62004 \times \left(-0.035247 + 9.438659 \times \left(-0.007331\right)\right) = -0.1692$$

$$\overline{A}_1 = n_0\left(\overline{u}_0 + \overline{h}_1 c_1\right) = 1 \times \left(0.052408 + 0 \times 0.016736\right) = 0.052408$$

$$\overline{A}_2 = n_1\left(\overline{u}_1 + \overline{h}_2 c_2\right) = 1.5168 \times \left(0.034552 + 0.20731 \times \left(-0.02814\right)\right) = 0.04356$$

$$\overline{A}_3 = n_2\left(\overline{u}_2 + \overline{h}_3 c_3\right) = 1 \times \left(0.049393 + 0.232007 \times \left(-0.0287\right)\right) = 0.042734$$

$$\overline{A}_4 = n_3\left(\overline{u}_3 + \overline{h}_4 c_4\right) = 1.62004 \times \left(0.033037 + 0.331119 \times \left(-0.007331\right)\right) = 0.049589$$

其他參數值計算如下

$$\delta\left(\frac{u}{n}\right)_1 = \frac{u_1}{n_1} - \frac{u_0}{n_0} = \frac{-0.057021}{1.5168} - 0 = -0.037593$$

$$\delta\left(\frac{u}{n}\right)_2 = \frac{u_2}{n_2} - \frac{u_1}{n_1} = \frac{-0.226944}{1} - \frac{-0.057021}{1.5168} = -0.189351$$

$$\delta\left(\frac{u}{n}\right)_3 = \frac{u_3}{n_3} - \frac{u_2}{n_2} = \frac{-0.035247}{1.62004} - \frac{-0.226944}{1} = 0.205187$$

$$\delta\left(\frac{u}{n}\right)_4 = \frac{u_4}{n_4} - \frac{u_3}{n_3} = \frac{-0.1}{1} - \frac{-0.035247}{1.62004} = -0.078243$$

$$\delta\left(\frac{1}{n}\right)_1 = \frac{1}{n_1} - \frac{1}{n_0} = \frac{1}{1.5168} - 1 = -0.340717$$

$$\delta\left(\frac{1}{n}\right)_2 = \frac{1}{n_2} - \frac{1}{n_1} = 1 - \frac{1}{1.5168} = 0.340717$$

$$\delta\left(\frac{1}{n}\right)_3 = \frac{1}{n_3} - \frac{1}{n_2} = \frac{1}{1.62004} - 1 = -0.382731$$

$$\delta\left(\frac{1}{n}\right)_4 = \frac{1}{n_4} - \frac{1}{n_3} = 1 - \frac{1}{1.62004} = 0.382731$$

最後計算拉氏不變量 H

$$H = \bar{h}_1 A_1 - h_1 \bar{A}_1 = -h_1 \bar{A}_1 = -10 \times 0.052408 = -0.52408 \text{ mm}$$

(2) 賽德三階像差

$$S_1 = -A_1^2 h_1 \delta\left(\frac{u}{n}\right)_1 - A_2^2 h_2 \delta\left(\frac{u}{n}\right)_2 - A_3^2 h_3 \delta\left(\frac{u}{n}\right)_3 - A_4^2 h_4 \delta\left(\frac{u}{n}\right)_4$$

$$= 0.01053 + 0.454833 - 0.491298 + 0.021143$$

$$= -0.004792 \text{ mm}$$

$$S_{II} = -A_1 \bar{A}_1 h_1 \delta\left(\frac{u}{n}\right)_1 - A_2 \bar{A}_2 h_2 \delta\left(\frac{u}{n}\right)_2 - A_3 \bar{A}_3 h_3 \delta\left(\frac{u}{n}\right)_3 - A_4 \bar{A}_4 h_4 \delta\left(\frac{u}{n}\right)_4$$

$$= 0.003297 - 0.039727 + 0.041917 - 0.006196$$

$$= -0.000709 \text{ mm}$$

$$S_{III} = -\bar{A}_1^2 h_1 \delta\left(\frac{u}{n}\right)_1 - \bar{A}_2^2 h_2 \delta\left(\frac{u}{n}\right)_2 - \bar{A}_3^2 h_3 \delta\left(\frac{u}{n}\right)_3 - \bar{A}_4^2 h_4 \delta\left(\frac{u}{n}\right)_4$$

$$= 0.001033 + 0.00347 - 0.003576 + 0.001816$$

$$= 0.002743 \text{ mm}$$

$$S_{IV} = -H^2 c_1 \delta\left(\frac{1}{n}\right)_1 - -H^2 c_2 \delta\left(\frac{1}{n}\right)_2 - -H^2 c_3 \delta\left(\frac{1}{n}\right)_3 - -H^2 c_4 \delta\left(\frac{1}{n}\right)_4$$

$$= 0.001566 + 0.002633 - 0.003017 + 0.000771$$

$$= 0.001953 \text{ mm}$$

$$S_V = -\left[\left(\frac{\bar{A}_1^3}{A_1}\right)h_1 \delta\left(\frac{u}{n}\right)_1 + \left(\frac{\bar{A}_1}{A_1}\right)H^2 c_1 \delta\left(\frac{1}{n}\right)_1\right] - \left[\left(\frac{\bar{A}_2^3}{A_2}\right)h_2 \delta\left(\frac{u}{n}\right)_2 + \left(\frac{\bar{A}_2}{A_2}\right)H^2 c_2 \delta\left(\frac{1}{n}\right)_2\right]$$

$$- \left[\left(\frac{\bar{A}_3^3}{A_3}\right)h_3 \delta\left(\frac{u}{n}\right)_3 + \left(\frac{\bar{A}_3}{A_3}\right)H^2 c_3 \delta\left(\frac{1}{n}\right)_3\right] - \left[\left(\frac{\bar{A}_4^3}{A_4}\right)h_4 \delta\left(\frac{u}{n}\right)_4 + \left(\frac{\bar{A}_4}{A_4}\right)H^2 c_4 \delta\left(\frac{1}{n}\right)_4\right]$$

$$= \frac{\bar{A}_1}{A_1}\left(S_{III_1} + S_{IV_1}\right) + \frac{\bar{A}_2}{A_2}\left(S_{III_2} + S_{IV_2}\right) + \frac{\bar{A}_3}{A_3}\left(S_{III_3} + S_{IV_3}\right) + \frac{\bar{A}_4}{A_4}\left(S_{III_4} + S_{IV_4}\right)$$

$$= 0.000814 - 0.000533 + 0.000563 - 0.000758$$

$$= 0.000086 \text{ mm}$$

$$C_I = A_1 h_1 \delta\left(\frac{\Delta n}{n}\right)_1 + A_2 h_2 \delta\left(\frac{\Delta n}{n}\right)_2 + A_3 h_3 \delta\left(\frac{\Delta n}{n}\right)_3 + A_4 h_4 \delta\left(\frac{\Delta n}{n}\right)_4$$

$$= A_1 h_1 \delta\left(\frac{n-1}{nV}\right)_1 + A_2 h_2 \delta\left(\frac{n-1}{nV}\right)_2 + A_3 h_3 \delta\left(\frac{n-1}{nV}\right)_3 + A_4 h_4 \delta\left(\frac{n-1}{nV}\right)_4$$

$$= 0.008886 + 0.025574 - 0.050306 + 0.016806$$

$$= 0.00096 \text{ mm}$$

$$C_{\mathrm{II}} = \bar{A}_1 h_1 \delta\left(\frac{\Delta n}{n}\right)_1 + \bar{A}_2 h_2 \delta\left(\frac{\Delta n}{n}\right)_2 + \bar{A}_3 h_3 \delta\left(\frac{\Delta n}{n}\right)_3 + \bar{A}_4 h_4 \delta\left(\frac{\Delta n}{n}\right)_4$$

$$= \frac{\bar{A}_1}{A_1} C_{I_1} + \frac{\bar{A}_2}{A_2} C_{I2} + \frac{\bar{A}_3}{A_3} C_{I3} + \frac{\bar{A}_4}{A_4} C_{I4}$$

$$= 0.002783 - 0.002234 + 0.004292 - 0.004925$$

$$= -0.000084 \text{ mm}$$

(3) 波面三階像差

設定中心波長為 0.5876 μm，

$$_0W_{40} = \frac{1}{8} S_{\mathrm{I}} = -0.000599 \text{ mm} = -1.0194\lambda \text{ , } _1\dot{W}_{31} = \frac{1}{2} S_{\mathrm{II}} = -0.000355 \text{ mm} = -0.6033\lambda$$

$$_2W_{22} = \frac{1}{2} S_{\mathrm{III}} = 0.001372 \text{ mm} = 2.3341\lambda \text{ , } _2W_{20} = \frac{1}{4} S_{\mathrm{IV}} = 0.000488 \text{ mm} = 0.8309\lambda$$

$$_3W_{11} = \frac{1}{2} S_{\mathrm{V}} = 0.000043 \text{ mm} = 0.0732\lambda$$

$$_0W_{20}(\lambda) = \frac{1}{2} C_{\mathrm{I}} = 0.00048 \text{ mm} = 0.8169\lambda$$

$$_1W_{11}(\lambda) = C_{\mathrm{II}} = -0.000084 \text{ mm} = -0.143\lambda$$

$$_2W_{20S} = \frac{1}{4}(S_{\mathrm{III}} + S_{\mathrm{IV}}) = 0.001174 \text{ mm} = 1.998\lambda$$

$$_2W_{20T} = \frac{1}{4}(3S_{\mathrm{III}} + S_{\mathrm{IV}}) = 0.002546 \text{ mm} = 4.332\lambda$$

$$_2W_{20M} = \frac{1}{4}(2S_{\mathrm{III}} + S_{\mathrm{IV}}) = 0.00186 \text{ mm} = 3.165\lambda$$

2.3 商用設計軟體功能介紹

一般而言，與光學設計相關的軟體可分為：(一) 成像光學設計軟體 (光學設計軟體) 與 (二) 非成像光學設計軟體 (光機設計軟體) 兩大類。其中，從事成像光學方面所使用的為光學設計軟體，這一類的軟體大多是使用數十條光線或數百條光線來描述整個光學系統，所以計算的速度較快，並且在軟體中可對系統進行最佳化的設計，使系統達到一定的目標值。而非成像光學設計軟體是從事照明光學或是雜散光分析所使用的軟體，這一類的軟體描述光學系統時使用光線的數量達數萬條甚至是數百萬條光線，所以計算的時間相對的比較長，但是這些軟體通常都具備機構繪製的功能，或者是讀取機械繪圖檔案的能力。

第 2.3 節作者為林宇仁先生。

　　光學設計軟體有許多的廠商推出，依按字母順序排序，較知名的有：CODE V[(4)]、OpTaliX[(5)]、OSLO[(6)] 及 ZEMAX[(7)] 等。光機設計軟體則有 Apilux[(8)]、ASAP[(9)]、FRED[(10)]、LightTools[(11)]、SPEOS[(12)] 及 TracePro[(6)] 等。本節將簡介商用設計軟體的功能。

　　光學設計軟體大多具備多個浮動視窗，通常具有：

(1) 表面資訊視窗 (surface data) 用以輸入光學元件的曲率、材質與元件的厚度等資訊。

(2) 分析視窗用以呈現設計的結果是否符合規格。

(3) 表單視窗則是以文字的型式描述所設計的系統。

(4) 其他。

　　各式軟體的操作界面圖如圖 2.16 至圖 2.19 所示，可以見到這類型軟體的操作界面大同小異，只是在一些規則定義上有些許的不同。

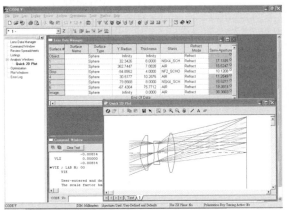

圖 2.16 CODE V 之軟體操作界面圖。

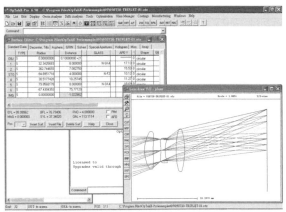

圖 2.17 OpTaliX 之軟體操作界面圖。

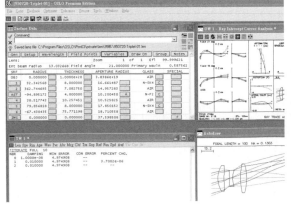

圖 2.18 OSLO 之軟體操作界面圖。

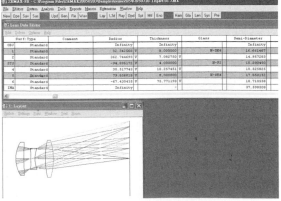

圖 2.19 ZEMAX 之軟體操作界面圖。

　　因為專利的緣故，這類型的軟體在系統最佳化設計的演算法上不盡相同，但是都可以設定系統的目標值由軟體去作最佳化設計。這些不同之處當然各有特色，很難去評比其優勝劣敗，使用者選擇價格與功能符合期望值的軟體，就是一套好軟體不是嗎？系統最佳化設計的過程通稱為優化，在優化的過程中一定要有系統的評價函數，或稱為系統的目標值或是系統的限制等。

　　每個軟體在撰寫評價函數的方式大多不同。CODE V 是以對話框的型式來完成，如圖 2.20 所示。OpTaliX 是以文字的方式撰寫，並可以呼叫文字檔作為評價函數，如圖 2.21 所示。OSLO 是以表單的方式撰寫評價函數，如圖 2.22 所示。ZEMAX 也是以表單的方式撰寫評價函數，如圖 2.23 所示。

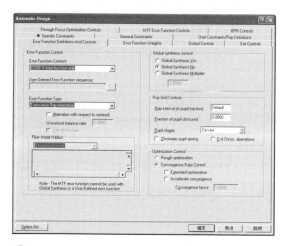

圖2.20 CODE V 之評價函數操作界面圖。　　　　圖2.21 OpTaliX 之評價函數操作界面圖。

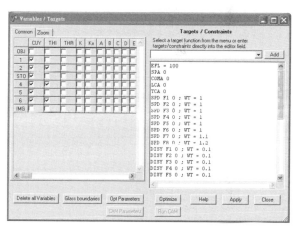

圖2.22 OSLO 之評價函數操作界面圖。　　圖2.23 ZEMAX 之評價函數操作界面圖。

在選擇軟體時，每一個人重視的要點皆不同，但有一些功能則是軟體一定得具備的，例如光學元件 ISO 圖的輸出，這可以讓光學設計人員省去繪製光學元件 ISO 圖的時間，各軟體的光學元件 ISO 圖的輸出如圖 2.24 至圖 2.27 所示。

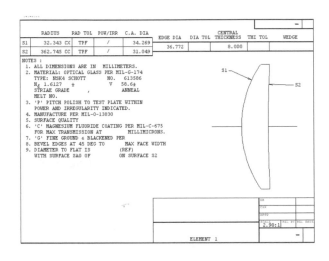

圖 2.24
CODE V 之光學元件 ISO 圖。

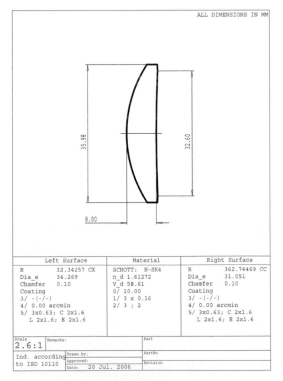

圖 2.25 OpTaliX 之光學元件 ISO 圖。

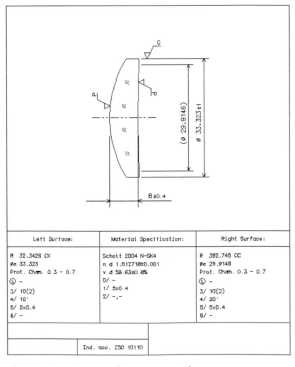

圖 2.26 OSLO 之光學元件 ISO 圖。

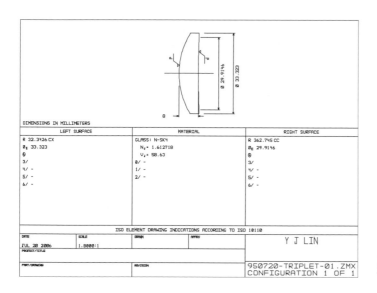

圖 2.27
ZEMAX 之光學元件 ISO 圖。

　　光機設計軟體又是另一個類型的設計軟體，這一類的軟體著重於用大量的光線來模擬真實的系統，使用光線的數量通常為百萬條之譜。這一類的軟體大多具備機構的繪製功能，這些功能普遍的以滑鼠拖拉或是配合鍵盤指令輸入加以繪製，但是也有例外的，例如 ASAP 這一套軟體。該軟體則是以純指令輸入的方式繪製光學元件與機構件，這對擅長程式設計的使用者而言不是太大的問題，若是熟悉機構繪製軟體的使用者來操作該軟體，可能要花一些時間來適應。也由於是使用程式的方式，該軟體在功能上也相對的比較靈活。所幸這些軟體皆具備檔案讀取與轉換的功能，都可以讀取機構設計軟體的檔案，再賦與物件光學特性即可進行分析與模擬。

　　一般的光機軟體在光源方面大多不能模擬同調性光源 (coherence source)，唯有 ASAP 具有此一能力。各光機軟體的操作界面圖如圖 2.28 至圖 2.31 所示。

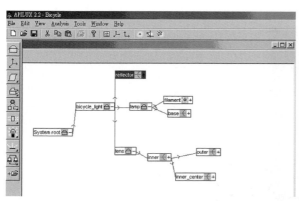

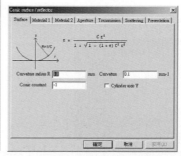

圖 2.28
Apilux 之軟體
操作界面圖。

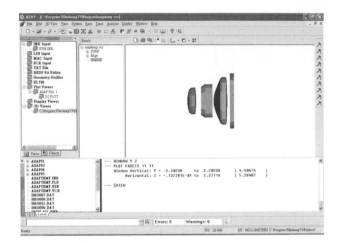

圖 2.29
ASAP 之軟體操作界面圖。

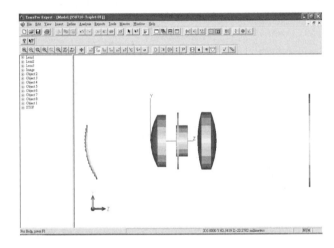

圖 2.30
Trace Pro 之軟體操作界面圖。

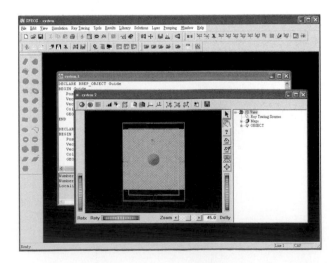

圖 2.31
SPEOS 之軟體操作界面圖。

2.4 品質評估

　　光學設計的目的最終是製造、組裝出一個光學系統，以執行某個指定的任務，並被要求達到指定的精準度。然而，光學效能或是成像品質會受限於幾何像差 (geometrical aberration)、繞射效應 (diffraction)、雜散光 (stray light)，甚至於製造及組裝誤差，使得系統無法如高斯光學所計算般的完美。光學設計會面臨到的疑問是，究竟光學效能要多好？在這些像差以及干擾之下，效能是否依然能達到任務目標的要求？甚至於系統實際的表現如何？很顯然地，我們需要有一些量化的方法與標準，可以對應像差及系統內的干擾，來驗證效能並評價系統。評價光學效能或成像品質的方法有很多種，常見的有調變轉換函數 (modulation transfer function, MTF)、焦點能量集中程度 (encircled energy)、模糊圈的大小 (RMS blur diameter) 以及其他標準，可以依據系統的使用目的與設計規格選擇適當的方式評價光學系統。

2.4.1 解析度

　　解析度 (resolution、resolving power) 最常用來評價成像 (image-forming) 系統，如照相機鏡頭，解析度簡單來說就是鏡頭的解析能力，也就是鏡頭辨別「點」的能力，在固定物距之下，越能夠辨別兩個越靠近的物點 (點光源)，表示該鏡頭的解析度越好。

　　鏡頭的解析度與其繞射極限 (diffraction limit) 有關，在幾何觀點上，從一物點 (object point) 出發的所有光束是可能會聚到一個像點 (image point) 上，乍看之下，無窮高的解析度似乎是可能存在的。但是，波前 (wavefront) 理論中，波前會聚的點一定會有其大小分布，而不會是無窮小，而這個極限值 (最小值) 即稱為繞射極限。因此光學系統的解析度受限於繞射極限，並且與系統使用的波長與光圈焦距比 $F/\#$ 有關。對於一個入瞳 (entrance pupil) 直徑 D、光圈焦距比為 $F/\#$ 的完美光學系統，兩個鄰近光點透過這完美光學系統成像時，兩個成像點至少須分離 Airy 光環 (Airy disk) 即 $d = 1.22\lambda(F/\#)$ (繞射條紋第一個暗紋的半徑) 以上的距離才有足夠的對比度可以鑑別出分離的兩點，此時兩像點中間區域其能量約為峰值的 0.74 倍，如圖 2.32 所示。如果對應到物空間的話，最佳解析度為 $\alpha = 1.22\lambda/$入瞳直徑 (弧度)，即系統可以辨別以此弧度分開的兩個物點。

　　由上述內容可了解到解析度與繞射極限的觀念還是從一階 (first-order) 光學而來，在這裡雖然還不能表達出系統實際的光學效能，但是卻可以清楚的定出系統的極限在哪裡，可提供規格制定與設計者一個參考方向。另外，若一個光學系統的像差甚小，繞射效應是不可以忽略的，光學效能將會受到繞射支配，繞射效應是光學效能的最終限制，系統效能不可能超越其極限。

第 2.4 節及第 2.5 節作者為何承舫先生。

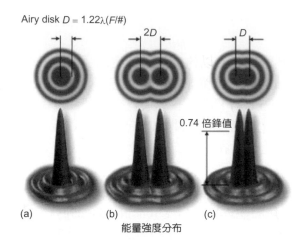

Airy disk $D = 1.22\lambda(F/\#)$

(a)　　　　　　(b)　　　　　　(c)

能量強度分布

圖 2.32
Airy 光環與鑑別率。

2.4.2 光線追蹤與像差

在初階設計時，我們可以利用近軸或是高斯光學獲得系統的基本特性並且估算出效能極限。但是，如果想要評估一個系統的光學效能，則必須實際地考慮像差的影響，計算光線偏移近軸焦點的位置，一般而言，可以直接使用光線追蹤計算光線經過光學元件後的眞實落點，或是利用像差理論來描述光線距離近軸焦點的偏移量。

2.4.3 光線追蹤曲線

光線追蹤曲線 (ray-tracing curves) 或是攔截曲線 (ray-intercept curves) 是將光線追蹤後的偏差量以圖像的方式來表達光學系統像差，這是一個以孔徑座標爲函數的光線偏差 (ray displacement) 圖形，可以充分的表現物點在經過系統作用後像點擴散 (stigmatic) 的實際情況。在資料圖像化後，有經驗的設計者可以立即的藉由資料曲線之趨勢，判斷出系統所呈現的像差量，如球面像差 (spherical aberration)、彗差 (coma)、像散 (astigmatism)、場曲 (field curvature)，以及色像差 (axial color、lateral color) 等。

既然光線追蹤曲線是經過光線追蹤所獲得的曲線，那就必須要先了解哪些光線是需要被指定且追蹤計算的。在這之前，必須先了解軸對稱光學系統的對稱特性。對於一個以光軸爲對稱的光學系統而言，系統在光軸旋轉下是不會變動的，這也包含任何光軸平面上的反射。另外一個重要特性是軸對稱系統的近軸成像，位於物平面上的任意物點必須在像平面成一個銳利沒有畸變的完美像點，物平面與像平面形成兩共軛面。光線追蹤曲線就是基於軸對稱系統的對稱特性下，量化光線追蹤得到的偏移量 $(\Delta y, \Delta x)$ 所繪製成的圖像。

圖 2.33 爲離軸光線通過鏡頭的出瞳 (exit pupil) 並且會聚爲一個離軸 (off-axis) 像點，這個圖可以明白地顯示出光線追蹤曲線的基本概念。光線追蹤曲線是以主光線 (chief ray)

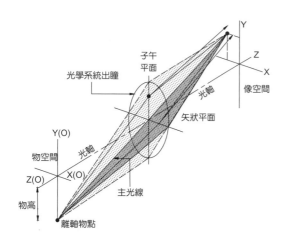

圖 2.33
光線追蹤曲線的基本概念。

與理想像平面的交點為計算偏移量的基準點，以此當成理想像高 (image high)。首先要追蹤的是落於子午平面 (meridional plane) 上的光線，通常會以光線高度 (ray high) 來指示所追蹤的光線，其中座標軸是以出瞳孔徑為歸一化，在圖中的 +Y 方向表示落於子午平面並經由出瞳上半部通過的光線，–Y 方向則是落於子午平面並經由出瞳下半部通過的光線，而對應到的 Δy 值則是該光線偏離理想成像點位置在 Y 軸上的偏移量，如圖 2.34 所示。另外，在離軸或是有視角的情況下，通常會使子午平面與視角平面平行。圖 2.33 的另外一個部分顯示的是落於矢狀平面 (sagittal plane) 上通過出瞳右方的光線，同理，所對應的 Δx 值則是該光線偏離理想成像點位置在 X 軸上的偏移量。不同的是，在軸對稱系統的前提下，光線在 X 與 –X 方向上的行為會對稱於子午平面，所以在某些光學軟體上 x–Δx 光線追蹤曲線圖僅以 X 方向單一象限來表示。

　　根據以上的定義，便可以藉由在子午平面、矢狀平面通過系統出瞳的光線圖像化光線落點與理想像點的偏移量，並且評價系統。理論上，對一個完美的系統，不論光線由哪一個位置通過系統出瞳，光線在像平面均會落在理想像點之上，所以完美系統的光線追蹤曲線圖將是沿著橫座標的一條直線。當光學系統有像差時，光線追蹤曲線將會展現不同的曲線型態，對單一像差而言，各類型像差有其特徵的變化趨勢，如三階彗差 (3rd order coma) 會呈現拋物線的趨勢，但實際系統不可能僅殘存單種像差，必然會有其他像差同時存在，光線追蹤曲線圖是實際經過光線追蹤所產生，所以在複雜像差的情況也能

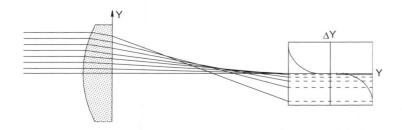

圖 2.34
Y 方向軸上光線追蹤曲線。

忠實的反應在曲線趨勢上。接下來將會介紹幾種像差類型所呈現出的曲線趨勢，這可以運用於實際系統的分析上，大略地分類複雜像差中強支配的像差項，用以評價光學效能或是以此作為系統優化的依據。

2.4.4 離焦

　　單純離焦 (defocus) 的情況很簡單，離焦產生的偏移量基本上只與光線通過出瞳孔徑的高度相關而與物高無關，因此即使在不同視角時，子午平面光線 y–Δy 與矢狀平面光線 x–Δx 的曲線都是一條通過座標中心的傾斜直線並且具有相同的斜率，如圖 2.35(a) 所示。如果 y–Δy 曲線與 x–Δx 曲線兩者的斜率不同，則是表示離焦中帶有像散，圖 2.35(b) 所示為離焦伴隨負值三階像散。另外，離焦也可以視為像散像差，同時也可以用來修正像散像差，但是並不能修正非對稱的像差，如彗差等。

2.4.5 球面像差

　　球面像差的光線追蹤曲線圖為光瞳孔徑的三次曲線，如圖 2.36 所示，通常曲線趨勢在原點 (及接近孔徑中央) 附近為水平，而接近正、負光瞳孔徑邊緣時會快速增加。而高

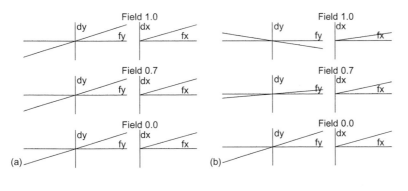

圖 2.35
(a) 離焦光線追蹤曲線，(b) 離焦與三階像散混合之光線追蹤曲線。

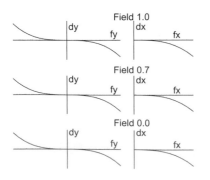

圖 2.36
球面像差之光線追蹤曲線。

階球面像差曲線在原點附近的平坦區域通常比三階球面像差曲線來得寬廣，主要是高階球面像差要在相對孔徑足夠大時才會影響系統。另外，離焦也可以用來平衡球面像差，在最佳焦點位置時，曲線會以原點為中心傾斜，曲線兩翼則與 Y 軸相交，如圖 2.37 所示。在這個相對孔徑位置上 Δy 偏移量被修正至零，而在其他相對孔徑位置之 Δy 偏移量也被控制在一特定值之內，不會隨相對孔徑增大而有快速偏差，此時系統成像處於最小模糊圈 (minimized residual blur diameter)。

2.4.6 彗差

　　三階彗差的光線追蹤曲線趨勢在子午平面是呈現拋物線，偏差量 Δy 為子午面方向相對孔徑的二次曲線，而在矢狀平面是沿著 X 軸的一條直線，如圖 2.38(a) 所示。高階彗差的曲線與三階彗差類似，但子午平面變化的趨勢較為緩和。從這裡可以了解到，彗差呈現高度非對稱性，不論在相對孔徑的上下方所產生的偏移均偏向完美像點的其中一邊，並且隨著相對孔徑的增加，光斑會隨之擴散，最終呈現有如彗星般拖曳的光點，這也是彗差之名的由來。

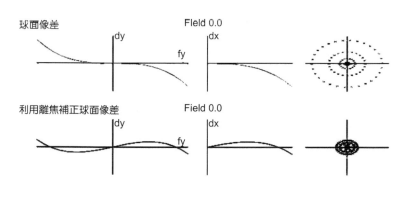

圖 2.37
利用離焦修正球面像差。

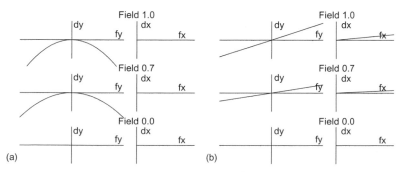

圖 2.38
(a) 彗差之光線追蹤曲線，
(b) 像散之光線追蹤曲線。

2.4.7 像散

　　在單純像散的情況下，光線追蹤曲線為一通過原點之傾斜直線，但是與離焦不同的是，子午平面光線 $y-\Delta y$ 與矢狀平面光線 $x-\Delta x$ 的像散曲線有著不同之斜率，而且其斜率大小與視角 (field of view) 相關，如圖 2.38(b) 所示，像散光斑則呈現橢圓形。

2.4.8 色差 (Chromatic Aberration)

　　光線追蹤曲線因為是實際光束追蹤所得到的結果，因此也可以反映出不同波長的光線通過系統後在像平面所產生的偏差量。一般的表示方式是將多個波長的曲線繪製於同一個圖面中以互相比較，圖 2.39 為多波長系統的光線追蹤曲線。另外，不同的波長有不同的最佳焦點，其產生的焦點位移 (chromatic focal shift) 如圖 2.40 所表示。

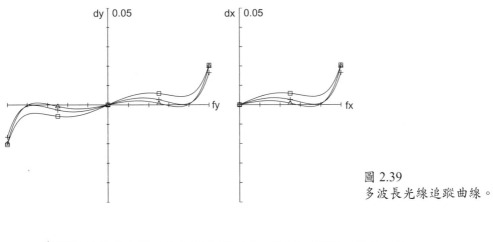

圖 2.39
多波長光線追蹤曲線。

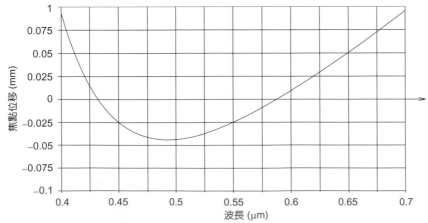

圖 2.40
不同波長的焦點位移。

2.4.9 畸變

對於成像系統的影像還有一個需求，就是成像在幾何上必須與物相似，沒有產生變形。畸變通常以理想像高 h (或是離軸高度) 的百分比來表示，如圖 2.41(a) 所示，更具體的表示方式是透過方格成像，以比對物像間的變形，如圖 2.41(b) 所示。正畸變稱爲枕形畸變 (pincushion distortion)，而負畸變則稱爲桶形畸變 (barrel distortion)。

2.4.10 光程差

光程差 (optical path difference, OPD) 也稱爲波前像差 (wavefront aberration)，以光的波動性 (the wave nature of light) 用幾何波前來探討像差。理想參考波前是完美像點的波前，此參考波前是一個球面波並且會聚中心就在其球心上，而眞實波前與此理想波前之差異就叫光程差，如圖 2.42 所示。在光學軟體中，內定參考球面波前起始於系統出瞳 (real exit pupil) 位置並通過出瞳中心點，而參考球面波前的中心則是設定於像平面之上 (但是在某些情況下須採用平面波前)。

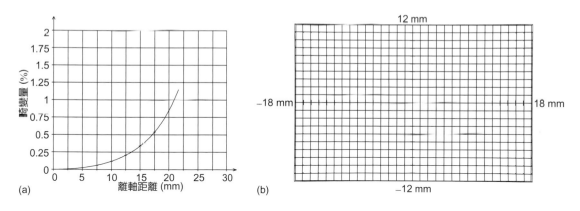

圖 2.41 (a) 畸變的輸出圖表，(b) 方格成像後的畸變。

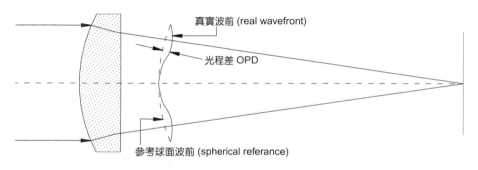

圖 2.42
光程差示意圖。

　　光程差圖像化類似於光線追蹤曲線，將通過子午面、矢狀平面光線的 OPD 分開來表示，在座標軸定義上，橫軸爲相對出瞳孔徑，縱軸對應的爲光程差值，以波長爲單位，如圖 2.43 所示。同樣的，在軸對稱系統的前提下，光線在 X 與 –X 方向上的行爲會對稱於子午平面，光程差相同，因此通常 X_OPD 僅以 X 方向單一象限來表示。光程差圖也可以反應出系統像差，軸上像差曲線呈現對稱，彗差像散等離軸像差則爲非對稱。

　　在光程差分析中也包含了兩個相當重要的統計資料：峰谷值波前誤差 (PV_OPD, peak-to-valley wavefront error) 以及均方根波前誤差 (RMS wavefront error)，如圖 2.44 所示。PV 值描述了實際波前的最大光程差，顯示了實際波前與理想波前的最大差距。另一個統計資料是均方根波前誤差 RMS_OPD，其定義如公式 (2.52) 所示。

$$RMS\_OPD = \sqrt{\frac{\sum \overline{OPD^2}}{n}} \tag{2.52}$$

其爲出瞳孔徑中所有取樣點 OPD 的平均值。基本上，PV 值可以預估系統的像質 (適用在波前像差平緩的情況下)，缺點是沒有足夠資訊可以表現系統波前的不規則度。舉例來說，系統有可能只是有小區域波前顛簸，使得 PV 值過高，但是整體來看，其實這小區域的波前誤差對系統像質的影響是有限的。而均方根波前誤差因爲包含了所有取樣點光程差，相對來說，是描述整體波前差異比較適當的方式。對於一個平滑波前，均方根波前誤差大約爲峰谷值波前誤差的 1/3.5：RMS_OPD ≅ PV_OPD/3.5，兩者之間的比例與波前顛簸起伏的數目成高度反比關係，顛簸起伏越多的波前則兩者差距越小，一般情況約爲 1/3 至 1/5 之間。另外，根據徠利判則 (Rayleigh criteria)，當光學系統的波前誤差等於或小於 1/4 波長時，此系統已經接近完美系統。若系統設計評估以波前誤差 PV 值 1/4 波長爲標準，則系統波前誤差 RMS 值約落在 1/12 至 1/20 波長之間。

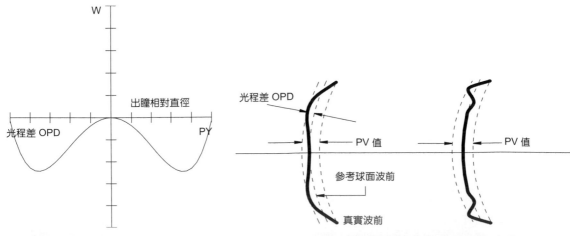

圖 2.43 光程差曲線輸出圖。　　　　　圖 2.44 PV 值相同，但是 RMS 值相異的兩個波前。

2.4.11 光斑圖

光斑圖 (spot diagram) 可想像爲一點光源經過光學系統後所產生的像,透過此單一光點的成像來分析系統的光學效能。在光學設計軟體上,光斑圖是透過大量光束追蹤 (描光) 動作,計算物平面點光源經過光學系統後的成像點。光斑圖雖然可以很直接表達出成像狀況,但有時候卻未必能夠清楚、明瞭的呈現出系統中帶有何種的像差。然而,在光學設計軟體中,光斑圖帶有另外一項重要的訊息,光斑尺寸 (spot size 或 spot radius) 即光斑徑向尺寸的均方根值 (root-mean square, RMS),其爲根據統計概念對像平面上 Δx 與 Δy 分散程度所作的定量描述,通常在 RMS 光斑尺寸內大略包含了 68% 左右的能量。這相當適合用來評價使用像素式感測器 (pixilated sensor) 的光學系統,一般此類系統對效能的要求是希望光學系統的光斑尺寸必須要小於像素尺寸。另外,光學軟體在輸出光斑圖時通常可以標明並畫出 Airy 光環斑半徑 (Airy disk radius) 以方便設計者利用光斑尺寸比較。如之前所提,光學系統效能受限於繞射極限,這意味著光斑尺寸最小值將受限於 Airy 光環半徑,但是如果光斑大小遠大於繞射極限,則表示光學效能基本上是幾何像差所支配。最後要注意的是,RMS 光斑尺寸是一個統計上的量化數值,並非表示實際光斑大小就是以如此分布,或是表示絕大部分的能量就一定散布在此半徑之內,讀者在解讀此訊息時仍然需注意其光斑散布情況、定義 (直徑或是半徑) 與單位,以避免誤判其效能。光斑圖的輸出如圖 2.45 所示,圖中的例子,RMS 光斑尺寸爲 0.007072 mm,Airy 光環半徑爲 0.002862 mm。

2.4.12 點擴散函數與徑向能量分布

光斑圖純粹是以光線追蹤的觀點來看光點的幾何成像。在點擴散函數 (point spread function, PSF) 中,則考慮光的波動性,呈現的是光點的繞射成像,並利用幾何波前推算出成像點輻射強度分布的情況。

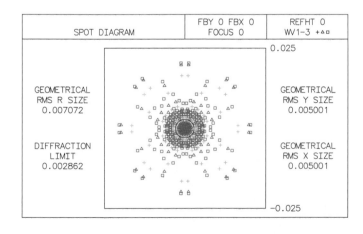

圖 2.45
光斑圖。

　　Strehl 比值 (Strehl ratio) 是點擴散函數的峰值 (center of the Airy disk) 對於完美無像差 (aberration-free) 系統的點擴散函數峰值之比，這相當適合用來評估及修正完善的光學系統，並且了解成像點受系統像差影響的程度，完美無像差系統的點擴散函數如圖 2.46 所示。如表 2.8 所列[13]，Strehl 比值與波前變量相關，如果得知均方根波前誤差 (RMS_OPD) 則可以粗略算出 Strehl 比值如公式 (2.53) 所示，像差對能量分布的影響可參考圖 2.47 所示。

$$\text{Strehl 比值} = e^{-(2 \cdot \pi \cdot \text{RMS\_OPD})^2} \tag{2.53}$$

表 2.8 光程差與 Strehl 比值之估算表格。

PV_OPD	RMS_OPD	Strehl 比值	Airy 光環內之能量比例
0.0	0.0	1.00	84%
$\lambda/16$	0.018λ	0.99	83%
$\lambda/8$	0.036λ	0.95	80%
$\lambda/4$	0.07λ	0.80	68%
$\lambda/2$	0.14λ	0.4	40%
$\lambda/0.75$	0.21λ	0.1	20%
λ	0.29λ	0.0	10%

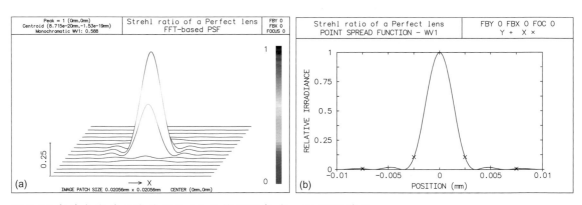

圖 2.46 完美無像差光學系統之 (a) 三維 PSF 輸出，(b) PSF 截面。

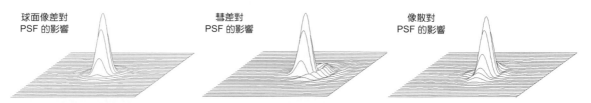

圖 2.47 像差對能量分布的影響。

　　徑向能量分布 (radial energy distribution, RED)，有時候也稱爲焦點能量集中程度 (encircled energy)，表示成像半徑內能量累積的比例，跟前文介紹 RMS 光斑尺寸類似，相當適合用來評價像素式感測器光學系統。不同的是，RMS 光斑尺寸是純粹光線追蹤的統計結果，而徑向能量分布則是利用點擴散函數計算而來，如公式 (2.54) 所示。

$$\mathrm{RED}(a)=\int_0^a \int_0^{2\pi} PSF\left(r',\theta'\right)r'dr'd\theta' \tag{2.54}$$

　　徑向能量分布圖在繪製上是以區域徑向 (R 方向半徑) 爲橫坐標，能量累積比例爲縱座標，最大值爲 1，如圖 2.48 所示。另外，圖中也顯示繞射極限與不同視角時的徑向能量分布曲線。在評價像素式感測器系統時，通常會要求成像點需要有 80% 以上的能量集中在像素尺寸之內。

2.4.13 調制轉換函數

　　MTF 爲調制轉換函數 (modulation transfer function) 的簡寫，被廣泛地用來檢驗各類光學系統，特別是成像系統的影像品質。MTF 所表達的是像的調變程度 (modulation) 與物的調變程度兩者之比值，以此反映出透鏡組的成像能力，如圖 2.49 所示。其中調變程度 Modulation = (max. − min.)/(max. + min.)，而調制轉換函數可爲 $\mathrm{MTF}_{(空間頻率)} = \mathrm{M}_{(成像空間)}/\mathrm{M}_{(物空間)}$，調制轉換曲線 (MTF 曲線) 便是物像空間調制轉換的比率並以空間頻率爲函數所繪製的曲線，表達的是物空間 (object space) 上各個空間頻率經過光學系統轉換後在成像空間 (image space) 的對比度，參考圖 2.50 所示。在 MTF 圖中也會加入 CCD、CMOS 等陣列式影像感測器 (pixilated sensor) 或是底片粒子本身能夠有效鑑別的最大空間頻率，也

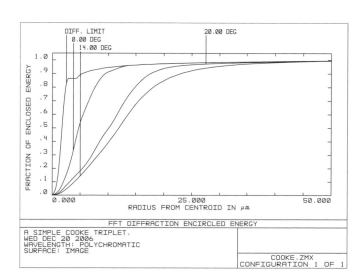

圖 2.48
徑向能量分布曲線。

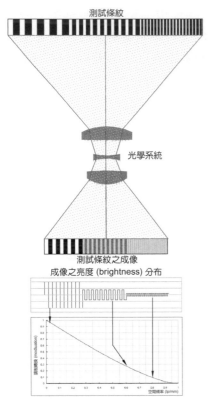

圖 2.49 MTF 反映透鏡組的成像能力。

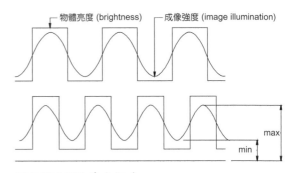

圖 2.50 MTF 基本概念。

就是所謂的 Nyquist 頻率 (Nyquist frequency)，來評價光學系統的 MTF，超出此空間頻率的影像是無法被感測器取樣 (undersampled)，即無法被鑑別的。Nyquist 頻率是以感測器所能鑑別出的最細黑白 (亮暗) 線對來估算，而理論上感測器所能鑑別出的最細線條為一個像素寬度 (以 mm 為單位)，如公式 (2.55) 及圖 2.51 所示。

$$\text{Nyquist 頻率} = \frac{1}{2 \times \text{像素寬度}}$$

(2.55)

以一個像素 7.5 微米平方 (μm^2) 尺寸大小的 CCD 為例子，其 Nyquist 頻率約為 66.67 linepairs/mm。另外，也可以增加系統感測器判別各空間頻率所需要的對比度，即 AIM (aerial image modulation) 曲線，來描述底片、人眼，或是 CCD 等影像感測器的反應特性，以判斷光學系統的成像對比度是否可達到被影像感測器判別的要求。如圖 2.52 所示，利用 MTF、Nyquist 頻率、AIM 曲線相互搭配可以清楚的了解系統解析度的極限。

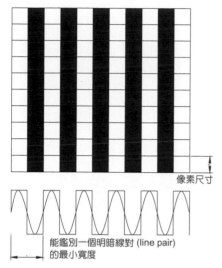

圖 2.51 Nyquist 頻率基本概念。

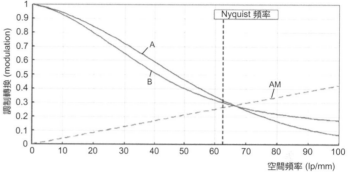

圖 2.52 MTF 圖搭配 AIM 與 Nyquist 頻率。

對於一個無像差 (aberration-free) 的光學系統而言，因為沒有像差的干擾，光學系統的解析度受限於系統的繞射極限，也就是說 MTF 也受繞射極限支配。繞射極限又與系統的數值孔徑 (numerical aperture, NA) 以及系統使用的波段範圍相關。所以，繞射極限 MTF 可以公式 (2.56) 表示。

$$\text{MTF} = \frac{2}{\pi}(\phi - \cos\phi\sin\phi) \tag{2.56}$$

其中 $\phi = \cos^{-1}(\lambda v / 2NA)$，$v$ 所代表的是空間頻率，λ 則是波長 (以 mm 為單位)，NA 為數值孔徑。在方程式中，當 ϕ 值為零時，MTF(v) 也將為零，此時即為此無像差系統解析度的極限，而此 MTF(v) 為零時的頻率 v_0 也稱之為「截止頻率 (cutoff frequency)」。

$$v_0 = \frac{2NA}{\lambda} = \frac{1}{\lambda(F/\#)} \tag{2.57}$$

其中，λ 為波長，以 mm 為單位，$F/\#$ 則為光學系統的有效口徑，v_0 則是空間截止頻率。

圖 2.53 所示為一個 $F/5.6$ 無像差光學系統的繞射極限 MTF，橫軸的空間頻率已歸一化。在圖中也顯示了，當離焦的範圍為 1/4 波長 (即徠利極限 (Rayleigh limit)) 時，MTF 呈下滑的情況。另外一條曲線則呈現了中央遮蔽率對於系統的影響，在反射式望遠鏡等此類光圈中央受到遮蔽的系統，高頻 (high frequency) 部分反而會些微的提高，也就是說像這樣的系統在辨識輪廓或是粗略的目標物上對比度會稍差，但是在細節部分的鑑別率極限上會略為提高 (截止頻率不變)。

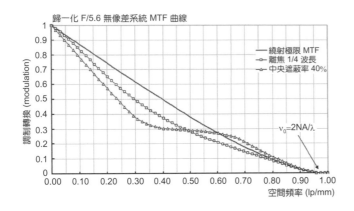

圖 2.53
歸一化之 F/5.6 無像差 MTF 曲線。

　　在光學軟體上，對於離軸視角，MTF 曲線會有子午平面與矢狀平面兩個方向上的輸出，此處的子午平面與矢狀平面與前文提到的定義相同。對應到 MTF 測試板時，子午平面 MTF 與水平測試條 (test bars) 成像後的模糊程度相關，矢狀平面 MTF 則與垂直測試條成像後的模糊程度相關，因為水平測試條成像上下邊緣 (Y 方向) 的模糊主要是來自於子午面像差的影響，垂直測試條成像左右 (X 方向) 邊緣模糊程度則是受到矢狀平面像差的支配。有些軟體顯示的則用子午平面 MTF 與徑向切面 MTF，與其對應的測試條如圖 2.54 所示。圖 2.55 為庫克三片式鏡組 (Cooke triplet) 的 MTF 曲線圖，當空間頻率 30 lps/mm 時，軸上視角的 MTF 為 0.7；離軸 14 度時，子午平面 MTF 為 0.2，矢狀平面 MTF 為 0.4；離軸 20 度時，子午平面 MTF 與矢狀平面 MTF 分別約為 0.25 與 0.35。

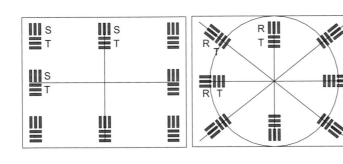

圖 2.54
量測 MTF 值所用之測試板。

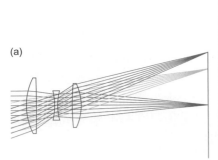

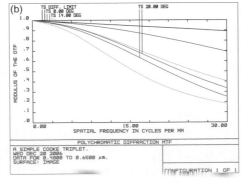

圖 2.55
庫克三片式鏡組的
MTF 曲線圖。

2.5 容差分析

2.5.1 容忍度分析

　　爲了達到設計規格，光學設計者會運用各種的方式，例如幾何光學、像差理論等，選擇適合的語法與算則來評估系統效能，並調整結構參數以最佳化系統，使系統滿足規格要求並且儘可能使其趨近於「完美 (perfect)」。但是，設計系統的最終目標是要能產生一個符合規格並可以工作的系統。當然在設計稿上的一切分析結果是完美無瑕的，但是製作完成的設計成品是否依然能維持設計稿上所規劃的系統效能，可又是另當別論了。

　　Tolerance 就其字面上的意義，有「容忍度」的意思，一般稱之爲「容差」或是「公差」。所以「容差」可以想像成這個系統效能對於其結構參數 (鏡片曲率半徑、厚度、折射率、偏心與離軸等) 誤差的容忍度。就之前所提的，這對於一個光學系統是相當重要的，所謂一個「好」的光學設計，除了符合設計需求，有好的成像品質之外，最重要的是它必須能夠被製造、被生產。如果所設計的系統不能容許結構參數上的誤差，那麼在元件製程或是系統組裝上必然產生的結構參數誤差則一定會使得成像品質大打折扣，無法符合原設計的規格，而原先的設計也就只是紙上談兵 (所謂的 paper design)。由此可知，容差分析 (tolerance analysis) 在設計與實踐上是不可或缺的環節。

　　圖 2.56 所示爲一個理想的設計情況，而圖 2.57 則是系統在製程或是組裝時可能產生的誤差，例如鏡組材質的折射率誤差、鏡片表面精度誤差，以及元件組裝時，產生傾斜、偏心及錯位等。而表 2.9 所列則是 ISO10110 標準，表中說明了不同尺寸光學元件各項結構參數的容差範圍。舉例來說，對於一個中心厚度爲 10 mm 的鏡片而言，建議鏡片厚度產生 ±0.1 mm 的誤差時，系統依然能夠維持效能。「IOS10110」爲使用在光學元件以及光學系統上的一個國際標準，主要在規範光學機構圖 (optical drawing) 的描繪，但其中也對於結構參數及公差標準的制定方式有詳細的規範。

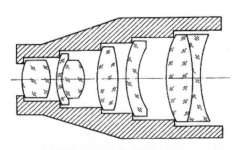

圖 2.56 理想光機系統示意圖。

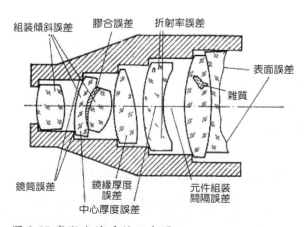

圖 2.57 實際光機系統示意圖。

表 2.9 ISO10110 標準的建議容差規範。

項目	最大尺寸 (mm)			
	≤10	10 – 30	30 – 100	100 – 300
鏡緣厚度、外徑	±0.2	±0.5	±1.0	±1.5
中心厚度 (mm)	±0.1	±0.2	±0.4	±0.8
稜鏡與平板玻璃角度誤差	±30′	±30′	±30′	±30′
倒角 (mm)	0.1 – 0.3	0.2 – 0.5	0.3 – 0.8	0.5 – 0.6
應力雙折射	0/20	0/20	–	–
氣泡、雜質	1/3*0.16	1/5*0.25	1/5*0.4	1/5*0.63
不均勻度	2/1;1	2/1;1	–	–
表面精度	3/5(1)	3/10(2)	3/10(2) 30 mm 測試直徑	3/10(2) 60 mm 測試直徑
偏心	4/30′	4/20′	4/10′	4/10′

　　一般而言，當進行容差分析時，必須對於容差有一個依據，光學設計軟體中的容差分析內建值通常是不錯的選擇，可以提供一個很方便的切入點，以了解各個建構參數對系統的影響。當然，因為各個系統上的設計規格、限制以及實際使用的情況各有不同，有時也必須配合實際上的需要，定義出適當的容差標準來評估所設計的系統。

2.5.2 統計概念

　　在一般的設計與分析階段，通常著重於光學系統中的結構參數確認。例如，鏡面曲率半徑為 50.88 mm、中心厚度是 3.50 mm 等。但是，當開始進入製程實踐設計時，會面臨到製作精準度的考驗。以曲率半徑為例，工廠加工成品的曲率半徑有的是 50.89 mm，有時是 50.87 mm，更有時候是 50.86 mm。問題很明顯，在必須滿足效能要求時，曲率半徑到底該多接近設計值 50.88 mm？同樣的，在中心厚度上也有同樣的誤差存在，而偏移量 Δx 的上限，也就是容差上限應該為多少？在統計上，假定亂數 (即曲率半徑的誤差) 有它的統計分布，就可以對系統效能作一些統計預測，去估計系統效能的平均值及變動範圍。通常，結構參數製作之統計特性可從 (1) 製程知識得知，(2) 相關案例或是光學工廠經驗累積而來，或是 (3) 藉由直接量測定出。

(1) 結構參數 (容差項) 與系統效能評估

　　結構參數變動範圍通常用標準差 (standard deviation) 來描述，如公式 (2.58) 所示，用以對原設計值的偏移量定量化。在實際的狀況下，變數 x 可對應至多個結構參數，任何結構參數的誤差或是集體效應都將影響到光學系統效能。以一個簡單 Cooke 三片式鏡組 (triplet) 為例，必須考慮到的結構參數容差至少就包含了 6 個曲率半徑、6 個表面不規則度 (irregularity)、3 個元件中心厚度、3 個元件面傾斜 (tilt)、3 個元件偏心 (decenter)、2 個空氣間隙、3 個折射率、3 個色散係數、3 個元件組裝傾斜 (tilt) 及 3 個元件組裝偏心等。在分析上也可以針對元件製造或是組裝獨立討論，如圖 2.58 中 8 片 6 群雙高斯鏡組之組裝容差可參考表 2.10 所列。這些項目與容差上限 Δx 都可以軟體中的容差數據試算表中指定。

$$\sigma^2 = \langle x^2 \rangle - \langle x \rangle^2 \tag{2.58}$$

另一個重點是系統效能的判定，也就是系統效能的誤差函數 (error function, δS)，其必須能適當的反應結構參數的變化，如公式 (2.59) 所示。在容差分析時，系統效能的誤差函數的選擇與系統實際上的規格需求有關，有可能為焦距長、成像斑點 (spot size)、能量分布 (energy concentration)，甚至於場曲 (field curvature)、景深 (depth of focus) 以及 MTF 等，但是一般會與系統設計時所使用的評價函數 (merit function) 相符。

$$\delta S = f\left(x_1, x_2, \cdots, x_n\right) \tag{2.59}$$

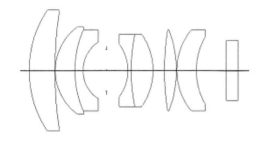

圖 2.58 雙高斯成像鏡組。

表 2.10 雙高斯鏡組之組裝容差及其結構參數。

結構參數項目		參與分析的結構參數項						結構參數個數
元件間距 (air space)		SRF2	SRF5	SRF6	SRF9	SRF11	SRF13	6
元件錯位 (decenteration)	DCY	SRF1	SRF3	SRF7	SRF10	SRF12	SRF14	6
	DCX	SRF1	SRF3	SRF7	SRF10	SRF12	SRF14	6
元件傾斜 (center of curvature tilt)	TLA	SRF1	SRF3	SRF7	SRF10	SRF12	SRF14	6
	TLB	SRF1	SRF3	SRF7	SRF10	SRF12	SRF14	6
							總數	30

　　在假設結構參數的變動不大與各項結構參數不互相干擾的情況下，δS 的平均值及變量只是各項結構參數 (x_i) 的平均值與變量加上各個權重 (α_i) 之後的總和，如公式 (2.60) 所示。事實上，如果再作簡化，只考慮最簡單的情況，則變異可以表示成容忍度上限 Δx_i 的一個簡單函數，故假設 $\sigma_{xi} = k_i \Delta x_i$，其中 k_i 是個常數。則方程式可改寫成如公式 (2.61) 所示。

$$\sigma_{\delta S}^2 = \sum_{i=1}^{n} \alpha_i^2 \left(\langle x_i^2 \rangle - \langle x_i \rangle^2 \right) = \sum_{i=1}^{n} \alpha_i^2 \sigma_{xi}^2 \tag{2.60}$$

$$\sigma_{\delta S}^2 = \sum_{i=1}^{n} \alpha_i^2 \left(k_i \Delta x_i \right)^2 = \sum_{i=1}^{n} k_i^2 \alpha_i^2 \Delta x_i^2 = \sum_{i=1}^{n} k_i^2 \left(\Delta S_i \right)^2 \tag{2.61}$$

其中，$\Delta S_i = \alpha_i \Delta x_i$ 代表相對應結構參數到達其容差上限時，所對應的效能改變。如果所有結構參數產生誤差的分布有相同的趨勢，則 k_i 為一常數 k。此時，系統效能改變的標準差則為：

$$\sigma_{\delta S} = k \sqrt{\sum_{i=1}^{n} \left(\Delta S_i \right)^2} \tag{2.62}$$

公式 (2.62) 提供一個簡單的理論基礎，將容差上限值換算成系統效能改變。在給定容忍上限 Δx_i 之後，得到各個參數的效能改變 ΔS_i，假設評估得出 k 值，就可以利用公式 (2.62) 定出系統效能的標準差 $\sigma_{\delta S}$。

　　結構參數 x_i 的分布情況通常有三類，其分布函數如圖 2.59 所示。如果製程上的誤差很固定，而且是發生在預設值的容忍度 (容差) 的兩端值上，會有所謂的端點分布 (end-point distribution)。如果誤差均勻分布在設計值的容忍度範圍內，那就是一個均勻分布 (uniform distribution)。如果誤差在中心處較集中，則可以用一個高斯 (Gaussian) 或標準 (normal) 分布來描述，而且其範圍可以用標準差的 2 倍 (2σ) 來界定。假設這些類型的分布函數對設計值呈現均勻對稱分布，即 $\langle x_i \rangle = 0$ 的情況下，可以利用上述函數分布之變異值，從而推論出相對應的 k 值，如表 2.11 所列。

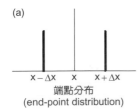

端點分布
(end-point distribution)

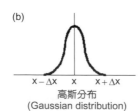

高斯分布
(Gaussian distribution)

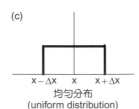

均勻分布
(uniform distribution)

圖 2.59
結構參數機率分布的三
種典型。

表 2.11 分布函數與其相對應的 k 值。

分布函數	k
端點分布 (end-point)	1
均勻分布 (uniform)	0.58
高斯分布 (Gaussian)	0.44

(2) 容差規劃

容差規劃 (tolerance budgeting) 最常使用平方和方根 (square root of the sum of the square, RSS) 來估計結構參數之容差值，即公式 (2.62) 之中 $k = 1$。以 RSS 來進行容差規劃必須建立在以下的假設之上：(1) 結構參數誤差 (容差項) 爲端點分布，(2) 干擾與效能改變的線性相依，及 (3) 各結構參數偏移變量的統計特性不相干。但是在實際製程上，誤差呈現端點分布的情況是極爲少見的，一般誤差偏移量的分布會趨近於高斯分布，也就是 k 值較小的情況。因此，藉由 RSS 規則所給定的標準差比較大，相對來說是比較悲觀的。但其實這並不是件壞事，反而可以估計出系統效能最糟糕的情況。

藉由上述的方法使用公式 (2.62) 雖然可以估算出系統效能的標準差，但是仍然缺少可以預測產品良率的系統效能分布。在此的產品良率爲系統符合要求的機率 (probability of success)，指的是光學系統製作完成後，整體效能改變仍介於允許限制範圍之內的機率。例如，95% 良率代表於 $\pm 2\sigma_{\delta s}$ 範圍內會有 95% 的系統的效能是在允許範圍內。幸運的是，統計學中的中央極限定理 (central limit theorem)，說明了對一堆獨立不相干的亂數 x_1、x_2、$x_3 \cdots x_n$，且其機率密度函數爲任意，則亂數 $z = \sum_{i=1}^{n} x_i$ 的機率密度在 $n \to \infty$ 時，會形成高斯分布，圖 2.60 所示爲當結構參數增加時，其參數值機率分布的改變情況。所以無論如何，整個系統效能偏移分布會近乎高斯分布，而高斯分布的亂數特性之一即整個分布可由平均值以及標準差 σ 來決定。所以對 δS 而言，機率密度函數可表示爲：

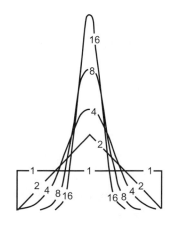

圖 2.60
機率密度隨 n 值變化的趨勢。

$$p(s) = \frac{1}{\sqrt{2\pi}\sigma_{\delta S}} \exp\left[\frac{-(\delta S)^2}{2\sigma_{\delta S}^2}\right] \tag{2.63}$$

根據機率密度函數的定義，則可以估算出在 $\pm\delta S_{max}$ 範圍內的機率期望值：

$$\mathrm{Prob}\{|\delta S| \le \delta S_{max}\} = \int_{-\delta S_{max}}^{\delta S_{max}} p(\delta S)\, d(\delta S) = \mathrm{erf}\left(\frac{\delta S_{max}}{\sqrt{2}\sigma_{\delta S}}\right) \tag{2.64}$$

在此 erf(x) 代表的是誤差函數 (error function)。因此，利用公式 (2.64)，並且給定效能改變標準差 $\sigma_{\delta S}$ 及效能改變量上限 δS_{max}，便可以估計出系統製成的良率。

也因為了解到每個結構參數容差的大小對於系統效能偏移的影響並不相同，容差規劃就是考慮製造與組裝時的能力，適當的收斂或是放鬆結構參數的容差，以使得系統效能分布改變為所允許的標準差，藉此提升此製程的良率。在表 2.12 則是針對不同的 $\delta S_{max}/\sigma_{\delta S}$ 比值所試算出的良率。

表 2.12 不同的 $\delta S_{max}/\sigma_{\delta S}$ 比值所試算出的良率。

$\delta S/\sigma_{\delta S}$ 值	產品良率 (probability of success)
0.67	0.50
0.80	0.58
1.00	0.68
1.50	0.87
2.00	0.95
2.50	0.99

2.5.3 容差分析的方法與流程

光學系統的容差分析方式主要分為兩大類型，一種是設定結構參數容差來檢視系統效能改變的「敏感度分析 (sensitivity analysis)」，而另一種則是設定系統效能改變上限，以期求得結構參數容差的「敏感度逆分析 (inverse sensitivity analysis)」。

敏感度分析必須由使用者來設定容差上限，例如：ISO10110 標準規範，或是某光學工場的製作限制。藉由軟體輸出的改變表 (change table) 或敏度表 (sensitivity table) 可以幫助設計者檢視系統效能的改變程度 (即 ΔS_i)，以確認其是否超過容許值，也可以藉此了解結構參數在容差範圍內微擾變動對整體系統的影響。而逆分析則是先從系統 (或是結構參數) 被允許的效能改變著手，然後決定每個結構參數的容差範圍上限。設計者可以藉此容差分析判定所設計的系統在製程上是否容易實現，在兩種方法互相搭配下便可以估計出適當的容差，如圖 2.61 所示。

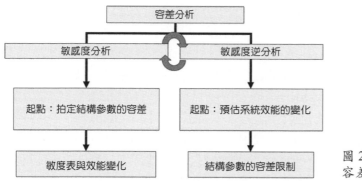

圖 2.61
容差分析的類型。

　　根據容差分析，可以使設計者得到系統效能對於特定結構參數誤差的敏感程度，依
據不同結構參數間的敏感度可以適當的放鬆或是收斂不同結構參數間的容差，分攤導致
效能下降的風險，避免敏感度過度集中，產生容差過緊的結構參數。如此一來，在容差
規劃上便可以接近一致，不會受到單一因子的影響。

　　敏感度逆分析可以從公式 (2.62) 開始進行估算，假設系統效能改變的標準差有一目
標值 ，另外假設整個系統總共有 n 個結構參數，而且每個參數有相同的機率密度函數。
如果每個建構參數對整個效能改變的標準差貢獻是一樣的，則 ΔS_i 對所有 i 均相同，此時
可令 $\Delta S_i = \Delta S_{\text{tar}}$。故：

$$\sigma_{\delta S} = k\sqrt{\sum_{i=1}^{n}\left(\Delta S_{\text{tar}}\right)^2} = k\sqrt{n\Delta S_{\text{tar}}^2} = k\sqrt{n}\Delta S_{\text{tar}} \tag{2.65}$$

所以對於每個結構參數所允許的效能改變上限為：

$$\Delta S_{\text{tar}} = \frac{\sigma_{\delta S}}{k\sqrt{n}} \tag{2.66}$$

公式 (2.66) 提供一個容差要求的依據。換言之，在要求製程良率以及效能改變上限時，
就可以利用公式 (2.64) 計算系統效能最大允許的標準差，再利用公式 (2.66) 計算每個
結構參數所允許的效能改變。假設有一個成像系統的成像斑點 (設計值) 的 RMS 半徑為
0.010354 mm (約為 10 μm)，而使用的 CCD 像素尺寸為 40 μm × 40 μm，則系統成像斑點
半徑最大允許的誤差值為 10 μm (0.010 mm) (成像斑點尺寸應在直徑 40 μm 內)，即 δS_{max}
為 0.01 mm。如果要求產品良率為 99%，則可以得到誤差函數的標準差 $\sigma_{\delta S} = 0.004$ mm
(利用表 2.12 所列)。如果考慮系統中 30 項結構參數誤差分布情況為均勻分布，則 $k =$
0.58 (利用表 2.12 所列)，最後利用公式 (2.66) 可得允許誤差函數改變量 ΔS_{tar} 約為 0.00125
mm。此允許誤差函數改變量 ΔS_{tar} 可以運用在光學軟體之容差分析之中，要求各個參數

的效能改變 (即允許誤差函數改變量 ΔS_{tar})，設定適合的運算元進行逆分析，便可以獲得每個結構參數的容差範圍上限。

在光學軟體中，容差分析的功能可以有效的幫助設計者處理容差問題。雖然說各軟體間的介面有所差異，但是進行容差分析的概念與步驟卻是相差不遠的，其流程大致如圖 2.62 所示。首先，要確定的是參與分析的結構參數項目以及其容差範圍，當然結構參數項目可依照情況調整，如元件製程或是組裝誤差，甚至於不同系統組態等。在容差值的設定上，可以參考製程知識或是光學工廠之經驗值，如果在沒有任何資料的情況下，軟體內之預設值或是 ISO10110 標準規範通常是不錯的切入點。進行逆分析時，可以利用先前所提及之假設估算允許誤差函數改變量。接著考慮的是該如何評價結構參數對系統效能的影響，也就是系統效能的誤差函數的選擇。這一點在之前有提起過，誤差函數的選擇與系統的規格需求相關，並且一般會與系統設計時所使用的評價函數相符。而軟體計算所使用的運算模式則是根據誤差函數而有所區別，有些是基於光線追跡 (ray-based) 運算，有些則是基於像差 (third-aberration based) 運算，設定時必須注意軟體使用上的規定。最後，經過軟體統計計算後，其輸出報表一般包含敏度表與統計結果，敏度表歸納結構參數對整體系統效能的影響，統計結果則是描述了系統效能變動的範圍，輸出報表項目在各軟體中皆有所差異，在使用上必須小心。

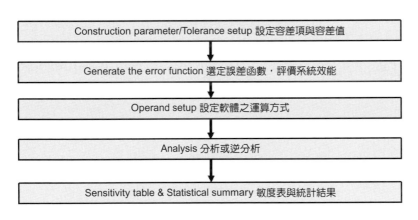

圖 2.62
軟體上容差分析之設定流程。

本節是以統計觀點來討論容差效應的分析。要注意的是，容差分析全部以軟體計算模擬來進行，本身可能就不是一個實際的作法，容差分析僅只能提供一個方向當作參考，並非絕對。同樣地，光學系統幾乎沒有所謂的絕對設計，特別是與製程互相關聯的時候，因為在製程中會牽涉到太多的變數。一個完整的容差分析通常是要依賴有經驗與技巧的設計者來達成，圖 2.63 為進行容差的建議流程，表 2.13 為不同精度等級的容差建議值，希望能夠提供讀者一個初步方向。

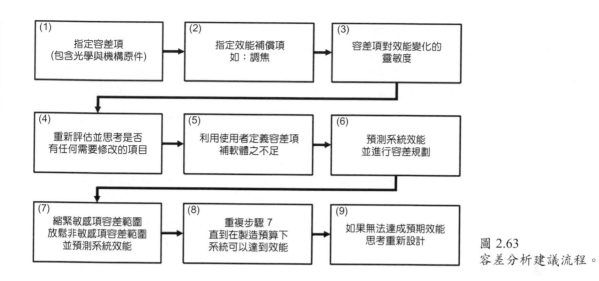

圖 2.63
容差分析建議流程。

表 2.13 不同精度等級的容差建議值。

結構參數	量產基本要求	精密元件	高精密元件
光學玻璃材質 (n_d, v_d)	+0.001, ±0.8%	±0.0005, ±0.5%	Melt controlled
元件直徑 (Diameter, mm)	+0.00/−0.10	+0.000/−0.025	+0.00/−0.01
中心厚度 (Center thickness, mm)	±0.150	±0.050	±0.025
深度 (Sag, microns)	±20	±1.5	±0.5
曲率半徑 (R, mm)	±1%, or 5fr	±0.1%, or 3fr	±0.002%, or 1fr
面精度 (Irregularity, wave)	1λ, or 2fr	$\lambda/4$, or 0.5fr	$\lambda/20$, or 0.1fr
非球面成形 (Aspheric profile, microns)	±10	±1	±0.1
刮痕與刺孔 (Scratch/dig)	80/50	60/40	20/10
表面粗糙度 (Å rms)	50	20	5
元件偏心 (Dimension decenter tolerance, mm)	0.05	0.01	0.005
元件傾斜 (Angular tolerances, arc min)	±3	±0.5	±0.1
邊緣倒角 (Bevel@45°, mm)(0.2−0.5 mm typerical)	0.2	0.1	0.02

參考文獻

1. 伍秀菁, 汪若文, 林美吟編, 光機電系統整合概論, 初版, 新竹: 國研院儀器科技研究中心 (2005).

2. 張弘, 幾何光學, 初版, 東華書局 (1987).

3. W. T. Welford, *Aberrations of the symmetrical optical system, Academic Press*, **7**, 111 (1974).

4. Optical Research Associates (ORA), http://www.opticalres.com/

5. http://www.optenso.de/

6. Lambda Research Corporation, http://www.lambdares.com/index.phtml

7. ZEMAX Development Corporation, http://www.zemax.com/

8. http://www.oplusplus.com/index_en.php

9. ASAP Software, http://www.asap.com/

10. http://www.photonengr.com/

11. http://www.lighttools.com/

12. http://www.optis-world.com/

13. W. J. Smith, *Modern Optical Engineering - The Design of Optical Systems*, 3rd ed., New York: McGraw-Hill (2000).

14. R. E. Fischer and B. Tadic-Galeb, *Optical System Design*, New York: McGraw-Hill Co. (2000).

15. *Optics reference*, Version 6.1, OSLO.

16. OSLO Version 5 Optics Reference

17. R. R. Shannon, *The Art and Science of Optical Design*, Cambridge (1997).

18. M. Laikin, *Lens Design*, New York: Dekker (1995).

19. R. E. Fischer and B. Tadic-Galeb, *Optical System Design*, New York: McGraw Hill (2001).

第三章 光學材料特性介紹

3.1 簡介

光學系統涵蓋範圍廣闊，如成像光學系統、讀／寫系統、雷射加工系統、照明系統、校正系統 (如準直儀) 等，為了配合系統波長的使用範圍、操作環境、穩定性、元件加工可行性、成本考量，所運用的精密光學元件不盡相同。為了能以最低成本、最快時程製造出符合所需光學性能的精密光學元件，本章將介紹常用的光學元件材料特性 (characteristics of materials)，讓讀者能對其加工與運用有更進一步的瞭解，以縮短嘗試錯誤的時間。

提到光學元件材料，大致有玻璃、陶瓷、塑膠、金屬及晶體等，各種材料的特性、成本、應用大相逕庭。如以折射光學元件而言，玻璃材料的光學性能無論是成像品質、對環境溫濕度的承受力、耐刮傷性、受應力影響均比塑膠材料好，但若以加工性、成本、重量、耐機械衝擊、組裝設計配合等來考量，則是塑膠材料具有優勢。對於反射式光學元件而言，除了以玻璃材料為基材再鍍製反射膜的製程外，亦可以金屬或陶瓷材料直接拋光來作為反射式元件，尤其是特殊形狀元件，或是有操作環境限制，如高溫或太空應用等無法使用一般光學玻璃材料時，金屬及陶瓷材料在機械設計有更多的可行性來配合系統機構件之組裝，在加工上有較多加工方式可支援，因此在應用上愈來愈常被採用。至於晶體材料，是雷射系統、紅外系統、X 光應用等常用的元件材料，此類光學元件的製程、精度限制、拋光時程及應用等與其材料特性相關。

上述所提及的材料特性大致可分為材料的光學性質 (optical properties)、機械性質 (mechanical properties)、化學性質 (chemical properties) 及熱性質 (thermal properties) 等。光學材料供應商均會提供上述材料性質，讓使用者依系統需求在設計時挑選適用的元件材料，並由其特性來考量材料在加工、組裝、使用時需注意的操作參數。

其中光學性質主要有折射率 (refractive index, n_d)、阿貝數 (Abbe number, v_d)、穿透率 (internal transmittance)，機械性質有硬度 (hardness)、密度 (density)、楊氏係數 (Young's modulus)、蒲松比 (Poisson's ratio)、熱膨脹係數 (coefficient of linear thermal expansion, CTE)、轉移溫度 (transformation temperature, Tg) 等，化學性質則包含氣候抵抗性 (climatic

---

第 3.1 節及第 3.2 節作者為余宗儒先生。

resistance, CR)、抗沾染性 (stain resistance, FR)、抗酸性 (acid resistance, SR)、抗鹼性 (alkali resistance, AR) 及抗磷酸鹽性 (phosphate resistance, PR) 等，熱性質則有熱傳導係數 (thermal conductivity) 及比熱 (specific heat)，以上材料性質將在下列各節作更詳盡的介紹。

3.2 常用的玻璃及陶瓷材料特性

3.2.1 常用的玻璃材料特性

　　玻璃爲光學元件中最常使用的材料，由於德國、日本及美國較早投入玻璃材料研發製造，因此目前爲主要的光學玻璃材料供應國，較著名的生產商有 Schott、Ohara、Hoya、Sumita 及 Corning 等。玻璃除了用於一般光學鏡片外，亦可用於製作標準片、光機結構件 (使用低膨脹係數玻璃、耐熱玻璃等)。不同用途對於材料的要求不同，一般成像光學系統的鏡片設計人員較常注意光學玻璃的折射率，以及與色散 (dispersion) 有關的阿貝數，因爲這攸關成像品質的好壞。而鏡片製作人員則較關心玻璃材料的硬度、熱膨脹係數及耐酸鹼性等，因爲這些特性與成形、拋光、清洗等製程參數相關。當然，玻璃材料的特性不僅僅只是這些，大致上分爲光學性質、機械性質、化學性質及熱性質等四大項，每一項再對其相關性質作定義與分級。供應商會提供材料特性資料表如圖 3.1 所示，針對光學設計軟體也會不定期更新材料資料庫電子檔提供下載。光學玻璃材料通用碼 (glass code) 是由折射率與阿貝數所組成，每一家供應商的玻璃材料編號不盡相同，可由對照表來查詢各供應商所生產的光學玻璃是否爲同等級材料，如表 3.1 所列。

　　在 2006 年 7 月 1 日，歐盟開始實施「廢棄電機電子設備 (WEEE)」與「電機電子設備中危害物質禁用 (RoHS)」 等環保法令，其中限制電子電氣產品在製造過程中使用鉛、鎘、汞等重金屬，因此目前各國光學玻璃材料供應商亦提供不含鉛 (lead, Pb)、砷 (arsenic, As)、鎘 (cadmium, Cd) 的玻璃材料，並在其玻璃材料編碼前加一英文字母代號，如以 Schott 公司生產的 BK7 爲例，目前均改爲 N-BK7，代表不含鉛與砷，不同供應商所用的符號不同。目前各廠商所生產光學等級玻璃材料的種類大約一百多種，有的甚至到二百多種，要逐一介紹各材料的特性著實困難，因此筆者以材料特性的定義、符號、分級作說明，讓光學設計人員及鏡片製作人員能夠依照廠商所提供的材料特性資料表快速瞭解材料的特性等級。以下所介紹的材料性質亦以 Schott 公司的產品爲例。

　　光學玻璃的光學性質包括折射率、阿貝數及穿透率。折射率關係到鏡片曲光的能力，與使用的波長有關，材料對長波長的折射率較小，因此一般以可見光的中間波長 587.6 nm 爲基準代表，以 n_d 符號表示，下標 d 即代表波長 587.6 nm，不同波長的光譜線代號如表 3.2 所列。阿貝數是衡量玻璃材質色散的程度，它與材料在不同波長的折射率有關，以 v_d 表示且定義爲

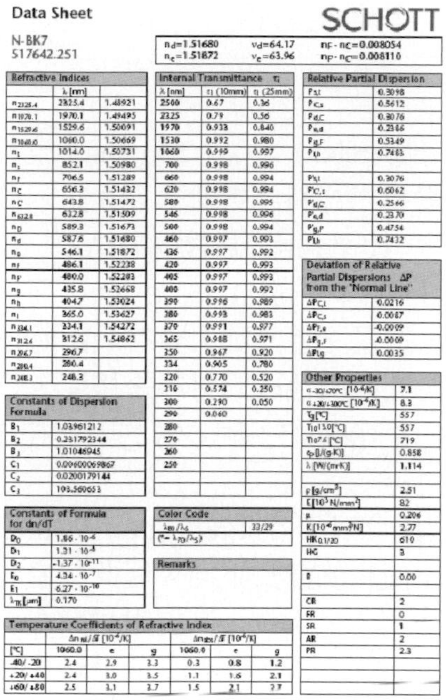

Data Sheet

SCHOTT

N-BK7
517642.251

n_d=1.51680	ν_d=64.17	$n_F - n_C$=0.008054
n_e=1.51872	ν_e=63.96	$n_{F'} - n_{C'}$=0.008110

Refractive Indices	λ [nm]	
$n_{2325.4}$	2325.4	1.48921
$n_{1970.1}$	1970.1	1.49495
$n_{1529.6}$	1529.6	1.50091
$n_{1060.0}$	1060.0	1.50669
n_t	1014.0	1.50731
n_s	852.1	1.50980
n_r	706.5	1.51289
n_C	656.3	1.51432
$n_{C'}$	643.8	1.51472
$n_{632.8}$	632.8	1.51509
n_D	589.3	1.51673
n_d	587.6	1.51680
n_e	546.1	1.51872
n_F	486.1	1.52238
$n_{F'}$	480.0	1.52283
n_g	435.8	1.52668
n_h	404.7	1.53024
n_i	365.0	1.53627
$n_{334.1}$	334.1	1.54272
$n_{312.6}$	312.6	1.54862
$n_{296.7}$	296.7	
$n_{280.4}$	280.4	
$n_{248.3}$	248.3	

Internal Transmittance τ_i λ [nm]	τ_i (10mm)	τ_i (25mm)
2500	0.67	0.36
2325	0.79	0.56
1970	0.933	0.840
1530	0.992	0.980
1060	0.999	0.997
700	0.998	0.996
660	0.998	0.994
620	0.998	0.994
580	0.998	0.995
546	0.998	0.996
500	0.998	0.994
460	0.997	0.993
436	0.997	0.992
420	0.997	0.993
405	0.997	0.993
400	0.997	0.992
390	0.996	0.989
380	0.993	0.983
370	0.991	0.977
365	0.988	0.971
350	0.967	0.920
334	0.905	0.780
320	0.770	0.520
310	0.574	0.250
300	0.290	0.050
290	0.060	
280		
270		
260		
250		

Relative Partial Dispersion	
$P_{s,t}$	0.3098
$P_{C,s}$	0.5612
$P_{d,C}$	0.3076
$P_{e,d}$	0.2386
$P_{g,F}$	0.5349
$P_{i,h}$	0.7483
$P'_{s,t}$	0.3076
$P'_{C',s}$	0.6062
$P'_{d,C'}$	0.2566
$P'_{e,d}$	0.2370
$P'_{g,F'}$	0.4754
$P'_{i,h}$	0.7432

Deviation of Relative Partial Dispersions ΔP from the "Normal Line"	
$\Delta P_{C,t}$	0.0216
$\Delta P_{C,s}$	0.0087
$\Delta P_{F,e}$	-0.0009
$\Delta P_{g,F}$	-0.0009
$\Delta P_{i,g}$	0.0035

Constants of Dispersion Formula	
B_1	1.03961212
B_2	0.231792344
B_3	1.01046945
C_1	0.00600069867
C_2	0.0200179144
C_3	103.560653

Constants of Formula for dn/dT	
D_0	$1.86 \cdot 10^{-6}$
D_1	$1.31 \cdot 10^{-8}$
D_2	$-1.37 \cdot 10^{-11}$
E_0	$4.34 \cdot 10^{-7}$
E_1	$6.27 \cdot 10^{-10}$
λ_{TK} [μm]	0.170

Color Code	
λ_{80}/λ_5	33/29
(*= λ_{70}/λ_5)	

Remarks

Other Properties	
$\alpha_{-30/+70°C}$ [10^{-6}/K]	7.1
$\alpha_{+20/+300°C}$ [10^{-6}/K]	8.3
T_g[°C]	557
$T_{10^{13.0}}$[°C]	557
$T_{10^{7.6}}$[°C]	719
c_p[J/(g·K)]	0.858
λ [W/(m·K)]	1.114
ρ [g/cm³]	2.51
E [10^3 N/mm²]	82
μ	0.206
K [10^{-6} mm²/N]	2.77
$HK_{0.1/20}$	610
HG	3
B	0.00
CR	2
FR	0
SR	1
AR	2
PR	2.3

Temperature Coefficients of Refractive Index [°C]	$\Delta n_{rel}/\Delta T$ [10^{-6}/K] 1060.0	e	g	$\Delta n_{abs}/\Delta T$ [10^{-6}/K] 1060.0	e	g
-40/-20	2.4	2.9	3.3	0.3	0.8	1.2
+20/+40	2.4	3.0	3.5	1.1	1.6	2.1
+60/+80	2.5	3.1	3.7	1.5	2.1	2.7

圖 3.1 材料特性資料圖表。

表 3.1 玻璃代碼對照表。

Hoya		Schott		Ohara	
型號	代碼	型號	代碼	型號	代碼
BSC7	517-642	N-BK7	517-642	S-BSL7	516-641
BACD2	607-567	N-SK2	607-567	S-BSM2	607-568
BACD4	613-586	N-SK4	613-586	S-BSM4	613-587
BACD5	589-613	N-SK5	589-613	S-BAL35	589-612
LAC8	713-539	N-LAK8	713-538	S-LAL8	713-539
LAC9	691-547	N-LAK9	691-547	S-LAL9	691-548
E-FD4	755-275	N-SF4	755-276	S-TIH4	755-275
FD60	805-255	N-SF6	805-254	S-TIH6	805-254

表 3.2 常用波長代碼表。

波長 (nm)	代碼	使用光譜線	元素
2325.42		Infrared mercury line	Hg
1970.09		Infrared mercury line	Hg
1529.582		Infrared mercury line	Hg
1060.0		Neodymium glass laser	Nd
1013.98	t	Infrared mercury line	Hg
852.11	s	Infrared cesium line	Cs
706.5188	r	Red helium line	He
656.2725	C	Red hydrogen line	H
643.8469	C′	Red cadmium line	Cd
632.8		Helium-neon gas laser	He-Ne
589.2938	D	Yellow sodium line (center of the double line)	Na
587.5618	d	Yellow helium line	He
546.0740	e	Green mercury line	Hg
486.1327	F	Blue hydrogen line	H
479.9914	F′	Blue cadmium line	Cd
435.8343	g	Blue mercury line	Hg
404.6561	h	Violet mercury line	Hg
365.0146	i	Ultraviolet mercury line	Hg
334.1478		Ultraviolet mercury line	Hg
312.5663		Ultraviolet mercury line	Hg
296.7278		Ultraviolet mercury line	Hg
280.4		Ultraviolet mercury line	Hg
248.3		Ultraviolet mercury line	Hg

$$v_d = \frac{n_d - 1}{n_F - n_C} \tag{3.1}$$

其中，$(n_F - n_C)$ 稱爲平均色散 (mean dispersion / principal dispersion)，另外 546.1 nm 波段的 n_e、v_e 也常被使用，其中 $v_e = (n_e - 1)/(n_{F'} - n_{C'})$。廠商會提供材料的折射率 (n_d) 對阿貝數 (v_d) 關係圖，如圖 3.2 所示，並將材料區分爲幾個群組，使用共同的編號如 LAK、SF 等由左下延伸到右上角。由圖 3.2 可知目前玻璃材料折射率大約介於 1.45 至 2.0，而且對應高折射率的材料其阿貝數較低，代表色散程度較大，這是光學設計人員在設計時感到困擾的，沒有高折射率且低色散的材料，因此需使用高低兩種色散的材料來搭配，以消除光學系統的色差。一般所提供的光學玻璃折射率誤差爲 ±0.0005、阿貝數的誤差在 ±0.8% 內，若有特殊要求廠商可提供更精確的玻璃材料。

　　另一個與光學性質有關的特性是穿透率，一般未鍍製抗反射膜 (antireflection coating) 的玻璃材料可見光穿透率約爲 0.96，而不同的光學系統所使用的波長不同，因此精密光學系統有必要知道材料在不同波段的穿透率。以 Schott 公司產品爲例，其提供材料在厚度 25 mm、波長 400 nm 時的穿透率作爲參考，以 τ_i 表示。並針對穿透率降低的波段作提醒，如 color code 33/29，表示厚度 10 mm 的材料在波長 330 nm 時穿透率只剩下 0.8，在波長 290 nm 時穿透率僅剩餘 0.05。一般來說，光學玻璃材料在紫外光波段的穿透率會急速降低，且折射率愈高的材料，穿透率開始降低的波段會愈往可見光波段靠近，這些特性是在設計光學系統選用材料時要一併考量的。

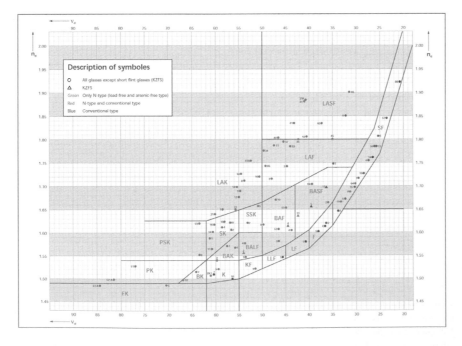

圖 3.2
Schott 公司產品的折射率 (n_d) 對阿貝數 (v_d) 關係圖。

　　機械性質中的硬度、可研磨性 (grindability) 及熱膨脹係數在傳統研磨拋光製程中是主要考量的項目。玻璃材料硬度是以 HK (Knoop hardness) 表示；其測試方式是依據 ISO9385 的標準，數值愈大表示材料能承受較大的應力作用。可研磨性則是根據 ISO12844，將材料相互作研磨比較。表 3.3 爲 Schott 公司所提供的可研磨性分級表，以 HG 表示。以 N-SK16 爲參考材料，HG1 表示在相同研磨參數條件下，所能移除的材料最少，而 HG6 所能移除的材料最多，等級 1 表示愈不易研磨。硬度與可研磨性可作爲鏡片製作時厚度預留量的參考值，硬度愈小或可研磨性較大的材料需預留較多的厚度，讓研磨以及拋光的製程有足夠的厚度來消除刮傷、刺孔，以及控制鏡片面精度，避免當鏡片厚度已達公差下限時，面精度仍未達到規格而繼續拋光消耗鏡片厚度。

表 3.3 玻璃材料可研磨性分級表。

研磨等級	研磨性	
HG1		≤30
HG2	>30	≤60
HG3	>60	≤90
HG4	>90	≤120
HG5	>120	≤150
HG6	>150	

註：N-SK16 的可研磨性定義爲 100。

　　熱膨脹係數是以 α 表示，一般指 –30 °C/+70 °C 的平均熱膨脹係數值。在鏡片製作過程中或光學系統操作環境中，溫度若有急遽改變，對於熱膨脹係數較高的材料影響較大，由於玻璃是脆性材，因此溫度導致體積急遽改變，會使玻璃材料因內應力而破裂，這種情況在處理體積較大的鏡片時尤其容易發生。因此針對熱膨脹係數大的材料或大口徑的鏡片加工時，需緩慢的增溫或降溫，切勿在玻璃材料溫度仍未達到室溫時就噴以切削液進行切割。大多數玻璃材料的 CTE 介於 4.4－13.8 (10^{-6}/K) 之間，對於操作環境較嚴苛以及光學性能要求高的系統來說，顯然可能產生由於溫差使得鏡片精度改變甚至損壞的情形，因此必須使用低熱膨脹係數的光學玻璃材料，如德國 Schott 公司所生產的 Zerodur®。以最好的 Class 0 等級爲例，其 CTE 爲 0 ± 0.02 (10^{-6}/K)，相較一般光學玻璃而言，可稱爲零膨脹係數材料。

　　Zerodur® 專門用於航太等級的鏡片，如衛星遙測鏡頭的主鏡、高能雷射系統以及精密檢測儀器設備中的結構件，它不只具有低膨脹係數，且可耐高溫、化學穩定性良好、材料致密性高、可加工性高、可拋光至高精度表面等，因此目前應用愈來愈多。目前還有應用於更高溫度的 Zerodur® K20。表 3.4 爲 Zerodur® 材料特性比較表。

表 3.4　Zerodur® 與 Zerodur® K20 特性比較表[2]。

特性	Zerodur® K20	Zerodur®
密度 (g/cm³)	2.53	2.53
楊氏係數 E (GPa)	83	90
蒲松比 (μ)	0.25	0.24
Knoop 硬度 (HK 0.1/20)	620	620
膨脹係數 (20 – 700 °C)(10⁻⁶/K)	2.0	0.2
膨脹係數 (0 – 50 °C)(10⁻⁶/K)	1.5	0 ± 0.1
熱容量 (20 °C)(J/g·K)	0.90 (extrapolated)	0.80
熱傳導係數 (90 °C)(W/m·K)	1.6	1.46
最大應用溫度 (°C)	850	600

　　光學玻璃的化學性質是指在拋光後鏡片表面與環境氣候、酸鹼、磷酸鹽之間所可能產生的化學反應，進而影響光學鏡片表面品質與精度，因此針對材料的化學性質來保存鏡片與使用鏡片是必要的。以 Schott 公司所分類的五種化學性質為例，如表 3.5 所列，以下將逐一介紹。

表 3.5　玻璃化學性質表[2]。

氣候抵抗性級數 CR	1		2		3		4	
穿透性霧度 ΔH	< 0.3%		≥ 0.3% < 1.0%		≥ 1.0% < 2.0%		≥ 2.0%	
抗沾染性級數 FR	0	1	2	3		4		5
測試液	I	I	I	I		II		II
時間 (h)	100	100	6	1		1		0.2
顏色改變	no	yes	yes	yes		yes		yes
抗酸性級數 SR	1	2	3	4	5	51	52	53
酸鹼值	0.3	0.3	0.3	0.3	0.3	4.6	4.6	4.6	4.6
時間 (h)	> 100	10–100	1–10	0.1–1	< 0.1	> 10	1–10	0.1–4	< 0.1
抗鹼性級數 AR 抗磷酸鹽性級數 PR	1		2		3		4	
時間 (h)	> 4		1 – 4		0.25 – 1		< 0.25	

　　第一項為氣候抵抗性 (climatic resistance, CR)，拋光後的鏡片表面因為大氣中相對濕度及溫度較高時，表面會產生一層薄霧狀，且無法清除。等級分為 CR1 至 CR4 四級，CR1 的材料在室溫、一般濕度的環境下加工或保存，其表面不會出現霧狀，反之 CR4 的材料在拋光後至鍍製光學膜前，必須妥善保存，因為此類材料對高濕度的氣候非常敏感。

第二項爲抗沾染性 (stain resistance, FR)，材料在標準測試微酸性溶液中 (I：pH = 4.6 及 II：pH = 5.6)，其 0.1 μm 的表層會隨時間發生化學變化而產生色斑，分爲 FR0 至 FR5 六級。FR0 的材料不會產生色斑，如 LAK 系列的材料，反之 FR5 的材料在處理過程中 需特別注意，例如汗等微酸溶液的接觸，避免鏡片表面被污染變質、變色。上述是少量 微酸性對鏡片的影響，若鏡片暴露在大量酸性溶液中，有可能會分解而被移除。因此材 料的抗酸性 (acid resistance, SR) 定義爲在強酸測試液中 (pH = 0.3)，鏡片表層 0.1 μm 被 分解所消耗的時間，共分爲八個等級，如表 3.5 中 Class SR 所列。1－5 級使用強酸溶液 測試，51－53 級由於對酸性溶液更敏感所以用弱酸性 (pH = 4.6) 溶液測試。等級 51－53 的材料受到酸性溶液的影響最嚴重，因此拋光過程中不可使用酸性拋光液。材料與酸性 溶液接觸時，會同時有變質與分解的情形產生，耐變質的材料可能承受分解的能力卻較 低，如 PSK、LAK 系列。

在鏡片研磨、拋光的過程中，所使用的研磨、拋光粉末，可能與水產生化學反應 而成爲鹼性溶液。特別是當拋光液循環使用時，玻璃材料表面會被這些鹼性溶液侵蝕而 損耗。以及在鏡片清洗過程常使用鹼性清洗液或含磷酸鹽／酯 (phosphate) 的清洗劑， 亦會造成鏡片表面傷害。玻璃對上述兩種溶液的抵抗力分別爲抗鹼性 (alkali resistance, AR) 與抗磷酸鹽性 (phosphate resistance, PR)，可參考表 3.5 最下方欄位。以 ISO10629 及 ISO9689 的標準測試方法，玻璃材料對強鹼性溶液 (pH = 12) 與鹼性磷酸鹽溶液的抵抗能 力，以鏡片表層 0.1 μm 的材料被移除的時間來分級，AR1 與 PR1 的抵抗力最好，AR4 與 PR4 最差。

光學玻璃材料的熱性質主要列出熱傳導係數及比熱。玻璃的熱傳導係數範圍大致介 於 0.5 (含鉛量高的材料) 至 1.38 (純石英玻璃) W/m·K，在材料特性資料表中以 λ 表示。 玻璃材料的比熱大致介於 0.42－0.84 J/g·K 之間，以 C_p 符號表示。

3.2.2 常用的陶瓷材料特性

陶瓷材料常用於光學系統中的反射鏡基材，由於反射鏡要求低密度、低熱膨脹係 數、高熱傳導率等熱性質且機械性質要求較嚴格，一般光學材料不足以滿足，因此目前 以陶瓷材料爲主。除了用於反射鏡，射出鏡片的模仁亦有使用如氧化鋁、氧化鋯來製 作。陶瓷由於其氣孔、雜質、晶界等材料特性應是不透明的，但若提高材料的緻密性、 使用更細緻的粉末、降低氣孔率與雜質，以及表面拋光，則可以製作出透明陶瓷。透明 的陶瓷材料可取代照明系統中的石英玻璃，提高其壽命與發光效率，以及作爲雷射系統 中的光學元件。

目前遙測衛星、太空望遠鏡系統中的反射鏡材料最常使用 Zerodur® 以及碳化矽 (SiC) 陶瓷。在太空環境使用時，對於鏡片的機械性質、熱性質、光學性質、加工難易度等要 求更爲嚴格。機械性質要求低密度、高強度、高剛性；熱性質要求在高低溫環境、溫度 急遽變化時抵抗熱應力與變形，因此熱傳導係數要高、比熱要高、熱膨脹係數要低；光學性質考量高反射率與鏡面精度要高；不僅如此，材料的成本、加工難易度等也都要一併考量。因此碳化矽為製作航太等級反射鏡的第一選擇。表 3.6 所列為一些陶瓷材料特性表，提供讀者參考。

　　在透明陶瓷方面，2004 年日本 Casio 發表使用高折射率透明陶瓷 (LUMICERA®) 鏡片於數位相機，LUMICERA® 為日本 Murata 公司所研發，其 type E 系列的透明陶瓷 n_d = 2.082、v_d = 30.4，在可見光波段平均穿透率約 80%，甚至到波長 6000 nm 仍有接近 80% 的穿透率，可預期其在長波長光學系統的應用，且其超過 2 的折射率，亦能設計出更小的光學系統，以因應目前消費性電子產品輕薄短小的趨勢。

表 3.6 陶瓷材料特性表。

材料性質	碳化矽 SiC	氧化鋁 Al_2O_3	氧化鋯 ZrO_2
密度 (g/cm³)	3.2	3.9	6.0
硬度 (kgf/mm²)	2300	1600	1400
熱傳導率 (W/m·K)	126	28	1.8
熱膨脹係數 (10^{-6}/°C)	4	8	10.1
比熱 (J/kg·K)	700	880	400
抗壓強度 (MPa)	3900	2600	1850
蒲松比 (Poisson's ratio)	0.19	0.26	0.23

3.3 常用的塑膠材料特性

　　光學塑膠是指具有一定的光學性能－「透光率」和「均勻性」，可用於製造光學元件的塑膠，例如塑膠透鏡及塑膠稜鏡等，亦可稱為塑膠光學元件。光學材料主要有玻璃、晶體及塑膠三大類，而光學塑膠發展起於第二次世界大戰期間，但在近三、四十年來，光學塑膠在工業與生活上的應用才逐漸廣泛。光學塑膠材料可透過模具複製技術或機械加工方法生產出各種光學零件，但由於技術方面的限制，過去很長一段時期，僅限於製造低品質的塑膠光學零件。

　　隨著光學工業的發展，新近投入光電市場的產品都不同程度地採用了塑膠光學元件，例如從早期的袖珍照相機 (美國柯達公司)、教學用的投影機及菲涅耳 (Fresnel) 放大鏡，到最近幾年才成為生活必備的手機相機與數位即時影像系統等。甚至在視光學上常見的「塑膠人工水晶體」與「軟性隱形眼鏡」及醫學檢驗上的「膠囊內視鏡」等，這些都是光學塑膠可被大量使用的實證。另外，由於菲利浦 (Philips) 公司研成功的「可變焦液態透鏡」問世，使得只能在科技電影中看見的「多功能視聽光電眼鏡」可以出現在現實生活中，此種融入日常活中的光電消費性產品，已為光學塑膠材料的發展開啓了另一個無限寬廣的應用領域。

第 3.3 節作者為黃國政先生。

3.3.1 光學塑膠概論

目前世界上常用的光學材料種類約有 250 種之多，其中光學塑膠僅有 10 餘種而已，但以其重量輕、易加工成形、透明性好、抗衝擊性強及成本低等獨特的優點，已廣泛用於各種透鏡、薄膜及光纖等光學元件上，其與光學玻璃性能比較如表 3.7 所列。由於受到材料種類少、光學品質低及加工技術落後等因素，塑膠在光學上的應用曾一度下降，但在 1960 年後，隨著塑膠種類的增加及加工與表面改質技術的精進，光學塑膠的產量在近年來皆已倍速成長。

表 3.7 光學塑膠與光學玻璃的性能比較表。

特性	光學玻璃	光學塑膠	備註
折射率 n_d	$1.44-1.95$	$1.49-1.61$	
阿貝數 v_d	$20-90$	$26-57$	光學塑膠的阿貝數範圍較小
折射率均勻性	$<10^{-5}$	$<5 \times 10^{-4}$	光學玻璃折射率較均勻
應力雙折射係數 Pa^{-1}	$<3 \times 10^{-12}$	$<4 \times 10^{-12}$	
熱光學常數(dn/dt) K^{-1}	$-10-+10 \times 10^{-6}$	$\sim-100 \times 10^{-6}$	光學塑膠有消熱差之功能
密度 kg/cm^3	$2.3-6.2$	$1.05-1.32$	光學塑膠的密度只有光學玻璃的 50% 以下
硬度 N/mm^2	$\sim5,000$	~150	光學塑膠易刮傷
熱膨脹係數	$\sim5 \times 10^{-6}$	$\sim100 \times 10^{-6}$	光學塑膠尺寸對熱穩定性差
熱導率 W/m·K	$0.5-1.4$	$0.14-0.23$	
比熱容 J/kg·K	0.3	$1.2-1.4$	

在四〇年代初期，美國 PPG 公司推出著名的 CR-39 塑膠作為眼鏡鏡片材料，於是光學塑膠開始大量使用。在 1961 年，美國 PerkinElmer 公司引用了 J. U. White 複製繞射光柵光學元件的專利，創造了塑膠複製光學元件的獨特市場，六〇年代的菲涅耳塑膠透鏡是一個代表性的產品。在 1978 年，美國杜邦公司及聯合碳化合物公司生產出耐熱性與透明度可與玻璃相媲美的光學塑膠板材 (Plexiglass)，其已用於車輛及飛機的擋風板。同年，Kodak Electromax 110 型相機上亦開始使用塑膠透鏡。由於相機的超薄化，鏡頭的長度必須大幅縮短，近年來，市售的 Canon、Konica 及 Kodak 等攜帶型相機皆採用薄型非球面塑膠透鏡製成。在 1985 年，Minolta 公司採用玻璃透鏡黏著非球面塑膠透鏡 (hybrid lens) 的方式，而使得光學鏡頭變得更輕、薄、短、小。

早期使用的主要塑膠材料種類有熱固性的烯丙基二甘醇碳酸酯 (CR-39) 及熱塑性的聚甲基丙烯酸甲酯 (poly-methylmethacrylate, PMMA)、聚碳酸酯 (poly carbonate, PC)、聚苯乙烯 (polystyrene, PS)、聚甲基戊烯 (4-methylpentene polymer, TPX)、苯乙烯－丙烯腈共聚物 (SAN) 及苯乙烯－丙烯酸酯共聚物 (NAS®) 等，如表 3.8 所列，而實際用於鏡片的光學塑膠主要是 CR-39、PMMA 及 PC 三種。隨著光電消費性產品的發展，光學塑膠逐漸取代無機玻璃用於製造相機和 DVD 讀寫鏡頭，以及 LCD 背光模組等之光學元件。

表 3.8 常見的光學塑膠之性能表。

材料	PMMA	PS	PC 光學級	NAS	SAN	TPX	CR－39	Zeonex 480R	Arton F	OZ-1100	Apel
折射率 (589 nm/25 °C)	1.491	1.590	1.587	1.563	1.569	1.466	1.498	1.525	1.51	1.50	1.54
阿貝數	57.4	30.9	29.9	33.5	35.3	56.4	～55.7	56.3	57	56	56
透光率 (%) 3.2 mm 厚	92	92	90	90	89	90	90	92	93	92	90
比重	1.19	1.06	1.20	1.09	1.07	0.87	1.32	1.01	1.08	1.16	1.04
熱變形溫度 °C (1.8 MPa)	100	80	135	85	93	(90)	140	123	162	105	136
線膨脹係數 CTE ($\times 10^{-5}$)	6.8	7.0	6.6	7.0	7.0	12	11	7.0	6.1	7.0	6.0
抗磨擦級數 (1－10 級)	10	4	2	6			>10	>10			
dn/dT ($\times 10^{-6}$)	−105	−140	−107	−110	−140			−130	−35	−100	
吸水性 (%) 23 °C－1 週	2.0	0.3	0.4	0.7	0.2	<0.1	1.0	<0.1	0.2	1.0	<0.1
成形性	優	良	尚可	優		良	優	良	優	優	優
收縮率 (%)	0.4	0.3	0.4		0.4	2.0	14		0.7	0.4	0.6
雙折射	優	差	尚可	良	差			優	優	良	
價格 ($/lb)	1.3	1.1	2－3	1.3				20－30	16－20		

近年來，新型光學塑膠材料的研究與開發十分活躍，尤其在日本的進展特別引人注目，如日本的 JSR 公司開發的 Arton、日本 Zeon 公司開發的 Zeonex、三井化學的 COC 及化成工業的 Apel 等產品。從發展的現況和趨勢來看，塑膠鏡片的開發已在全世界都引起了極大的重視，目前已有美國 DuPont、德國 Bayer、法國 Essilor 及日本 Mitsubishi 等光學公司從事光學塑膠的生產。

在塑膠光學元件的製造上，一般常見加工方法主要有射出 (injection) 成形、澆鑄成形及壓製成形等，目前小型光學塑膠元件主要加工方法還是以射出成形法為主。塑膠射出成形主要是將精確量的塑膠原料加熱熔化後，用高壓注入到溫度受控的精密不鏽鋼模具內，在溫泉和壓力作用下成形，冷卻後從模具中取出而成。製造出來的光學元件為了增加耐磨性、耐用性及抗靜電性等，還必須採用鍍膜製程才能廣泛應用。由於塑膠光學元件耐熱性差，表面附著力低，因而要採用不同於玻璃光學元件的特殊鍍膜製程，例如，塑膠光學元件在鍍膜之前，除採用常規的清洗和處理外，還要採用離子濺射處理清洗，然後再使用真空蒸鍍、離子噴鍍或離子濺射法等進行鍍膜。

在 1980 年前，光學塑膠有以下缺陷：(1) 注塑成形時易產生流痕、脈紋、縮孔及氣孔等表觀疵病；(2) 熱膨脹係數很大，約為光學玻璃的 10 倍；(3) 折射率隨溫度變化的波動大，容易影響光學性能；(4) 吸濕性強，產品耐候性差；(5) 易產生內應力，從而導致雙折射等。但是進入八〇年代以後，由於光學塑膠原料改進，耐熱、低收縮率及低吸濕性的光學塑膠，如 Arton 及 Zeonex 等材料開發成功，加上射出成形機的精度提升與先進

光學軟體 (如 ZEMAX、OLSO、CODE V 及 OpTaliX 等) 的使用，使得光學塑膠可以應用於非球面設計與製造上。同時，由於模塑加工與光學設計可以補償光學塑膠的溫度誤差，再與高精度的非球面模仁的鑽石車床及非球面檢測儀器結合，於是高精度塑膠透鏡 (尤其是非球面) 便大量應用在消費性光電產品上，如手機鏡頭、相機鏡頭及光學讀寫鏡頭等。

3.3.2 光學塑膠的特性

光學塑膠是一種非晶體有機高分子聚合物。為使塑膠可製成各種光學元件，其所採用的素材必須滿足以下特性要求始能被市場接受：(1) 光學特性－透光率高、折射率大、低分散性與雙折射率低等；(2) 成形性－可以進行射出成形等精密加工，並能維持高生產性；(3) 機械特性－抗拉強度、衝擊強度與耐磨耗性高；(4) 環境特性－吸水性低、耐熱性高與耐候性好等。

(1) 光學特性

一般光學塑膠在可見光區域與玻璃約有相同的透過率 (90－92%)，但在近紅外光區域 (波長 0.9－1.6 μm) 卻不如光學玻璃。實用上，由於塑膠內分子結構的改善，故在近紅外光區域也具有透光性。另外，在近紫外光區域 (波長 270－400 mn)，愈是不含有多次結合結構的樹脂 (例如 TPX)，愈是在寬波長範圍內具透光性。可是若以應用面來看，不但要考慮透光率的初始值，亦要考慮對環境的耐久性，特別是含有苯環的樹脂 (聚碳酸酯、苯乙烯系) 和聚烯烴系樹脂，因為紫外線暴露容易使透光率和色相降低，所以在設計上必須納入考量。

光學玻璃種類繁多，材料的折射率與阿貝數可選擇性比較廣，而塑膠的種類少，可選擇性相對較低，特別是低色散玻璃 ($v_d > 55$) 的材料，只能選擇丙烯系和烯烴系材料。根據 Lorents-Lorenz 方程式，折射率 n_d 與分子結構關係如下式：

$$\frac{\left(n_d^2 - 1\right)}{\left(n_d^2 + 2\right)} = \frac{P}{m} \tag{3.2}$$

其中，P 為分子折射，m 為分子量。所以採用分子折射大及分子量小的分子結構，可以獲得高折射率的材料。由 C 和 H 組成的碳氫化合物之分子結構，其折射率高低以下順序排列：芳香族 (苯環等) > 環狀脂肪族 (三環基等) > 直鏈狀脂肪族 > 分支狀脂肪族。另外，引入除去氟的鹵元素 (Cl、Br、I) 和硫 (S) 也可以提高折射率，目前採用這些方法可使折射率達到 1.70 左右。另外，阿貝數 (v_d) 亦可利用公式 (3.3) 求出。

$$v_d = \left(\frac{P}{\Delta P} \right) \left[\frac{6n_d}{(n_d^2 - 2)(n_d + 1)} \right] \tag{3.3}$$

其中，ΔP 為分子色散。為了減小色散 (增大阿貝數)，可採用分子色散比分子折射小的結構，折射率本身愈小，阿貝數愈大。

　　因為塑膠分子的極化性是隨著結合鏈方向不同而變化，故大多數情況下都會產生雙折射。在射出成形等加工過程中不可避免會殘留應力，即使是非晶質、均向性、光彈性靈敏度大的樹脂也容易產生雙折射。一般極化率大及光彈性係數大的結構，以及類似聚烯烴單晶相那樣序列的結構，成形中所產生的雙折射亦較大。通常成形品的雙折射大小順序為：脂環式 (alicyclic) 丙烯 < 丙烯 < 耐熱丙烯 (非晶質聚烯烴) < 聚碳酸酯 < 苯乙烯系。雖然雙折射現象是射出成形透鏡較難克服的缺點，但比 PMMA 小一個階數的材質，例如 OZ-1100，其光彈性係數在理論上可視為零。

(2) 成形性

　　塑膠熔融成形時，其狀態變化會引起體積收縮。在實際模具內，模槽的形狀和厚度差、冷卻過程的溫度變化等都隨著成形部位不同而有所差異，故容易產生由於部位不同而引起的收縮差。一般塑膠材料之收縮率，其排列順序為丙烯系 < 苯乙烯系 < 聚碳酸酯 < 聚烯烴系，特別是聚烯烴系由於收縮率大，故很難精密成形。另外，光學材料成形時應該注意異物問題，因其會影響成品良率。一般異物大致可分為兩種：(1) 一開始就混入材料的先天性異物，(2) 在加工過程中，由材料所產生的後天性異物。先天性異物與材料生產廠家的生產設備和製程有關。後天性異物是由於材料生產廠的擠壓製程和透鏡生產廠的射出製程所造成，此外，樹脂本身殘留較劣質的化合物也是形成異物的一個原因。

(3) 機械特性

　　光學塑膠的機械強度與材料本身有關，與處理加工方式無關，一般經緩冷光學材料的抗拉強度為 $350-600 \ kgf/cm^2$，但由於光學材料只作光學元件之用，故一般機械強度的提升較不受到重視。抗衝擊性是光學塑膠最受注目的性能，光學塑膠在衝擊中幾乎不會破碎，尤其是聚碳酸酯最具抗衝擊性。另外，在所有熱塑性塑膠中，丙烯酸系具有最優良的抗吸收性，其他依次為 NAS、SAN、聚苯乙烯和聚碳酸酯。在耐高溫方面，多數光學塑膠具有良好的抗高溫性，一般可耐 $80-100 \ °C$ 的溫度，而聚碳酸酯及新型光學塑膠甚至可達 $130-150 \ °C$。再來需了解光學塑膠的另外兩個特性，(1) 熱膨脹性：光學塑膠的熱膨脹係數高於光學玻璃，如丙烯酸系的熱膨脹係數為普通鉛玻璃 10 倍以上；(2) 抗刮傷性：塑膠光學元件表面容易刮傷，除了需改良材質本身外，可在其上覆蓋一層耐磨的有機矽樹脂硬化包覆膜。

(4) 環境特性

影響光學塑膠成爲光學材料的主要原因是使用溫度上限和使用溫度範圍內的膨脹、收縮及折射率變化。實用耐熱溫度是受樹脂玻璃轉化溫度 (Tg) 和成形品的殘留應力所支配，一般若將筆直的分子結構引入樹脂骨架，控制高分子鏈的熱運動，這樣可以提高玻璃轉化溫度。另外，光學塑膠多少都具有吸濕性，特別是 PMMA，此種吸濕現象不僅會使塑膠的形狀膨脹或收縮與折射率下降，而且還會使焦距和波前誤差等發生變化，即使可用加工補償方法得到高精度精密透鏡，但材料本身吸濕變化也會使得精度下降。

3.3.3 光學塑膠的種類與應用

高分子材料主鏈一般是由共價鍵相結合而成，分子間的結合力較弱，與光學玻璃相比，高分子材料分子鏈的熱運動迅速，溫度變化所引起的空間變化大。由於這些結構特點，使得其熱膨脹率大、熔點低與結合不緊密，且易在較低的溫度下成形，硬度亦較光學玻璃爲低。雖然光學塑膠在許多方面如品質輕、易成形、抗衝擊性強、成本低等優於無機玻璃，但在耐熱性、吸水率、雙折射以及折射率隨溫度變化等方面都比無機玻璃差。一般可作爲塑膠光學元件的材料有聚甲基丙烯酸甲酯 (PMMA)、聚碳酸酯 (PC)、聚苯乙烯 (PS)、聚甲基戊烯 (TPX)、聚丙烯 (poly propylene, PP)、烯丙基二甘醇碳酸酯 (CR-39)、苯乙烯－丙烯酸酯共聚物 (NAS®)、苯乙烯－丙烯腈共聚物 (SAN 或 AS) 等，以及新型的非晶質聚烯烴共聚物 (amorphous poly olefin, APO)、環烯烴共聚物 (COC/COP) 及脂環式丙烯樹脂等。

(1) 丙烯系樹脂

聚甲基丙烯酸甲酯 (PMMA) 亦稱「有機玻璃」，其具有優越的透光性、質量輕與易加工等優點，缺點是吸濕性大、表面硬度和耐溶劑性差。不加紫外吸收劑時會被波長 270 nm 以上的紫外輻射透過，且會完全被 χ 和 γ 射線穿透。PMMA 鏡片在無機鹽水溶液、氧氣、氨氣、空氣以及普通酸和鹼中是穩定的，但可溶於氯仿、四鹵化碳、丙酮和苯，但不溶於水、甲醇、乙醇、汽油和其他機油等溶劑。由於 PMMA 具有尺寸穩定性好、價格便宜等優點，已廣泛應用於模塑和機械加工上，主要用於太陽鏡、菲涅耳透鏡、DVD 光碟及光纖等。

(2) 聚碳酸酯

聚碳酸酯 (PC) 是在 1959 年由德國拜耳公司首先研發成功，是一種極爲堅韌的光學塑膠，折射率爲 1.586、色散值低、尺寸穩定性良好、最高工作溫度 135 °C，但生產中要添加紫外線吸收劑。PC 吸濕性低、延展性高，具有抗高溫和抗化學腐蝕特性，且與其他樹脂相溶性強，但易因內應力而破裂，因此機械加工較爲困難，一般 PC 鏡片幾乎都以射出成形法加工。PC 的衝擊強度是熱塑性塑膠中最高的，但射出成形時，分子所產生雙折射現象較 PMMA 和無機玻璃大。PC 常用於製造太陽鏡、護目鏡、光碟、唱片、電腦軟碟材料及光纖等。由於 PC 的折射率與火石玻璃相近，且在 –155－120 °C 溫度範圍內性能良好，故目前是小型塑膠鏡片中，例如手機相機鏡頭等，最不可或缺的一種光學塑膠。

(3) 苯乙烯系樹脂

聚苯乙烯 (PS) 是一種熱塑性塑膠，透光性較 PMMA 略低。PS 的吸水率低、鏡片尺寸穩定性良好、著色性佳、易加工及表面有金屬光澤，但易碎裂、不耐熱，最高使用溫度爲 80 °C。由於成形時苯分子取向所引起的雙折射很大，在紫外線暴露下，苯環所發生化學反應易使著色劣化，且實用耐熱溫度低，故精密光學鏡頭很少採用這種塑膠材料。PS 鏡片的化學穩定性受環境溫度影響較大，對水、乙醇、汽油、植物油及各種鹽溶液、鹼、硫酸、磷酸、硼酸等有足夠的耐腐蝕性，但對硝酸和氧化劑等不耐腐蝕，在芳香族化合物、氯仿、氯苯等有機溶劑中可溶。PS 的表面硬度低但熱流動性好，適用於製造射出成形眼鏡片，也可用於製造照相機物鏡。

(4) 甲基丙烯酸甲酯－苯乙烯共聚物

甲基丙烯酸甲酯－苯乙烯共聚物 (NAS®) 由 70% 聚苯乙烯和 30% 丙烯酸系組成，透過率可達 90%，折射率 n_d 在 1.533 至 1.567 之間變化，$v_d = 35$，抗擦傷性能優於聚苯乙烯，但其熱畸變溫度略高於聚苯乙烯。由於 NAS® 是混合物，故其折射率較難控制，可以被用來作校正色差的第二種材料，但它一般只適合用作薄透鏡。

(5) 苯乙烯－丙烯腈的共聚物

SAN 是苯乙烯－丙烯腈的共聚物，折射率爲 1.567，淺黃色、低濁度，其成本與 NAS 類似。SAN 在光學上應用較少，主要作爲儀器罩。

(6) 聚甲基戊烯 (TPX)

TPX 是爲基於 4-甲基戊烯 (4-methylpentene) 的聚烯烴，爲結晶性高分子，在結晶部分和非結晶部分幾乎沒有折射率之差，因此透明性好，具有重量輕 (0.91 g/cm³)、吸濕性低 (0.01%)、耐熱及耐化學藥品等特點，但硬度低，模塑後的收縮率較大，所以不易作鏡片材料，一般可用於紅外光學系統與 DVD 光碟材料。

(7) 烯丙基二甘醇碳酸酯 (CR-39)

CR-39 是 1945 年美國 PPG 公司首先投放市場的烯丙基二甘醇碳酸酯 (ADC) 的商品名稱,其具有良好的光學性能 ($n_d = 1.498$、$v_d = 53-57$)、耐高溫、能受持續 100 °C 的高溫、短時間內能耐 150 °C、抗輻射、防紫外線、折射率高、透光率 90%,以及耐摩擦為 PMMA 的 40 倍、抗化學腐蝕的能力強、抗衝擊、重量輕 (BK7 的 50%)、易染色,以及便於製造等特點。CR-39 是用於光學中唯一的熱固性塑膠,通常澆注在玻璃模具中成形,一般在 140 °C 的溫度下需 15-20 小時的時間固化成形;也可採用加工玻璃的研磨、拋光方法進行加工。此種塑膠的表面硬度比冠冕 (crown) 玻璃軟,收縮率較高 (14%),原料價格高,鑄塑成本也比射出成形高,但是它對眼睛有保護作用,目前主要用來製作眼鏡片。雖然 CR-39 的耐磨性較 PMMA 好,但易劃傷,而影響外觀和透光率,故可在鏡片表面覆蓋一層耐磨性優良的硬包覆膜,以提高其耐磨性。

(8) 非晶質聚烯烴共聚物 (APO)

APO 是日本三井石油工業公司新開發的一種 DVD 光碟材料,是使用乙烯與雙環鏈烯及三環鏈等一種環狀烯烴共聚合成的非晶形聚烯烴共聚物。其透光率為 92%,雙折射小,光彈係數小,吸水率低於 0.01%,軟化溫度 150 °C,物理機械性能與 PC 相當,成形收縮率約 0.5%,不需要成形前的預乾燥,耐溶劑性好,因此 APO 是目前光碟材料中性能較為全面的光學塑膠。

(9) 非晶質環烯烴聚合物 (COP) 與共聚物 (COC)

COP/COC (cyclo-olefin polymer/copolymer) 為環烯烴聚合物或與乙烯/丙烯共聚物。COP/COC 的優異性與高附加價值的商業化用途,吸引許多國際企業投入研發,並成功地進入量產階段,例如歐美地區 Ticona 公司的 Topas 產品,日本 JSR、Zeon 及三井化學三家公司分別生產不同規格的 COP/COC,其商品名分別為 Arton、Zeonex 及 Apel 等,相關性能如表 3.9 所列。COP/COC 常用於讀寫鏡頭、CD/DVD 光碟片、液晶投影鏡頭及變焦鏡頭等。COP/COC 是將脂環基引入聚合物主鏈,以控制單晶化及透光性,其非晶型聚烯烴有以下特點:
(1) 密度小,比 PMMA 和 PC 約低 10%,有利於製品輕量化。
(2) 飽和吸水率小,Arton 吸水率遠低於 PMMA,不會產生因吸水導致物性下降的影響。
(3) 由於含有極性和異向性小的單體,因而為非晶型透明材料,且雙折射率小。
(4) 屬高耐熱性透明樹脂,玻璃轉化溫度達 140-170 °C。(玻璃轉化溫度是非晶型聚合物的耐熱性指標。)
(5) 容易射出成形。
(6) 機械性能優良,拉伸強度、彈性模數比 PC 高。

表 3.9 常見的 COC/COP 光學塑膠之性能表。

項目	COP Zeonex®	COP Zeonex®	COP Arton®	COC Apel®	COC Topas®
品名	E48R	330R	FX4727	5014DP	5013
生產公司	Zeon	Zeon	JSR	Mitsui Chem.	Ticona
密度 (g/cm³)	1.01	1.01	1.06	1.05	1.02
吸水率 %	<0.01	<0.01	0.05	<0.01	<0.01
折射率	1.53	1.509	1.523	1.54	1.53
透光率 %	92	92	93	90	91
熱變形溫度 °C	122	103	110	125	123
線膨脹係數 CTE (×10⁻⁵)	6	9	9	6	6

(7) 優良的複製性，製品品質較為一致。

(8) 介電常數低，特別是高頻性能好，是熱塑性塑膠中介電性能最好的材料。

(9) 耐擦傷性良好，Arton 鉛筆硬度與 PMMA 相近。(耐擦傷性是光學材料的一個重要性能指標。)

(10) Arton 分子側鏈有極性基團，與無機、有機材料黏接性好，易於密封。

　　Zeonex 為綠色塑膠，不純物含量極少，故不必擔心析出雜物，適合半導體和醫療器械要求。Zeonex 及 Apel 為耐化學藥品性、耐酸性及耐鹼性優良，且幾乎不透水蒸汽及不吸水，符合同時要求防濕的應用要求。

(10) 脂環式丙烯樹脂

　　聚三環癸甲基丙烯酸脂 OZ-1000、1011 及 1012 等系列是日本日立化工公司開發出一種新型脂環樹脂，是從本質上改進 PMMA 的不足所開發的。這種樹脂具有疏水性、極性小、低雙折射性、低吸濕性，且連耐熱性都較聚甲基丙烯酸甲酯樹脂 (PMMA) 為佳。在脂環式丙烯結構中，因共聚了耐熱性單體，故可以保持透明性、低吸濕性與超低雙折射率，現已用於 CD/DVD 光碟片和雷射透鏡、攝影機和小口徑高精度成像透鏡上。

3.3.4 光學塑膠的未來發展

　　光學塑膠的應用領域近二十年來不斷發展，除已用作光學透鏡、光學纖維和光學眼鏡片外，從光學透鏡應用來說，各種望遠鏡、瞄準鏡、照相機、放大機等所用的鏡頭和各種濾光鏡等都已有塑膠製品，無論是球面鏡、非鏡面鏡、反射鏡、稜鏡和菲涅耳透鏡都可以採用模塑成形，特別有利非球面鏡製造。利用塑膠的另一最顯著特點是鏡頭可以和框架或定位裝置一體成形，大大節省了組裝的工作量。許多光學用途材料都可以用光學塑膠來代替，例如 CD/DVD 光碟片、攝影鏡頭、CD/DVD 讀寫鏡頭、汽車車燈與投影鏡頭等都可用新的光學塑膠來滿足使用上的要求。雖然塑膠鏡片具有許多光學玻璃沒有的優點，但也存在著耐熱性差、吸水率大、耐磨性差，以及易產生雙折射等缺點，為了使光學塑膠鏡片得到更加廣泛的應用，必須改進塑膠鏡片材料，並不斷地開發出新品種。上述幾大弱點可從以下幾個方向著手。

(1) 提高材料的耐熱性

耐熱溫度低是塑膠材料的缺點，例如 PMMA 玻璃化轉變溫度為 105 °C，因而使用時易受到限制，故若能使用各種高分子材料共聚合成的方式，則可提高塑膠的耐熱溫度。例如：1990 年日本的 Fukushima 等研製成功一種由雙甲基丙烯酸苯基丙烷、二甲基丙烯酸九丁二酯、甲基丙烯酸苯醋及二甲基丙烯酸－己二醇酯四種單體共聚的耐熱、抗衝擊以及吸水性都較好的塑膠鏡片材料，其透光率為 91%、折射率為 1.540、吸水率 0.8%、耐熱溫度提高為 128 °C。1992 年吉林大學研製成功耐熱高折射的 JD 系列光學塑膠，其是由雙烯聚苯醚大分子單體與苯乙烯、甲基丙烯酸甲酯共聚而得到，透光率 90%，折射率在 1.50－1.62 之間，熱變形溫度提高為 140 °C 以上。

(2) 提高材料的耐濕性

般塑膠的吸水性、折射率、吸光率隨溫度和吸水量而變化。PMMA 於常溫下的飽和吸水率達 2%，因此降低吸水率是很重要的問題。目前除了改良材料的組成外，主要採用兩種改性辦法來解決，即使用共聚物之保護塗層法與真空蒸鍍抗反射膜法，其可有效改善鏡片材料之耐濕性。

(3) 提高材料的耐磨性

為了提高材料的耐磨性，一般在材料的表面鍍上一層耐磨膜層，如矽氧烷系等，或塗上具有高折射率的金屬氧化物微粒，如 WO_3、Al 及 Zr 等的氧化物，皆有增加耐磨耗之效果。

(4) 減少材料的雙折射

雙折射受高分子材料的分子量、密度與成形時分子取向，以及內應力所影響，故以共聚或共混負雙折射的材料或增加材料的流動性，即可降低材料的雙折射。

(5) 提高材料的折射率

由於市場對鏡片的要求日漸超薄與輕量化，為要減少鏡片的厚度，即需提高材料的折射率。為了得到高折射的塑膠材料，可在材料中摻入其他化合物或元素或幾種單體共聚使之改性，例如引入芳香族基或於材料中摻入 Nb 等重金屬元素等。為此，日本已設立了高折射光學塑膠研究中心，歐美也逐漸投入專題研究。

3.4 常用的金屬材料特性

金屬材料常用於作爲反射鏡，反射鏡與折射鏡的差異爲反射鏡沒有色散作用，因此可以應用在各種光波區。大部分的金屬表面磨光後都會有光澤，其所以會反射光線是因爲光能傳播到金屬表面時，使得自由電子振動產生反射波及入射波，因爲金屬的自由電子密度很大，所以入射波非常微弱，而反射波的強度很大，甚至達到入射波的 98%。一般而言，金屬導電率愈大，反射率也愈高。

一般金屬的紅外光反射率比較高，這是因爲在紅外光區時，金屬的光學性質主要是由自由電子決定的，而在可見光區和紫外光區時，束縛電子會有一定的作用，所以金屬在可見光區的反射率一般比紅外光區低，而紫外光反射率則明顯下降。與玻璃類材料相比，金屬材料具有熱傳導率高的優點，所以特別適合用於高功率雷射等光學系統中的反射鏡，但是金屬鏡 (speculum) 的鏡面光滑度則比不上玻璃類材料。

反射鏡的基材應能加工成鏡面，表面粗糙度一般需小於 10 nm，且需具備強度高、熱膨脹係數低、導熱能力強等特點，當使用於航空或是太空時，必須考慮重量要輕。目前常用的金屬基材材料有鋁、銅、鉬、鈹、鎢及無電解鎳等，表 3.10 及表 3.11 所列爲常用金屬材料種類以及其性質。選用金屬材料需要注意的材料特性如下：

1. 機械特性：彈性模數、強度、微屈服強度、潛變強度、硬度、延展性。
2. 物理特性：熱膨脹係數、密度、熱傳導係數、比熱、中子截面、熔點、導電性、水汽壓力、腐蝕電位。
3. 光學特性：反射性、吸收性。
4. 冶金特性：晶格結構、裂縫與內含物、晶粒尺寸、再結晶溫度、應力退火溫度、熱處理性、晶體結構。
5. 製造特性：可加工性、拋光性、平坦性。
6. 其他特性：各樣參數對溫度的敏感性，是否易獲得 (包括成本、尺寸等)。

表 3.10 常用金屬材料。

鋁	鈹	銅	鉬	不鏽鋼
1100	I-70A	101 (OFHC)	低碳級	304
2014、2024	S-200F	175 (BeCu)	TZM	316
5086、5456	I-250		(Mo-0.5Ti-	416
6061	I-400		0.1Zr-0.02C)	440
7075	S-65			
Precedent 71A				
Tenzalloy (713)				
201				
356				

第 3.4 節作者爲黃建堯先生。

表 3.11 常用金屬的材料性質。

性質 材料	熱膨脹 係數 ppm/°C	楊氏模數 10^{10} N/m^2	降伏強度 10^7 N/m^2	密度 g/cm^3	熱傳導係數 W/m·K	硬度	蒲松比
鋁 1100	23.6	6.89	3.4 – 15.2	2.71	218 – 221	23 – 44 勃氏	
鋁 2024	22.9	7.31	7.6 – 39.3	2.77	119 – 190	47 – 130 勃氏	0.33
鋁 6061	23.6	6.82	5.5 – 27.6	2.68	154 – 180	30 – 95 勃氏	0.332
鋁 7075	23.4	7.17	10.3 – 50.3	2.79	142 – 176	60 – 150 勃氏	
鋁 356	21.4	7.17	17.2 – 20.7	2.68	150 – 168	60 – 70 勃氏	
鈹 S-200	11.5	27.6 – 30.3	20.7	1.85	220	80 – 90 洛氏 B	
鈹 I-400	11.5	27.6 – 30.3	34.5	1.85	220	100 洛氏 B	
鈹 I-70A	11.3	28.9		1.85	194		0.08
銅 C10100 (OFHC)	16.9	11.7	6.9 – 36.5	8.94	391	10 – 60 洛氏 B	0.35
銅 C17200 (BeCu)	17.8	12.7	107 – 134	8.25	107 – 130	27 – 42 洛氏 C	
銅 C2600 (黃銅)	20.5	9.65	12.4 – 35.9	8.50	116	62 – 80 洛氏 B	
銅 C2600 (彈筒黃銅)	20.0	11.0	7.6 – 44.8	8.52	121	55 – 93 洛氏 B	
因鋼 (Invar 36)	1.26	14.7	27.6 – 41.4	8.05	11.1	160 勃氏	0.29
Super-Invar	0.31	14.8	30.3	8.14	10.4	160 勃氏	0.29
鎂 AZ-31B	25.2	4.48	14.5 – 25.5	1.77	97	73 勃氏	0.35
鎂 M1A	25.2	4.48	12.4 – 17.9	1.77	138	42 – 54 勃氏	
不鏽鋼 1015 (低碳)	11.9	20.7	28.3 – 31	7.75		111 – 126 勃氏	0.287
不鏽鋼 304	17.3	19.3	51.7 – 103	8.03	16.2	83 洛氏 B	0.29
不鏽鋼 416	9.9	20.0	27.6 – 103	7.75	24.9	82 洛氏 B	0.3
鈦 Ti-6Al-4V	8.8	11.4	82.7 – 106	4.43	6.6	36 – 39 洛氏 C	0.34

　　圖 3.3 為數種材料的熱膨脹係數與溫度關係圖，可知鈹及鋁在溫度變化時，熱膨脹係數較其他材料呈現更敏感的變化，特別是在低溫的時候。使用金屬材料製作的光學元件常用於高能量的光學系統中，因此元件常暴露於較高熱量的環境中，此時材料的熱傳導性就很重要，熱傳導係數高可以較快的將元件表面的熱能傳導開。由圖 3.4 可知金屬材料的熱傳導係數大致上都較非金屬高，以下將就個別的材料作介紹。

(1) 鉬及鉬合金

　　鉬 (Mo) 及鉬合金有良好的導熱、導電性及低的膨脹係數，在高溫下仍為高強度，與鎢相比容易加工。工業生產的鉬合金可分為 Mo-Ti-Zr 系、Mo-W 系與 Mo-Re 系合金，以及 Mo-Hf-C 系合金。TZM 合金 (Mo-0.5Ti-0.1Zr-0.02C) 具有優異的綜合性能，為應用最廣泛的鉬合金。TZC (Mo-1.25Ti-0.15Zr-0.15C) 合金比 TZM 具有更高的高溫強度及再結晶溫度，但加工困難所以應用受到限制。鉬合金有低溫脆性、焊接脆性及高溫氧化等缺點，所以發展受到限制。

(2) 鎢

　　鎢 (W) 的熔點高，高溫強度、抗蠕變性能、導熱、導電及電子發射性能皆良好，但是抗氧化性能差，氧化特點與鉬類似，在 1000 °C 以上即會發生三氧化鎢揮發。因此鎢材高溫使用時必須在真空或惰性氣體保護下。鎢與鉬有較佳的熱、機械性質，化學穩定性較好且無毒，為良好的金屬光學材料，但是比重較大，也因此限制了使用的範圍。

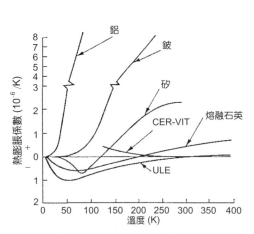

圖 3.3 材料的熱膨脹係數與溫度關係圖。

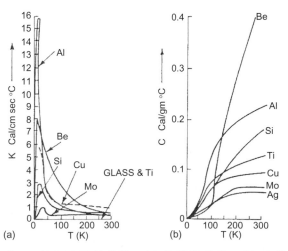

圖 3.4 低溫時材料特性，(a) 熱傳導係數，(b) 比熱。

(3) 鋁及鋁合金

在各種常用的金屬中，鋁 (Al) 的密度小且導電、導熱和反光性能都很好，鋁的電導率相當於國際標準退火銅的 62－65%，約爲銀的一半，如果就相等的重量而言，鋁的導電能力超過這兩種金屬。鋁在低溫下不會變脆。在空氣中鋁的表面上生成一層緻密而堅硬的氧化鋁薄膜，厚度爲 0.005－0.02 μm，成爲鋁的天然保護層，因而鋁有良好的抗腐蝕能力。鋁和多種鋁合金有很好的延展性，可以進行各種塑性加工。

鋁及鋁合金整體性能較佳，在多數的情況下，鋁合金的硬度、導熱率和熱膨脹係數都在容許的範圍內，所以可以應用在不同場合作爲反射鏡的基材。在某些方面，其他的材料性質可能優於鋁合金，但是整體比較起來，鋁合金的整體性能較佳，而且鋁容易取得且成本低廉，加上容易加工等特性，使得鋁以及鋁合金成爲被廣泛使用的材料。

(4) 銅及無氧銅

銅 (Cu) 是最早應用於反射的光學材料，具有優越的導電、導熱能力，能夠製作成帶有冷卻通道的反射鏡，供高功率用途使用。銅能與鋅、錫、鉛、錳、鈷、鎳、鋁、鐵等金屬形成合金，主要分成三類：黃銅是銅鋅合金，青銅是銅錫合金及銅鋁合金，白銅是銅鈷鎳合金。黃銅具有良好的機械性能和壓力加工性能，青銅廣泛用作各種壓力加工製品和異形鑄件，白銅有良好的機械性能和耐腐蝕性能。銅的光學性能好且容易加工，表面通常會鍍銀或鍍金膜，以增大反射率並降低光學吸收。

無氧銅 (oxygen-free copper; high-conductivity copper; OFHC) 是不含氧或氧含量極低的純銅，既不含氧化亞銅又沒有殘留任何去氧劑，其化學成分中銅大於 99.95%、氧小於0.003%。其特點是純度高、含氧量低，另外，尚具有高導電性和導熱性。在其他方面，它還具有抗氫脆性，且能產生附著性很強的氧化膜，並具有優良的加工性能和焊接性能。無氧銅是超精密鑽石切削經常使用的材料，切削後具有較高的反射率，所以應用廣泛。

(6) 鈹及鈹合金

鈹 (Be) 的物理性質優越，剛性約爲鋁的五倍，但是重量卻比鋁輕，彈性模數高及熱穩定性好。但是價格昂貴，且具有毒性，在加工與使用時需採取預防措施，因此也限制了在一般場合的應用。鈹通常能夠拋光或用銅或無電解鎳進行鍍膜。鈹拋光後可以反射約 95% 的紅外線，是很好的鏡面材料，已用於衛星的掃描系統、X 射線望遠鏡及軍用的紅外雷達系統。與同樣厚度的鋁相比，鈹被 X 射線透過的量要多 17 倍。

大部分的鈹是以合金型式使用，較重要的有鈹銅合金、鈹鎳合金和鈹鋁合金，其中以鈹銅合金最重要。鈹銅合金經固熔及時效硬化處理，具有高硬度、高耐磨性、高抗爆性、高導電率及優異的散熱性能。圖 3.5 爲經過拋光的鈹對光譜反射率。

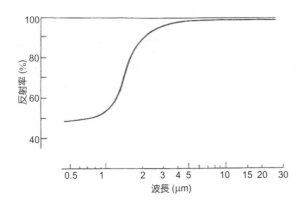

圖 3.5
經過拋光的鈹對光譜反射率。

　　金屬鏡通常使用超精密鑽石切削加工，若採用研磨加工表面會有細紋，需再經過拋光處理。經過超精密鑽石切削加工後，金屬表面反射率約為 70－80%，必須要鍍反射膜，才能提高反射率到 90% 以上。選擇金屬鏡體材料時，需考慮材料的緻密性與雜質含量，緻密性將會決定加工後鏡面的表面精度，若材料雜質含量太高，容易在加工過程中造成振刀，影響表面精度。且在選擇鏡體材料時，也需考慮可加工性、鍍膜的結合性以及是否容易清潔，若金屬表面不容易清潔，將會影響後續的鍍膜。圖 3.6 為經過鑽石切削與拋光後之材料表面粗糙度。

　　金屬的光學表面分成鍍膜及不鍍膜兩種，金屬鍍膜是使金屬微粒均勻的沉積在基材上，形成光滑的金屬表面，而具有高反射率，通常用於紅外線反射的膜層材料有銀、金、鋁、銅等。鋁膜對紫外光、可見光、紅外光都有較高的反射率，而且價格低、實用性強。金膜在紅外光區域有很高的反射率且耐蝕。鋁膜和金膜是紅外波段常用的材料。圖 3.7 為國研院儀器科技研究中心自製各式經鑽石切削後之金屬鏡。

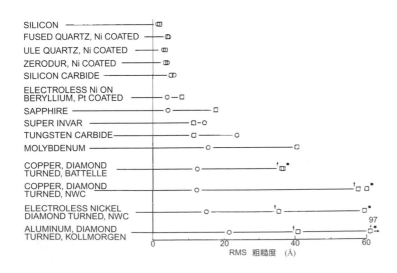

圖 3.6
經過鑽石切削與拋光後表面粗糙度。

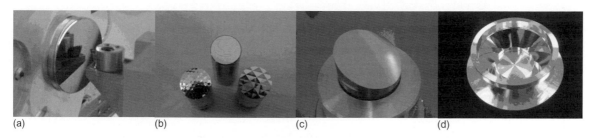

圖 3.7 國研院儀器科技研究中心自製各式經鑽石切削後之金屬鏡，(a) 超精密鑽石加工機加工鋁
鏡，(b) 陣列銅鏡，(c) 離軸拋物面無氧銅鏡，(d) 圓錐形鋁鏡。

3.5 常用的晶體材料特性

本節所介紹的光學晶體材料主要是指用於光學系統迴路中，例如窗鏡、稜鏡、透鏡、濾光、偏光元件及相位補償鏡等。一般而言，光學玻璃的光學均勻性良好，且易於大規模生產，價格便宜，這些皆為人工晶體所望塵莫及的，但在玻璃無法使用的邊緣地區或特殊場合，光學晶體能找到其應用之處。

在紫外光及紅外光譜區域中，對於某一波段可呈現透明的材料特性為光學晶體應用的主要因素，例如 Al_2O_3 晶體的熔點高、導熱性佳、機械強度高，因而可用於高速飛行特殊場合，例如飛機、飛彈及衛星等窗口或防彈窗口。此外，有些晶體的折射率與色散較玻璃大得多，在一些特殊應用中，光學晶體元件尺寸較玻璃小，且性能更優越，而其高折射率與色散亦是人造寶石所需求的，因此在珠寶市場上人工晶體比玻璃材料明顯佔有更重要的地位。

3.5.1 光學晶體材料

光學晶體主要包含有氟化物晶體、金屬鹵化物晶體及高溫氧化物晶體。表 3.12 所列為常用光學晶體的物理性質，而常用光學晶體的光學性質如表 3.13 所列。利用晶體可被紫外光及紅外光穿透的性能，在紫外光、紅外光光學儀器中，光學晶體被製成窗口、分光稜鏡、透鏡材料；或是利用晶體的雙折射性質，製造偏振零件。常見光學晶體材料如圖 3.8 所示，常用於紫外光譜區域的晶體材料有氟化鋰 (LiF)、氯化鈉 (NaCl)、溴化鉀 (KBr) 及石英 (SiO_2)；常用於紅外光譜區域的晶體材料有矽 (Si)、三硫化二砷 (As_2S_3)；常用的偏振晶體有方解石、電氣石、硝酸鈉及硫酸鉀等；常用於雷射的材料有寶石、氟化鈣等。

氟化物晶體具有較寬之透射光譜，透光範圍從遠紫外光至中紅外光。其中，常見的氟化鋰為無色、無潮解性晶體，穿透波長為 $0.12-6\ \mu m$，反射損失小 (5.2%)，紫外波段

第 3.5 節作者為曾釋鋒先生。

表 3.12 常用光學晶體的物理性質[23]。

材料		熔點 (°C)	彈性係數 (GPa)	密度 (g/cm³)	溶解度 (g/100g H₂O)	硬度	熱膨脹係數 (/°C)	熱傳導率 (W/m·K)
氟化物晶體	LiF	870	64.97	2.639	0.27 at 20 °C	Knoop 102	3.195×10^{-5}	4.01
	NaF	980	79.01	2.79	4.22 at 18 °C	Knoop 60	3.3×10^{-5}	3.746
	CaF₂	1360	75.8	3.18	0.0017 at 20 °C	Knoop 158.3	1.838×10^{-5}	9.71
	BaF₂	1386	53.07	4.89	0.17 at 23 °C	Knoop 82	1.84×10^{-5}	11.72
	MgF₂	1255	138	3.18	不溶於水	Knoop 415	1.88×10^{-5}	21
	LaF₃	1493	—	5.94	不溶於水	Mohs 4.5	1.19×10^{-5}	5.1
	SrF₂	1450	89.91	4.24	0.012 at 27 °C	Knoop 154	1.58×10^{-5}	1.42
鹵族化合物晶體	NaCl	801	39.98	2.17	35.7 at 273 K	Knoop 18.2	4.4×10^{-5}	1.15
	KCl	776	29.67	1.99	34.7 at 20 °C	Knoop 7.2	3.6×10^{-5}	6.53
	KBr	730	26.8	2.753	53.48 at 273 K	Knoop 7	4.3×10^{-5}	4.816
	KI	682	31.49	3.12	127.5 at 273 K	Mohs 5	4.3×10^{-5}	2.1
	CsI	621	5.3	4.51	44 at 0 °C	Knoop 20	5.0×10^{-5}	1.1
	KRS-5	414.5	15.85	7.371	0.05 at 293 K	Knoop 40.2	5.8×10^{-5}	0.544
	KRS-6	423	20.68	7.18	0.3 at 20 °C	Knoop 29.9	5×10^{-5}	0.7
氧化物晶體	Al₂O₃	2040	335	3.97	98×10^{-6}	Knoop 2000	6.7×10^{-6}	27.21
	MgO	2800	249	3.58	0.00062	Knoop 692	10.8×10^{-6}	42
	SiO₂ (Quartz)	1467	97.2	2.649	不溶於水	Knoop 741	7.1×10^{-6}	10.7
	SrTiO₃	2080	—	5.122	不溶於水	Mohs 6	9.4×10^{-6}	12

表 3.13 常用之光學晶體的光學性質[23]。

材料	透光範圍 (μm)	折射率	材料	透光範圍 (μm)	折射率
LiF	0.12－6	1.392 at 0.6 μm	KBr	0.23－25	1.527 at 10 μm
NaF	0.14－11	1.3255 at 0.6 μm	KI	0.38－42	1.6201 at 10 μm
CaF₂	0.13－10	1.39908 at 0.5 μm	CsI	0.25－55	1.73916 at 10 μm
BaF₂	0.15－12	1.45 at 0.5 μm	KRS-5	0.6－40	2.371 at 10 μm
MgF₂	0.12－7	1.413 at 0.22 μm	KRS-6	0.4－30	2.1723 at 11 μm
LaF₃	0.2－11	1.506 at 0.55 μm	Al₂O₃	0.17－5.5	1.74663 at 1.06 μm
SrF₂	0.15－11	1.439 at 0.55 μm	MgO	0.3－6	1.7085 at 2 μm
NaCl	0.2－15	1.49065 at 10.6 μm	SiO₂ (Quartz)	0.4－3	1.54421 at 0.6 μm
KCl	0.21－20	1.45644 at 10 μm	TiO₂	0.43－5	2.555 at 0.69 μm

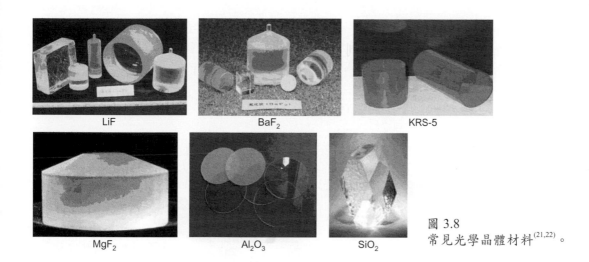

圖 3.8
常見光學晶體材料[21,22]。

穿透性良好，適合用於紫外窗口材料，此外亦應用於 X 光分光材料。另一常見晶體為氟化鎂 (MgF_2)，其亦為無色、無潮解性晶體，具有機械強度高且不溶於水的特性，與氟化鋰同樣為良好紫外透光材料。而在紅外波段至 10 μm 內之晶體材料幾乎為鹼土氟化物，主要常見晶體有氟化鈣 (CaF_2) 和氟化鋇 (BaF_2)。氟化鈣為無色、無潮解性、耐熱性、耐試劑及耐水之晶體材料，在 0.13－10 μm 之間具有良好的透光性，適合用於紅外透光材料、消色差透鏡。氟化鋇亦為無色、無潮解性晶體材料，適合用於紫外光或紅外光窗口、二氧化碳雷射窗口和其他脈衝光學元件材料等。若需更高波段之鹼金屬氟化物，可選擇常見之氟化鈉 (NaF_2)。

在 10 μm 以上之中紅外至遠紅外波段，氟化物晶體材料的透光性不及於鹵族化合物晶體，如：氯化鈉、氯化鉀 (KCl)、溴化鉀等化合物，此三種化合物其單晶質地均勻、光亮透明，對 40 μm 以上紅外線具有較高的透明性。以厚度小於 10 mm 為例，於 0.2－35 μm 波段範圍內透過率大於 90%，無雜質吸收。這些單晶材料是製作紫外線到中紅外線的寬波段良導體，廣泛用於紅外光譜分析和紫外光、紅外光學元件。其中氯化鈉和氯化鉀晶體材料在中紅外區的吸收係數可降至 10^{-4} cm^{-1}，已成為 CO_2 雷射重要輸出窗口材料。

常見氧化物窗口材料中，以氧化鋁 (Al_2O_3) 單晶最為重要，因其熔點高 (2040 °C)、機械強度高、硬度僅次於金剛石、導熱好、物理及化學性質穩定，常用於特殊環境中，如超音速飛機、衛星、導彈等高速飛行，其窗鏡材料要能承受大氣摩擦、高溫、低溫和溫度劇烈變化環境，且耐衝擊能力很強。另外，石英 (SiO_2) 也是重要的氧化物光學晶體，大量製成稜鏡、透鏡及補償鏡等光學元件，應用於計時、計頻、通信、導航和廣播設備中。還有常見氧化鈦 (TiO_2)、鈦酸鍶 ($SrTiO_3$) 等高折射率和色散晶體[22]，所製成之光學元件比其他晶體材料體積小且性能優越，被應用於精密光學儀器和光電產品中。

紅外透光優良晶體包括半導體材料鍺 (Ge) 與砷化鎵 (GaAs)，以及硫族化合物硫化鋅 (ZnS) 與硒化鋅 (ZnSe) 等，如圖 3.9 所示。表 3.14 所列為紅外透光晶體的材料性質，此類化合物之晶體材料具機械強度高、不潮解性質，亦應用於高功率 CO_2 雷射的輸出窗口；缺點是表面反射大、透光率受限制。另外，有些金屬鹵化物晶體材料可塑性佳、具有中紅外波段透光性，爲 CO_2 雷射傳輸光纖材料，如 KRS-5 (TlBr + TlI 混晶) 多晶和單晶光纖。

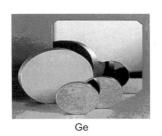
Ge

ZnSe

ZnS

圖 3.9 紅外透光優良晶體[22]。

表 3.14 紅外透光晶體的材料性質[24]。

性質 材料	透光範圍 (μm)	吸收係數 β (cm^{-1})		折射率 n (10.5 μm)	應力 光學係數 (10^{-6}/°C)	熱傳導率 k (W/m·K)	彈性係數 (10^{10} Pa)	硬度 (Knoop)
		10.6 μm	5.25 μm					
Ge	1.8－23	1.2×10^{-2}	1.8×10^{-3}	4.02	317	59	10.3	700
CdTe	0.9－30	2.5×10^{-4}	4.9×10^{-4}	2.69	117	6	2.3	49
GaAs	0.9－18	5×10^{-3}	9.4×10^{-3}	3.30	160	48	8.48	750
ZnSe	0.5－20	4×10^{-4}	1.6×10^{-3}	2.40	67	18	6.72	354
NaCl	0.2－18	1.3×10^{-3}	－	1.54416	−0.6	6.48	4.08	15
KCl	0.2－24	7×10^{-5}	1.5×10^{-5}	1.49025	−5	6.52	3.02	7
KBr	0.2－30	1.5×10^{-5}	2.1×10^{-4}	1.55995	−3.6	4.81	2.74	6
KRS-5	0.5－40	5×10^{-4}	2×10^{-4}	2.62505	－	0.54	1.62	40

3.5.2 非線性光學晶體材料

當光在介質中傳播時，介質中束縛較鬆之價電子在光電場力的作用下，電子和原子間產生相對電荷位移，引起介質的極化成爲電偶極子 (electric dipole)。電偶極子在光頻電場中，產生受振動而輻射出光場頻率的二倍、三倍等多倍頻率的電磁波，這就是二次諧波、三次諧波及多次諧波的發生。光透過介質時引起介質極化的極化強度，除了與光的電場強度 E 成正比外，還與它的二次方 (E^2)、三次方 (E^3)…有關。對普通光源來說，由於光的電場強度與原子內的電場強相比十分微弱，只用 E 的一次方項，即線性項 ($P = \alpha E$) 就足以描述有關光學現象，如光的折射、反射與吸收等，此爲線性光學。而雷射源發出的強相干光，光頻電場的數值可能很大 (~1×10^4 V/cm)，因此 E^2、E^3…等非線性項便不可忽略，即極化強度 P 和光電場強度 E 之關係如公式 (3.4) 所示，其爲非線性光學效應的數學表示式，此與強光有關之效應稱爲非線性光學效應，而具有非線性光學效應之晶體則稱爲非線性光學晶體 (nonlinear optical crystal)。

$$P = \alpha E + \beta E^2 + \gamma E^3 + \cdots \tag{3.4}$$

　　非線性光學材料可以產生具有二倍、三倍、四倍頻率的高次諧波，而目前雷射源正朝著高功率、高能轉換效率、體積小及重量輕等方向發展，非線性光學晶體則必須具備較高抗雷射損傷強度、非線性係數大、透過波長範圍寬，特別是在可見光範圍到紫外波段有良好透過的大尺寸單晶、薄膜、纖維等低維晶體，以滿足上述雷射技術發展的需要。

　　表 3.15 所列爲透光範圍 $0.2-5$ μm 之非線性晶體的主要性質，這些非線性晶體包括磷酸二氫鉀 (KH_2PO_4, KDP)、BBO、LAP、磷酸氧鈦鉀 ($KTiOPO_4$, KTP) 等，如圖 3.10 所示。其中，磷酸二氫鉀爲用水溶液法生長的多功能晶體，具有容易成長大單晶體的優點，當使用雷射功率密度高至 $1-3 \times 10^9$ W/cm^2 時，仍可獲得高功率轉換，應用波段範圍寬 (0.2 μm-1.5 μm)，抗雷射損傷閾值 (laser damage threshold) 高，對 1 μm 波長、1 ns 脈衝寬度之脈衝光，損傷閾值可達 $5-9$ J/cm^2。但 KDP 的缺點爲容易潮解、對溫度變化敏感，使用時需置於盛有折射率匹配液的槽中。適用於高功率雷射的應用，如雷射核融合實驗或 X 射線雷射幫浦 (pumping) 用的釹玻璃強雷射裝置的波長變換。

表 3.15 透光範圍 $0.2-5$ μm 之非線性晶體性質[26,27]。

性質 材料	透光範圍 (μm)	相位匹配範圍 (nm) (Type)	損傷閾值 (GW/cm^2)	相關品質因數
KDP	$0.2-1.5$	$517-1500$ (I)	0.20	1.0
KDP	$0.2-1.5$	$732-1500$ (II)	0.20	1.8
D-CDA	$0.27-1.6$	$1034-1600$ (I)	0.50	1.7
Urea	$0.21-1.4$	$473-1400$ (I)	1.50	6.1
Urea	$0.21-1.4$	$600-1400$ (II)	1.50	10.6
BBO	$0.198-3.3$	$400-3300$ (I)	5.00	26.0
BBO	$0.198-3.3$	$562-3300$ (II)	5.00	15.0
LAP	$0.22-1.95$	$440-1950$ (I)	10.00	40.0
$LiIO_3$	$0.3-5.5$	$570-5500$ (I)	0.50	50.0
m-KA	$0.5-2$	$1000-2000$ (I)	0.20	60.0
$MgO:LiNbO_3$	$0.4-5$	$800-5000$ (I)	0.05	105.0
KTP	$0.35-4.5$	$1000-2500$ (II)	1.00	215.0
POM	$0.414-2$	$830-2000$ (I)	2.00	350.0
$KNbO_3$	$0.41-5$	$840-1065$ (II)	0.35	1460
DAN	$0.43-2$	$860-2000$	—	5090.0

註：相對品質因數是對 KDP 晶體的 1.06 μm I 型相位匹配二次諧波 (SHG) 數值而言。
　　KDP 的 d 係數絕對值 0.025 Pm/V。

LiNbO₃　　　　　LiIO₃　　　　　　KTiOPO₄　　　　　　LiB₃O₅

圖 3.10 非線性光學晶體材料[21,24,25]。

　　BBO 晶體全名爲 β-偏硼酸鋇晶體 (β-BaB$_2$O$_4$)，是良好紫外光多倍頻 (從二倍頻至五倍頻) 晶體材料，其具備轉換效率高、容許溫度寬、抗雷射損傷閥值高等優點，缺點則爲容許角度窄 (爲 KDP 晶體之 1/2) 和微溶於水。另外，BBO 晶體具有產生超越 200 nm 的真空紫外光 (VUV) 且光參量振盪 (optical parametrical oscillator, OPO) 過程可以產生帶寬調諧光源兩大特色。

　　LAP 晶體全名爲 L-磷酸精氨酸晶體 ((NH$_2$)$_2$CHN(CH$_2$)$_3$CH(NH$_3$)COO－H$_2$PO$_4$)，爲單斜晶系，也是利用水溶液法生長且容易成長大單晶體。此晶體吸潮性較 KDP 小，易於使用，容許角度約爲 KDP 的 1/2，但非線性光學係數 d 值幾乎爲 KDP 的 2 倍，波長轉換效率高。LAP 在 1.06 μm 的光吸收係數爲 0.09 cm^{-1}，比 KDP 大。採用重氫置換氫成長之 D-LAP 晶體，其 1.06 μm 的光吸收係數降至 0.02 cm^{-1}。D-LAP 的相位匹配容許角爲 KDP 的 1/2，但是 d 係數幾乎爲其 2 倍，故波長轉換效率高。LAP、D-LAP 的雷射損傷閥值比 KDP 高得多，特別是 D-LAP 對 1.053 μm 波長、1 ns 的脈衝寬度，抗損傷閥值達 60－80 GW/cm^2。

　　磷酸氧鈦鉀 (KTiOPO$_4$, KTP) 是法國國家科學研究中心於 1971 年首先利用高溫溶劑法生長而得，1976 年美國 DuPont 公司首先獲得水熱法生長晶體專利。目前 KTP 晶體可採用高溫溶劑法與水熱法兩種方式生長，此晶體爲正交晶系、mm2 點群。該晶體具有 25 °C·cm 的溫度帶寬、約 1 mrad 的離散角、15－68 mrad·cm 的角度帶寬、寬廣的透光波長範圍 (0.35－0.45 μm) 和高的二次諧波 (SHG) 轉換效率，目前廣泛應用於頻率轉換材料；缺點是透光下限僅到 0.35 μm，使得 1 μm 以下波段不能實現相位匹配。由於 KTP 具有較多的優點，是目前二次諧波產生 (second harmonic generation, SHG)、混頻和光參量振盪 (OPO) 技術應用最廣泛的晶體，特別是在 Nd:YAG 的 1.06 和 1.325 μm 兩條輸出線，作爲光波導材料的應用。

　　三硼酸鋰 (LiB$_3$O$_5$, LBO) 的晶體透光範圍爲 0.165－3.2 μm，其角度容許度寬，幾乎與 KTP 相等。有效非線性光學係數 d_{eff} 爲 2.7 Pm/V，比 BBO 小。LBO 在 950－1340 nm 紅外波段內都可實現二次諧波產生 (SHG) 非臨界相位匹配。由於 LBO 雙折射性小，二次諧波的可匹配最短基波僅到 551 nm 左右，所以欲獲得比 276 nm 更短波長輸出必須採用倍頻技術。LBO 可作爲 Nd:YAG 的 3 倍頻 (355 nm) 晶體材料，當晶體長 12.6 mm 時 (II 型、$\theta = 42°$、$\phi = 90°$) 轉換效率可達 70%。

LiNbO$_3$ 晶體於 1968 年問世，利用 Nd:YAG 幫浦 (pumping) LiNbO$_3$ 的光參量振盪器 (OPO) 操作穩定性好，提供 1.4－4.0 μm 範圍調諧光源，已成功地用於大氣層溫度、濕度和分子測量的遙測技術。MgO:LiNbO$_3$ 是在 LiNbO$_3$ 中摻雜 MgO 之晶體材料。LiNbO$_3$ 在強可見雷射光輻射下會產生光折射損傷，MgO:LiNbO$_3$ 可以解決此這一問題。

表 3.16 所列為透光範圍 0.5－20 μm 之非線性晶體的主要性質，包括 AgGaS$_2$、CdSe、AgGaSe$_2$、TAS 等。其中 AgGaS$_2$ 和 AgGaSe$_2$ 為紅外波段優良非線性晶體，兩者都具有高非線性光學係數，於透光範圍大部分波段都可以實現相位匹配；且具中等強度抗雷射損傷閾值，約 10－15 MW/cm^2。AgGaS$_2$ 和 AgGaSe$_2$ 的 SHG 基波可匹配範圍分別為 1.8－11 μm 和 3.1－13 μm，其三波混頻過程的波段更加寬廣。

表 3.16 透光範圍 0.5－20 μm 之非線性晶體性質[26,27]。

性質 材料	透光範圍 (μm)	吸收係數 (cm^{-1} at 10.6 μm)	損傷閾值 (MW/cm^2)	相關品質因數
AgGaS$_2$	0.5－13	0.090	15	1.0
CdSe	0.75－20	0.016	50	1.6
AgGaSe$_2$	0.71－18	0.050	12	6.3
TAS	1.26－17	0.040	16	6.5
CdGeAs$_2$	2.4－18	0.230	40	9.2
ZnGeP$_2$	0.74－12	0.900	3	14.0
Te	3.8－32	0.960	45	270.0

註：相對品質因數是對 AgGaS$_2$ 晶體的 1.06 μm 相位匹配二次諧波 (SHG) 14.0 Pm/V 數值而言。

3.5.3 人造寶石晶體材料

人造寶石晶體如圖 3.11 所示，其具有一些特殊光學性質，下文將就材料的顏色、游彩 (chatoyancy)、折射與色散加以說明其性質。

剛玉

立方氧化鋯晶體

圖 3.11
人造寶石晶體[29]。

(1) 顏色

　　寶石的顏色千變萬化，同一種寶石可能有不同的顏色，以水晶而言就可區分無色、乳白、紅、黃至黑色。同一塊寶石在不同照明條件下，也可能呈現不同的顏色，如白天日照下為翠綠色，夜間白熾燈照射時則呈暈紫紅色。人造寶石的顏色就形成原理來說，除了蛋白石是由於光柵效應對光色散而呈五彩之外，其餘均為寶石中的稀土或過渡族離子以及晶體色心引起的光吸收而形成的。

　　除了鈰之外，稀土雜質在各種晶體中呈現固定顏色。過渡族離子在不同的晶體中可能具有完全不同的顏色。例如，鉻在紅寶中為紅色，在 YAG 中為綠色，在祖母綠晶體中為鮮綠色，在紫翠寶石中為藍紫色，在立方氧化鋯晶體中為螢綠色，在明礬晶體中為紫色。表 3.17 與表 3.18 為各種雜質在剛玉與立方氧化鋯晶體中的顏色。

表 3.17 剛玉中所含雜質與呈現的顏色[30,31]。

雜質(%)		顏色
Cr_2O_3	$0.1-0.05$	淺紅
	$0.1-0.2$	桃紅
	$2-3$	深紅
$Cr_2O_3\ 0.2-0.5 + NiO0.5$		橙紅
$TiO_20.5 + Fe_2O_31.5 + Cr_2O_30.1$		紫
$TiO_20.5 + Fe_2O_3$		藍
$NiO0.5 + Cr_2O_30.01-0.05$		金黃
$NiO0.5-1.0$		黃
$Co_3O_41.0 + V_2O_50.12 + NiO0.3$		綠
V_2O_5 日光下		藍紫
V_2O_5 鎢絲白熾燈下		紅紫

表 3.18 立方氧化鋯晶體中所含雜質與呈現的顏色[30,31]。

雜質	顏色
Nd_2O_3	紫
Ho_2O_3	黃
Er_2O_3	粉紅
CeO_2	黃至橙紅
Co_2O_3	藍
TiO_2	茶
Cr_2O_3	綠
V_2O_3	綠
CuO	藍綠
$Er_2O_3 + Fe_2O_3 + NiO$	粉紅
$Cr_2O_3 + Tm_2O_3 + V_2O_3$	橄欖綠

(2) 游彩

寶石中如有平行的纖維狀構造，或具有平行的針形礦物包裹體和管狀氣穴等，對光反射則會呈現絲絹光澤。若垂直於這些平行構造方向將寶石拋光成弧面時，則會在弧面上出現一條光帶。如對光帶轉動寶石，光帶會左右游移，此現象稱為游彩。如只有一組平行光束，稱為貓眼，如有幾組平行光束，則稱為星光。

(3) 折射

寶石表面的光亮程度與它對光的反射能力有關，此種反射能力在礦物學中稱為光澤。它取決於折射係數，即垂直寶石表面入射的反射率，如公式 (3.5) 所示。

$$R = \left(\frac{n_i - n_0}{n_i + n_0}\right)^2 = \left(\frac{n_i - 1}{n_i + 1}\right)^2 \tag{3.5}$$

其中，n_i 為寶石折射係數，n_0 為空氣折射係數。由此可知，寶石折射率愈高，光澤愈強。

(4) 色散

寶石的折射率會隨著光的波長而變化，例如：金剛石晶體對紅外光的折射率為 2.402，對綠光的折射率為 2.427，對紫光的折射率為 2.465，此種現象稱為寶石的色散。若寶石在 He 光 (587.56 nm) 和 H 光 (656.28 nm) 處之折射率分別為 n_d 及 n_c，色散計算為 $n_d - n_c$。由於色散的存在，一束白光射入寶石後會分解成不同的色光，經寶石反射或透射後的白光就會出現五顏六色的彩色閃光。

參考文獻

1. P. R. Yoder, Jr., *Opto-Mechanical System Design*, 2nd ed., New York: Marcel Dekker, Inc. (1993).

2. http://www.schott.com

3. R. Kingslake, *A History of the Photographic Lens*, San Diego: Academic Press (1989).

4. http://www.oharacorp.com

5. http://www.hoya.co.jp

6. http://www.sumita-opt.co.jp

7. http://www.murata.co.jp

8. 黃榮國, 光學塑料, 塑膠加工與應用, **3**, 51 (1991).

9. 河合宏政, 光學用塑膠材料, 紅外, **9**, 24 (1997).

10. http://www.topas.com/

11. http://www.sunex.com/

12. http://www.zeonex.co.jp/

13. 山下幸彥, 鈴木實, 吉田明宏, 岩田修一, "低複屈折光學用樹脂", 日立化成技術報告, No. 37 (2001).

14. 楊柏, 高長有, 沈家聰, "聚合物光學樹脂的分子設計與新型光學塑料", 高分子通報, **6**, 92 (1995).

15. http://www.hitachi-chem.co.jp/

16. X. Li and D. Lin, *Optical Technique*, No.3, 8 (1994).

17. C. Diao and H. Wu, *Journal of Function Polymera*, **9** (1), 1486 (1996).

18. K. Minami, "Optical Plastics", in *Handbook of Plastic Optics*, ed. S. Baeumer, Wiley-VCH (2005).

19. http://www.matweb.com

20. http://ci58.lib.ntu.edu.tw/cpedia/Default.htm

21. 上海光學儀器研究所, http://www.fabricstest.com

22. NEOTRON Co., Ltd., http://www.neotron.co.jp

23. Crystran Ltd., http://www.crystran.co.uk

24. 北京物科光電技術有限公司, http://www.physoe.com

25. 中非人工晶體研究院, http://www.risc.com.cn

26. 長春光學精密機械與物理研究所光學系統數據庫, http://www.optics.csdb.cn/material/main.asp

27. http://www.azom.com

28. B. D. Zaitsev and I. E. Kuznetsova, *IEEE Trans. Ultra. Ferro. and Freq.*, **45** (2), 361 (1998).

29. http://www.baoshi.net.cn

30. 卡莉‧霍爾, 寶石圖鑒, 中國友誼出版公司出版社, 貓頭鷹出版社譯 (1998).

31. Origin gems Ltd., http://www.a088.com

第四章　國際光學元件製圖標準

　　光學元件製圖是光學設計工程師與光學加工技術人員之間的共同語言，當光學設計工程師將光學系統設計完成後，即需將光學系統中的各個光學元件設計圖交付光學工廠進行製作，為了讓光學工廠的加工人員能夠清楚的瞭解光學設計工程師的用意，在設計圖上即需進行各種規格標註，以使製作出來的產品能夠符合需求。其中標註規格除了設計要求值之外，一般而言還需附上容許公差，讓加工人員瞭解其精度要求，避免產生品質不良或是不必要的成本浪費。

　　光學元件之加工要求較一般機構件加工嚴謹，所以在規格表示上，較傳統機構件仔細。光學元件規格標示內容是以元件製作與檢測時實際會遭遇的誤差來訂定，一般稱為工程規格，內容包含材料性質誤差、表面形狀誤差、加工偏心誤差、表面紋理 (surface texture) 誤差、鍍膜誤差等。而標示所使用的單位除了以一般使用的長度與角度單位之外，亦將根據該規格所常用之檢測儀器來標定，較常見的例子為表面形狀誤差 (surface form error) 量測時所使用的雷射干涉儀之雷射波長 λ，因實際上所量測得到的數據為干涉條紋的形態及圈數，故以量測光源之光波長為單位是較為直接且方便的方式。若要得到實際長度單位則需再進行換算，一般市售的商用雷射干涉儀所搭配之軟體均有提供此項換算功能。

　　光學元件製圖有一定的標準必須遵循，否則會造成光學設計者與光學加工人員間之混淆。目前全球最為通用的光學元件製圖標準為 ISO10110 光學元件製圖標準，另外尚有一些國際標準也在使用，如：英國國家標準 BS4301 與俄羅斯國家標準 GOST2.412。此外有一些已訂定的國家標準雖已停止使用，但由於某些規格或標註在產業界中已成為習慣性之表示方式，目前還是被接受作為參考資料，例如：美國國家標準 ASME/ANSI Y14.18M-1986、美國軍用標準與規格 MIL-STD-34 及德國國家標準 DIN3140 等。本章節將詳述目前最為通用的光學元件製圖規格與國際標準規範，包括：ISO10110 光學元件製圖標準與英國國家標準 BS4301。

第 4.1 節作者為郭慶祥先生。

4.1 ISO10110 光學製圖標準

ISO (International Organization for Standardization) 在 1979 年成立一個制訂光學與光學儀器相關標準的技術委員會 (Technical Committee 172-Optics and Optical Instruments, ISO/TC172)，該委員會下面有 9 個小組委員會 (subcommittees, SC)，其中第一個小組委員會 (SC1) 的目標是制訂國際通用的光學製造與檢測之光學元件製圖與規格標準，其共有 3 個工作小組 (working group, WG)，其中光學元件製圖是由 WG2 負責，另外 WG1 負責光學測試，WG3 負責環境測試。1980 年 4 月 16 日 WG2 參考德國光學元件製圖標準規範 DIN3140 制訂了「Indications in optical drawings」，即為目前所被廣泛使用的光學元件與系統製圖標準規範 ISO10110 的初稿，公布後其正式名稱為 ISO10110 Optics and Optical Instruments - Preparation of drawings for optical elements and systems。目前最新的 ISO10110 於 2004 年修訂完成，一共分成十四部分，其詳細架構整理如表 4.1 所示。其中對於光學元件的規格一般可分為十個項目，其中有三個項目在規範鏡片的材質部分，分別是殘餘應力所產生的雙折射效應 (stress birefringence)、氣泡與雜質 (bubbles and inclusions)，以及材料之非均質度與脈紋 (inhomogeneity and striae) 部分。在鏡片外形精度方面，則可分類為表面形狀誤差 (surface form tolerance)、偏心誤差 (centering tolerance)、鏡片表面缺陷誤差 (surface imperfection tolerance)、鏡片表面研磨拋光後表面紋理之等級以及波前變形誤差 (wavefront deformation tolerance) 等五個項目。除此之外，針對單一鏡面亦可標註其所要求之表面處理與鍍膜 (surface treatment and coating)，針對雷射光學元件可另外標註其雷射發光起損值 (laser irradiation damage threshold)。以下針對每一部分的規範與定義加以敘述。

表 4.1 ISO10110 架構表。

編號	標準名稱	代碼
ISO10110-1:1996(E)	一般原則	無
ISO10110-2:1996(E)	材料缺陷－應力雙折射	0/
ISO10110-3:1996(E)	材料缺陷－氣泡與雜質	1/
ISO10110-4:1997(E)	材料缺陷－非均質度與脈紋	2/
ISO10110-5:1996(E)	表面形狀誤差	3/
ISO10110-6:1996(E)	偏心誤差	4/
ISO10110-7:1996(E)	表面缺陷誤差	5/
ISO10110-8:1997(E)	表面紋理	√
ISO10110-9:1996(E)	表面處理與鍍膜	⊗
ISO10110-10:1996(E)	工學元件圖面說明	無
ISO10110-11:1996(E)	未標註公差規格	無
ISO10110-12:1997(E)	非球面	無
ISO10110-14:2003(E)	波前變形誤差	13/
ISO10110-17:2004(E)	雷射發光起損值	6/

4.1.1 ISO10110-1 一般原則

　　光學元件製圖最主要的目的在於提供光學設計者與製造者之間共識的圖形、文字與記號,為了使雙方所使用的製圖標準一致,ISO10110-1 定義光學製圖與規格上的基本規範,規範的內容包括:基本規定、視圖 (view)、軸 (axis)、引線 (leader)、測試區域 (test region)、測試體積 (test volume)、尺寸標註 (dimensioning)、材料規格 (material specification),以及公差標註。

(1) 基本規定

　　光學圖面上所有的標示與說明必須是定義完成的成品,也就是成品的最後形狀。在圖面中,對一些細部或有特殊要求的部分需要清楚定義,得以使用文字備註或特別說明之。單位使用公制單位 (SI),例如長度尺寸使用毫米 (mm),除非另有說明。所有光學上的數據,使用在環境溫度 22 ± 2 °C 的綠光汞譜線 (green mercury e-line)、波長 546.07 nm,除非另有說明。光學圖面上若有未標註公差者,除非另有說明,否則一律參照 ISO10110-11 的規範。

(2) 視圖

　　光學元件繪圖的習慣表示方法為:光學元件的入射光是由左邊方向入射,由右邊出射,並且儘可能使光軸呈水平位置,旋轉對稱之光學元件的圖示以通過鏡片中心的剖面圖表示,並加入代表玻璃材料的剖面線,剖面線為中間一長線及兩邊短線對稱,如圖 4.1(a) 所示。一般為了簡化繪圖,可以不必畫出剖面線,如圖 4.1(b) 所示。但一張圖面中不可有剖面線與無剖面線混用的圖,必須有一致性。當光學元件的表面有對稱的二條子午線 (meridian) 時,其圖面標示必須將二個方向的剖視圖分別繪出,如圖 4.2 所示之複曲面透鏡 (toric lens)。

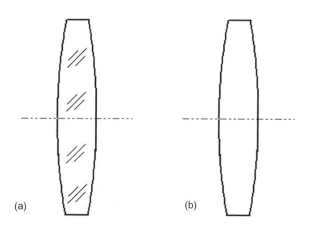

(a)　　　　　　　　　　　　　(b)

圖 4.1
(a) 光學元件剖面視圖,(b) 光學元件簡化視圖。

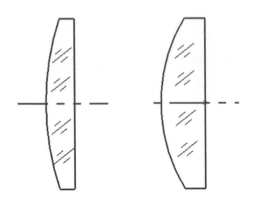

圖 4.2
複曲面透鏡視圖。

(3) 軸

　　軸線的繪製其線條型式分爲二種，一種是 ISO128 的 G 線條，另一種爲 ISO128 的 K 線條，其表示方式如圖 4.3 所示。G 線條用來描述旋轉軸與中心線 (rotation axis and centre line) 或稱機械軸 (mechanical axis)；K 線條用來描述光軸 (optical axis)。若以一球面透鏡爲例，兩曲面的曲率中心的連線稱爲光軸，透鏡邊緣圓柱面的旋轉中心稱爲機械軸，亦可稱爲旋轉軸或中心線。

(4) 引線

　　當要標註某些在圖形輪廓內或輪廓上的規格時必須使用引線。引線若要標示在輪廓內，則其終點要用「點」表示，如圖 4.4(a) 所示爲標示材料缺陷誤差；引線若要標示在輪廓上，則其終點要用「箭頭」表示，如圖 4.4(b) 所示爲標示表面形狀誤差。

圖 4.3
軸線的型式。

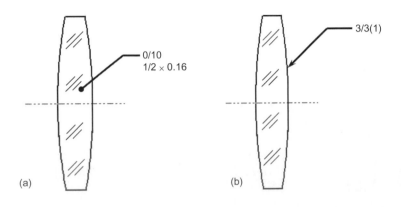

圖 4.4
(a) 引線在輪廓內的標註，(b) 引線在輪廓上的標註。

(5) 測試區域

　　當光學元件不需要整個表面作測試時，就應該標示出測試區域的範圍或光學有效面，若是圓形的測試區域，標註有效外徑 (effective diameter, ϕ_e) 即可，如圖 4.5 所示。一個具有其特殊光學意義的表面，該表面在不同的範圍有不同的誤差時，其測試的範圍可用 ISO128B 線條的連續細線標示，而區域內用同樣的線畫出陰影，也可以用不同的尺寸範圍來標示，細分出幾個小區域，再利用引線在適當的位置分別標示出該測試區域的規格，如圖 4.6 所示。當稜鏡的光學面只需測試某個範圍，亦可利用細實線將測試區域畫出，再標示其範圍並以引線加註其規格即可。

(6) 測試體積

　　當光學元件在某部分體積的材料缺陷誤差必須符合較其他體積更高的要求時，其測試體積需要標示出來，並利用引線將特殊要求的規格加註，如圖 4.7 所示。

(7) 尺寸標註

　　所有製造及檢測需要用到的尺寸都必須要標註完整，且所標註之尺寸與規格為工件完成後的最終尺寸及規格，有時表面處理無論是塗漆或鍍膜，其厚度已被標註在成品的厚度內時，此時要在圖面上說明，並標示為表面處埋前的尺寸，以作為參考。相關尺寸只需標註一次，若有需要標註參考尺寸時，應該用刮號加以區分。一般在標示凹透鏡的厚度尺寸時除標註鏡片中心厚度外，為了加工方便都會再多標註最大厚度當作參考尺寸。標註尺寸時盡量使用毫米為單位，數字之後就不必再另加單位，若為其他長度單位則應註明，標註角度尺寸一定要加單位，尺寸盡量標註在工件輪廓之外，才不致混淆。以下針對曲率半徑、厚度、外徑、倒角、長度及角度標註分別說明。

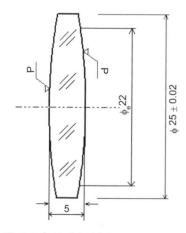

圖 4.5 有效外徑標註。

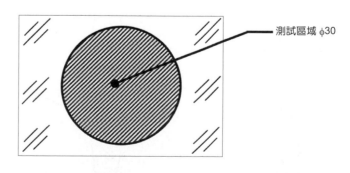

圖 4.6 測試區域標註。

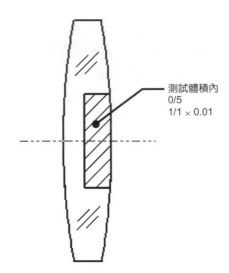

測試體積內
0/5
1/1 × 0.01

圖 4.7
測試體積之標註。

· 曲率半徑標註

　　較常用的球面曲率半徑標註方式共有三種，第一種為直接在圖面上標示曲率半徑值與公差，並在數值前加半徑符號 R，若是平面其曲率半徑為無限大，其標註的方式為 R∞，如圖 4.8(a) 所示。第二種標註為直接標註凸面或凹面，凸面鏡的英文為 convex，其縮寫為 CX；凹面鏡的英文為 concave，其縮寫為 CC，標註的方式直接在 CX 或 CC 後加上曲率半徑值與公差。第三種方式是利用正負號來表示，一般定義光線從左邊向右邊入射，當光經過一透鏡時，入射的第一面稱為 R1，第二面為 R2，不管鏡面的凹凸，曲率中心位於透鏡右側，取正 (+) 號；曲率中心位於工件左側，取負 (–) 號；平面以無限大 (∞) 表示，以圖 4.8(b) 為例，R1 的曲率半徑為 +60 ± 0.02 mm；R2 的曲率半徑為 –60 ± 0.02 mm。非球面元件的曲率半徑標註，若對光軸具有旋轉對稱形狀之非球面應附加「ASPH」，圓柱面非球面形狀應附加「CYL」或「柱」，此部分在第 4.1.12 節 ISO10110-12 會詳細敘述。

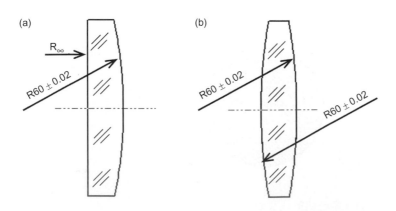

(a)

R∞

R60 ± 0.02

(b)

R60 ± 0.02

R60 ± 0.02

圖 4.8
曲率半徑標註。

·厚度標註

　　透鏡所謂的厚度是指元件的中心厚度，厚度的標註為厚度值加公差。透鏡若有凹面的情況時，除了標註透鏡的中心厚度外，應再標註整個鏡片的厚度值不加註公差，但因其為多餘尺寸，所以標註在括號內，當作參考尺寸，如圖 4.9 所示。

·外徑標註

　　光學元件外徑的標註與機械元件的標註方式是一樣的，標註外徑值與公差值。但光學元件多了一項有效外徑，就是光線真正會通過透鏡的範圍，所以必須要標註。有效外徑的標註是在外徑值前加入「ϕ_e」符號，如圖 4.10 所示。

·倒角標註

　　光學元件的倒角分為功能性倒角與安全性倒角兩種，功能性倒角主要為提供元件組裝時能有一定面積的承靠面，方便光學系統的組裝，也可以減少組裝時光學系統的偏心誤差。由於玻璃若稍有碰撞容易裂邊，所以必須對尖銳的邊緣進行安全性倒角，除了保護鏡片外，也避免加工人員割傷。一般倒角標註有四種方式，第一種為標註斜面之寬及與圓柱面之角度，並註明公差，如圖 4.11(a) 所示。第二種為標註直徑及斜面與圓柱面之角度，如圖 4.11(b) 所示。第二種為標註安全平面之內徑，如圖 4.11(c) 所示。第四種為利用引線加箭頭直接標註，如圖 4.11(d) 所示，大多用在安全性倒角。若需標註的斜面太窄，圖上不易標示，可利用局部放大視圖加以標註。凸透鏡邊緣之切線與中心線所成之夾角 (切線角 β) 小於 60° 時可以不需作安全性倒角，如圖 4.11(e) 所示，因為本身邊緣的強度足以抵抗碰撞。若為了功能上的原因，需要保留尖角，應以符號「**0**」標示，如圖 4.11(f) 所示。鏡片的安全倒角若在圖面上沒有註解或標示，可以參考表 4.2 的經驗值，斜面的角度為 45°，此經驗值為國研院儀器科技研究中心光學工廠所採用。

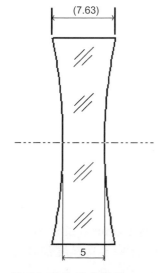

圖 4.9 透鏡厚度標註。

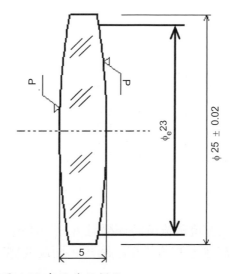

圖 4.10 有效外徑標註。

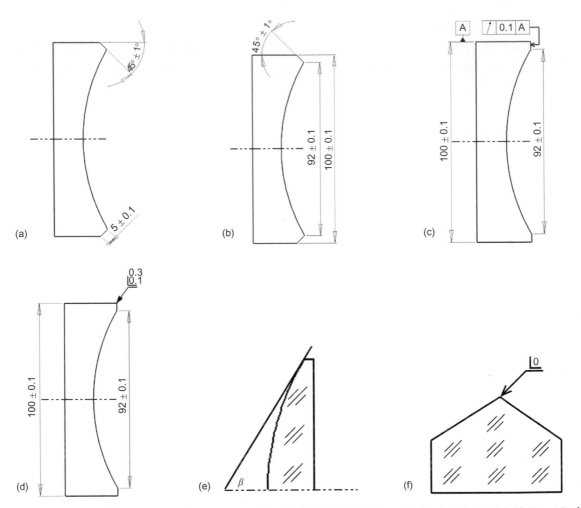

圖 4.11 (a) 斜面寬與角度之倒角標註，(b) 直徑與角度之倒角標註，(c) 平面之內徑倒角標註，(d) 安全性倒角標註，(e) 不需安全倒角之角度限制，(f) 尖角標註。

表 4.2 安全倒角經驗值。

透鏡直徑 (mm)	倒角斜面寬度 (mm)
2.5－10	0.1－0.3
10－24	0.2－0.4
24－50	0.3－0.5
50－100	0.4－0.7
100－160	0.5－0.9

·長度標註

　　標註長度、寬度與高度時與標註外徑或厚度一樣，標示公稱尺寸 (nominal dimension) 與公差。若是在邊上的角落有小倒角，而需要標註理論上的尖角位置時，其長度標註要用「thero」附在長度值與公差後，如圖 4.12 所示。

．角度標註

　　角度標註一般使用在稜鏡的角度標示，標註的內容包括角度與公差，一般圖面上所定義的是長度單位，所以在標註角度時必須加上角度單位 (度、分、秒)。稜鏡的光學面以大寫英文字母加以標註，以資區別。

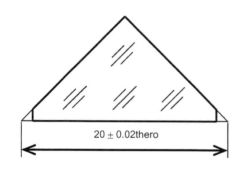

20 ± 0.02thero

圖 4.12
有倒角之長度標註。

(8) 材料規格

　　在 ISO10110 的圖面上有一個欄位是用來定義光學材料規格的，標示的內容包括：製造廠商、材料名稱或國際玻璃編號、折射係數與色散係數及化學特性。另對材質的特殊性質亦需標註，內容包括：穿透率、應力雙折射等級、氣泡與雜質等級、非均勻度與脈紋等級及晶體特性等項目。材料的性質與公差可參照 ISO10110 的第二、三及四部分，內容是針對應力雙折射等級、氣泡與雜質等級及非均勻度與脈紋等級的材料規格作說明。

4.1.2 ISO10110-2 材料缺陷－應力雙折射

　　光學玻璃毛胚在製作的過程中，從融熔的狀態冷卻至玻璃固化，因玻璃內部與外部的冷卻速度不同，造成熱漲冷縮的擠壓效應，如圖 4.13 所示，所以使得玻璃內部產生殘餘應力。退火 (annealing) 熱處理可以消除玻璃毛胚的殘餘應力，但退火的過程中若採用不均勻的加熱或冷卻過程，玻璃內部還是會有殘餘應力。而玻璃材料經過研磨或其他加工製程後，加工的切削力會造成加工表面產生加工應力層，這些殘餘應力會導致光學材料內部產生所謂的雙折射現象。此效應是指光束經過光學材料內部時，受到材質不同方向上折射係數變化的影響，而由平行或垂直殘餘應力之方向透射而出，此現象使光束在通過元件時產生光程差 (optical path difference, OPD) 變化，因此光學系統之成像品質也將受到影響。

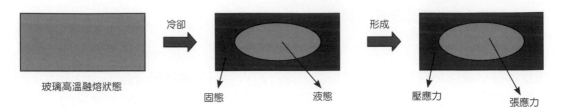

圖 4.13 玻璃殘餘應力之形成。

雙折射效應會使光束進入光學材料後在不同的方向產生光程差 Δs，其定義爲光通過特定厚度時，因應力雙折射效應所產生的光程差，其方程式可表示爲：

$$\Delta s = a \cdot \sigma \cdot K \tag{4.1}$$

其中，a 爲光經過光學材料所行走的距離，單位爲釐米 (cm)。σ 爲光學材料內部的殘餘應力，單位爲 N/mm^2。K 則爲光學應力常數 (stress optical coefficent)，單位爲 10^{-7} mm^2/N，此數值可在各光學材料供應商所提供之規格資料中查得。殘餘應力所產生的雙折射造成的光程差，其單位爲奈米 (nm)，一般的認知，每 1 公分厚度的樣品，光程差延遲大於 20 nm，相當於是較粗劣的退火玻璃；當光程差延遲小於 10 nm 時，相當於是較精細的退火玻璃。以一般使用之光學毛胚而言，此數值應小於 10 nm/cm 方符合標準，但仍應視其體積大小及材料種類而定。

ISO10110-1 規範中亦是以光束在光學材料所行走的距離 (cm) 所造成的光程差 (nm) 加以定義。其在圖面上的標註方式爲 **0**/A，如圖 4.14 所示。其中 **0**/ 爲應力雙折射的標註碼，A 值爲每公分其可允許之最大應力雙折射誤差值。ISO10110-1 規範中亦提供對於應力雙折射效應之容許誤差建議參考值，如表 4.3 所示。

表 4.3 ISO10110-1應力雙折射效應之容許誤差參考值。

可容許的光程差 (A, nm/cm)	應用種類
<2	干涉儀器、偏光儀器
5	精密光學、天文光學
10	照相光學、顯微光學
20	放大鏡、瞄準器光學
不需要求	照明光學

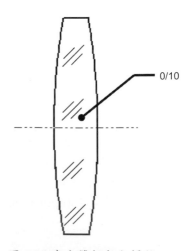

圖 4.14 應力雙折射之標註。

4.1.3 ISO10110-3 材料缺陷－氣泡與雜質

玻璃材料若於生產過程中處理不當即容易產生氣泡與雜質，此類缺陷會對光學成像品質產生若干影響。因氣泡與雜質所產生的散射光，其影響的程度跟氣泡與雜質的投影橫截面積大小成正比，若要將其完全消除非常不容易，因此通常光學元件的材料規範也會對這類缺陷作一規格限制。所謂氣泡是指在光學胚料中存在某些氣態缺陷，一般而言其剖面形狀爲圓形，而雜質則包含小石子、砂粒或結晶塊。

氣泡與雜質的數量約略正比於待測件的體積大小，因此傳統上對於氣泡及雜質的規範是以樣品單位體積中可視缺陷的剖面大小而定。ISO10110-2 規範中以 N × A 表示，其中 N 爲待測體積內容許的氣泡與雜質缺陷數目，A 值爲被量測到最大的氣泡或雜質之投影面積的平方根值，以毫米 (mm) 表示。圖面上標註的方式則爲 **1**/N × A，如圖 4.15 所示，**1**/ 代表氣泡與雜質的標註碼。氣泡與雜質各有不同大小與個數，只要其投影面積的總和量不超過，是可允許更換爲較小尺寸、較多氣泡或雜質數，其缺陷的最大總面積等於 $N \times A^2$。

表 4.4 爲 ISO10110-3 對氣泡與雜質作等級細分的參考表，舉例來說，若氣泡與雜質在圖面的標示爲 **1**/3 × 0.1，3 × 0.1 表示倍率因子 (multiplication factors) 爲 1 時的規格，其意義爲可容許有 3 個等級爲 0.1 mm 的氣泡與雜質，再參照表 4.4 作氣泡與雜質等級細分，將氣泡與雜質的個數乘上倍率因子等於在該等級下的氣泡與雜質個數。例如當倍率因子爲 2.5 時，3 × 2.5 = 7.5 (只取整數)，則表示可容許有 7 個等級爲 0.063 mm 的氣泡，或者當倍率因子爲 16 時，3 × 16 = 48，則代表可容許有 48 個等級爲 0.025 mm 的氣泡。當然亦可容許標示不同等級與數量的組合，如：**1**/3 × 0.16 + 4 × 0.063，只要氣泡與雜質的總投影面積不超過即可。另一種在氣泡與雜質等級加上括號時，如：**1**/3 × (0.025)，表示不允許氣泡等級作變更。

表 4.4 ISO10110-3 對氣泡與雜質作等級細分參考表。

	倍率因子			
	1	2.5	6.3	16
氣泡等級 A (mm)	0.006	--	--	--
	0.010	0.006	--	--
	0.016	0.010	0.006	--
	0.025	0.016	0.010	0.006
	0.040	0.025	0.016	0.010
	0.063	0.040	0.025	0.016
	0.10	0.063	0.040	0.025
	0.16	0.10	0.063	0.040
	0.25	0.16	0.10	0.063
	0.40	0.25	0.16	0.10
	0.63	0.40	0.25	0.16
	1.0	0.63	0.40	0.25
	1.6	1.0	0.63	0.40
	2.5	1.6	1.0	0.63
	4.0	2.5	1.6	1.0

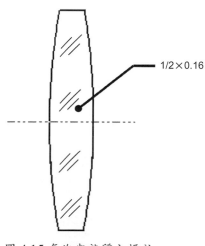

圖 4.15 氣泡與雜質之標註。

除此之外，氣泡及雜質若有聚集 (concentration) 的狀況，即使符合標註規格，亦視為不合格。一般而言，20% 以上的缺陷數集中於 5% 之待測面積時，即可視為缺陷過分集中。

4.1.4 ISO10110-4 材料缺陷－非均質度與脈紋

非均質度之定義為光學折射係數在材料內所產生的連續性變化，通常此材料缺陷為玻璃毛胚在生產時因化學成分組成的差異所造成的。對檢測人員而言，要以非破壞性的檢測方式量得光學元件的非均質度是相當困難的，因此一般均在玻璃毛胚階段即進行此項規格的檢測。其規範方式是以最大折射係數與最小折射係數之差值作限制，在 ISO10110-4 規範中，將非均質度分成六個等級，如表 4.5 所示。而脈紋則是因為材質均質度不佳，折射係數在光學材料中突然產生變化時所造成肉眼可見之條紋狀線條，可根據其投影的面積量測得到。在 ISO10110-4 規範中脈紋容差以其在胚料中所造成的光程差加以限制，並將其分成五個等級，如表 4.6 所示，表中等級 1 至等級 4 僅要求檢驗造成光程差 30 nm 以上的脈紋面積比例，而等級 5 則要求最高精度，不允許脈紋存在。此外若脈紋所造成的光程差超過 150 nm 時，該胚料不適合用來製作光學元件。對於非均質度與脈紋來說，在 ISO10110 的圖面上僅標註其等級即可，標註的方式為 **2/**A;B，如圖 4.16 所示，其中 **2/** 為非均質度與脈紋的標註碼，A 值為光學胚料非均質度可允許的最大誤差等級，B 值為脈紋的可允許之最大誤差等級。若非均質度或脈紋沒有規格要求，在相對應的位置標註短線 (-) 表示，如 **2/-**;2 或 **2/4**;- 。

表 4.5 ISO10110 非均質度誤差等級表。

等級	待測件內部可允許 最大折射係數變異量
0	$\pm 50 \times 10^{-6}$
1	$\pm 20 \times 10^{-6}$
2	$\pm 5 \times 10^{-6}$
3	$\pm 2 \times 10^{-6}$
4	$\pm 1 \times 10^{-6}$
5	$\pm 0.5 \times 10^{-6}$

表 4.6 ISO10110 脈紋誤差等級表。

等級	試片中造成 30 nm 以上光程差 變化脈紋面積比例
1	$\leq 10\%$
2	$\leq 5\%$
3	$\leq 2\%$
4	$\leq 1\%$
5	不允許脈紋存在

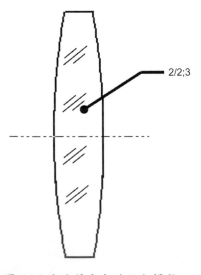

圖 4.16 非均質度與脈紋之標註。

4.1.5 ISO10110-5 表面形狀誤差

　　光學元件製作時，不同的國際標準規範對其形狀精度 (form accuracy) 皆有其固定的表達方式。以球面鏡而言，一般標註其曲率半徑誤差及偏離球面的折光度 (power)；若是平面鏡，則標註其平整度 (flatness) 誤差即可。這些對於光學元件外形精度的要求即可稱為表面輪廓容許誤差，而表面輪廓容許誤差是指被量測之光學面與公稱理論的光學面之誤差值，誤差量測是以公稱理論的光學面之垂直方向作距離計算，一般公稱理論光學面可用標準片、干涉儀標準鏡頭的參考面或足以確認其精度的量測工具。對於表面輪廓容許誤差的量測有幾個名詞及參數必須先加以定義：

1. 峰谷值 (peak-to-valley difference, P-V)：待測件上最高點與最低點之高度差，表面輪廓的 P-V 值足以代表其表面與理論值的最大誤差。

2. 條紋間距 (fringe spacings)：表面輪廓精度若以干涉條紋定義時，每一條干涉條紋所代表的誤差為量測光源波長的一半。一般除非另有說明，參考波長一律使用 ISO10110 標準規範中之基本規定，若有必要作波長的轉換時，可使用波長轉換公式：

$$N_{\lambda 2} = N_{\lambda 1} \times \frac{\lambda_1}{\lambda_2} \tag{4.2}$$

　　其中，λ_1 為參考波長，λ_2 為測試波長，$N_{\lambda 1}$ 為相對於參考波長的條紋數，$N_{\lambda 2}$ 為相對於測試波長的條紋數。

3. 趨近球面輪廓 (approximating spherical surface)：在此球面輪廓上，待測件上所有量測點數之均方根誤差總和最小。

4. 弧矢誤差 (sagitta error)：弧矢誤差的形成原因乃是測試面的曲率半徑不同於規格上的半徑，其誤差值為待測表面最接近輪廓之曲率半徑與理想設計之曲率半徑誤差值，以兩輪廓之峰谷值進行標註。

5. 表面不規則度 (irregularity)：光學表面的不規則度等於被量測的光學面與近似球面的峰谷差。對一個公稱球面的不規則度則為其偏離球面的量。

6. 非球面最趨近輪廓 (approximating aspheric surface)：在此旋轉對稱的表面上，待測件上所有量測點數之均方根誤差總和最小。

7. 旋轉對稱表面不規則度 (rotationally symmetric irregularity)：即表面不規則度中具有旋轉對稱特性的部分，此值不可能大於表面不規則度的誤差值。

8. 均方根誤差值 (root-mean-square, RMS)：待測件表面輪廓上所有量測點與理論標準面之均方根誤差值。

9. 總均方根誤差 (total RMS deviation, RMSt)：不需扣除任何一項表面誤差型態之待測表面與設計理論之曲率半徑的均方根誤差。

10. 不規則度均方根誤差 (RMS irregularity, RMSi)：待測表面與最趨近輪廓之曲率半徑的均方根誤差。

11. 非對稱均方根誤差 (RMS asymmetry, RMSa)：待測表面與最趨近輪廓之非球面的均方根誤差。

　　在 ISO10110-5 表面輪廓誤差的標註，如圖 4.17 所示，而規格的表示方式共有三種，第一種方式為 **3**/A (B/C)，其次是 **3**/A(B/C)RMSx < D (all ϕ)，最後一種是 **3**/- RMSx < D。其中 **3**/ 為表面輪廓誤差的標註碼，A 值為可允許的最大弧矢誤差，以干涉條紋數目表示，若為平面鏡則不需標註此項，以一短線 (-) 表示，例如：**3**/-(B/C)。B 值為可允許的最大表面不規則度，以干涉條紋數目表示，若不需給定表面不規則度，以一短線 (-) 表示，例如：**3**/A(-/C)。C 值為旋轉對稱不規則度之容許誤差，以干涉條紋數目表示，若不需給定旋轉對稱不規則度，將括號內的斜線 (/) 去掉，留下括號與 B 值，例如：**3**/A(B)。若是 A、B 與 C 值都不需標示，則標示成 **3**/-。RMSx < D 中的 D 值為可允許的最大均方根誤差，RMSx 中 x 分別代表 t、i 與 a，其中 RMSt 為總均方根誤差，RMSi 為不規則度均方根誤差，RMSa 為非對稱均方根誤差，若需同時標註多個均方根誤差時，需在每個均方誤差之間加入分號 (;) 區隔，例如：**3**/-RMSt < 0.05;RMSi < 0.02。(all ϕ) 為在鏡片有效直徑內，任意取直徑 ϕ mm 當作測試區域，每個測試區域皆須符合規格。以下舉幾個範例來解釋表面輪廓誤差的標註：

- **3**/4(1)：弧矢誤差容許 4 條干涉條紋，表面不規則度為 1 條干涉條紋。
- **3**/5(1/0.5)：弧矢誤差容許 5 條干涉條紋，表面不規則度為 1 條干涉條紋，旋轉對稱不規則度為 0.5 條干涉條紋。
- **3**/-(0.2)(all ϕ25)：在鏡面有效直徑內，任意取直徑 25 mm 之表面，其不規則度均不得超出 0.2 條干涉條紋。
- **3**/3(-)RMSi < 0.05：弧矢誤差容許 3 條干涉條紋，鏡面上不規則度均方根誤差不得超過 0.05 條干涉條紋。

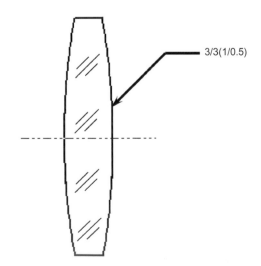

3/3(1/0.5)

圖 4.17
表面形狀誤差標註。

在 ISO10110-5 的標準規範中，並沒有對曲率半徑誤差作限制，取而代之的是弧矢誤差。事實上，這兩個定義是可以互相通用的，當 $\Delta R/R$ 的比值很小時，其轉換方程式為：

$$N = \frac{2\Delta R}{\lambda}\left[1 - \sqrt{1-\left(\frac{\phi}{2R}\right)^2}\right]$$ (4.3)

如果 ϕ/R 的比值很小時，方程式 (4.3) 可簡化成：

$$N \approx \left(\frac{\phi}{2R}\right)^2 \cdot \frac{\Delta R}{\lambda}$$ (4.4)

其中，N 為弧矢誤差之容許干涉條紋數目，R 為待測球面之曲率半徑，ΔR 為待測球面之曲率半徑容許誤差，ϕ 為量測區域之直徑大小，λ 為干涉儀所使用之波長。只要先用標準片量出待測物之弧矢誤差，將條紋數代入此方程式即可求得曲率半徑誤差量為何。

4.1.6 ISO10110-6 偏心誤差

光學元件在製作的過程中，由於加工精度的不足，造成鏡片的光軸與機械軸無法完全重合，而使得光學系統在成像時產生離軸的光學像差 (aberrations)，例如：彗差 (coma)、像散 (astigmatism) 等，此類加工所造成的誤差便稱為偏心誤差。而使透鏡的幾何中心軸與光軸一致的製程稱為「定心」，一般所謂的定心分為「對心 (centering)」與「磨邊 (edging)」兩個過程，先藉由對心找到透鏡的光軸，再利用磨邊製程將透鏡邊緣多餘的材料移除。所以一般透鏡的製作，是用較所需口徑來得大的材料加工，最後在定心製程時，再修整至所需之外徑。

偏心誤差可分為單透鏡偏心及鏡組系統偏心誤差，以下針對單透鏡與鏡組系統之各項參數加以定義：

· 光軸 (optical axis)：透鏡上兩曲率半徑中心之連線稱之為光軸。
· 參考軸 (reference axis)：亦稱為機械軸 (mechanical axis)，最常見之定義為透鏡之邊緣圓柱面的旋轉對稱中心，但也有以鏡片其中一面之中心軸作為參考軸的情況。
· 基準點 (datum point)：在參考軸上所設定的參考點，其表示方式為『◓』。
· 表面傾斜角 (surface tilt angle)：表面頂點與曲率半徑中心連線跟參考軸之夾角，如圖 4.18所示。
· 非球面表面橫向偏移量 (surface lateral displacement of an aspheric surface)：非球面旋轉中心軸與參考軸之偏移量，如圖 4.19 所示。

　　一般單透鏡與光學系統的偏心大多是由表面傾斜角 (tilt) 與表面橫向偏移 (decenter) 共同組成，在球面透鏡的偏心誤差上僅需考慮表面傾斜角，而對於非球面鏡或光學系統則需同時考量，進行標註時亦需在圖面上註明其參考軸及基準點爲何。ISO10110-6 對偏心誤差的標註方式分成三種，第一種方式爲 **4**/σ，其次是 **4**/σ (L)，最後一種爲 **4**/Δτ。其中 **4**/ 爲偏心誤差的標註碼，σ 爲最大可允許之表面傾斜角誤差，其單位爲分 (′) 或秒 (″)。L 爲非球面表面最大可允許之表面橫向位移誤差，其單位爲 mm。Δτ 則適用於標註膠合鏡片之最大容許楔形角 (wedge angle) 誤差，單位同 σ。詳細表示方式可參考圖 4.20，圖 4.20(a) 爲以鏡片邊緣圓柱面之中心軸爲基準，標示左右兩面容許之偏心誤差；圖 4.20(b) 爲以右邊曲面之中心點及其曲率半徑中心之連線爲參考軸線，定義左邊曲面之容許偏心量誤差；圖 4.20(c) 則是一非球面圖例，圖中標示其表面容許傾斜角誤差爲 5′，而非球面表面橫向偏移容許誤差爲 0.05 mm。

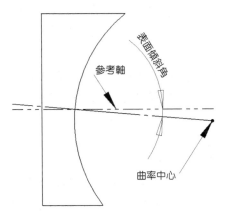

圖 4.18 表面傾斜角。

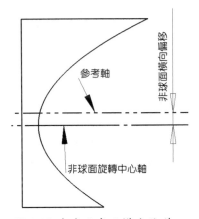

圖 4.19 非球面表面橫向偏移。

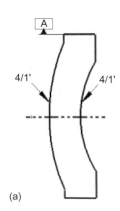

(a)

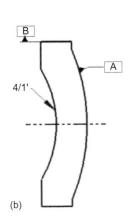

(b)

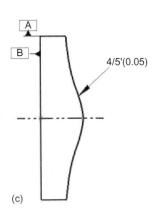

(c)

圖 4.20
偏心誤差之標註。

4.1.7 ISO10110-7 表面缺陷誤差

在光學元件的製作過程中，若採用不恰當的研磨拋光方式、擦拭保養方法或組裝程序，即容易在鏡片表面上留下一些局部性的瑕疵，最常見的有刮傷 (scratches)、刺孔 (digs)、裂邊 (edge chips) 及表面擦傷等。此外，若鏡片表面的鍍膜污點或局部品質不良亦可視為表面缺陷。ISO10110-7 表面缺陷誤差標準規範中不包括橘皮現象 (orange peel)、波紋 (waviness) 及表面粗糙度。

ISO10110-7 描述光學元件之表面品質，包括一般表面缺陷、鍍膜層瑕疵、長刮痕 (long scratches) 及裂邊。其標註方式分為兩種，第一種為模糊或影響區域法 (obscured or affected area method)，其標示方式為 **5**/N×A;CN′×A′;LN″×A″;EA‴，圖面上的標註如圖 4.21 所示。其中 **5**/ 為表面缺陷誤差的標註碼，N × A 為一般表面缺陷誤差，CN′ × A′ 為鍍膜層缺陷誤差，LN″ × A″ 為長刮傷表面缺陷誤差，EA‴ 為表面裂邊缺陷誤差。一般表面缺陷誤差的定義為：在鏡面有效孔徑內最大可容許的表面缺陷個數 (N) 及最大可容許缺陷面積的平方根值 (A)，其單位為 mm。鍍膜層缺陷誤差以符號 C 表示，其定義為在鏡面有效孔徑內，鍍膜層的缺陷個數 (N′) 及最大可容許缺陷面積的平方根值 (A′)，其值與一般表面缺陷之 A 值的意義相同。所謂長刮傷為長度大於 2 mm 的細長表面刮傷缺陷，長刮傷表面缺陷誤差以符號 L 表示，其定義為在鏡面有效孔徑內，最大可容許的長刮傷數 (N″) 及最大可容許的長刮傷傷痕寬度 (A″)，其單位為 mm。表面裂邊缺陷誤差以符號 E 表示，其定義為從鏡片的拋光面到邊緣最大可容許裂邊延伸量，其單位為 mm。一般在標註表面缺陷誤差時，各個缺陷誤差中間要以分號 (;) 作區隔，一般表面缺陷誤差與氣泡雜質誤差一樣是可以作轉換的，比如說缺陷級數較大，則可允許有較小級數的缺陷，只要其總面積值不超過最大總面積即可。另外，表面缺陷亦與氣泡雜質誤差一樣是不允許有聚集的狀況，一般來說在測試區域的 5% 的範圍內，有超過 20% 的缺陷個數就

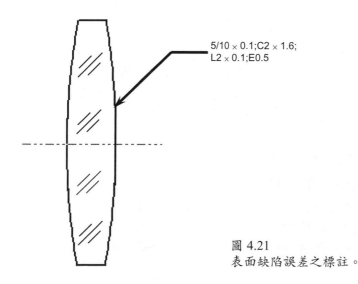

5/10 × 0.1;C2 × 1.6;
L2 × 0.1;E0.5

圖 4.21
表面缺陷誤差之標註。

是聚集，比如說表面缺陷個數最多不超過 20 個，則不能有 4 個或更多的表面缺陷落在測試區域的 5% 內。第二種表示方式為能見度法 (visibility method)，其標註方式為 **5**/TV 或 /RV，其中 T 代表穿透式測試，R 代表反射式測試，V 代表能見度的等級。T 與 R 若同時標註是被允許的，比如說標示分光鏡等具有雙元件的功能面，但中間必須以分號 (;) 隔開。此法與第一種方法有一些差異，方法一對表面缺陷的檢測是分開的，而方法二則測試整個光學元件，全部光學有效面的表面缺陷與材質缺陷 (氣泡與雜質) 同時被檢查。能見度法的檢測原理是利用待測樣品的表面缺陷散色光與參考背景光作比較，詳細的光路架設與能見度等級請參閱 ISO10110-7 標準規範文件。

4.1.8 ISO10110-8 表面紋理

ISO10110-8 為定義表面紋理的標準規範，表面紋理是光學表面的整體特徵，與前一節所敘述的表面缺陷是一種局部缺陷剛好相反。表面紋理的數據是以統計的方式得到，在本標準中，所得到的表面紋理特徵與大小，適用於同一表面的任何區域，此假設使得量測某一區域的結果即可代表整個表面的特性。表面紋理的量測通常是指表面的某一小區域，因此與取樣長度 (sampling length) 有關，所以與表面形狀有關之長週期性表面紋理則不包括在本表面紋理標準規範之範圍內。

表面紋理標準規範應用在研磨與拋光表面，其規範的項目有不光澤表面 (matt surface)、鏡面 (specular surface) 及微觀缺陷 (microdefect)。不光澤表面其定義為：當表面紋理之高度變化並非遠小於可見光波長時，則表面即被認定為不光澤面，一般可在玻璃或介電質材料的研磨或蝕刻製程中發現不光澤面。鏡面的定義為：拋光或模造的表面，其表面結構的高度變化遠小於可見光波長時，則認定為鏡面或光學平滑面。微觀缺陷的定義為：鏡面拋光不完全所留下的刺孔或拋光後處理不當，在鏡面上殘留小於 1 μm 的不規則度，即為微觀缺陷，因缺陷是均勻的分布在鏡面表面上，整體特性類似表面結構，所以沒被歸納在 ISO10110-7 標準規範中。

不光澤度表面紋理誤差的表示一般以表面高度變化的均方根值 (R_q) 來描述，R_q 值與取樣長度有關，所以必須定義取樣長度的上下限。鏡面誤差的表示方式有三種，第一種以表面粗糙度均方根值 (RMS surface roughness, R_q) 表示；第二種以微觀缺陷的量 (quantification of microdefects) 來表示，其利用表面粗度儀，在鏡面的非平滑區域上掃描 10 mm 的長度，並記錄其微觀缺陷的數量；第三種以功率頻譜密度 (power spectral density, PSD) 函數來表示，其單位為 μm^3，函數本身是表面空間的週期函數，可完整說明表面結構特徵，尤其是對超光滑表面 (supersmooth surface) 特別有效，在一維的空間時，PSD 函數可定義為：

$$PSD = \frac{A}{f^B} \ \text{ for } \ \frac{D}{1000} < f < \frac{C}{1000} \tag{4.5}$$

其中 f 為表面粗糙度的空間頻率,其單位為 μm^{-1}。A 為一常數,其單位為 μm^{3-B}。B 為空間頻率升高時的功率,一般而言,B 值必須大於零,且大多的表面都介於 $1 < B < 3$ 之間。C 與 D 為取樣長度的上下限,其單位為 mm。

　　表面紋理誤差在圖面上的標註符號如圖 4.22 所示,其中 a、b 與 c 三個位置所代表的意義及其符號如表 4.7 所示,a 位置表示研磨面或不光澤面以符號 G 表示,拋光鏡面以 P 表示,Pn 的 n 表示拋光等級,ISO10110-8 將其分為 4 級,如表 4.8 所示。b 位置表示表面粗糙度,c 位置表示取樣長度。符號直接標註在待加工之表面或其延伸線上,如圖 4.23 所示。

表 4.7 表面紋理標註符號表。

	研磨面或不光澤面	鏡 面		
		微觀缺陷	表面粗糙度均方根值	PSD 函數
a	G	Pn	P 或 Pn	P 或 Pn
b	R_q 或 $R_{q\max}$ (μm)	---	R_q 或 $R_{q\max}$ (μm)	A/B
c	$l_{\min}$ 或 $l_{\min}/l_{\max}$ (mm)	---	$l_{\min}/l_{\max}$ (mm)	C/D

表 4.8 ISO10110-8 之拋光等級表。

拋光等級	每 10 mm 的取樣長度其微觀缺陷的個數 (N)
P1	$80 \le N < 400$
P2	$16 \le N < 80$
P3	$3 \le N < 16$
P4	$N < 3$

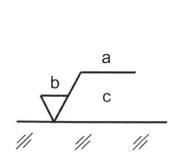

圖 4.22 表面紋理標註符號。

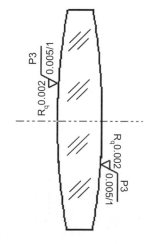

圖 4.23
表面紋理誤差之標註。

4.1.9 ISO10110-9 表面處理與鍍膜

　　光學元件加工完成後，爲達到提升光學品質、保護拋光面或附加其他光學功能的目的，通常會在拋光後的光學表面上進行光學鍍膜。一般光學鍍膜分功能性鍍膜與保護性表面處理。具有功能性的鍍膜是將薄膜沉積在基板上，使其產生光學效應，如表面反射率變化、分離光波範圍與產生一定偏極作用等光學功能，一般常見的鍍膜有抗反射膜、反射膜、分光膜及導電性的鍍膜層。保護性的表面處理特別是鏡面，經常要塗漆或電鍍層作保護，以避免鏡面氧化或腐蝕，另外在表面的一定區域塗漆，可以限制光學有效孔徑，以抑制雜光效應。

　　由於鍍膜的規格需求通常較複雜，所以可用分開的規格文件作說明，但若是規格較簡單則可直接標註於圖面上。鍍膜層的標註是以一圓圈在鍍膜面上標示，圓圈內以希臘字母 λ 表示，圓圈外則用引線接到方格上，在方格內說明鍍膜規格與需求，如圖 4.24 所示。方格內的符號 τ 代表反射率，ρ 代表穿透率，α 代表吸收係數，λ 爲使用波段，若沒有標明參考波長，一律使用 ISO10110-1 所規定之參考波長。保護性的表面處理標註，可用一長一短粗實線在被需要處理的表面附近標明，線的長度代表表面需被處理的範圍，必要時可用引線接到粗實線，連接至方格以說明其規格與需求，如圖 4.25 所示。

4.1.10 ISO10110-10 光學元件圖面說明

　　ISO10110-10 標準規範中定義光學元件的圖面上所必須標註的規格與位置，圖 4.26 爲 ISO10110-10 的標準圖面，圖面上共分成三個區域，包括：視圖區、表格區與標題區。視圖區內畫出光學元件的外形，在表格區內未說明的規格，可概要的在圖面上標示，有部分的規格必須在視圖區標註，如：外徑、厚度、表面結構誤差、測試區域、參考軸線與參考面。表格區內需標示元件的尺寸、公差、鏡片規格與材料缺陷等，其又細

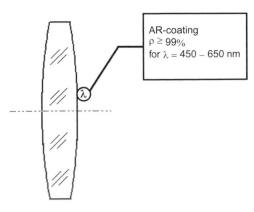

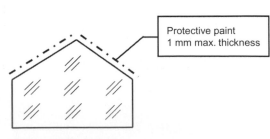

圖 4.24 表面鍍膜標註　　　　　　　　　圖 4.25 保護漆標註

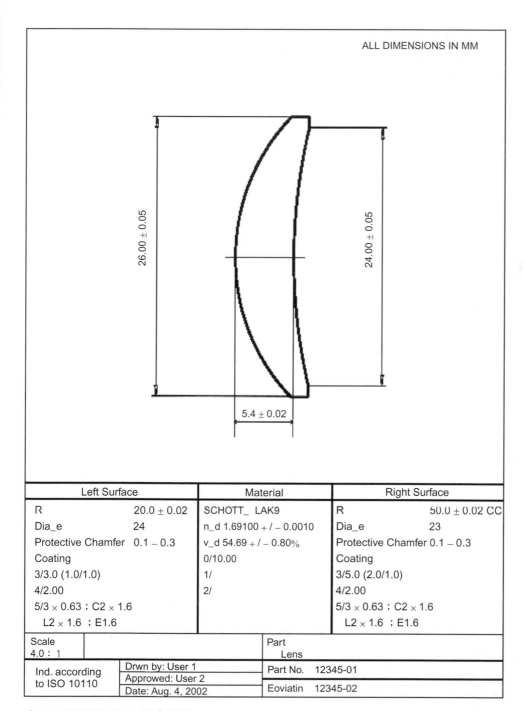

ALL DIMENSIONS IN MM

Left Surface		Material	Right Surface	
R	20.0 ± 0.02	SCHOTT_ LAK9	R	50.0 ± 0.02 CC
Dia_e	24	n_d 1.69100 $+ / - 0.0010$	Dia_e	23
Protective Chamfer	$0.1 - 0.3$	v_d 54.69 $+ / - 0.80\%$	Protective Chamfer	$0.1 - 0.3$
Coating		0/10.00	Coating	
3/3.0 (1.0/1.0)		1/	3/5.0 (2.0/1.0)	
4/2.00		2/	4/2.00	
5/3 $\times$ 0.63 ; C2 $\times$ 1.6			5/3 $\times$ 0.63 ; C2 $\times$ 1.6	
L2 $\times$ 1.6 ; E1.6			L2 $\times$ 1.6 ; E1.6	

Scale 4.0 : 1		Part Lens	
Ind. according to ISO 10110	Drwn by: User 1	Part No. 12345-01	
	Approwed: User 2		
	Date: Aug. 4, 2002	Eoviatin 12345-02	

圖 4.26 ISO10110-10 標準圖面。

分成三個小區域，左邊小區域說明透鏡左面規格，中間小區域說明材料規格，右邊小區域說明透鏡右面規格，表 4.9 說明表格區內的各項規格。標題區內提供圖面上的一般訊息，例如圖面名稱、圖面編號、比例、設計者、審核者、日期、版次與註解等。

4.1.11 ISO10110-11 未標註公差規格

當圖面上沒有清楚標示鏡片規格時，ISO10110-11 制訂一建議公差表，如表 4.10 所示。

表 4.9 圖面上規格說明。

項目	說明
material	材料種類、名稱與編號
n	材料折射率
υ	材料阿貝數 (色散率)
R	曲率半徑及公差，凸面：CX；凹面：CC
ϕ_e	有效孔徑
Pretective chamfer	保護倒角的尺寸及公差
Ⓐ	表面處理及鍍膜
0/	材料應力雙折射公差
1/	可容許氣泡與雜質公差
2/	非均質度與脈紋公差
3/	表面形狀誤差
4/	偏心誤差
5/	表面缺陷誤差
13/	波前誤差
6/	雷射發光起損值標示

＊若有特殊用途或功能，可加入文字說明。

表 4.10 未標註公差建議值。

項　目	最大對角線長度 (mm)			
	>10	10 – 30	30 – 100	100 – 300
邊長、外徑 (mm)	± 0.2	± 0.5	± 1	± 1.5
厚度 (mm)	± 0.1	± 0.2	± 0.4	± 0.8
稜鏡或平板角度誤差 (分)	± 30	± 30	± 30	± 30
保護倒角寬度 (mm)	0.1 – 0.3	0.2 – 0.5	0.3 – 0.8	0.5 – 1.6
應力雙折射 (nm/mm)	0/20	0/20	–	–
氣泡與雜質	1/3 × 0.16	1/5 × 0.25	1/5 × 0.4	1/5 × 0.63
非均勻度與脈紋	2/1;1	2/1;1	–	–
表面形狀誤差	3/5(1)	3/10(2)	3/10(2) (all φ30)	3/10(2) (all φ60)
偏心誤差	4/30'	4/20'	4/10'	4/10'
表面缺陷誤差	5/3 × 0.16	5/5 × 0.25	5/5 × 0.4	5/5 × 0.63

「－」未訂規格

4.1.12 ISO10110-12 非球面圖面標註

ISO10110-12 用於規範非球面光學元件製作與檢測之圖面要求，本標準適用於表面對 xz 或 yz 平面有對稱性及對 z 軸有旋轉對稱之非球面。不連續的表面，如：菲涅耳 (Fresnel) 繞射表面或光柵，在本標準中不適用。非球面的座標描述是以右手正交座標系統來定義，座標系統的原點爲非球面的頂點，其光軸爲 z 軸，除非另有說明，一般圖面的 z 軸是從左到右，若圖面僅畫出一個橫截面時，則圖面上下方向爲 y 軸，光軸以上爲正。

有兩種非球面外形在光學系統中應用廣泛，一種爲二次曲線，另一種爲複曲面 (toric surface)。二次曲線方程式可定義爲：

$$z = f(x,y) = c \cdot \frac{\dfrac{x^2}{a^2} + \dfrac{y^2}{b^2}}{1 + \sqrt{1 - \dfrac{x^2}{a^2} - \dfrac{y^2}{b^2}}} \tag{4.6}$$

其中，a 和 b 爲常數 (亦可能是虛數)，c 爲實數。若假設當 $z = 0$ 時，$a^2/c = R_x$ 爲在 xz 平面上之曲率半徑；$b^2/c = R_y$ 爲在 yz 不面上之曲率半徑。又假設在 x 方向與 y 方向的圓錐常數 (conic constant, k) 分別爲 $k_x = (a^2/c^2) - 1$ 與 $k_y = (b^2/c^2) - 1$。則方程式 (4.6) 可轉換成以下之方程式：

$$z - f(x,y) = \frac{\dfrac{x^2}{Rx} + \dfrac{y^2}{Ry}}{1 + \sqrt{1 - (1+kx)\left[\dfrac{x}{Rx}\right]^2 - (1+ky)\left[\dfrac{y}{Ry}\right]^2}} \tag{4.7}$$

若在平面 $x = 0$ (或 $y = 0$) 的面上正交，則 k_y 值 (或 k_x 值) 與其正交所產生的交線有以下關係：當 $k > 0$ 時，交線爲短橢圓曲線；$k = 0$ 時，交線爲圓曲線；$-1 < k < 0$ 時，交線爲長橢圓曲線；$k = -1$ 時，交線爲拋物曲線；$k < -1$ 時，交線爲雙曲線。

複曲面產生是以一已定義的曲線，針對一軸作轉動，而該軸落在曲線上。若所定義的曲線 $z = g(x)$ 在 xz 平面上，且其轉動軸平行於 x 軸時，則其方程式可表示爲：

$$z = f(x,y) = Ry \mp \sqrt{[Ry - g(x)]^2 - y^2} \tag{4.8}$$

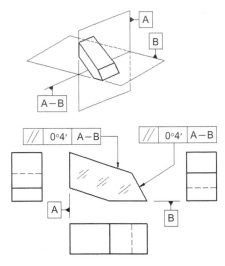

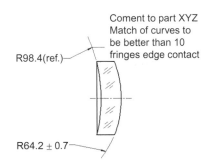

圖 4.39 稜鏡光學元件幾何公差標註。　　　　　圖 4.40 球形表面膠合標註。

4.2.3 材質與外形精度標註規範

(1) 光學元件應力雙折射

　　雙折射起因於光學材料製造過程、材料內在的特性或是一個 (或多個) 元件固定或組裝造成之殘餘應力，使得光束於光學材料內其光波方向和偏極狀態折射特性產生變化，因此雙折射效應的產生是光偏振在兩個相互垂直方向的最大光程差所導致。可允許的應力雙折射可以用 **0/...** 代號與數值表示，如表 4.12 所示。表 4.12 數值表示允許最大應力雙折射誤差值，其單位為 nm/cm。

表 4.12 應力雙折射缺陷等級。

應力雙折射等級	容許條件
/3	小於 3 nm/cm (正常自由偏振)
/12	小於 12 nm/cm (正常良好退火處理)

(2) 光學元件雜質和刺孔

　　光學材料 (含膠合材料) 雜質是由氣泡或異質素材形成，造成光線通過材料時產生遮蔽現象。刺孔於元件表面被認為是雜質，可允許的雜質和刺孔可以用 **1/...** 代號與兩個數值和一個字母 R 或 T，分別用 × 號分開表示，如 **1/**$a \times b \times c$。其中 a 是測試範圍內允許雜質和刺孔最大數量；b 是允許雜質或刺孔最大外徑，其值規範等級為…10、16、25、

40、63、100…數列，以微米 (μm) 為單位，該數列及其除與乘 10 之數值皆為外徑許可標註範圍；c 字母表示刺孔不管是用反射光 (R) 或是穿透光 (T) 觀察表面方式。

(3) 光學元件均質度

均質度是光學特性貫穿材料的一致性，不論是平緩的熱影響或是突然的化學變化都需要一致。當檢查均質度時須考慮雜質或氣孔會直接影響玻璃鄰近反射率，而可允許的突然變化、脈紋、裂縫等均質度，可用 2/... 組成之代號與數值表示。材料均質度於 BS 4301 規範中共分為四種等級，如表 4.13 所示。

表 4.13 均質度等級。

均質度等級	允許條件
0	測試方法 B 發現沒缺陷和樣品通過測試方法 A 檢查
i	測試方法 B 發現沒缺陷
ii	測試方法 C 發現沒缺陷但測試方法 B 發現缺陷
iii	測試方法 D 發現沒缺陷但測試方法 C 發現缺陷

　　規範材料均質度所使用的四種測試方法，操作者皆必須於暗房中進行測試，其測試方式說明如下。

測試方法 A：聚集光線從小型高壓水銀弧形燈管穿過 1 mm 小孔，小孔置於焦平面上，但輕微地偏離外徑 200 mm 之第一面反射鏡軸向位置。反射鏡外形呈凹狀且表面經鍍膜，焦長約 1800 mm。放置可變虹膜且插入 546 nm 波長濾光片，限制光束從小孔打在反射鏡孔徑。距反射鏡大約 3 m 位置，藉由從反射鏡照出之平行光投影於白色屏幕或感光紙上，再從屏幕或紙上 500 mm 前估算定出已拋光光學材料表面。當材料折射率小於 1.62 時，其測試樣本的拋光面上可放置雙平面平板玻璃且包含液體元件，液體元件的折射率與測試樣本相近。根據相同測試條件檢查標準樣本，由標準樣本來比較決定測試樣本均質度。

測試方法 B：由燈絲面積 2 mm × 4 mm 之石英鹵素燈，放置一金屬燈罩形成一簡單孔徑，照射於 1 m 遠之透明屏幕，限制屏幕照射有效區域，其透明屏幕尺寸大約 150 mm 至 200 mm 正方形，(此屏幕是簡便地由描繪紙夾在玻璃板中間所構成)。光學材料被置於屏幕前大約 100 mm，觀測者開始從屏幕遠端觀察光束，利用視力檢查投射於屏幕上影子，估算定出被拋光表面或如測試方法 A 中浸在相配液體之光學材料。

(9) 光學次系統之光學元件結合

每一元件膠合和特殊處理都應使用引線標註，且所有允許的膠合缺陷與雜質可用引線和 1/... × ...代號標註於膠合介面。此外，次系統或元件固定之偏心誤差應標註於光學製圖中，如圖 4.50 所示。

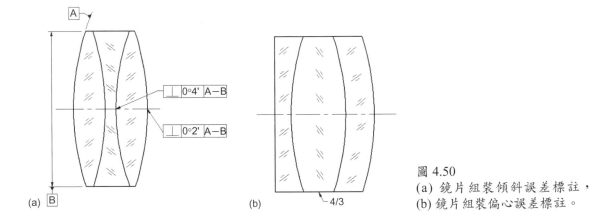

圖 4.50
(a) 鏡片組裝傾斜誤差標註，
(b) 鏡片組裝偏心誤差標註。

參考文獻

1. ISO10110-1 Optics and optical instruments - Preparation of drawings for optical elements and systems - Part 1: General, 1st ed., International Organization for Standardization (1996).

2. ISO10110-2 Optics and optical instruments - Preparation of drawings for optical elements and systems - Part 2: Material imperfections - Stress birefringence, 1st ed., International Organization for Standardization (1996).

3. ISO10110-3 Optics and optical instruments - Preparation of drawings for optical elements and systems - Part 3: Material imperfections - Bubbles and inclusions, 1st ed., International Organization for Standardization (1996).

4. ISO10110-4 Optics and optical instruments - Preparation of drawings for optical elements and systems - Part 4: Material imperfections - Inhomogeneity and striae, 1st ed., International Organization for Standardization (1997).

5. ISO10110-5 Optics and optical instruments - Preparation of drawings for optical elements and systems - Part 5: Surface form tolerances, 1st ed., International Organization for Standardization (1996).

6. ISO10110-6 Optics and optical instruments - Preparation of drawings for optical elements and systems - Part 6: Centring tolerances, 1st ed., International Organization for Standardization (1996).

7. ISO10110-7 Optics and optical instruments - Preparation of drawings for optical elements and systems

- Part 7: Surface imperfection tolerances, 1st ed., International Organization for Standardization (1996).

8. ISO10110-8 Optics and optical instruments - Preparation of drawings for optical elements and systems - Part 8: Surface texture, 1st ed., International Organization for Standardization (1997).

9. ISO10110-9 Optics and optical instruments - Preparation of drawings for optical elements and systems - Part 9: Surface treatment and coating, 1st ed., International Organization for Standardization (1996).

10. ISO10110-10 Optics and optical instruments - Preparation of drawings for optical elements and systems - Part 10: Table representing data of a lens element, 1st ed., International Organization for Standardization (1996).

11. ISO10110-11 Optics and optical instruments - Preparation of drawings for optical elements and systems - Part 11: Non-tolerance data, 1st ed., International Organization for Standardization (1996).

13. ISO10110-12 Optics and optical instruments - Preparation of drawings for optical elements and systems - Part 12: Aspheric surfaces, 1st ed., International Organization for Standardization (1997).

14. ISO10110-14 Optics and optical instruments - Preparation of drawings for optical elements and systems - Part 14: Wavefront deformation tolerance, 1st ed., International Organization for Standardization (2003).

15. ISO10110-17 Optics and optical instruments - Preparation of drawings for optical elements and systems - Part 17: Laser irradiation damage threshold, 1st ed., International Organization for Standardization (2004).

16. ISO10110 Optics and optical instruments - Preparation of drawings for optical elements and systems: A User's Guide, 1st ed., OSA Standards Committee.

17. 光機電系統整合概論, 新竹：國家實驗研究院儀器科技研究中心 (2005).

18. U.S. Military and Federal Specifications Related to Optics and Optical Instruments, 1st ed., Philadelphia: Naval Publications and Forms Center (1963).

19. D. Malacara, *Optical Shop Testing*, 2nd ed., New York: John Wiley & Sons Inc (1991).

20. Preparation of Drawings for Optical Elements and Systems, British standard BS4301 (1991).

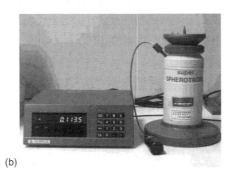

圖 5.10
(a) 量錶式球徑計與 (b) 電子
式球徑計。

$$R = \frac{(D/2)^2}{2h} + \frac{h}{2}$$
$$h = R - \sqrt{R^2 - (D/2)^2}$$

(5.3)

其中，R 為曲率半徑，D 為參考圓直徑、h 為曲面頂點至弦的高度，如圖 5.11 所示。一般鏡片曲率之公差可依表 5.6 決定。用以比對曲率半徑時可依下列步驟：

1. 先將球徑計在標準曲面或參考曲面上歸零。
2. 將球徑計移至成形曲面上量取 Δh 值。
3. 利用下式計算曲面曲率誤差 ΔR。

$$\Delta R = \frac{\sqrt{R^2 - (D/2)^2}}{\sqrt{R^2 - (D/2)^2} - R} \times \Delta h$$

(5.4)

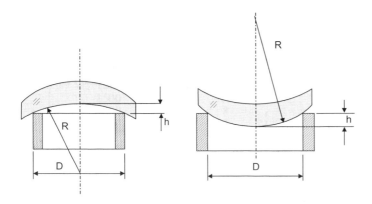

圖 5.11
曲率半徑量測示意圖。

表 5.6 一般鏡片曲率之可容許公差值 (JIS7433)。

曲率半徑 R (mm)	容許差 ΔR (mm)
16 以下	$\pm$ Max (0.005 R/D、0.003)
超過 16－32 以下	$\pm$ 0.007 R/D
超過 32－130 以下	$\pm$ Max (0.015 R/D、$2 \times 10^{-4}\ R$)
超過 130－300 以下	$\pm$ 0.025 R/D
超過 300－750 以下	$\pm$ Max (0.05 R/D、$\pm 3 \times 10^{-4}\ R$)
超過 750	$\pm$ Max ($6 \times 10^{-5}\ R^2/D$、$\pm 4 \times 10^{-7}\ R^2$)

5.1.4 研磨

　　鏡片經成形加工後，表面會有許多刀紋、刺孔等表面瑕疵，需利用研磨過程去除較大之表面瑕疵。一般研磨過程所去除之材料厚度不超過 0.5 mm，因此可去除成形時產生之表面瑕疵外，亦可精準控制鏡片曲率半徑與中心厚度。研磨過程需先將鏡片倒角 (bevel)，接著將鏡片貼附在磨碗上，再選擇適當磨料進行研磨，因此研磨過程包含鏡片倒角、磨碗選用、鏡片貼附 (blocking lens)、磨料選用與鏡片研磨等步驟。

(1) 鏡片倒角

　　倒角即是將鏡片邊緣的銳角磨去，其作用有三項：
1. 增強邊角對外力的抵抗。
2. 避免在研磨時，由於邊角崩裂的碎片對鏡面造成傷害。
3. 精密組裝時，銳角磨去可增加尺寸精度。
　　在倒角角度精度要求不高之情況下，可用磨碗 (球面的磨具) 磨去鏡片的銳角，如圖 5.12 所示，至於所使用磨具的曲率半徑可選用大約鏡片直徑 $\phi \times 0.7$ 之磨碗。但若需較精準的角度，可由 CNC 的成形機 (如 LOH-SPM120) 製作出來。

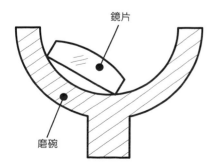

鏡片

磨碗

圖 5.12
鏡片倒角圖。

5.35(b) 所示。此法速度快且操作方便，適用於大量生產，但對心精度較低，且曲率半徑較大之透鏡其對心誤差也較大。

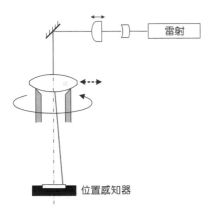

圖 5.33 雷射對心架構圖。

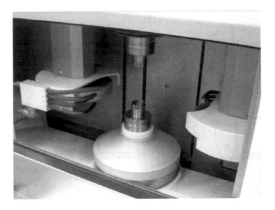

圖 5.34 雷射式對心機實體圖。

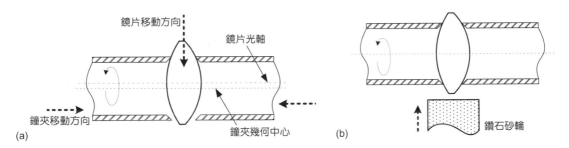

圖 5.35 機械式對心原理示意圖。

5.1.7 清潔

　　脫模後或光學式定心後的鏡片上會有瀝青、漆、拋光粉等附著物，需經過清洗的工作，以便於檢查及進行下一步驟。清洗透鏡的型式，視產量的大小可採用超音波洗淨機或人工來清洗。人工清洗者需帶手套或指套，可防止洗滌液對皮膚造成刺激，並且也防止指紋印在透鏡上而造成污染。清洗劑的化學洗淨力通常是溫度愈高時愈大，而超音波的機械洗淨力在溫度高時反而降低。所以洗淨液的溫度取決之重點是在化學洗淨力或是機械洗淨力，通常設定為 40－80 °C，水約在 50 °C 呈現最大機械洗淨力。表 5.19 為常用的有機溶劑類別及其特性。

表 5.19 常用的有機溶劑與其性質。

名稱	性質	用途
乙醇	無色、透明、易揮發、易燃。 能溶於水、甲醇、乙醚、苯、氯仿等有機溶劑。 能溶解蟲膠、松香、柏油及黏結材料。	無水乙醇用於調製醇醚混合液，化學鍍膜溶液。 普通乙醇用於光學加工過程中清洗零件。
乙醚	無色、透明、易揮發、易燃、易流動。 易溶於乙醇、苯、氯仿及石油醚等有機溶劑。 能溶解油脂、瀝青、松香、蠟類及冷杉樹脂膠。 乙醚蒸汽有麻醉性。	用於調製醇醚混合液。
溶劑汽油、工業汽油	無色至淡黃色、易流動、於空氣中易點燃。 能溶於苯、石油醚、煤油與柴油。 能溶解油脂、瀝青、松香、蠟類及其混合物。 汽油蒸汽與空氣成一定比例時易發生爆炸。	光學加工過程中清洗零件。
丙酮	無色、透明、易揮發、易燃。 能溶於水、醇、醚、氯仿與多數油類。 能溶解漆、樹脂及有機物質。 丙酮蒸汽對人體有害。	擦拭光學零件表面髒污。
苯、甲苯	無色、透明、易燃、易流動。 溶於乙醇、醚，不溶於水。 能溶解瀝青、松香、樹脂、脂肪、蠟類及油類。 對人體有害。	擦拭光學零件表面附著物，清洗碲、鎘、汞、鈰化鈉等晶體。
三氯乙烯	無色、易流動、不易燃。 溶於醇、醚，不溶於水。 能溶解脂肪、蠟類及油類。 有毒。	超音波清洗光學零件，要密封。
四氯化碳	無色、透明、不燃。 溶於醇、醚、油類、三氯甲烷、汽油等。 不溶於水、重質液體。 能溶解各種樹脂、脂肪、橡膠等有機物質。 具麻醉性與毒性。	超音波清洗光學零件及晶體零件。
二硫化碳	無色、透明、易燃、易揮發。 能與無水乙醇、醚、苯、氯仿、四氯化碳、油脂以任何比例混合。 能溶解碘、溴、硫、油脂、蠟、樹脂、橡膠、樟腦及黃磷等物質。 惡臭、有毒。	超音波清洗光學零件及 NaCl 等晶體零件。
松節油	無色至棕黃色透明液體。 能溶於乙醇、乙醚、氯仿等有機溶劑。 能溶解松香、樹脂及蠟類。 具有特殊氣味。	用於光學零件清洗及稀釋劑。

5.1.8 膠合

　　膠合可分為光學元件間之結合與光學元件與機構件間之結合，本文所討論之膠合係著眼於光學元件間之結合。光學元件間之膠合為使用光學用膠合劑把透鏡、稜鏡等光學元件黏合在一起，其目的為：(1) 防止玻璃表面反射而引起的光量損失與閃光光斑鬼影，(2) 簡化複雜形狀的透鏡與稜鏡加工，(3) 蒸鍍薄膜及薄膜的保護，(4) 刻劃面的保護，(5) 簡化製品的組裝與調整。其中第 **1** 項常見於消色差之鏡片組，第 **3** 項常見於如 Au、Ag、Al 與 ZnS 等化學上或機械上黏著性很弱之鍍膜。

　　所使用之光學膠合劑需具備：(1) 透明而且在可見光範圍內無吸收及散色現象，(2) 沒有螢光性，(3) 折射率近似玻璃，(4) 黏著力強，(5) 耐熱、耐寒、耐振動、耐油、耐溶劑，(6) 耐老化，(7) 硬化後殘留應力小，(8) 必要時可剝離，以及 (9) 對人體沒有害處等特性。一般常使用加拿大膠 (樹脂) 或 UV 膠。其中，加拿大膠可於室溫硬化，而 UV 膠需照射紫外光使之凝結。膠合之步驟如下：

1. 清潔透鏡，尤其是膠合面更需徹底清潔，不可有灰塵或毛絮等污染物。
2. 如使用加拿大膠則需將加拿大膠預熱至 130 ℃，並將透鏡置於至 130－190 ℃ 的加熱板上。
3. 將適量的膠塗於凹鏡上，並將凸鏡置於其上，膠合之厚度如表 5.20 所示。或將膠塗抹於凸鏡上，再將凹鏡置於其上，擠壓出多餘的膠。
4. 在擠壓出多餘膠的同時，以打小圈方式將接合面的氣泡一併擠出，並致使膠合之厚度均勻。
5. 清潔流出周圍之膠並檢查膠合面有無雜質。
6. 對於一般件 (精度 1′ 以上) 使用機械對心，精度要求高者使用準直儀或雷射對心機進行對心。
7. 照射紫外光使 UV 膠凝結或置於室溫使加拿大膠凝結。
8. 膠合件回火 (爐內溫度約 50－60 ℃)。

表 5.20 依膠合件的直徑所需之光學膠合厚度。

膠合件的直徑 (mm)	膠合層的厚度 (mm)
$\phi \leq 20$	0.005－0.020
$20 < \phi \leq 50$	0.010－0.030
$50 < \phi \leq 100$	0.010－0.040

5.2 稜鏡製作技術

稜鏡最主要的功能是改變光線前進的方向，對成像的光學系統而言，不只可以改變成像的位置，也可以改變像的方位 (orientation)，例如：正像變反像、立像變倒像。稜鏡還有分光的功能，主要是因為不同波長的光線對同一個介質有不同的折射率，因此可將白光分成紅橙黃綠藍靛紫七道特定波長的光線。稜鏡主要可分為反射式稜鏡與折射式稜鏡兩種，將一個或多個反射面製作在同一塊光學材料上稱為反射式稜鏡，而折射式稜鏡是通過兩個折射面對光線進行二次折射以改變光線前進方向。稜鏡的製作過程中最重要的是控制稜鏡的角度精度，角度誤差會改變光線前進的方向，導致會無法達到光學設計的需求，以下針對傳統與先進的稜鏡製作方法，來詳述稜鏡的製作技術。

5.2.1 傳統稜鏡製作技術

傳統稜鏡的製作程序可分為：切割、平面研磨、貼附、粗細磨、拋光與角度量測等步驟[1-7]，其製作的程序與平面鏡類似，唯一不同的是需要精準的控制面與面之間的角度，下文就以一等腰直角稜鏡為例，如圖 5.36 所示，針對每個製程詳加說明。

玻璃塊材在切割前必須先磨平成平行的平板，並且控制在所需的厚度 (30 ± 0.05 mm)，再利用鑽石鋸片將玻璃塊材切割成所需的稜鏡外形。接下來選定第 I 面為參考平面，利用手工研磨去修正第 I 面與第 IV 和第 V 面的垂直度，此時需要利用直角規隨時檢測直角度，檢測的方式如圖 5.37 所示，係利用直角規與稜鏡表面間的空隙來檢測。完成基準面的研磨後，將稜鏡黏貼於角度治具，治具的設計依稜鏡的角度而定，以等腰直角稜鏡為例，必須設計角度為 90° 的 V 形槽 (V-block) 夾具，V 形槽的角度誤差需小於 0.05°，在溝槽的底部通常會設計逃角溝，以避免稜邊與治具碰撞造成裂邊，如圖 5.38 所示，最後利用平面研磨的方式將第 II 和第 III 面加工完成。由於治具加工所造成的角度誤差會直接轉嫁到稜鏡成形的角度誤差，所以平面成形後，會再利用手工修整的方式，

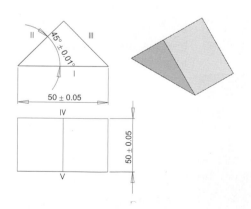

圖 5.36
等腰直角稜鏡。

第 5.2 節作者為郭慶祥先生。

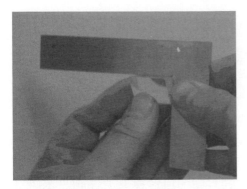

圖 5.37 垂直度檢測。

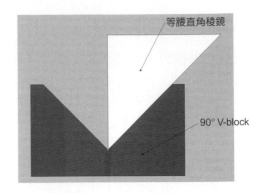

圖 5.38 稜鏡成形治具示意圖。

將角度修正到容許誤差範圍內，再進行粗細磨與拋光[8]。要進行粗細磨與拋光前，稜鏡必須先貼附於平面磨盤上，再灌入石膏製成石膏模，石膏模製作的程序如圖 5.39 所示[9,10]。首先將稜鏡與輔助材料對稱的擺放在平面磨盤上，如圖 5.39(a) 所示，另外為了增加稜鏡與石膏間的結合力，會在稜鏡的側邊貼上一塊小玻璃，防止稜鏡脫落。接下來倒入少許的石膏，將稜鏡固定，避免大量倒入石膏，造成稜鏡移位，如圖 5.39(b) 所示。待石膏稍微凝固後，將承載石膏模的底座置入，如圖 5.39(c) 所示。接著倒入石膏，待其完全凝固後，修整石膏模，如圖 5.39(d) 所示。圖 5.39(e) 為製作完成的石膏模。石膏模製作完成後，接下來的粗細磨與拋光製程與製作球面鏡和平面鏡一樣，詳細的內容請參考本書的第 5.1 節。最後利用角度儀 (goniometer) 來檢測稜鏡的角度[11]，本書亦有相關章節作深入討論。

(a) 稜鏡對稱擺放

(b) 少量石膏固定稜鏡

(c) 置入底座

(d) 石膏模修整

(e) 石膏模成品

圖 5.39
石膏模製作的程序。

5.2.2 先進稜鏡製作技術

目前稜鏡的成形技術也已經發展到利用 CNC 電腦數值控制的方式，精準的控制旋轉的角度，而成形出高精度的稜鏡。目前在世界上有兩家知名的光學加工設備商從事高精度的稜鏡成形機開發，分別是都位在德國的 Satisloh 和 OptoTech 公司。該兩家公司所生產的稜鏡成形機其加工原理相當類似，都是將稜鏡固定在高精度的轉軸上，利用精準的角度控制，將稜鏡的每個面研磨完成。Satisloh 公司的 Loh PR-150-SL 如圖 5.40 所示，可成形的最大直徑為 150 mm，角度精度 ≤30 秒，搭配旋轉軸的控制，可做任意外形的成形，並且可做分層加工 (step)，加工方式相當有彈性。OptoTech 公司的 PKS 250 CNC 成形機如圖 5.41 所示，其最大加工尺寸為 250 mm，精度可達 ±10 秒，該機器除了可做稜鏡成形外，一樣搭配旋轉軸，可做任意外形包括直線、圓弧及自由曲面 (free form) 的加工。

圖 5.40 Loh PR-150-SL 稜鏡成形機[12]。

圖 5.41 OptoTech PKS 250 CNC 成形機[13]。

5.3 特殊元件加工

除球面鏡、稜鏡之外，一般常用之光學元件還有平行平面鏡 (parallel plane lens)、圓柱面鏡 (cylindrical lens)、拋物面鏡 (parabolic lens) 與非球面鏡 (aspherical lens) 等，以下針對這些元件之加工方式與相關加工機台作一簡要介紹。

第 5.3 節作者為吳文弘先生。

5.3.1 平行平面鏡

平行平面鏡不僅需要求高表面精度，亦需要求兩個面之間的夾角為 0°，以達到平行平面鏡的平行效能。以應用於 Michelson 干涉儀及 Jamin 干涉儀等的平行平面鏡為例，平面鏡各部分的光路差 (δ) 必須在半個波長 ($\lambda/2$) 以內，假設平面鏡邊長 (L) 為 12 mm，以氦氖雷射 ($\lambda = 0.6328 \ \mu m$) 而言，換算成角度誤差 $\theta \ (\cong \delta/L)$ 為 $0.3164 \ \mu m \ / \ 120 \ mm \cong 1''$，欲達到這樣的平行度非常不容易。且所選用的玻璃材料之均質性要求也很高，例如厚 10 mm 的平行平面鏡如果折射係數誤差為 0.001% 時，其光程差為 0.1 μm，以氦氖雷射而言，約為 0.15 個波長的光程差。因此，應用於 Michelson 及 Jamin 等干涉儀必須是高精度平行平面鏡，其玻璃材質之折射係數誤差應要求在 0.0001% 以下。上述干涉儀各需 2 片厚度完全相同之平行平面鏡，一般製作相同厚度之平行平面鏡，是將玻璃靠在一起研磨、拋光，而非在製作完成一塊大的平行平面鏡後再進行切割，因為這樣的方式除了會造成切斷面產生反翹 (turn-up) 之外，在拋光面也會形成傷痕。另外，在研磨及拋光矩形平行平面鏡時，四個角落容易崩垂，需減小研磨機擺動的幅度。在拋光及研磨中，若使用之磨盤過大，則會造成角落崩垂，但過小又會使得角落部分殘留砂孔或刮痕。

平行平面鏡的平行度愈高或厚度愈薄，在加工上愈顯困難。加工時為確保其平行度，可於平行平面鏡的第一面拋光完成後，再對第二平面成形。第二面成形加工時，可利用玻璃作為貼附磨盤，先於成形機上進行平面成形，再利用一層稍薄的松香或蠟將平行平面鏡的已拋光面黏貼於玻璃貼附磨盤上，如圖 5.42 所示，然後再對第二面進行成形加工，如此可避免成形機鏡片夾持機構所造成之變形誤差。圖 5.42 中玻璃貼附磨盤上的溝槽具有讓多餘松香或蠟溢出之功能。至於加工薄平行平面鏡時，會因彈性變形而增加研磨及拋光的困難，其貼附固定方式則需以圖 5.43 所示為佳。也可利用此法將平行平面鏡兩面都成形後，再利用雙平面拋光 (double side lapping, planetry lapping) 機來進行研磨、拋光。雙平面拋光機如圖 5.44 所示，具有上下磨盤，下磨盤可做旋轉運動，上磨盤可上升以方便取放加工鏡片。上下磨盤中可放置具有齒輪之鏡片夾治具，如圖 5.45 所

圖 5.42 平行平面鏡貼附於玻璃磨盤。

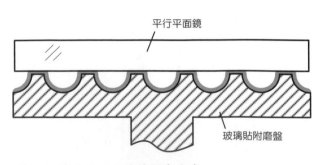

圖 5.43 薄平行平面鏡的固定方式。

圖 5.44 雙平面拋光機的實體圖。

圖 5.45 雙平面拋光機的鏡片夾治具。

示,其齒輪與研磨腔之內外側齒輪齧合後,下磨盤轉動時帶動鏡片夾治具繞著中心軸公轉,鏡片夾治具同時也會自轉。加工件置於鏡片夾治具之空孔中,由鏡片夾治具帶動進行研磨與拋光。鏡片夾治具可依加工鏡片的需要製作不同厚度與孔洞大小,如加工鏡片較小時,孔洞宜偏心設置,並於另一方設置小孔洞,於研磨拋光時放置平衡用小鏡片同時加工。針對矩形工件鏡片亦可製作矩形孔洞,如圖 5.45 中之鏡片夾治具。

5.3.2 圓柱面鏡

　　圓柱面鏡應用於將像或光源往一個方向伸長、亂視眼鏡及檢查圓筒之標準件等,通常使用柱面拋光機進行加工,如圖 5.46 所示。柱面拋光機包含一個可頂住圓柱磨具的旋轉軸與一個可推動圓柱狀磨碗前後擺動的搖臂,圖 5.47 為利用圓柱狀磨碗所製成之圓

圖 5.46 柱面拋光機實體圖。

圖 5.47 圓柱面拋光模具。

柱面拋光模具。當加工面為凸面時，將加工件黏貼在圓柱磨具上，固定於兩頂心中間旋轉，而利用圓柱狀磨碗進行研磨或壓製圓柱狀模具進行拋光；若為凹面時，則將工件黏貼於圓柱狀磨碗上，利用圓柱磨具或壓製之圓柱模具固定於兩頂心中間旋轉，以進行研磨及拋光。圓柱狀磨碗曲率半徑之選用與球面透鏡之磨碗選用方式類同，貼附及研磨與拋光之方式亦類同。

5.3.3 拋物面鏡與非球面鏡

拋物面鏡大多應用於作為反射鏡，例如車燈、手電筒之聚光鏡及天文望遠鏡等。所謂拋物面即以 x 軸為軸向，其徑向為 y 軸，該曲面輪廓之方程式可表示為 $x = py^2$ (p 為任意常數)。一般拋物面鏡多以拋物面專用之研磨拋光機進行加工，但反射式望遠鏡之拋物面反射鏡大多為 F/# 3−10 之淺凹面，離球面的偏差較小，常以凹球面進行加工後，再利用研磨時，調整上下磨碗之相對運動，修正為拋物面，再以如圖 5.48 所示之拋光模具進行拋光。

以非球面鏡用來消除成像的球面像差 (spherical aberration) 及扭曲 (distortion) 現象，可有效取代 2−3 片球面鏡之功能，因此近來受到廣泛的使用，但玻璃非球面鏡加工不易，使其應用範圍受到限制，多數非球面鏡都是以塑膠射出成形製作，而非球面之成形、研磨與拋光多半針對模仁加工而言。非球面鏡包含拋物面鏡、橢圓面鏡、雙曲面鏡及高階次曲面鏡等。玻璃非球面鏡可利用一般之成形機，以鑽石磨輪二軸同動的方式將其輪廓成形出來，或以較粗糙之方式預先成形後再利用超精密加工進行修整，因此在輪磨成形上較為容易。相對於輪磨加工，為保持形狀精度的非球面鏡之拋光製程便顯得困難。許多電腦控制之非球面拋光系統，如圖 5.49 所示，工件可固定於下方旋轉台上，而上方之拋光模具固定座除可上下、左右移動外，更可依非球面輪廓進行偏擺，於拋光

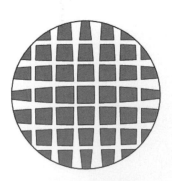

圖 5.48 拋物面拋光模具。

圖 5.49 電腦控制之非球面拋光系統。

模具外形與非球面輪廓保持相切狀態下進行拋光。有鑑於非球面鏡之應用日漸廣泛，對於非球面模具加工機台的需求也日益增多，如 Satisloh 等公司也推出多款以電腦控制之非球面研磨、拋光之機台，圖 5.50 為 Satisloh 公司的 GII 綜合加工機 (GII generating center)，可進行非球面鏡之成形、研磨與拋光等工作[12]。國研院儀器科技研究中心亦開發一款非球面拋光機，如圖 5.51 所示，可用於快速加工直徑 10 mm－100 mm、精度相對要求較不高的非球面鏡，例如車燈之非球面聚光鏡、大型望遠物鏡及非球面眼鏡等。其中，例如車燈之非球面聚光鏡需承受車燈高熱而不適宜以塑膠材質製造，必須採用玻璃材質，透過非球面拋光機的開發，俾使玻璃非球面鏡之研磨、拋光更為快速及方便。

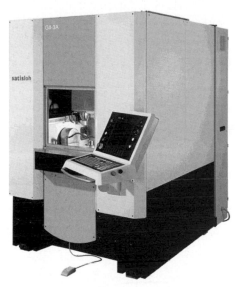

圖 5.50 Satisloh 公司的 GII 綜合加工機[12]。

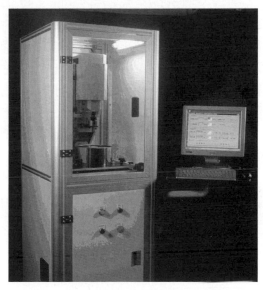

圖 5.51 國研院儀器科技研究中心所發展之非球面拋光機實體圖。

5.4 鏡片清洗與存放

　　光學元件屬於精密加工之元件，由於精密光學製造技術的進步，鏡面製作之表面精度與粗糙度已分別可達到 $\lambda/20$ 及 $\lambda/80$ 以下。因此如何去除在高精度元件上之污染與雜質，更是影響此元件性能的最重要因素。本節將說明光學元件基本清潔與保養之原理，包括污染物、潔淨方式、清潔用試液之分類與用途，以及存放環境等注意事項。

第 5.4 節作者為李建興先生。

5.4.1 污染物

　　污染物係廣泛定義為原材料表面本身不具有的物質，一般物理方式的判別方法是以附著形狀來區分為下列幾種類型：(1) 粒子：固體或液體物質及微生物，(2) 高分子膜：油脂及包覆狀高分子吸附膜，(3) 溶解狀分子：部分已分解分子，(4) 混合形塊：無固定形態之團塊狀物質等。若以化學組成來歸類可區分為兩大類，一為無機物質，另一為有機物質。其中無機物又可區分為：(1) 金屬粒子、鹽類、金屬氧化物等，(2) 非金屬粒子、沙土等；有機物質可區分為：(1) 動、植物性油脂，(2) 蛋白質，(3) 碳水化合物系，(4) 塑膠、顏料等其他有機物質。無論以何種方式來分類污染物，若能了解其附著機制，將能更有效地選擇適合的洗淨方法，圖 5.52 為各種污染物的附著型態圖示。

　　堆疊附著型態中，污染粒子通常以重力方式沉降堆積在光學元件上，此類較容易洗淨。以靜電附著之型態是污染物質與元件各帶著相反電荷產生靜電力互相吸附，如玻璃鏡片或塑膠材料等表面電導性低，易在乾燥環境中產生塵埃靜電附著。化學反應結合的型態常見於金屬氧化膜，污染物與元件之間的界面因有化學結合力的作用，本質並不明確，通常以蝕刻的方式將此界面去除，元件表面也有部分會隨之移除。分子間吸引力如氫鍵、凡得瓦爾力 (Van der Waals force) 等結合力量較微弱，但當結合後延展開來的包覆狀污染體，則具有非常強的附著力。若結合機制是污染物質以物理性滲透方式擴散入元件內，則需以逆向擴散或腐蝕的方式，將污染物去除。最具破壞性的結合型態是污染粒子與元件因材質硬度及結構差異產生嵌入性結合，為了避免元件表面破壞，常以溶解或重新拋光方式去除。

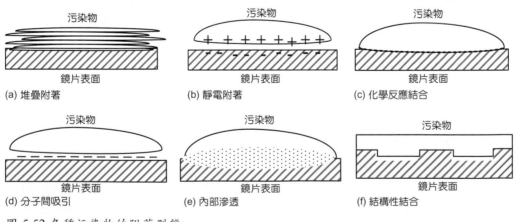

圖 5.52 各種污染物的附著型態。

5.4.2 清潔試液

一般清潔光學鏡片需配製清潔試液，其組成內容可分為：(1) 純水、(2) 溶劑及 (3) 界面活性劑等三類。

(1) 純水

水質要求無任何浮游物、溶解物之純化學組成 H_2O 超高純水，應用於鏡片精密清洗用之等級規範如表 5.21 所列。

表 5.21 應用於鏡片精密清洗用之超高純水的規範等級 (25 °C)。

項目	規範
比電阻	$16 - 18 \ M\Omega \cdot cm$
微粒子數	<100 個/mL (直徑 0.1 μm)
生菌數	<5 個/mL
有機分子	<0.5 ppm

(2) 溶劑

以溶劑對水、醇類、醚類等溶解特性可區分為親水性、親油性及中性三類。一般而言，親水性污染物易溶於親水性溶劑，親油性污染物則相反。由於很少污染物僅由單一種成分所構成，大多混合著具極性之親油性污染物、水分及親水性污染物，此時應挑選溶解範圍廣的溶劑。針對幾類常用溶劑說明如下。

‧碳化氫類

碳化氫類係屬於親油性溶劑，以烷類、苯類、汽油等為主，傳統常以此類溶劑作為去油性污染物之成分，其中苯類溶解性高但毒性大，在人工清洗製程中，需做特殊防護隔離，或改以毒性弱的甲苯、二甲苯等替代。

‧醇類

醇類屬於親水性溶劑，以甲醇、乙醇、異丙醇等為主，脫水能力高，常用於水與親油性溶劑中間段清潔程序。鏡片表面簡便清潔即常以無塵布沾無水乙醇擦拭。

‧氯化碳化氫／氟氯碳化氫類

此類屬於疏水性溶劑，與水幾乎不互溶，對油性污染物溶解力甚大。以氯置換碳化氫系中的氫原子，可降低原碳化氫系容易引火之易燃性問題，但三氯乙烯、四氯乙烯等毒性特強，低於 50 ppm 以下，須以特殊防止擴散等裝置來解決毒性問題。此類清潔方法常易以蒸氣清洗為主要用途，使用過程亦須另外添加安定劑，以減低清洗過程中因氯原子游離所產生的另一種污染源。若以氟及氯原子取代碳化氫系的氫原子，則可降低毒性，低於 1000 ppm 以下，安定性亦高，可廣泛應用於工業清洗流程中，如超音波洗淨、蒸氣洗淨等。

‧其他

其他特殊性溶劑，如丙酮、乙醚等。丙酮屬於親水性溶劑，可完全溶於水、乙醇及乙醚等。對油性污染物又具有優良的除去效果，因此一般鍍膜前鏡片的簡便清潔方式，即常以丙酮進行超音波震盪清洗，然後利用異丙醇溶解掉丙酮，再以乙醇進行最後清潔。

(3) 界面活性劑

利用附著於兩物質接觸界面之活性力改變，來加強原溶劑之洗淨力，常見如脂肪酸鈉鹽 (肥皂) 等。所有活性劑分子在界面上均有親水基與親油基結合的構造，並以 HLB (hydro-phylic lypo-phylic balance) 定義其親水或親油傾向平衡指標，一般洗淨試液含有優良洗淨力之活性劑 HLB 值約在 14 左右，而親油性強者的去脂洗淨力較大。HLB 值低於 10 以下之活性劑即不溶於水，而溶存於親油性溶劑中。

5.4.3 玻璃鏡片潔淨方式

玻璃為無機物非結晶性固溶體，主要成分為氧化矽。由於氧化矽之物理與化學性質安定，清洗流程可依實際需求以下列幾種方式交替或獨立進行。

(1) 溶劑洗淨

利用各種溶劑對於特定污染物的去除，常以浸泡或超音波震盪清洗，如丙酮與三氯乙烯去除油脂性污染物，可對鏡片表面損害較少。以人工擦拭過程需注意以同心圓順時針方向由內向外清潔，保持擦拭力量均勻，當擦拭液不足時，應立即補充，若有物體粒子存在鏡片表面時，應以無塵棉棒沾若干擦洗液先行進行移除，避免刮傷。

(2) 界面活性劑洗淨

大多數的附著性污染物或油膜可以利用界面活性劑洗淨方式去除，使用界面活性劑的優點在於過程中所產生的界面活性力不會對玻璃造成物理或化學性的傷害。洗淨過程

中，以高純度純水為主，針對所沾附之油膜種類選擇適當的活性劑，洗淨後廢液應立即
去除，避免循環而殘留於鏡片表面上。

(3) 酸洗淨

玻璃表面若存在一些鹼性、有機性污染物，可使用酸液進行第一階段去除動作。因
玻璃一般具有耐酸性，可承受短暫酸洗處理，但不可持續浸泡，否則會造成矽酸結晶格
內的鈉、鈣等離子與酸結合而流失，使得玻璃材質組織會脆化。

(4) 電漿／離子束洗淨

此一清潔方式主要是利用氬等惰性氣體所產生之電漿的濺散力，將殘留於玻璃表面
的汙染膜或不純金屬粒子等蒸散去除之。若污染物結合力過大，可輔以高能加速離子束
來增強濺散效果。

(5) 紫外線／臭氧洗淨

此步驟主要藉由氧化分解的方式去除玻璃表面微量有機物。

5.4.4 鏡片之存放

為提高光學元件的光學性能，一般會於鏡片表面製鍍多層由高分子材料所組成的光
學薄膜。此薄膜之合成材料提供黴菌類生物生長所需的營養，經分解膜層過程中，輔以
溫度與濕度等適合的環境，黴菌菌絲體將呈樹根狀分布延展於整個鏡片表面，造成光學
性能的降低。再者，光學鏡片為玻璃等二氧化矽無機鹽類所組成，亦可成為黴菌成長的
營養來源。因此，存放環境之控制為維持高精度鏡片之必要條件。

經由統計研究，黴菌菌絲體在環境溫度 8 °C 以上即可生長，環境溫度 12 °C 以上生
長速度增快。再者，環境之相對濕度 (relative humidity, RH) 大於 60% 時，即符合黴菌的
生長條件。若相對濕度大於 70% 時，黴菌滋生速度加快，當相對濕度達 90% 以上時，
就屬於黴菌最容易出現的環境。因此，當環境溫度超過 10 °C、相對濕度在 60% 以上，
將不適合光學元件的存放；而當環境溫度在 25－35 °C、濕度在 80－95% 時，黴菌會對
光學元件造成立即性的危害。一般而言，欲保持鏡片表面的完整性與乾淨，通常須準確
地控制其存放之環境溫度在 20 °C 以下與保持相對濕度在 40% 上下，並維持環境過濾換
氣之循環。

參考文獻

1. 泉谷徹郎, 光學玻璃, 復漢出版社 (1985).

2. 吉田正大郎, 透鏡、稜鏡研磨工藝, 復漢出版社 (1997).

3. 趙金祈, 光學玻璃加工, 徐氏基金會 (1979).

4. J. B. Houston, Jr., *Optical Workshop Notebook*, Washington D.C.: Optical Society of America (1974).

5. V. J. Doherty, *Advanced Optical Manufacturing and Testing II*, Bellingham, Wash.: SPIE (1992).

6. G. M. Sanger, *Optical Manufacturing, Testing, and Aspheric Optics*, Washington: SPIE (1986).

7. 李林, 林家明, 王平, 黃一航, 工程光學, 北京: 北京理工大學出版社 (1994).

8. 光機電系統整合概論, 新竹: 國家實驗研究院儀器科技研究中心 (2005).

9. H. H. Karow, *Fabrication Methods for Precision Optics*, New York: John Wiley & Sons Inc. (1992)

10. W. Zschommler, *Precision Optical Glassworking*, Macmillan Education Ltd. (1984)

11. D. Malacara, *Optical Shop Testing*, 2nd ed., New York: John Wiley & Sons Inc. (1992)

12. Satisloh, http://www.satisloh.com

13. Optotech, http://www.optotech.de

14. 九重電氣株式會社, http://www.kokoneele.co.jp/

15. *Care and Cleaning of Optics*, Newport Corporation, pp. 688-689 (2006).

16. The Clean Microscope, www.zeiss.de/courses, Carl Zeiss Corporaion (2005).

17. 耿陽等譯, 精密加工洗淨技術, 復漢出版社 (1980).

第六章 超精密加工

6.1 概論

什麼是超精密加工 (ultra-precision machining)？事實上，超精密加工的定義是隨著時代及科技的進步在演變，今日所謂的超精密加工技術，在若干年後可能就只是精密加工技術，再過數年後也可能就變成一般的加工技術；這種演進的方式可由 Taniguchi 當初所做的預測圖 (圖 6.1) 中得知其關係。此外，超精密加工精度的進步也與超精密加工機及精密量測儀具技術的進程息息相關；例如，以雷射干涉儀量測技術應用至超精密加工機之定位上，將使得加工機具的精度大幅提升，亦促使超精密加工之精度與定位隨之提升；且由於原子力顯微術之建立，也使得超精密加工的定義從次微米向奈米推進。

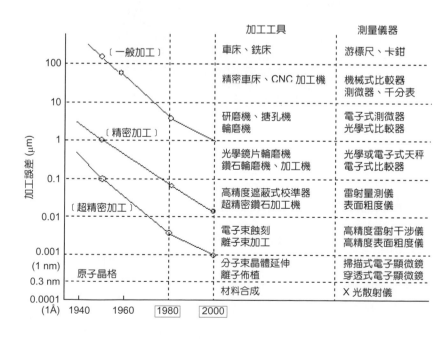

圖 6.1
Taniguchi 的加工精度演進示意圖。

第 6.1 節至第 6.4 節作者為趙崇禮先生。

　　隨著半導體及光電產業的蓬勃發展，工業界對加工精度之需求亦不斷的向上修正，這點從半導體業以往的 0.25 μm 製程、0.18 μm 製程，到如今之 90 nm 甚至於 65 nm 製程，可見其發展趨勢。根據 SIA 的 roadmap 所列之晶圓規格，可知晶圓尺寸逐年攀升，但其對平坦度及表面品質的要求卻更為嚴苛。而光電業中也由早期平面元件發展至球面元件及更高階的非球面元件，促使其發展趨勢朝向繞射元件 (圖 6.2(a))、複合光學元件 (圖 6.2(b))、非軸對稱光學元件及自由曲面元件發展。由於元件形狀日益複雜，但其對表面粗糙度 (surface roughness) 及形狀精度 (form accuracy) 的要求卻越來越嚴格，這也是促使超精密加工技術不斷更新發展的主要動力來源之一。

　　目前超精密加工技術不但可加工微米等級的微陣列鏡片，亦可加工直徑達數米的天文望遠鏡；應用方面從日常生活中之手機、相機等，到衛星及國防工業皆扮演著重要角色；形狀由簡單之平面延伸至自由曲面；至於加工材料方面，可以加工硬度很小的鋁合金、銅合金，同時也可用於加工硬度極高的碳化鎢 (WC)、碳化矽 (SiC) 與鑽石等材料至奈米等級的精度，其涵蓋之範圍相當廣泛，對於工業的重要性也不可言喻。

　　本章將就超精密加工技術作一概括性的介紹，並對常用之鑽石車削 (diamond turning) 及鑽石磨削 (diamond grinding) 作稍深入的介紹。

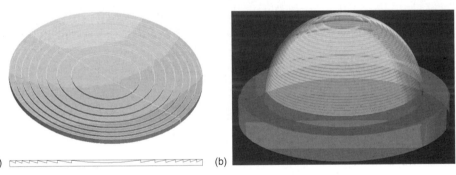

圖 6.2 (a) 繞射光學元件，(b) 複合光學元件。

6.2 精密加工之基本要求及影響加工精度之因素

　　超精密加工之基本需求可概括分為四項：(1) 高形狀精度，(2) 低表面粗糙度，(3) 低變質層 (damaged layer)，(4) 低製造成本 (cost)，這些需求看似簡單，但實際執行起來未必容易。而影響加工精度的因素範圍很廣，如表 6.1 所列，加工機、加工條件、刀具、工件及環境因素等皆可能造成影響。

表 6.1 可能對加工精度造成影響的各種因素。

加工機	加工條件	刀具	工件	環境因素
硬體部分	主軸轉速	幾何形狀	剛度	溫度
靜態誤差	進給率	剛度	膨脹係數	振動
幾何誤差	切削深度	磨耗	重量	壓力
熱漂移	切削液		夾持方式	濕度
材料不穩定			前加工	浮塵顆粒大小
動態誤差				
軟體部分				

(1) 加工機造成的影響

加工機影響加工精度的因素可大略列舉如下：
· 機器本身之精度 (accuracy)、再現性 (repeatability)、解析度 (resolution)
· 剛度
· 移動範圍
· 承受負荷
· 速度／加速度極限
· 預加負荷 (preload)
· 摩擦阻力
· 熱效應 (thermal performance)
· 阻尼能力 (damping capability)
· 耐振動與耐衝擊能力 (vibration & shock resistance)
· 重量、體積及其結構
· 組成材料之共容性
· 維修情況

(2) 加工參數的選取

在加工中，主軸轉數、進給率、切削深度及切削液等加工參數的選取，對加工精度有絕對性的影響，尤其對硬脆性材料而言，些許的參數變化便可造成加工模式的改變，例如由延性加工 (ductile machining) 模式轉為脆性加工 (brittle machining) 模式，如圖 6.3 所示，也改變了整個工件的精度。

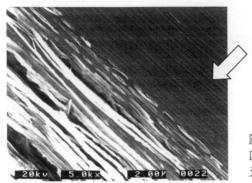

圖 6.3
因切削深度變化造成加工模式的改變，依箭頭方向由淺
至深，加工模式亦由延性加工模式轉為脆性加工模式。

(3) 刀具的選取

　　加工是一種材料移除的過程，也就是由所選擇的刀具對工件進行選擇性的材料移除，刀具的材料、幾何形狀精度、剛度及耐磨耗特性等都會對加工精度造成決定性的影響。例如，刀具的原始形狀精度太差，或刀具已產生磨耗或微破裂都會在加工過程中轉寫至工件上，造成工件之表面粗糙度或形狀精度變差。

(4) 工件材料及形狀之影響

　　當工件之剛度不足或形狀特殊 (薄片或薄殼) 時，容易在切削受力或是夾持時產生變形，造成加工成品之精度變化。此外，工件過重或不對稱亦容易造成工具機之變形或抖動，這也是影響精度的原因之一，而先前加工遺留的次表面破壞所造成的材料表面特性變化，也會對加工精度造成影響。

(5) 環境因素

　　環境中溫度的改變會造成工具機及工件的熱脹冷縮，如圖 6.4 所示，進而影響到加工的尺寸精度，而振動更是超精密加工的天敵，必須透過各種防震方法將其隔絕。

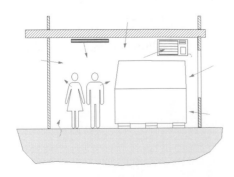

圖 6.4
環境中之熱源會造成溫度改變影響精密加工的精度。

6.3 超精密加工法的分類

表 6.2 中簡單的將超精密加工法分成四大類：單點、多點、固定負荷與固定切深，其代表性的加工有單點固定負荷的刻劃／切割 (ruling/dicing)、多點固定負荷的研磨 (lapping) 拋光 (polishing)、單點固定切深的鑽石切削，最後是多點固定切深的精密磨削 (grinding)。其中單點鑽石切削 (single point diamond turning, SPDT) 及精密磨削會在後面有較詳細的敘述，本節先對刻劃及研磨拋光作一介紹。

表 6.2 超精密加工法分類。

	單點加工 (single-point)	多點加工 (multi-point)
固定負荷	刻劃 (ruling)／切割 (dicing)	研磨 (lapping)／拋光 (polishing)
固定切深	單點鑽石切削 (SPDT)	精密磨削 (precision grinding)

(1) 刻劃

刻劃是加工精密光柵 (grating) 的加工技術之一，其動作是在鑽石刀上施以既定的負荷，而刀具在工件兩端做往復式運動，雖說是往復運動，但只有單向在做切削的動作，而依照其設計每次切削後工件側移一定的距離，重複此動作，完成 1 mm 內數百條至數千條平行而形貌相似的溝槽，藉此產生光學繞射，而任何溝槽形狀或間距的改變，都會造成繞射結果的解析度變差。所以當光柵的尺寸較大、溝槽的間距很小時，一個光柵可能需幾個星期的時間才能加工完成，在此加工期間，任何溫度、振動、濕度或刀具磨耗造成之溝槽形狀或溝槽間距的改變，都會造成不可挽回的結果，故刻劃光柵的動作看似簡單，但其相關的定位精度、環境控制及加工參數的選取，與現在的精密加工相比毫不遜色，故若稱刻劃為超精密加工的前驅應不為過。

圖 6.5 為刻劃光柵的示意圖。值得一提的是，雖然同是在工件上刻槽，但光柵的刻劃是以固定的荷重來控制刻劃的深度，而現今 LCD 背光模組中增亮膜片 (brightness enhancement film, BEF) 上的 V 溝結構，則是以固定切深來完成 (類似 SPDT)。以光柵而言，每毫米 (mm) 中 1000 條至 3000 條溝槽並不罕見，而增亮膜片則多為每毫米數百條。

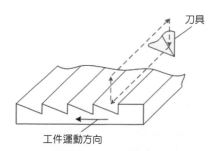

刀具

工件運動方向

圖 6.5
刻劃光柵的示意圖。

(2) 切割技術

切割技術常與裂片 (breaking) 技術一同使用，是將工件分割成小塊的技術，現廣泛使用於半導體 (矽、III-V 族)、平面顯示器及光電產業中。常用的切割技術有用鑽石尖點、鑽石刀輪切割、雷射切割及砂輪切割，相較於其他的切割技術，鑽石尖點切割其切口較刀輪及切割砂輪來得小，又沒有雷射造成灰燼及熱應力的問題，且設備相對簡單，此為其優勢。雖不適合切厚片工件，但在解決散熱問題的驅使之下，多數晶圓都已經過背磨技術薄化 (back-thinning)，故都可用鑽石切割技術執行切割。與刻劃技術不同的是刻劃中會避免工件裂紋的發生，而在切割中是刻意的造成工件沿著溝槽的中央裂痕 (median crack) 產生，以有利於裂片的執行。常用於切割之鑽石刮刀有圓錐形、貝形、二點形、三點形 (3P)、三角錐形、四角錐形、四方柱形 (4P) 等形狀。其中又以三點形 (3P)、四方柱形 (4P) 採用得較多。圖 6.6(a) 及 (b) 為三點形 (3P) 及四方柱形 (4P) 刀具 (圖 6.6(c) 及 (d)) 之掃描式電子顯微鏡顯微圖片。三點形擁有三個切刃，而四方柱形刀具有四個切刃。藉著控制刀具傾角 (圖 6.7)、刀具荷重及切割速度，以求最深之中央裂痕 (圖 6.8) 及最小的橫向裂紋 (lateral crack)。

隨著晶圓的薄化，由於鑽石尖點切割能提供晶圓極度纖細的劃線技術，與鑽石刀輪相比，可以消除微粒子的污染，不需要後續的清洗，亦較不受加工熱的影響，在先進製程上有其優勢。

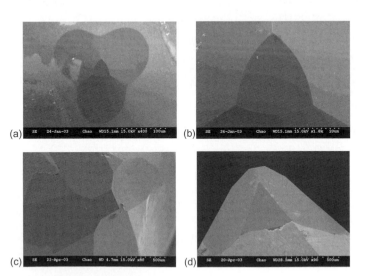

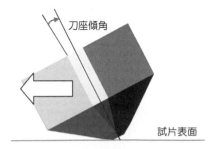

圖 6.6 常用之切割鑽石刀：三點形 (3P) 刀具之 (a) 刀尖、(b) 頂部放大 SEM 顯微圖片及四點形 (4P) 刀具之刀尖 SEM 顯微圖片 (c) 俯視、(d) 側視。

圖 6.7 鑽石刀切割加工示意圖。

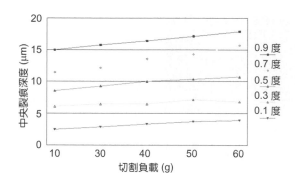

圖 6.8
藉著控制刀具傾角、刀具荷重及切割速度以求最
深之中央裂痕。

6.4 單點鑽石切削

6.4.1 簡介

單點鑽石切削顧名思義是以單點 (單刃) 鑽石車刀對工件做超精密的切削，隨著光電、半導體、精密機械等工業快速發展，對特殊形狀且高精度之工件需求量日益增加，利用超精密鑽石車削技術可獲致次微米等級之高形狀精度及奈米等級之表面粗糙度，是一種經濟、快速、具決定性的加工方式。除了可應用於加工銅、鋁合金外，亦可運用於加工矽、鍺、玻璃等脆性材料。尤其在非球面 Fresnel 透鏡之射出成形模仁、複合式光學元件 (hybrid optical component) 等繞射式光學元件，及離軸式光學元件之製造，由於其形狀特殊，目前多僅能依賴單點鑽石切削來完成。

目前鑽石車削在光電工業上之應用甚廣，例如金屬之各式反射鏡及模仁 (球面、非球面、自由曲面)，紅外線光學元件、繞射光學元件等。本節將對單點鑽石切削之相關技術，例如鑽石車刀、快刀伺服 (fast tool servo, FTS) 等作一簡介。

6.4.2 鑽石車刀

鑽石因為擁有已知材料中最高的硬度、高熱傳導係數、低摩擦係數與低膨脹係數等優點，可以加工形成極高刀刃尖銳度 (sharpness) 的刀具，價格雖較其他的刀具昂貴，難以加工至設計之尺寸及形狀，且切削鐵系金屬等材料時會造成高磨耗，但由於其高硬度、高尖銳度能切削形成極佳的表面粗糙度，仍然使其為現在超精密加工中不可或缺的一環。

鑽石刀具中包括單晶鑽石刀、多晶鑽石刀、聚晶鑽石刀，但其中只有單晶鑽石刀能形成高尖銳度之切刃，也是最常在超精密加工中使用的鑽石刀。圖 6.9 為單晶鑽石刀及聚晶鑽石刀之切刃的掃描式電子顯微鏡圖片，由圖中可知單晶鑽石刀之切刃無明顯的缺陷，而聚晶鑽石刀之刀刃有許多微缺口，這些在車削過程中，都會轉寫至工件表面。

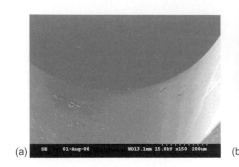
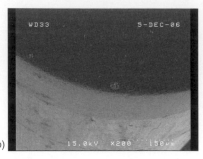

圖 6.9
(a) 單晶鑽石刀及 (b) 聚晶鑽石刀之切刃掃描式電子顯微鏡圖片。

由於鑽石會於高溫時與鐵、鎳等材料發生化學反應，造成刀具大量磨耗，故此類材料被列為不適於鑽石切削。鑽石切削常用於加工鋁、銅、無電解鎳、金、白金、鉛、銀等金屬，鍺、砷化鎵、氟化鎂等紅外線材料及 PMMA、PC 等高分子材料。

鑽石刀具依其對刀鼻半徑製作之精度可分為控制波紋度 (controlled waviness) 刀具及非控制波紋度刀具，一般控制波紋度刀具可將其實際刀鼻半徑與額定的刀鼻半徑之誤差控制在一定的範圍內 (諸如小於 0.75 μm 或小於 0.1 μm)，如圖 6.10 所示，要求的範圍越近，相對的價格也越高。值得注意的是，製造廠商對波紋度的定義，有的是用量測的最大值 (peak to valley)，也有些則是用平均值來代表，同樣是控制波紋刀具，但其間的精度相差頗大。

圖 6.11 所示為五軸加工機各軸之示意圖。一般來說，有控制波紋度的刀具多用於二軸車削的加工機 (無 B 軸)，且對形狀精度要求較高的工件，如圖 6.12(a) 所示，而無控制波紋度刀具則常用於形狀精度不高或有 B 軸的加工方式，如圖 6.12(b) 所示。

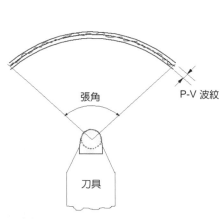

圖 6.10 控制波紋度刀具。

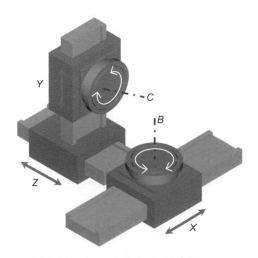

圖 6.11 五軸加工機各軸之示意圖。

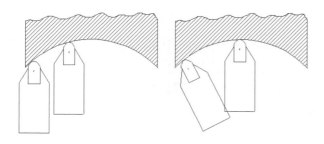

圖 6.12
(a) 二軸式車削加工 (無 B 軸)，(b) 有 B 軸進行之刀具旋轉車削加工。

6.4.3 影響 SPDT 加工工件形狀精度之因素

(1) 工具機之精度

超精密加工所依持的精度本來就源自於超精密加工機的各項精度，諸如定位精度、眞直度、直角度、主軸的偏擺量、Abbe 誤差及背隙誤差等。所謂「工欲善其事，必先利其器」，沒有一台精度好的加工機，要想加工出高精度的工件，可說是緣木求魚。基於這個理由，現今的超精密加工機精度一直往上提升，其定位解析精度多優於 1 nm，各軸的眞直度誤差及其再現性多在次微米範圍，以使其加工工件之形狀精度能控制在次微米範圍內。

(2) 工具機之剛度

切削過程中，工件及工具機皆會受力而變形，變形的大小則與切削受力環路中各元件之剛度有直接的關係。所謂的切削受力環路是指從刀尖到刀座的滑軌至機器本體到主軸及工件的本身，在切削時切削作用力的的環路。切削環節的剛度等於環路中剛度最差的一個環節 (weakest link)，若機器剛度差，則受力時產生的變形量大，很難在加工時達到設計的尺寸精度。基於這個理由，有些工具機捨棄了較符合運動學設計的原理 (semi-kinematics design)，而使用過度限制 (over-constrained) 的雙 V 滑軌結構 (double-Vee)，以提高機器的剛度 (例如 Moore、Toshiba 等工具機設計)，如圖 6.15 所示。

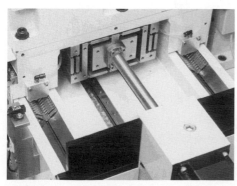

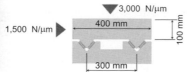

圖 6.13
雙 V 滑軌結構 (資料來源：Toshiba Machine)。

(3) 刀具設定、輪廓及磨耗

　　刀具方面對工件精度的影響因素主要有二個。其一是對心精確與否：對心乃使刀具之刀尖置於工作主軸之旋轉軸線上，如圖 6.14 所示。確定刀具與工具機主軸之旋轉中心「同軸」後，方可進行工件切削加工，故對心的精確與否直接影響工件精度。刀具偏高／偏低 (圖 6.15(a)) 或偏左／偏右 (圖 6.15(b)) 皆會使加工工件之形狀產生誤差。另一則是刀具形狀誤差，此一刀具形狀誤差除肇始於刀具製造廠商於生產刀具時造成的初始形狀誤差外，形狀誤差更會因加工時的刀具磨耗而漸趨嚴重，如圖 6.16 所示。

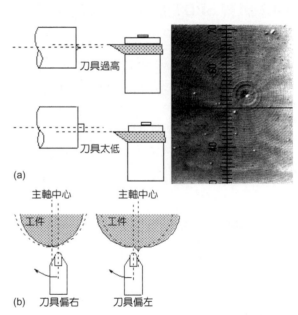

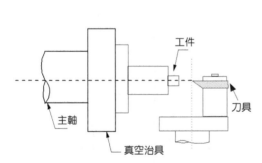

圖 6.14 車削刀具對心示意圖。

圖 6.15 (a) 刀具過高或過低於車削平面工件時產生之形狀誤差，(b) 刀具偏右或偏左於車削曲面工件時產生之形狀誤差。

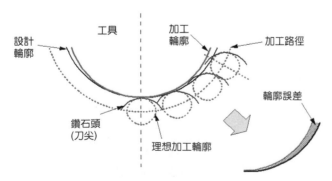

圖 6.16
刀具之輪廓誤差造成工件之形狀誤差。

　　目前常用刀具之對心過程為先以一組線性可變差動變壓器 (liner variable differential transformer, LVDT) 接觸量測刀具之切刃，使刀尖之位置及刀刃形狀得到初步確認。在刀尖位置初步確認後，便可進行軟金屬如鋁、銅合金端面之平面加工 (facing)，其切削結果配合光學顯微鏡觀測，以校正刀具之高低誤差。至於刀具之左右誤差方面，則一般均藉由離線之干涉儀分析檢測加工所得之已知半徑球面，以量測現有刀具產生之左右方向誤差。如此重複上述之方式 (試切 → 量測 → 調整 → 試切 →……)，以調整刀尖高低及左右之位置，直至此一誤差減低至可接受之偏差範圍內，始完成車削前之對心程序，可以進行切削。

　　鑽石車削中的兩項誤差因素：刀具起始形狀誤差與刀具磨耗誤差，尤其是刀具磨耗對刀具形狀造成之影響是難以避免的，對一些加工時易產生大量磨耗的材料，如 Ge、Si、熔融石英 (fused silica) 等，要維持加工件之形狀精度相對而言較為困難。而以往常作為切削刀具之硬質材料，如表 6.3 所列，在近年來之精密工程應用中，因其耐衝擊、高硬度、低膨脹係數等材料特性，在市場需求驅使下反倒常成為製作高精度零組件之材料，如模造光學鏡片之模仁即常以 WC 及 SiC 為材料，而鍺單晶則常用以製作紅外線光學元件，這些硬脆材料均易使鑽石刀具產生大量磨耗。刀具磨耗可分為刀腹磨耗及刀面磨耗兩種，在切削硬脆材料時，主要以刀腹磨耗較為嚴重，因此對刀具形狀誤差影響甚大。

表 6.3 常用之高硬度材料。

材料	密度 (g/cm³)	硬度 Hv (50－1000 g)	熱膨脹係數 (ppm °C)	熱傳導率 (W/cm·K)	結晶構造
鑽石	3.5	10,000	3.2	20	立方晶
CBN	3.5	7,000	3.5	2	立方晶
B$_4$C	2.5	3,700	4.3	0.16	菱形六面體
SiC	3.2	2,500	4.3	0.85	六方晶
WC	15.8	2,100	5.2	0.42	六方晶
TaC	14.5	2,000	6.7	0.39	立方晶
TiC	4.9	3,200	7.2	0.052	立方晶
TiN	5.4	2,400	9.4	0.074	立方晶
Al$_2$O$_3$	4.0	2,100	8.0	0.059	六方晶

　　假設刀刃形狀為正圓形，這是因為一般切削曲面都是選用圓弧刀 (而工具機 NC 程式 -part program 之設計也是以此圓弧半徑來決定刀具之補正距離及刀具路徑)，刀具參數包含刀刃半徑及其可切削範圍。當刀刃產生磨耗時，其形狀就不可能是理想的圓弧曲線，假設其磨耗為刀腹磨耗則部分圓將被削平，如圖 6.17 所示，由於刀刃遭磨平，切削點改變造成實際所得工件輪廓與原設計曲線偏離。

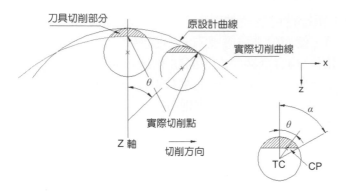

圖 6.19
刀具磨耗於切削曲面時造成的影響。

(4) 主軸成長

　　為了達到高速而穩定的旋轉，並減低與旋轉物件摩擦所產生的熱，現今超精密加工機多依據加工負荷的大小而選用液靜壓或氣靜壓主軸；其特點為：因為有了油膜或氣膜的隔離，機械元件間無直接的接觸摩擦，大大減低了因摩擦產生之各項負面效應，包括摩擦熱等。但是由於氣膜及油膜仍有其黏滯性，在高速旋轉下仍會產生熱量，造成主軸溫度的上升，在一段時間以後，若主軸的溫度無適當的溫控迴路，則主軸會隨著溫升而膨脹成長，此為主軸成長。主軸成長如果發生在加工過程中，將對形狀精度造成極大的影響。此外，環境因素、工件材料特性與工件夾持等對形狀精度也有相當之影響，因前面章節已有所敘述，在此不再重複。

6.4.4 影響工件表面粗糙度之因素

　　影響工件表面粗糙度最多的因素多與加工相關參數有關，一般而言，進給量越大，切削深度越深，表面粗糙度也越差，適當的使用切削液可扮演排屑、冷卻、潤滑等功能，對表面粗糙度的改善有相當的幫助。此外，較值得一提的是刀具的幾何形狀，例如前角 (rake angle) 的大小與正負、餘隙角 (clearance angle) 的大小，常對工件表面粗糙度有極顯著之影響。例如在切削硬脆材料，如矽、鍺、玻璃時，若採用正前角則易導致脆性模式切削，以致表面粗糙度極差；但若採用負前角刀具時 (–20－–45度) 則較易達到延性切削模式，可以得到較佳的表面粗糙度。此外，因為表面經過鑽石刀創成，所以極為平滑光亮，一般而言，鑽石車削多為精切削，其加工用量若小於 $10-15\ \mu m$，切屑多為細絲狀，若不及時處理，讓切屑重回工件與刀尖之間，會造成工件上產生許多細紋。其在白光照射下會產生繞射，形成彩虹效應，此種工件無法達到光學要求。故在切屑產生後，應立即用吸屑裝置及時排除，以免重回切削迴路中，造成加工表面粗糙度惡化。至於工件材料特性、工件材料之前加工與熱處理也會對工件的表面粗糙度造成影響，前有概述，不再重複。

6.4.5 鑽石車削之發展現況

(1) 難切削材之鑽石切削

· 不鏽鋼之加工

　　不鏽鋼由於兼具耐蝕及淬火／回火硬度高等特性，被廣泛使用於一般塑膠類射出成形模具、光學用各種塑膠球面／非球面鏡片所用之不鏽鋼射出成形模仁、高精度滑軌、空氣軸承、液靜壓軸承、00 級塊規等，均為高附加價值之工業產品，國內外之需求量大，極具開發價值。然而皆需將鋼材加工至高精度、低表面粗糙度，但將鑽石切削技術用於超精密加工鋼鐵材料時，卻遭遇到鑽石刀具磨耗量大增之難題。究其原因為在切削過程中，鑽石中的碳會與鋼材中的鐵發生化學反應所致。因為切削不鏽鋼等鋼材時，鑽石刀具的磨耗過大，這些材料通常被歸類為不適於鑽石車削材料。雖然單晶立方晶氮化硼 (single crystal cubic boron nitride, CBN) 及多晶立方晶氮化硼 (polycrystalline cubic boron nitride, PCBN) 被用以切削不鏽鋼等鋼材時，其磨耗量一般較鑽石刀具小，但單晶立方晶氮化硼及多晶立方晶氮化硼因材質硬度關係，其刀具之形狀精度及刀鋒之銳利程度 (sharpness) 均較鑽石刀具為差 (Weck 1993)。

　　在超精密切削時，刀具之形狀精度及刀鋒之銳利完整與工件之輪廓精度及表面粗糙度有極大影響，刀鋒之各種缺陷會直接反映在工件表面上，而刀具之形狀精度會影響所產生之曲面輪廓精度。因此，雖然鑽石刀具切削不鏽鋼等鋼材時磨耗量較一般 CBN/PCBN 刀具為大，但仍被繼續使用。目前在精密切削不鏽鋼等鋼材方面之相關研究，仍以尋求減低鑽石刀具之磨耗量為主，例如：Evans 等人使用液態氮將鑽石刀具及工件冷卻至 90－160 K 的低溫鑽石切削，可減緩鑽石刀具在切削時之擴散及石墨化磨耗[6]；Shamoto 與 Moriwaki[14,22]、Brinksmeier[2] 等人使用超音波振動刀具之超精密鑽石切削。圖 6.18(a) 為超音波輔助鑽石車削 (ultrasonic aided diamond turning) 工作原理之示意圖，鑽石刀具在切削時除了與工件在切削方向之相對運動外，還加入了高頻之環狀運動，如圖 6.18(b) 所示。此加工方式的特性為：可以使刀具在切削過程中，使切削液容易進入切削點，避免切削點產生高溫，具有達到保護刀具的優點。但是為確保在加工中，刀具經由超音波振動與切屑能有極短暫之分離，工件之移動速度應儘可能低於刀具後撤之速度。

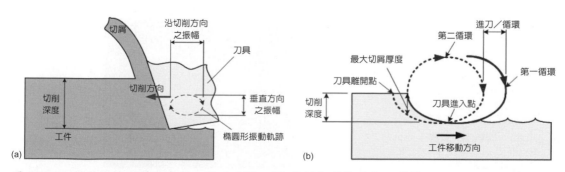

圖 6.18 (a) 超音波輔助鑽石車削工作示意圖，(b) 高頻之環狀運動示意圖。

由於主軸轉速受到限制，超音波輔助鑽石車削之加工效率一般偏低，並不適用於工件轉速過高或工件外徑過大時的加工。目前此種加工技術也被用來加工脆性材料，以期用超音波振動刀具來增加臨界切削深度 (critical cut depth)。

· 硬脆材料之加工

矽、鍺等單晶、玻璃及陶瓷等材料一般被歸類為「脆性材料」。因為當這些材料承受應力時，在還沒有明顯之塑性變形前脆裂破壞便已發生，產生之裂痕遍佈表面，且有些裂痕甚至可深入工件達數十微米。雖然這種高脆度使得加工這些材料變得極為困難，然而由這些脆性材料製成之高精度零件，如矽晶圓及各類光學鏡片等的需求卻與日俱增，因為其擁有許多現代科技應用所需優良的物理、電子、光或機械特性。也因此改進對這些脆性材料之加工技術變得極為重要，亦極具開發潛力。在探討對硬脆材料之加工前先對硬脆材料之材料破壞及移除機構作一簡單說明。當刀具擠壓 (切入) 硬脆材料表面時，其對工件表面造成之破壞模式有如微壓痕式 (micro-indentation) 的破壞，如圖 6.19 所示。其生成之微裂痕系統大致可分為中央裂痕 (median crack)、徑向裂痕 (radial crack) 及横／側向裂痕 (lateral crack)。中央裂痕自壓痕底部向下延伸，徑向裂痕自壓痕週邊向外延伸，而横／側向裂痕則發源自壓痕底部彈塑性變形區交界處向上及兩側延伸，若與徑向裂痕連結將造成微破裂 (micro-chipping)，致使材料表面產生損傷。

而當刀具加入了切削 (cutting) 運動後其破壞裂痕型式亦會趨於複雜 (圖 6.20 與圖 6.21)。中央裂痕、横／側向裂痕及微破裂等依然可見，只是其形狀及尺寸產生變化，

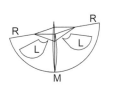
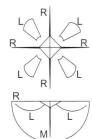

R：徑向裂痕
M：中央裂痕
L：横向裂痕

(a)

(b) 20kv 1.50kx 6.7μ 0036

圖 6.19
微壓痕周邊之裂痕，(a) 示意圖，(b) SEM 顯微圖片。

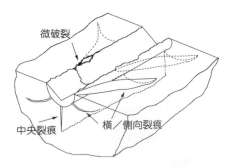

微破裂

中央裂痕   横／側向裂痕

圖 6.20 切痕周邊裂痕之示意圖。

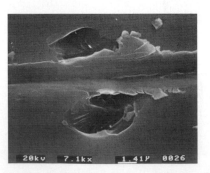

20kv 7.1kx 1.41μ 0026

圖 6.21 切痕周邊裂痕之 SEM 顯微圖片。

圖 6.22 中所示為將圖 6.20 中之裂痕系統分離成幾個簡化的裂痕型式。以切割 (dicing) 的工作目的而言，圖 6.22(a) 所示之裂痕造成的破裂影響寬度最小，且其中央裂痕往下穿入最深，對後續之破片 (breaking) 最有利，應是切割加工努力的方向。而圖 6.22(b) 及圖 6.22(c) 所示之裂痕影響寬度太大，皆應儘量避免或減低其傷害。而在鑽石車削中，圖 6.22 所示之所有裂痕皆應避免。

根據學術研究報告，如 Puttick 等人用鑽刀車削[20]、Chao 及 Gee (1989) 用鑽石刻痕器及鑽石車削[4]、Bifano 等人[1] 及 Ohmori (1992) 用鑽石輪磨加工脆性材料，皆發現若切削深度小於其一臨界切削深度時，脆性材料可以被一種延性模式 (ductile-mode machining) 所加工，也就是材料之切除乃以塑性變形為主，而非脆裂破壞。圖 6.23(a) 與圖 6.23(b) 為延性加工方式車削玻璃材料所產生之切屑，圖中切屑之塑性變形與一般玻璃之脆裂破壞有著截然不同之對比。圖 6.23(c) 為延性加工方式車削矽單晶時所產生之切屑 SEM 圖片，圖 6.23(d) 則為其切削所得表面之斷面 TEM 顯微圖片，從圖中可以看出次表層僅存有差排 (深約 300 nm) 而無各種微裂痕之產生。由此可知，以延性加工方式加工硬脆材料後，除了材料次表面損傷少外，也有助於降低加工後的表面粗糙度。從圖 6.23(f) 可以看出以延性加工熔融石英材料時，其表面粗糙度極低 ($Ra \sim 2$ nm)，圖 6.23(e) 中所產生之條紋為拍攝 SEM 圖片時對試片傾斜 60 度所觀察到的切削紋。

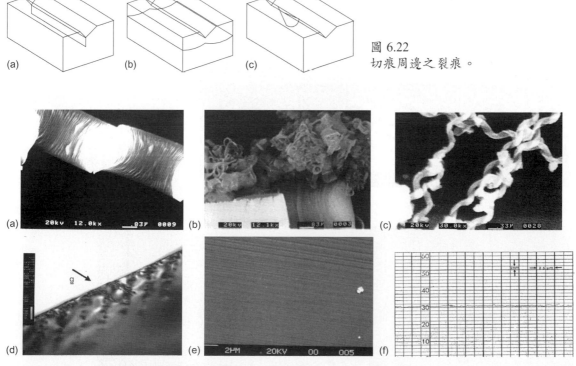

圖 6.22
切痕周邊之裂痕。

圖 6.23 延性加工模式切削玻璃、矽與熔融石英材料所產生之切屑與表面。

延性加工模式目前已成功運用於超精密加工各種脆性材料，這也將使得各種形狀複雜的非球面鏡或非球面鏡模仁之加工，可經由鑽石車削或鑽石輪磨以一種經濟而快速的方式完成。從工件加工之經濟效益的角度考量，鑽石磨削屬於多刃切削，一般說來優於鑽石車削，但是工件如為 Fresnel 透鏡及繞射式 (diffractive) 光學鏡片，仍需仰賴單點鑽石車削來完成。

(2) 快刀伺服及慢刀伺服加工法的應用

近年來由於市場上對各式光電元件，如抗反射膜片、偏光片、增亮片 (BEF) 等之需求大增，帶動了以超精密鑽石車削製造大尺寸 V 溝滾筒模具 (roller) 及製造各式微透鏡陣列結構 (micro-lens array) 所用之微模具技術。其中微透鏡陣列並非軸對稱結構，已非僅能加工軸對稱工件之車削加工所能勝任。而近來發展已漸趨成熟之快速刀具伺服系統 (fast-tool servo system) 則適時的填補了車削加工的這項缺憾，利用車刀配合主軸旋轉角度及離中心之距離快速改變其切深，可完成如圖 6.24 中之各種微結構陣列模具。儘管刀具必須高速閃動以完成這些微結構，加工表面仍可達到數個奈米的表面粗糙度。此外，利用超精密鑽石車削技術，配合快速刀具伺服系統所產出的這些高覆蓋率 (filling factor) 的微透鏡陣列，如圖 6.25 所示，還掌握了一項優勢，那就是可以精確地加工出各種非球面，這對使用微影製程及能量束加工來說仍是一項難度極高的工作。因受限於刀具磨耗過大，超精密鑽石車削加工製作之微模具，仍多以生產高分子材料之微零組件為主，至於用於生產玻璃微元件以碳化鎢及碳化矽為主的模具材料，則需仰賴超精密鑽石磨削加工來完成。

圖 6.24
利用超精密鑽石車削技術配合快速刀具伺服系統所產出的微結構陣列[26]。

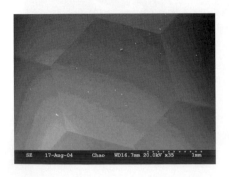

圖 6.25
利用超精密鑽石車削技術配合快速刀具伺服系統所加工出的高覆蓋率 (filling factor) 的微透鏡陣列模具。

快刀伺服其致動原理多以壓電材料 (PZT) 或聲線圈 (voice coil) 推動架設於撓性元件上之刀具做高頻的閃動，配合電容或電感式的精密量測元件做快速而精確的位置回授，完成快刀伺服迴路。其中壓電材料可達的頻寬較高，但衝程較短；而聲線圈的衝程較長，但可達頻寬較低。配合著工具機 C 軸 (主軸) 的角度控制及 X 軸的位置決定進刀的衝程 (切深) 大小。目前，快刀伺服仍有其侷限性，主要是爲配合工具可達之頻寬，C 軸的轉速受到極大的限制，較大的工件可能耗費極長的加工時間。此外，由於工具於移動中改變切深，如未經詳細計算，其刀腹極易撞擊工件表面產生干涉，這對能達到之工件形狀也產生了限制，例如太陡峭的工件外形是無法由快刀伺服加工來達成的。而前角也會因切削深度的改變，其等效前角也不斷的改變，如何維持表面粗糙度也是一項挑戰。

至於慢刀伺服加工則是以加工機的 Z 軸配合 C 軸做較低頻的閃動，相較於快刀伺服，不需額外添加裝置，且衝程遠大於快刀伺服，但受限於 Z 軸的慣性過大，不可能做太高頻的閃動，可用於生產較大尺寸之非軸對稱工件。但如同快刀伺服一般，爲了配合 Z 軸可達的頻寬，C 軸的轉速受到極大的限制，加工工件可能耗費極長的時間。

6.5 磨粒加工技術

近年來航太、電子、通訊、光電、電腦周邊設備、精密機械等產業在輕、薄、短、小的口號下對各種加工技術要求日益提高，其中磨粒加工技術 (abrasive machining technology) 可算是最複雜、最困難，也最難突破的一項技術，無論對機具設備、磨粒砂輪、檢驗、加工環境與操作技術等，都有極嚴格要求。以往國內磨粒加工技術與一般傳統工藝一樣，多是經由老師傅的口耳相傳與操作者巧思，任何艱難的技術都有辦法克服，所需要的機具設備、砂輪、量具均自國外進口，如此勉強在磨粒加工技術方面能與國外不相上下。但是隨著時代進步，國外各種新機器、新技術不斷的推陳出新，新磨粒、新材料的蓬勃發展，使得以往的技術已不敷使用。

6.5.1 磨粒加工的定義與特性

磨粒加工 (abrasive machining) 泛指以磨粒爲主要切削工具的一種加工方法，其目的是要達到高水準的形狀精度、尺寸精度與表面粗糙度。固定磨粒加工方法有如磨削 (grinding)、搪磨 (honing) 等，流動磨粒加工方法則有如拋光 (polishing)、拉磨 (lapping) 等，另外還有半流動磨粒加工及其他加工方法，例如鑽石線鋸、水刀等。

一般加工時，「工具機」精度總是要高於被加工件精度要求，稱爲「母性」原理 [27]，但磨粒加工經常可打破此原則，創造出比機器本身精度更高的工件出來。由於磨削及拋光與光學鏡片較有關連，在此以這兩項爲重點介紹。

第 6.5 節作者爲左培倫先生。

6.5.2 磨粒加工的特點

磨削時所用的砂輪是由磨粒、結合劑和氣孔組成。砂輪在相同的製造方法 (結合劑) 下，調整磨粒、結合劑和氣孔體積的相互百分率，就會得到不同性能的砂輪。由於磨粒的形狀是不規則的，且磨粒在砂輪中的位置分布是隨機的，因此，磨削與其他加工方法相比有很多特點，如下所列。

1. 由於磨粒與工作物干涉的深淺不同，故有些磨粒會切割 (cutting) 材料，有些磨粒會犁起 (plowing) 材料，有些磨粒僅在工作物表面滑過 (sliding)[28]。這些複雜的動作，使工作物件表面的磨痕微細 (視磨粒大小而定)、不規則，而磨粒產生滑動情形越多，或磨粒越小，表面粗糙度越佳。在脆性材料磨削時無犁起動作的產生，但是當磨粒的切深小於臨界切深時，會有塑性模式 (ductile mode)[29] 的現象產生，而被加工物的表面粗糙度也會變得特別好。

2. 比磨削能 (specific grinding energy) (移除單位體積所需之能量) 非常高，切屑越小比磨削能越高 (尺寸效應)，所以對研磨硬度高的工件有其優越性，如超硬刀具、熱處理後之金屬、矽、陶瓷等脆性材料皆可加工。磨削時比磨削能可達 200 J/mm^3，而切削能才在 1 到 10 J/mm^3 之間。

3. 磨粒具有很大的負後傾角，優點為具有大的逃讓面和磨耗面，缺點為易鈍。磨削時砂輪速度很高，一般高時可達 80－120 m/s，磨粒與被磨材料的接觸時間很短，所產生的磨削熱使磨削區形成高溫可達 1000 °C，因而工件表面易燒傷，並因熱應力和相變應力使被磨表面的極薄層產生很大的殘餘拉應力。但也因為負後傾角大，磨削熱大部分進入工件，會產生表面變質層，磨粒常會自行脫落，產生新的尖角，稱自銳現象。

4. 砂輪用一段時間後磨粒會鈍，且外形會改變，因此需要用單尖鑽石修整 (conditioning)，其目的是把表面老舊的磨粒去除。砂輪可修成任意形狀更增加了其對幾何形狀保證的特色，修整後的砂輪可補正機器之誤差。修銳 (dressing) 就是將砂輪表面鈍化的磨粒移除，而以銳利的新磨粒取代，使磨平的砂輪面轉變為鋒利的砂輪面。修正 (truing) 就是指除去磨粒與結合劑，使砂輪的表面與輪軸同心，並使保持正確的幾何外形 (經常是平面)。砂輪的修正與修銳通常是一起執行，而最常使用的工具是單點鑽石。

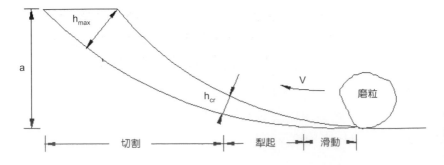

圖 6.26
磨削過程的三領域：切割、犁起、滑動。

磨削加工的缺點為：(1) 加工費時且機具、檢測成本高，(2) 最佳磨削條件較難掌握，(3) 工程師、操作員技術養成困難，(4) 內應力、表面顫振 (chatter) 及表面變質層易產生且難消除，(5) 對前加工、機具、人員及周遭環境依賴性強。

拋光加工有磨削加工的優點，而因其磨粒分散於磨削液 (slurry) 中，磨削熱得以抒解，無加工變質層，使得表面品質更佳。但是對工作物件的尺寸減少非常緩慢，而對於幾何公差如平面度、平行度等改變困難。

6.5.3 砂輪的特性

砂輪係由結合劑把磨粒黏結起來，再經攪拌、壓坯、乾燥、燒結、校正、修正與平衡而成，在磨削時使用。一般砂輪的表示法包括有，磨料－粒度－結合度－組織－結合劑，有時還標明最高使用周速 (m/min)。

(1) 磨料的種類

磨料分為氧化鋁系、碳化矽系、鑽石 (diamond) 系及立方氮化硼 (CBN) 等。其中以氧化鋁及碳化矽類用得最多。碳化矽磨粒比氧化鋁磨粒堅硬，但抗彎強度比氧化鋁磨粒差得多，故當磨削硬鑄鐵等類材料時，碳化矽磨粒的磨削效率比氧化鋁磨粒高；但當磨削強度較高的鋼料時，碳化矽磨粒要比氧化鋁磨粒易於磨鈍。一般認為，磨削各種鋼，包括不鏽鋼及各種合金鋼、退火的可鍛鑄鐵和硬青銅，可選用氧化鋁類砂輪。磨削鑄鐵、黃銅、鋁與硬質合金，可選用碳化矽類砂輪。人造鑽石比天然鑽石略脆一些，顆粒較細，表面較粗糙。鑽石是最硬的磨料，熱傳導係數大，適用於加工硬質合金、光學玻璃、陶瓷等硬質材料。但不宜用於加工鋼料，因鑽石與鐵在高溫下接觸時，缺乏化學穩定性，磨削時鑽石易破損。立方氮化硼是以六方氮化硼為原料，使用金屬觸媒劑 (如鎂粉)，在高溫、高壓下合成的磨料，硬度僅次於鑽石，抗彎強度約為氧化鋁的兩倍，熱穩定性好，可用於磨削高硬度高強度鋼等材料。立方氮化硼易和水蒸汽反應而生成氨和硼酸，所以不宜用水作磨削液。立方氮化硼晶面較光滑，做砂輪時黏結較困難，可在該晶粒上鍍上一層鎳，就較易黏結。

(2) 粒度

磨料的粒度表示磨料顆粒的尺寸大小。其粒度號數就是該種顆粒能通過的篩子每英寸 (25.4 mm) 長度上的孔數。因此，粒度號數越大，顆粒尺寸越細。精磨時，應選用磨料粒度號較大的砂輪，以減小已加工表面的粗糙度。粗磨時，應選用磨料粒度號較小的砂輪，以提高磨削生產率。粗磨削用粒度號 #12－#36，磨削一般工件與刀具多用 #46－#100，磨螺紋及精磨用 #90－#280。砂輪速度較高時，或砂輪與工件間接觸面積較大時，選用顆粒較粗的砂輪，減少同時參與磨削的磨粒數，以免發熱過多而引起工件表面燒傷。磨削軟而韌的金屬時，用顆粒較粗的砂輪，以免砂輪過早填塞；磨削硬而脆的金屬時，選用顆粒較細的砂輪，以增加同時參與磨削的磨粒數，提高生產率。

(3) 結合劑

砂輪的結合劑是將磨粒黏合起來，使砂輪具有一定的強度、氣孔、硬度和抗腐蝕、抗潮濕等性能，砂輪常用的結合劑有四種：

1. 陶瓷結合劑 (vitrified, V)：此種結合劑是由黏土、長石、滑石、硼玻璃、矽石等陶瓷材料配製而成，燒結溫度爲 1240－1280 °C。它的特點是黏結強度高，剛性大；耐熱性、耐腐蝕性好，不怕潮濕，氣孔率大、能很好地保持廓形，磨削生產率高，是最常用的一種結合劑。

2. 樹脂結合劑 (resnoid, B)：其特點是 (1) 強度高，彈性好。砂輪周速度可達 45 m/s 左右。多用於切斷、開槽等工作。(2) 耐熱性差，當砂輪磨削表面溫度達到 300 °C 時，結合能力就會降低。故適用於要求避免燒傷的工作，例如磨薄壁件、磨刀具以及超精磨或拋光等。(3) 氣孔率小，易填塞。(4) 磨損快，易失去輪廓。(5) 耐腐蝕性差。人造樹脂與鹼性物質易起化學作用，故切削液的含鹼量不宜超過 1.5%。樹脂結合劑砂輪的存放時間，從出廠起以一年爲限，過期可能變質。

3. 橡膠結合劑 (rubber, R)：此種結合劑多採用人造橡膠，與樹脂結合劑相比，具有更好的彈性和強度，可製造 0.1 mm 厚度的薄砂輪。切削速度可達 65 m/s 左右，多用於製作無心磨導輪，切斷、開槽、拋光等用途的砂輪。但耐熱性比樹脂結合劑還要差，氣孔小，砂輪組織較緊密，磨削生產率低，不宜用於粗加工。

4. 金屬結合劑 (metal, M)，常用的是青銅結合劑，用以製造鑽石砂輪。其特點是形面保持性好，抗張強度高，有一定的韌性，但自銳性較差。主要用以粗磨、精磨硬質合金，以及磨削與切斷光學玻璃、寶石、陶瓷、半導體材料等。可以線上電解砂輪修銳法 (ELID) 修整。

鑽石砂輪一般有基體、非鑽石層和鑽石層三部分。鑽石層內每一立方釐米體積中的鑽石含量，以重量百分比表示，稱爲濃度。濃度有五個等級：25%、50%、75%、100%與 150%，其鑽石含量依次爲 1.1、2.2、3.4、4.39 與 6.79 克拉／釐米^3，(1 克拉 = 200 毫克)。鑽石砂輪不能用一般方法修整，通常可用碳化矽油石修整，油石內碳化矽的粒度大體可用與鑽石相近的粒度，組織可用中等緊密級，結合劑可用陶瓷結合劑 (V)。

(4) 砂輪的結合度 (硬度)

砂輪的硬度是指砂輪上磨粒受力後自砂輪表層脫落的難易程度，也反映磨粒與結合劑的黏固強度。砂輪磨粒難脫落時稱爲硬度高，否則就稱爲硬度低。

　　砂輪的硬度可分極軟 (代號 A、B、C、D、E、F、G)，軟 (H、I、J、K)，中硬 (L、M、N、O)，硬 (P、Q、R、S)，極硬 (T、U、V、W、X、Y、Z) 等級，其硬度依次提高。軟 H 級的砂輪結合劑體積佔砂輪體積的 1.5%，極硬級砂輪的結合劑約佔砂輪體積的 24%，結合劑體積每增加 1.5%，砂輪硬度將增加一級。故砂輪的硬度可說是結合劑體積的函數，在同一種結合劑下，結合劑體積百分率愈高時，砂輪硬度就愈高，兩者成正比關係。

(5) 砂輪的組織

　　砂輪的組織表示砂輪結構的緊密或疏鬆程度，磨料佔砂輪體積百分率較高而氣孔較少及較小時，砂輪屬緊密級；磨料體積百分率較低而氣孔體積百分率較高且氣孔較大時屬疏鬆級；介於這兩者之間時屬中級。砂輪組織緊密時，氣孔百分率小，使砂輪變硬，容屑空間小，容易被磨屑堵塞，磨削效率較低，但可承受較大的磨削壓力，輪廓形可保持較久，故適用於在重壓力下磨削，如手工磨削以及精磨、成形磨削。中等組織的砂輪適用於一般磨削。

(6) 一般選擇砂輪的原則

1. 磨削鋼時，選用氧化鋁類砂輪；磨削硬鑄鐵、硬質合金和非鐵金屬時，選用碳化矽砂輪。
2. 磨削軟材料時，選用硬砂輪；磨削硬材料時，選用軟砂輪。
3. 磨削軟而韌的材料時，選用粗磨粒；磨削硬而脆的材料時，選用細磨粒。
4. 要求加工表面質最好時，選用樹脂、橡膠或蟲膠結合劑的砂輪；要求最大金屬磨除率時，選用陶瓷結合劑砂輪。
5. 要高的金屬移除率 Z：用粗顆粒砂輪，空隙大，磨料不太脆。
6. 要高品質的表面粗度：用細砂輪，密度高，磨料不太脆。
7. 成形磨削：用細砂輪，密度更高。
8. 磨大面積區域：用較軟砂輪，粗顆粒。
9. 磨小面積區域：用較硬砂輪，細顆粒。
10. 改善表面粗度：砂輪修整得很細。
11. 減少磨削熱，工件表面變質：砂輪常保持尖銳。
12. 砂輪消耗太快：用較不脆的磨料，硬砂輪，密度高。
13. 表面燒傷：用更脆的磨料，軟砂輪，間隙大。

　　砂輪的選擇不正確很容易使「易磨」材料變為「難磨」材料，而磨料種類的決定亦是非常重要，常需要作一連串的測試來決定砂輪的使用是否正確。

6.5.4 磨削機構之幾何學

由幾何學[30] 的觀點來看，使用不同的砂輪，如傳統砂輪和 CBN 砂輪，或是以不同的磨削方式，如深切緩進來進行磨削，其磨削機構大致是相同的。

一般磨削機構的幾何關係如圖 6.27 所示，接觸弧長為一個切刃磨粒在工件上之切削長度，亦即砂輪與工件的接觸長度。由幾何關係的推導，可求得在平面磨削中接觸弧長的表示如公式 (6.1) 所示。

$$l_c = \sqrt{aD} \cdot \left(1 \pm \frac{V_w}{V_s}\right) \tag{6.1}$$

其中，l_c 為接觸弧長 (mm)，a 為砂輪切深 (mm)，D 為砂輪直徑 (mm)，V_w 為工件進給速度 (mm/min)，V_s 為砂輪周速 (mm/min)。

在逆磨削 (up-cut) 時，公式 (6.1) 中之符號須取正，而在順磨削 (down-cut) 時，則須取負。一般 V_w 和 V_s 的比值均相當微小，可以略去，故接觸弧長可簡化如公式 (6.2) 所示。

$$l_c = \sqrt{a \cdot D} \tag{6.2}$$

單位時間砂輪所切除的工件體積，即為金屬移除率 Z。不考慮砂輪寬度，則金屬移除率 (或可稱為單位時間的研磨斷面積) 可以公式 (6.3) 表示。

$$Z = V_w \times a \tag{6.3}$$

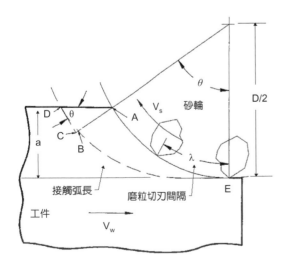

圖 6.27
磨削機構的幾何關係圖。

而最大磨粒切削深度可以公式 (6.4) 表示，

$$h = 2\lambda \sqrt{\frac{a}{D}} \frac{V_w}{V_s} \tag{6.4}$$

其中，h 為最大磨粒切入深度 (mm)，λ 為磨粒切刃之間隔 (mm)。若不考慮砂輪磨粒切刃之間隔，即選用同種砂輪，則可得到一無因次磨粒平均深度 h_g：

$$h_g = \sqrt{\frac{a}{D}} \frac{V_w}{V_s} \tag{6.5}$$

在公式 (6.4) 中之磨粒切入深度 h 和公式 (6.5) 中之無因次磨粒切入深度主要差別在於，磨粒切入深度 h 中含有磨粒切刃間隔之因子 λ，一般常見之陶瓷材料磨削作業常以磨粒切入度 h 為參數，而在本研究中將以無因次磨粒切入深度 h_g 為參數。

另一常在磨削研究中使用的參數為等效切厚度 h_{eq}，其定義如下：

$$h_{eq} = \frac{a \cdot V_w}{V_s} = \frac{Z}{V_s} \tag{6.6}$$

由公式 (6.6) 可發現等效切屑厚度為金屬移除率除以砂輪速度，其物理意義可解釋為單位砂輪切削長度所移除之金屬移除量。

無因次磨粒切深 h_g 和等效切屑厚度 h_{eq} 為在做磨削研究時最常使用的兩個主要參數。而兩者間最大的差異在於無因次磨粒切深較等效切屑厚度多導入了接觸弧長，二者關係如下：

$$h_g = \sqrt{\frac{a}{D}} \frac{V_w}{V_s} = \frac{\dfrac{V_w \cdot a}{V_s}}{\sqrt{a \cdot D}} = \frac{h_{eq}}{l_c} \tag{6.7}$$

比磨削能 u 和無因次磨粒切入深度 h_g 具有下列之關係存在：

$$u = u_0 \left(\frac{V_w}{V_s} \sqrt{\frac{a}{D}} \right)^{-\varepsilon} = u_0 \left(h_g \right)^{-\varepsilon} \tag{6.8}$$

而比磨削能 u 之定義如公式 (6.9) 所示，

$$u = \frac{F_t \cdot V_s}{b \cdot V_w \cdot a} \tag{6.9}$$

其中，u 爲比磨削能 (GJ/m^3)，V_s 爲砂輪周速 (m/min)，V_w 爲工件進給速度 (m/min)，a 爲砂輪切深 (μm)，b 爲砂輪寬度 (mm)。

同樣地，切線磨削、法線磨削力和無因次磨粒切深間存在著如下之關係：

$$F_t = F_{t0}(h_g)^{-\alpha} \tag{6.10}$$

$$F_n = F_{n0}(h_g)^{-\beta} \tag{6.11}$$

其中，F_{t0}、F_{n0} 爲材料之係數常數值，α、β 則爲材料之指數常數值。

磨削力乃磨削加工過程中砂輪與工作物件相互干涉之際，工件與輪面所產生的作用力與反作用力。切線磨削力直接關係著磨削能量與磨削熱之大小，對加工物的熱膨脹、加工表面的表面品質等有絕對之影響。而法線磨削力則會使砂輪、工件、砂輪主軸等產生變形，降低工件之尺寸精度。若磨削力過大，將會導致磨削熱急速增加，工件表面溫度上升，工件因而較易燒傷，造成加工品質低劣。

從磨削力可直接了解一個材料磨削加工的難易程度，而掌握一個材料的磨削力特性除有助於對其磨削機構的了解外，更是研究其磨削特性所必須進行的首要工作。

6.5.5 化學機械拋光

化學機械拋光 (chemical-mechanical polishing, CMP) 是目前半導體製程中達到全域平坦化的最有效方法。在精密加工中，若移除量小於 0.1 μm 時，化學反應扮演較重要的角色，材料的移除率是依靠工件與磨粒的化學親合力，此被稱爲化學－機械現象，而此種現象用在拋光加工中即爲當工件與研磨液接觸後引起化學反應，而實際的材料移除也發生在化學反應後磨粒尖端的動作。

CMP 主要是由機械力以及化學力同時作用的反應機制，其中機械力指的是機械摩擦，化學力指的是化學腐蝕。當作用時，化學成分會與工件表面產生化學反應，並使硬質的工件表面材質予以軟化 (若工件爲軟質材料，化學力會使其表面硬化)，此時懸浮在拋光液 (slurry) 中的微小磨粒 (材質有 Al$_2$O$_3$、SiC、CBN、鑽石等數種，粒徑大約數 μm 左右)，會藉由整體 CMP 機台的相對運動機制而在工件表面進行研磨的動作，並將之前因化學腐蝕作用而軟化的材質予以磨除，最後達到材料移除的目的。

而 CMP 使用的耗材主要有拋光墊、拋光液、鑽石碟等，其中又以拋光墊與拋光液所佔的耗材成本 (cost of consumable, CoC) 爲最高。因此，如何有效降低耗材成本，長期以來都是半導體廠相當在意的一環。除此之外，CMP 最常見到的缺點包括：工件表面小區間的凹陷 (dishing) 以及大區域的磨耗 (erosion)、工件表面刮傷 (scratch)、製程的環境污染、耗材成本過高等。

　　目前對於 CMP 技術的研究已逐漸細分為幾個領域。其中對於晶圓使用技術提升影響最直接者乃屬於幾何形態的部分。因為晶圓平坦的均勻程度 (uniformity) 會嚴重影響微影製程的操作，進而影響 IC 內部架線的可能層數。對於晶圓平坦化均勻程度的影響因素很多，其中的壓力與速度，則有 Preston's equation[31] 加以描述，認為材料移除率 (removal rate, R.R.) 在一定的範圍內與壓力及相對速度成正比。

　　化學機械拋光能達到良好的局部平坦度 (local planarity) 與全域平坦度 (global planarity)，但是前提是製程工程師需要對這個製程中的變因進行了解，得到適合的生產參數 (recipe)，包括化學機械拋光機台、拋光液、拋光墊、薄膜材料等參數的配合。化學機械拋光機台的參數有平台 (platen) 轉速、握持器 (head) 轉速、握持器搖擺速度 (依機台的運動情況而定)、工件背壓、下壓力等。拋光液的參數有磨粒的大小、磨粒的含量、磨粒的凝聚 (agglomeration)、酸鹼值、氧化劑 (oxiditive) 含量、流量、黏滯係數等。拋光墊 (pad) 的參數有拋光墊硬度、拋光墊密度、拋光墊孔隙 (pore) 大小、拋光墊彈性、拋光墊壽命、背墊彈性、修整 (conditioning) 參數與鑽石碟的型式等。

　　化學機械拋光液是由磨粒、酸鹼劑、純水及添加物所構成。拋光液含有磨粒，如膠狀二氧化鋁、膠狀氧化矽、煙燻 (fumed) 氧化矽、氧化鍶等，磨粒粒徑約在數十奈米至數百奈米之間，化學添加物如 KOH、H_2O_2、$Fe(NO_3)_2$、KIO_3 及 NH_4OH。添加物的目的為氧化、活性介面作用、穩定劑及選擇性的加強。化學機械拋光液在拋光過程中扮演著侵蝕或軟化被拋光材料的角色，以一般鹼性拋光液為例，主要應用於晶圓積體電路介電質層之平坦化製程中，因為大部分介電質層均是十分硬的材料，如二氧化矽、氮化矽等，而一般拋光液所使用的拋光磨粒則是二氧化矽，拋光液中的鹼性化學成分即用於軟化介電質層的表面及提供適當的潤滑。然而在晶圓的金屬層材料之化學機械拋光應用上，如鎢栓塞拋光，拋光液則是使用酸性的氧化劑，再混和氧化鋁 (Al_2O_3) 磨粒所組成，此時化學氧化劑所提供的功能與酸性拋光液是不同的，對於金屬材料的化學機械拋光，必須先利用氧化劑將金屬表面氧化，再利用拋光液中懸浮的氧化鋁磨粒將金屬氧化物去除，如此成為一個循環，即氧化、磨除氧化物、再氧化、再磨除。

　　拋光墊在化學機械拋光製程中扮演重要角色，目前所使用的拋光墊是以聚胺酯 (polyurethane) 為材質，此材料經加工成具備一定硬度及壓縮性使其能對工件進行拋光，而不會有刮傷的副作用，有純發泡型、不織布基材發泡型、多層複合型等類型。拋光墊除了協助拋光液有效均勻分布外，也需能提供新補充的拋光液、排除舊的拋光液及反應物，為了維持製程的穩定性、再現性及均勻性，拋光墊材料的物性、化性及表面形貌都需維持穩定的特性。因此拋光墊的材質、密度、厚度、表面形貌處理、材料組合、化學穩定性、壓縮性、彈性係數、硬度、原材料等皆關係到最終的拋光品質。另外，市面上也有表面不同淺溝 (groove) 紋路的拋光墊，這種拋光墊能使拋光液的流動均勻，降低不均勻度。實用上，有將不同硬度的兩種拋光墊疊合，如 Rodel IC 1000/SUBA IV，結合軟、硬拋光墊的優點，維持高材料移除率與低不均勻度。

　　化學機械拋光的應用領域包括：(1) 半導體製造業，(2) 矽晶圓生產，(3) 無電鍍磷化鎳鋁鎂基板 (玻璃) 的雙面拋光，(4) 其他應用，如鏡頭、薄膜液晶顯示器的零組件中導電玻璃 (ITO) 與彩色濾光片 (color filter) 的拋光、微機電元件製程等。

參考文獻

1. T. G. Bifano, T. G. Dow, and R. O. Scattergood, *ASME. J. Engg. for Industry*, **113**, 184 (1991).

2. E. Brinksmeier, J. Dong, and R. Gläbe, "Diamond Turning of Steel Molds for Optical Applications", *Proc. of 4th euspen International Conference*, pp.155-156 (2004).

3. J. Casstevens, *Precision Engineering*, **5**, 9 (1983).

4. C. L. Chao and A. E. Gee, *Proc. of the ASPE Annual Meeting*, Oct. 13-18, Santa Fe, New Mexico, U.S.A (1991).

5. C. L. Chao, J. S. Hsiau, H. Y. Lin, and Y. D. Lui, "Effect of tool geometry on tool wear and surface finish in single-point diamond turning of stainless steel", *Proc. of UME-3*, Aachen, Germany, pp.29-32 (1994).

6. C. Evans, *Annals of the CIRP*, **40**, 571 (1991).

7. A. G. Evans and T. R. Wilshaw, *Acta Metall.*, **24**, 939 (1976).

8. H. Hertz, *Zeitschrift fur die Reine und Angewandte Mathematik*, **92**, 56 (1881).

9. B. R. Lawn and M.V. Swain, *J. Mater. Sci.*, **10**, 113 (1975).

10. B. R. Lawn, *Proc. Roy. Soc.*, **A299,** 307 (1967).

11. D. M. Marsh, *Proc. Roy. Soc.*, **A279**, 370 (1964).

12. D. M. Marsh, *Proc. Roy. Soc.*, **A279**, 420 (1964).

13. A. Misra and I. Finnie, *J. Mat. Sci.*, **14**, 2567 (1979).

14. T. Moriwaki and E. Shamoto, *Annals of the CIRP*, **40**, 559 (1991).

15. S. Palmqvist, *Archiv Eisenhuettenwesen*, **33**, 629 (1962).

16. E. Paul, C. J. Evans, A. Mangamelli, M. L. McGlauflin, and R. S. Polvani, *Precision Engineering*, **18**, 4 (1996).

17. K. E. Puttick, *J. Phys. D: Appl. Phys.*, **13**, 2249 (1980).

18. K. E. Puttick and M. M. Hosseini, *J. Phys. D: Appl. Phys.*, **13**, 875 (1980).

19. K. E. Puttick, C. Jeynes, M. Rudman, A. E. Gee, and C. L. Chao, *Semicond. Sci. Technol.*, **7**, 255 (1992).

20. K. E. Puttick, M. R. Rudman, K. J. Smith, A. Franks, and K. Lindsey, *Proc. Royal Soc.*, **A426**, 19 (1989).

21. L. E. Samuels and T. O. Mulhearn, *J. Mechanics and Physics of Solids*, **5**, 125 (1957).

22. E. Shamoto and T. Moriwaki, *Annals of the CIRP*, **48**, 441 (1999).

23. M. G. Schinker and W. Döll, *SPIE*, **802**, 70 (1987).

24. D.Tabor, *Hardness of Metals*, Oxford: Clarendon Press, pp.56-60 (1951).

25. T. Tanaka, N. Ikawa, and H. Tsuwa, *CIRP*, **30**, 241 (1981).

26. Precitech, www.precitech.com

27. 安永暢男, 精密機械加工原理, 工業調查會 (2002).

28. K. Okamaura, *et al.*, "Study on the Cutting Mechanism of Abrasive Grain" (4th Report), Bull. *Jap. Soc. Of Prec. Eng.*, **33** (3), 161.

29. I. D. Marinescu, *et al.*, *Tribology of Abrasive Machining Processes*, NY: William Andrew (2003).

30. S. Malkin, *Grinding Technology- Theory and Application*, Society of Manufacturing Engineers, New York: Halsted Press (1989).

31. F. W. Preston, *J. Society of Glass Tech.*, **11**, 214 (1927).

第七章　玻璃光學元件模造技術

7.1 前言

　　市場上對於許多光電或光學產品上所使用的鏡頭不僅要更小型化，對於解析度及穩定性的要求也愈來愈高，此一趨勢使得非球面玻璃透鏡的需求急速增加。尤其近年來，在高畫素照相手機及高密度 DVD 讀取頭市場需求的驅動下，發展低成本、高精度的非球面光學玻璃元件成形技術已成為市場上勝敗關鍵。非球面光學玻璃鏡片成形技術可概分為：(一) 精密研削與 (二) 玻璃模造兩大類。與傳統精密研削相較之下，玻璃模造製程至少縮減了 9 道步驟，如圖 7.1 所示[1]，這兩種技術的特性及優缺點比較如表 7.1 所列，其中玻璃模造技術被視為最有機會量產出高解析度、穩定性佳且成本較低廉的非球面玻璃透鏡。

　　模造玻璃鏡片製程技術自 1974 年首見於 Eastman Kodak 之美國專利 (US patent 3833347)[2]，至今已發展了 30 多年。雖然德、英、美等幾個國家起步較早，也都具有模造非球面光學玻璃鏡片的實力，但由於技術無法整合，量產能力受限，使得成本無法降低，導致相關產品市場價格居高不下，無法進入廣大的消費市場。日本光學大廠起步雖然較晚，但已成功的發展出成本較低廉的非球面玻璃透鏡量產技術，不僅帶動整體光學元件產值，也使其消費性光學或光電產品更具國際競爭力，領導整體產業發展。

　　成功的非球面玻璃透鏡模造技術應有二個基本指標：(一) 技術指標—包括非球面鏡片形狀精度及表面粗糙度，(二) 成本指標—需考量 (1) 特殊的鑽石砂輪、玻璃預形體、陶瓷模仁材料價格及模仁加工補正時間，(2) 產品良率及 (3) 陶瓷模仁壽命。

　　要達到技術指標，除了在硬體上需具備有精密穩定的陶瓷模仁加工及玻璃模造機台外，還需要具備成熟的超硬模具精密加工技術及最佳化的模造參數設計能力。目前陶瓷模仁加工及玻璃模造機台大多可由日本購置，台灣業者在日本設備商及顧問的技術支援下，對模造非球面鏡片的形狀精度及表面粗糙度等技術指標大多能達成。由於對超精密加工技術及模造參數設計能力相關之理論基礎較薄弱，發展新產品時需較長的時程才能達到技術指標。

第七章作者為馬廣仁先生。

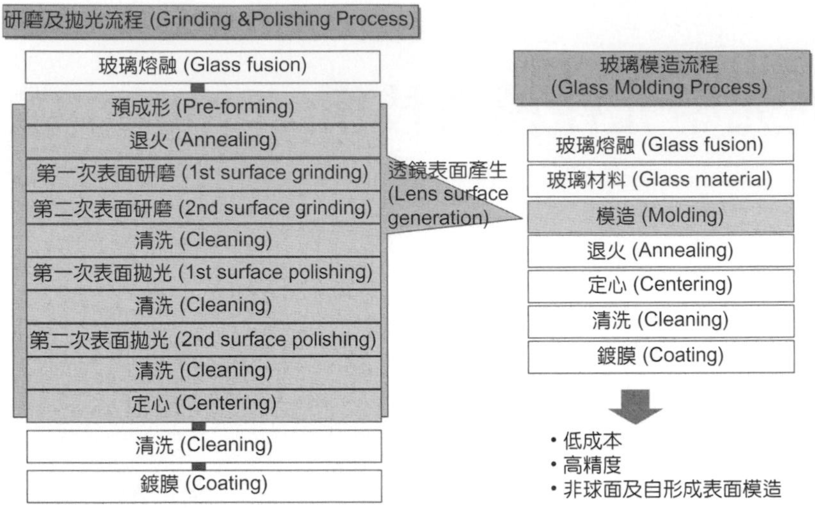

研磨及拋光流程 (Grinding &Polishing Process)

玻璃熔融 (Glass fusion)
預成形 (Pre-forming)
退火 (Annealing)
第一次表面研磨 (1st surface grinding)
第二次表面研磨 (2nd surface grinding)
清洗 (Cleaning)
第一次表面拋光 (1st surface polishing)
清洗 (Cleaning)
第二次表面拋光 (2nd surface polishing)
清洗 (Cleaning)
定心 (Centering)
清洗 (Cleaning)
鍍膜 (Coating)

透鏡表面產生 (Lens surface generation)

玻璃模造流程 (Glass Molding Process)

玻璃熔融 (Glass fusion)
玻璃材料 (Glass material)
模造 (Molding)
退火 (Annealing)
定心 (Centering)
清洗 (Cleaning)
鍍膜 (Coating)

• 低成本
• 高精度
• 非球面及自形成表面模造

圖 7.1
兩種非球面玻璃透鏡製造程序比較[1]。

表 7.1 兩種非球面玻璃透鏡製造技術比較。

項目	機械研磨拋光	玻璃模造
形狀精度	高 (但量產時的形狀精度不易掌控)	高
可靠度	較差	較佳
加工時程	就單一球面或非球面玻璃透鏡而言，加工時程較短。但量產時只能靠多部機台一片一片的加工，無法縮短加工時程，且製造成品良率極低，並不經濟。	碳化鎢 (WC) 模具的機械研拋加工較玻璃機械研拋更困難，所需的模具加工時程更長，初期調整模造參數及模具鍍膜亦需相當的時程。一旦解決上述問題即可進入球面或非球面透鏡的量產，整體量產加工時程較短、生產效率較高。
製造技術	對球面透鏡而言，機械研拋技術較成熟。但對深寬比大、形狀複雜的非球面透鏡而言，加工機台的設計、穩定性及製造經驗都會影響加工時程及良率。	玻璃模造包含模具機械研拋加工及玻璃壓模兩部分。WC 或 SiC 模具的機械研拋加工較玻璃機械研拋更困難；玻璃鏡片壓模部分必須考慮玻璃物理、化學特性及調整模造參數，才有機會壓製出高品質的玻璃透鏡。
量產性	對球面透鏡而言，以機械研拋方式進行量產尚有可能。但對非球面透鏡而言，因不易掌控量產時的形狀精度，量產良率極低。	無論對球面或非球面透鏡而言，玻璃模造量產的良率極高，但須先解決模具壽命問題。
生產成本	對少量 (數十至數百) 多樣之樣品生產，其生產成本較低。但對單一產品量產時，並無法縮短整體加工時程，且量產良率極低，生產成本將大為提高。	玻璃模造對非球面透鏡的量產數千片以上時，其整體量產加工時程可大為縮短，且由於量產良率高，其生產成本可大幅降低。

　　至於成本指標中的特殊鑽石砂輪、玻璃預形體及陶瓷模仁材料來源，目前完全仰賴國外，國內毫無自製能力，價格、品質及數量皆無法掌控。成本指標中的產品良率牽涉因素十分複雜，不僅和玻璃模造機台設計及穩定性有關，其他如模具模仁的設計及精度、玻璃預形體精度及模造製程設計等也都會影響模造非球面玻璃鏡片的良率，工程人員需建立嚴謹的作業流程以提升良率。成本指標中最棘手的是陶瓷模仁壽命，也是目前生產成本降低、產品具競爭力的最大關鍵。陶瓷模仁壽命和許多因素有關，包括模仁材料及形狀、玻璃成分、模造玻璃製程參數及模仁的鍍膜設計與製作品質等。日本光學大廠都各自發展了不同的解決方式，但都將此列為最高機密，無法獲得內部真實資料，亦不願技轉台灣。目前台灣業者對模仁壽命解決方法仍在實驗階段，模仁壽命僅能維持約 1000－1500 道次，無法降低製造成本。

　　由於陶瓷模仁加工 (傳統研磨拋光加工) 部分已有專人在其他章節論述，以下將僅就玻璃模造技術之進展及改善陶瓷模仁壽命之相關技術作較詳盡之說明。

7.2 玻璃模造技術之進展

　　模造玻璃鏡片製程技術在 1974 年首見於 Eastman Kodak 之美國專利 (US patent 3833347)[2]，當時使用的玻璃預形體不限形狀，玻璃預形體放入模穴內，將溫度升至玻璃軟化後立即進行壓製，即可壓出所需鏡片，如圖 7.2 所示。當時使用模具為玻璃態碳 (C)，熱壓溫度為 700－800 °C，並通入 N_2-5%H_2 作為保護氣體。Kodak 後續發表的專利都著重在改變模仁材料或做表面處理以改善玻璃沾黏問題 (US patent 4139677, 4168961)[3,4]。由於 Kodak 後續無法在鏡片精度及模具壽命做突破，在高階玻璃鏡片量產上已失去競爭力。

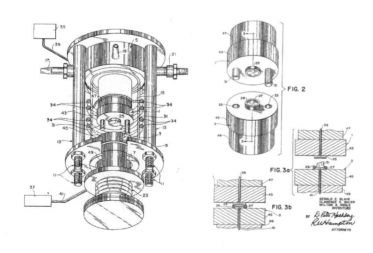

圖 7.2
Kodak 專利－模造玻璃鏡片模具設計圖 (US 3833347)[2]。

　　日本 Hoya 公司整合了歐美國家發展的玻璃模造機台及玻璃預形體生產技術，於 1995 年研發出迴轉式連續型量產機台 (US patent 5421849)，如圖 7.3 所示[5]，同年再研發出可縮短時程、且較經濟的直線式玻璃鏡片模造系統 (US patent 5762673)，如圖 7.4 所示 [6]。該系統大致可分四大部分：(1) 使用熔融玻璃液滴落到模仁上作爲玻璃鏡片預形體，(2) 傳送到高溫爐內調節爐溫以控制玻璃的黏度，(3) 迅速傳送至施壓主軸上熱壓成形，(4) 退模取出鏡片。這種方式雖然製程較簡單，但因無法控制滴落玻璃液的體積，因此壓造出鏡片的厚度及形狀精度較差，這種製程大多用於製作玻璃預形體或低階的玻璃鏡片。Hoya 公司近年來對於控制滴落玻璃液的體積及熱壓成形參數做了許多改進，使其對於玻璃鏡片的品質及良率都顯著改善。大部分的日本及台灣業者對於形狀精度要求較高的鏡片模造，目前大都採用先以傳統研磨拋光方式製成所需的玻璃球預形體後，再行模造鏡片。

　　日本其他光學大廠如 Canon、Nikon 及 Sony 等也都獨自發展了改良型的量產玻璃鏡片模造機台，但都未對外發表。以下將僅就目前業界已商品化且廣用的玻璃模造機台及相關的技術作較詳盡說明。

　　目前玻璃模造機基本可區分爲一模多穴單站式與一模一穴連續式兩類，要達到連續生產的目標需要外加自動化製程技術，以下將就這兩種機台做簡單介紹。

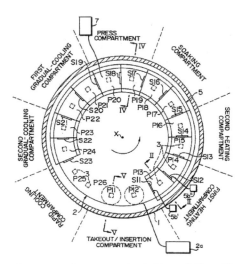

圖 7.3 日本 Hoya 公司所研發的迴轉式連續型量產機台 (US patent 5421849)[5]。

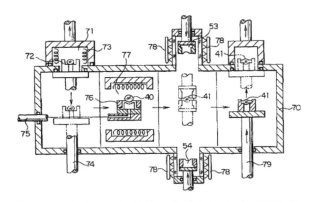

圖 7.4 日本 Hoya 公司所研發的直線式玻璃鏡片模造系統 (US patent 5762673)[6]。

7.2.1 一模多穴單站式玻璃模造機

日本 Toshiba 公司所發展之一模多穴單站式玻璃模造機是目前市場上唯一選擇，其外觀及結構示意圖如圖 7.5 所示[1]，此機台主要可分為四大部分：(1) 伺服馬達驅動及定位系統、(2) 模具組、(3) 加熱裝置、(4) 自動化裝置。目前日本 Toshiba 玻璃模造機已可達到全自動化電腦控制玻璃模造製程，可以位置或荷重來控制加壓行程，系統操控彈性大。

一模多穴單站式玻璃模造加工的整個流程如圖 7.6 所示[1]：(1) 首先將玻璃預形體放入模穴，(2) 通入氮氣，以避免高溫模造時模具表面氧化，(3) 快速升溫至所需之溫度並維持約二分鐘，以確保模具及玻璃預形體達到均溫，(4) 進行高壓玻璃模造，(5) 釋壓並通入氮氣降溫，(6) 取出鏡片並進行後續的應力消除退火。整個流程所需之時間約五分鐘，透鏡材料或形狀厚薄不同，製程參數亦須隨之調整以獲得最佳之鏡片精度。其他相關應注意事項分述如下。

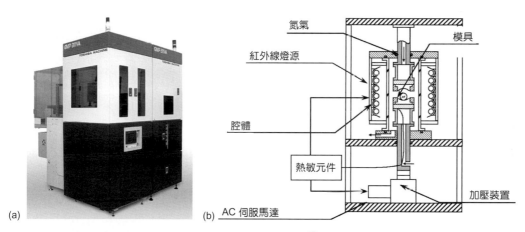

圖 7.5 一模多穴單站式玻璃模造機外觀及結構示意圖[1]。

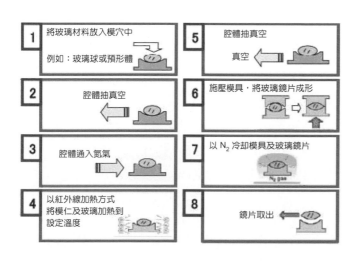

圖 7.6
一模多穴單站式玻璃模造流程圖[1]。

(1) 模具與模仁設計

模具與模仁設計、形狀精度及各項機械配合公差等為玻璃模造核心技術。一模多穴單站式要求機台及模具的精度較高，才有機會獲得較佳的良率。模仁與玻璃材料的熱膨脹係數須事先計算，以精算模仁面型的設計精度。模仁設計應考慮應力集中及脫模時產生拉應力的問題，以改善模仁使用壽命。目前國內已有業者開始以電腦有限元素法，模擬玻璃模造過程引起的模具及玻璃應力狀態，以適當的調整製程參數及模具設計。

(2) 溫度控制

最早期的加熱裝置是採用感應加熱，先從模具最表面急速升溫再經由熱傳至模子內部及玻璃預形體，由於溫差過大，對較大鏡片的模具不易達到均勻且模具材料受限，後期發展都採以紅外線或電阻式加熱方式。紅外線感應加熱，模具與玻璃一起由外往內傳熱，須視模具尺寸及玻璃材料熱傳導係數調整持溫時間，以確保模具與玻璃加熱均勻後再進行模造，在一模多穴製程中尤其重要。因模具長短不同，有時候不易達到上、下模均溫，因此發展出上、下模個別加熱溫控方式，使製程參數更具彈性[7]。若為求縮短製程時間而減短加熱時間或增加冷卻速度，可能會影響模造玻璃鏡片良率。為求模具加熱均勻改善良率，可延長加熱時間，但可能縮短模仁壽命。

(3) 氣氛控制

氮氣充填可避免陶瓷模仁或鍍膜層氧化，其中氮氣流量應適當控制以確保成形精度，Toshiba 公司建議氮氣的純度應維持在五個九以上，以確保模造時模仁表面不會氧化。

(4) 自動化製程

自動化製程可提升良率及縮短製程時間，機械手臂吸取模仁及鏡片之機構及定位精度十分重要，自動化取卸模式須配合製程時間設計，並附有感測及回授裝置，以避免取卸失誤或鏡片黏模，造成連續成形中斷。

7.2.2 一模一穴連續式玻璃模造機

日本 Toshiba、Sumitomo 及 SYS 公司都有發展一模一穴連續式玻璃模造機，設計理念差異不大，其外觀結構如圖 7.7 所示[1]。SYS 公司未來將推出一模二穴或四穴連續式玻璃模造機。

圖 7.7
一模一穴連續式玻璃模造機[1]。

　　一模一穴連續式玻璃模造的整個流程如圖 7.8 所示：(1) 首先將玻璃預形體放入模穴，(2) 通入氮氣，以避免高溫模造時模具表面氧化，(3) 第一站以紅外線加熱方式快速升溫至玻璃轉移點附近溫度並維持約一分鐘，以確保模具及玻璃預形體達到均溫，(4) 第二站緩慢升溫至玻璃軟化點附近溫度，(5) 送入第三站進行恆溫高壓玻璃模造，(6) 釋壓並傳送至第四站設定在玻璃轉移點附近，並維持保壓狀態，(7) 釋壓並傳送至第四站進行高溫緩慢冷卻退火，(8) 傳送至第四站進行低溫緩慢冷卻退火，(9) 傳送出腔體並取出上模仁及鏡片。

　　由於是連續式機台，每一站的時間都必須相同，鏡片愈大、愈厚，每一站所需的時間就愈長，對於直徑 3 mm 的小鏡片，每一站的時間僅需 30－40 秒即可。模具材料或厚薄不同，製程參數亦須隨之調整，以獲得最佳之鏡片精度。Toshiba 公司針對小尺寸鏡片的模造，設計了四站連續式機台，設備價格較低廉。SYS 公司也設計了類似的機台，但預熱的機制不相同。其他相關應注意事項分述如下：

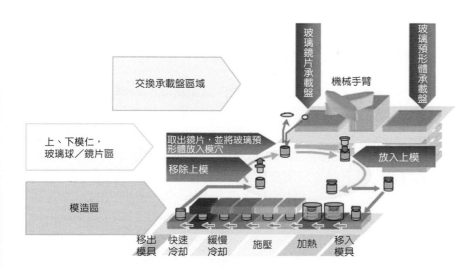

圖 7.8
連續式玻璃模造整個
流程如圖[1]。

(1) 模仁及套筒設計

一模一穴連續式對機台的精度要求較不嚴苛，但對套筒及模仁設計須特別留意真圓度、導角及配合公差等，才有機會獲得較佳的良率。模仁、套筒與玻璃材料的熱膨脹係數須事先計算，以精算模仁面型的設計形狀。對於小鏡片模仁底座設計應加大尺寸，以確保模仁傳送時的穩定性。目前國內業者對陶瓷模仁及套筒設計已漸趨成熟，設計所需時程亦較日本商業化機台短。

(2) 溫度控制

一模一穴連續式的設計由於模具尺寸較小，較無模具加熱時內、外模仁溫度分布不均勻的問題，較易控制良率。一模一穴連續式的設計須精確計算模仁傳送過程造成的熱損失，以適當的控制模仁設定溫度及鏡片壓製時間，製程參數較多。玻璃鏡片尺寸愈大，需較長的退火時間，使整個製程時間增長。

(3) 氣氛控制

氮氣充填可避免模仁氧化，其中氮氣流量應適當控制以確保成形精度。由於一模一穴多站式的設計整個腔體內必須充滿高純度的氮氣，氣體流量較大，造成較大的成本負擔。

(4) 自動化製程

自動化製程可提升良率及縮短製程時間，機械手臂吸取模仁及鏡片之機構及定位精度十分重要，自動化取卸模式須配合製程時間設計，並附有感測及回授裝置，以避免取卸失誤或鏡片黏模造成連續成形中斷。

7.3 模造製程控制參數對玻璃鏡片精度之影響

模造的製程參數如壓力、模造時間、模造溫度、加熱時間及取出時間等都會影響玻璃鏡片精度。目前對於精密模造玻璃透鏡相關之文獻仍十分有限，以下僅就目前較具代表性之文獻作簡單陳述。

泉谷徹郎提出壓造玻璃成品的尺寸與模具尺寸的關係需要依賴實驗值，因為壓造終了時玻璃鏡片無法維持真正均溫，或多或少呈現溫度梯度，很難得到正確的模造溫度[8]。圖 7.9 說明壓造鏡片的尺寸與收縮量會成正比的關係，不同成分的玻璃差異極大[8]。對於外徑尺寸較大的鏡片則須維持愈長的壓造時間以控制收縮量，獲得所需的形狀精度，如圖 7.10 所示[8]。

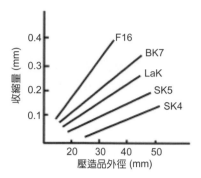

圖 7.9 壓造品尺寸與收縮量關係圖[8]。

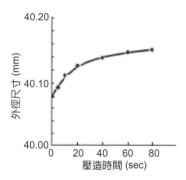

圖 7.10 壓造時間與鏡片外徑尺寸關係圖[8]。

　　Jain 等人提到要注意實驗與模擬的誤差，並且經由實驗數據來修改模擬的參數[9]。由圖 7.11 可發現，模擬只需較少時間就可到達所需溫度，而實驗時到達溫度所需時間比模擬的時間多了約 200 秒，而降溫所需的時間也不同。實驗數據可以讓模擬更加真實，模擬也可讓實驗者縮短測試參數所需的時間。

　　模造過程中，需注意降溫時玻璃透鏡的收縮，尺寸愈大則收縮的曲度就愈大，且透鏡的形狀精度愈難控制[9]。圖 7.12(a) 表示玻璃透鏡在降溫過程，離透鏡中心 5 mm 以內透鏡尺寸偏差很小，超過中心 5 mm 後透鏡形狀精度偏差量很大。圖 7.12(b) 說明在 200 °C 下透鏡所承受應力的分布情況，可以看出透鏡外圍所承受的應力較大，所以透鏡外圍較容易破裂。在較低溫 (20 °C) 下透鏡所承受的應力較小，分布也較均勻，如圖 7.12(c) 所示。

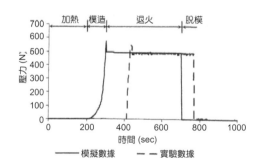

圖 7.11
模擬數據與實驗數據之比較[9]。

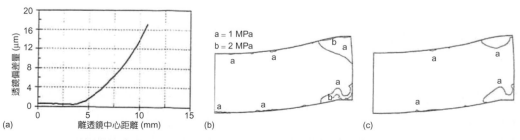

圖 7.12 (a) 降溫時透鏡內部尺寸變化，(b) 200 °C 時透鏡應力的分布情況，(c) 20 °C 時透鏡應力的分布情況[9]。

　　圖 7.13 為玻璃的溫度與熱膨脹係數的關係圖[10]，在轉化點 (*Tg*) 溫度以下時，素材破壞而無法成形。在降伏點 (*At*) 以上、軟化點 (*Sp*) 附近時，變形能量大而容易成形，隨著冷卻收縮量大，產生所謂的「凹斑」而降低成形品的精度。為補救此點，可於轉化點附近再度加壓，以補償此收縮，如圖 7.14 所示[10]。在轉化點附近再度加壓來補救「凹斑」，稱為二段成形法，可大幅改善鏡片形狀精度，如圖 7.15 所示[10]。

　　Shigeru Hosoe 等人以透過獨立分布的多模穴配置，並改善加熱系統的電源供應方式，且由電腦執行誤差補償，使玻璃熱壓製程可以達到高速、大量製造及高模具壽命等目的[11]。表 7.2 為兩種大量製造方式的優缺點比較。

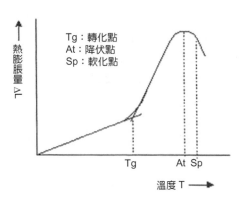

圖 7.13 玻璃的溫度與熱膨脹係數之關係圖[10]。

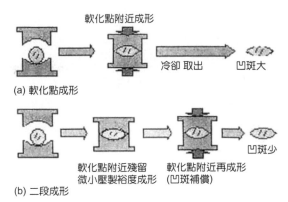

圖 7.14 軟化點成形法與二段成形法之示意圖[10]。

一段成形　　　　二段成形
面精度：λ/2　　面精度：λ/8
λ = 0.632 μm

圖 7.15
經二段成形法後的形狀精度[10]。

表 7.2 兩種量產製造方式的優缺點比較[11]。

	連續式 (Continuous type)	批次式 (Batch type)
優點	1. 熱損失低 2. 加熱與冷卻時間可較長 3. 模造透鏡可在相同製程進行退火	1. 每個製程時間是獨立的 2. 模造數量較為適中
缺點	1. 模造運送系統很難簡化 2. 模造製程所造成的損害很難限制在某一個小區域	1. 熱損失高 2. 大尺寸透鏡的成本會快速增加

7.4 影響陶瓷模仁壽命的因素

陶瓷模仁的使用壽命和許多因素有關，其中包括所使用的玻璃材料、模仁材料、模仁形狀、製程參數、鍍膜設計及鍍膜品質等，如圖 7.16 所示。

7.4.1 模造玻璃材料

過去由於絕大部分的高折射率光學玻璃材料的軟化點較高 (700 °C 以上)，這使得玻璃模造溫度也相對提高，因而加速了玻璃與模具材料間的黏著磨損。這也促使許多廠商研發新一代的高折射率及低軟化溫度的玻璃材料[12-14]。早期的模造玻璃，其玻璃轉化點大都在 550 °C 以上且含有 Pb、As 及 Sb 等元素，最近幾年發展出新一代的低軟化點玻璃，不僅玻璃轉化點降至 500 °C 以下，也不含上述之有害元素[12]。日本的 Sumita 公司已研發出軟化溫度僅 375 °C 的模造玻璃，如表 7.3 所列[12]，可使玻璃與模具材料間的黏著磨損問題獲得改善。

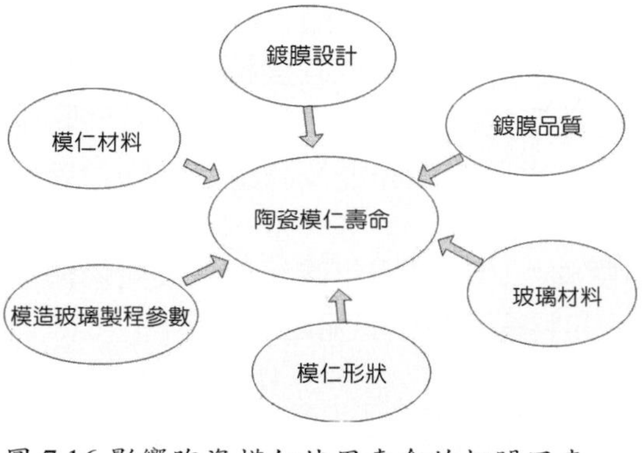

圖 7.16 影響陶瓷模仁使用壽命的相關因素。

表 7.3 COCERA 375 玻璃之物化特性[12]。

Optical Glass for Precision Molding　　ウィドロン VIDRON -PG375

543629	nd 1.54250	νd 62.9		nF-nC	0.00862
K-PG375	ne 1.54455	νe 62.6		nF-nC	0.00870

屈折率 Refractive Indices		
nt	1014.0	1.53287
nA	768.2	1.53688
nr	706.5	1.53838
nC	656.3	**1.53987**
nC'	643.9	1.54029
nD	589.3	1.54242
nd	587.6	**1.54250**
ne	546.1	**1.54455**
nF	486.1	**1.54849**
nF'	480.0	1.54899
ng	435.8	1.55318
nG	434.1	
nh	404.7	1.55707
ni	365.0	1.56369

部分分散及び部分分散比 Partial Dispersions & Relative Partial Dispersions			
nC - nt	nC - nA	nd - nC	ne - nC
0.00700	0.00290	0.00263	0.00468
θC, t	θC, A	θd, C	θe, C
0.812	0.347	0.305	0.543
ng - nd	ng - nF	nh - ng	ni - ng
0.01068	0.00469	0.00389	0.01051
θg, d	θg, F	θh, g	θi, g
1.239	0.544	0.451	1.219
nC' - nt	ne - nC'	nF' - ne	ni - nF'
0.00742	0.00426	0.00444	0.01470
θC', t	θe, C'	θF', e	θi, F'
0.853	0.490	0.510	1.690

内部透過率 τ Internal Transmittance		
λ nm	10mm	25mm
270		
280		
290		
300	0.028	
310	0.096	
320	0.244	0.029
330	0.458	0.142
340	0.680	0.382
350	0.832	0.631
360	0.918	0.808
370	0.960	0.904
380	0.979	0.950
390	0.990	0.975
400	0.990	0.977
420	0.990	0.977
440	0.990	0.976
460	0.992	0.980
480	0.993	0.984
500	0.996	0.990
550	0.997	0.993
600	0.996	0.990
650	0.995	0.988
700	0.996	0.990
800	0.997	0.993
1060	0.997	0.992
1500	0.990	0.976
2000	0.866	0.698

分散式の常数 Dispersion Formula Constants	
A0	2.3445396
A1	-7.0376675×10^{-3}
A2	1.2749120×10^{-2}
A3	-3.9729957×10^{-5}
A4	2.7427477×10^{-5}
A5	-1.1100056×10^{-6}

機械的性質 Mechanical Properties		熱的性質 Thermal Properties	
ヌープ硬さ Hk Knoop Hardness	368(4)	転移点 Tg(℃) Transformation Point	343
ビッカース硬さ Hv Vickers Hardness	428	屈服点 At(℃) Yielding Point	363
摩耗度 Ha Abrasion	620	軟化点 Sp(℃) Softening Point	
ヤング率 E Young s Modulus ($10^8N/m^2$)	625	線膨張係数 α x10⁻⁷/℃ Thermal Expansion (50~250℃)	169
剛性率 G Modulus of Rigidity ($10^8N/m^2$)	249	備考 Remarks	
ポアソン比 σ Poison s Ratio	0.252		

異常分散性 Deviation of Relative Partial Dispersions	
Δθ C,t	-0.0277
Δθ C,A	-0.0051
Δθ g,d	0.0024
Δθ g,F	0.0010
Δθ i,g	0.0169

化学的性質 Chemical Properties		その他 Other Properties	
耐水性 RW (粉末法) Water Resistance	1	泡 Bubbles	
耐酸性 (粉末法) Acid Resistance	3	着色度 C Color Degree	36／31
耐候性 DW Weather Resistance	1	比重 Specific Gravity	2.90
		脈理 S Striae	

2001.10　　株式会社 住田光学ガラス　　SUMITA OPTICAL GLASS, INC.

　　模造玻璃鏡片需先製作預形體，目前業界都是採購玻璃棒或玻璃板，然後經過裁切研磨、拋光的作業流程製作出玻璃球，作為壓製鏡片所需之預形體。直徑小於 3 mm 的玻璃球製作模具較不容易、精度較差且不易量產。大部分低軟化點的模造玻璃化學性質較不穩定，玻璃球預形體的研磨拋光製程需作調整，以避免發生玻璃失透或霧化現象。低軟化點的玻璃硬度極低，拋光過程中易刮傷，拋光最好在潔淨無塵室內操作，以確保預形體的表面品質。目前低軟化點的模造玻璃的預形體價格都十分昂貴，欲採用這種玻璃當預形體會增加成本負擔。

　　Kodak 公司曾使用熔融滴落法再配合簡單模具設計，可量產不同形狀的預形體 (US patent 5766293)[15]。目前德國 Schott 公司提供的玻璃球預形體也是用熔融滴落法產出的，玻璃珠的表面十分光滑，可避免因研磨拋光產生的刮痕且量產能力高[13]，該公司宣稱其發展的模造玻璃較不易沾黏，可使模具壽命提高。該公司也保證熔融滴落法產出的預形體能達到下列規格：(1) 折射率容差 ±0.0005，(2) 阿貝數 (Abbe number) 容差 ±0.8%，(3) 體積容差 0.5%－2%，(4) 尺寸容差 ±0.2 mm，(5) 表面品質 (scratch & dig) 40/20。對於手機內取像模組所用的模造玻璃之玻璃球預形體可達到下列規格：(1) 尺寸容差 ±5 μm，(2) 表面品質 (scratch & dig) 40/20，(3) 表面粗糙度 < 2 nm RMS。Schott 公司相較於日本公司會提供較詳盡的玻璃資料，但其價格高出日本業者甚多。

　　早期發展的玻璃模造機台都在大氣中操作，模具材料在高溫下氧化，其氧化物極易和玻璃中的氧化硼起反應，因而造成嚴重的擴散黏著，使得模具表面精度急遽劣化。目前大部分的玻璃模造機台都可在真空中或保護氣體下操作，也使得模具氧化及相關的黏著磨損問題獲得改善。目前較難處理的問題是大部分的低軟化點玻璃內部都含有 Li、Na、K、Ca 及 Ba 等元素，高溫時容易從玻璃內擴散出來，造成模具沾黏。目前許多公司正積極發展新的玻璃材料及製程技術以解決此問題。

7.4.2 模仁材料

　　日本的早期專利中建議母模及模仁材料使用能夠耐熱衝擊且在高溫中仍具有高強度的材料，如碳化鎢 (WC) 或碳化矽 (SiC) 材料等。大部分的陶瓷材料都是以熱壓燒結法製成，由於其不含低熔點燒結黏結劑，因此很難得到完全緻密的燒結體，內部殘留孔洞或缺陷，如圖 7.17 所示，影響鍍膜品質及鏡片品質。以內部不夠緻密的燒結體作為基材，在脫模時鍍膜亦較易剝離，使模仁提前失效。完全緻密的純碳化鎢、碳化矽或其他陶瓷材料固相燒結技術仍待努力。最近也有報導指出，具有低膨脹係數及高溫強度的金屬材料亦可作為模造玻璃用模仁材料。

　　碳化鎢材料的精密加工較成熟，但對於高品質碳化矽材料的非球面加工技術仍待努力。改變模仁材料則其相關的鍍膜、模造玻璃鏡片的製程參數亦應隨之修正。

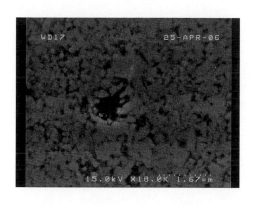

圖 7.17
不含鈷 (Co) 的純碳化鎢 (WC) 模仁材料的表面形貌。

7.4.3 模仁形狀

模仁形狀的設計亦會影響到模具的使用壽命，應儘可能避免模面有反曲點、中心厚度與邊緣厚度差異過大，以及適當的調整鏡片邊緣及過渡區的 R 角，均可改善模具的使用壽命。

製造雙凹面的鏡片時，因上下模具均為凸面，此時若以玻璃球作為預形體，無法固定於模具上，必須採以玻璃圓盤作為預形體以利定位，並在製程上做多次壓製動作，即可壓製出雙凹面的鏡片。

製造微結構之鏡片如微陣列鏡片及繞射元件，壓製鏡片過程因模具凸起的部分於合模時氣體來不及釋放出來，易殘留於個別的透鏡，並在高溫時產生壓力造成鏡片出現凹陷等缺陷，並喪失形狀精度。有研究嘗試以多段成形法或於製程中抽真空，即可改善此現象。微結構鏡片如 Fresnel 鏡片因具有較大的結構深寬比且頂端的 R 值小，模具於受壓時因摩擦力過大，極易變形或崩壞，因此此類模具應特別施以固體潤滑模之表面處理，以延長模具使用壽命。

7.4.4 製程參數

模造玻璃時，需先清楚瞭解玻璃的黏度與溫度之間的關係，如圖 7.18 所示[16]，以適當的選擇模造溫度等相關製程參數，但目前大部分的模造玻璃供應商都無法提供該資料，國內業界大多以「嘗試錯誤法」尋找較適當的製程參數。通常大都將模造溫度設定在玻璃轉化點上方 30−50 °C 之間，或玻璃黏度在 10^7-10^9 poise 之間。熱壓時上模仁和下模仁溫度不一定相同，模仁的溫度和玻璃球預形體的溫度也不必相同。設定在較高溫熱壓可縮短加壓時間及降低負荷，但沾黏問題較嚴重，模具壽命較短。熱壓後須依據退火溫度進行應力消除退火，熱壓後玻璃鏡片的折射率會發生改變，其與玻璃成分及降溫速度有關，如圖 7.19 所示[13]，模造參數應根據玻璃供應商提供之資料作調整。

　　Hosoe 等人提出建議，玻璃球和模具不要同時加熱，而且模具所達到的溫度比玻璃球的溫度低，則可以改善沾黏的情況，但目前的商用模造機台設計都無法達到此目標，必須加以改造[11]。Leu 等人提出改善模具壽命的方法，是在 SiC 模仁上鍍一層貴重金屬膜來降低沾黏，並且在模仁下方設計冷卻水通道，在加溫過程中，模仁的溫度較玻璃低，如此一來模具所受損傷較少，脫模也比較容易，如圖 7.20 所示[17]。

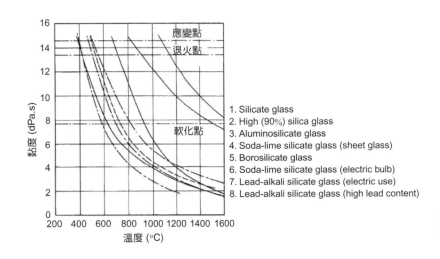

1. Silicate glass
2. High (90%) silica glass
3. Aluminosilicate glass
4. Soda-lime silicate glass (sheet glass)
5. Borosilicate glass
6. Soda-lime silicate glass (electric bulb)
7. Lead-alkali silicate glass (electric use)
8. Lead-alkali silicate glass (high lead content)

圖 7.18
模造玻璃時，玻璃黏度與溫度之間的關係[16]。

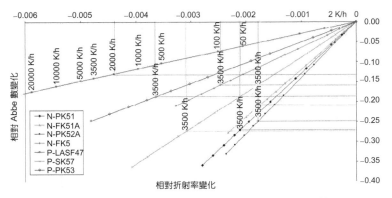

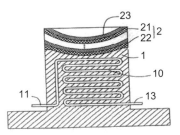

圖 7.19 玻璃成分及降溫速度對玻璃鏡片折射率之影響[13]。　　　　圖 7.20 模具內通冷卻水設計[17]。

7.5 改善陶瓷模仁壽命的方法

　　當上述玻璃材料、模仁材料、模仁形狀及製程參數皆已獲得改善，但模具表面仍會因為高溫高壓多道次的模造加工而逐漸磨損劣化，模具的使用壽命仍舊受到很大限制。因此如何在模具表面進行改質，儘可能的降低模具表面的摩擦與磨損，已成為玻璃模造技術中最為迫切的問題，亦最直接關係到生產成本。目前最有效的方法就是以真空鍍膜方式延長模仁壽命,以下將就玻璃模造模仁表面鍍膜技術之發展現況、模仁表面鍍膜的設計原理及鍍膜方法作較詳盡說明。

7.5.1 玻璃模造模仁表面鍍膜技術之發展

日本的早期專利中建議母模及模仁材料使用能夠耐熱衝擊且在高溫中仍具有高強度的材料,如碳化鎢或碳化矽材料等;先以超精密加工製作出模仁,然後在模具表面再鍍上一層 Pt 系貴重金屬或類鑽石碳材料 (diamond-like-carbon, DLC) 保護膜,以避免高溫模造時與玻璃材料起反應,如圖 7.21 所示。這種模具雖較傳統未鍍貴重金屬保護膜的模具壽命高,但製作模仁的時間太長 (因碳化鎢材料極硬且韌性高,須經鑽石磨輪做粗研磨及鑽石刀具精拋光,不但刀具耗損快且加工速度受限),並不經濟。

為縮短模具製作時程,日本 Matsushida 公司建議先在碳化鎢模具上施以粗加工後,再鍍上較厚的 Ni-P (或 Ni-B) 合金 (約 15 μm) 當作精密切削層,由於 Ni-P 合金較易切削加工製作出精密的模仁,可大幅縮短模具加工的時間,最後再於拋光後的 Ni-P 合金模仁上鍍上 Pt-Ir 系列的合金當保護層,如圖 7.22 所示[18]。經過實驗證明,在模造溫度 520 °C 的操作下,這種模具的使用壽命可達 10,000 道次以上。實驗中使用的玻璃成分主要為 70 wt% PbO 及 27 wt% SiO$_2$,玻璃球預形體先加溫到 520 °C,再加壓 2 分鐘進行模造,使用壓力為 40 kg/cm^2。值得重視的是這種設計縮短了模具製作時程,並達到量產及低價的目標,使玻璃模造的應用邁向新的里程。實際測試結果顯示,在 20,000 道次以上的加熱加壓模造過程中,仍能維持模具表面的形狀精度及粗糙度,此時模具的失效大都來自於鎳磷 (Ni-P) 合金中間層從碳化鎢基材脫離,主要係因鎳合金中間層受反覆加熱冷卻的熱疲勞作用所致。除了鎳合金中間層熱疲勞脫層的問題外,Ni-P 合金中間層也無法在溫度超過 550 °C 的環境下進行玻璃模造,係因 Ni-P 合金會發生高溫脆化產生裂痕所致。

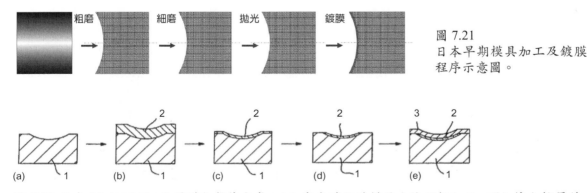

圖 7.21
日本早期模具加工及鍍膜程序示意圖。

圖 7.22 日本 Matsushida 公司膜仁製作方式:(a) 先在碳化鎢模具上施以粗加工,(b) 鍍上較厚的 Ni-P (或 Ni-B) 合金 (約 15 μm) 當作精密切削層,(c) 於 Ni-P 合金厚膜上精密切削加工,製作出精密的膜仁,(d) 拋光移除多餘的 Ni-P 層以維持模造鏡片的厚度,(e) 於拋光後的 Ni-P 合金膜仁上鍍上 Pt-Ir 系列的合金當保護層[18]。

　　爲進一步改善中間層的接合力問題，於是在 Ni-P 中間層和碳化鎢之間又添加了一層約 1 μm 鎳鈷 (Ni-Co) 合金緩衝層，日本的公司對此作了詳盡的測試，證實模具使用壽命大爲提升 (可達 30,000 道次)。

　　當然玻璃模造的模具表面鍍膜亦有其他選擇，綜合整理如表 7.4 所列。例如使用鑽石薄膜雖然性質十分穩定，高溫強度高，模造時亦不會變形或和玻璃發生反應而失去表面精度，但高純度結晶鑽石薄膜表面粗糙，模造玻璃前須先經過拋光處理。另外，鑽石薄膜極爲硬脆，殘留應力大，極難拋光，成本亦太高，目前應用在模具玻璃模造的表面鍍膜應不具競爭力。

　　類鑽石膜 (DLC) 也是日本 Canon、Hoya 等公司常用的一種鍍膜設計[19,20]，目前國內業者大都採用類鑽保護膜來延長模仁壽命。類鑽膜 (DLC) 的機械及化學特性與機台及製程參數有關，若含 SP^3 鍵的比例愈高，其硬度也愈高。DLC 膜內添加 Cr 及 W 元素可有效的改善內應力[21]，DLC 膜內摻雜 Si 及 F 的元素則可降低摩擦係數。鍍 DLC 膜之前通常都會先鍍上一層金屬過渡層，以降低內應力並增加薄膜的附著強度，再加上適當的控制製程參數可獲得低應力、低表面粗糙度的 DLC 膜層，如圖 7.23 所示[21]，但製程中須特別留意腔體污染及顆粒的問題。奈米晶粒鑽石薄膜或類鑽膜雖然較易進行精密加工，但由於內部含有不穩定的碳，高溫時易和玻璃發生反應，碳會迅速的還原玻璃內的氧化物造成模具表面急遽磨損，因此也無法長期有效的保護模具。另外，歐洲廠商爲了避開日本專利，開發出 Al-N、B-N、Si-C-N 及 Si-C-B-N 等薄膜作爲玻璃模造時模具表面的保護膜，但僅有少數的論文報導高溫抗玻璃沾黏成果[22,23]，並無量化的模具壽命等數據。這類薄膜由於靶材較便宜，薄膜的製作成本較低，但是單層保護膜抗玻璃沾黏設計並無法縮短模具加工製程，就整體模具製作成本而言，仍較不具競爭力。

7.5.2 低摩擦且低磨損的模仁表面鍍膜設計原理

　　低摩擦且低磨損是所有模具表面處理的發展目標，就玻璃模造而言，基本上就是發展高溫的固體潤滑膜，且這層固體潤滑膜在高溫、高壓下不容許對玻璃有任何的沾黏或污染。傳統的固體潤滑膜可概分爲：(1) 軟金屬，如 Ag、Au 及 Pb 等，(2) 非層狀化合物，如 DLC、BN、TiO_2 等，及 (3) 層狀物質，如石墨及二硫化鉬 (MoS_2) 等三類，每種固體潤滑膜都有其優缺點及適用範圍[24-27]。就大部分固體潤滑膜而言，低摩擦較易達到，但高溫時還得兼顧抗沾黏及低磨損則不易達成，目前較適合玻璃模造用的固體潤滑膜應屬貴重金屬如 Pt 合金、DLC 及 BN 等，說明如下。

　　Bowden 及 Tabor 等人[28,29] 早在 1960 年代起即發展出一套磨潤理論，並建議唯有當較硬的基材上塗鍍一層薄的軟膜或固體潤滑膜時，才有機會同時使得接觸面積及接觸界面材料塑性流動的剪力降低，推導出來的摩擦力才可能降低，如圖 7.24 所示[28]。因此若能設計先在軟基材上施以表面硬化處理或先鍍一層較厚的硬膜，再鍍上一層薄的軟膜或

表 7.4 玻璃模造模具鍍膜特性比較。

薄膜種類 / 薄膜特性	Ni-P 或 Ni-W	TiN 或 CrN	DLC 或 a-C:H	a-C (含 F)	Diamond	Pt-Ir	B-N 或 C-B-N	備註
低溫強度	○	◎	◎	○	◎	○	◎	若在低溫或塑膠鏡片模具上使用,所有薄膜的強度都合於要求。
高溫強度	×	◎	○	△	◎	△	◎	Pt-Ir 合金雖然高溫強度不佳,但因厚度僅 2 μm,在高溫模造時即使發生變形,形狀精度仍可控制在可接受的範圍。
薄膜應力	○	△	△	△	×	○	×	薄膜彈性係數愈高或熱膨脹係數差異愈大,薄膜應力就愈大。
脫模性 (抗沾黏)	×	△	○	○	◎	◎	○	低溫時,DLC 或 a-C(F) 薄膜可降低摩擦係數,脫模效果佳,但溫度超過 450 °C 即急遽失效。高溫玻璃模造僅 Pt-Ir 系列合金及鑽石薄膜最能滿足抗沾黏及脫模性佳的特性。
高溫氧化	×	△	×	×	◎	◎	○	模造溫度超過 400 °C 以上時,僅 Pt-Ir 系列合金及鑽石薄膜能維持化學穩定性,不會氧化,即使通以保護氣體仍無法完全避免氧化問題。
高溫與玻璃反應	×	×	×	△	○	◎	○	DLC 和 a-C(F) 內部含有不穩定的碳,高溫時易和玻璃發生反應,碳會迅速的還原玻璃內的氧化物造成模具表面急遽磨損,因此也無法長期有效的保護模具。高溫時僅 Pt-Ir 系列合金不易與玻璃反應。
鍍膜品質穩定性	◎	◎	○	○	○	◎	△	鍍膜品質穩定性和薄膜成分及鍍膜機台有關。濺鍍法和電漿輔助化學氣相沉積法皆可製作 TiN、DLC 和 a-C(F),其中 DLC、a-C(F) 薄膜中碳是主要成分,易造成腔體污染使鍍膜品質穩定性變差。a-C(F) 薄膜中含 F,還須特別考慮氣體安全性等問題。鑽石薄膜則須考慮應力及表面拋光問題,不穩定性高。Pt-Ir 貴金屬鍍膜製程穩定性最佳,但需解決附著力問題。
鍍膜成本	◎	○	○	○	△	△	△	Pt-Ir 列系列合金鍍膜,製程設備及靶材皆較昂貴。
模具壽命	×	△	△	△	○	◎	○	Pt-Ir 合金抗玻璃沾黏特性佳,故模具使用壽命長。

註:× 最差、不良、最嚴重,△ 普通、尚可,○ 較佳、較不嚴重,◎ 最佳、最不嚴重、最能接受。

圖 7.23 以非平衡濺鍍法沉積的 Cr-C/C 多
層膜之顯微組織[21]。

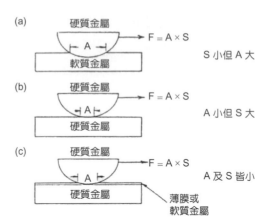

圖 7.24 摩擦力與金屬表面強度及接觸面積的關
係示意圖。當軟的膜沉積在硬的材料上
時，可有效的獲得低摩擦[28]。

固體潤滑膜即可使摩擦係數降低。若這層軟的潤滑膜太厚，則也會向前或二側堆積，增加接觸面積因而使摩擦阻力增加。就玻璃模造而言，為了避免這層薄的軟膜高溫變形或被刮傷影響模造玻璃的表面精度，及高溫時對玻璃有最佳的抗沾黏特性，於高溫仍具有高強度的 Pt-Ir 合金、DLC、氮化硼 (BN)、氮化物 (nitride) 多層膜等保護膜都是不錯的選擇。其中 DLC、BN 膜在接觸界面會生成層狀潤滑膜，可使摩擦係數進一步降低，有利膜層不易於模造時剝落，但高溫時性質較不穩定是其最大缺點。Pt-Ir 合金在接觸界面無法生成層狀潤滑膜，但高溫強度及化學穩定性較佳，在較高溫模造時，摩擦阻力較大，須特別留意膜層與基材間的界面強度；氮化物多層膜也有相同的問題。適當的在 Pt-Ir 合金和氮化物多層膜內添加一些元素，可使高溫摩擦係數降低。

　　一般固體潤滑膜的厚度都設計在微米 (μm) 等級，若設計太薄，則很可能因表面粗糙凸起或夾雜的硬磨粒穿破潤滑薄膜而導致過早失效。Holmberg 等人已對此做出系統研究，如圖 7.25 所示[30]。在實際工作時，固體潤滑膜的摩擦係數會隨著施加的負荷增加而降低，Singh 等人認為這種現象和接觸的 Hertz 應力有關，但固體潤滑膜的摩擦係數愈低並不保證磨損率也愈低[31]。

　　固體潤滑膜的壽命和膜的品質、與基材間的結合強度、環境氣氛、應力、基材的強度、表面粗糙度及在對偶材料表面形成轉移膜的能力等因素有關，因而十分複雜。目前專利報導使用壽命最久的模具表面的保護膜是使用 Pt-Ir 合金，厚度約 2－3 μm。當然除了保護膜抗沾黏外，中間結合層及切削層也須特別設計，才能確保保護膜不致因模造時剪應力過大及熱疲勞等因素而過早剝離。中間結合層及切削層的強度及厚度亦須特別要求，以免高溫模造時因軟化變形而影響模造玻璃的形狀精度。

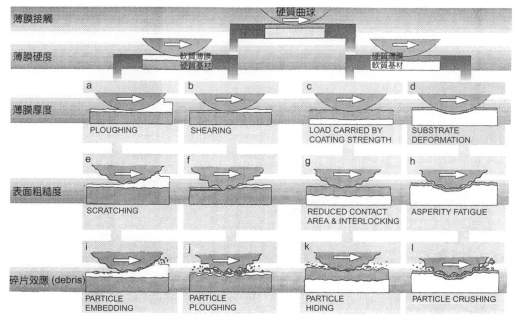

·薄膜厚度
a. 軟質薄膜比較厚時，會造成崛起或推擠。
b. 軟質薄膜較薄時，會造成切變或剪切。
c. 硬膜支撐負荷：硬質薄膜比較厚時，可支撐大部分荷重，基材小幅變形。
d. 硬質薄膜比較薄時，會造成基材變形。
·表面粗糙度
e. 曲球表面較粗糙時，會刮起軟質薄膜。
f. 粗糙之曲球表面會穿破薄軟質膜。
g. 接觸面積減少及連扣：粗糙之曲球表面與粗糙硬膜表面接觸，只有突出表面會接觸。
h. 粗糙疲勞：基材塑性或彈性變形時，會導致薄硬膜與曲球表面增加接觸。
·碎片效應：滑動接觸過程中，由外在環境或不同的磨耗機制會產生微粒或碎片。
i. 小於軟質膜厚度之硬質微粒子，會嵌入軟質膜中，在摩擦時會造成基材刮傷。
j. 硬質微粒大小大於軟膜厚度或粗糙度時，會造成微粒堆擠。
k. 微粒填入厚硬膜低凹處，會造成微粒隱藏。
l. 較大微粒硬度小於接觸之表面硬度時，微粒會被碾碎。
圖 7.25 薄膜厚度、硬度及基材硬度等因素對薄膜磨潤性質的影響示意圖[30]。

7.5.3 模具表面鍍膜方法之選擇

　　模造玻璃模具表面之鍍膜材料主要可分為：(1) Ni-P 系列的合金厚膜作為精密切削層及 (2) Pt-Ir 系列的抗玻璃沾黏保護層兩大類。傳統上 Ni-P 合金厚膜都是以無電鍍鎳的技術完成的，其最大的問題在於該合金的高溫強度不夠，無法用於超過 500 °C 的高溫玻璃模造製程；加入其他如 W、Mo 等元素雖可改善其高溫強度，但目前多元合金無電電鍍的技術仍不成熟，亟待克服。

　　市場上許多成熟的物理氣相沉積方法皆可輕易的製作出多元合金薄膜[32,33]，但膜厚大時所產生的應力及緻密性、附著強度等問題不應忽視。化學氣相沉積或電漿輔助化學氣相沉積法產生的薄膜雖然緻密性、附著強度都較物理氣相沉積法為佳，但對於多元合金之沉積則受到很大的限制。對於 Pt-Ir 系列的多元合金薄膜沉積，電漿輔助化學氣相沉積法亦受到同樣的限制。目前改良之物理氣相沉積法－磁控濺鍍法和離子輔助電子束氣相沉積法不僅可製作出所需的 Ni-P-Pt 與 Pt-Ir-Ni 系列的多元合金膜，且薄膜的均勻性、緻密性、附著強度及殘留應力等都獲得很大的改善，應是較佳的製程選擇。不同鍍膜方法的優缺點比較詳如表 7.5 所列。

表 7.5 不同的鍍膜方法優缺點比較。

沉積方法 特性	離子輔助電子束 氣相沉積法	磁控濺鍍法	電漿輔助化學 氣相沉積法	備註
沉積速率	較緩慢	較緩慢	快速	模具鍍膜非量產製程，沉積速率非關鍵考量因素。
製程溫度	低	低	高	製程溫度須低於 500 °C，以免 Ni 合金層強度降低。
合金成分	選擇彈性大	選擇彈性大	選擇彈性低	前二項薄膜製程對於 Ni-P-Pt 或 Pt-Ir-Ni 合金薄膜成分皆可輕易調控，但電漿輔助化學氣相沉積法無法產生該合金膜。
合金純度	較易控制	較易控制	較易產生不純物	前二項薄膜製程皆在高真空下進行，較易控制合金薄膜的純度。
均勻性	良好	良好	良好	因模仁尺寸不會超過 3 inch，薄膜厚度均勻性皆不成問題。
緻密性	尚可	良好	良好	前二項薄膜製程可藉由離子撞擊增進薄膜緻密性，電漿輔助化學氣相沉積法在較高溫進行，薄膜緻密性最佳。
附著強度	尚可	良好	良好	前二項薄膜製程可藉由離子撞擊增進薄膜與基材之附著強度，電漿輔助化學氣相沉積法在較高溫進行，薄膜附著強度最佳。
殘留應力	殘留應力大，但可藉製程改善	殘留應力大，但可藉製程改善	殘留應力大且較無改善空間	薄膜與基材之間由於熱膨脹係數不同引起之殘留應力，可使用漸層技術或脈衝直流製程改善之。
價格	昂貴	較昂貴	較便宜	前二項薄膜製程皆在高真空下進行，且薄膜品質線上監測系統較昂貴，故整體設備價格較昂貴。

7.6 結論

台灣在近年來已成為全世界光學鏡頭的生產基地，產業群聚效果十分顯著。在光學相關產品輕薄短小的趨勢要求下，未來幾年非球面玻璃鏡片在市場上需求將不虞匱乏。模造非球面玻璃鏡片技術可協助國內玻璃成形或模造業者在技術、品質上的改良，更可大幅提升量產能力，帶動整體光學元件產值，使國內光學或光電產品更具國際競爭力。國內業者近年來在產品精度及良率已有顯著的進步，未來在延長模仁使用壽命、玻璃及模仁材料研發上應多與學界合作，尋求技術突破，才有機會降低成本，具有國際競爭力。

參考文獻

1. http://www.toshiba-machine.co.jp/english/product/high/contents/molding.html

2. US patent 3833347, "Method for Molding Glass Lenses", Eastman Kodak Company Sep. 3, 1974.

3. US patent 4139677, "Method of Molding Glass Elements", Eastman Kodak Company, Feb. 13, 1979.

4. US patent 4168961, "Method of Molding Glass Elements", Eastman Kodak Company, Sep. 25, 1979.

5. US patent 5421849, "Apparatus for Simultaneously Manufacturing Glass Molding articles", Hoya Corporation, Jun. 6, 2004.

6. US patent 5762673, "Method of Manufacturing Glass Optical Elements", Hoya Corporation, Jun. 9, 1998.

7. US patent 5282878, "Apparatus for Molding Optical Glass Elements", Toshiba Kikai Kabushiki Kaisha, Feb. 1, 1994.

8. 泉古徹郎, 光學玻璃, 復漢出版社 (2001).

9. A. Jain and A. Y. Yi, *Journal of American Ceramic Society*, **88** (3), 530 (2005).

10. 傅春能, 機械工業雜誌, **24**, 168 (2003).

11. S. Hosoe and Y. Masaki, "High-speed Glass-molding Method to Mass-produce Precise Optics", *Proceedings of SPIE*, **2576**, 115 (1995).

12. http://www.sumita-opt.co.jp/en/optical.htm

13. http://www.schott.com/optics_devices/english/products/materials

14. http://www.oharacorp.com/

15. US patent 5766293, "Method and Apparatus for Making Optical Performs with Controlled Peripheral Edge Wall Geometry", Eastman Kodak Company, Jun. 16, 1998.

16. M. Yamane and Y. Asahara, *Glasses for photonics*, Cambridge University Press, Cambridge, ISBN 0521580536 (2002).

17. US patent 2006065018, "Mold for Molding Glass Elements", Hon Hai Precision Industry Co., Ltd., Mar. 30, 2006.

18. US patent 5171348, "Die for Press-Molding Optical Element", Matsushita Electric Industrial Co., Ltd., Dec. 15, 1992.

19. US patent 5026415, "Mold with Hydrogenated Amorphous Carbon Film for Molding an Optical Element", Canon Kabushiki Kaisha, Jun. 25, 1991.

20. J. Brand, R. Gadow, and A. Killinger, *Surface and Coatings Technology*, **180-181**, 213 (2004).

21. K. J. Ma, *Design and Characterization of Tribological Coatings*, PhD thesis, Birmingham University (1997).

22. D. Zhong, E. Mateeva, I. Dahan, J. J. Moore, G. G. W. Mustoe, T. Ohno, J. Disam, and S. Thiel, *Surface and Coatings Technology*, **133-134**, 8 (2000).

23. N. Satoshi, T. Eiji, I. Yasuo, E. Akinori, K. Naoto, and O. Kiyoshi, *Thin Solid Films*, **281-282**, 327 (1996).

24. W. E. Campbell, "Solid Lubricants", *Boundary Lubrication - An Appraisal of World Literature*, F. F. Ling, E. E. Klaus, and R. S. Fein (Eds), New York: ASME (1969).

25. R. C. Bowers and W. A. Zisman, *J. Appl. Phys.*, **39**, 5385 (1968).

26. R. L. Johnson and H. H. Sliney, "Fundamental Considerations for Future Solid Lubricants", *Proceedings of AFML-MRI Conference on Solid Lubricants, Air Force Materials Laboratory*, Wright-Patterson Air Force Base, Ohio, (1969).

27. J. K. Lancaster, "Solid Lubricants", *CRC Handbook of Lubrication*, Vol. 2, Theory of Lubrication, E. R. Booser (Eds), New York: CRC Press, 269 (1984).

28. F. P. Bowden and D. Tabor, *The Friction and Lubrication of Solid*, Oxford: Oxford University Press (1950).

29. F. P. Bowden and D. Tabor, *The Friction and Lubrication of Solid*, Part 2, Oxford: Clarendon Press (1964).

30. K. Holmberg, *Surf. Coat. Technol.*, **56**, 1 (1992).

31. I. L. Singer, R. N. Bolster, J. Wegand, S. Fayeulle, and B. C. Stupp, *Appl. Phys. Lett.*, **57** (10), 995 (1990).

32. A. Eishabini-Riad and F. D. Barlow, *Thin Film Technology Handbook*, New York: McGraw-Hill (2002).

33. L. D. Smith, *Thin Film Deposition: Principles and Practice*, New York: McGraw-Hill (1995).

第八章　塑膠光學元件加工

　　早期光學的發展一直都是以幾何光學為基礎，大部分的光學元件使用玻璃材料，並且幾乎是以研磨為主要的加工方式，元件表面的主要形狀可分為球面和非球面兩類。近年來在微機電元件與系統製作技術的快速發展下，帶動了整個高科技產業，同時亦促進相關之消費性電子產品與精密光電裝置蓬勃發展，如數位影音光碟機、數位相機、攝影機、條碼閱讀機、雷射印表機等產品，以及科技商品的多樣化過程中，體積小、功能多、行動性佳與價格便宜等的訴求已成為各項商品的設計趨勢，此時傳統光學元件已經無法滿足這些需求。此外，在光、機、電系統整合的潮流中，微小光學系統已佔有舉足輕重的地位，因此研究如何製作微小型、高效率、容易製作的光學元件已是當今光學界刻不容緩的任務。

　　因傳統的玻璃反射元件與折射元件已無法滿足新時代的需求，塑膠微光學元件是近年來急速發展的領域，不僅可以實現傳統光學元件所無法實現之特殊功能，而且具有體積小、重量輕、易於複製、成本低與材料選擇性大等優點，並且容易與其他光電元件結合成光電、光學系統，使光電產業在輕薄短小潮流中，可更上一層樓的發展。

8.1 射出成形

8.1.1 製程簡介

　　在各種塑膠加工法中，由於射出成形 (injection molding) 加工的生產成本低、生產量大，又可一次成形複雜形狀的產品，故已成為現今塑膠工業中最為廣泛使用的加工技術之一。

　　射出成形的加工系統主要為一模具之固定側與可動側、加熱器、導螺桿、料桶的組合而成，如圖 8.1 所示。射出成形的加工流程是由合模、充填、保壓、冷卻、開模及頂出過程為週期，如圖 8.2 所示；最初是粒狀的高分子塑膠經由料桶落下於料管內，由螺

第八章作者為沈永康先生及楊申語先生。

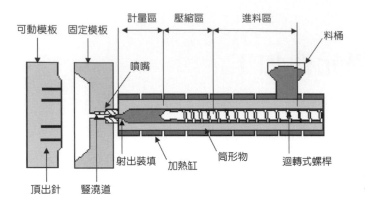

圖 8.1
射出成形系統架構圖。

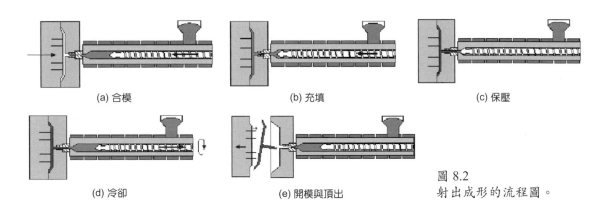

圖 8.2
射出成形的流程圖。

桿混煉沿螺旋槽送到加熱缸前端，此時材料被周圍的加熱器加熱，與混煉作用發生的熱使塑膠成為熔融狀態至可塑化溫度後，經由螺桿旋轉來完成計量，再由液壓馬達推動螺桿，類似一柱塞方式將熔融塑料流經澆道、流道、澆口，高壓充填至模穴中，如圖 8.3 所示，此階段稱為充填過程 (filling stage)。充填完成後，螺桿不再往前推進，螺桿從原本射出時的射出速度控制，轉為射出壓力控制，保持著一壓力不斷的注入塑料，以補償成品冷卻時的收縮現象，直至澆口凝固為止，此階段稱為保壓過程 (packing stage)。保壓的同時，成品藉由冷卻水道的設計，利用熱傳導效應帶走成品內的高溫，使成品加速冷卻，並使其溫度均勻冷卻至玻璃轉化溫度之下後，成品冷卻固化，開模頂出，此階段稱為冷卻過程 (cooling stage)。

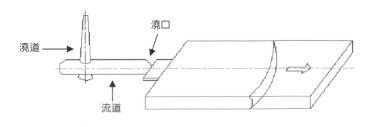

圖 8.3
射出成形的充填過程示意圖。

一般而言，射出成形製程中模穴內熔膠各點壓力、流速、溫度與密度的變化，以及不均勻的分布，皆會形成缺陷而影響產品的品質，常見的成品缺陷包括：收縮凹陷 (sink mark)、收縮 (shrinkage)、殘留應力 (residual stress) 與翹曲變形 (warpage) 等。但由於成形製程中必須將塑料以高壓擠入模穴內，以及後續保壓過程中持續維持的高壓力，會無可避免地引起模穴內熔膠不均勻的壓力分布以及分子定向性，而使得成品產生翹曲變形及殘留應力等缺陷，這些缺陷都是精密塑膠產品成形所要探討與解決的問題。

8.1.2 微射出成形

微射出成形技術屬於微機電系統 (MEMS) 技術中重要的一環[1]，其目的是以微加工技術製造出輕薄短小的成品，可廣泛應用於工程、生物醫學等方面，圖 8.4 為微成形技術概況組織圖。微射出成形與一般傳統射出成形的加工條件不同，由於成形在瞬間便已完成固化，因此其微細零件的模溫及射出速度比起傳統射出需要更高。

「微射出成形」的定義[2] 通常是指射出成品重量以毫克 (mg) 為計算單位，成品之幾何尺寸以微米 (μm) 為單位，它的成形方法隨著設計需求及使用狀況不同可分為四類：
(1) 以 mg 為單位之射出成形件，但其尺寸精度並不一定要達到 μm 等級。
(2) 不以 mg 為單位之射出成形件，但其尺寸精度、幾何精度要達到 μm 等級。
(3) 以 mg 為單位之射出成形件，且其尺寸精度亦達到 μm 之水準。
(4) 不以 mg 為單位，但其微結構如孔 (hole)、槽 (slot) 等要達到 μm 的水準。

在微射出成形 過程中，一般將成形週期劃分為兩個階段：充填階段 (filling stage) 與後充填階段 (post-filling stage)，而在後充填階段又可分為保壓與冷卻過程[3]。在充填過程中，高溫的塑膠高分子熔體經由螺桿的前進推動而擠壓入較低溫的成形模穴中，直至熔膠充滿模穴為止。一方面由於熔膠的可壓縮性，另一方面高分子熔體在冷卻時有相當程度的收縮，因此必須將額外定量的熔膠壓入成形模穴內，以減少收縮所造成的尺寸誤

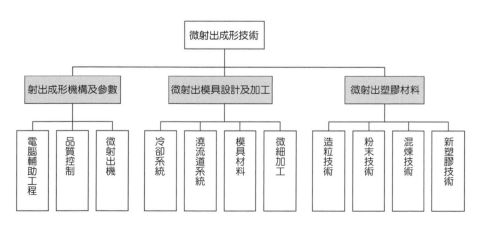

圖 8.4
微射出成形技術
概況組織圖。

差。最後階段為冷卻過程，此時模穴內高分子熔體持續冷卻至成品中心固化至相當程度才脫模頂出。圖 8.5 為微射出成形的成形週期圖[4]。

8.1.3 微射出壓縮成形

　　當模穴內的壓力分布不均勻，將引起殘留應力的產生而導致翹曲變形的發生。因此對於光學鏡片在射出成形上，為了要降低模穴內不均勻之壓力分布而產生的殘留應力，降低模穴內熔膠之壓力差為主要的課題。殘留應力對於光學產品的折射率及透光度皆有很大的影響，在微射出成形上有著難以克服之缺點。微射出成形的過程中，由於成品幾何尺寸非常小或局部尺寸非常小，小的澆流道系統與厚度變薄等會造成熔體流動阻力增大[5]，所以必須提高射出速度以利於將塑膠熔體射入模穴之中，又因為射出的熔體量少，若模具溫度低於玻璃轉化溫度，將導致熔體一進入模穴的過程中即發生固化阻塞熔體繼續流入補充，容易使得成品發生短射或收縮變形，因此研發出微射出壓縮成形技術解決此問題。

　　微射出壓縮成形 (micro injection-compression molding) 的製程主要是在一般微射出成形製程上加入壓縮模具的過程，在模穴熔膠充飽之後由模壁向模穴內熔膠施壓完成充填模穴。此種成形方式不但可以降低充填時所需射出壓力，且由於均勻加壓使得模穴內熔膠壓力均勻分布，微射出壓縮成形的成形週期如圖 8.6 所示[6]。

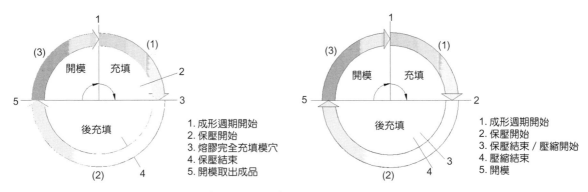

圖 8.5 微射出成形週期圖，(1) 充填階段，(2) 後充填階段，(3) 開模 / 取出成品階段[4]。

圖 8.6 微射出壓縮成形週期圖，(1) 充填階段，(2) 後充填階段，(3) 開模階段[6]。

　　微射出成形與微射出壓縮成形之比較如表 8.1 所列，微射出壓縮成形製程具有以下幾項優點：
1. 降低射出壓力。

2. 降低殘留應力。

3. 減少分子定向。

4. 均勻保壓並減少不均勻收縮。

5. 克服凹陷、翹曲。

6. 減少成品雙折射率差值。

7. 緩和比容積變化。

8. 提升尺寸精度。

　　在微射出成形製程中，後充填階段的困難點在於成品收縮、壓力損失與分子定向三方面，其相互影響且難以兼顧，為了減少成品的收縮則保壓壓力需加大，但受到機器鎖模力限制，而且保壓將半熔凝膠自澆口擠入模穴帶來額外的分子定向及殘留應力，澆口凝固後品質關鍵的後充填過程已無法用壓力控制。這是射出成形在成形能力的天然限制，其主要問題是只用保壓來做精密的製程控制，很難滿足品質要求嚴格之精密零件，如鏡片、CD 雷射唱片等。

　　雖然微射出壓縮成形解決了微射出成形的分子定向性與殘留應力問題，但同時也產生新的製程參數，製程控制的困難性也相對於微射出成形提高了許多，因此需要更廣泛而深入地研究才能應用其優點。

表 8.1 微射出成形與微射出壓縮成形之比較表。

比較項目	微射出成形	微射出壓縮成形
成形重點	充填階段	後充填階段
開模溫度	低於玻璃轉化溫度	低於玻璃轉化溫度且達熱平衡
品質評估	短射、縫合線	均質化、顯微組織、凹痕、收縮、內應力
厚件射出	容易	困難
薄件射出	困難	容易

8.1.4 常用之光學塑膠材料

　　光學元件射出成形常用之光學塑膠材料包括聚甲基丙烯酸酯 (polymethyl methacrylate, PMMA)、壓克力 (acrylic)、聚碳酸酯 (polycarbonate, PC) 及聚苯乙烯 (polystyrene, PS) 等，其材料性質比較如表 8.2 所列。

表 8.2 PMMA、PC 與 PS 的材料性質比較表。

性質 \ 材料	PMMA	PC	PS
密度 (density, g/cm³)	1.2	1.2	1.05
抗拉強度 (tensile strength, ksi)	10	9	6.4－8.2
伸長 (elongation, %)	5	80	2－4
熱變形溫度 (heat distortion temperature, °C)	92	142	75－94
彎曲模數 (flexural modulus, Msi)	100	85	0.45－0.5
飽和吸水力 (water absorption, %)	0.1	0.04	0.1－0.3
透明度 (luminous transmission, %)	92	88	91
折射率 (index of refraction)	1.491	1.586	1.59
應力光學係數 (stress-optical coefficient, 10^{12} Pa/s)	4.6	68	4.8
阿貝數 (Abbe number)	61	34	31

(1) PMMA

　　PMMA 的透明性、耐候性爲塑膠中最好的材料，其折射率的安定性也最佳，一般 PMMA 折射率爲 1.491。在一般光學材料中表面品質最耐刮，抗 UV 特性佳，成形後的收縮較 PC 爲小，且成形溫度較低，爲目前使用最普遍的光學塑膠材料；但由於 PMMA 吸濕力達 0.1%，會降低折射率及熱變形溫度，這也是高精度光學製品仍然使用玻璃而不採用 PMMA 的最大因素。現在雖然有吸濕性低的 PMMA 系塑膠，但其高溫時容易脆、脫模時易裂等性質仍有待克服。

(2) PC

　　PC 的特色爲耐衝擊性高、耐熱性佳，折射率爲 1.586，可抵抗一般化學藥品之侵蝕，且於溫度變化下尺寸改變不大，目前應用於一般安全鏡片成形及光碟片等產品，但是具有成形溫度高、成形後應力釋放等缺點。

(3) PS

　　聚苯乙烯爲非結晶聚合物，透明度高達 91%，折射率爲 1.59，熱變形溫度爲 75－94 °C，熱裂解溫度約 300 °C，容易燃燒。其具有透明、價廉、剛性大、電絕緣性佳等優點，廣泛的應用於照明指示、電絕緣材料及光學儀器零件，最主要的缺點是材質脆。

8.2 熱壓成形

8.2.1 製程簡介

在 1980 年前，熱壓成形被認為是一般傳統加工技術，但在 1980 年後，熱壓成形因為 LIGA 技術的快速發展，成為微機電系統製造高精度與高品質微結構關鍵成形技術之一，且廣泛應用於精密光學與生物醫學元件之產品。再加上熱壓成形設備的日益改良，使得微熱壓成形 (micro hot embossing molding) 技術更適合用於製作精密光學與生物醫學產品，但由於微熱壓成形模具其精度要求相當高，而模具在壓印多次以後常會有受損情形產生，所以如何製造高精度且模具壽命較長的熱壓成形模具，亦是目前各界研究的重心所在。而產品經過熱壓成品的大量複製後，可大大降低成本並穩定品質，但是其中令人詬病的一點就是它的成形時間過長，因此如何解決此項缺點，將是未來熱壓成形技術能否廣泛使用的關鍵因素。

標準的微熱壓成形製程之流程如圖 8.7 所示，依序為 (a) 裝置成形所需之模仁，並將高分子材料放置在基板上；(b) 抽真空到 1.6×10^{-1} mbar，此動作是為了微結構成形時，如有殘餘空氣殘留至模穴內，會造成品質與成形性不佳等缺點，接著加熱至材料玻璃轉換溫度以上並施以一預壓力，其目的主要是保持升溫過程中塑膠材料之平整性，使材料能夠受到上下兩個加熱系統均勻加熱，增加均勻性；(c) 當溫度慢慢升到設定的壓印溫度時 (約高於玻璃轉換溫度 (Tg) 20 °C－50 °C 時)，等待一小段時間使整個材料達到設定溫度且是均溫狀態才升高壓印壓力進行熱壓，而壓印溫度、壓印壓力與壓印時間的設定，

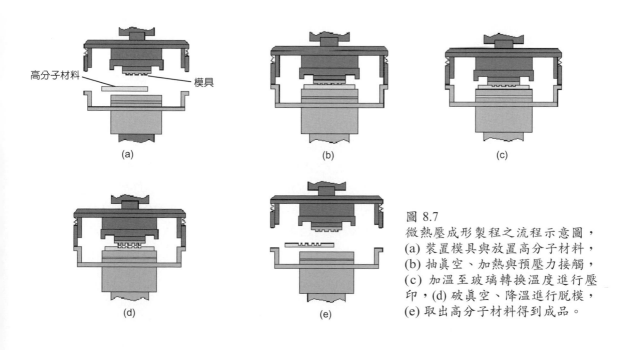

圖 8.7
微熱壓成形製程之流程示意圖，
(a) 裝置模具與放置高分子材料，
(b) 抽真空、加熱與預壓力接觸，
(c) 加溫至玻璃轉換溫度進行壓印，(d) 破真空、降溫進行脫模，
(e) 取出高分子材料得到成品。

則是視微結構的大小、深寬比與材料的種類作設定。當基材達到了設定溫度，開始進行
壓印動作，(d) 壓印一段時間後開始降溫並破真空進行脫模動作；(e) 最後開模即可得到
具有微結構的高分子成品。

　　圖 8.8 為微熱壓成形製程中壓印「壓力與時間」和「溫度與時間」之關係圖，圖中
顯示在加熱階段有一個預接觸力，使材料均勻加熱，隨後升溫至設定的壓印溫度，維持
一段時間使其均溫後開始進行熱壓，接著在冷卻階段，其溫度慢慢降溫至設定的脫模溫
度。一般來說，當脫模溫度過高，會造成成品的表面粗糙度不佳，而脫模溫度過低，則
造成冷卻時間過長，延長整個製程時間。達到脫模溫度後，壓印壓力開始降低，進行脫
模得到成品。

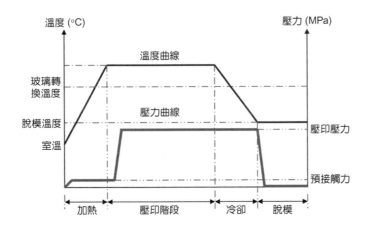

圖8.8
微熱壓成形的壓印壓力與溫度變化關
係。

8.2.2 微熱壓成形材料

　　近年來，高分子材料因其基本的物理特性與光學性質優良，加上材料科學技術的發
展，使其在高精密性產業上的應用也愈來愈多，主要發展朝著通信、電子、醫學檢測與
光學等，且其成品具有成本低廉、高生產率與質輕等優點，對於微流體晶片與微光學元
件微結構開發，其成形方法可利用微成形技術，如微射出成形、微熱壓成形等。

　　環烯氫聚合物 (cyclo-olefin polymer, COP) 是日本 Zeonor 公司開發的另一種非結晶
型聚烯氫，而 COP 與 PMMA、PC 相比較，COP 的熱穩定性和抗濕能力好、折射率佳、
化學穩定性良好，而且又能複製精密的表面微結構，表 8.3 列出了 COP (ZF14) 與 PC、
PMMA 的性能比較。但缺點就是成本較高，目前其價格約為 PMMA 的三倍左右。

表 8.3 COP 與 PC、PMMA 的性能比較。

性能	單位	COP	PC (光學級)	PMMA (光學級)
透光性	%	92	90	92
荷重彎曲溫度	°C	123	121	90
硬度	—	B	2B	3H
阿貝數 v_d	—	56	34.0	57.2
飽和吸水力	%	< 0.01	0.2	0.3
拉伸強度	MPa	64.3	64.0	73.0
玻璃轉換溫度	°C	136	145	105
雙折射率	nm	< 25	< 65	< 20
密度	kg/m³	1.01	1.20	1.19

8.2.3 製程參數對光學元件的品質影響

　　熱壓成形是能同時製造出具備高品質與高精度產品的技術，但是由於熱壓成形的成形週期時間較長，所以只用來製造高附加價值及高品質精度的光學元件。並且熱壓因流動距離短與較低的剪切率可以避免產品內應力的產生，尤其是在微結構的成形方面更加適用，而且可以藉由加大成形的面積和標準化的製程來提高產品的產量[7]。熱壓成形時需注意模具表面的粗糙度、模具潔淨度、模具與高分子間的摩擦力等皆會影響成形品的精度[8]。

　　利用半導體製程將熱壓成形的立體微結構製作於矽晶片上作為模仁，接著利用熱壓成形法重複的複製塑膠微結構，這些塑膠微結構不但具有平滑表面，同時也具有高良率與可靠性等優點[9]。熱壓成形法可以在 15 mm × 18 mm 的面積上，以矽模仁均勻的成形 10 nm 與深寬比為 4 的奈米結構，並且強調此製程的可重複性以及矽模仁的壽命可以達到 30 次以上[10]。針對直接使用矽晶圓模仁或鎳模仁對聚合物作熱壓成形進行比較，發現鎳模仁的硬度比矽模仁的硬度低，所以模仁壽命比矽模仁較短，而且製作鎳模仁較為費時，而矽模仁不但沒有以上的缺點發生，甚至壓印的精度比鎳模仁較佳。德國 Jenoptik Mikrotechnik 公司利用 PMMA 與 PC 材料製作不同高深寬比之塑膠結構，並提出了熱壓高深寬比結構必須注意以下幾個事項[11]：

1. 模具結構側壁的粗糙度是主要影響成形高深寬比結構的主要原因，粗糙度 10 nm 以下為最佳。

2. 模具表面與材料的接觸會產生化學性鍵結，適當的添加脫模劑可以有效的成形深寬比 50 的結構。

3. 降低模具和材料的熱梯度可以避免因為熱應力而產生的翹曲和收縮。

4. 側壁的角度約 90° 將更容易脫模。

以類 LIGA 微影加工法製作微陣列透鏡，並以熱壓成形製作出 PMMA 微透鏡爲例，在模溫 130 °C、壓印時間 5 分鐘、脫模溫度 80 °C、壓印速度 10 $\mu m/s$ 下可以得到表面粗糙度良好的微透鏡陣列[12]。經由控制熱壓的溫度、時間與製程壓力對收縮率的影響，歸納出良好的熱壓製程控制必須具有下列三點[13]：

1. 在壓印過程中要施加較大的壓力，不但可以獲得較好的轉印效果並可縮短壓印時間。
2. 在冷卻初期減小壓印壓力可以獲得均勻的壓力分布，進而縮小材料的體積變異量。
3. 當溫度低於玻璃轉換溫度後，施加較大的保壓壓力可以進一步減小材料表面沿工作平面之壓力差，而達到均勻收縮的目的。

8.2.4 微熱壓成形衍生方法

(1) 奈米轉印技術

美國明尼蘇達大學電子工程系奈米結構實驗室的 Stephen Y. Chou 等人在 1995 年首先提出了奈米轉印技術 (nanoimprint lithography)。

首先在矽基材上成長一層二氧化矽，採用電子束刻出圖形，再使用反應離子蝕刻 (RIE) 將圖形轉移到氧化矽上形成模仁。然後將熱塑性聚合物薄膜 (如 PMMA) 旋塗於矽基材上，並加熱到玻璃轉換溫度之上，然後進行壓印的動作將模仁壓入熱塑性薄膜中，此時熱塑性聚合物類似於黏性流體並能在壓力下流動。保持壓力並降溫到熱塑性薄膜的玻璃轉換溫度下。接著，將模仁與基材分離，在熱塑性聚合物層留下圖形，再採用 O_2 RIE 清除殘留聚合物層，直到露出矽基材。最後，在矽基材上蒸鍍金屬，隨後將其浸泡於丙酮溶液中將聚合物層上的金屬去除，留下奈米尺寸的金屬圖形。此方法主要是針對 100 nm 以下線寬的微影技術。

(2) 軟刻印技術

軟刻印技術 (soft lithography) 觀念來自蓋印章，結合了 top-down 的圖形定義及 bottom-up 的自組裝行程，以此兩種製程近似奈米尺寸技術。該技術由 IBM 蘇黎世研究室和哈佛大學化學與生化系 George M. Whitesides 教授所發展。軟刻印技術分爲五類：微接觸式轉印 (micro-contact printing, μCP)、複製澆鑄法 (replica molding, REM)、微轉移澆鑄法 (microtransfer molding, μTM)、毛細管微澆鑄法 (micromolding in capillaries, MIMIC) 及輔助溶劑微澆鑄法 (solvent-assisted micromolding, SAMIM)，如圖 8.9 及圖 8.10 所示。

軟刻印技術共同特點是彈性印章或彈性壓模式轉移圖形到基材上，廣義而言，軟刻印技術均是使用軟性有機分子材料。軟刻印技術中的彈性體製作一般皆使用電子束微影蝕刻技術於 SiO_2、金屬、玻璃上製作母模板，接著將彈性的液態聚合物倒置母模板上，待其固化後將其分離，即可以得到彈性體模仁。彈性材料可以爲 PDMS、聚氨基甲酸酯 (PU) 及 novolac 樹脂，大多數使用 PDMS，其主要特性如下。

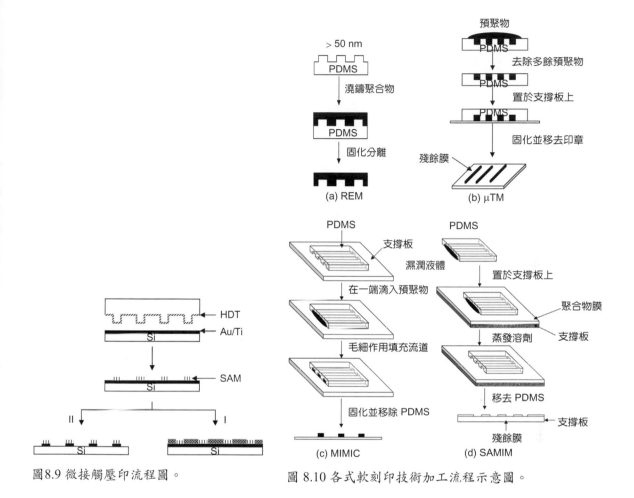

圖8.9 微接觸壓印流程圖。　　　　　　圖 8.10 各式軟刻印技術加工流程示意圖。

優點：1. 易於大面積基材上轉印圖案，且適用於微米尺度上非平坦之表面，易於複製。
　　　2. 化學性質為惰性，具較低的界面自由能，不易與其他聚合物產生化學反應或黏
　　　　 附。
　　　3. 具均向性彈性體。
　　　4. 表面性質易於修飾，可加入電漿處理形成自組裝或與其他材料發生介面反應。
缺點：1. 深寬比過大時易塌陷。
　　　2. 由於為彈性體，結構之間容易與基材接觸。
　　　3. 於無極性液體中易膨脹。
　　　微接觸式轉印法是軟刻印技術中一種常用的方法，流程如圖 8.9 所示。首先將翻模
後的 PDMS 表面塗上含有硫醇有機分子的液體，再與有金層之基材接觸。接觸的地方，
硫醇與金發生反應，形成一薄膜，稱為自組裝層 (self-assembled monolayer, SAM)。

　　複製澆鑄法類似與 PDMS 本身的限制，即以 PDMS 爲母模，澆鑄聚氨基甲酸酯 (PU)，固化分離，將可得所需圖形。微轉移澆鑄法是將液態聚合物滴在 PDMS 模仁表面上，然後除去多餘聚合物，將充填後的 PDMS 模仁與基材接觸，加熱後待其固化後分離，使基材上留下微結構。

　　毛細管微澆鑄法爲在平坦和曲率表面形成複製微結構之轉印技術。PDMS 模仁緊密接觸基材表面，使微結構圖形形成中空的流道，再從開口端滴入一低黏性液態聚合物材料，使其在毛細管現象作用下自然充填，等待其固化後將其分離，使得基材上留下聚合物材料圖形。此方法適用於光學元件、波導，以及涉及生化晶片研究的流體領域。

　　輔助溶劑微澆鑄法用於製作聚合物的三維圖形結構和修飾聚合物的表面形態。首先利用一種可溶解聚合物的溶劑濕潤 PDMS 模仁，然後將其接觸基材上的聚合物薄膜表面，此時溶劑溶解 (或膨脹) 很薄的一層聚合物，產生了由聚合物和溶劑組成的模仁轉印表面結構液體；隨著溶劑的散失和蒸發，聚合物固化形成與模仁表面結構互補之圖形結構。

(3) 步進快閃壓印微影法

　　美國德州大學奧斯汀分校材料研究所的 C. G. Willson 教授在 1999 年首先提出步進快閃壓印微影法 (step and flash imprint lithography)，其加工流程如圖 8.11 所示。

　　首先，將一層有機轉移層旋塗在矽基材上，再將一個經過表面處理後的帶有電路圖形微影結構的透明模板從上方接近並對準矽基材。然後，在矽基材和模板之間的空隙中滴入光敏高分子，並利用毛細作用使之充滿空隙。之後將模板接觸矽基材上的轉移層，使得空隙閉合。接著利用紫外光從模板背面照射結構，紫外光固化光聚合物並產生一個牢固於基材且低表面能的模板複製結構。光固化完成後，將模板從基材上分離，在基材表面留下浮雕的圖像，作爲蝕刻阻擋層。最後，採用短時鹵素電漿蝕刻轉移層上面殘餘的基層，再用氧氣 RIE 刻穿轉移層，移除阻擋層，在基材上形成高深寬比的圖像。

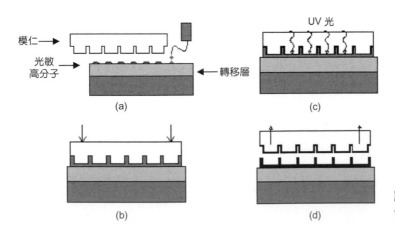

圖 8.11
步進快閃壓印法的加工流程圖[14]。

此壓印中模仁的面積小於矽晶片，且採用了步進重複的方法，每個步驟皆進行一次紫外光照射，故此得名「步進快閃壓印微影法」。其最大優點在於室溫下不需很大的壓力就可進行，同時由於模仁爲透明物，可以採用翻模對準配置，這也使得步進閃光壓印法成爲各種奈米壓印微影技術中最有可能進入量產的一種壓印技術。

8.3 表面處理及保護

由於光學塑料在進行表面處理時，具有一些與玻璃材料不同的特性，因此在鍍膜設備、膜層材料及鍍膜技術等與玻璃零件的鍍膜會有較大的差別。光學塑料的鍍膜特性爲：

1. 光學塑料表面進行真空鍍膜時，首先要考慮的問題是，在抽氣和沉積過程中，這些材料的排氣特性。塑料不同則排氣的速率也不相同，即使同一種塑料，其排氣特性在每次蒸鍍時也可能有差別，同時排氣特性也決定於元件的材料吸水性和成形製造方式。
2. 光學塑料的耐熱度差，無法與玻璃基材一樣可加熱到較高的溫度，一般光學塑料都在 35 °C－45 °C 間進行鍍膜。
3. 光學塑料表面與所鍍薄膜之間的附著力較差，因爲塑料零件軟而且化學穩定性差，它的清洗受到限制，不易得到潔淨表面。因此，塑料基材和膜層間的結合是塑料鍍膜技術中需要注意的重點。
4. 光學塑料零件成形時易產生內應力，不僅會產生雙折射，而且會造成鍍膜層上的缺陷，嚴重時會產生裂痕。
5. 光學塑料熱膨脹係數大，若基材與薄膜的膨脹係數差異過大時，會使膜層產生應力，導致變形或膜層崩裂。
6. 光學塑料易帶靜電，表面易吸附灰塵，因此工作平台需要較高的潔淨度。

8.3.1 塗層與沉積

塑膠透鏡塗層 (coating) 的目的是爲防止反射、表面硬化及防止帶電。塗層技術的要素有蒸鍍機、蒸鍍方法、蒸鍍材料及膜的構成等。

微影技術的進步使得垂直性的製程備受注目，而沉積方式可分爲化學氣相沉積 (chemical vapor deposition, CVD) 和物理氣相沉積 (physical vapor deposition, PVD) 兩類。CVD 的原理是利用氣體反應，反應物質以氯化物或溴化物等鹵化物爲主，載體與反應氣體爲純氫氣或其他氣體 (N_2、C_2H_2、CO_2) 的混合氣體，反應物質在裝置中氣化後，和載體一同送至反應室裡，在預熱至高溫的基材表面上產生化學反應析出蒸鍍膜。而 PVD 技術是藉由電氣方式使鍍材蒸發，於基材表面形成一鍍膜，主要方法爲蒸鍍及濺鍍。

8.3.2 鍍膜

(1) 分光膜

由於光電儀器及雷射的技術發展都有創新，分光鏡的使用領域亦不斷的擴大。在塑料上，已經可鍍製金屬和介電質分光膜。用金屬分光膜可以製成不同透射比之中性濾光片，介電質分光膜也可得到更高的效率，目前已鍍製反射率分別爲 20%、30%、40%、50% 及 60% 的穩定而耐磨的零件，中心波長可以在可見光和近紅外波段。此種膜層目前用於雷達記錄屏、光學濾波片、測距儀和纖維光學中。

(2) 反射膜

在光學塑料表面上，可以獲得價格便宜、效率高的金屬反射膜，其硬度接近於在玻璃基材上蒸鍍的相同膜層。玻璃反射鏡中用得最多的材料爲鋁，也是最常用的塑料表面反射膜材料。在塑料上，鋁膜的反射率與在玻璃上一樣，附著力和硬度都很好。鋁膜或金膜可以於紅外線波段使用，此兩種膜層可以加鍍 SiO_2 保護膜，加保護層的目的是使它具有更好的耐磨性，可經得起多次擦拭清潔。

影響紫外光反射的主要因素之一是散射，當波長越短時，此種效應越明顯。當塑料用於紫外波段時，必須注意由於表面質量所引起的散射與由於高分子揮發氣體所引起的散射。當波長大於或等於 3000 Å 時，鋁反射鏡具有很高的效率，一般會在鋁膜上再鍍上一層氟化鎂。塑料光學反射鏡一般用於測距系統、飛機的前視系統、醫療儀器、飛行模擬器與低能量雷射反射鏡。

(3) 濾光膜

濾光膜也有金屬膜和介電質膜兩種。由於金膜於紅外線中有較高的反射率，所以是最典型被使用的金屬材料。在塑膠表面上鍍介電質膜和在玻璃上鍍介電質膜一樣廣泛，但必須注意應力問題。塑料的種類不同，其影響程度也不同，因爲它們有不同的膨脹係數和附著性。

(4) 耐磨膜

由於光學塑料表面硬度很低，對於暴露在空氣中的光學塑料或經常要擦拭的的零件表面，要鍍製耐磨的膜層，以達到機械保護的作用。

8.4 應用範例

8.4.1 導光板 (5 吋)

　　導光板 (light guide plate, LGP) 爲背光模組中重要的零組件之一，且導光板的光學設計也攸關著整個背光模組是否能提供均勻之發光源。導光板的製作不外乎透過裁切 (平板) 或射出成形 (楔形板) 的方式；在使用裁切或射出的方式製作導光板若需要經過網版印刷將擴散點複印於導光板之底面，此稱爲印刷式導光板；若直接將擴散點製作於模具上，並藉由射出成形將擴散點一體成形，則稱爲非印刷式導光板，而下文所介紹的係屬於非印刷式的製程。

　　導光板的作用在於引導光的散射方向和改變光在導光板中的行進路徑，其最終目的爲用來提高面板的輝度，並確保面板亮度的均勻性，因此導光板的設計及製造與輝度、均細度的控制有關，此爲背光模組光學設計最主要的技術與成本所在，背光模組的基本結構 (側光式) 如圖 8.12 所示。

　　目前業界所製作山的楔形導光板有 12.1 吋及 14.1 吋等，其楔形板厚端及薄端尺寸大約爲 3 mm 及 0.8 mm 左右，不同的導光板尺寸在設計上不僅要考慮厚端入射光源處之尺寸，也要顧慮到楔形板角度的關係，不同的尺寸需要有不同設計的背光模組，在光學設計時必須將這些因素全部一起考量。在此以 5 吋 (100 mm × 75 mm) 楔形導光板爲例，探討厚薄端的尺寸對波鋒超前或落後現象的影響，故將進澆點位置置於楔形板厚端進澆，並藉由三維模流分析模擬在實際射出時可能會發生波鋒領先及落後現象之厚薄端尺寸，如圖 8.13 所示。

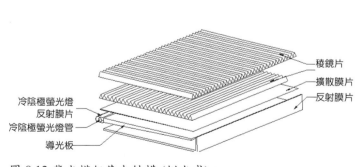

圖 8.12 背光模組基本結構 (側光式)。

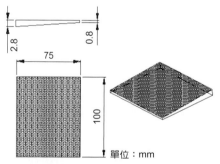

圖 8.13 模擬楔形板厚端尺寸之三視圖。

(1) 短射實驗與模擬分析結果比較

　　實驗與模擬於波鋒超前之短射圖如圖 8.14 所示。由圖中可清楚的比較出塑料在充填 30%、60%、90% 及 100% 實驗與模擬結果，藉由模擬分析出的塑料眞實充填模穴行爲非常接近實驗短射圖的結果。所以可以由三維模流分析模擬出熔膠在模穴內眞實的充填行爲，而在微射出成形的短射模擬分析中是以三維的模型建構，求解模擬是使用 3D Navier-Stokes solver，其與 3D fast solver 最大不同是將動量方程式的慣性項和重力項考慮進去計算，此非線性項於求解過程需要較長的時間計算，故花費相當於 3D fast solver 的 10 倍以上分析時間。但唯有用此種求解方式，才能眞實模擬分析出與實際射出成形相差不大之情況。

　　圖 8.14(c) 及圖 8.14(d) 分別爲充填 60% 塑料實驗與模擬於波鋒超前之短射圖。由圖中可清楚的比較出塑膠在充填 60% 實驗及模擬結果，於波鋒前緣處及波鋒與模壁交界處之充填行爲，因此可由三維數值模擬，分析出塑膠眞實充填模穴行爲是非常接近與實驗短射圖的結果。

　　圖 8.14(e) 及圖 8.14(f) 分別爲充填 90% 實驗與模擬於波鋒落後現象之短射圖。由圖中也可清楚的比較出塑料在充填階段時，於波鋒前緣處及波鋒、模壁交界處，特別是波鋒落後時之特殊充填行爲 (在充填 30% 時，原本靠近模壁側之處爲落後波鋒，當整個模穴充填至 60% 時，原本超前之中間部位波鋒已與靠近模壁側之落後波鋒形成平整狀態，而當模穴充填至 90% 左右，靠近模壁側之落後波鋒已經超前原本超前之中間部位波鋒)，因此運用三維數值模擬分析，可眞實的模擬出塑膠充填模穴之行爲。

(2) 製程參數對平面度之影響

　　使用單一參數法對不同製程參數下平面度之影響，由圖 8.15 (a) 中可知較低的模具溫度有較高質量的平面度，而在高模具溫度下其平面度品質越差。由圖 8.15(b) 中可知，

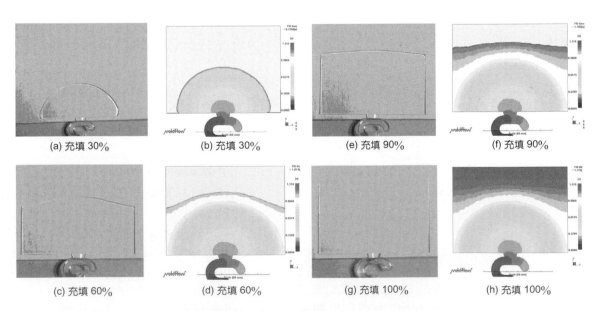

(a) 充填 30%　　　　(b) 充填 30%　　　　(e) 充填 90%　　　　(f) 充填 90%

(c) 充填 60%　　　　(d) 充填 60%　　　　(g) 充填 100%　　　　(h) 充填 100%

圖 8.14 充填各比例塑料的波鋒超前實驗與模擬短射圖。

在較高的射出溫度也會有較差的平面度表現，而較低的射出溫度則有較佳之平面度。由圖 8.16(a) 中可知，較低或較高的保壓壓力皆無法達到較佳之平面度，而適當的保壓壓力則有助於平面度之效果。由圖 8.16(b) 中可知，保壓時間太短或太久會使平面度變差，需適當的保壓時間才有助於平面度之情形。由圖 8.16(c) 中可知，過高的射出壓力會使成品的平面度較差。

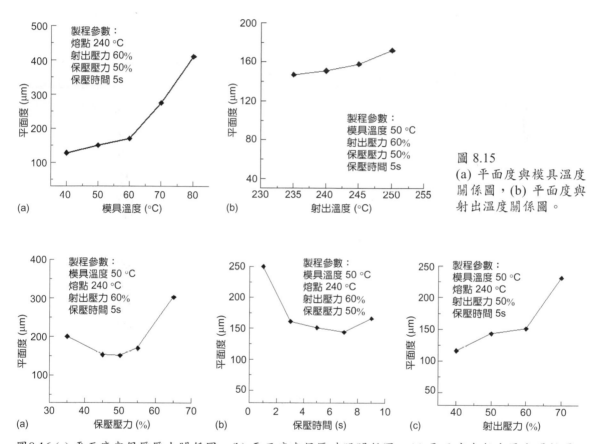

圖 8.15
(a) 平面度與模具溫度關係圖，(b) 平面度與射出溫度關係圖。

圖8.16 (a) 平面度與保壓壓力關係圖，(b) 平面度與保壓時間關係圖，(c) 平面度與射出壓力關係圖。

(3) 製程參數對轉寫性影響

圖 8.17 所示為導光板轉寫性之量測點。圖 8.18 為以單一參數法在模具溫度設為 40 °C 時之微結構轉寫性 (P2) 的情形。由圖中可知以表面輪廓儀 (surface profiler) 量測的微結構凸點高度，大約皆在 33−35 μm 左右，雖然微結構凸點高度小，但深寬比不大 (寬 380 μm、深寬比約 1：10.8)，結果顯示成形性還算不錯。表 8.4 為不同製程參數之各量測點轉寫性。結果顯示中央點 (P2) 之轉寫性最佳，因為其值最大。而影響轉寫性最重要因數為模溫，其次為保壓壓力。

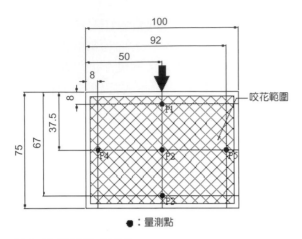

圖 8.17 轉寫性量測點。

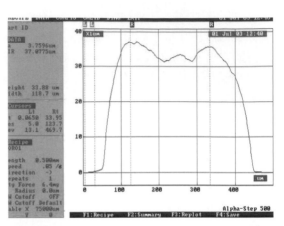

圖8.18 以表面輪廓儀量測微結構高度分布圖。

表 8.4 不同製程參數下各量測點之轉寫性。

參數設置		P1	P2	P3	P4	P5
模溫	40	33.98	35.90	33.12	33.17	33.88
	50	33.37	34.56	32.70	31.20	31.30
	60	36.07	35.21	32.67	33.04	33.09
	70	34.72	35.31	33.72	32.30	34.76
	80	34.11	34.67	33.40	32.73	33.41
射溫	235	35.81	32.44	33.66	33.31	34.13
	240	33.37	34.56	32.70	31.20	31.30
	245	36.20	34.47	35.46	31.59	33.01
	250	33.50	34.72	32.29	31.87	33.08
射壓	40	33.58	34.26	32.42	33.23	30.86
	50	34.65	35.35	32.86	33.34	35.26
	60	33.37	34.56	32.70	31.20	31.30
	70	35.69	36.03	33.22	33.49	35.17
保壓壓力	35	34.01	32.26	33.24	33.04	34.99
	45	35.07	35.15	32.77	32.21	33.93
	50	33.37	34.56	32.70	31.20	31.30
	55	35.59	34.06	32.07	32.80	35.42
	65	33.72	35.01	33.46	32.17	35.49
保壓時間	1	34.04	36.11	32.89	32.58	33.73
	3	33.77	35.13	32.22	31.59	32.26
	5	33.37	34.56	32.70	31.20	31.30
	7	35.95	34.12	32.07	33.76	33.88
	9	33.40	34.16	33.21	31.68	33.17

(4) 製程參數對粗糙度影響

圖 8.19 為以單一參數法之射出溫度設為 235 °C 時之微結構表面粗糙度。由圖中可知以原子力顯微鏡 (AFM) 量測的微結構表面粗糙度大約皆在 8.8 nm。

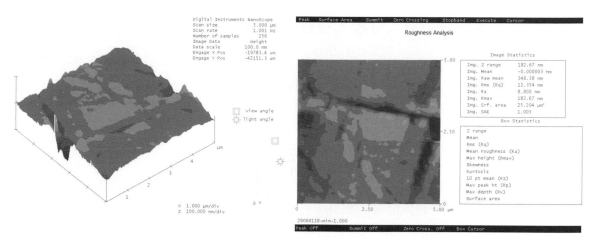

圖 8.19 以 AFM 量測微結構表面粗糙度之結果圖。

(5) 結論

　　運用三維模擬分析可預知所設計的幾何尺寸在搭配不同的製程參數時，模穴內之眞實充塡行爲，波鋒落後現象是因爲射出速度太慢，剪切熱影響小使溫度分布低，因此造成黏度升高、流動阻力大、流動速度慢等現象。避免落後現象之發生則需增加其射出速度，增加塑膠與模壁的摩擦使剪切熱增大。

　　通過變異數分析影響平面度之最重要製程參數爲模具溫度，低模具溫度時有較佳的平面度。上述研究發現在低的模具溫度、射出溫度、射出壓力及適當的保壓壓力及保壓時間有較佳的平面度，而太高的模具溫度、射出溫度、射出壓力及過小或過大過長的保壓壓力及保壓時間則使平面度品質變差。所製作之導光板表面粗糙度爲 8.8 nm。

　　微細溝導光板對 LCD 性能的提升有很大的影響，因此對品質有以下要求：

1. 不會變黃：變黃將使冷陰極螢光燈 (CCFL) 射出光的光線透過率下降，而使輝度變小。
2. 不可有雜質混入：成形材料中有雜質混入時，導光板上會出現黑點，而產生輝度條紋、輝點或透過不良。
3. 不可有凹陷、翹曲等成形不良：凹陷或翹曲等異常不但會阻礙後處理或組裝作業，也是造成輝度條紋、透過不良的原因。
4. 微細溝要確實轉寫：若微細溝的轉寫不良，不但會造成輝度條紋、透過不良，也無法達到提升性能、降低成本的目的。
5. 無殘留應力、尺寸安定性：板狀成形品中存在殘留應力，不但使尺寸安定及耐候性會隨時間變化，導光板內的折射率也會有變化，而發生輝度條紋與異常[15]。

8.4.2 微射出壓縮成形對二吋導光板微結構品質的影響

本節以微射出壓縮成形對導光板微結構品質的影響為介紹內容。以市售數位相機中 2 吋 LCD 的導光板尺寸為研究對象，導光板的成品尺寸如圖 8.20 所示，導光板上微結構由 100 μm 之圓徑線性擴大至 300 μm 之圓徑，而由導光板厚端至薄端。

(1) 三維模流分析

現今市面上商業化的模流分析軟體，如 Moldflow、C-mold、Cadmould 等，運用於射出成形模具設計上皆有非常大的幫助。而軟體基礎理論都以 Hele-Shaw model 理論為基礎，以二維 (2D) 的元素來簡化真實三維 (3D) 的流動情形，並且應用於薄殼元件的模擬分析中，以二維元素來分析的方式又稱為中性面 (mid-plane) 的數值模擬。在以 Hele-Shaw model 為理論的分析中，在轉角的流動變化處，或是發生噴泉流效應會影響到流動波前的情況，都無法準確的計算出其結果，只有透過以 Navier-Stokes 方程式為基礎理論的真實三維模擬分析，才能計算出正確的數值解。

使用三維 (3D) 元素求解幾何零件，其結果會比二維 (2D) 元素準確，並運用各種模流分析軟體 Moldflow、CADMOULD-3D、C-mold 等，把二維 (2D) 表示為 3D (類似 2.5D)，使用有限元素法 (FEM) 與有限差分法 (FDM) 來計算出速度場及溫度場，簡化真實三維複雜流動的情形，如在流動波前的噴泉流現象、厚度交錯的截面、流動方向改變時及在肋 (T-joint) 與急轉彎的地方，如圖 8.21 所示[16]。3D 現象的影響唯有使用 3D 元素分析才能獲得，而這樣的結果有助於翹曲的分析及分子定向性的分析計算。

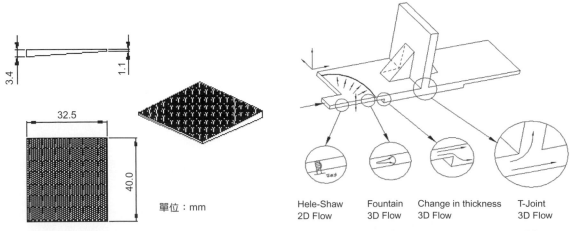

圖 8.20 數位相機中 2 吋 LCD 的導光板成品尺寸圖。

圖 8.21 典型的射出成形於三維流動之現象[16]。

Hele-Shaw 流動模式的理論基礎是以中性面 (mid-plane) 分析楔形導光板，無法得到與實驗短射圖波鋒落後之中性面厚度方向定義的錯誤現象，如圖 8.22 所示，因此會有誤差發生[17]。以 Hele-Shaw model 爲理論模式用 2.5D (mid-plane) 及三維 (3D) 數值模擬，分析楔形板件於射出成形之充塡行爲，並與實驗作一比對，會發現運用三維數值模擬分析，不論在厚、薄端的壓力分布與流場的充塡行爲都與實驗結果相近[18]。而楔形導光板之流鋒充塡時落後現象，運用三維數值分析模擬出其落後之流動行爲，並截取楔形板厚度方向不同截面之溫度場、速度場，並計算剪切熱的影響，來說明其落後的原因[19]。

本研究所使用的設備爲：(1) 射出成形機、(2) 模溫機、(3) 三次元雷射掃描儀、(4) 工具顯微鏡、(5) SEM 電子顯微鏡、(6) 表面輪廓儀 (surface profiler)、(7) 應力偏光儀 (stress viewer) 及 (8) 自動控制量測輝度平台。

在材料的選擇上，使用旭化成 Delpet80NH，其材料性質與目前業界製作導光板之光學壓克力 (PMMA) 材料相同，故可減少本研究在導光板材料使用上與業界之差異，其模具圖及模仁圖如圖 8.23 所示。

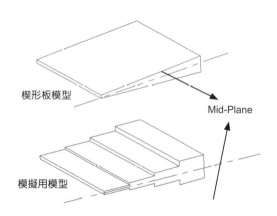

圖 8.22
成品原型與模擬 (Hele-Shaw 模式) 模型的差異[17]。

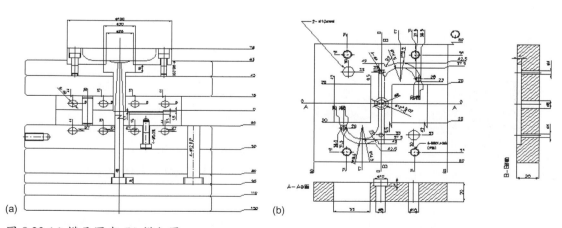

圖 8.23 (a) 模具圖與 (b) 模仁圖。

(i) 微結構之模擬實驗分析

　　在此介紹利用模流分析軟體 (MPI) 模擬無微結構導光板及有微結構導光板於模穴充填之行為，在微結構方面因軟體無法接受過小構成實體的四面體網格 (mesh)，故無法以實際成品的微結構數量和尺寸來模擬。本研究係以直徑 100 μm 線性擴散至直徑 300 μm 的微結構來做模擬分析，與實際成品上的微結構相差不大，但在微結構數量方面因實際成品上微結構數量眾多，若以實際數量來模擬分析，軟體會因為四面體網格數量過於眾多而產生發散的錯誤導致無法去計算，所以本研究以 1353 (33 × 41) 個微結構陣列來模擬實際成品上的微結構，圖 8.24 為模擬之網格圖。

(ii) 微結構模擬分析結果

　　由圖 8.25 之結果顯示在導光板微結構處熔膠溫度比較低，而在無微結構導光板之分析中，平均熔膠溫差比較小但是最高溫度均大於有微結構者。因為在無微結構導光板的分析中，塑料充填至模穴內較快形成凝固層，使得流動截面積減小而阻力變大，以致於摩擦力增加，導致整體的溫度升高。而有微結構之導光板溫度分析中，塑膠流動截面積較大，以致溫度分布較低。圖 8.26 為有微結構導光板放大圖。

　　圖 8.27 為有微結構及無微結構之導光板射出成形壓力分布圖，結果顯示微結構導光板之壓力分布均大於無微結構導光板，其原因是熔膠經過微結構區域需要較大的壓力才能充填完成，故成形壓力大於無微結構導光板。

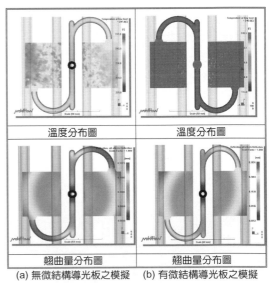

溫度分布圖　　　溫度分布圖

翹曲量分布圖　　　翹曲量分布圖

(a) 無微結構導光板之模擬　　(b) 有微結構導光板之模擬

圖 8.25 無微結構及有微結構導光板之模擬比較。

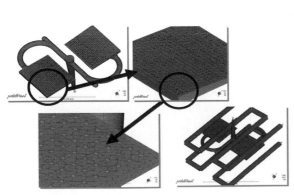

圖 8.24 模擬之網格圖。

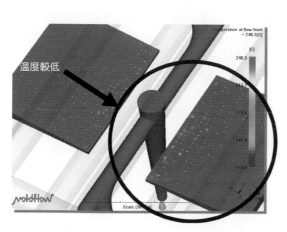

圖 8.26 有微結構導光板的放大圖。

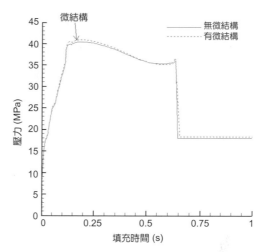

圖 8.27 有微結構及無微結構之導光板射出成形
壓力分布圖。

(iii) 微結構充填模擬分析

　　圖 8.28、圖 8.29 與圖 8.30 所示分別為靠近澆口、中央部分及導光板薄端的微結構充填行為，由圖 8.28 可以發現在靠近澆口處的微結構及模穴並沒有完全充填完成，轉寫性較差，此乃因熔膠先向前快速流動，再充填至微結構內。

　　在圖 8.29 中央處微結構充填過程中可看出微結構在中央處的轉寫性有不錯的表現，因而接連來的熔膠幫助充填進入微結構內。圖 8.30 為薄端處微結構充填過程，由圖中可發現在靠近導光板薄端的熔膠，由厚端進入薄端的區域需要的壓力較大，以致於壓力下降影響轉寫性品質，充填微結構模穴並沒有較好的轉寫性。

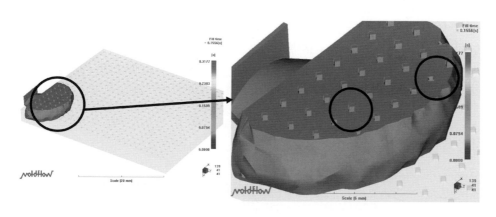

圖 8.28
澆口處微結構
充填過程。

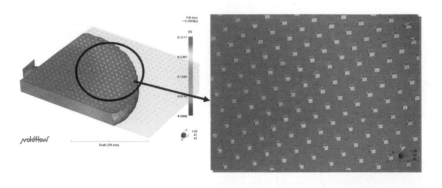

圖 8.29
中央處微結構充填過程。

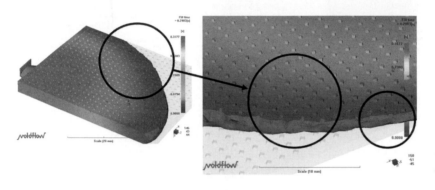

圖 8.30
薄端處微結構充填過程。

(2) 製程參數對導光板品質之影響

　　表 8.5 為微射出成形的製程參數對導光板品質之影響的統計表，由表中可得知平面度品質評估最重要的製程參數依序為：射出溫度、保壓壓力、冷卻時間；微結構轉寫性品質評估最重要的製程參數依序為：模具溫度、保壓壓力、射出溫度；均勻度品質評估最重要的製程參數依序為：模具溫度、射出溫度、保壓壓力。表 8.6 為微射出壓縮成形的製程參數對導光板品質之影響的統計表，由表中可得知平面度品質評估最重要的製程參數依序為：壓縮距離、壓縮速度、冷卻時間；微結構轉寫性品質評估最重要的製程參數依序為：模具溫度、壓縮距離、射出溫度；均勻度品質評估最重要的製程參數依序為：壓縮距離、模具溫度、壓縮速度。

表 8.5 微射出成形的製程參數對導光板品質之影響。

製程參數	平面度品質	微結構轉寫性品質	均勻度品質
模具溫度 (°C)		◎	◎
射出溫度 (°C)	◎	□	○
保壓時間 (s)			
保壓壓力 (%)	○	○	□
冷卻時間 (s)	□		

註：影響重要程度：◎為第一位、○為第二位、□為第三位。

表 8.6 微射出壓縮成形的製程參數對導光板品質之影響。

製程參數	平面度品質	微結構轉寫性品質	均勻度品質
模具溫度 (°C)		◎	○
射出溫度 (°C)		□	
壓縮速度 (mm/s)	○		□
壓縮距離 (μm)	◎	○	◎
冷卻時間 (s)	□		

註：影響重要程度：◎為第一位、○為第二位、□為第三位。

　　綜合上述結果可以比較出，以微射出成形而言，模具溫度為影響導光板品質最重要製程參數；以微射出壓縮成形而言，壓縮距離為影響導光板品質最重要的製程參數。

8.4.3 微透鏡陣列

(1) 實驗方法與驗證

　　本節以熱壓成形法加工於微透鏡陣列為例，針對不同製程參數對微透鏡陣列轉寫性、光學品質及成品成形性等影響，作一系列的品質探討。

　　微透鏡陣列的製造方式，目前有浮雕鑄造法、光阻迴流法、微射出成形法、熱壓成形法 (hot embossing) 及 LIGA 製程。本研究之微透鏡陣列的微透鏡原型為直徑 150 μm、透鏡高度 30 μm。將製作出來的微透鏡陣列以電鑄的方式製作出熱壓成形之模具，再利用熱壓成形的方式大量製作微透鏡陣列，並量測所得到的微透鏡陣列的轉寫性、成形性，甚至光學性質方面的研究。

(2) 成品表面粗糙度之量測

　　在本研究中，利用原子力顯微鏡 (AFM) 量測微透鏡之表面粗糙度。量測透鏡之表面粗糙度主要是因為若微透鏡之表面粗糙度過高，在使用時會產生繞射現象。因此我們可以藉由微透鏡的表面粗糙度來判斷成品是否滿足光學應用之條件。

(3) 成品之轉寫性量測觀察

　　在微透鏡轉寫性的量測中利用表面輪廓儀 (surface profiler) 量測微結構轉寫高度並且和模仁的高度做一比對，量測位置如圖 8.31 中的 P1、P2 和 P3 三點。最後以 SEM 電子顯微鏡觀察微射出成形與微射出壓縮成形下微透鏡陣列的微透鏡，圖 8.32 所示為 SEM 量測微透鏡陣列的範圍。

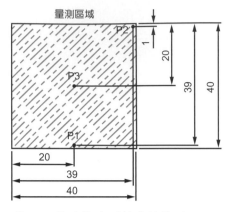

圖 8.31 微透鏡陣列轉寫性量測點。

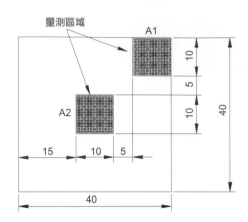

圖 8.32 SEM 於微透鏡陣列微透鏡轉寫性量測區域。

(4) 實驗方法

　　本研究以微熱壓成形進行微透鏡陣列品質影響之研究，微透鏡的尺寸為直徑 150 μm，高度約 30 μm，微透鏡總數為 200 × 200 個，成品尺寸圖如圖 8.33 所示。

　　針對微熱壓成形做成形性之探討，探討不同厚度的薄膜於微熱壓成形下的成形性，製作出微熱壓成形於微透鏡陣列的成形視窗。藉由改變模具溫度、轉印壓力、成形時間和冷卻溫度對微透鏡陣列品質做一探討。以田口實驗計劃法與變異數分析，探討製程參數影響微透鏡光場均勻度與轉寫性之重要因子。

　　並以工具顯微鏡量測成品與模仁之尺寸，以 Alpha step500 表面輪廓儀量測微透鏡的轉寫性，以 SEM 電子顯微鏡觀測微透鏡外觀，再以 AFM 對微透鏡陣列的微透鏡表面粗糙度做量測。

(5) 結果與討論

(i) 熱壓成形之製程參數探討

　　本研究是以 PC 薄膜材料製作微透鏡陣列，並探討成形視窗的製程因子，根據文獻的記載最重要的製程因子分別是模具溫度和壓印壓力，所以我們將這兩個製程條件關係

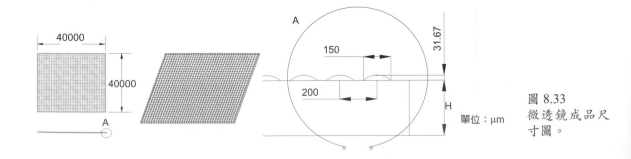

圖 8.33 微透鏡成品尺寸圖。

製作出成形視窗，成形的標準判定是以成品的圓徑成功的壓印出來，未壓印出微透鏡或使薄膜破裂或材料裂解的成品將不列入成形視窗內。實驗結果證明，模具溫度過低時，微結構會出現轉印不完全的情況；模具溫度過高時，材料會裂解；若壓印壓力過低，微結構會成形不完全；若壓力過高，薄膜會破裂。

(ii) 成品表面粗糙度之量測結果

經由 AFM 量測結果發現，在最佳成形條件下所得到的成品表面粗糙度可達到 10－18 nm，如圖 8.34 所示。因為其小於 200 nm，將不會造成光學繞射的產生。由此可知熱壓成形可滿足微透鏡陣列之製作，並且達到量產的能力。

(iii) 成品之轉寫性量測結果

實驗結果發現當薄膜厚度在 0.38 mm 時最佳的成形條件是模溫 160 °C，壓印力量為 5000 bar，壓印時間 60 秒，脫模溫度 80 °C 時有最佳的成品轉寫性。圖 8.35 為工具顯微鏡所量測的微透鏡陣列成品圖，倍率為 84×。在薄膜厚度變更為 0.25 mm 時，模溫的提高有助於微透鏡的成形，但是壓印力量必須減小到 4000 bar，才不至於使微透鏡破裂，如圖 8.36 為在高壓印溫度之下微透鏡表面破裂的情形，顯示的倍率為 40×。圖 8.37 為 PC 薄膜經微熱壓成形後得到微透鏡陣列成品圖。

(6) 結論

由上述實驗結果可得到以下結論：

1. 本研究顯示過高的模具溫度雖然有助於微透鏡的轉寫性，但是卻也容易造成微透鏡表面輪廓的損傷。較低的模具溫度成形性雖然不高，但是微透鏡的表面沒有破損的情形發生。

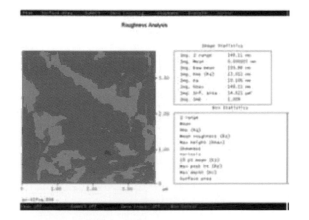

圖 8.34 AFM 量測結果。

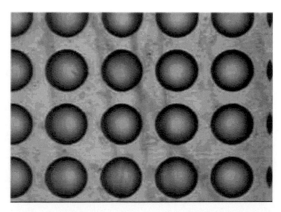

圖 8.35 微透鏡陣列成品於工具顯微鏡下的圖片。

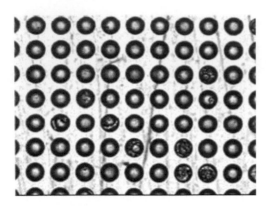

圖 8.36 高壓印溫度之下微透鏡表面破裂   圖 8.37 微透鏡陣列成品圖。
　　　的情形。

2. 隨著薄膜厚度的不同所需壓印力量也有所不同，較薄的薄膜需要較高的成形壓力，才
   能使微透鏡順利轉印上去，過大的壓印壓力不但使得微透鏡產生破裂甚至縮短模具壽
   命，而過小的壓印壓力將無法得到良好的微結構轉寫性。
3. 研究顯示壓印的時間對微透鏡的成形性沒有太大的影響，過長的壓印時間不但增長製
   程時間，也容易造成微透鏡表面輪廓的破壞。
4. 本研究顯示脫模的溫度不影響微透鏡的成形性，較低的脫模溫度雖然可以使成品順利
   取出，但是成品的冷卻時間卻大大的增加。實驗結果顯示在材料的玻璃轉化溫度以下
   脫模，微透鏡的輪廓不會有太大的損傷。
5. 研究結果證明，微熱壓成形可用於製作微透鏡陣列。未來的研究重點在於縮短製程時
   間與提升光學性質之穩定性。

8.4.4 其他光學元件

(1) 透鏡

a. 光學讀取 (optical pick-up) 所用之透鏡必須具有超高精度，目前已經達成 CD、CD
   ROM、CD-R、DVD 等物鏡的非球面 (aspheric) 之開發，進一步開發高精度的透鏡並朝
   向大量生產、低價格的實現，對 CD 的普及有很大的貢獻。再者除對物鏡之外，也開
   發了觀測透鏡、感測器透鏡等。
b. 照相機用攝影透鏡方面：鏡頭快門 (lens shutter) 照相機用透鏡、110 型照相機用透鏡、
   單眼反射式照相機 (reflex camera) 用交換透鏡等。最近，錄攝影用攝影透鏡也開始採
   用塑膠透鏡。而且這種透鏡生產性非常好，是極長壽命的透鏡，在近年達到非球面化
   的高精度化、精緻化。

c. 在探測器 (finder) 光學系統方面,非球面對物鏡、非球面目鏡 (eyepiece lens) 及菲涅耳透鏡 (Fresnel lens) 等皆採用塑膠透鏡。

d. 其他大口徑用攝影透鏡、柱面透鏡 (cylindrical lens)、 TV 眼鏡片、隱形眼鏡 (contact lens) 等,正在生產中或開發中的塑膠透鏡種類繁多,塑膠透鏡的用途也漸漸擴展。

(2) 機構元件

機構元件也和透鏡一樣,以降低價格及成本為主要目的,向塑膠化進展。伴隨著低價格化,也向有效地活用塑膠的特性之商品開發進展。在小型元件部分朝向高精度化、微細化發展,次微米精度的塑膠元件的製造時代來臨了,高精度化最大的要點就是模具的生產技術。

(3) 光碟

光碟也是需要高性能的塑膠製品,要求的性能有雙折射 (birefringence) 小、耐熱、耐濕性、均質性、異物混入小等,涉及多方面。為了提高這些性能,需急速開發相關的新塑材與周邊技術。

參考文獻

1. C. Kukla, H. Loibl, H. Petter, and W. Hannenheim, "Micro-Injection Moulding-The Aims of a Project Partnership", *Kunstsoffe plast. Europe*, 6-7 (1998).

2. M. Kleinebrahm, "Precision Injection Mouldings", *Kunststoffe plast. Europe*, 12-14 (1998).

3. H. Eberle, "Micro-Injection Moulding-Mould Technology", *Kunststoff Plast Eurpo*, 1334-1346 (1998)

4. 郭乙龍, "薄殼射出成形於電子辭典電池殼翹曲之研究", 龍華科技大學工程技術研究所碩士論文 (2004).

5. S. Fatikow and U. Rembold, *Microsystem Technology and Microrobotics*, Springer (1996).

6. 張宏榮, "微射出壓縮成形於背光模組導光板微結構之研究", 龍華科技大學工程技術研究所碩士論文 (2004).

7. M. Heckele, W. Bacher, and K. D. Muller, *Microsystem Technology*, **4**, 122 (1998).

8. 楊禮仲, "LIGA 製程中之微影及熱壓的研究", 國立清華大學材料科學與工程研究所, 碩士論文 (1997)

9. L. Lin, C. J. Chou, W. Bache, and M. Heckele, "Microfabrication Using Silicon Mold Inserts and Hot Embossing", *Micro Machine and Human Science*, 67-71 (1996).

10. S. Y. Chou and P. R. Kraus, *Microelectronic Engineering*, **35**, 237 (1997).

11. H. Becker and U. Heim, *Sensor and Actuators A*, **83**, 130 (2000).

12. H. S. Lee, S. K. Lee, T. H. Kwon, and S. S. Lee, *Optical MEMS Conference Digest*, **2**, 73 (2002).

13. 邱治文, "熱擠壓式微透鏡陣列成型之研究", 國立中興大學精密工程研究所, 碩士論文 (2004)。

14. M. Colburn, S. Johnson, M. Stewart, S. Damle, T. Bailey, B. Choi, M. Wedlake, T. Michaelson, S. V. Sreenivasan, J. Ekerdt, and C. G. Willson, "Step and Flash Imprint Lithography: A New Approach to High-Resolution Patterning", *Proc. SPIE*, **3676**, 379 (1999).

15. 曹彰明, "LCD 用導光板的成型技術", 塑膠世界, **142**, 45 (2002).

16. W. Michaeli, H. Findeisen, Th. Gossel, and Th. Klein, "Evaluation of Injection Molding Simulation Programs", *Kunststoffe plast. Europe*, April, 18-19 (1997).

17. 馮文宏, "楔形板件精密射出與射出壓縮成形探討", 國立臺灣大學機械工程學研究所, 碩士論文 (2001).

18. Y. K. Shen, S. Y. Yang, W. Y. Wu, H. M. Jian, and C.-C. Chen, "Study on Numerical Simulation and Experiment of Lightguide Plate in Injection Molding", *PPS*, Taipei (2002).

19. Y. K. Shen, W. Y Wu, S. Y. Yang, and W. H. Feng, "Study on Numerical Simulation and Experimental Results for the Wedge-Shaped Plate", *2003 Polymer Seminar*, Tainan, FP-1-18 (2003).

第九章　光學鍍膜

9.1 引言

　　光學薄膜顧名思義就是輕薄短小的一層或多層膜應用在光電領域中，雖然不易感受到薄膜的存在，但它確確實實的在各種光電產品以及相關領域中，扮演了舉足輕重的角色，舉凡投影電視、液晶螢幕、LED、光纖通訊、國防科技、CD、DVD 光碟、奈米科技、生醫光電等皆脫離不了光學薄膜的應用範疇。

　　「光子晶體」此高科技名詞常在大家耳際繚繞，而光學薄膜即是一維光子晶體，是利用奈米等級的膜層所構成。對大多數人而言光學薄膜好像看不見也感覺不到，但許許多多光電系統中都需要光學薄膜來達到其最佳的功用與效益。最簡單的應用如眼鏡的鍍膜，可以讓眼鏡的反光減少且透光度更高、消除眩光使眼睛看得更清楚、更舒服等，一般市面上銷售標榜著抗紫外光和紅外光的鏡片，都是光學薄膜的應用，也因為有了薄膜的加持使得整付眼鏡價值獲得大幅度的提升。照相機裡的鏡頭亦有鍍上光學薄膜，而使得攝影取像時不會產生鬼影；顯示器的螢幕也因為薄膜的應用使得畫質更加的清晰。

　　另外，各類光學儀器元件上的精密鍍膜，如光纖通訊應用上的高密度多工分波器 (dense wavelength-division multiplexer, DWDM) 濾光片、CWDM (coarse WDM) 濾光片、增益平坦濾光片、色散補償濾光片；顯示系統上紅綠藍三個顏色的彩色濾光片、偏光鏡、反射鏡、分光及合光元件；照明用的冷光鏡與色溫修正濾光片；節約能源的熱鏡、電色膜、熱色膜；人造衛星的取像望遠鏡及抗輻射鍍膜，導向飛彈系統中的熱輻射帶通濾光片，導航系統中的低損耗雷射鏡，微機電系統使用的低應力薄膜，資訊工業中的高密度光學儲存薄膜，積光系統中的奈米光學薄膜，影像感測器的紅外光濾除片通稱 IR 截止濾光片 (IR-cut filter)，半導體製程微影曝光機的鍍膜；鈔票及有價證券之防偽鍍膜，其他如生醫光電、光學檢測、太空研究、宇宙重力波的探測以及國防工業等，都應用到此項重要技術－光學鍍膜。

　　有些尖端的基礎研究與應用需較小、較為精巧的零件，此亦為光學薄膜技術可以發揮的地方，例如微機電與奈米科技的研究。總而言之，只要有光學的地方，都可以利用光學薄膜改善元件的品質和性能，使產品變得更完善，甚至產生新的機制與特性。

第九章作者為李正中先生及劉旻忠先生。

高深的科技莫過於由基本的理論與技術所建築起，光學薄膜亦是如此，其基礎原理是建立在光學干涉的理論上。本章節先藉由投影顯示器與光通訊所使用的光學薄膜濾光片為架構，由光學薄膜的簡單理論、設計介紹起，進一步介紹光學薄膜的製程與增進薄膜品質的方式。以上所使用之基板皆是以玻璃材質為主，最後將藉由太陽眼鏡之鍍膜，對塑膠基板之鍍膜作廣泛的介紹。希望藉由本章節的引導，使讀者擁有玻璃基板鍍膜與塑膠基板鍍膜的完整概念，對於有志從事光學薄膜相關研究或工作的人有所助益。

9.2 重要的玻璃光學薄膜[1]

近年來由於科技的進步與生活品質的提升，加上平面顯示產品的大型化障礙逐漸被先進的技術所克服，因此大尺寸顯示器之應用領域已擴展至居家市場，並發展出如家庭劇院等用途。放眼現今市場上之平面顯示器產品，除了 PDP 電視、LCD 顯示器外，投影顯示器也加入了大尺寸平面顯示器的市場，這也讓平面顯示器市場呈現百家爭鳴之勢。投影顯示器能提供更大尺寸與更具震撼效果的視覺體驗，因此日漸受到消費者之青睞。

本節將以玻璃為主要基板，藉由投影顯示器與光通訊所應用的鍍膜，就其原理與設計做介紹。圖 9.1 為常見前投式投影顯示器的示意圖，其中包含了抗反射鍍膜 (antireflection coating, AR coating)、高反射鏡 (high-reflection mirror)、冷光鏡 (cold mirror)、UV-IR 截止濾光片、彩色濾光片 (color filter)、偏振分光鏡 (polarization beam splitter) 等。另外，光纖通訊中所使用的高密度多工分波器 DWDM 濾光片，亦是光學薄膜中非常成功的應用，因此也會對 DWDM 濾光片作簡單的介紹。

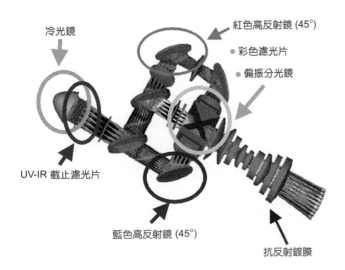

圖 9.1
投影顯示器架構與其所使用的光學鍍膜示意圖。

9.2.1 抗反射膜

投影顯示器的光學元件或其他光學系統中，最常見到的問題就是光因通過不同介質之鄰接界面而產生了反射，使得光通量下降，甚至因為多重反射而造成眩光或是鬼影，以致於影響到影像的解析度與視覺的感覺，因此藉由抗反射膜的製鍍可有效的解決因界面反射所造成的光學問題。

目前已有很多不同類型的抗反射膜可供利用，並能滿足光學領域中絕大部分的要求。除了投影顯示器的應用外，其他例如複雜光學系統與雷射的應用等，對於抗反射膜的要求就相對的比較嚴苛。尤其是大功率雷射系統中，有些光學元件要有極小的表面反射，以防止敏感光學元件受到不必要的反射光破壞。另外寬波域的抗反射膜應用，提供了影像品質與色彩平衡的提升，進而提高整體光學影像的品質，因此抗反射膜扮演了很重要的角色。圖 9.2 圓圈中央處有加上抗反射膜，可以明顯的看出透光度有顯著的增加。

最簡單的抗反射膜是在基板表面上製鍍一光學厚度為四分之一波長之奇數倍的低折射率薄膜。此薄膜的折射率如能符合 $N = (N_0 N_s)^{1/2}$，一般 N_0 為空氣之折射率，N_s 為基板之折射率，則可使反射率降為零。但事實上難以找到折射率剛好滿足上述條件的低折射率材料，不過如果能選取相近折射率材料也可有效的降低反射率，以下討論皆以低折射率基板為討論對象。以常見的光學玻璃 BK-7 為例，$N_s = 1.52$，則 N 必須為 1.23。不幸的是沒有剛好折射率為 1.23 的薄膜材料，折射率接近 1.23 且薄膜特性良好之低折射率材料有氟化鎂 ($N = 1.38$)，雖然其折射率無法使基板之反射降到零，但也使反射率由 4.26% 降至了 1.26%。因此為了便利性，氟化鎂是常用的抗反射膜，若要使反射率更低則使用多層膜系是必要的。

首先導入等效折射率的概念，可在基板上製鍍一層光學厚度四分之一波長之高折射率薄膜 (折射率為 N_2)，使得基板和此薄膜可以以等效折射率為 $N_a = N_2^2 / N_s$ 來代替。當 $N_2 > N_s$ 時等效折射率 N_a 大於基板，然後再鍍上一四分之一波長光學厚度之低折射率薄膜 (折射率為 N_1，例如氟化鎂)，就能有更好的抗反射效果。雙層膜製成之抗反射光學成效曲線呈 V 字形，一般稱之為 V- 鍍膜。圖 9.3 所示 A 為裸基板 BK-7 與鍍上四分之一波長厚之高折射率氧化鋁薄膜後，再鍍上低折射率氟化鎂薄膜之雙層抗反射膜 B 的反射率對

圖 9.2
抗反射膜應用的實例。

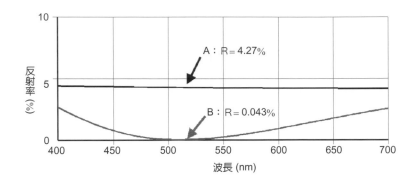

圖 9.3
裸基板 A 與鍍上雙層抗反射
膜 B 之反射對波長關係圖。

波長關係圖，藉由雙層抗反射膜使得反射率明顯的下降很多，中心波段附近之反射率降低到近乎等於零。

理論上可要求每個膜層厚度都是標準的四分之一波長，但所要求的材料因可用者有限而常找不到。因此有時是先選定鍍膜材料再作膜層設計，這時候膜厚就不一定恰好是四分之一波長，有時抗反射膜的設計必須使用非四分之一波長厚的設計，方能有較好的抗反射效果。圖 9.4 所示為使用非四分之一波長厚之雙層抗反射膜的反射光學成效圖，其中 A 為裸基板 BK-7 之反射率，B 則為藉由 Substrate | 0.272H1.328L | Air 之設計所得的抗反射膜，可以使中心波長的反射率下降更多，其中 H、L 分別代表四分之一波長光學厚度的高折射率 ($N = 2.372$，例如 TiO_2)、低折射率 ($N = 1.477$，例如 SiO_2) 膜層。

由上述之雙層膜系確實使中心波段附近之反射率降低，但在兩端之反射率卻高出了單層膜者，因此欲壓低此反射率，就必須加多膜層數，亦即欲使低反射區更寬廣，則三層以上的膜系是有必要的。以兩層四分之一波長膜厚中間加插一層二分之一波長厚的拓寬層 2M (折射率為 N_M) 為例，其結構為 Substrate | H2ML | Air，其中 H、L 與 M 分別代表四分之一波長光學厚度的高、低折射率與拓寬層，且折射率分別為 N_H 與 N_L，並且必須滿足 $N_M > N_H^2/N_S$，方能有明顯的拓寬效果。圖 9.5 所示 A 為未加入拓寬層，B 為加入拓寬層 M 的反射光學成效圖，可以看出當加入拓寬層後，在中心波長外的反射率有明顯下降的效果。利用非四分之一波長光學厚度的設計，亦可以加入拓寬層的概念，而達到

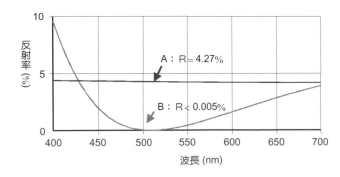

圖 9.4
所示為裸基板 A 與使用非四分之一波長厚雙層抗反射膜 B 的反射率對波長關係圖。

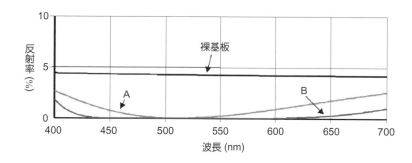

圖 9.5
A、B 分別爲無、有加入拓寬
層 M 的四分之一波長膜系抗
反射膜之反射光學成效圖。

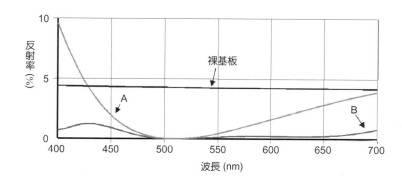

圖 9.6
A、B 分別爲無、有加入拓寬
層 M 的非四分之一波長膜系抗
反射膜之反射光學成效圖。

拓寬的效果，如圖 9.6 所示 A 爲 Substrate | 0.256H1.28L | Air 未加入拓寬層的設計，B 爲 Substrate | 0.256H0.328L2HL | Air 加入拓寬層 2H 所設計出抗反射膜的反射光學成效圖。

9.2.2 高反射膜

投影顯示器中另一項重要的鍍膜就是高反射鏡，此亦爲光學元件中常見的鍍膜之一。一般會期望反射膜在廣波域內都有高的反射值，金屬面可滿足這種需求，但由於塊狀金屬拋光加工不易，以致於表面不夠光滑，因此多是以輕而堅固且能做成好的光學面之材質當基板，然後在它的上面鍍上金屬膜。傳統的眞空蒸鍍金屬膜仍然是目前主要製作金屬反射面的方法，常見的金屬有金、銀、銅、鋁等。金屬膜反射鏡由於金屬有吸收之故，反射率有其極限。對於投影顯示器而言，希望能有更高的反射率，以增加光源的使用率，吸收值必須非常的小，並且能耐高溫，這時非採用全介質膜堆來做高反射鏡不可。基板上鍍折射率高低交互變化的多層四分之一波長膜堆可獲得極高的反射率，而且理論上也可證明用相同多的膜層數，四分之一波長膜堆比非四分之一波長膜堆所得到的反射率要高。四分之一波長膜堆反射鏡其基本的架構可以表示爲 Sub | (HL)^{m}H | Air，其中 H、L 分別爲四分一波長膜厚之高、低折射率，m 爲正整數，此膜堆共有 $2m + 1$ 層。因此反射率 R 爲：

$$R = \left[\frac{1 - \left(\dfrac{N_H}{N_L} \right)^{2m} \dfrac{N_H^2}{N_S}}{1 + \left(\dfrac{N_H}{N_L} \right)^{2m} \dfrac{N_H^2}{N_S}} \right]^2 \tag{9.1}$$

可見膜層越多則反射率越大。假設若沒有吸收或散射之損耗，則穿射率為：

$$T = 1 - R = 4 \left(\frac{N_L}{N_H} \right)^{2m} \frac{N_S}{N_H^2} \tag{9.2}$$

這表示每加鍍一對低、高折射率膜層，則穿射率就以 $(N_L/N_H)^2$ 之倍率下降，因此反射率可望接續的提高。圖 9.7 所示為 $m = 5$ 與 $m = 10$ 之反射率對波長的關係圖，可以看出隨著 m 的增加反射率也增加，但反射率的增加有時會因在膜層及膜層與膜層間之界面的吸收與散射而有所限制。

(1) 45° 藍色反射之雙色鏡

此反射鏡主要目的是將 45° 入射之藍光 (400－450 nm) 反射，但常見的規格上還會要求 520－760 nm 區域能夠有高穿透，以確保只有藍光被反射。

若使用 Sub | (HL)^{15}H | Air 架構設計，如圖 9.8 中實線所示，雖然在 400－500 nm 藍光處有很高的反射，但是在 520－760 nm 處卻有很大的穿透率波紋出現，以致於部分區域無法達到高穿透，因此必須導入截止濾光片與對稱膜堆的概念。

截止濾光片是指在某波段不透光，而相鄰的另一波段穿射率突然變得很高的一種光學元件，可分為長波通濾光片及短波通濾光片兩種。截止濾光片之不透光區可依靠材料吸收來完成，稱為非干涉型濾光片；也可以利用多層膜之干涉效應來完成，例如截止紫

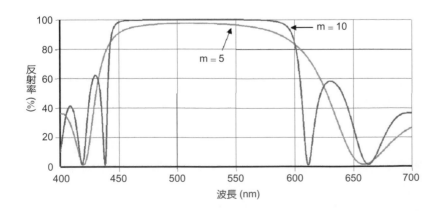

圖 9.7
$m = 5$ 與 $m = 10$ 之反射率對波長的關係圖。

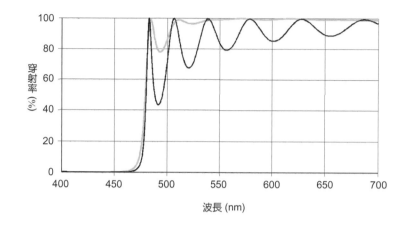

圖 9.8
實線為以四分之一波長膜堆設
計之穿透光學成效圖，淡線為
以長波通的概念設計之穿透光
學成效圖。

外光或截止短波通過之各種有色濾光片是常用的長波通濾光片；另亦有摻雜染料或特殊材料使近紅外光不通過的短波通濾光片，例如數位相機上清除高頻條紋的低通濾光片。非干涉型截止濾光片優點是簡單易做，且對角度變化較不敏感，但它有二項大缺點：一是截止波長 λ_c 不能調，另一是截止斜率之陡度不夠，因此在實際應用上並不是非常實用。

　　非干涉型截止濾光片的二項缺點，可利用多層膜干涉型截止濾光片獲得改進。使用四分之一波長膜堆的架構直接做截止濾光片，尚須加以優化修正，因為它如先前所述在透射區之波紋太多，因此透光區的平均穿射率 T_{ave} 太低。另外通帶之寬度有限，且截止波長 λ_c 對角度很敏感 (此為干涉多層膜的共同缺點)，因此必須對所需角度做特殊設計。

　　引入對稱膜堆的概念，最後可等效於一單層膜的數學理論，有助於解決上述之問題。此對稱膜堆膜層多於三層時，其主要的結構特性，可先從中間三層化成一等效層，然後將此等效層及其左右兩膜層再構成一新的等效層，如是下去最終可得到一層等效膜層。

　　最基本的對稱膜堆有 $(0.5HL0.5H)^s$ 及 $(0.5LH0.5L)^s$ 兩種，其中 s 為正整數，因此膜層夠厚時，在截止帶之穿射率可近乎等於零。基本上長波通截止濾光片的設計常利用 Sub | $(0.5HL0.5H)^s$ | Air 的架構作為最初的設計，短波通截止濾光片則是常以 Sub | $(0.5LH0.5L)^s$ | Air 的架構來作為最初的設計，再配合匹配層與優化的方式達成更好的光學成效。圖 9.8 中淡線所示，即為一長波通截止濾光片 Sub | $(0.5HL0.5H)^{15}$ | Air，可以看出穿透率的波紋現象得到很明顯的改善。

　　回歸到 45° 藍色反射鏡的設計，基本上這是以一個長波通濾光片為主，以 Sub | $(0.5HL0.5H)^{15}$ | Air 的架構作為基本設計，以 Ta_2O_5 與 SiO_2 為高、低折射率材料，再進行前後 6 層的優化，監控波長為 470 nm，以 45 度角入射所得之光譜圖如圖 9.9，其中虛線為優化前，實線為優化後。此設計所獲得的結果，符合先前所述之規格。

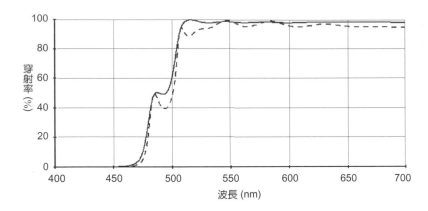

圖 9.9
45° 藍色反射鏡穿透光譜對波長的關係圖，虛線為優化前，實線為優化後[1]。

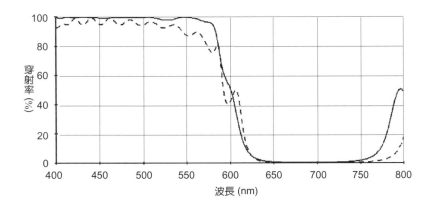

圖 9.10
45° 紅色反射鏡穿透光譜對波長的關係圖，虛線為優化前，實線為優化後[1]。

(2) 45° 紅色反射鏡

　　此反射鏡主要目的是將 45° 入射紅光 (640－760 nm) 反射，常見的尚會要求 400－560 nm 區域能夠有高穿透。基本上這是一個短波通濾光片的架構，可由基本設計 Sub | $(0.5LH0.5L)^{15}$ | Air 優化。圖 9.10 為以 TiO_2 與 SiO_2 為高、低折射率材料，監控波長為 760 nm，優化膜堆前 12 層與後 10 層，所得之穿透光對波長的關係圖，虛線為優化前，實線為優化後。

9.2.3 冷光鏡

　　投影顯示器的熱量主要來源為顯示器內部的成像電子電路系統、電源器及投影用光源這三部分。投影顯示器需要很高的亮度，為了能達到很高的投影亮度，目前投影顯示器普遍採用的是金屬鹵素燈泡、UHE 燈泡、UHP 燈泡這三種光源。這些燈泡的共同特點是發熱量高，因此需要經過冷光鏡 (光學隔熱玻璃) 來去除紅外線，減少熱量集中在液晶板、偏振片等小面積器件上，以延長顯示器的壽命。圖 9.11 為投影顯示光源所使用的燈罩，其內側表面就有冷光鏡的鍍膜，一來可以對可見光有高反射，再者對於紅外光則是高穿透，以減少熱的累積與傳遞，再藉由風扇或其他冷卻系統把熱帶出顯示器。

　　目前冷光鏡常見的規格為可見光區 (400－700 nm) 高反射以利光源的利用，而波長在 770－1200 nm 紅外光區能夠高穿透，若以 Sub | (0.5HL0.5H)^m | Air (m 為正整數) 設計，其反射帶寬度是有限的，不能涵蓋全部 (400－700 nm) 的區域。所以利用三個以上之膜堆堆疊，監控波長為 450 nm，利用 BK-7 當基板，以 TiO$_2$ 與 SiO$_2$ 兩種材料分別為高、低折射率。圖 9.12 淡線所示為以 Sub | (0.5HL0.5H)^8(0.6H1.2L0.6H)^8(0.73H1.46L0.73H)^8 | Air 為初始設計，所獲得的穿透光譜對波長的關係圖，穿透部分仍有明顯的波紋出現，於是利用簡形優化法 (simplex refinement) 優化得知，改變最後三層為兩層並且厚度為 1.0288H 與 3.035L，可提高紅外光 900 nm 到 1200 nm 間之穿透率，如圖 9.12 粗線所示。

圖 9.11
燈罩實體圖。

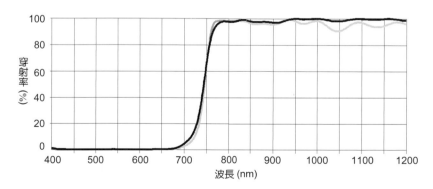

圖 9.12 冷光鏡穿透率對波長關係圖，淡線為原始設計，粗線為經過簡形優化。

9.2.4 UV-IR 截止濾光片

UV-IR 截止濾光片是另一個投影顯示器中用來阻隔紅外光的元件，同時亦阻隔了紫外光。紫外光光能較強，所以容易對元件造成破壞，以致減少光學元件的壽命。而革除紅外線亦是減少紅外光產生的熱對顯示器內光學元件的影響，一般的規格為波長在 300 nm 到 380 nm (紫外光區) 與 780 nm 到 1200 nm (紅外光區) 兩波段穿透要很低，但波長在 425 nm 到 680 nm (可見光區) 穿透率要很高。於是以 BK-7 為基板，TiO_2 與 SiO_2 分別為高、低折射率材料，以參考波長為 843 nm 疊三個膜堆，得初始設計為 Sub | $(0.65H1.3L0.65H)^{10}(0.5H \ L0.5 \ H)^{10}(0.2H0.4L0.2H)^{10}$ | Air。

其穿透光譜如圖 9.13 之淡線所示，可以看出波長在 425 nm 到 680 nm 穿透率不高，且有很多穿透率波紋產生，於是也利用簡形優化法，優化每個膜堆前後三層，可提高波長在 425－680 nm 的穿透率大於 90%，如圖 9.13 濃線所示。

9.2.5 彩色濾光片

彩色濾光片是決定投影顯示器色彩鮮豔度與飽和度的重要光學元件之一，主要可分為紅、綠、藍三色彩色濾光片，藍色濾光片的製作主要是以短波通截止濾光片以 Sub | $(0.5LH0.5L)^s$ | Air 的架構配合優化來完成，s 為正整數；而紅色濾光片常以長波通截止濾光片以 Sub | $(0.5HL0.5H)^s$ | Air 架構，配合優化以及短波會不透光的基板來完成；但對於綠色彩色濾光片則並不簡單，因此此節將針對綠色彩色濾光片作介紹與設計。

綠色彩色濾光片將以寬帶通濾光片的型式設計，帶通濾光片是指某段波域內穿射率很高，而其兩旁穿射率甚低的濾光片。寬帶濾光片是相對於窄帶濾光片而言，兩者之間並無嚴格的界限，但約略可以說是當 $\Delta\lambda_h/\lambda_0 > 15\%$ 時稱之為寬帶濾光片，而當 $\Delta\lambda_h/\lambda_0 < 5\%$ 時稱之為窄帶濾光片，λ_0 為通帶之中心波長，$\Delta\lambda_h$ 為最大穿射率一半值時之波寬，簡稱半高寬。

寬帶濾光片常在基板兩邊一面鍍長波通濾光片，而另一面鍍短波通濾光片來完成，

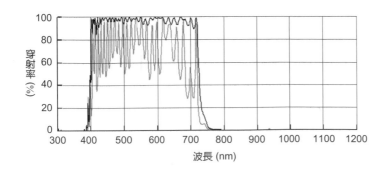

圖 9.13
UV-IR 截止濾光片的設計光譜圖，淡線為原始設計，濃線為經過簡形優化[1]。

其半高寬 $\Delta\lambda_h$ 及中心波長 λ_0 可依規格需要而調整長波通與短波通的監控波長來獲得。由於製程上的考慮，大部分情況是將短波通與長波通都鍍在基板的同一邊，其基本設計結構為 Sub | $\eta_{ms}(0.5LH0.5L)^p\eta_m(0.5HL0.5H)^q\eta_{m0}$ | Air，其中 p、q 為正整數，且長波通 $(0.5HL0.5H)^q$ 與短波通 $(0.5LH0.5L)^p$ 之監控波長分別為 λ_L 及 λ_S，η_{ms}、η_m 及 η_{m0} 即是匹配層使得通帶之穿射率盡量高。如果慎選高、低折射率材料，促使長波通與短波通之等效折射率近似，則 η_m 層可以不使用。

在設計帶通濾光片時要注意不使長波通及短波通之高反射帶重疊，以免產生共振而在非透射區出現高穿射率峰值，尤其在高級次波域上。圖 9.14 中，濃線為短波通濾光片之穿透光學成效圖，其設計為 Sub | $(0.82L1.64H0.82L)^{10}$ | Air；淡線則為長波通濾光片之穿透光學成效圖，其設計為 Sub | $(0.5HL0.5H)^{10}$ | Air，濃線與淡線皆使用 420 nm 為監控波長。圖 9.15 中淡線為長波通與短波通合成的光學成效圖，其設計為 Sub | $(0.82L1.64H0.82L)^{10}(0.5HL0.5H)^{10}$ | Air，監控波長為 420 nm，在高穿透區有明顯的波紋出現，使得平均穿透率下降；而實線為經過簡形優化後，所得的穿透光譜對波長的關係圖，可以看出穿透率的波紋現象受到明顯的改善，使得平均穿透率上升。

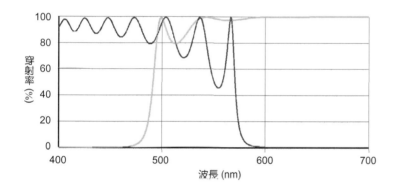

圖 9.14
濃線為短波通，淡線為長波通之光學成效圖。

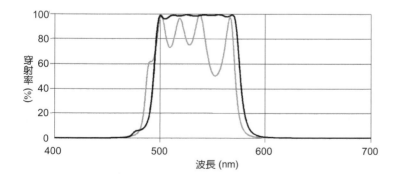

圖 9.15
淡線為長波通與短波通合成光學成效圖，濃線為經過優化後之穿透光學成效圖。

9.2.6 偏振光分光鏡

　　稜鏡偏振光分光鏡的原理是利用在 Brewster 角 θ_B 時，P 偏振光之反射爲零的原理做成。P 偏振光以 θ 角斜向入射時，其等效折射率由 N 變爲 $N/\cos\theta$。對一個四分之一波長膜堆而言，當 $N_H/\cos\theta_H = N_L/\cos\theta_L$ (其中 N_H、N_L 分別爲高、低折射率) 時，對 P 偏振光而言，膜堆之各個界面形同不存在，亦即 $R_P = 0$，因此只要膜堆的層數夠多，就可得到高的 R_S 值而仍然保持 $R_P = 0$，而形成一個很好的偏振光分光鏡，如圖 9.16 所示。

　　由於 Brewster 角條件爲：

$$\tan\theta_H = \frac{N_L}{N_H} \tag{9.3}$$

亦即

$$\sin^2\theta_H = \frac{N_L^2}{(N_H^2 + N_L^2)} \tag{9.4}$$

又依 Snell 定律知 $N_H \sin\theta_H = N_L\sin\theta_L$，當稜鏡內之入射角 θ_g 固定爲 45° 時，

$$\sin\theta_H = \frac{N_g \sin 45°}{N_H} = \frac{N_g}{\sqrt{2}N_H} \tag{9.5}$$

即

$$N_g^2 = \frac{2N_H^2 N_L^2}{(N_H^2 + N_L^2)} \tag{9.6}$$

以 ZrO_2 (N_H = 2.05) 配 MgF_2 (N_L = 1.38) 爲例，得所需稜鏡之折射率 N_g = 1.619。當稜鏡折射率 N_g 固定時，

$$\sin^2\theta_g = \frac{N_H^2 \sin^2\theta_H}{N_g^2} = \frac{N_H^2 N_L^2}{N_g^2(N_H^2 + N_L^2)} \tag{9.7}$$

以 N_g = 1.52 (BK-7)，及 TiO_2 與 SiO_2 爲高、低折射率材料，且折射率分別爲 2.3 (TiO_2) 與 1.45 (SiO_2) 爲例，得稜鏡內之入射角 θ_g 爲 53.8°。

　　一般在規格上還會考慮對空氣端入射角度 $\pm\theta$，以 $\pm5°$ 爲例，由 Snell 定律：$N_0\sin\theta_0 =$

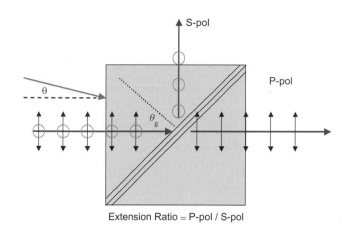

圖 9.16
稜鏡偏振光分光鏡。

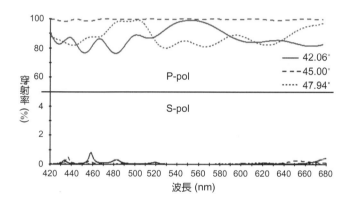

圖 9.17
稜鏡偏振分光鏡設計光譜圖[1]。

$N_g\sin(\theta_g - 45°)$，故在薄膜面上之入射角為 $\theta_g - 42.06° - 47.94°$。選用折射率 1.7 當作基板及 Ta_2O_5 與 SiO_2 分別為高、低折射率材料，並且以兩個短波通疊加的架構，其設計為 Sub | $(0.5LH\ 0.5L)^8(0.7L1.4H0.7L)^8$ | Sub。以 630 nm 為監控波長，此時在薄膜面上之入射角為 45°，計算 P-pol 及 S-pol 穿透光譜知，在非正向入射 42.06° – 47.94° 時 P-pol 的平均穿透率不夠高，於是必須配合簡形優化法，經優化後其穿透光學成效結果如圖 9.17 所示，在非正向入射 42.06° 與 47.94° 時其 P-pol 的穿透率皆大於 80% 以上。

9.2.7 DWDM 濾光片

高密度多工分波器 (DWDM) 是用於光纖通訊中，將一個波域分成許多個較窄波域的技術，使每條光纖能搭載的傳輸訊號倍增，達到光纖的有效使用及降低增加頻寬所需的成本。目前在光通訊中常用的 DWDM 濾光片大多是在 1530−1565 nm (主要是 1550 nm) 的波段中使用，分出 32 個或更多的波段。

　　在光學薄膜技術領域裡，DWDM 濾光片亦即是帶通濾光片中的窄帶濾光片的應用，以長波通與短波通濾光片合成來做窄帶濾光片是非常困難的工作，因爲在製鍍時截止波長 λ_C、中心波長 λ_0 及半高寬 $\Delta\lambda_h$ 都很難控制。因此通常會以 Fabry-Perot 型濾光片的概念來設計，主要的設計方法有兩種，一爲金屬與介電質膜合成的 Fabry-Perot 型窄帶濾光片 (M-D-M NBF)，另一爲全介電質窄帶濾光片。

　　由於 M-D-M 型窄帶濾光片中金屬膜具吸收特性，以致使 T_{max} 不能很高，$\Delta\lambda_h$ 不能很窄，因此若將金屬膜以介電質之高反射膜的四分之一波長膜堆代替則可望獲得改善。其基本結構爲：Sub | (HR)S_p(HR)| Air 或 Sub | (HR)S_p(HR) | Sub，其示意圖如圖 9.18。其中 S_p 爲空間層，其光學厚度爲 Nd (N 爲折射率、d 爲物理厚度)，爲 $\lambda_0/2$ 的整數倍，λ_0 爲通帶的中心波長，S_p 可爲 $2mH$ 或 $2mL$，$m = 1$、2、3、…。S_p 兩邊之 HR 爲對稱於 S_p 的高反射四分之一波長膜堆。若入射邊爲空氣，則可加鍍一層 L 或做適當之抗反射膜，以提高通帶上的穿射率。同理在未鍍濾光片前亦可先在基板上鍍抗反射膜提高穿射率。

　　因此通帶之穿射率可表示爲：

$$T = \frac{T_a T_b}{\left[1 - (R_a R_b)^{1/2}\right]^2} \cdot \left[\frac{1}{1 + F\sin^2\left(\frac{1}{2}(\phi_a + \phi_b) - \frac{2\pi}{\lambda}Nd\right)}\right] \tag{9.8}$$

其中銳度係數爲 $F = 4(R_a R_b)^{1/2}/[1 - (R_a R_b)^{1/2}]^2$，而 T_a、T_b、R_a、R_b 與 ϕ_a、ϕ_b 分別爲反射膜堆 A 與反射膜堆 B 之穿透率、反射率與反射相位移。此式告訴我們大括號前的因子決定了最高穿射率值，而大括號內的正弦函數項是決定那一波長可穿透，F 值則決定透射波到不透射波域的變化之快慢。

　　前述只有一個空間層之窄帶濾光片稱爲單腔 (single cavity) 窄帶濾光片，其光譜圖成一近似三角形，因此有一半的能量無法透過而浪費掉，且帶通到非通帶間之斜率不夠陡 (如光通訊 DWDM 所需之濾光片) 則會有串音 (cross talk) 的缺點。爲解決此一問題，可加鍍中心波長爲 λ_0 (即 T_{max} 所在之波長) 相同之一個或多個窄帶濾光片疊成爲多腔窄帶濾光

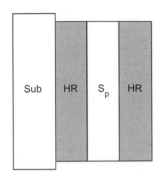

圖 9.18
全介電質窄帶濾光片示意圖。

片。如雙腔式窄帶濾光片：Sub | (HR)S$_p$(HR)L(HR)S$_p$(HR) | Air 或三腔式窄帶濾光片：Sub | (HR)S$_p$(HR)L(HR)S$_p$(HR)L(HR)S$_p$(HR) | Air，其中 HR 為高反射膜堆，S$_p$ 為空間層，L 為耦合層。

　　圖 9.19 為單腔、雙腔及三腔窄帶濾光片的光譜圖，腔數越多越接近理想矩形濾光片。但腔數太多或設計不好有時會在透射帶出現穿射率下降之波紋，形成兩邊翹起中間某些波位透射下降，如兔耳朵一般之透射帶，這時就必須要做膜系優化與修正。以三腔 Sub | (HL)^{8}H2LH(LH)^{8}L(HL)^{8}H2LH(LH)^{8}L(HL)^{8}H 2LH(LH)^8 | Air 架構為例，如圖 9.20 實線所示為其穿透光學成效圖，其中以 (HL)^{8}H 為高反射膜堆，2L 為空間層，可以看出高穿透帶中有穿透率下降如兔耳形狀的波紋，圖 9.20 中之淡線則為優化最外兩層所得的光學成效圖，穿透率明顯獲得提升。

　　由於篇幅有限，此節僅對窄帶濾光片作簡單的原理與設計介紹，尚有許多製程與設計上特有的技術，讀者可在一些專門的書籍 (如參考文獻 1) 或報導中探求。

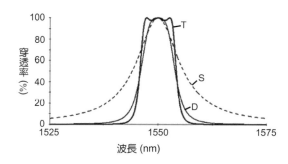

圖 9.19
單腔 (S)、雙腔 (D) 及三腔 (T) 之窄帶濾光片[1]。

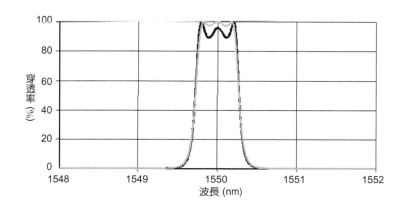

圖 9.20
三腔式窄帶濾光片之光學成效圖，實線為三腔設計，淡線為經過優化後的結果。

9.3 玻璃光學薄膜的製鍍方法

　　前文已對投影顯示器與光通訊所用的重要濾光片作介紹，接著將簡介光學薄膜的製鍍方式，希望讀者能藉此對於光學薄膜有更深入的認知與瞭解。鍍膜技術種類有很多，大體上依成膜方式可分為利用液體成膜及氣體成膜兩種方法。氣體成膜法是薄膜的組成成分以氣態方式沉積在基板，又可分為物理氣相沉積法 (physical vapor deposition, PVD) 及化學氣相沉積法 (chemical vapor deposition, CVD)。為配合投影顯示器與光通訊所用濾光片的製作，在此僅介紹物理氣相沉積法。

物理氣相沉積法

　　薄膜的成長是一連串複雜的過程所構成的。首先到達基板的原子 (分子) 必須將縱向動量發散，原子 (分子) 才能吸附在基板上。這些原子 (分子) 會在基板表面發生化學反應而形成薄膜，接著構成薄膜的原子 (分子) 會在基板表面作擴散運動亦即表面遷徙，當原子 (分子) 彼此相互碰撞結合而形成原子團 (分子團)，即稱為「成核」。成核不斷穩定成長就會傾向彼此聚合形成一較大的原子團，以調降整體能量，原子團 (分子團) 的不斷成長會形成「核島 (island)」，核島之間的縫隙需要填補原子 (分子) 才能使核島彼此接合而形成整個連續的薄膜。而無法與基板表面鍵結的原子 (分子) 則會脫離而成為自由原子 (分子)，這個步驟稱為原子分子的「吸解 (desorption)」。

　　物理沉積法是指利用物理方法將固體材料變成氣體而沉積在基板上，此法一般簡稱為物理鍍膜法。其成膜過程可分三步驟，分別為薄膜材料由固體變成氣態、薄膜氣態原子 (分子或離子) 穿過真空抵達基板表面、薄膜材料沉積在基板上形成薄膜，在這三步驟過程中都可能有化學變化或物理碰撞而影響薄膜之特性及均勻性。

　　上述成膜過程中將薄膜材料由固體變成氣態，然後沉積在基板上，依不同物理作用特性可分為熱蒸發蒸鍍法 (thermal evaporation deposition)、電漿濺鍍法 (plasma sputtering deposition) 與離子束濺鍍法 (ion beam sputtering deposition, IBSD) 三大類。

　　而薄膜氣態原子 (分子或離子) 穿過真空抵達基板表面的過程中，其氣態的薄膜材料必須在真空中環境下進行成膜過程，以維持薄膜材料到達基板後的純度，並且不會與其他物質產生變化 (反應式鍍膜例外)；同時亦可以保持薄膜的氣態原子 (分子或離子) 之動能，使之有足夠動能飛向基板，以增加薄膜與基板間的結合力。另外薄膜之成膜過程在真空中可減少包雜其他氣體，使得薄膜品質更好。真空鍍膜技術目前已被廣泛運用到各個領域，其應用項目大致列舉如下：

1. 光學功能用途－雷射鏡片、分光鏡、抗反射鏡、建築玻璃及濾光片等。
2. 電子功能用途－導電膜、絕緣膜及太陽能電池。
3. 機械功能用途－潤滑膜、耐磨層及硬化膜。
4. 化學功能用途－耐腐蝕膜及催化膜。
5. 裝飾用途－手錶帶、鏡架及衛浴器材。

以下對於如何將薄膜材料由固體變成氣態的三種蒸鍍方法逐一說明。

9.3.1 熱蒸發蒸鍍法

　　熱蒸發蒸鍍法是利用升高薄膜材料溫度，使材料熔解 (昇華) 然後氣化，氣態薄膜材料之原子 (分子) 因具有加溫後之動能而飛向基板，沉積於基板上而形成固體薄膜。依不同的加熱方式又可分為：(1) 熱電阻加熱法 (resistive heating)、(2) 電子鎗蒸鍍法 (electron beam gun evaporation)、(3) 雷射蒸鍍法 (laser deposition)、(4) 弧光放電蒸鍍法 (glow discharge evaporation)、(5) 射頻加熱法 (RF-heating evaporation) 及 (6) 分子磊晶長膜法 (molecular beam epitaxy, MBE) 等幾種方法。

(1) 熱電阻加熱法

　　以高熔點材料當熱電阻片，將欲鍍之薄膜材料置於其上，然後加正負電壓於熱電阻片之兩端並通以高電流，當電流 I 通過熱電阻片 R 時會產生熱能，其功率 P 正比於 I^2R，使熱電阻片產生高溫達到蒸發材料的目的，此熱電阻片材料一般可選用化學性質穩定之高熔點 (T_M) 材料，如鎢 ($T_M = 3380\ °C$)、鉭 ($T_M = 2980\ °C$)、鉬 ($T_M = 2630\ °C$)、石墨 ($T_M = 3730\ °C$) 等。

　　蒸發源之形狀與種類有很多，一般常見的形狀有線形、籃形、蚊香形與舟形。線形熱阻絲常繞成螺旋狀 (圖 9.21(a))，可分為單股絲及多股絲。將欲鍍物插掛於螺旋環中，例如以鋁條鍍鋁，此時要用多股螺旋絲，因為高溫下鋁會與電阻絲 (一般為鎢) 形成合金，而使熱阻絲易於斷裂，若用多股絞合做成則可延長使用壽命。工業生產機型多用 BN-TiB$_2$-AlN 複合導電材料來鍍鋁，其形狀如圖 9.21(e)。

　　籃形蒸發源如圖 9.21(b) 所示，欲鍍物放於籃中，材料可為昇華之塊狀材料。而蚊香形蒸發源形狀如圖 9.21(c) 所示，將欲鍍物放入坩鍋置於其上，一般為昇華材料，若鍍膜材料會與熱阻絲起作用，則可先在材料與電阻中放一陶瓷坩鍋，如圖 9.21(d) 所示。舟狀蒸發源有多種形狀，例如小坑狀如圖 9.21(f) 所示，可放小量被鍍物，常用於金、銀等貴重金屬的製鍍。亦有槽狀如圖 9.21(g) 所示，可放大量被鍍物，如 ZnS、MgF$_2$、SiO、Ge

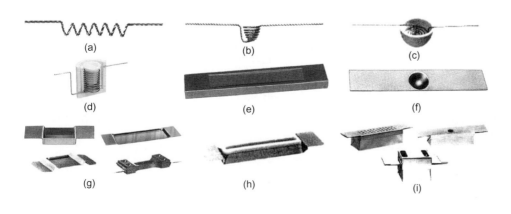

圖 9.21
熱電阻加熱法所用之各式蒸發源。

等。若材料加熱後會與熱阻舟起化學反應，則可如圖 9.21(h) 所示加陶瓷內襯，其中若材料會因熱而濺跳出蒸發源，則可如圖 9.21(i) 所示加上有孔之蓋子。

　　另外介紹一特別的蒸鍍法－閃燃式蒸鍍法 (flash evaporation)，此法專爲蒸發兩種以上不同蒸發溫度之混合材料而設計。方法是將蒸發源預先加熱到高溫，混合材料以一小部分逐步放入的方式丟入蒸發源，材料一碰到蒸發源立即蒸發鍍上基板，而達到製鍍混合材料的目的。

　　熱電阻加熱蒸發法的好處是方便、電源設備簡單、價格便宜、蒸發源形狀易配合需要做成各種形式等。但是因爲須先加熱熱電阻片再傳熱給薄膜材料，因此熱電阻片易與材料起作用或引生雜質的摻入，此問題雖可加陶瓷層來防止，但相對的耗電量就變得很大。另外，因熱電阻片加熱能力有限，因此對於高熔點之鍍膜材料 (如氧化物)，大多無法順利蒸鍍。此外，此蒸鍍法還有化合物鍍膜材料被分解與膜質不佳之可能性會發生。

(2) 電子鎗蒸鍍法

　　電子鎗蒸鍍法是利用電子鎗產生之電子束，以電場加速電子，電子以高速撞擊鍍膜材料產生高溫，而達到蒸發鍍膜的效果。

　　電子束的產生主要有熱電子發射與電漿電子兩種方式，因效益與方便性考量一般多採用熱電子發射。以高電阻、高熔點的鎢作爲被加熱的燈絲，當燈絲加熱到高溫時，其表面電子之動能將大於束縛能而逃逸出來，此爲熱電子發射；而由輝光放電的電漿中取出之電子即爲電漿電子。由於電子帶有電荷，當施以電場時會使電子加速，例如施以電位差 10 kV 時，則電子速度可高達 6×10^4 km/s，如此高速的電子撞擊在鍍膜材料上將動能轉換成熱能，溫度可高達數千度，這高溫使得鍍膜材料蒸發成氣體而蒸鍍於基板上。

　　圖 9.22(a) 爲 Edward 公司所製造的電子鎗之實體，其電子束是旋轉 270° 才轟擊到靶材的。圖 9.22(b) 所示爲電子束蒸鍍之工作示意圖，電子束經電場與磁場加速與轉彎後，

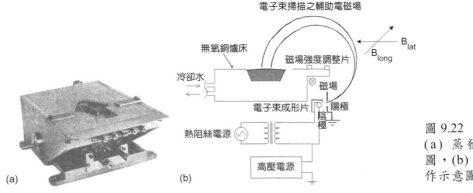

圖 9.22
(a) 蒸發用電子鎗實體圖，(b) 蒸發用電子鎗工作示意圖[1]。

直接打在鍍膜材料上使之蒸發，圖中之 B_{long} 及 B_{lat} 為可調電磁場，用來調整電子束打在鍍膜材料之位置、掃描幅度與頻率。電子鎗發射源通常都藏在裝鍍膜材料之鎗座底下，利用強力磁場將電子束轉彎 180° 或 270° 後才進行蒸鍍，可減少膜料分子 (原子) 污染電子源。

　　電子束蒸鍍法由於電子束直接加熱在鍍膜材料上，並且一般承載膜料的坩鍋座都有水冷卻系統，因此較熱電阻加熱法污染少且膜質較好，並且由於利用電子束加速撞擊，可以加熱到很高溫度，因此一些熱電阻加熱法不能蒸鍍者 (例如部分氧化膜) 就可以完成製鍍。藉由多個坩鍋裝放不同鍍膜材料排成一圈，就可藉由旋轉置換欲鍍之膜料，完成多層膜的製作。圖 9.23(a) 為電子鎗鎗體分解圖，中間者即為坩鍋承載台，(b) 到 (e) 為一些坩鍋承載台或直接使用之材料座的例子。

　　電子束位置、頻率與振幅及電子流大小控制對此蒸鍍法是非常重要的，若控制不當會引起鍍膜材料分解或游離，而造成薄膜的吸收與基板電荷的累積因而造成膜面放電損傷。而剩餘材料亦有可能會被分解，例如 LaF_3 以電子束蒸鍍後，剩餘之鍍膜材料由原來的白色變成黑色，即可推測得知部分材料被分解變質。因為對於不同鍍膜材料所需之操作參數不同 (電子束的大小及掃描方式)，因此增加了鍍膜時操作的複雜性和困難度。對於昇華或稍熔解即會蒸發之材料，必須使用特別的鍍膜技巧 (例如電子束之大小、掃描振幅與頻率的加大或者把鍍膜材料先壓製成塊)，方能使蒸發速率及蒸發分布穩定，而達到較好的膜質與均勻膜厚的分布。

(3) 雷射蒸鍍法

　　雷射蒸鍍法[2-6] 其架構示意如圖 9.24 所示，主要是利用熱效應與光解離效應來加熱鍍膜材料，而達到蒸鍍的目的。熱效應是利用材料對雷射光能的吸收產生高熱而熔解蒸發，蒸發出來的氣體分子因吸收雷射光的能量而具有相當高的動能，同時也加強了這些

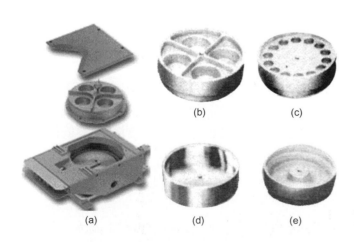

(b)　　　　(c)

(a)　　　　(d)　　　　(e)

圖 9.23
電子鎗鎗體分解圖與各式材料座。

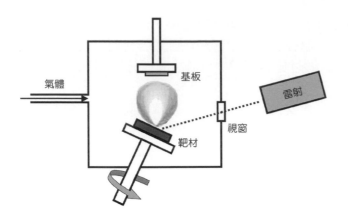

圖 9.24
雷射蒸鍍法示意圖。

分子與周圍氣體分子間的化學反應，不但可降低薄膜所需的生長溫度，更可使鍍膜分子 (原子) 與周圍氣體分子充分反應，而成長之薄膜具有極佳的薄膜品質，常使用的是連續雷射光 (例如 CW-CO$_2$ laser、Nd-YAG laser)。而光解離效應則是利用雷射光能分離靶材表面數個原子層的原子 (分子) 的結合能，一層層的剝離而蒸發，常用脈衝短波雷射 (例如 pulse excimer laser)，且要用紫外光雷射，才有足夠的光能量分離原子間 (分子間) 之結合能。並且由於是使用脈衝式雷射，所以靶材表面還未達到熱平衡時即被瞬間完全氣化，使得此法蒸鍍出來的薄膜成分比例與靶材內幾乎完全一致，又因為此反應為非熱平衡氣化，故可蒸鍍多元素化合物而不破壞其組織成分。一般來說雷射的脈衝越短，所鍍出之膜質越佳，雷射蒸鍍法亦有同時結合熱效應與光解離效應兩種的蒸鍍方式。

　　此蒸鍍法因為真空室內不需任何電器設備，所以腔內沒有額外的污染而非常乾淨，因此膜質成分會比較純，也不會有電荷累積的現象而造成膜質損傷。並且由於雷射光聚焦在很小的位置且不受電場或磁場影響，因此可選用多靶材以製鍍多層膜，也可用多束雷射光蒸發多種材料混合成膜。在現今磁性材料、高溫超導材料、鐵電材料等多元複合材料薄膜的研究上，雷射蒸鍍製程是最佳的製程工具之一，但由於雷射設備昂貴，且有些鍍膜材料對雷射光的吸收效果不佳，因此限制了此蒸鍍法的應用。

(4) 弧光放電蒸鍍法

　　弧光放電蒸鍍法是利用鍍膜材料本身當電極，當通以大電流時，因高電阻下可產生弧光放電，而在電極上亦即鍍膜材料上，產生瞬間高熱而蒸發。此法設備較電子束蒸鍍與雷射蒸鍍法來得簡單，且蒸鍍速率快，但是因為蒸鍍速率快，因此對於膜厚的控制不易。

(5) 射頻加熱

　　射頻加熱法是利用高頻率的射頻 (例如 40 MHz)，使金屬鍍膜材料產生渦流，而升高鍍膜材料的溫度使其蒸發，進而達到製鍍的效果。

(6) 分子磊晶長膜法

分子磊晶長膜法是以真空蒸鍍的方式進行磊晶成長，利用多個噴射爐 (Knudsen cell) 裝載不同材料，蒸發的分子以極高的速率，直線前進到磊晶基板之上，於晶體基板上按一定的方向生長單晶薄膜，以快門阻隔的方式，控制蒸發分子束。由於成長過程有反射高能量電子繞射振盪現象，所以系統多會加裝低能量電子繞射儀 (low energy electron diffractometer, LEED)、歐傑電子能譜儀 (Auger electron spectrometer, AES)、反射式高能量電子繞射儀 (reflection high energy electron diffractometer, RHEED) 或二次離子質譜儀 (secondary ion mass spectrometer, SIMS)，以即時監控成長薄膜之膜厚與膜質，其控制精確度，可以達到單原子層，因此可以輕易地成長超晶格結構。

9.3.2 電漿濺鍍法

西元 1852 年 Grove 發現氣體放電所產生的高能量離子，撞擊直流放電管中的陰極靶材，會使該陰極靶材元素產生「蒸發」的現象，此為濺鍍法之開源。而所謂電漿是一種離子化的氣體，一般是通入氬氣作為電漿工作氣體。電漿濺鍍法是在低真空度中，施加高電壓產生輝光放電形成電漿，解離出之正離子 (例如 Ar^+) 飛向陰極，轟擊陰極之鍍膜靶材表面，使鍍膜材料之原子 (分子) 或原子團 (分子團) 濺射出沉積在基板上而形成薄膜，其飛向基板之能量比先前敘述的蒸鍍方法大很多，因此薄膜附著性比蒸鍍法要好很多。

輝光放電是在低真空度下，當兩電極加入高電壓後產生的放電現象，此放電可以維持 (self-sustaining) 並產生電漿 (plasma) 引起輝光。由於電漿中高速電子持續碰撞工作氣體，並且使工作氣體游離，以氬氣 (Ar) 為例，其反應可以表示為：$Ar + e^-$ (快) $\rightarrow Ar^+ + e^-$ (慢) $+ e^-$ (慢)，解離出的慢速電子 (二次電子) 馬上又被電場加速而成為下次引生 Ar 游離之快速電子，如此推演而造成大量的離子與電子產生。

圖 9.25(a) 所示為輝光放電之示意圖與電位分布圖，這些離子與電子形成電漿處為兩個主要的輝光亮區，亦即陰極輝光亮區 (negative glow) 與陽極光柱 (positive column)。在陰極輝光亮區與陰極 (cathode) 間有一暗區 (cathode dark space)，此暗區又稱為鞘 (sheath)，鞘之長度隨壓力大小而變，壓力降低時鞘會增長，而電壓加大時鞘的長度也會加長，加在放電管之電壓大多在此產生壓降，如圖 9.25(b) 所示，於是陰極輝光亮區之正離子獲得相當高的能量撞向陰極產生濺射行為，這就是加壓產生電漿而引發濺鍍的過程。圖 9.25(b) 中 P 到 A 會有一電位降是由於電子比離子飛得快，以致在絕緣基板上累積電子成為自我偏壓 (self-bias)，此偏壓值一般約為 $10-20$ V 左右 (視結構而定)。通常撞擊陰極之離子百分之九十以上的動能以熱的形式傳到陰極，使得陰極產生高溫，所以陰極需要用水冷卻把熱帶走。

一般而言，電漿濺鍍可分為直流濺鍍 (DC sputtering deposition) 與射頻濺鍍 (RF sputtering deposition) 兩種，另外尚有外加磁場的磁控濺鍍 (magnetron sputtering deposition)，此三種電漿濺鍍方法分述如下。

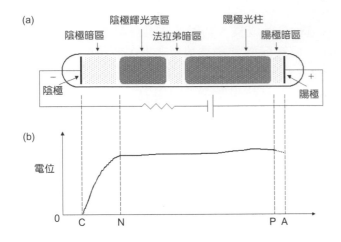

圖 9.25
(a) 直流輝光放電之示意圖，(b) 電位分布圖[1]。

(1) 直流濺鍍

　　直流濺鍍所沉積的薄膜材質必須是電的良導體，而無法濺鍍介電質材料。因為正電荷會累積在靶面上，而阻止正離子繼續轟擊靶材，甚至發生電崩潰現象，亦即稱之為打火 (arcing)，造成膜質不良及靶材損傷。有時陽極被絕緣膜覆蓋造成極大的阻抗稱之為 disappearing anode，而致使放電不穩定甚至斷電。以鍍膜材料為靶材作為陰極，基板為陽極，抽真空到 10^{-3} Pa 以上，再充入工作氣體 (如 Ar) 至氣壓為數 Pa，然後施加高電壓產生輝光放電形成電漿，此時電漿與陰極有很大的電位差，因此電漿中之正離子向陰極亦即朝靶材加速，經由動量傳遞而將靶材原子 (分子) 轟擊射出，沉積在陽極的基板上。

(2) 射頻濺鍍

　　射頻濺鍍是利用交流電壓產生交流電漿，因電子質量小，移動得比正離子來得快，當在射頻的正半週期時，電子已飛向靶面中和了負半週期所累積的正電荷，由於頻率太快 (13.56 MHz)，正離子一直留在電漿區，對靶材 (陰極) 乃維持相當高的正電位，因此濺射得以繼續進行。因頻率為 13.56 MHz 所以稱之為射頻，且靶材也不再設限為金屬等電的良導體材質，介電質材料亦可以順利的進行濺鍍。圖 9.26 為國研院儀器科技研究中心的多靶式射頻磁控濺鍍系統的示意圖，濺鍍鎗即為射頻濺鍍離子源，利用裝載不同材質靶材，即可以製鍍特殊薄膜與多層薄膜。

(3) 磁控濺鍍

　　濺鍍過程中約有 70% 的能量轉換成熱，約 25% 的能量用在轉換成二次電子，且其中只有約 2.2% 的能量用在濺鍍上，這是由於氣體分子之電離度太低，於是在系統中加磁

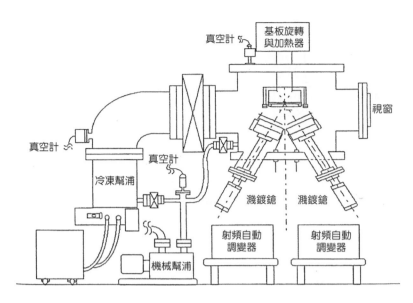

圖 9.26
多靶式射頻磁控濺鍍系統的
示意圖。

場，使電場與磁場相互作用，而使得電子以螺旋狀的路徑沿磁力線方向前進，因此增加電子與工作氣體的碰撞機率，此即所謂的磁控濺鍍法 (magnetron sputtering deposition)。此濺鍍法不僅可在較低氣壓下仍能維持放電狀態，使膜質較佳，而且因為正離子生成數目增加，進而增加撞擊陰極靶材的次數，提高濺鍍速率。

先前提及之濺鍍方法亦可加磁場成為磁控式濺鍍，以改善膜質，分別稱直流磁控濺鍍法 (DC magnetron sputtering deposition) 與射頻磁控濺鍍法 (RF magnetron sputtering deposition)。由於磁場會把電子偏離基板，因此基板溫度不會升得太高，所以磁控濺鍍可鍍在一些較不耐高溫的基板上。磁控濺鍍另一優越性是可做成一連續濺鍍系統，從基板進入轉接間，到濺鍍室，再到出口轉接間，再出大氣，完成鍍膜中間不用打開濺鍍室，此設計可連續濺鍍工作，增加生產效率。圖 9.27(a) 為國立中央大學薄膜技術中心自行設計的磁控濺鍍鍍膜機，而圖 9.27(b) 為磁控濺鍍的架構示意圖，示意圖中之虛線為磁力線，電子會沿著此磁力線作螺旋狀的旋轉前進，而增加氣體的解離率，圖 9.28 分別為圓形與長方形之磁控濺鍍源的實體圖。但磁控濺鍍對強磁性材料之靶無效，又由於靶面在電場分布比較強的地方，被濺射出來比較多，靶面凹陷得比較快，以致於靶面逐漸不平，致使靶材的利用率低，對膜質及膜厚均勻分布都有不良的影響，此時可調整磁條位置或加一電流可調之電磁鐵以改善磁場分布。

電漿濺鍍法之優點是可快速、大面積的濺鍍各種材料，包括混合材料 (如 ITO)，缺點是長膜處之真空度較差故膜質不佳，不是有柱狀結構就是含有雜質。1996 年 OCA (Optical Corporation of America) 的 Scoby 等人提議採用超高抽氣速率之真空系統，使鍍膜機基板附近真空度在 1×10^{-2} Pa 以下，並輔以離子助鍍，將可使製成之膜質良好。

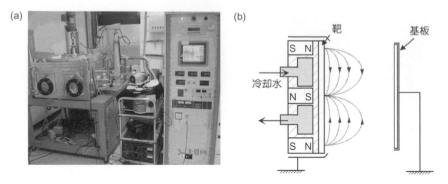

圖 9.27 (a) 國立中央大學薄膜技術中心自製之磁控濺鍍鍍膜機實體圖，(b) 磁控濺鍍架構示意圖[1]。

圖 9.28
磁控濺鍍源。

9.3.3 離子束濺鍍法

　　離子束濺鍍法是在高眞空下，利用獨立的離子源發射離子束濺射靶材，將靶材上的原子 (分子) 一顆顆敲出飛越眞空並有力的沉積在基板上，成爲薄膜的一種鍍膜方法。離子束電流密度強度分布並非均勻的，而是近似高斯分布，其眞正分布與離子束電壓 V_b、電流 I_b 大小及柵極形狀有關。圖 9.29(a) 爲國立中央大學薄膜技術中心自行設計的的離子束濺鍍鍍膜機之實體圖，圖 9.29(b) 則爲離子濺鍍架構示意圖。由於在高眞空下進行，可以預見這樣的膜質近乎理想中緻密，爲非晶體結構 (amorphous) 且密度很高，因此散射很小，可以製鍍高級之鏡片，如低損耗雷射陀螺儀用之雷射鏡[7]、測重力波干涉儀所需之雷射鏡等，也可以製鍍對散射敏感的紫外光甚至 X-ray 用之高反射鏡。又由於其堆積密度 (packing density) 很高，膜中無孔隙，所以可做波位不飄移的各種干涉濾光片，如光纖通訊用之高密度分波多工器 (DWDM) 濾光片、近乎爲單波長之帶通或帶止濾光片、截止波長明確之截止濾光片以及特殊環境用之各式濾光片等。

　　圖 9.30 爲中央大學薄膜技術中心利用離子束濺鍍鍍膜機，以 Ta_2O_5 及 SiO_2 兩種材料做出雷射鏡，並利用 ring down cavity 損耗測量儀 (loss meter) 量出光強度隨時間衰減的曲線，包括散射、吸收及透射總共只有 77 ppm，若扣除穿透率 67.5 ppm，則眞正損耗 (散射加吸收) 只有 9.5 ppm，而反射率高達 99.993%[8]。利用原子力顯微鏡量其表面粗糙度只有 0.095 nm，如圖 9.31(a) 所示。用 TiO_2/SiO_2 亦可以 IBSD 方法製成如此低損耗之雷射鏡，此時 TiO_2 之表面粗糙度只有 0.096 nm (圖 9.31(b))[9]。要得如此低之損耗，除了製程

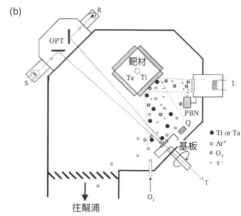

圖 9.29 (a) 國立中央大學薄膜技術中心於 1992 年自製之精密光學監控離子濺鍍光學鍍膜機實圖，
(b) 離子濺鍍架構示意圖。

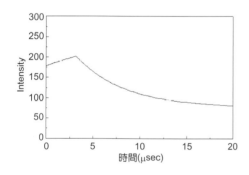

圖 9.30
以 IBSD 做出雷射鏡用 ring down cavity 損耗測量儀量出之損耗圖，77 ppm 含散射、吸收及穿透率，若不計穿透率 (67.5 ppm) 則總損耗只有 9.5 ppm[8]。

參數的最佳化外，還必須注意避免雜質滲入薄膜、避免因高能原子過度撞擊使得薄膜結構不完整與避免氧化不完全等。

離子源種類有很多，如 Penning 離子源 (Penning ion source)、中空陰極射源 (hollow cathode lamp) 及 Duoplasmatrons 等，不過目前以 Kaufman 型寬束離子源或其改良型最為普遍。接下來對幾種常見的離子源：(1) Kaufman 型寬束離子源結構、(2) 射頻離子源 (RF ion source) 及 (3) 微波離子源 (microwave ion source) 作介紹。

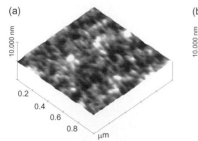
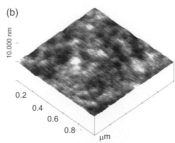

圖 9.31
原子力顯微鏡量出之 Ta_2O_5 及 TiO_2 之表面粗糙度，(a) Ta_2O_5 薄膜之表面粗糙度 0.095 nm，(b) TiO_2 薄膜之表面粗糙度 0.096 nm[9]。

(1) Kaufman 型寬束離子源結構

　　此種離子源爲以電熱絲當陰極，是有柵極之寬束離子源，Kaufman 爲此種離子源之原創者，在此我們對其結構及工作原理略做描述。圖 9.32 中之 (a)、(b) 分別爲此種離子源之剖面結構示意圖與實體圖，圖中我們可以看到陰極 (cathode)、陽極 (anode)、屏極 (screen)、加速極 (accelerator)、中和燈絲 (neutralizer) 及磁棒數根環繞陽極外圍。屏極與加速極爲孔孔相對齊之多孔柵極，其工作原理可用圖 9.33 來描述。圖中之接地與蒸鍍系統連接，陰極、陽極及屏極共組成一輝光放電室以產生電漿，一般充以氬氣 (圖中 **1**) 當作放電氣體，有時爲了引發荷能反應蒸鍍而混入氧氣、氮氣或其他氣體，使用鎢絲或鉭絲加熱後放出熱電子 (圖中 **2**) 以游離充入之工作氣體 (圖中 **3**)，外圍繞了磁場，使得電子螺旋前進而增加碰撞氣體機會，因此在低氣壓下即可維持輝光放電，且保有電漿在放電室內，於是部分之正離子 (圖中 **4** 之 Ar$^+$) 會通過屏極之小孔，而被加速柵極吸引，高速

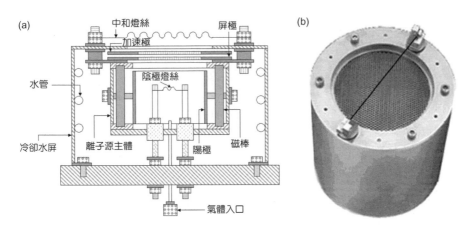

圖 9.32 (a) 寬束離子源剖面結構示意圖，(b) 實體圖。

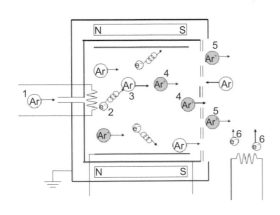

圖 9.33
寬束離子源電漿之產生及離子之射出[1]。

飛出放電室外 (圖中 **5**)。中和器為由鎢絲發出熱電子 (圖中 **6**) 而與正離子中和，於是一擁有高能量之中性粒子束就可以利用來作鍍膜。加速柵極之負電位在此亦可防止電子跑入放電室，而破壞電漿體的穩定。屏極及加速柵極面上許多小孔彼此要對齊，以免正離子飛出時撞上加速柵極。

以上所述中和器在圖中為一熱電阻絲，熱電阻絲會受離子束撞擊而將燈絲材料帶上靶面或基板上，而造成薄膜中含有熱電阻絲材料與雜質，因此有些已改用電漿橋引式中和器 (plasma bridge neutralizer, PBN)，即在離子源出口處另有一中空小電漿室，其上開一小孔，當正離子經過此電漿室小孔時，會引出電漿室內之電子，而中和正離子。一般實用上會使中和用之電子數目大於正離子數約 10%，甚至更多。當中和用之電子數不夠多時，基板上會累積正電荷，而造成打火 (arcing)。此若發生在進行鍍膜之前的清潔基板工作時，則基板會產生弧光放電，造成表面有凹坑或熔結出小顆粒，致使爾後沉積之薄膜表面不平整。在鍍膜過程中，若中和電子數不夠，亦會發生同樣的狀況。在大型之離子源中，中和用之電子數目常需要比離子數多 (約 1.5 倍到 2 倍)，以免發生上述不良的情形。

Kaufman 型離子源由於陰極為一熱電阻絲，壽命有限，尤其充入非惰性氣體如氧氣做反應鍍膜時，電阻絲會很快燃燒斷掉，而且電阻絲留在電漿腔體內，很容易污染、維護不易，故有改以使用射頻離子源或微波離子源。

(2) 射頻離子源

射頻離子源是利用射頻 (頻率 13.56 MHz) 之交流電，施加於圍繞在石英腔外圍的銅圈，銅圈內通入水冷卻以免溫度過高，於是電磁能耦合進入石英腔內，在石英腔內產生電漿以代替 Kaufman 型離子源中的陰極熱電阻絲，如此就不會有熱電阻絲壽命的問題，且腔體內不會有污染、易於維護。也可使用射頻中和器取代使用燈絲的電漿橋引中和器 (PBN)，而增長使用時間。

(3) 微波離子源

此種離子源是以頻率 2.45 GHz 之微波來產生電漿，其工作氣體之游離率因有強磁場 (875 gauss) 作用，使得電子迴旋產生共振 (electron cyclotron resonance, ECR)，因而使得游離率大為增加，因此能在低壓下有高密度的電漿產生。但這種離子源長度無法做得很小，因為必須有強大磁場來使電子行進路徑彎曲，目前最小只能做到 75 mm。

以上所述離子源之離子電壓 (beam voltage) 約為 100 V 到 1500 V，一般常用於離子濺鍍 (ion beam sputter deposition) 及蝕刻 (dry etching)，亦可調整兩柵之間距及電壓以改變離子分布來做離子助鍍 (ion assisted deposition)，為與電漿離子助鍍區別，一般稱此為離子束助鍍 (ion-beam assisted deposition, IAD)。離子助鍍有以下之四大優點：

1. 利用質量大的氣體離子，由於動量大因此效果明顯。

2. 有電子中和，故不會有放電損傷的現象發生。

3. 在高眞空下進行，薄膜成分純度高。

4. 離子的電壓、電流、轟擊角度及離子擴散角度可以獨立操作。

　　離子助鍍最重要的配備就在蒸發源或濺鍍源旁邊，另外加一獨立的離子源。蒸發源可爲熱電阻蒸發源、電子鎗蒸發源或其他方式蒸發源，濺鍍源可爲磁控濺鍍或離子束濺鍍等。因爲離子源可以獨立置於一旁，只扮演助鍍的角色，所以安裝較爲簡單。圖9.34(a) 爲國立中央大學薄膜技術中心自行設計的電子束蒸鍍鍍膜機實體圖，內有加入離子源助鍍系統，而圖 9.34(b) 則爲其架構示意圖，圖中可以看到一電子鎗蒸鍍系統與離子束助鍍系統，M (MO$_x$) 爲蒸鍍之材料原子 (分子)，而助鍍之離子源爲 Kaufman 型離子源搭配 PBN 中和器，圖 9.35(a)、(b) 分別爲 PBN 中和器結構示意圖與實體圖。藉由控制離

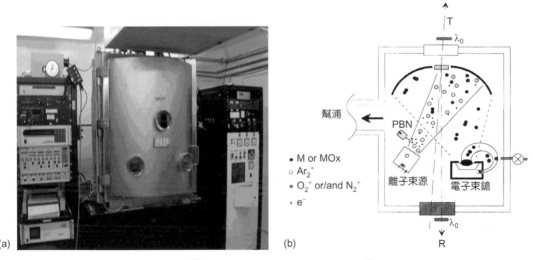

圖 9.34 (a) 離子助鍍鍍膜機實體圖[7]，(b) 離子助鍍鍍膜機示意圖[1]。

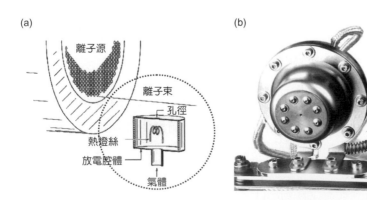

圖 9.35
(a) PBN中和器結構示意圖
與 (b) 實體圖。

子源參數以及柵極之形狀與間距，可控制離子束方向與擴散角，而離子束能量可調整。離子源及中和器皆利用鎢絲產生電漿。一般光學鍍膜機常需充氧以鍍氧化膜，因此鎢絲會被氧化而導致使用壽命減短，因此目前產業鍍膜多以射頻離子源搭配射頻中和器來進行助鍍，激發工作氣體 (Ar、O_2、N_2 或它們的混合氣體) 產生電漿，此電漿包含在石英罩杯或陶瓷罩杯中，其中沒有鎢絲或易氧化之物件，故使用壽命大為提升。

　　一般來說助鍍用之離子源電壓不必很高，所以磁場端輸出離子源 (end hall ion source) 也非常適合用於助鍍。磁場端輸出離子源是無柵極，如圖 9.36 所示，圖中 (a) 為此磁場端輸出離子源之架構示意圖，而 (b) 則為其實體圖。其工作原理為陰極在錐形陽極之上方發出熱電子，因磁場作用使電子迴旋前進撞擊工作氣體 (常為氬氣) 產生電漿，正離子因陰極與陽極間有電位差而可被引出，此離子能量一般很低 (50 – 150 eV)，但離子流密度很高、發散角大、維護容易，不過需要大量工作氣體，因此真空系統抽氣速率要大。此離子源比有柵極之離子源便宜，其中陰極為一鎢絲，用來發射電子，久了會變細，甚至斷掉，有時鎢原子也會混入膜中造成吸收，因此亦有使用獨立之中空陰極 (hollow cathode) 電子發射器或 PBN 來取代燈絲，以提高效率與隔絕鎢絲的污染。圖 9.37(a) 為中空陰極電子發射器結構示意圖，而圖 9.37(b) 則為 KRI 所製造離子源之實體圖，圖中白色虛線所圍之區域即為陰極電子發射器。

9.4 塑膠鍍膜

　　塑膠具備質量輕、耐衝擊性佳及可以撓曲等特性，對於在產品微小化、輕量化的趨勢下，在光學元件的應用中逐漸增加，也凸顯了塑膠鍍膜的重要性。以基板的厚度來

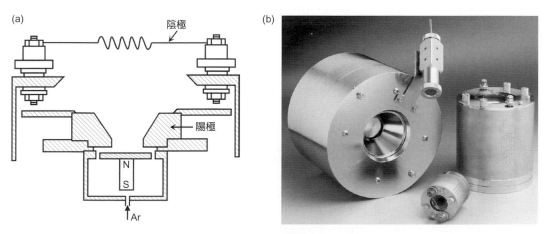

圖 9.36 無柵極離子源 (a) 架構示意圖與 (b) 實體圖。

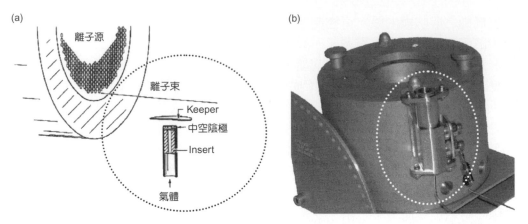

圖 9.37 (a) 陰極電子發射器 (hollow cathode) 結構示意圖，(b) 離子源與陰極電子發射器實體圖。

區分，大致可分為厚基板 (~1 mm) 與薄基板 (約 40−200 μm)。厚基板常用的有 PMMA (polymethyl methacrylate)、PC (polycarbonate)、CR-39 (allyl diglycol carbonate)；而薄基板則有 PET (polyethylene terephthalate)、PES (polyether sulphone)、PI (polyimide) 及 TAC (cellulose triacetate) 等。塑膠基板與特性整理如表 9.1 所列。

　　薄塑膠基板常被使用於觸控式面板與螢幕保護膜、隔熱紙、軟性印刷電路等，其中 PET 已廣泛被應用於觸控式螢幕、隔熱紙以及可撓曲式面板，PET 是價格較低廉的塑膠基材，非常適合於量產。至於 COC (ARTON®) 有較高的穿透率 (~92%) 及較高的耐熱溫度 (熱形變溫度約 171°C)，是非常適合發展光學塑膠鍍膜的材料，目前被使用於光通訊與光儲存元件上，但 COC 的價格非常昂貴限制了產品的廣泛性。至於厚基板的 PC、PMMA 與 CR-39 等，其中 PC 與 PMMA 常應用於光儲存產品如 CD、DVD 光碟上，但 PMMA 硬度較低且吸水性高，使其容易翹曲變形；PC 則是硬度高、吸水性較低，但光學吸收係數較 PMMA 高。不論是 PC 或是 PMMA 等塑膠基板，其吸水性較玻璃基板高，水分的吸收會使其上薄膜劣化，因此不適合作長期的資料保存。而 PC 亦常被使用於一般之塑膠眼鏡片與手機相機鏡頭中。目前尚有很多塑膠基材不斷的改良與開發，不久將看到更大量的塑膠基材被應用在各產品中。

表 9.1 塑膠基板與特性。

特性	試驗方法	單位	PC	TAC	PMMA	PET	ZEONEX®	COC	CR-39
比重	ASTM D792	g/cm³	1.2	1.30	1.19	1.27	1.10	1.08	1.32
吸水率	ASTM D570	%	0.2	5−6	0.3−0.5	0.4	<0.01	0.4	0.2
折射率	ASTM D542	-	1.58	1.49	1.49	1.62	1.53	1.51	1.5
透光率	ASTM D1003	%	90	93	93	89	91	92	92
熱形變溫度	ASTM D648	℃	130	110	80−90	114	123	164	140

＊ASTM: American Society for Testing and Materials (美國材料與試驗協會)。

塑膠基材的選擇主要需考量其光學特性 (如穿透率、折射率) 與其物理性質 (形變、吸水率等)，當然價格也是一重要考量的因素。

9.4.1 塑膠鍍膜例子

在塑膠基板上重要的光學鍍膜有很多，最為大眾所知的是太陽眼鏡，因此將以塑膠鏡片太陽眼鏡為架構作介紹，其中重要的塑膠光學鍍膜包括了透明導電膜、多層膜系鍍膜、表面硬化膜等。接下來將對太陽眼鏡所使用的重要鍍膜作簡介。

一般常見塑膠太陽眼鏡的結構如圖 9.38 所示，此為中央大學薄膜技術中心研發成果之一，其上包含了基底層鍍膜 (base coating)、防電磁波之透明導電膜 (transparent conductive film, EMI coating)、光學鍍膜 (optical coating) 與表面硬化膜 (hard coating)，因此將對這些鍍膜作介紹。

(1) 基底層鍍膜

由於太陽眼鏡使用的基材為有機高分子材料，其中以 PC 為多，在大氣下塑膠基材較玻璃基板更易吸附水氣，且由於表面活性不佳，以致於與鍍膜材料附著性不佳，因此必須鍍一層基底層，不僅可阻隔水氣對其他層薄膜的影響，而且可以增加薄膜對基材的附著性。目前亦有藉由對塑膠基材表面改質的方式來替代這一層的鍍膜。

(2) 透明導電薄膜

防電磁波鍍膜主要是以透明導電膜為主，不僅是太陽眼鏡，觸控面板、人性化的介面或是未來可曲撓顯示器，透明導電薄膜皆扮演重要的角色。透明導電薄膜常使用金屬氧化膜來代替薄金屬，例如：SnO_2、IZO、AZO，其中又以銦錫氧化膜 (In_2O_3:Sn, ITO) 的使用最多且應用最為廣泛。但有鑒於 ITO 中的 In 為有毒物質，且應用於短波長或紫外光

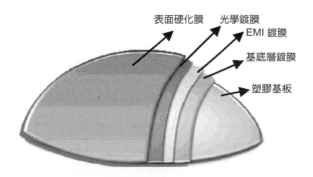

圖 9.38
太陽眼鏡示意圖。

(UV) 發光元件時會有光能吸收的現象，因此銦鋅氧化物 (indium zinc oxide, IZO) 與氧化鋅摻鋁 (aluminum zinc oxide, AZO) 的透明導電膜製程日益被重視。

(3) 光學鍍膜

　　塑膠基板如同玻璃基板一樣，可在上面製鍍多層膜，藉由前節多層光學薄膜的設計概念，亦可以在塑膠基板上製作抗反射、反射鏡等光學薄膜，甚至藉由導電膜的配合設計而達到防靜電的效果。例如抗反射膜不但能降低反射並增加穿透率，同時經由膜層的設計與製作，還可以兼具有抗靜電、耐污、防紫外線照射破壞的功能。圖 9.39 為國立中央大學薄膜技術中心以磁控濺鍍法，在有表面硬化膜的 TAC 塑膠基板上，製鍍抗反射膜的反射光學成效圖，可以明顯看出抗反射膜對減少反射的效果。

　　對太陽眼鏡而言，常用的光學鍍膜有兩種，一為抗反射膜，另一則是為了隔離紫外線與紅外線的 UV-IR 截止濾光片鍍膜。隔離紅外線不外乎是減少熱對眼睛的影響，至於隔離紫外線，則是因為長久紫外線照射會對眼睛造成傷害，因為紫外線會被眼睛的水晶體吸收，而引起水晶體混濁，產生白內障等嚴重眼疾，若吸收不完全而進入視網膜，將會產生視網膜黃斑部病變。

　　設計理論同於先前所述之玻璃基板光學薄膜，抗反射膜的製作是為了防止鏡片表面之強光反射，最常使用的是以單層膜來達到抗反射的效果。至於 UV-IR 截止濾光片的製作，因為設計層數很多，以致對於塑膠基板的太陽眼鏡而言，大幅提升製程的困難度，因此常使用染色塑膠基材直接對紫外光或紅外光作隔離的動作，例如灰色鏡片可吸收紅外線和 98% 的紫外線。

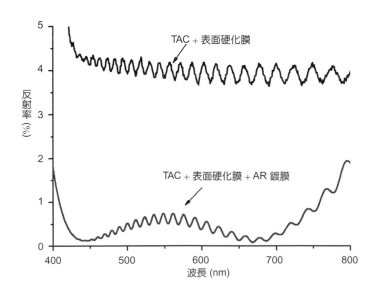

圖 9.39
TAC 基板抗反射膜的反射光學成效圖。

(4) 表面硬化膜

　　表面硬化膜是塑膠基板上非常重要的鍍膜，對於表面硬度不足的塑膠基材而言，鍍上此層薄膜不僅可大幅增加塑膠基材表面的硬度，更能增加使用的壽命。其特性除硬度高之外，需具備高穿透率、防刮、抗化學物質等特性。常見的表面硬化膜有以真空蒸鍍類鑽碳膜 (diamond like carbon) 或是利用溶膠－凝膠法的方式塗佈一層有機與無機混成物 (epoxy 混 metal oxide) 經烘烤或 UV 光照射後而得。適當選擇鍍膜材料與處理，亦可使得表面呈現疏油性而達到去污自潔的效果。

9.4.2 塑膠鍍膜之製鍍

　　由於一般塑膠基板無法承受高的製程溫度，所以塑膠鍍膜主要還是以低溫的物理氣相沉積法與溶膠－凝膠 (sol-gel) 法製作。在塑膠基板上成長薄膜必須要考慮粒子在基板的附著機率，以及沉積粒子之能量必須高於粒子吸附基板的最低吸附能。會影響薄膜附著力的因素有很多，主要因素有鍍膜材料與基板之材料性質、基板表面狀態、基板溫度、薄膜沉積方式、薄膜沉積速率等。對塑膠基板而言，基板本身之材料性質與基板表面狀態為影響薄膜附著之最重要因素。由於塑膠基板為高分子材質，對於高分子材質而言，它和無機材料最大的不同點在於其表面自由能很低，這是由於構成高分子的原子間之鍵結趨於完整，使得高分子表面的原子本身不傾向與其他原子形成新的鍵結，以致於其他材料對塑膠基板附著力不強。除此之外，基板本身表面的狀態對附著力影響也很大，未經清潔的基板可能在表面上會有一污染層，污染物可能是吸附的物質或是油污等，使得沉積之薄膜附著性不佳。

(1) 表面預處理

　　為了清潔基材表面、克服附著性的問題、增加基材表面的硬度或是形成阻絕層阻隔水氣等因素，除了重視基板的清潔外，必須要對塑膠基板做預處理 (表面改質) 以增加附著力。有不少改善的方法，如紫外光照射、離子束轟擊、電漿處理、酸蝕法、gamma ray 照射等[10-12]。藉由這些預處理可改善基板表面的化學性質及表面狀態，以提升附著力與增進基板的特性。其中紫外光處理的主要功能除了清潔基材表面的污染物質外，尚能提升 ITO 透明導電膜表面之功函數，對於發光元件的發光效率及亮度有顯著的影響。另外以常使用的離子束轟擊為例，高能的離子束轟擊基板表面時，不僅可將吸附在表面的水分、油氣等濺射掉 (由於在真空中進行，表面可一直保持清潔)，而且有活化塑膠基板表面的效果。例如以氧離子束轟擊塑膠基板處理後，由於樣品中不同化學鍵的打斷或生成，導致親水基 (hydrophilic) 的生成或增加，使基板的表面接觸角降低；除了影響基板表面的化學鍵，對於塑膠基板表面形態 (morphology) 也會有影響。圖 9.40(a) 及 (b) 分別

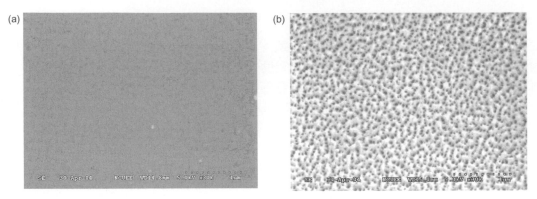

圖 9.40 PMMA 塑膠基板 (a) 未經處理，(b) 經過 O$_2$ 離子處理 1 分鐘。

為 PMMA 塑膠基板未經處理與經過 O$_2$ 離子處理 1 分鐘，在 SEM 電子顯微鏡以 30k 的放大倍率觀測結果，可以明顯看到表面形態受到改變。

(2) 塑膠鍍膜製程

塑膠鍍膜製程主要以溶膠－凝膠法與低溫的物理氣相沉積法為主，以下將對此兩種方法作介紹。

・溶膠－凝膠法[13,14]

溶膠－凝膠法是於 1930 年發展出來的液態成膜技術，在室溫下製作無機矽玻璃的方法，當時是使用矽烷化合物在酸鹼的催化之下，連續進行反應而獲得薄膜。其中溶膠 (sol) 的定義為極小的膠體粒子，因凡得瓦爾力及電雙層作用，產生布朗運動而均勻分散在系統中而形成所謂的溶膠；凝膠 (gel) 為經過水解 (hydrolysis) 及縮合 (condensation) 反應之後，分子單體經由鍵結逐漸形成大分子之凝膠狀態，再利用浸泡拉起法 (dip coating) 或塗佈旋轉離心法 (spin coating) 把凝膠塗佈在基板上。圖 9.41(a) 為浸泡拉起法實驗架構圖，圖 9.41(b) 為旋轉離心法的設備架構圖；當膜塗佈在基板上後，必須經晾乾、加熱烘烤或紫外光照射，才能形成固態薄膜。近年來技術與配方不斷的進步與改良，因此溶膠－凝膠法應用日趨廣泛，例如表面硬化膜的製作等。

圖 9.41 溶膠－凝膠 (sol-gel) 製鍍法。

・低溫的物理氣相沉積法

　　低溫的物理氣相沉積法主要是利用先前所介紹的磁控濺鍍法與電子束蒸鍍法爲主，但必須注意製程時溫度的變化，由於大部分的塑膠基板無法承受高溫，因此無法以加熱的方式來增進膜質，所以製造上常配合離子助鍍的方式來製作。在量產上最常使用的是捲繞式塑膠軟片鍍膜 (web coating)，並且配合離子源助鍍以增加膜質的緻密度、附著性以及硬度。圖 9.42(a) 爲德國 Von Ardenne 公司的 FOSA 1300 磁控濺鍍捲繞式鍍膜機設備實體圖。圖 9.42(b) 爲捲繞式塑膠軟片鍍膜，且輔之以離子助鍍的示意圖。藉由 A、B 不同的鍍膜材料製作多層膜，圖中之電子束蒸鍍源可視需要改爲熱阻舟或長條式磁控濺鍍源，離子束助鍍部分亦可以視需求，爲其他形態的離子源。此鍍膜機設計亦可用來快速製鍍出各種光學薄膜，包括抗反射鏡、分光鏡、隔熱貼紙、防止電磁輻射與兼具抗反射膜[15,16] 等。

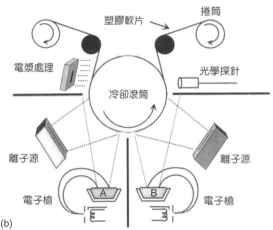

圖 9.42 (a) FOSA 1300 設備實體圖，(b) 離子助鍍捲繞式塑膠軟片鍍膜[1]。

參考文獻

1. 李正中, 薄膜光學與鍍膜技術, 第五版, 藝軒出版社 (2006).

2. B. Brauns, D. Schafer, R. Wolf, and G. Zscherpe, *Opt. Acta.*, **33**, 545 (1986).

3. M. Baleva, *Thin Solid Films*, **139**, L71 (1986).

4. H. Sankur, *Appl. Opt.*, **25**, 1962 (1986).

5. E. M. Vogel, E. W. Chase, J. L. Jackel, and B. J. Wilkens, *Appl. Opt.*, **28**, 649 (1989).

6. 陳銘堯, 簡介脈衝雷射法, 物理雙月刊, **15**, 669 (1993).

7. D. T Wei and A. Louderback, U.S. Patent 4,142,958, (1979); U.S. Patent Re 32, 849, (1989); assignee:

Litton Systems.

8. D. H. Wong, *"The research of low loss optical thin film and its application by ion beam sputtering deposition"*, Master Thesis, IOS, NCU, Taiwan (1998).

9. J. C. Hsu, *"The Research of Optical Thin Films by Dual Ion Beam Deposition"*, Ph. D. Thesis, IOS, NCU, Taiwan (1997).

10. F. Sarto, M. Alvisi, E. Melissano, A. Rizzo, S. Scagline, and L. Vasanelli., *Thin Solid Films*, **346**, 196 (1999).

11. T. Oyama and T. Yamada, *Vacuum*, **59**, 479 (2000).

12. J. H. Lee, J. S. Cho, S. K. Koh, and D. Kim, *Thin Solid Films*, **449**, 147 (2004).

13. J. D. Mackenie and D. R. Ulrich ed., 11-13 July, SPIE, **1328**, Sec. 5-7, San Diego, CA (1990).

14. B. Brauns, D. Schafer, R. Wolf, and G. Zscherpe, *Opt. Acta.*, **33**, 545 (1986).

15. C. C. Lee, S. C. Shiau, and Y. Yang, "The characteristics of ITO film prepared by IAD", *Society of Vacuum Coaters (SVC) 42nd Ann. Tech. Conf.*, Chicago, Paper D-14 (1999).

16. R. Wang and C. C. Lee, "Design of AR coating using ITO film prepared by IAD", *Society of Vacuum Coaters (SVC) 42nd Ann. Tech. Conf.*, Chicago, Paper O-10 (1999).

第十章　材料缺陷檢測

　　光學元件材料在原料熔融形成時，常因冷卻溫度分布不均勻，造成材料內部極容易產生成分比例不一致之狀況，此時可看見有如奶精在咖啡液內之條狀細紋，其稱爲脈紋 (striae)。脈紋最常見於玻璃材料中，此種缺陷不僅影響光束波前的正常行進，且會在影像中形成條狀或環狀的雜訊。另外，在玻璃材料熔融時形成的缺陷則是氣泡 (bubble) 與雜質 (inclusion)，其乃因原料在混合時與外部氣體或熔爐材料之間產生化學反應所致，而化學反應後的產物即爲氣泡與固態雜質。氣泡與雜質對光學系統品質有兩種影響：其一是收斂型的雜光，它會被系統聚焦在焦平面上，形成霧狀的鬼影 (ghost image)；另一種是發散型的雜光，它會減少影像的對比度及增加光束的雜訊。

　　此外，有一種與脈紋相似的缺陷則是不均質度 (in-homogeneity)，不同的是脈紋只在局部區域內產生，而不均質度是一個全面性的折射率梯度缺陷，它是在冷卻過程中，材料冷卻的速度不相同所導致，不均質度對於影像品質影響不大，但在高品質鏡頭系統上就不被容許了。再者，不均質度也會造成光學設計人員在材料折射率參數設定上的誤差。

　　在光學鏡片的製造上，常見的缺陷有刮痕 (scratch)、刺孔 (dig) 與殘留應力 (residual stress) 等。鏡片表面具有刮痕與刺孔，通常都是研磨或拋光加工不完全所致，此兩種缺陷對系統品質的影響與脈紋及氣泡相當類似。另外，射出成形後的塑膠透鏡或是快速冷卻後的玻璃胚體，經常會在其內部留下殘留應力，此殘留應力會使材料變成異向性材料。當光束通過此區域時，將會產生應力雙折射 (stress birefringence) 現象，意即光在兩應力主軸方向有不同的折射係數，此乃光在各路徑方向傳播上有光程差所導致。應力雙折射現象會使影像有像差與色差，故嚴重的雙折射是不被容許的。

　　以上所述的光學材料缺陷中，脈紋、氣泡與雜質通常以強光目測法檢驗，不均質度則以干涉積分法 (integrated by interferometry) 取得檢驗值，至於應力雙折射現象必須以偏光解析方式測得。另外在鏡片加工時，爲能快速且方便的檢驗待測物件，一般使用標準規比對刮痕與刺孔之等級。

第十章作者爲黃國政先生。

10.1 表面刮痕與刺孔

　　光學玻璃表面上之刮痕及刺孔通常是加工過程不完全或包裝保存不正確所致。由於刮痕及刺孔不容易避免，故在 ISO10110-7 國際光學標準中詳細規定其容許值，但因為 ISO10110-7 內之規定過於複雜與繁瑣，目前產業實際使用以美國軍規 MIL-0-13830A「go－no go」之刮痕及刺孔簡易判別法最為普遍。例如「40－20」之含意為某一光學元件表面上的刮痕寬度不大於 40 μm、刺孔直徑不大於 200 μm。

　　傳統檢查刮痕及刺孔的方式通常是使用一個背景為深色或黑色的光箱，在其內架設一個約 40 燭光的白熾燈炮，品管人員透過燈源以目視比較「刮痕－刺孔標準規」與待測物表面上之實際刮痕－刺孔，如圖 10.1 所示，即可確認表面品質之等級。由於刮痕及刺孔的檢查只是單純量取刮痕及刺孔的大小，且過小的刮痕及刺孔，如「10－5」以下之規格，對於系統的光學品質幾乎無影響，故新近所發展出的方法是以 10 倍左右的顯微鏡頭作為檢查工具，且可以線上掃描的方式檢測出數片鏡片上刮痕及刺孔之缺陷。

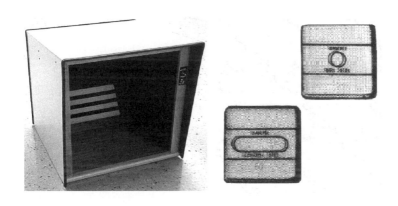

圖 10.1
黑色光箱與刮痕－刺孔標準規。

10.2 氣泡與雜質

　　光學玻璃為幾乎無氣泡與雜質的工業玻璃，一般在製造上可依氣泡與雜質的含量作為光學玻璃等級的分野。玻璃通常都是一些氧化物組成，其中並含有碳化物或少量碳氫化合物等組成，這些碳化物的組成會在熔融玻璃液中產生氣泡，如圖 10.2 所示，而這些氣泡會在之後的玻璃精煉過程中變小或慢慢被移除。另外，光學玻璃在生產的過程中，會因玻璃材料熔解不均勻、少量的坩堝或外在材料溶入或在冷卻時，材料發生結晶等現象，致使內部產生微細的固體粒子，此固體粒子即為雜質，如圖 10.3 所示。氣泡與雜質的存在會降低光學系統影像對比 (image contrast) 與光強度 (light intensity)，甚至會在焦平面 (focal plane) 上形成鬼影的現象。

　　一般檢查光學玻璃內部是否有氣泡與雜質時，最常使用的是強光目視法，如圖 10.4

圖 10.2 德國 Schott 公司 N-BK7 玻璃中的氣泡。

圖 10.3 德國 Schott 公司 N-SF6 玻璃中的
結晶雜質。

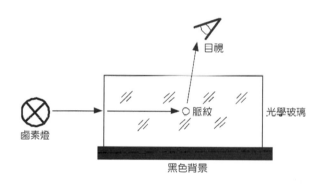

圖 10.4
氣泡及雜質檢測之強光目視法。

所示。取一塊具有已拋光之光學玻璃毛胚,擺至黑色背景的布幔上,使用窄光束之鹵素燈泡水平照射玻璃毛胚,由上邊或側邊直接以目視檢查。由於強光的照射,氣泡或雜質會反射形成一個明亮光點,此易為肉眼所察覺,此種方法可檢查出直徑大小約 30 μm 以上的氣泡或雜質。圖 10.5 為德國 Schott 公司所做之氣泡與雜質檢查測試。

依照 ISO10110-3 國際光學標準規範,對氣泡及雜質之集中度 (concentrations) 亦有所限制,例如在測試區域的 5% 範圍內,集中度不得有超過 20% 可容許等級個數;如果氣

圖 10.5
德國 Schott 公司的氣泡與雜質檢查測試。

泡及雜質總數小於 10，則在測試區域內的 5% 範圍內不得超過 2 個。另外，對於直徑大小約 10 μm 以下的氣泡或雜質，無法以強光目視法察覺，需改以測試光澤度 (haze) 爲基準，如圖 10.6 所示。光澤度的檢測與氣泡及雜質檢測架設很相似，唯一不同的是光源入射的方向，如圖 10.7 所示，光源從下方入射經由玻璃毛胚進入肉眼，由於是以黑色布幀作爲背景，故極易爲肉眼所察覺。

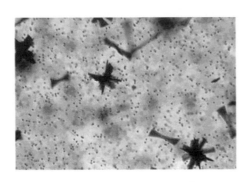

圖 10.6 電子顯微鏡下的光澤度 (haze)
　　　　檢查。

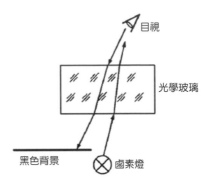

圖 10.7 德國 Schott 公司的光澤度
　　　　檢查測試。

10.3 脈紋

　　玻璃內部具有相同的折射率是光學玻璃要求的主要規格之一，而脈紋則是在約 0.1 mm – 2 mm 的短距離內具有與原材料折射率有些微差距之部分，如圖 10.8 所示條狀及螺旋狀之脈紋。脈紋生成的原因乃玻璃在熔解槽內之原始材料未完成均勻混合所致。

　　脈紋會以尖銳狀或條狀出現，此種現象常發生於黏土坩鍋熔煉過程中。一般量測脈紋的方式是使用高靈敏度的陰影圖法 (shadowgraph method)，此法使用一個 100 W 的高壓汞燈當作是入射光源，如圖 10.9 所示，光束經由針孔，穿過待測玻璃毛胚，投射在一個灰色或黑色的屏幕上，其中玻璃毛胚是架設在一個旋轉平台上，以提供各個角度的投影。如果毛胚內存在有脈紋，由於脈紋部分之折射率與無脈紋之本體稍有不同，故光束會將脈紋形狀放大並正向投射在屏幕上，此脈紋陰影可由目視判別。

　　陰影圖法的靈敏度通常決定在量測架構的幾何形狀，如果加大待測毛胚與燈源、屏幕之間距離，最佳光程差的靈敏度大約可達 10 nm。通常在脈紋測試中，爲了增加屏幕影像的對比與均勻性，可於檢測當中同時旋轉平台 ±45 度，或者使用 CCD 或 CMOS 感測器作數位取像的工作。

　　脈紋的大小、形狀及其折射率之差異會直接影響光學系統成像的品質，由於使用陰影圖法只能大略判讀其大小及形狀，對於脈紋的存在會對系統產生多少像差並無法獲得準確值，故必須使用干涉儀來量測其光程差才能予以定量化，如圖 10.10 所示。使用干涉儀來量測脈紋所造成之波前誤差有一定的限制，例如待測胚體在雷射光通過的兩側必須平整拋光，且脈紋形狀必須有規則性，否則干涉儀會因雜光太多而無法判讀。

　　鏡片內若存在脈紋，則成像的幾何形狀與光束波前會受影響，特別是尺寸大且粗繩狀 (cordlike) 的脈紋尤其顯著。一般而言，小脈紋所造成之波前偏差若小於 $\lambda/10$ (約爲 60 nm)，則對像質沒有影響，但是若這些小脈紋過多或過度集中亦會影響成像品質。

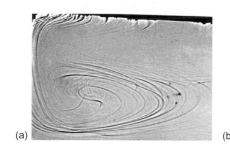
(a)

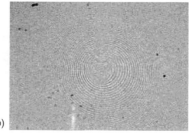
(b)

圖 10.8
(a) 條狀脈紋與 (b) 螺旋狀脈紋。

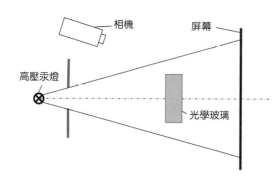

圖 10.9
光學玻璃脈紋的陰影圖法檢驗架構。

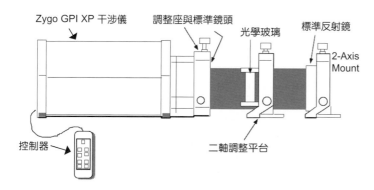

圖 10.10
以干涉儀來量測脈紋所造成波前誤差之架設圖。

10.4 不均勻度

　　光學玻璃由於在連續熔解過程中，各種化學成分因熱梯度 (thermal gradient) 而產生組成比例的落差，致使玻璃內部各處的密度產生不均一的程度稱為不均勻度。玻璃的不均勻度會使其折射率產生梯度現象，光束穿過胚料後，會產生波前誤差 $\Delta s\ (=d \cdot \Delta n)$，其中 d 為待測件的厚度、Δn 為折射率梯度。

　　常使用來量測光學玻璃之不均勻度的方法有干涉積分法 (integrated by interferometry) 與雙狹縫 (double slit) 干涉法兩種。干涉積分法基本上是一種量測平板之波前誤差的方法，其檢測架構有兩種方式。如圖 10.11 所示，當待測樣品在光通過的兩面僅有研磨處理 (表面粗度 RMS 值小於 3 μm) 時，可在待測研磨面塗油，並以兩塊已拋光之光學平板夾合成三明治狀，需注意的是油的折射係數需與待測樣品相近 ($\Delta n < 10^{-4}$)，以減少量測誤差。此種以光學平板上塗油再夾合待測樣品的架設方法稱作是三明治板塗油 (oil-on-plates sandwich) 法。在實用上，為了要廣泛應用在各種光學玻璃之不均勻度量測，可以使用兩種以上的油混合，以使其折射係數可有 $1.473 - 1.651$ 之變化。最後將放置與未放置待測樣品量測之波前誤差相減即得不均勻度之影響值。

　　如果待測樣品已經拋光處理，則可使用傳統波前誤差量測方式，或可稱為拋光面 (polished sample) 法，如圖 10.12 所示，唯一不同的是，此種方式需量測四種不同的波前圖，再相加減才可得到不均勻度值 δ，如公式 (10.1) 所示，其中 n_0 為待測玻璃之折射率。一般而言，對於一 ISO/DIS 10110-4 之 H5 等級之光學玻璃 (厚度 $10 - 20$ mm)，其不均勻度約為 $-10 - +10$ nm 之間，且其有 $2 - 3$ nm 之干涉檢測誤差。

$$\delta = \frac{\left[n_0 (W_3 - W_4) - (n_0 - 1)(W_2 - W_1) \right]}{2} \tag{10.1}$$

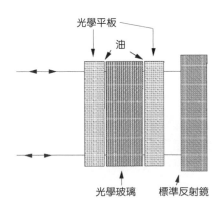

圖 10.11
三明治板塗油 (oil-on-plates sandwich) 法。

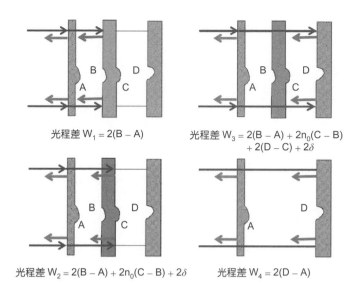

光程差 $W_1 = 2(B - A)$

光程差 $W_3 = 2(B - A) + 2n_0(C - B)$
$+ 2(D - C) + 2\delta$

光程差 $W_2 = 2(B - A) + 2n_0(C - B) + 2\delta$

光程差 $W_4 = 2(D - A)$

圖 10.12
拋光面不均勻度檢測架構與計算方法。

10.5 應力雙折射效應

　　一般光學玻璃內部存在之永久殘留應力 (permanent residual stress) 大小及分布情況與玻璃回火 (annealing) 條件、玻璃商品型號、玻璃元件的幾何形狀等因素有關,而玻璃元件內部機械應力的產生原因有二:其一是回火操作不當,其二是在玻璃熔解過程中,內部化學組成不均勻,局部的熱膨脹係數變化所導致。

　　塑膠光學元件在射出成形 (injection) 過程中,會因烘料溫度與時間、射出壓力與溫度、流道設計、幾何外形與裁切方式等因素,致使塑膠元件內部留下殘留應力。由於多數塑膠材料之雙折射性比光學玻璃大,故塑膠光學鏡片內的殘留應力很容易被檢測出。殘留應力的存在會使得光學元件發生雙折射 (birefringence) 現象,而雙折射量的大小是依應力－光學係數 (stress-optical coefficient, K) 而定。

　　光學元件會因機械應力或熱應力的產生使其原本材料的同向性 (isotropic) 被破壞,使得玻璃變成局部異向性 (local anisotropic) 材料。當平面偏振 (plane polarized) 光束通過此具有局部應力之材料時,其在垂直與水平方向的傳遞速度會產生變化,此乃因為光學元件在此兩方向之折射係數不同所致,圖 10.13 為德國 Schott 公司的 SF (alkali-lead-silicate) 與 BK (boro-silicate) 系列受到外部拉力與壓力,其垂直與水平兩方向的折射係數改變數值線圖。光學元件的折射係數變化量與機械應力的大小成正比,如公式 (10.2) 所示。

$$K_{\parallel} = \frac{dn_{\parallel}}{d\sigma} \qquad K_{\perp} = \frac{dn_{\perp}}{d\sigma} \tag{10.2}$$

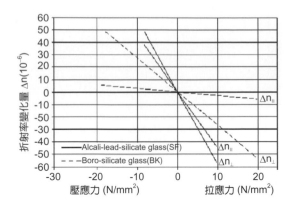

圖 10.13
德國 Schott 公司 SF 與 BK 系列玻璃的折射係
數－應力圖。

其中，$K_\parallel$ 與 $K_\perp$ 為水平與垂直之應力－光學係數，$n_\parallel$ 與 $n_\perp$ 為水平與垂直之玻璃折射係
數，σ 為應力值。

　　最常見的光學元件內部應力檢測以偏光儀 (polariscope) 最為普遍，在實用上，應力雙
折射量測方式只以偏光儀測量其折射係數差值 ($n_\parallel - n_\perp$) 即可，若研究上需量測 $n_\parallel$ 與 $n_\perp$
個別數值，則需另外使用干涉儀 (interferometer) 量測其光程差 (optical path difference) Δs，
再反算 $n_\parallel$ 與 $n_\perp$ 值。在單軸應力狀態，應力－光學係數 K 可表示為：

$$\Delta s = \left(n_\parallel - n_\perp \right) t = \left(K_\parallel - K_\perp \right) \sigma t = K \sigma t \tag{10.3}$$

其中 t 為試片厚度，K 的單位為 mm²/N，可由四點彎曲法 (four-edge method) 在室溫 21 °C
下測得，誤差約為 3% 或 0.06×10^{-6} mm²/N，應力－光學係數 K 值與應力的關係可參考圖
10.14 所示。

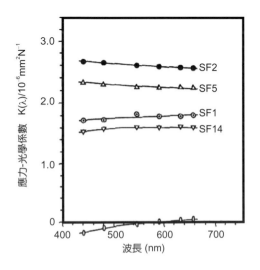

圖 10.14
應力－光學係數 K 值與波長的關係圖。

　　由公式 (10.3) 可知光程差與應力的關係，但實用上為便於計算應力差值，可將公式 (10.3) 改寫成：

$$\sigma = \sigma_1 - \sigma_2 = \frac{N}{\left(K_\parallel - K_\perp \right)t} = \frac{N}{Kt} \qquad (10.4)$$

其中 $N = \Delta s/2\pi$，為 N 個波長的相位延遲 (retardation)。偏光儀即是用來量測 N 值，以計算兩主應力差值 $\sigma_1 - \sigma_2$。

　　檢測應力用之偏光儀的架設有平面偏光儀 (plane polariscope) 與圓偏光儀 (circular polariscope) 兩種方式。平面偏光儀檢測是將被測物置於兩片相互垂直的偏光板中，被測物的主應力軸 (快軸) 方向與檢偏器 (analyzer) 夾角為 γ，如圖 10.15 所示，則光束通過偏光儀後的強度 I 為：

$$I = I_0 \sin^2 2\gamma \sin^2 \left(\frac{\pi \cdot \Delta s}{\lambda} \right) \qquad (10.5)$$

其中 I_0 為入射光強度、λ 為光束平均波長。

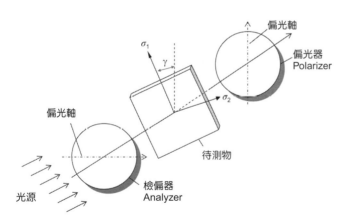

圖 10.15
平面偏光儀檢測示意圖。

　　由公式 (10.5) 可知決定明暗的兩個項次為 $\sin^2(2\gamma)$ 與 $\sin(\pi \times \Delta s/\lambda)$，由 $\sin^2(2\gamma)$ 控制的條紋稱為等傾斜條紋 (isoclinic fringe)，由 $\sin(\pi \times \Delta s/\lambda)$ 控制的條紋稱為等色條紋 (isochromatic fringe)。實用上的檢測，可令 $\gamma = \pi/4$，則公式 (10.5) 可簡化為：

$$I = I_0 \sin^2 \left(\frac{\pi \cdot \Delta s}{\lambda} \right) \qquad (10.6)$$

為便於分析，一般光源都使用單色光 λ_0，代入公式 (10.6) 即可觀察應力差值 $\sigma_1 - \sigma_2$ 的變化。

　　若在平面偏光儀的偏光板中置入兩片相互垂直的 1/4 波長補償板，則變成圓偏光儀，如圖 10.16 所示，如此一來，光束通過偏光儀後的強度即為公式 (10.6) 所示，被測物的擺放角度皆不影響光束強度的分布。

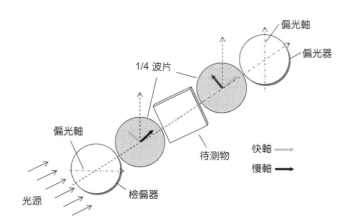

圖 10.16
圓偏光儀檢測示意圖。

參考文獻

1. Schott Company, TE-25 Striae in optical glass, pp1-12 (2004).

2. ISO/DIS 10110-part 4; Preparation of drawing for optical elements and systems; Material imperfections – Inhomogeneity and striae (1996).

3. Schott Company, TE-26 Homogeneity of optical glass, pp1-13 (2004).

4. Schott Company, TE-27 Stress in optical glass, pp1-13 (2004).

5. ISO/DIS 10110-part 2; Preparation of drawing for optical elements and systems; Material imperfections – Stress birefringence (1996).

6. Schott Company, TE-28 Bubbles and inclusions in optical glass, pp1-13(2004).

7. ISO/DIS 10110-part 2; Preparation of drawing for optical elements and systems; Material imperfections –Bubbles and Inclusions (1996).

8. Zygo Corporation, GPI Interferometer System Operation Manual (2002).

9. D. Malacara, *Optical Shop Testing*, New York: John Wiley & Sons (1978).

10. M. Francon, *Optical Interferometry*, New York: Academic Press (1966).

第十一章　加工精度檢測

11.1 形狀精度

　　形狀精度 (form accuracy) 檢測項目包括眞直度、眞平度、眞圓度、圓柱度、曲線輪廓度及曲面輪廓度六項。而光學元件檢測所稱之形狀精度，定義爲樣本長度量測內最高波峰 R_p 至最低波谷 R_v 輪廓高度之絕對值，此距離稱之形狀精度 R_t 或 P-V 值，如圖 11.1 所示，其值 $R_t = R_p + R_v$。

　　P-V 形狀精度量測方法種類繁多，可概分爲非接觸式與接觸式兩類。本節將介紹兩種光學元件表面形狀量測方法：(1) 非接觸式－白光干涉式表面輪廓儀與 (2) 接觸式－雷射十涉式探針量測輪廓儀。

11.1.1 白光干涉式表面輪廓儀

　　白光干涉式表面輪廓儀係利用白光干涉理論爲基礎進行表面輪廓測量，如圖 11.2 所示的 Zygo NewView 5000 輪廓儀。應用干涉儀量測待測波前與參考波前間相位差，若參考波前由標準平面反射產生，而待測波前由凹凸高低起伏的待測面反射產生，則待測波前與參考波前間之相位差即爲產生此待測物表面輪廓。此系統光路中引入相移

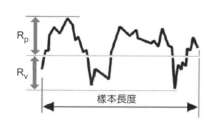

圖 11.1 形狀精度定義。

圖 11.2 白光干涉式表面輪廓儀。

第 11.1 節及第11.2 節作者爲曾釋鋒先生。

技術 (phase-shifting technique) 求得上述相位差，利用相位重建技術 (phase unwrapping technique) 恢復重建連續分布相位，進而推算出三維的表面輪廓結構。該系統適用於表面高低起伏輪廓結構、輪廓表面形狀精度與表面粗糙度測量，且可應用於反射式與穿透式材料。儀器垂直方向解析度為 0.1 nm，水平方向解析度為 0.45－11.8 μm。圖 11.3 為繞／折射光學元件量測結果，其形狀精度 P-V 值為 7.356 μm。

11.1.2 雷射干涉式探針量測輪廓儀

雷射干涉式探針量測輪廓儀係利用雷射同調光干涉特性，於探針末端連接一稜鏡，隨探針起伏使得光程改變，而後端與參考光產生干涉，最後於光接收器接收其干涉資訊，算出探針 Z 軸的起伏量，其 X 軸量測行程範圍為 300 mm，Z 軸量測行程範圍為 250 mm，如圖 11.4 所示。此型儀器運用於平面、球面、非球面、拋物面與雙曲面之形狀精

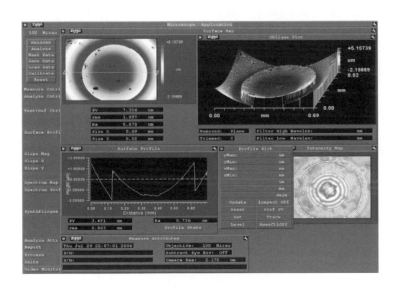

圖 11.3
白光干涉儀量測結果。

圖 11.4
雷射干涉式探針量測輪廓儀。

度量測。量測球面光學元件時，可選擇輸入曲率半徑 (凸面設 +R、凹面設 –R)，量測計算出形狀精度；或選擇 LS Arc (Auto) 自動量測模式，計算光學元件球面形狀精度與曲率半徑 (+R 為凸面、–R 為凹面)。非球面光學元件依設計公式 (11.1)，所以量測時分別將光學元件非球面高階項係數 $A_1 - A_{20}$、曲率半徑 R 與圓錐常數 k 代入，並選擇凸面 (convex) 或凹面 (concave) 外形後，量測非球面輪廓實際外形曲線與設計曲線間誤差量，最後計算出非球面形狀精度 R_t 值，如圖 11.5 所示。

$$Z(r) = \frac{r^2}{R + \sqrt{R^2 - (1+k)r^2}} + \sum A_i r^{2i} \tag{11.1}$$

其中，Z 為非球面旋轉對稱軸上之對應值，R 為曲率半徑 (curature)，r 為與光軸垂直之半徑座標，k 為二次曲線圓錐常數 (conic constant)，A_i 為非球面高階項係數。

球面鏡與平面鏡亦可使用干涉條紋間距 (fringe spacings) 表示形狀精度。形狀精度若以干涉條紋定義時，每一條干涉條紋所代表的誤差為量測光源光波長的一半 (1 fringe = λ/2)。條紋數計算方法以 N = b/a 表示，其中 N 為條紋數、a 為干涉條紋間隔、b 為彎曲量，如圖 11.6 所示。干涉條紋檢測方法通常是使用 BK7 玻璃製成之平面或球面標準片 (原器)，以水銀燈或日光燈為光源裝上綠色濾光鏡，觀察鏡片干涉條紋，圖 11.7 為線上檢測平面鏡條紋間距情形。ISO10110 和 BS4301 標準規範中規定光源為綠光汞譜線 (green mercury e-line)[5]，波長 546.07 nm，若有必要利用其他光源 (如氦氖雷射，波長 632.8 nm) 量測時，可使用公式 (11.2) 轉換波長，計算干涉條紋數。

$$N_{\lambda 2} = N_{\lambda 1} \times \frac{\lambda_1}{\lambda_2} \tag{11.2}$$

其中，λ_1 為參考波長、λ_2 為測試波長、$N_{\lambda 1}$ 為相對於參考波長的條紋數、$N_{\lambda 2}$ 為相對於測試波長的條紋數。

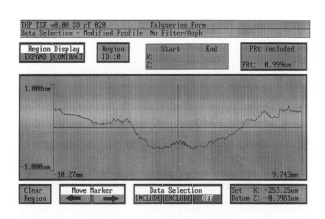

圖 11.5
非球面光學元件形狀精度量測結果。

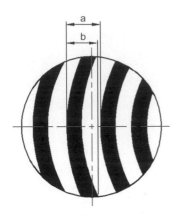

圖 11.6 干涉條紋計算方法。

圖 11.7 線上檢測平面鏡干涉條紋。

　　若是鏡片平面度不良，利用干涉條紋檢測亦可判斷鏡片偏凸或偏凹，也就是俗稱高或低、正或負，分別如圖 11.8 所示。判斷方法係將手輕輕地下壓鏡片兩端，觀察干涉條紋之光圈運動情形。若是光圈往內移動，表示待測鏡片呈現凹形；若是光圈往外移動，表示待測鏡片呈現凸形。

　　一般對球面透鏡而言，球面精度是利用標準片 (原器) 所產生之干涉條紋來讀取球面偏差量，但非球面形狀精度則是以在各測定點與設計值的偏差量來表示。非球面形狀精度表示方法分為實際外形精度 (form accuracy)、已優化之形狀誤差 (figure error) 和傾斜角平滑度 (smoothness) 三種，其定義如圖 11.9 所示。

1. 實際外形精度 (A)：實際量測形狀與最近似非球面曲線之最大偏差量。
2. 已優化之形狀誤差 (F)：相當於球面形狀誤差表示中所謂之牛頓圈數，即為實際形狀以最小平方近似法之最近似非球面曲線與設計非球面曲線的最大偏差量。此表示方法亦可應用於平面、二次曲面、圓錐曲面量測。

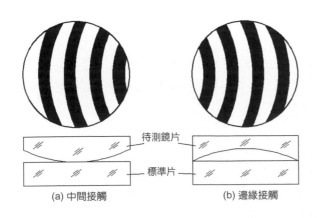

圖 11.8
干涉條紋判斷鏡片外形凹凸。

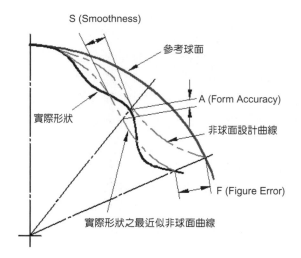

圖 11.9
非球面形狀精度表示方法。

3. 傾斜角平滑度 (S)：實際形狀與最近似非球面最大偏差部分之傾斜角。

此外，ISO/DIS10110-12 規範非球面光學元件表面形狀誤差亦可用 Z 軸高度差與斜率差來表示[6]，如圖 11.10 所示。非球面形狀公差值需於圖面上標註於表格中，說明對 Y 軸座標沿 Z 軸方向上之最大容許偏差 ΔZ 值和斜率誤差值 (slope error)。

11.2 表面粗糙度

零件加工後表面之顆粒或屑片被移除，使得加工面遺留切削痕跡，放大加工面一定可以看出粗糙度、波紋 (waviness) 和形狀三種表面特徵，如圖 11.11 所示。粗糙度是零件表面呈現凹凸狀，最主要是因為切削加工方法 (車削、輪磨等)、加工條件 (進給速率、

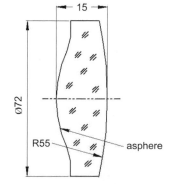

Y	Z	ΔZ	Slope Error
0	0	0.000	0.3′
9	0.5124	0.003	0.5′
18	1.3478	0.006	0.7′
27	2.2545	0.009	0.9′
36	2.8922	0.012	1.0′

圖 11.10 ISO/DIS10110-12 非球面形狀精度表示方法[6]。

進給量)、刀具磨耗 (刀尖半徑之變化、邊界磨耗等)、材質缺陷 (砂粒、氣泡)、加工環境
(切削液、火花、噴砂等) 造成加工後所留下之不規則點，如圖 11.11(a) 所示。

　　波紋是粗糙度被重疊所形成之表面組織，一般是由機械、切削刀具、工件等之振
動、跳動和撓曲造成材料應變，波紋斷面輪廓如圖 11.11(b) 所示。加工面之形狀誤差則
是忽略粗糙度和波紋影響，通常是由於承載工件之剛性不足、切削軸與工件軸垂直度
誤差和工件材料硬度不夠所引起工件受力後撓曲與變形，表面形狀誤差如圖 11.11(c) 所
示。

　　這三種表面特徵不可能單獨出現，大多數加工後之表面由粗糙度、波紋和形狀組合
而成。一般而言，零件表面粗糙度愈差對光學性能、機件滑動、相對摩擦、材質強度和
密封性等愈有重要影響，對於表面凹凸情形如何表示呢？下文將介紹表面粗糙度相關名
詞、表面粗糙度定義與表示方法，以及表面粗糙度量測方法與表示法。

11.2.1 表面粗糙度相關名詞

(1) 量測長度

　　表面組織量測中有樣本長度、評估長度和量測長度三種長度特徵，如圖 11.12 所
示。樣本長度為表面長度上小範圍評估，足以顯示整個粗糙度輪廓，對於不需大範圍量
測時此數據具有統計上實質效益。評估長度包含幾個樣本長度，此數值是這些樣本長度
之平均值。量測長度為量測儀器於開始和結束量測時，排除機械與電氣於搭配上暫態遲
滯現象，所以量測長度會比評估長度要長。

(2) 斷面曲線

　　斷面曲線即為量測輪廓曲線，由量測儀器沿工件表面垂直方向剖視，觀察其凹凸不
平之波峰與波谷和不規則間隔輪廓線。

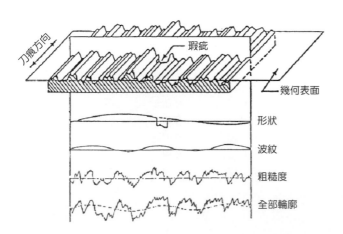

圖 11.11
零件斷面輪廓圖形。

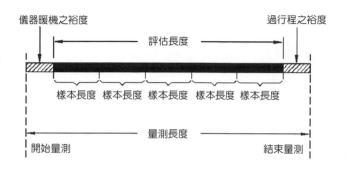

圖 11.12
樣本長度、評估長度和量測長度關係。

(3) 切斷值

斷面曲線由不同頻率曲線所組成，在量測儀器中避免幾何形狀與波紋列入粗糙度中計算，所以會將高頻與低頻曲線分開。而量測頻率決定於不規則點間隔和量測速度，例如零件表面輪廓為 50 Hz 和 20 Hz 頻率，分別代表 0.02 mm 和 0.05 mm 不規則點間距，探針於相同速度下以 2 Hz 和 1.25 Hz 的頻率產生 0.5 mm 和 0.8 mm 間隔，若儀器上使用高頻率波器則會移除所有低於 2 Hz 頻率信號，故小於或等於 0.5 mm 間隔不規則點會顯示在外形信號上。此儀器將 0.5 mm 間隔的不規則點切斷，該距離稱為切斷長度或切斷值。表 11.1 為各種表面加工可選擇適當之切斷值，切斷值分為 0.08、0.25、0.8、2.5、8.0 和 25.0 六種，無特別規定時，小於表面粗糙度 12.5 $\mu m R_a$ 選擇切斷值 0.8 mm，表面粗糙度 12.5－100 $\mu m R_a$ 選擇切斷值 2.5 mm。

(4) 平均線

依據中華民國國家標準 CNS-7868 規定，量測表面粗糙度曲線或斷面曲線中標稱形狀之直線或曲線，使能自該線所劃表面粗糙度曲線或斷面曲線之偏差值平方和為最小，該線則稱為平均線，如圖 11.13 所示。

(5) 最小平方平均線

斷面曲線上取一段樣本長度，理論上各樣本長度每條線都是直的，因為斜率依波紋和形狀而定，當中心線由記錄器之外形以圖解法決定時，它能被畫出一直線。當直線上下兩端曲線偏差距離的平方和最小時，該直線稱為最小平方平均直線，如圖 11.14 所示。

(6) 中心線

穿過波峰和波谷之中心直線，使該直線上方與下方之斷面曲線所圍成之面積相等時，即面積 (A＋C＋E＋G＋I)＝面積 (B＋D＋F＋H＋J＋K)，此直線稱為表面粗糙度之中心線，如圖 11.15 所示。

表 11.1 各種表面加工可選擇適當之切斷值 (單位：mm)。

表面加工方法	儀器切斷值					
	0.08	0.25	0.8	2.5	8.0	25.0
搘　孔			＊	＊	＊	
銑　製			＊	＊	＊	
輪　磨		＊	＊	＊		
車　削			＊	＊		
鉋　削				＊	＊	＊
拉　孔			＊	＊		
鉸　孔			＊	＊		
鑽石車削		＊	＊			
鑽石搘孔		＊	＊			
搘　磨		＊	＊			
精　磨		＊	＊			
研　磨		＊	＊			
拋　光	＊	＊	＊			
超　光	＊	＊	＊			
短程鉋削			＊	＊	＊	
放電加工		＊	＊			
打　磨			＊	＊		
拉　製			＊	＊		
擠　製			＊	＊		
模　製			＊	＊		
電　磨			＊	＊		

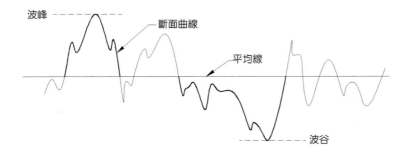

圖 11.13
斷面曲線與平均線。

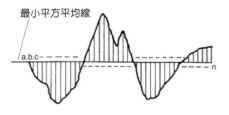

圖 11.14 最小平方平均線。

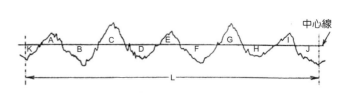

圖 11.15 中心線定義。

(7) 波峰波谷

斷面曲線與中心線 (有時稱爲平均線) 相交，且相鄰兩交點高於中心線之凸形曲線稱爲波峰，相對地低於中心線之凹形曲線稱爲波谷，如圖 11.16 所示。另外，波峰分爲外形波峰和局部波峰，其中外形波峰由斷面曲線與中心線相交次數之一半來決定，如圖 11.16 所示相交在 **a、b、c、d** 四點各產生兩個波峰數。局部波峰爲超過某特定高度之波峰，如圖 11.16 所示之 **A、B、C、D、E、F、G** 七個波峰數。

(8) 承壓比值

斷面曲線上任何指定的深度處承壓表面長度和評估長度之比值 (以百分率表示)，稱爲承壓比值 (bearing ratio, t_p)，如圖 11.17 所示。如同一研磨板平放在斷面曲線最高波峰處，一旦波峰受到磨耗時，則承壓線將斷面曲線下壓，以致承壓面長度增加，若估計片斷部分面積可被用來當作工作品質標準，承壓比值可用數學式 (11.3) 表示。

$$t_p = \frac{a+b+c+d+e}{E} \times 100\% \tag{11.3}$$

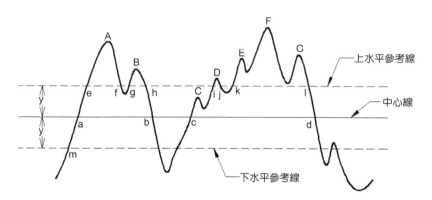

圖 11.16
波峰數。

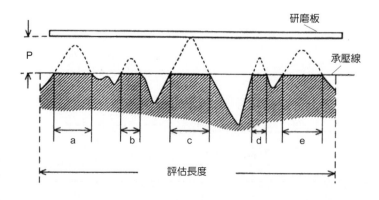

圖 11.17
承壓比值的導出。

11.2.2 表面粗糙度表示方法與定義

　　國際間對於表面粗糙度表示方法有所不同，目前已大幅修訂與標準化，如美國 (ANSI) 僅使用 R_a 表示粗糙度，英國 (BS) 使用 R_a、R_z 兩種表示粗糙度，日本 (JIS) 使用 R_a、R_{max}、R_{3z} 表示粗糙度，中華民國 (CNS) 使用 R_a、R_{max}、R_z 表示粗糙度，表 11.2 列舉各國表面粗糙度表示方法與規格。下列針對國際標準組織 ISO-4287 (1984)，使用表面粗糙度之中心線平均粗糙度 (R_a)、最大高度粗糙度 (R_{max})、十點平均粗糙度 (R_z) 定義分述如下。

表 11.2 各國表面粗糙度表示方法與規格。

項目 國別	中心線平均粗糙度	最大高度	十點平均粗糙度	均方根粗糙度	中心線的深度	相對負荷長度	局部的峰平均間隔	凹凸平均間隔	各 國 的 規 格
美　國	R_a								ANS IB 46.1-1978
英　國	R_a		R_z						BS1134-1972
日　本	R_a	R_{max}	R_{3z}						JIS B0601-1982
中華民國	R_a	R_{max}	R_z						CNS-7868
義 大 利	R_a	R_{max} (Rtm)	R_z	RMS		t	Sm		UNI 3963 part 2-1978
印　度	R_a	R_{max}	R_z						IS3073-1967
紐 西 蘭	R_a								NEW 3631-1977,3632-1074
澳大利亞	R_a			R_q					AS 1965-1977
加 拿 大	R_a								CSA B 95-1962
瑞　典	R_a	R_{max}	R_z			t_p	S		SMS 671-1975, 673-1975
蘇　俄	R_a	R_{max}	R_z			t_p	S	Sm	GOST 2789-73-1947
德　國	R_a	R_{max}	R_z		R_p		Ar		DIN 4762 Blatt 1-1960, 4767-1970, 4768 Teil 1-1978, 4768 Blatt 1-1978
法　國	R_a	$R(R_{max})$			R_p	(TR)C	AR		NFE 05-015-1972
芬　蘭	R_a	R_{max}	R_z			NL			SFS 2038-1969
波　蘭	R_a	R_{max}	R_z						PN 73/ M-04250-1974, 04251
ISO	R_a	R_{max}	R_z						R 468-1976
瑞　士	R_a								
西 班 牙	R_a	H	hrme						
羅馬尼亞	R_a	R_{max}	R_z						
丹　麥	R_a	R_{max}	R_z		Ru		tap		
奧 地 利	R_a	Rt							
南斯拉夫	R_a	R_{max}	R_z			Pn		k	
希　臘	R_a	R_{max}		hp	Rt				

(1) 中心線平均粗糙度

中心線平均粗糙度 (center line average roughness, R_a) 係從零件表面之粗糙度斷面曲線上，截取一段測量長度，如圖 11.18 所示，該長度內之中心線為 X 軸，取中心線之垂直方向為 Y 軸，則粗糙曲線可用 $y = f(x)$ 表示。然後以中心線為基準將下方曲線鏡射，計算中心線上方經鏡射後之全部曲線所涵蓋面積，再除以測量長度，即為該零件表面測量長度範圍內之中心線平均粗糙度值。所得量測數值以微米 (μm) 為單位，其數學定義如公式 (11.4) 所示。

$$R_a = \frac{1}{L}\int_0^L |f(x)| dx \quad 或 \quad R_a = \frac{y_1 + y_2 + \cdots\cdots + y_L}{L} \tag{11.4}$$

中心線 X 軸方向細分單位等間隔後取各分段點所對應之 Y_i 值，計算單位等間隔上距斷面曲線偏差之均方根值即為 R_q，如圖 11.19 所示，其公式如公式 (11.5) 所示。

$$R_q = \sqrt{\frac{Y_1^2 + Y_2^2 + \cdots\cdots + Y_n^2}{n}} \tag{11.5}$$

中心線平均粗糙度標註方式為中心線平均粗糙度 ＿＿ μm，切斷值 ＿＿ mm，或 ＿＿ μmR_a，λ_c ＿＿ mm。另外，CNS 規定切斷值之標準為 0.8 mm，假設量測時選擇切斷值 0.8 mm，標註時可以省略不寫。且一般中心線粗糙度加註 a 字樣，則代表 R_a 意思，如 2.5 μmR_a 可改寫成 2.5a。

(2) 最大高度粗糙度

斷面曲線上截取基準長度，如圖 11.20 所示，該長度內斷面曲線之最高點與最低點分別畫出與平均線平行之線，該平行線之間距即為最大高度粗糙度 (maximum height

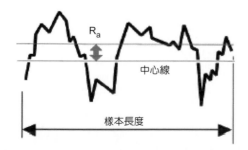

圖 11.18 中心線平均粗糙度定義。

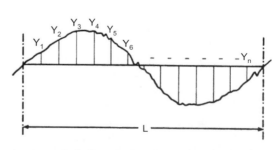

圖 11.19 R_q 定義示意圖。

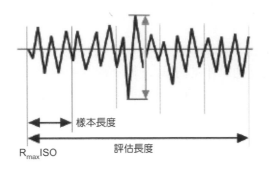

圖 11.20
最大高度粗糙度。

roughness, R_{max})，也就是測量長度內沿垂直方向量取最大波峰與波谷之距離。若由斷面曲線上截取基準長度作爲測量長度，則量測斷面曲線上最高點與最低點間垂直高度之值亦稱爲最大高度粗糙度，但符號改爲 R_t，使用時須注意。

　　最大高度粗糙度標註方式爲最大高度 ＿＿＿ μm，基準長度 ＿＿＿ mm，或 ＿＿＿ μmR_{max}，$l =$ ＿＿＿ mm。依 CNS 規定，零件 R_{max} 值採用 0.08、0.25、0.8、2.5、8、25 mm 六種基準長度，使用基準長度愈大所得 R_{max} 值愈大，表 11.3 爲 CNS 規定選用基準長度與 R_{max} 值之關係。R_{max} 值以微米 (μm) 爲單位表示，一般工作圖中於數值後加上小寫字母 s 以區分 R_{max} 值，例如 6.3 μmR_{max} 可改寫成 6.3s。

(3) 十點平均粗糙度

　　依國際標準組織 ISO 規定，於斷面曲線上截取基準長度，此長度中分別於波峰與波谷畫出與平均線平行之直線，量測斷面曲線連續前五個峰值，計算出波峰平均值，再量測連續五個波谷，同樣地計算出波谷平均值，然後求出波峰與波谷平均值之差即爲十點平均粗糙度 (ten point height, R_z)，如圖 11.21 所示，其算式如公式 (11.6)。

$$R_z = \frac{(R_{p1} + R_{p2} + \cdots + R_{p5}) - (R_{v1} + R_{v2} + \cdots + R_{v5})}{5} \tag{11.6}$$

表 11.3 CNS 規定基準長度與 R_{max} 值之關係。

最大高度範圍		基準長度 (mm)
大 於 (>)	小 於 (<)	
-----	0.8 μmR_{max}	0.25
0.8 μmR_{max}	6.3 μmR_{max}	0.8
6.3 μmR_{max}	25 μmR_{max}	2.5
25 μmR_{max}	100 μmR_{max}	8

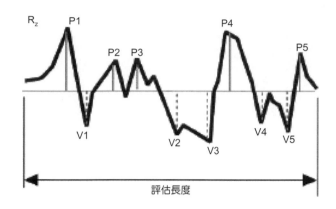

圖 11.21
十點平均粗糙度。

　　依日本 JIS 規定,於斷面曲線上截取基準長度,此長度中第三個波峰與波谷畫出與平均線平行之直線,量測斷面曲線第三個最高峰值及第三個最低波谷之垂直距離,即為十點平均粗糙度 R_{3z},如圖 11.22 所示。一般第三個最高峰值與 R_z 五個波峰平均值相似,所以 R_{3z} 被認為是求得 R_z 的捷徑,但事實上這兩個數值並不相同。

　　依德國 DIN-4768 規定,於斷面曲線上截取基準長度,此長度內連續取五個基準長度,分別求出最高波峰與最低波谷,計算其算數平均高度為 R_{tm},即所謂 R_z 值,如圖 11.23 所示。其算式如公式 (11.7)。

$$R_z = \frac{Z_1 + Z_2 + \cdots\cdots + Z_5}{5} \tag{11.7}$$

　　十點平均粗糙度標註方式為十點平均粗糙度 ＿＿＿ μm,基準長度 ＿＿＿ mm,或 ＿＿＿ μmR_z,l = ＿＿＿ mm。依 CNS 與 JIS 規定,零件 R_z 值採用 0.08、0.25、0.8、2.5、8、25 mm 六種基準長度,表 11.4 為基準長度與十點平均粗糙度之關係。若採用表 11.4

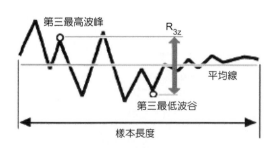

圖 11.22 R_{3z} 十點平均粗糙度。

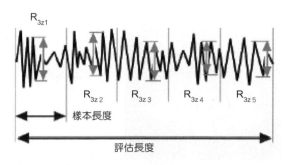

圖 11.23 德國十點平均粗糙度。

表 11.4 基準長度與十點平均粗糙度之關係。

十點平均粗糙度範圍		基準長度 (mm)
大 於 (>)	小 於 (<)	
-----	$0.8\ \mu mR_z$	0.25
$0.8\ \mu mR_z$	$6.3\ \mu mR_z$	0.8
$6.3\ \mu mR_z$	$25\ \mu mR_z$	2.5
$25\ \mu mR_z$	$100\ \mu mR_z$	8

上述三種表面粗糙度定義之關係爲：$4R_a \fallingdotseq R_{max0} \fallingdotseq R_z$

規定之標準長度量測 R_z 值，則基準長度可以省略標註。另外，R_z 值以微米 (μm) 爲單位表示，一般工作圖中於數值後加上小寫字母 z 以區分 R_z 值，例如 1.6 μmR_z 可改寫成 1.6z。

11.2.3 表面粗糙度量測方法

　　表面粗糙度量測方法種類繁多，大致分爲比較法 (如肉眼、手指觸摸法、放大鏡或顯微鏡觀測)、斷面量測法 (如光線切斷法、光波干涉法、探針量測法) 和空間容積法 (如電氣容量法、放射性同位素法、餘隙觀測法) 等，如表 11.6 所示。然而依量測接觸方式可分爲接觸與非接觸兩種。下面內容將介紹各表面粗糙度量測方法。

11.2.3.1 比較法

　　分別用手於表面粗糙度標準片和加工後零件表面摩擦與接觸，由觸覺和視覺比較兩者表面粗糙程度，如圖 11.24 所示。通常標準片會預先製成 4 至 8 種不同 R_a 等級，同時針對不同加工方法 (如銑削、車削、輪磨等) 製成不同標準片，如圖 11.25(a) 所示爲粗糙

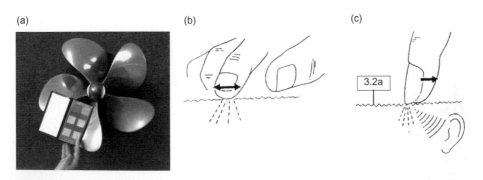

圖 11.24 (a) 接觸比較法，(b) 手指觸覺法，(c) 指甲刮觸法。

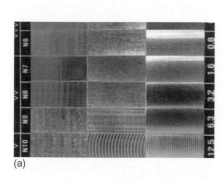 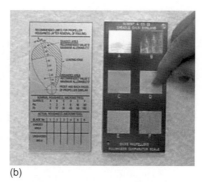

(a) (b)

圖 11.25 (a) 粗糙度比較片,(b) 手觸摸標準片情形[9]。

度比較片,圖 11.25(b) 為手觸摸標準片情形。此法一般適用於線上檢測和零件尺寸較大之表面粗糙度量測,尤其樣本需要大量製造。其最大優點為可提供各種生產階段線上檢測,使操作人員攜帶容易,相對地此量測方式不適合用於零件表面不能摩擦與接觸的情況,如拋光表面等。

11.2.3.2 斷面量測法

(1) 光線切斷法

　　光線切斷式顯微鏡如圖 11.26(a) 所示,光線切斷法以非接觸方式量測,其原理如圖 11.26(b) 所示。光線經投射器 (由聚焦透鏡、狹縫和照明瞄準透鏡組成) 入射至待測物表面,接著反射光經觀察攝影機量測表面粗糙度放大圖形。假設入射光與基準線之夾角為

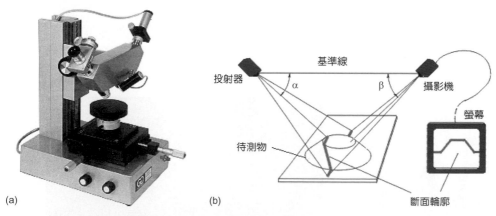

(a) (b)

圖 11.26 (a) 光線切斷式顯微鏡,(b) 光線切斷法原理[10]。

α，觀察光軸與基準線之夾角為 β，當 α 與 β 角度為 45° 時視野最亮，能觀察最清楚斷面輪廓，此時斷面輪廓高度為 $h \times \sqrt{2}$ (h 為實際斷面輪廓高度)。

(2) 光束干涉法

　　光束干涉法量測零件表面粗糙度時，其粗糙度 $R_{\max}$ 值需小於 0.8 μm 才適用。圖 11.27(a) 為菲佐 (Fizeau) 干涉儀架構，光源使用高精度 He-Ne 雷射，經相位轉換器光分二路，其中一道光束經標準片 (視待測物形狀和數值孔徑更換)入射至待測物表面，反射後與另一道光束形成干涉，利用干涉條紋計算待測物表面粗糙度與形狀精度，如圖 11.27(b) 所示。

(3) 探針量測法

　　探針式表面量測儀一般可以分為七大部分，包括探針、立柱、收錄器、驅動器、平台、控制器及電腦，而以訊號收錄器不同可以將儀器分成電感式 (inductive)、雷射干涉式 (laser) 和光柵干涉式 (PGI) 三大類。由於電感式的儀器量測的範圍只有 1 mm，故通常只能針對平面及微小輪廓使用，不適合應用於非球面量測，所以下面內容將會針對光學式量測方法作詳細介紹。

(a) 探針

　　探針 (stylus) 是儀器在探測表面直接接觸表面工具，探針規格如圖 11.28(a) 所示，其規格因不同型式收錄器或是應用不同而有所改變，但較重要的是探針有效長度 (effective length)，標準規格為 60 mm，當然根據槓桿原理也有特殊長度 120 mm 或以上，其主要是可以提高量測範圍。例如雷射式有 6 mm 量測範圍，若換上 120 mm 探針，量測範圍可擴增至 12 mm，假設收錄器不變則解析度會由 10 nm 降至 20 nm。另外，探針尖端分為圓錐形和鑿形兩種最常見形狀，如圖 11.28(b) 所示。因鑿形探針應用於特殊的工件上，而圓錐形探針通常針尖是以鑽石為材質、圓弧半徑 R 值為 2 μm 的球狀圓錐體，當然圓弧

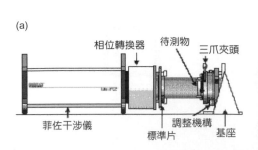

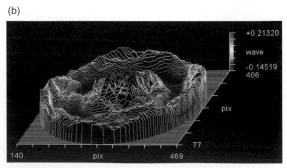

圖 11.27 (a) 菲佐干涉儀架構，(b) 表面輪廓圖[11]。

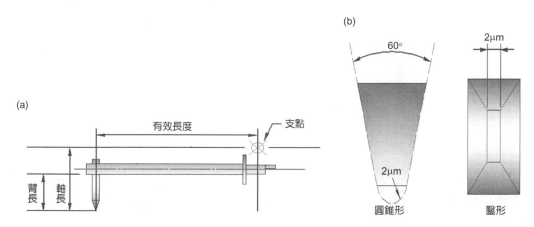

圖 11.28 (a) 探針規格，(b) 探針尖端幾何形狀。

半徑越小針越尖，所能量測到的表面結構就越精細，可根據需求特別訂做圓弧半徑不同的探針。另外錐角角度標準為 90 度，亦可以訂製 60 及 30 度探針，因錐角越小越能避免量測斜率較大時探針邊緣撞到而產生誤差的情形。目前儀器製造商可依客戶不同之需求訂製探針，並將其探針設計規格輸入電腦，提升客戶端量測時便利性。

(b) 收錄器

　　收錄器 (pick-up) 可說是整個儀器的心臟，它主要功能是將探針垂直方向微小訊號轉換成電子訊號，且有一定比例放大效果，如圖 11.29 所示。以下介紹幾種目前常用收錄器之特性與功能。

‧電感式收錄器

　　電感式收錄器 (inductive pick-up) 的原理如圖 11.30 所示，利用探針在零件表面上起伏，帶動磁塊在線圈內升降而產生感應電流，依電路設計使電流呈線性的特性，再經過放大電路將零件表面起伏訊號放大使收錄資料可於電腦端分析。此型收錄器的特點可達

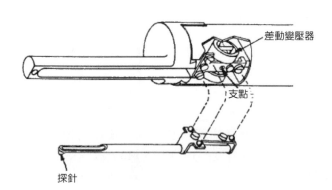

圖 11.29
收錄器結構 (資料來源：美國聯邦公司)。

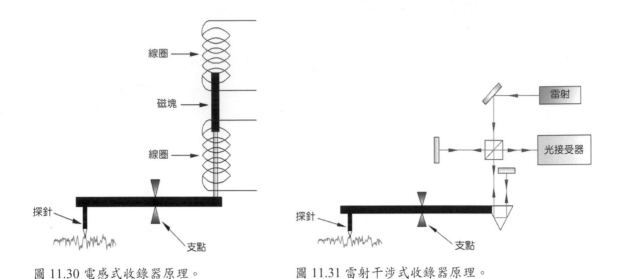

圖 11.30 電感式收錄器原理。　　　　　　　　圖 11.31 雷射干涉式收錄器原理。

到相當高解析度 (最高可達 0.6 nm)，但由於量測範圍較小，所以目前普遍適用於平面零件粗度及微小輪廓量測。

・雷射干涉式收錄器

　　雷射干涉式收錄器 (laser pick-up) 的原理如圖 11.31 所示，利用雷射同調光干涉特性，於探針末端連接一稜鏡，隨探針起伏使得光程改變，而後端與參考光產生干涉，最後於光接收器 (photo diode) 接收其干涉資訊，算出探針 Z 軸的起伏量。此型之收錄器可量測 Z 軸最大範圍為 6 mm，且量測範圍加大情況下又不失其高解析度特性 (3.2 nm)，所以此型儀器也是目前運用在非球面量測最多的一種儀器。

・光柵干涉式收錄器

　　光柵干涉式收錄器 (phase grating interference pick-up) 的設計方式跟雷射干涉式收錄器有點類似，但干涉方式係將雷射打至光柵上由後端光接收器接收判讀。光柵干涉式收錄器是目前世界上最先進設計，已將 Z 軸量測範圍增加到 12.5 mm，解析度亦可達到 0.8 nm (Z 軸)，是目前量測範圍最大的儀器，廣泛運用在非球面元件及鋼珠軸承等市場。圖 11.32 為 Taylor Hobson 推出之 PGI1240，更可以達到 0.8 nm 高解析度，量測大範圍時亦可與電感式有相同之解析度，可說是世界最先進的量測系統。

(c) 驅動器

　　驅動器 (traverse unit) 為驅動探針移動工具，主要包括超精密步進馬達及高精度光學尺，使量測 X 軸之定位精度能提高。目前市售 X 軸解析度高達 0.125 μm，最大驅動速度 10 mm/s，量測移動速率最高可達 1 mm/s 5%。

圖 11.32
Taylor Hobson PGI1240 光柵干涉式量測儀[12]。

(d) 立柱及平台

　　立柱 (column) 負責儀器升降，配有光學尺及步進馬達，一般採用能抗腐蝕及保養容易之花崗岩材質，於使用及保養上無後顧之憂。使用者以搖桿方式升降儀器，亦可讓儀器自動接觸表面，其設計也提供自動保護裝置，以預防使用者操作不當而造成儀器及探針毀損，如圖 11.33 所示。

(c) 控制器及電腦

　　目前市售儀器中軟體包含了非球面、形狀曲率、輪廓粗糙度等分析功能，視窗介面操作容易。如圖11.34(a) 所示，若加上自動化 Y 軸平台即可以量測 3D 表面輪廓，應用於 3D 膜厚粗糙度、汽缸儲油率及背光板等。圖 11.34(b) 為此方式量測 3D 表面輪廓圖形。

步進馬達

驅動器

立柱

平台

圖 11.33
儀器立柱及平台結構[12]。

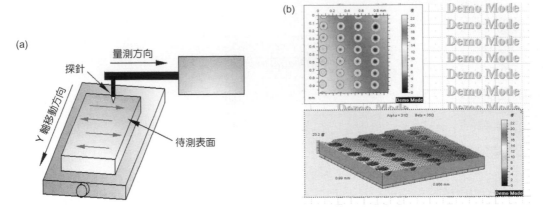

圖 11.34 (a) 接觸式探針 3D 量測法，(b) 3D 表面輪廓圖形。

11.2.4 表面粗糙度表示法

(1) 表面符號

　　依照經濟部中央標準局制訂之工程製圖表面符號規範 CNS3-3(B1001-3)，對於零件表面加工之符號標註說明如圖 11.35 所示，其表面符號上各數字代表意義如下：

1：切削加工符號
2：表面粗糙度
3：加工方法或表面處理之代號
4：基準長度
5：刀痕方向符號
6：加工裕度

上述 **1－6** 項符號與代號，非必要時可不必標註。

(2) 切削加工符號

　　切削加工符號包括必須切削加工、不得切加工及不規定切削加工符號三種，分別爲圖 11.36 中的 (a)、(b)、(c)。圖中的 (d) 爲必須切削加工時，必須指定切削加工方法的符

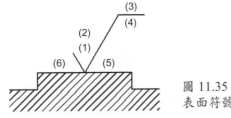

圖 11.35
表面符號之基本型式。

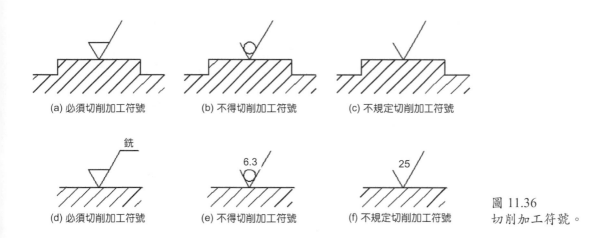

圖 11.36
切削加工符號。

號標註。圖中的 (e) 爲不得切削加工符號適用於表面不得切削加工，但必須加註粗糙度數值。圖中的 (f) 爲不指定何種加工方法，但必須加註粗糙度數值的符號標註。

(3) 粗糙度值與基準長度

表面粗糙度標註包括中心線粗糙度 R_a、最大粗糙度 R_{max}、十點平均粗糙度 R_z 及粗糙度等級。一般以中心線粗糙度爲主，其表示方法一爲最大界限法，使用單一數值表示表面粗糙度最大界限，如圖 11.37(a) 所示。另一表示法爲上下界限法，即用兩組數值上下排列，分別表示粗糙度之最上限與最下限，如圖 11.37(b) 所示。粗糙度等級依中心線平均粗糙度共分 12 級，標註時應於數值前加註英文字母 N，如表 11.5 所示。而加工方法與基準長度之關係於表 11.1 已作說明。

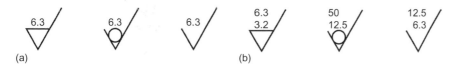

圖 11.37 中心線粗糙度表示法，(a) 最大界限表示法，(b) 上下界限表示法。

表 11.5 粗糙度等級表示法。

粗糙度等級	N12	N11	N10	N9	N8	N7	N6	N5	N4	N3	N2	N1	—
中心線平均粗糙度 R_a (μm)	50	25	12.5	6.3	3.2	1.6	0.8	0.4	0.2	0.1	0.05	0.025	0.0125

(4) 加工方法或表面處理之代號

必須指定加工方法時，需在基本符號長邊末端加繪一條短線，在上方加註加工法代號，如圖 11.38 所示標註輪磨、鑽削及車削加工。對各種不同加工方法標註之代號如表 11.6 所示。

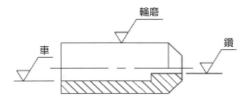

圖 11.38 加工方法代號之表示法。

表 11.6 各種加工方法之代號 (資料來源：CNC3-3)。

項目	加工方法	代號	項目	加工方法	代號
1	車削 (Turning)	車	19	鑄造 (Casting)	鑄
2	銑削 (Milling)	銑	20	鍛造 (Forging)	鍛
3	刨削 (Planing，Shaping)	刨	21	落鎚鍛造 (Drop Forging)	落鍛
4	搪孔 (Boring)	搪	22	壓鑄 (Die Casting)	壓鑄
5	鑽孔 (Drilling)	鑽	23	超光製(Super Finishing)	超光
6	絞孔 (Reaming)	絞	24	鋸切 (Sawing)	鋸
7	攻螺紋 (Tapping)	攻	25	焰割 (Flam Cutting)	焰割
8	拉削 (Broaching)	拉	26	擠製 (Extruding)	擠
9	輪磨 (Grinding)	輪磨	27	壓光 (Burnishing)	壓光
10	搪光 (Honing)	搪光	28	抽製伸 (Drawing)	抽製
11	研光 (Lapping)	研光	29	衝製 (Blanking)	衝製
12	拋光 (Polishing)	拋光	30	衝孔 (Piercing)	衝孔
13	擦光 (Buffing)	擦光	31	放電加工 (E.D.M.)	放電
14	砂光 (Sanding)	砂光	32	電化加工 (E.C.M.)	電化
15	滾筒磨光 (Tumbling)	滾磨	33	化學銑 (C. Milling)	化銑
16	鋼絲刷光 (Brushing)	鋼刷	34	化學切割 (C. Machining)	化削
17	銼削 (Filing)	銼	35	雷射加工 (Laser)	雷射
18	刮削 (Scraping)	刮	36	電化磨光 (E.C.G.)	電化磨

(5) 刀痕方向

刀具切削加工或表面結晶所產生痕跡，分為平行 (＝)、垂直 (⊥)、交叉 (×)、多方向交叉或無一定方向 (M)、同心圓狀 (C) 和放射狀 (R)，各種刀痕方向及符號如圖 11.39 所示。刀痕方向符號僅使用於切削加工表面，若必須指定刀具加工方法時，不論表面能否看出刀痕，一定要同時標註刀痕方向符號與切削加工方法，如圖 11.40(a) 所示。若加工方法相同，所產生之刀痕方向必定相同，此時可省略而不需加註刀痕方向符號，如圖 11.40(b) 所示。

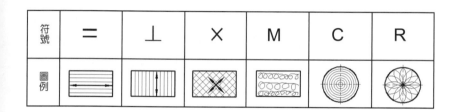

圖 11.39
各種刀痕方向及符號。

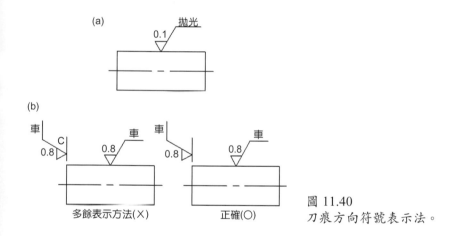

圖 11.40
刀痕方向符號表示法。

(6) 加工裕度

加工裕度之數值所使用單位為毫米 (mm)，其值表示表面加工時材料移除厚度，標註方法如圖 11.41 所示。

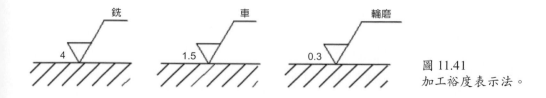

圖 11.41
加工裕度表示法。

11.3 偏心

　　鏡片製作時，由於加工精度的限制，一定會造成鏡片偏心誤差 (centering error) 的情形出現，因此鏡片的偏心量為鏡片外形精度的檢測項目之一。所謂鏡片的偏心，是指鏡片的光軸 (optical axis) 與幾何中心軸 (mechanical axis) 並非重合，如此會造成聚焦點不在幾何中心軸心上，而影響光學系統的品質 (performance)，因此高精度光學系統對偏心量的要求非常嚴苛。光軸的定義為透鏡兩曲率半徑中心的連線，為一可無限延長的虛擬直線；幾何中心軸的定義為鏡片形狀的機械軸心 (環狀邊緣的中心軸)，亦是虛擬的直線。當兩軸不重合時，可能交錯成一個角度，或是橫向偏移一定距離，因此對於鏡片偏心的描述有傾斜 (tilt) 與橫向偏移 (decenter) 兩種，如圖 11.42 所示。不可避免地，這兩種情形通常同時存在於鏡片，以目前的偏心檢測技術很難將其分開計算出究竟一鏡片的橫向偏移量是多少，傾斜的角度又是多少。因此目前通常以鏡片表面頂點與曲率半徑中心的連線與參考軸 (reference axis) 的夾角來描述偏心量，如圖 11.43 所示，此夾角稱為表面傾斜角 (surface tilt angle)，所謂的參考軸即為幾何中心軸，所量測的偏心量以角秒 (arcsec) 為單位。

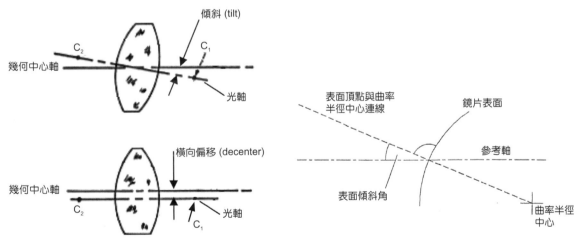

圖 11.42 鏡片偏心誤差－傾斜與橫向偏移。　　　圖 11.43 表面傾斜角示意圖。

　　在進行鏡片偏心誤差量測時，可使用雷射對心機，如圖 11.44 所示。雷射對心機的組成構件包含：雷射光源、V 形治具 (V-block)、鏡片承靠鐘夾、皮輪 (由馬達驅動旋轉)、雷射光接收器 (position detector)，以及偏心量顯示螢幕等，如圖 11.45 所示。實際操作時，選擇適當大小的鐘夾，將鏡片置於鐘夾上，使用一 V 形治具並配合馬達、皮輪帶動鏡片，使鏡片緊靠著 V 形治具，如圖 11.46 所示，此時鏡片依幾何中心軸旋轉。此

第 11.3 節至第 11.6 節作者為余宇儒先生。

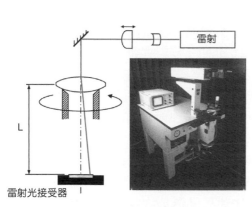

圖 11.44 雷射對心機架構與實體示意圖。

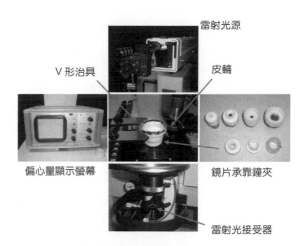

圖 11.45 雷射對心機組成構件。

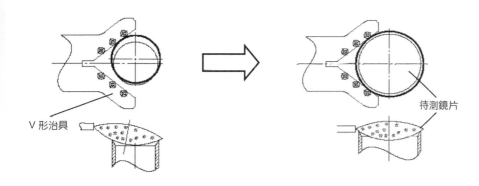

圖 11.46
鏡片藉由 V 形治具
承靠。

時接續打開雷射光源,當鏡片本身有偏心誤差存在時,經過鏡片的雷射光將偏移一定角位移量而打在接收器上,隨著鏡片的轉動,雷射光亦在接收器上旋轉,經由螢幕所觀察到的標點也會繞出圓形的軌跡。此圓形軌跡的半徑代表偏心量的大小,半徑愈大則偏心誤差就愈大。再經由顯示螢幕上的網格點即可計算出此鏡片之偏心量,如公式 (11.8) 所示。

$$\sigma = 103132.4 \frac{D_M}{L \times K \times (n-1)} \quad \text{(arcsec)} \tag{11.8}$$

其中,σ 為鏡片偏心量,D_M 為顯示螢幕上光點所繞圓形軌跡的直徑,L 為鏡片到光接收器的距離,K 為放大率,n 為鏡片折射率。

在量測之前,雷射需先校準並使其落在接收器中心,再依前述步驟進行量測。同時為避免量測時刮傷鏡片,承靠鏡片用鐘夾的環面必須是半徑為 R 的導角,並且不能有缺口。此雷射對心機只適用於軸對稱的透鏡,並且鏡片邊緣必須爲連續平滑面,避免影響量測準確性。利用此雷射對心機可協助鏡片膠合,以降低膠合鏡的偏心誤差。

　　鏡片的偏心量亦可利用自準直儀 (autocollimator) 來量測,其量測模式可分爲反射式量測與穿透式量測兩種,如圖 11.47 所示。由圖 11.47 可知,反射式量測利用自準直儀本身發出的十字標線打在待測鏡片上,由鏡片反射回來的十字標線進入自準直儀內的 CCD 感測元件。此時若旋轉承載鏡片的平台,當鏡片有偏心誤差時,反射的十字標線亦會繞著一圓形軌跡旋轉,藉由 CCD 感測元件擷取影像,經過分析即可得知此鏡片的偏心量。當偏心誤差愈大時,十字標線所繞的圓形軌跡半徑就愈大。而穿透式的量測方式類似雷射對心機,使用兩台準直儀 (collimator),下方的準直儀打出一十字標線經由反射鏡穿透鏡片,進入上方的準直儀 CCD 元件上。同樣地,旋轉鏡片平台,得到十字標線所繞出的圓形軌跡,即可計算鏡片偏心量。實際操作時,同樣先校準鏡片旋轉平台,然後挑選適合鏡片大小的夾具與適當的物鏡,移動上方的自準直儀或準直儀,使鏡片與物鏡的焦點落在同一平面上 (此時 CCD 所看到的十字標線最爲清晰),即可開始旋轉平台進行取像量測。

　　傳統研磨拋光所製作的鏡片需要經過定心 (centering & edging) 方能使用,顧名思義,就是指鏡片的對心 (centering) 與磨邊 (edging) 二個製程。以光軸爲基準,將鏡片邊緣預留的部分,以鑽石砂輪將其移除,同時將幾何中心軸修整爲接近光軸 (盡量重合),以減少其偏心量。目前的定心技術大致可分爲機械式定心與光學式定心兩種方式,其中光學式可將鏡片偏心量控制在 10 arcsec 以內,但須花費較多時間與成本。而射出成形與玻璃模造的鏡片偏心量,則取決於模仁的形狀精度與尺寸精度,因此目前均以超精密加工機來製作模仁,以提升加工精度、縮小偏心誤差。

　　不論是以傳統研磨拋光製作、射出成形或玻璃模造的鏡片,在其精度檢測方面,偏心量永遠是不可或缺的一項。因此各大光學廠、甚至是代工廠,亦不斷自行研發偏心量

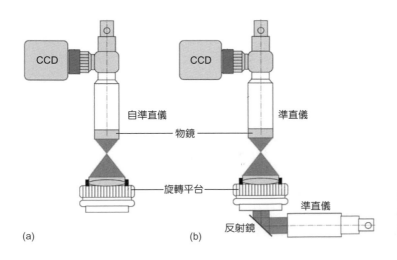

圖 11.47
(a) 反射式與 (b) 穿透式偏心量測[13]。

測儀,所使用的方式也不盡相同,包括定位、夾持、雷射的使用與否、計算方法、適用鏡片種類、尺寸等,以致於每家廠商研發的偏心量測儀也各有所長。由於光學系統中,膠合鏡片、鏡筒與鏡片組裝過程,均會引入不小的偏心誤差,因此除了確保每一個光學元件的精度外,從光機設計、容差分析、對心檢測以及組裝程序等都必須事先規劃,致使光學系統性能達到設計的理想值。

11.4 平行度

　　許多光學量測系統常使用準直儀與自準直儀,並配合一些光學器件,如顯微物鏡、平面鏡與機械裝置,以解決各種光學檢測與調校的問題。準直儀為一個可提供平行光束的光學系統,其如同望遠鏡倒置的一個光學系統。在物鏡焦平面上放置一分劃板 (reticle),使光源通過此分劃板的光再經過物鏡後形成平行光束,此平行光束即可作為量測之用;各式分劃板型式如圖 11.48 所示。若將從準直儀發出而反射回來的光成像投射在另一分劃板上,並藉由一目鏡或 CCD 取像判斷,則稱為自準直儀,如圖 11.49 所示。若反射面與準直光不垂直,則反射回來的十字標線 (cross hairline) 將偏離目鏡分劃板,再依此偏離量計算反射面角度的變化,即可應用於平面光學元件的平行度 (parallelism) 檢測。

圖 11.48
各式分劃板。

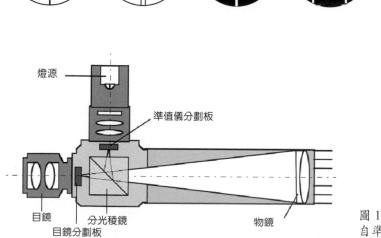

圖 11.49
自準直儀架構示意圖。

燈源

準值儀分劃板

目鏡

分光稜鏡

目鏡分劃板

物鏡

自準直儀工作原理如圖 11.50 所示，光源發出的光線經過分劃板、分光稜鏡，再經由物鏡產生平行光束投射於一反射鏡面，當反射面垂直於平行光束時，則反射光束將沿原光路折回，並聚焦於成像面上；當反射面有一傾斜角度 θ (平行度誤差) 時，則反射光束將以 2θ 的反射角度折回，經過分光稜鏡於成像面上偏離原焦點 d 的位置上成像，若物鏡之焦距爲 f，則可得到以下關係式：

$$\theta = \frac{d}{2f} \tag{11.9}$$

對於平板之平行度或小角度楔形元件的量測，使用自準直儀採取如圖 11.51 的光路布置，量測時先將平台校正。一般會利用一個平面標準片 (平行度 2 arcsec)，使其與自準直儀垂直，即反射的十字標線與目鏡分劃板重合。然後將待測件放置於平台上，由目鏡觀察十字標線自待測件表面反射後的位置，旋轉待測件使 x 或 y 其中一方向上的線重合 (假設使 x 方向的線重合)，此時 y 方向的位置差值 Δy，可藉由目鏡分劃板刻度計算出其平行度誤差。目前用來檢測平行度的自準直儀，量測精度 (accuracy) 可達到 0.5″ (0.5 arcsec)。

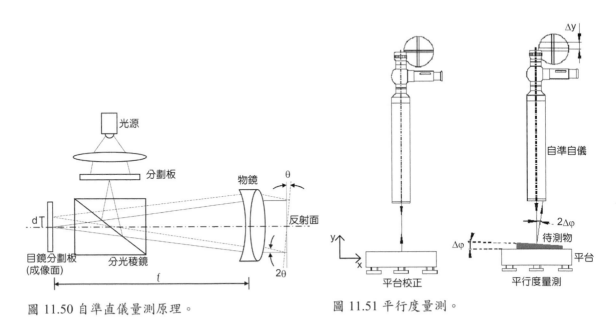

圖 11.50 自準直儀量測原理。   圖 11.51 平行度量測。

11.5 角度

在精密光學系統中，稜鏡的使用非常多元化，主要的功能包括光學系統中光路的轉折、折反、分光與集光等，對於角度精度的要求亦愈來愈高，以高精密稜鏡來說，角

度公差 (angle tolerance) 要求在 10 arcsec (10″) 以內。稜鏡的製作從成形、研磨到拋光，每個步驟對於角度精度的掌控均非常重要。目前精密稜鏡成形機可控制角度精度在 30 arcsec (30″) 以內，配合精密的夾治具與模具做研磨、拋光，才能維持角度精度不變。對於成形後角度精度的確認，可借助三次元量床檢測，而拋光後角度精度的檢測則需要更精密的角度量測儀器。

角度量測儀 (goniometer) 如圖 11.52 所示，是專門用來量測稜鏡角度的儀器。角度量測儀的主要元件除了有準直儀與自準直儀外，還有一可調平台與精密的角度分度盤。量測時可以使平台與分度盤固定，利用自準直儀的轉動來使其垂直對準於待測稜鏡角度的兩個平面；也可以使自準直儀固定，而轉動稜鏡承載平台與分度盤，藉以測得其角度。

實際量測時，將稜鏡放置於載台上，調整載台上的傾角 (tilt) 旋鈕，使待測角的兩平面法線與自準直儀的光軸平行。開啟自準直儀光源，然後使自準直儀對準待測角的一平面，如圖 11.53 的量測點一。調整平台的傾角旋鈕使稜鏡平面反射準直光回來的十字標線與自準直儀的分劃板重合，如圖 11.54 所示，此時表示自準直儀與稜鏡平面法線重合，記錄分度盤角度讀值。然後轉動自準直儀對準待測角的另一面，如圖 11.53 量測點二，重複相同動作讀取另一面的角度讀值，即可由公式 (11.10) 得到待測稜鏡角度 A。

$$A = 180° - \phi \tag{11.10}$$

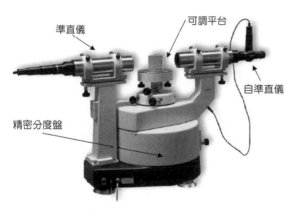

圖 11.52 角度量測儀。

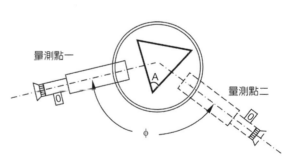

圖 11.53 角度量測示意圖。

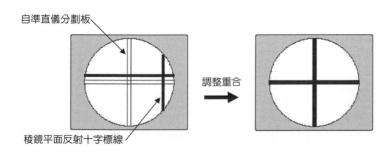

圖 11.54
待測稜鏡平面與自準直儀校準。

常見角度量測儀的精密分度盤解析度約 0.036 arcsec、角度量測精度 (accuracy of angle measurement) 小於 2 arcsec，量測標準差 (standard deviation) 在 0.6 arcsec 內，用來量測稜鏡角度相當準確。角度儀在量測角度上幾乎沒有限制，惟待測稜鏡角度的兩面需經過拋光，使自準直儀打出的準直光能有效反射回來，因此若稜鏡已鍍抗反射膜 (AR coating)，則稜鏡平面反射回來的十字標線將非常微弱，而增加量測困難度。

11.6 折射率與色散率

光學玻璃最重要的兩個性質為折射率 (refractive index) 與色散 (dispersion)。玻璃折射率的定義即光速在真空中與在此玻璃介質中的比值，依據 Snell 折射定律，折射率愈高的玻璃材料，屈光的效果愈好。而不同波長的光在同介質中的速率不一樣，因此玻璃材料對不同波長的光折射率並不相同，通常折射率會隨著波長的增加而減小，造成不同波長的光分散開來，此即為色散，如圖 11.55 所示。對於光學成像系統而言，色散是要盡量避免與修正的。在標示方式上，折射率一般以 n_d 表示，下標 d 代表對波長 587.6 nm 的折射率，為可見光的中間波段；色散率一般以阿貝數 (Abbe number, v_d) 表示，v_d 值愈高代表光通過此玻璃材料色散的程度愈小。目前世界上製造光學玻璃的廠商，均會提供一折射率與色散率對照的圖表 ($n_d - v_d$ diagram) 如圖 11.56 所示，圖表中會標示各種光學玻璃的名稱，以及折射率與色散率的對照，方便光學設計與製造人員快速查詢。而市面上的光學玻璃材料均呈現一種特性，當材料擁有高折射率時 (n_d 值大)，其色散的程度亦愈高，即 v_d 值較小。對光學設計人員來說，幾乎沒有兩全其美的材料，因此常使用雙合鏡 (doublet) 的設計，即高色散與低色散材料的組合來修正。

玻璃材料依照組成成分不同會有不同的光學性質，其折射率與色散率會有所差異，而光學成像系統對於材料的折射率與色散率要求非常嚴格，因此折射率與色散率的量測不可或缺。光學玻璃折射率的量測要借助 Fraunhofer 的最小偏折法 (minimum deviation method)，此法與折射定律息息相關。如圖 11.57 所示，光線通過一稜鏡時，當入射光線的夾角 I_1 等於出射光的夾角 I'_2 時，此時偏折角為最小值 D_0，並可由公式 (11.11) 計算出

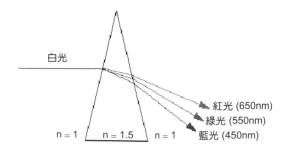

圖 11.55
色散示意圖。

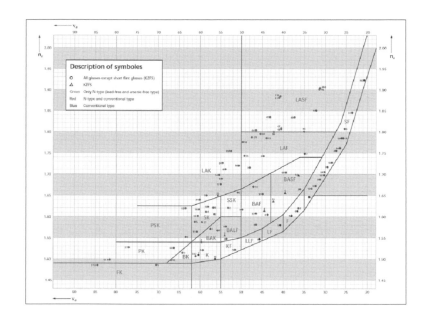

圖 11.56
德國 Schott 光學玻璃之折射
率與阿貝數關係圖。

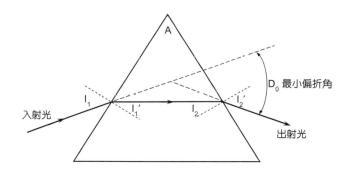

圖 11.57
Fraunhofer 最小偏折角法之示意圖。

該稜鏡材料對於此波長的光折射率 n。其中頂角 A 與最小偏折角 D_0 的角度需使用角度量
測儀來量測。

$$
n = \frac{\sin(\frac{A + D_0}{2})}{\sin \frac{A}{2}}
\tag{11.11}
$$

　　前一節角度的檢測已介紹過角度量測儀針對角度量測的使用，在此頂角 A 即以相同
方式量測並記錄；而最小偏折角 D_0 需同時使用角度儀中的準直儀與自準直儀。旋轉角度
儀的平台，使量測光路通過稜鏡，如圖 11.58 所示，由準直儀發出的平行光作為稜鏡的
入射光線，經過稜鏡偏折出來的出射光線由另一端的自準直儀接收。調整光路使其產生
最小偏折角 D_0，由角度儀讀取角度值，在角度量測儀的量測軟體中，已記錄頂角 A 的數
值，此時再輸入此準直光的波段，即可測得該材質於此光波段的折射率值。由於折射率

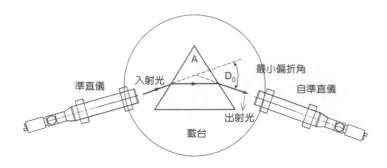

圖 11.58
以角度儀量測折射率之光路示意
圖。

為波長的函數，因此準直儀必須加裝波段濾波片 (bandpass filter)，以產生不同波段的光源，如此便可得到不同波段的折射率值。例如在波長 486.1 nm、587.6 nm、656.3 nm 的折射率值，其代表的符號分別為 $n_f = n_{486.1nm}$、$n_d = n_{587.6nm}$、$n_c = n_{656.3nm}$。這三個波段折射率，將是用來求解此材料色散率的參數。

當由角度儀及最小偏折法求得上述三個波段的折射率值，即可用公式 (11.12) 求解此材料的色散率 v_d。

$$v_d = \frac{n_d - 1}{n_f - n_c} \tag{11.12}$$

由此公式可看出，當 v_d 值愈大時 (即分母 $n_f - n_c$ 數值愈小)，代表在可見光範圍內，此材料的折射率變化不大，也就是說色散程度愈小。目前光學元件材料均朝向高折射率以及低色散的方向開發，以玻璃材料來說，折射率 n_d 均在 2 以下。但已有廠商開發出陶瓷玻璃，其折射率可達 2.1，並且已應用在數位相機鏡頭中，使數位相機的厚度進一步地縮小。

另一方面，為了因應環保的趨勢，歐盟在 2006 年正式實施「電機電子產品限量使用有害物質 (RoHS)」法規，主要為限制電機電子產品之零附件中不得含有鉛、鎘、汞等重金屬有害物質。這限制當然包含光學元件，因此玻璃材料製造廠目前均提供不含鉛的玻璃材料，標示方式在原材料編號前加上 N 的符號提供辨識，如 Schott 光學公司的材料編號 N-BK7。當然，改變材料的組成後，對於光學元件材料的折射率、色散率以及物理特性等亦會有些許改變。因此在進行光學設計時，需格外注意選用材料的特性，並更新光學設計軟體中各材料供應商的材料資料庫，以確保光學系統設計的準確性。

11.7 波前精度

光波在空間中傳播時，其具有行進的電磁波動現象，而垂直其行進方向之連續性相同相位的表面即是波前 (wavefront)，如圖 11.59 所示。波前是光學檢測上最重要的一個

第 11.7 節作者為黃國政先生。

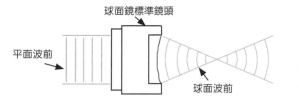

圖 11.59
平面波前與球面波前。

品質參數，一般光學元件及系統之品質通常皆以波前來當作量測依據。

　　波前精度關係著光學元件品質及系統成像的良窳，不論是濾光片、CD/DVD 光學讀寫頭或者是數位相機等，波前精度量測是最直接的方式。由於光學系統最佳成像的波前為球面波前 (sphere wavefront)，故偏離球面波前的誤差即為光學系統的波前誤差，一般可由澤尼克 (Zernike) 冪級數或賽德 (Seidal) 函數表示之。另外在光學元件的量測上，通常以量測平面波前 (plane wavefront) 為主，例如濾光片、空間濾波片及視窗鏡片等，一般要求光束在穿過光學元件後，其波前改變量在 1－2 條干涉條紋誤差之內。

　　由於光學系統波前誤差容許值非常小，故波前誤差的量測幾乎都使用干涉儀做檢測。如圖 11.60 所示，對於一般光學鏡頭可使用兩種架設，在圖 11.60(a) 中，使用平面標準鏡頭 (optical plate) 與標準球面反射鏡，當平面波前通過光學鏡頭後，變成近似球面波前，再由標準球面反射鏡反射，並循原光路回到干涉儀內與平面波前相互干涉，即可測得波前誤差 (wavefront error)。值得注意的是，此測得的波前誤差為實際值的兩倍，因為光束通過光學鏡頭去回程共兩次。在圖 11.60(b) 中，則是改用球面標準鏡頭 (transmission sphere) 與標準平面反射鏡，其量測結果同 (a) 的假設，即波前誤差為實際值的兩倍。商用的光學鏡頭，如數位相機、投影機用之鏡頭，一般波前誤差的要求在 $\lambda/4$ ($\lambda = 632.8$ nm) 以下，方可使影像清晰度符合基本成像所需。

　　光學元件的波前誤差檢測通常應用在視窗用平面鏡片上，當光束通過視窗後其波前的改變量亦以不大於 $\lambda/4$ 為原則，如圖 11.61 的架設，光束亦通過待測元件兩次，故其量測值的一半方為實際誤差值。另外，如立方錐 (corner-cube) 稜鏡及屋脊稜鏡 (roof prism) 等光學元件的量測，光波前只通過元件一次，意即單通 (single-pass) 模式，其量測值即為實際誤差值；其詳細量測架設可參考第十二章。

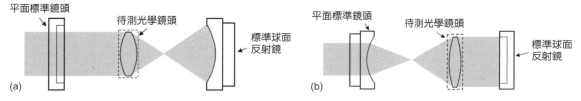

圖 11.60 (a) 平面標準鏡頭 (optical plate) 與標準球面反射鏡之架設，(b) 球面標準鏡頭 (transmission sphere) 與標準平面反射鏡之架設。

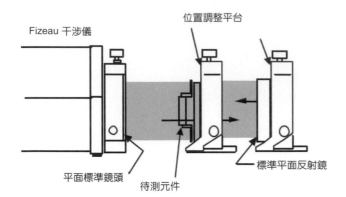

圖 11.61
視窗鏡片波前誤差之量測架設。

在國際 ISO10110-14 的光學標準中，波前誤差的表示式如同 ISO10110-5 元件表面精度一樣，分成波形誤差 (peak-to-valley, P-V) 與波形粗糙度 (RMS) 兩種表示式。一般商業光學鏡頭之波前精度約在 $\lambda/4$ 波形誤差與 $\lambda/20$ 波形粗糙度以內，相關量測標示可參閱 ISO10110 光學標準。

參考文獻

1. 王廷飛, 表面組織解說, 高雄: 前程出版社 (1985).
2. 張郭益, 郭守全, 精密量測, 台北: 全華出版社 (2002).
3. 王志方, 材料表面測定技術, 復漢出版社 (1988).
4. 姜俊賢, 精密量具及機件檢驗, 大揚出版社 (2003).
5. 張笑航, 精密量具及機件檢驗, 台北: 全華出版社 (1998).
6. ISO 10110-5 Optics and optical instruments - Preparation of drawings for optical elements and systems - Part 5: Surface form tolerances, 1st ed., International Organization for Standardization (1996)
7. ISO 10110-12 Optics and optical instruments - Preparation of drawings for optical elements and systems - Part 12: Aspheric surfaces, 1st ed., International Organization for Standardization (1997)
8. D. Malacara, *Optical Shop Testing*, 2nd ed., New York: John Wiley & Sons Inc. (1991).
9. Rubert & Company Ltd., http://www.rubert.co.uk/
10. Gaertner Scientific Corporation, http://www.gaertnerscientific.com/
11. Zygo Corporation, http:// www.zygo.com/
12. Taylor Hobson Ltd., http:// www.taylor-hobson.com/
13. Trioptics, http://www.trioptics.com
14. *GXP-XP Interferometer System Operation Manual*, Zygo Cooperation USA, 47-56 (1998).
15. ISO10110-14 Optics and Optical Instrument-Part 14, Wavefront Deformation Tolerance, 1st ed., International Organization for Standardization (1996).

第十二章 組件品質檢測

本章討論元組件之焦距、特殊聚焦元件 (如讀寫頭) 之焦點尺寸、散射特性、離軸非球面反射鏡之離軸量、極化光、回反射器精度及繞射光柵等參數之量測。

12.1 有效焦距測量

一般測量有效焦距 (effective focal length, EFL) 使用的方法通常有兩種：一種是直接測量後主點 (back principal point) 至焦點的距離，另一種是放大率法，利用系統放大率求得焦距。

12.1.1 直接測量後主點至焦點的距離

光具座 (nodal slide) 常使用在有效焦距的量測。事實上，光具座所測量的是節點 (nodal point) 至焦點的距離，但是當光學系統之像空間 (image space) 與物空間 (object space) 為同一介質時，節點與主點位置重合，光具座測量到的距離等同於後主點至焦點的距離，也就是有效焦距。光具座包含光源、提供準直光束的準直儀、可供系統平移與旋轉的平台、觀測焦點位置用的顯微物鏡以及紀錄位置用的光學尺等附件，如圖 12.1 所示。

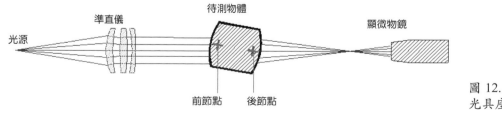

圖 12.1
光具座架構圖。

第 12.1 節作者為何承舫先生。

　　量測原理則是利用離軸光線入射光學系統前節點時，會以同樣角度通過後節點離開光學系統的特性，來找出後節點位置。量測技巧是將待測系統置於旋轉平台上，使準直光線經由前節點入射待測系統，並且利用旋轉平台控制光線進入準直光線入射待測系統以及經由後節點離開待測系統的角度。如果旋轉平台軸心與待測系統後節點重合，顯微物鏡內觀察到的影像將不會隨著不同角度光線的入射而有所偏移。這時候只要能量測出旋轉平台軸心到待測系統成像點的距離，即可獲得待測系統的有效焦距。如果顯微物鏡內的影像會隨著不同角度光線的入射而有所偏移，表示旋轉軸心與待測系統後節點尚未重合，此時則需要調整待測系統位置，直到影像不隨平台轉動而偏移，圖 12.2 所示為光具座的量測原理。

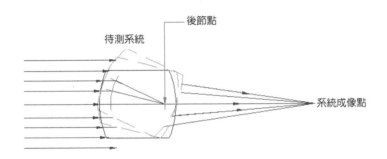

圖 12.2
光具座量測原理。

12.1.2 放大率法

　　焦距儀 (focimeter 或稱 focal collimator) 的量測原理主要利用放大率法計算出待測系統的有效焦距，測量上相對的簡單方便，也比較適合於生產線上的檢測。焦距儀主要由光源、準直儀、待測物挾持座、顯微物鏡以及精度經過校正的分劃板 (reticle) 與尺標等附件所構成，分劃板放置於準直儀之焦點，尺標則是置於顯微物鏡焦平面，這兩者可提供準確的刻度以計算待測系統的有效焦距。待測系統有效焦距是根據準直儀焦距、待測系統、分劃板刻度以及其成像的物像關係所得知，其關係式如公式 (12.1)。

$$\frac{F_x}{A'} = \frac{F_0}{A} \tag{12.1}$$

則待測系統的有效焦距為 $F_x = A'(F_0/A)$，在精確得知分劃板尺度刻度 (A') 以及準直儀焦距 (F_0) 的情況下，即可計算待測系統有效焦距 (F_x)，其光學架構與商用機台如圖 12.3 與圖 12.4 所示。

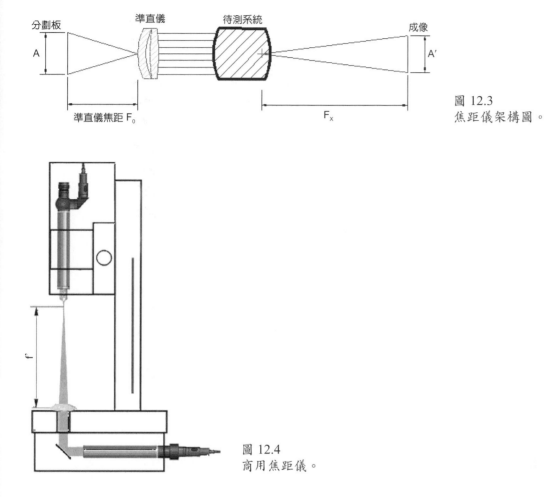

圖 12.3
焦距儀架構圖。

圖 12.4
商用焦距儀。

12.1.3 後焦距量測

後焦距 (back focal length) 可以利用自準儀 (autocollimator) 進行量測。自準儀的儀器架構如圖 12.5 所示。透過分光稜鏡，觀察用的接目鏡與分劃板可同時置於顯微鏡的焦距上，並且在光源的照射與顯微物鏡的成像下，分劃板會成一個中間像，如果將顯微物鏡對焦在待測系統的焦距上，此中間像會被待測系統投射成一平行光束，經由反射鏡回射，再經由待測系統聚光成像，在精確的對焦下，像點與物點會重合，達到所謂的自準 (auto-collimated)。此時，在接目鏡端觀測時，分劃板為一清楚銳利的影像，而顯微鏡的聚焦位置即為待測系統之後焦點 (或前焦點)，再將顯微物鏡移動，對焦在待測系統的最後一片鏡片表面頂點，此移動距離即為系統後焦距。

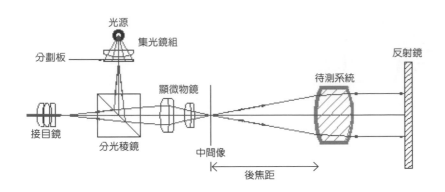

圖 12.5
利用自準儀進行後焦距
量測。

12.2 聚焦透鏡與光學讀寫頭成像點量測

　　一般而言，光學系統可分為成像系統與照明系統兩類，這兩種系統的檢驗方法與標準大不相同，因為這兩種系統所考慮的標的物可說是南轅北轍。聚焦透鏡 (focusing lens) 與光學讀寫頭 (pickup head) 並不屬於成像系統，其品質的驗證自然不能使用成像系統的標準與方法。在聚焦系統中，系統的好壞取決於系統焦點的大小與形狀，如何取得聚焦點的能量分布資訊是個重要的課題。

　　光學讀取頭的分析方式又有所不同[1]，原因是光學讀取頭的聚焦點大小非常的小，甚至比 CCD 的畫素還小，這就需要一個品質優良的光學放大系統將焦點放大後再進行分析，因為不希望在放大焦點的過程將一些不必要的誤差引入。光學放大系統也是一個光學系統，此一系統必定也會含有一些像差，而這些像差會將所得到的焦點大小再放大一些，使量測的數據會有誤差，這些誤差還將是無法預估與消除的。得到聚焦點的影像後還要對所得到的影像進行分析，由參考文獻 2 中可以得知，像差對聚焦點的能量分布有一定的影響，經由這些影響可以反推該聚焦點的品質與相對的像差係數，在此會用相對的像差係數是因為此一方法為比較所得到的結果，所以只能推測出聚焦點的好壞。

　　聚焦透鏡大多用在光學加工上面，可分為高能量與低能量兩類，低能量的聚焦點其品質的分析相對比較容易，這類的問題大多是使用 CCD 拍攝其焦點即可進行分析。高能量的聚焦點其品質分析相對困難得多，因為其檢測設備的耐受度要高，能忍受動輒數千瓦的能量，高能量的應用大多是雷射加工系統，此一類的系統有一些商用的檢測設備，後面將有更詳細的敘述。

　　雷射加工系統所使用的商用量測系統大多稱為雷射高斯光束量測系統。目前商用量測系統用來決定光束輪廓和腰寬的方法包括：CCD 照相機系統 (CCD camera based systems)、掃描孔洞儀、掃描狹縫儀 (scanning slit devices) 和掃描的刀口儀 (scanning knife-edge profilers)，每一種方法都有其優點與劣點。

(1) CCD 照相機系統：使用 CCD 記錄雷射光束的輪廓即是將雷射的能量分布以相片的模式記錄下來，能量分布的描述則是以等高線的型式或是用色彩來表示。使用在高能量時，雖然可以加入衰減片，但也因為加入衰減片，系統的準確度也受衰減片是否為線性衰減所影響。其優勢為 CCD 沿著光軸移動更可偵測到光束能量的 3D 分布，但此系統的解析度則被 CCD 的畫素大小限制，系統可分析的能量大小被 CCD 的耐受度及衰減片所限制。

(2) 掃描孔洞儀：這些設備藉由使用機械移動孔洞以垂直光軸方式掃描來取得光束的輪廓資訊，其量測示意如圖 12.6 所示。此方法的優點為可以量測高能雷射，而劣點則是其解析度被孔洞直徑限制了，而孔洞在移動時很難確保它是否為一直線或與光軸是否垂直。

(3) 掃描狹縫儀：這些設備藉由使用機械移動狹縫以垂直光軸方式掃描，以取得光束的輪廓資訊，此方法是量到光束能量分布的橫切面資訊。其優點為進入偵測器的能量增加了也不需要精密的二維定位，此方法可以量測高能雷射。但劣點為其解析度被狹縫寬度限制，當所量測的光束能量分布是不規則時會產生很大的誤差。

(4) 刀口儀：刀口儀則是以刀片來切割光束，以限制進入偵測器的能量，如圖 12.7 所示。隨著刀口切割光束進入偵測器的能量的增加或減少，藉此得到光束能量分布的資訊。其優點為系統簡單，可量測高能雷射與脈衝雷射，但需要一些數學運算才能還原雷射光束的輪廓，此為其劣點。

　　另外，也可以自行架設設備來量測聚焦點能量的分布，其方法及步驟如下說明。

(1) 掃描孔洞儀

1. 系統起始狀態設定：首先安置各元件於光學桌上，並校準各元件；接著設定光能量偵測器 (optometer) 相關參數，並歸零；然後讓雷射或光源預熱 (暖機) 一段時間，使輸出功率達到穩定。

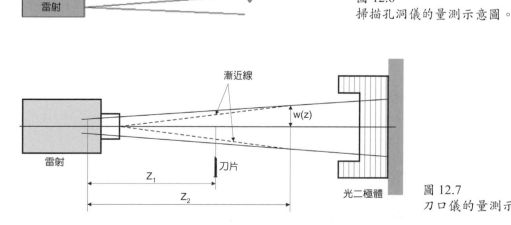

孔洞結合
光能量偵測器

雷射

圖 12.6
掃描孔洞儀的量測示意圖。

漸近線

w(z)

雷射

刀片

Z_1

Z_2

光二極體

圖 12.7
刀口儀的量測示意圖。

2. 記錄各元件的位置及狀態，此時光能量偵測器所在光軸的位置設其為 $Z = Z_1$。
3. 對光束使用孔洞與光能量偵測器進行垂直光軸的二維掃描，將位置與能量的關係記錄下來。
4. 將孔洞與光能量偵測器移至 $Z = Z_2$ 的位置重複第 3 步驟的動作並記錄之。

(2) 掃描狹縫儀與刀口儀對於設備的架設與實驗進行的方法大同小異，所以在這一併說明。

1. 系統起始狀態設定：首先安置各元件於光學桌上，並校準各元件；接著設定光能量偵測器相關參數，並歸零。然後調整狹縫或刀口於適當的位置 (接近光束但不遮蔽光束)，狹縫或刀口需染黑或打毛，使其不會直接反射光源，造成對人體的傷害。等待雷射或光源預熱 (暖機) 一段時間，使輸出功率達到穩定。
2. 記錄各元件的位置及狀態，此時狹縫或刀口所在光軸的位置設其為 $Z = Z_1$。
3. 對光束使用狹縫或刀口進行垂直光軸的掃描，將位置與能量的關係記錄下來。
4. 將狹縫或刀口移至 $Z = Z_2$ 的位置重複第 3 步驟的動作並記錄之。
　　圖 12.9 的曲線量測圖與我們所熟知的似乎不盡相同，這是因為所得的資料尚未作轉換，將資料的格式轉換後可以得到聚焦點能量分布圖，如圖 12.10 所示。

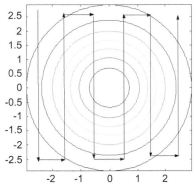

圖 12.8 掃描孔洞儀量測示意圖。

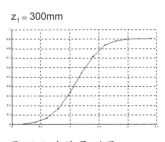

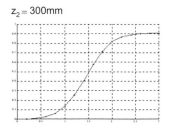

圖 12.9 曲線量測圖。

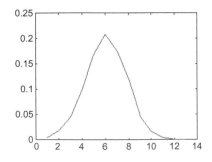

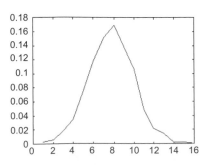

圖 12.10
聚焦點能量分布圖。

12.3 擴散片的散射特性量測

12.3.1 擴散片

擴散片 (diffuser) 是利用材質的散射特性，在光線穿透材質或是在介質表面反射時，將光線擴散，可以避免光線特定方向的反射或是折射。擴散片使用於照明系統時，可以均勻化光量分布。在背光模組中，擴散片擴散來自於導光板的光線，以製造一個均勻的面光源，減少導光板散射點 (dot) 散射光線所產生的陰影，提高模組亮度的均齊度。

當光線通過一材質時，光線除了折射、反射、吸收等現象外，也會伴隨著擴散 (diffuse)、散射 (scattering)、體散射 (volume scattering) 等現象。不同的材質與表面，光線散射的特性也不同，圖 12.11 為光線接觸不同類型表面所產生的幾種散射。

擴散片便是利用光線穿透材質時的擴散現象來均勻化光線，如圖 12.12 所示，同樣的，不同材質不同設計的擴散片，擴散特性也有所不同，其擴散特性主要決定於擴散片與週遭介質折射率的差異，以及材質中微粒的尺寸大小與外形。

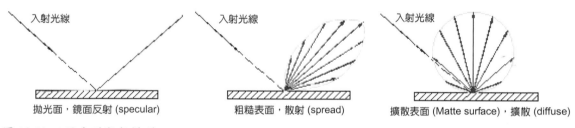

拋光面，鏡面反射 (specular)　　　粗糙表面，散射 (spread)　　　擴散表面 (Matte surface)，擴散 (diffuse)

圖 12.11 三種典型散射模型。

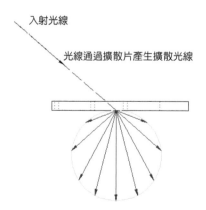

入射光線

光線通過擴散片產生擴散光線

圖 12.12
經過擴散片的散射情況。

第 12.3 節作者為何承舫先生。

12.3.2 擴散特性

物體表面的散射特性與擴散片的擴散特性通常用二向性散射分布函數 (bidirection scattering distribution function, BSDF) 描述，其中又可視情況分為穿透散射特性 (birdirection transmission scattering distribution function, BTDF)、反射散射特性 (birection reflection scattering distribution function, BRDF) 以及體散射特性 (birection volume scattering distribution function, BVDF)。BSDF 為與角度相依的函數，與光線入射的角度及光線散射的角度有關，BSDF 可表示如公式 (12.2) 所示，其單位為立體角 (solid angle) 倒數 (Ω^{-1} 或是 $ster^{-1}$)。

$$BSDF\left(\theta_i,\phi_i;\theta_s,\phi_s\right) = \frac{L\left(\theta_i,\phi_i;\theta_s,\phi_s\right)}{E} \tag{12.2}$$

其中 E 是光線入射於樣本的輻照度 (incidence irradiance)，$L(\theta_i,\phi_i;\theta_s,\phi_s)$ 則是散射輻射度，所以 BSDF 也可以說是在特定方向上單位立體角內的所接收到的散射能量，可參考圖 12.13 所示。

12.3.3 散射儀

量測 BSDF 的儀器稱為散射儀 (scatterometer)，其基本的工作原理如圖 12.13 所示，光束以一特定角度入射樣本，感測器 (detector) 則以樣本為中心，依照穿透散射或是反射散射針對其所對應的半球空間掃描，取得散射至各角度的光線能量。散射儀通常使用角度器 (goniometer) 的設計概念來接收各角度的散射光，動態範圍通常超過 60 分貝 (dB)，對於能量較低的訊號，必須注意雜訊的問題，雜訊可能來自於光源不穩定、自身光學元件的散射等等，另外當感測器可視的立體角超出分析或是儀器本身最小的角解析度

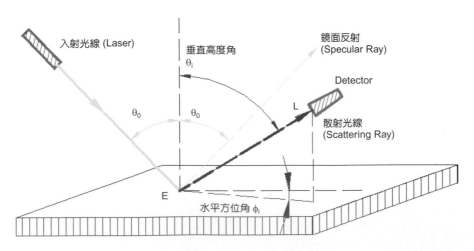

圖 12.13
BSDF 的定義。

(angular resolution) 時，則必須考慮感測器孔徑 (aperture) 的影響。

　　為了能夠完整的取得各角度的散射光線，感測器常以搖臂支撐，以樣本為中心，依情況旋轉樣本或是感測器，掃描對應的半球空間，感測器接收能量的有效面積、搖臂距以及旋轉馬達步距將關係到散射儀的角解析度。另外，散射儀需要有六個機械自由度 (degrees of mechanical freedom) 可調整樣本。三維的移動自由度 (translational degrees of freedom) 可調整樣本位移，定位於光源與感測器的旋轉中心。三軸旋轉自由度 (rotational degrees of freedom) 則可微調光源入射樣品的角度、方位角及修正表片傾斜 (out-of-plant tilt)。儀器設計時必須考慮到實際操作情況與樣本特性，適當的限制自由度或是重複可調整的自由度，增加使用的方便性。儀器架構的變化可簡單可複雜，與儀器測量的精度和價格相關。圖 12.14 為散射儀架構圖，而圖 12.15 為市售的量測機台。

　　散射儀設計上要盡量避免儀器自身光學元件的散射產生對樣品散射資料的干擾。儀器若使用穿透式元件製作，其優點在於可以用鏡片的組合來消除離軸像差 (off-axis aberration)，但是較多的鏡片數會產生較多額外的散射以及光線穿透鏡片的體散射，甚至於鬼影 (ghost path)，反而會帶來光學雜訊。若使用反射式元件，則儀器的鏡面數少，沒有體散射，設計上如果能夠避開多次反射的鬼影，反射式元件會是相當不錯的選擇。另

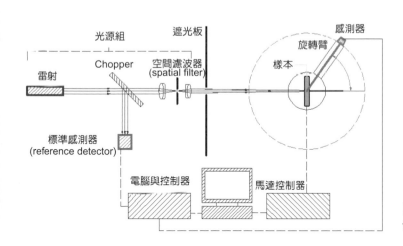

圖 12.14
散射儀的架構簡圖。

圖 12.15 國外發展的各式商用量測機台，(a) OPTIS 公司的 Multi-Acquisition Bench、(b) opsira 公司的 BSDF Measurement Goniometer、(c) Light Tech 公司的 Reflect。

外，反射鏡面也沒有色差的問題，相當適合以寬波段連續光譜燈源爲光源的散射儀。散射儀因爲本身架構的不同、光學元件條件的不同，使得儀器有不同差異的量測特性，此爲選擇或是設計散射儀時必須注意的。

12.4 離軸非球面反射鏡參數檢測

許多光學系統所使用的口徑並不需要是繞軸對稱，並且在一些應用上，爲避免反射鏡的中心部分遮擋光路，妨害光束傳遞，必須使用離軸反射鏡 (off-axis mirror)。

由於在球面上任意區域所截取的圓形口徑，繞其中心都是旋轉對稱，因此所稱離軸反射鏡必定是取自於軸對稱非球面反射鏡軸外的一部分。離軸非球面反射鏡 (off-axis aspherical mirror) 中以離軸拋物面鏡 (off-axis parabolic mirror) 最爲普遍，因此有關離軸非球面反射鏡參數的量測介紹，本節將以離軸拋物面鏡爲主。離軸拋物面鏡具有可免除球面像差及色像差、有較大有效通光口徑、可減小光學系統的體積及重量、可將準直光束 (collimated beam) 聚焦爲一點或將點光源發射光束聚成準直光束等功能[6]。離軸拋物面鏡的應用廣泛，包括：(1) 目標模擬器 (target simulator)、(2) 雷射聚焦器 (laser concentrator)、(3) 準直儀 (collimator)、(4) MTF 量測系統與其他光學測試儀器、(5) 光譜儀與光輻射度計，以及 (6) 擴束器 (beam expander) 等。

12.4.1 離軸反射鏡規格及參數定義

一般對離軸反射鏡規格的描述，以離軸拋物面鏡爲例，如圖 12.16 所示，至少應該包括下列項目[6,7]：

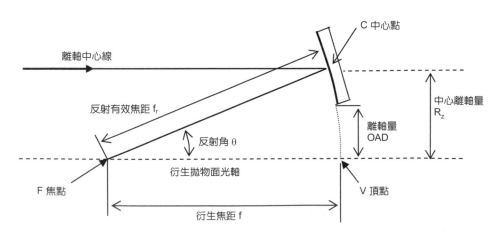

圖 12.16
離軸拋物面反射鏡參數示意圖。

第 12.4 節作者爲張勝聰先生。

(1) 材質：依使用目的、加工方法、表面形狀精度與粗糙度等要求之不同，製造反射鏡之材質可以是銅、鋁、不鏽鋼等金屬，碳化矽、氮化鎢等燒結硬化基板，或光學玻璃。最常用的玻璃基板包括石英 (fused silica)、超低膨脹係數的 Zerodur® 與 ULE® 玻璃等。

(2) 衍生焦距 (parent focal length, f) 與反射有效焦距 (reflected EFL) 或反射角度：衍生焦距 (也有製造商稱爲 true focal length) 爲衍生拋物面 (即完整旋轉對稱拋物面) 的頂點與焦點的距離，衍生焦距 f 定義拋物面形狀如公式 (12.3) 所示。

$$z = \frac{R^2}{4f} \tag{12.3}$$

其中，R 爲拋物面上的一點與頂點的垂直距離 (離軸距離)，z 爲該點的矢高 (sag)。而反射有效焦距也有製造商稱爲表象焦距 (apparent focal length) 或斜向焦距 (slant focal length)，其爲離軸反射鏡中心點與焦點的距離。反射有效焦距 f_r 與衍生焦距 f 及離軸距離 R_Z 間的關係如公式 (12.4) 及公式 (12.5) 所示。

$$f_r = \sqrt{\left(f - \frac{R_Z^2}{4f}\right)^2 + R_Z^2} = f + \frac{R_Z^2}{4f} \tag{12.4}$$

$$f = \frac{f_r}{2} + \frac{1}{2}\sqrt{f_r^2 - R_Z^2} \tag{12.5}$$

其中，R_Z 爲離軸反射鏡中心點的離軸距離。反射角度 θ 指衍生拋物面光軸與離軸面中心點與焦點連線之夾角，此角亦等於沿離軸面中心線入射光線與其反射光線之夾角 θ，如圖 12.16 所示。

$$\theta = \arcsin\left(\frac{R_Z}{f_r}\right) \tag{12.6}$$

(3) 離軸量 (y-offset)：離軸量亦稱爲離軸距離 (off-axis distance, OAD)，一般指衍生拋物面光軸與鏡片最近邊緣之垂直距離。若指衍生拋物面光軸與鏡片中心線距離則稱中心離軸距離 (COAD) 或稱區帶半徑 (zonal radius, R_Z)。

(4) 外徑 (outer diameter) 與有效孔徑 (clear aperture)。

(5) 邊緣厚度 (edge thickness)。

(6) 形狀精度 (surface accuracy) 與表面粗糙度 (surface roughness) 或完成度 (finish)。

(7) 反射面鍍膜。

12.4.2 離軸反射鏡參數檢測

　　上述規格中有關材質、外觀尺寸、表面形狀精度及鍍膜等項目在其他章節中已有詳細介紹，本節僅就離軸拋物面鏡之離軸量、衍生焦距、反射有效焦距及反射角度等檢測說明如下[7,8]。

　　根據定義，離軸量、衍生焦距、反射有效焦距及反射角度均與拋物面鏡的中心點、焦點、衍生光軸或中心線軸向有關，因此對這些參數的檢測等於對離軸拋物面鏡進行校準，以找出拋物面焦點與光軸，其方法共有三種。

方法 (一)

　　有些離軸拋物面鏡在出廠前，最後在進行干涉儀檢測時，即順便黏貼一參考平面 (reference flat)，此參考平面與拋物面鏡之衍生光軸相互垂直，利用此參考平面可以很快找到拋物面正確軸向。離軸反射鏡參數檢測所需的檢測設備包括準直望遠鏡 (alignment telescope) 或工業測量經緯儀 (theodolite)、照明針孔 (pinhole) 與輔助可調平面鏡，如圖 12.17 所示。其步驟如下：

1. 校準準直望遠鏡與參考平面垂直：架設一準直望遠鏡 (或經緯儀) 對準參考平面鏡，調整準直望遠鏡軸向致使反射之十字絲與固定之參考十字絲重疊，此時準直望遠鏡為自準直 (auto-collimated) 而與參考平面相互垂直，亦即與衍生光軸及中心線相互平行，如圖 12.17(a) 所示。

2. 校準輔助平面鏡與準直望遠鏡垂直：於準直望遠鏡與參考平面鏡之間放置一輔助平面鏡，此平面鏡需能遮蔽部分參考平面鏡及離軸反射鏡。只能調整輔助平面鏡使準直望遠鏡之反射十字絲與固定之參考十字絲重疊，此時輔助平面鏡即與準直望遠鏡垂直而成為參考面，如圖 12.17(b) 所示。

3. 校準準直望遠鏡與輔助平面鏡垂直：移動準直望遠鏡至遮蔽離軸反射鏡的平面鏡一側，只能調整準直望遠鏡使與輔助平面鏡垂直，如圖 12.17(c) 所示。

4. 準直望遠鏡平行離軸拋物面鏡光軸：移開輔助平面鏡，此時準直望遠鏡光軸平行離軸拋物面鏡光軸。若準直望遠鏡口徑夠大，其準直光束可同時涵蓋參考平面與部分離軸反射鏡面，則第 2、3 步驟可省略。

5. 找出離軸拋物面鏡最佳焦點：安裝一照明針孔，將準直望遠鏡聚焦於無窮遠，調整針孔位置使針孔成像於準直望遠鏡的參考十字絲中心且影像最為清楚，此時針孔的位置則為離軸拋物面鏡的最佳焦點，如圖 12.17(d) 所示。

方法 (二)

　　若離軸拋物面鏡上無參考平面可使用，則需利用干涉儀找出最佳焦點，圖 12.18 所示為干涉儀的量測架設圖，調整離軸拋物面鏡及干涉儀參考球面，當干涉儀測到波前像

差 (wavefront error) 最小時，雷射準直光束平行於拋物面鏡光軸，光束的焦點為離軸拋物面鏡最佳焦點。找到最佳焦點後，可於焦點處架設一針孔，再移開干涉儀，並架設一準直望遠鏡，依上述第 **5** 步驟方法定出拋物面鏡光軸，不同的是只能調整準直望遠鏡，針孔要維持不動，當針孔成像於準直望遠鏡的參考十字絲中心且影像為最清楚時，準直望遠鏡光軸即平行離軸拋物面鏡光軸。也可以利用干涉儀準直光束為基準，黏貼參考平面，但若干涉儀光束無法涵蓋參考平面時，需先借助一輔助可調平面以移轉干涉儀準直軸，再以準直望遠鏡移轉輔助平面基準，最後利用準直望遠鏡為基準，黏貼參考平面。

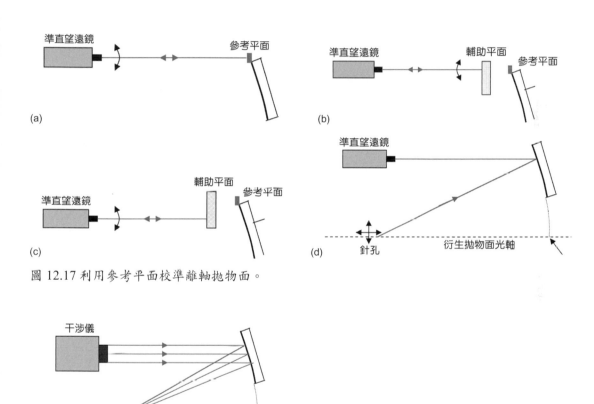

圖 12.17 利用參考平面校準離軸拋物面。

圖 12.18
利用干涉儀校準離軸拋物面鏡。

方法 (三)

　　以三次元量床或其他機械及光學長度量測方法[8] 量測鏡面中心點 C 與焦點 F 的距離，如圖 12.16 所示，此距離為中心點的反射有效焦距 f_r；同樣量測中心點 C 與焦點 F 在衍生光軸垂直方向的偏移可得中心離軸量 R_z，再由公式 (12.6) 計算出中心反射角度 θ 及由公式 (12.5) 計算出衍生焦距 f。

12.5 極化光量測與偏極化元件檢測應用

12.5.1 極化光

光是一種電磁波，光的前進方向、電場振動方向與磁場振動方向互為垂直，而電場或磁場的振動方式即為偏振 (polarization)。偏振方式可分成三種：線偏振 (linear polarization)、圓偏振 (circular polarization) 與橢圓偏振 (elliptical polarization)。假設光的行進方向是沿著 z 軸，線偏振的方程式如公式 (12.7) 所示。

$$\mathbf{E} = (E_{0x}\mathbf{i} \pm E_{0y}\mathbf{j})\cos(kz - \omega t) \tag{12.7}$$

其中，$k = 2\pi\lambda$，k 為波數，λ 為光波波長，而 $\omega = 2\pi\nu$，ν 為光波頻率，t 為時間，E_{0x} 與 E_{0y} 各代表光波在 x、y 方向的振幅，$\mathbf{i}$ 與 $\mathbf{j}$ 則是光波在 x、y 方向的單位向量，如圖 12.19 所示。同理可知，圓偏振可以公式 (12.8) 表示，其示意圖如圖 12.20 所示。

$$\mathbf{E} = E_0 \left[\cos(kz - \omega t)\mathbf{i} \pm \sin(kz - \omega t)\mathbf{j}\right] \tag{12.8}$$

根據方程式中的正負號，圓偏振光可分左旋圓偏振光 (left-circularly polarized light) 與右旋圓偏振光 (right-circularly polarized light)。偏極化的一般式即為橢圓偏振，如公式 (12.9) 所示。

$$\mathbf{E} = E_{0x}\cos(kz - \omega t)\mathbf{i} + E_{0y}\cos(kz - \omega t + \delta)\mathbf{j} \tag{12.9}$$

其中，δ 代表光波在 x、y 方向的振幅相位差，如圖 12.21 所示。

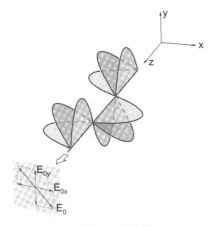

圖 12.19 線偏振示意圖[10]。

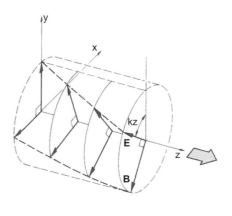

圖 12.20 圓偏振示意圖[10]。

第 12.5 節及第 12.6 節作者為歐陽盟先生及劉信燦先生。

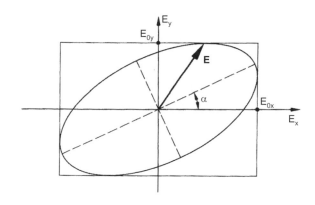

圖 12.21 橢圓偏振示意圖[10]。

12.5.2 起偏器

起偏器 (polarizer) 可分成兩種：一種是吸收型起偏器 (absorptive polarizer)，另一種是反射型起偏器 (reflective polarizer)。吸收型起偏器又稱為二色型起偏器 (dichroic polarizer)，有別於二色型濾光片 (dichroic filter) 對不同波譜作吸收，吸收型起偏器是對不同極化方向作吸收，此種起偏器大量用於 LCD 顯示系統中，且大多可得到較佳的對比度 (contrast)。反射型起偏器在光學系統中常用於分離入射光與出射光，尤其在反射式液晶顯示系統中使用最多，另一用途是用於極化轉化 (polarization conversion)。

(1) 吸收型起偏器

金屬網型 (wire-grid) 起偏器是最簡單的吸收型起偏器，如圖 12.22 所示，它是利用金屬線對電場會產生吸收的原理，因此平行於金屬線方向的電場被金屬線所吸收，而垂直於金屬線方向的電場則穿透而形成單一線性偏極化光。然而，此種起偏器不但體積較大、價格昂貴且難以大量製造，而輕小的片狀或薄膜狀的起偏器已成為光學系統中重要的偏極化元件。

片狀起偏器最早是在 1928 年發明的，當時還是 19 歲的哈佛大學研究生 Edwin Herbert Land 發現利用硫酸鹽碘化物結晶 (quinine sulfate periodide) 可製成片狀的起偏器，

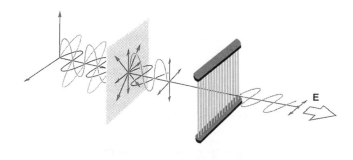

圖 12.22 金屬網型起偏器[10]。

一般稱為偏極片 (polaroid) 或 J 型偏極片。到了 1938 年 Land 改進了前述偏極片，他以長分子結構的塑膠材料－聚乙烯化合物 PVA (polyvinvl alcohol) 為基材並加入碘 (iodine)，把 PVA 製成薄膜狀加熱並外加一拉力，使得聚合物分子的長軸會循該外加拉力方向排列，因此當光的電場與該長軸方向相同時，該電場會被吸收，相反則會穿透。與 J 型偏極片利用電磁場把長分子排列的方式不同，更容易製造，因此稱為 H 型偏極片。但是 H 型偏極片較不穩定，易受濕度與熱的影響而老化，這是因為碘分子的蒸氣壓相對較大，容易蒸發。

　　另一種是染料型偏極片 (dye type polarizer)，其是利用各種染料對光的偏極性加以組合而成，因此相對於 H 型偏極片有較佳的穩定性，但是偏極化效率較差。目前一般採用的偏極片是改進 H 型的 K 型偏極片，K 型偏極片在製造過程中，利用熱與催化劑把水分子加以去除，以增加碘的穩定性，相對於 H 型偏極片與染料型偏極片有優越的穩定性與偏極效率。

(2) 反射型起偏器

　　反射型起偏器是利用 Brewster 角原理，達成不同極化光的分光效果。所謂 Brewster 角的關係可由公式 (12.10) 得到。

$$\tan\theta_p = \frac{n_t}{n_i} \tag{12.10}$$

其中，θ_p 為 Brewster 角，而 n_t 與 n_i 分別代表入射材料與環境的折射率。利用該原理最常見的反射型起偏器是 Brewster 板，如圖 12.23 所示，Brewster 板是由一疊等厚的材料所製成，當入射角 θ_p 等於 Brewster 角時，其 s 偏極化的光被反射，而 p 偏極化的光被穿透，因此一束未極化的光線便可分成 s 與 p 的極化光。

　　另外常用的反射型起偏器稱為極化分光稜鏡 (polarization beam splitter, PBS)，或稱作 MacNeille polarizing prism，如圖 12.24 所示，極化分光稜鏡是由兩個相同的等腰三角形

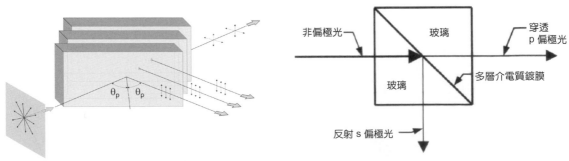

圖 12.23 反射型起偏器的 Brewster 板示意圖[10]。　　圖 12.24 極化分光稜鏡的工作原理[9]。

所膠合而成，而在等腰三角形的斜邊上鍍上一多層膜，使得其 s 偏極化的光到達斜邊時被反射，p 偏極化的光到達斜邊時被穿透，其關係式可由公式 (12.11) 表示之。

$$\sin\theta_G = \frac{n_H{}^2 n_L{}^2}{n_G{}^2 (n_H{}^2 + n_L{}^2)} \tag{12.11}$$

其中，θ_G 爲等腰三角形的底角，一個正方的 PBS 是 45°，而 n_G 爲入射材料的折射率，n_H 與 n_L 爲斜邊多層膜中高低入射材料的折射率。

12.5.3 雙折射晶體與相位延遲器

雙折射晶體 (birefringence crystal) 是一種晶體，當光在該晶體中行進時，其電場的振動方向會與其晶體光軸角度不同，而有不同的折射率，如圖 12.25 所示，當一入射光以 z 方向入射，雙折射晶體的光軸方向爲 y，此時若入射一線性偏極化光與 y 軸夾角爲 θ，該線性偏極化光可分成 x 軸方向的線性偏極化光與 y 軸方向的線性偏極化光，兩者電場所看到的折射率將不同，與光軸平行的 y 軸方向的線性偏極化光所看到的折射率是 n_e，與光軸垂直的 x 軸方向的線性偏極化光所看到的折射率是 n_0，因此經過雙折射晶體材料距離 d 後，其 x 軸方向與 y 軸方向的相位差 $\Delta\phi$ 將如公式 (12.12) 所示。

$$\Delta\phi = \frac{2\pi d}{\lambda_0}(n_e - n_0) \tag{12.12}$$

利用公式 (12.12) 的關係可以調整 x 軸方向與 y 軸方向的相位差，組合成不同的偏振方向。而相位延遲器 (phase retarder) 就是基於此原理所設計的薄片 (plate)。常用的相位延

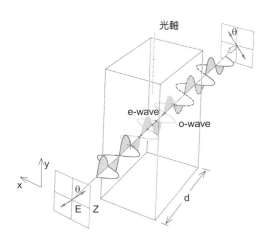

圖 12.25
雙折射晶體的工作原理[10]。

遲器可分為半波長 (1/2) 延遲片 (half-wave plate) 與 1/4 波長延遲片 (quarter-wave plate)。
正如其名，半波延遲片是使入射光線的偏振方向在 x 軸方向與 y 軸方向的相位差為
180°，換言之即半個波長的相位。同理 1/4 波長延遲片是使入射光線的偏振方向在 x 軸方
向與 y 軸方向的相位差為 90°，即 1/4 個波長的相位。

　　大部分的起偏器把需要讓極化方向的光通過，而將不需的極化光吸收或排除於系統
之外，但對大多數的發光光源而言皆是多極性之光源，因此若需極化光源時常會減少至
少 50% 的光功率，當使用偏極化轉化系統 (polarization conversion system, PCS) 時，能有
效的轉換不需的極化光到系統所需的極化方向。如圖 12.26 是一個偏極化轉化系統之示
意圖，光源輸出非極化光經一極化分光稜鏡 PBS，讓 p 偏極的光穿透進入 LCD 的系統
中，s 偏極的光則反射經由下方的反射鏡與半波延遲片後也變成 p 偏極的光，有效的轉化
原本不需的 s 偏極的光為可用的 p 偏極的光。

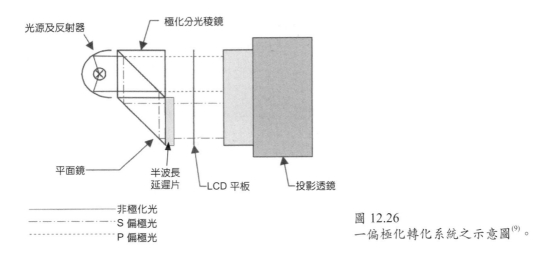

圖 12.26
一偏極化轉化系統之示意圖[9]。

12.5.4 偏極量測

　　量測線性偏極可利用 Malus's 定理，如圖 12.27 所示，在光源後放置一已知線偏極
片，使其線偏極化方向與 y 軸平行，在其後放置待測的線偏極片，若待測的偏極片與已
知的偏極片之線偏極角度差為 θ，則未放置待測的線偏極片與有放置待測的線偏極片光
強度差如公式 (12.13) 所示。

$$I(\theta) = I(0)\cos^2\theta \tag{12.13}$$

因此旋轉待測的線偏極片的角度，分別量測其光強度比即可得到。相同的道理，量測圓
偏振與橢圓偏振光也可以用類似方式，如圖 12.28 所示，但此時待測片前後需放上兩個

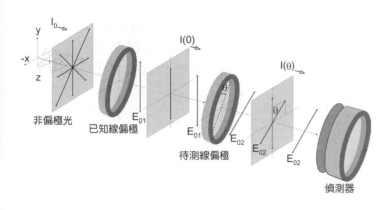

圖 12.27
線性偏極片量測的工作原理。

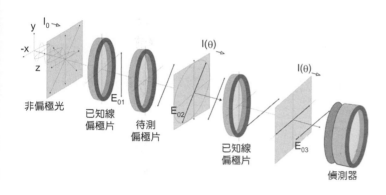

圖 12.28
圓偏振與橢圓偏振光量測的工作原理。

垂直的線偏極片，旋轉待測的偏極片便可測出其左右旋方向或橢圓偏極化的角度。

一般評估極化的方式是計算消除比 (extinction ratio, $\sigma(\lambda)$) 或偏極效率 (polarization efficiency, $\varepsilon(\lambda)$)。若 $T_0(\lambda)$ 為與起偏器相同偏極化方向的極化光穿透率，即是起偏器欲偏極之光或平行於起偏器之光，$T_x(\lambda)$ 為與起偏器不同偏極化方向的極化光穿透率，換言之，即起偏器欲排除之光或垂直於起偏器之光，則消除比如公式 (12.14) 所示。

$$\sigma(\lambda) = \frac{T_0(\lambda)}{T_x(\lambda)} \tag{12.14}$$

一個完美的起偏器，其 $T_0(\lambda)$ 等於 100%，而 $T_x(\lambda)$ 等於 0%，因此消除比 $\sigma(\lambda)$ 接近無窮大，實際一般的起偏器之消除比可達 10000 以上。偏極效率如公式 (12.15) 所示，一個完美的起偏器，偏極效率 $\varepsilon(\lambda)$ 接近 1，實際一般的偏極片之偏極效率可達 99% 以上。

$$\varepsilon(\lambda) = \frac{T_0(\lambda) - T_x(\lambda)}{T_0(\lambda) + T_x(\lambda)} \tag{12.15}$$

把極化分光稜鏡 PBS 運用到反射式 LCD 投影系統中，如圖 12.29 所示。若 R_s 為 PBS 斜邊上多層膜 s 偏極化的光反射率，T_p 為 PBS 斜邊上 p 偏極化的光到達斜邊的穿透率，則 LCD 所需的極化光效率可由 R_s 與 T_p 相乘而得，如公式 (12.16) 所示。

$$\eta_{PBS}(\lambda,\theta,\phi) = R_s(\lambda,\theta,\phi) \times T_p(\lambda,\theta,\phi) \tag{12.16}$$

若以消除比分析，考慮整體的消除比，可對角度與立體角作積分，使 θ 與 ϕ 消失，則極化分光稜鏡 PBS 的消除比如公式 (12.17) 所示。

$$\sigma(\lambda) = \frac{T_p(\lambda)}{T_s(\lambda)} = \frac{R_s(\lambda)}{R_p(\lambda)} \tag{12.17}$$

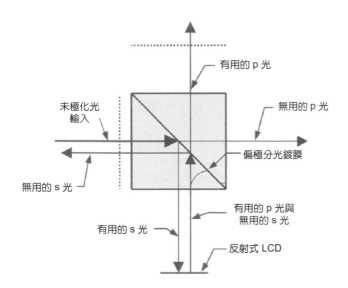

圖 12.29
反射式 LCD 投影系統中，極化分光稜鏡的工作原理[9]。

12.6 回反射器精度檢測

回反射器 (retroreflector) 是指由一方射入的光線會循相同方向反射回去，最常見的回反射器即是直角反射稜鏡，如圖 12.30 所示，此種稜鏡也稱為 Porro 稜鏡。

自準儀 (autocollimator) 是量測回反射鏡的重要工具，自準儀可視為是一個焦距無窮遠的望遠鏡 (telescope)，而其分劃板 (reticle) 因位於焦平面上，因此可視為無窮遠的物，如圖 12.31 所示。光源發出光線，出射的分劃板位於自準儀的焦點，因此可視為出射分劃板位於無窮遠，經由自準儀投射後，假定其回反射鏡有一角度誤差 α，反射光經由自

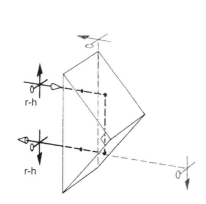

圖 12.30 直角反射稜鏡。

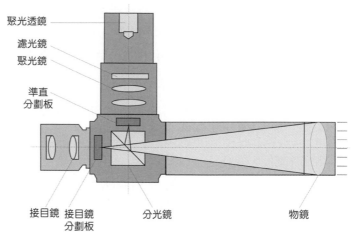

聚光透鏡
濾光鏡
聚光鏡
準直
分劃板

接目鏡　接目鏡　　　　　分光鏡　　　　　　　　　物鏡
　　　　分劃板

圖 12.31 自準儀內容架構示意圖。

準儀收光後成像於近眼分劃板，並經由接目鏡 (eyepiece) 由眼睛觀察。假定觀察的兩分劃板距離是 d，則由公式 (12.18) 可推算出回反射鏡的角度誤差，如圖 12.32 所示

$$\alpha = \frac{d}{2f} \tag{12.18}$$

其中，f 是自準儀的焦距。通常自準儀的焦距很大，分劃板可量測的距離 d 很小，因此可觀察十分微小的回反射鏡之角度誤差。以焦距 1 m 的自準儀為例，若可分辨的最小距離達 0.1 mm，則可量測回反射鏡之角度誤差達 10″ (10 sec of arc)。某些自準儀為了要觀察更小的 d，會加上顯微鏡來觀察其分劃板差，這種自準儀稱為顯微式自準儀 (microptic autocollimator)。

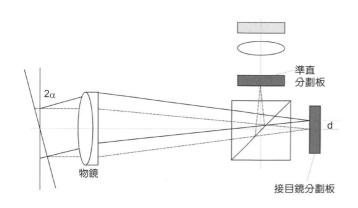

準直
分劃板

2α

物鏡

d

接目鏡分劃板

圖 12.32
自準儀量測回反射鏡的工作原理示意圖。

　　對於平行窗片的平行度也可以由自準儀量測，如圖 12.33 所示，若一平行窗片有一角度差 α，且該平行窗面的折射率爲 n，此時若由平行窗面所反射的分劃板與近眼分劃板的距離是 d，則由公式 (12.19) 可推算出平行窗面的角度誤差。

$$\alpha = \frac{d}{2nf} \tag{12.19}$$

若平行窗面的反射量不足，可另用一標準反射面作爲補強。

　　對於等腰直角稜鏡的 90 度角量測，如圖 12.34(a) 所示，由自準儀所發出的平行光經直角稜鏡的反射又回到自準儀中，若該直角稜鏡的折射率爲 n，此時由直角稜鏡所反射的分劃板與近眼分劃板之距離若爲 d，則該 90 度角之角度差 α 可由公式 (12.20) 推算出。

$$\alpha = \frac{d}{4nf} \tag{12.20}$$

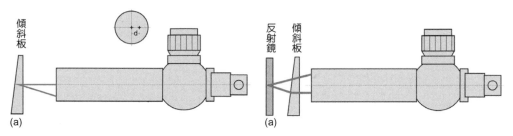

圖 12.33 平行窗片的平行度量測示意圖。

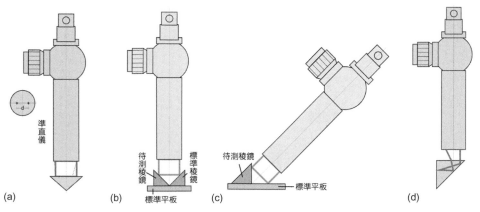

圖 12.34 等腰直角稜鏡的 90 度角量測示意圖。

因爲有兩次反射，因此公式 (12.20) 中多除了 2 以求得正確角度。若要進行直角稜鏡的 45 度角量測，需以一標準 45° 稜鏡與待測稜鏡作相對擺放，如圖 12.34(b) 所示，此時的公式與上式相同，只是 $n = 1$。相同道理，若把自準儀旋轉 45° 並擺放直角稜鏡於標準平面上時，也可量測直角稜鏡的 90 度角之誤差，如圖 12.34(c) 所示，其公式與圖 12.34(b) 所用公式相同。同理，若利用等腰直角稜鏡作爲回反射鏡時，自準儀所收到的光線是等腰直角稜鏡的等腰兩面之反射，如圖 12.34(d) 所示，此時量出的角度差是經由直角稜鏡的整體誤差 α，可爲公式 (12.21) 所示。

$$\alpha = \frac{d}{4nf} \pm \frac{\delta}{2} \tag{12.21}$$

其中，δ 爲等腰直角稜鏡 90 度角的角度差。圖 12.35(a) 與圖 12.35(b) 是分別量測五角稜鏡 (pentaprism) 與雙筒稜鏡 (binocular prism) 的方法，如圖可利用兩個自準儀達成量測目的。圖 12.36 則是一 Nikon 自準儀的實體圖[12]。

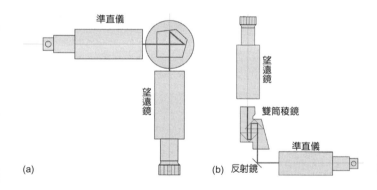

準直儀

望遠鏡

(a)

望遠鏡

雙筒稜鏡

準直儀

(b) 反射鏡

圖 12.35
五角稜鏡 (pentaprism) 與雙筒稜鏡 (binocular prism) 的量測方式。

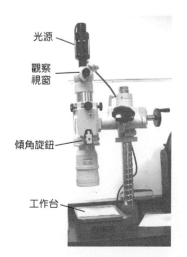

光源

觀察
視窗

傾角旋鈕

工作台

圖 12.36
Nikon 公司自準儀的實體圖[12]。

　　另一種量測回反射鏡的方法是利用干涉式量測 (interferometric measurement)，干涉是利用標準的波面與待測波面產生干涉後，擷取其干涉圖形進而推導出待測面的偏移量。許多種干涉裝置皆可用於干涉式量測，若以實用性與穩定性而言，其干涉裝置多採取共光路 (common path) 方式，共光路式代表標準的波面與待測波面所走的光路幾乎是相同路徑，如斐佐式 (Fizeau) 干涉儀即是一例；本節將以斐佐式干涉儀說明其量測方式。

　　斐佐干涉儀如圖 12.37(a) 所示，雷射光源經由擴束器 (beam expander, BE) 擴束後投射於準直鏡 (collimating lens) 上，並產生平行光，該平行光經由標準平面部分被反射形成標準波面，部分光被標準平面穿透並到達待測面，經由待測面反射形成待測波面。兩波面干涉循原路徑經由分光鏡 (beam splitter) 折射並成像於 CCD 感測器上，藉由電腦依CCD 感測器之干涉條紋推算其待測面的偏移量。如圖 12.37(b) 所示，也可以把待測面擺成與平行光成一角度，藉以增加量測的動態範圍。干涉條紋的判讀如圖 12.38 所示，圖12.38(a) 中平行線代表標準波面的波前，每格 λ/2 一個波前，斜線代表待測波前，其干涉

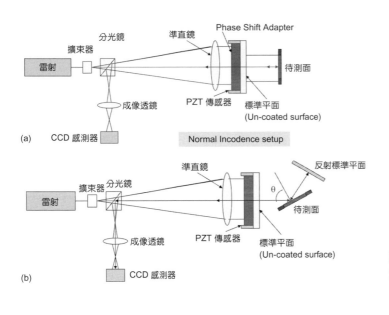

圖 12.37
斐佐干涉儀架構示意圖。

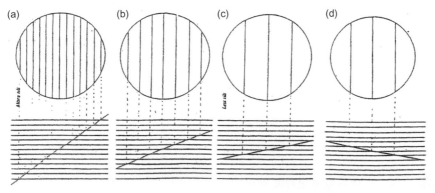

圖 12.38
干涉條紋的判讀。

條紋如圓形內圖案所示。圖 12.38(b) 中待測波前傾角較小,因此相對圖 12.38(a) 圓形內干涉條紋間距離較大,圖 12.38(c) 則代表待測波前傾角更小、干涉條紋間距離更大。圖 12.38(d) 則代表與圖 12.38(c) 有不同的傾斜方向,但可得到相同的干涉條紋,這是干涉式量測中的問題,換言之領先的相位 (leading phase) 或落後的相位 (lagging phase) 在干涉式量測中是無法分辨的,其解決的方法是利用外加的相位偏移器。

圖 12.39 為干涉儀量測平行度的方法,因為干涉法是利用兩個面的波前干涉,因此選擇不同面的反射波面將造成不同的干涉結果。如圖 12.39(a) 選擇在干涉儀出光位置放置一標準平面 (reference flat, RF) 與一距離待測平面 (tested flat, TF) 形成干涉條紋。圖 12.39(b) 選擇相同標準平面,並放置兩個不同的待測平面與不同位置,可形成不同的干涉條紋,如圖中見較小區域的干涉條紋是 TF1,而外部較大區域的干涉條紋是 TF2;可選擇把 TF2 的干涉條紋去除,只看 TF1 部分。若待測平面的平整度很好,接近幾個波長,則可利用本身兩面得到干涉條紋,不必使用標準平面,如圖 12.39(c) 所示。舉例而言,若在沿 x 方向中有 N 個干涉條紋,且使用 He-Ne 雷射 ($\lambda = 632.8$ nm) 作光源,則該平面的平行度角度差為

$$\tan\theta = \frac{y}{x} = \frac{N \cdot \lambda/2}{x} \qquad (12.22)$$

對於球面之量測,干涉儀量測的方法如圖 12.40 所示,與上述之方法不同的是,此時的標準不面變成了標準的球面,經標準球面反射後的光線成為標準球面波前,與待測球面所反射的待測球面波前產生干涉,然後由感測器所接收。隨著與干涉儀之距離不同,所量測的球面的曲度會有所不同,若待測球面剛好於位於標準球面波前的中心點,

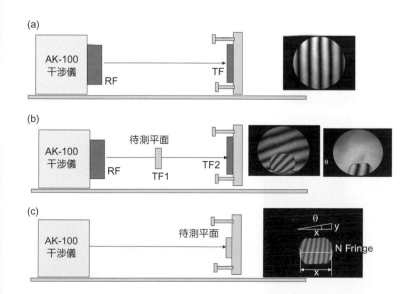

圖 12.39
干涉儀量測平行度的方法。

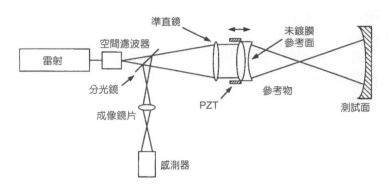

圖 12.40
雷射 Fizeau 移相干涉儀。

則會形成似貓眼狀的干涉條紋，如圖 12.41(a) 所示，若對不同的曲度球面需調整其位置到其待測面曲度的位置，不管是凹面或是凸面皆會形成干涉條紋，如圖 12.41(b) 與圖 12.41(c) 所示。

對於回反射器的量測，因為整面的反射可直接與平面標準面作干涉，其干涉條紋如圖12.42(a) 所示，若回反射器有角度差則會產生如圖 12.42(b) 的干涉條紋。以一個 90° 的回反射器之干涉圖作比較如圖 12.43 所示，回反射鏡的角度差可由其介面的干涉條紋轉折得到，如公式 (12.23) 所示。

$$\tan\theta = \left(\frac{k}{d}\right)\cdot\left(\frac{\lambda}{4nL}\right) \tag{12.23}$$

其中，n 代表回反射器的玻璃折射率，以 10 mm 寬的回反射器為例，若 (k/d) 值為 0.25，則其回反射鏡的角度差約 1″ (sec of arc)。

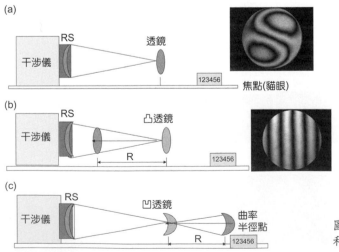

圖 12.41
利用干涉儀量測不同曲度球面鏡之方法。

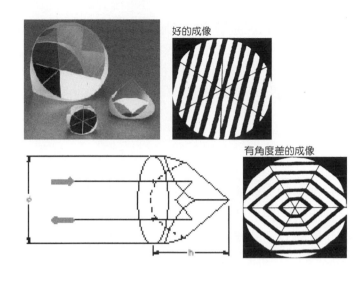

圖 12.42
回反射器的檢測分析。

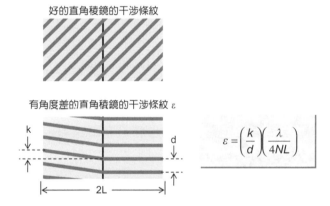

$$\varepsilon = \left(\frac{k}{d}\right)\left(\frac{\lambda}{4NL}\right)$$

圖 12.43
直角稜鏡的檢測分析。

12.7 繞射光柵特性參數檢測

一般而言，繞射光柵有三項重要特性參數將決定其光學效能[13,14]，此三項重要的光學參數為：光譜純度 (spectral purity)、繞射效率 (diffraction efficiency) 及光柵的解析能力 (resolving power)。因此，以足夠的精度作繞射光柵檢測將是一個重要的課題，量測方法也從簡單轉趨複雜，在某些實際的量測工作上，對於量測方法要規範出適當的定義是不太容易的，因為在量測的過程中，所存在的相對標準尺度與繞射光柵的實際應用面有關。

(1) 光譜的純度

由於光譜的純度將影響整個系統的訊雜比 (signal to noise ratio)，因此光譜純度為最被重視的光學特性參數，一般而言，光柵的光譜純度與光柵週期的均勻性有很大的關聯

第 12.7 節作者為施至柔先生。

(15,16)。理想上一個理想光柵需要具有無限大的有效孔徑與均勻的光柵週期等條件，並且入射光源是均勻的準直光，繞射光的繞射方向是根據光柵公式作出規範(14)；但是在實際的應用上，所有的實體光柵都具有一定的孔徑大小，由於夫琅和費 (Fraunhofer) 的繞射效應，在主要訊號波峰旁將出現次級波峰，任何繞射光柵的夫琅和費效應若愈趨明顯，則其光譜的不純度將愈高。

(2) 繞射效率

光柵的繞射效率可定義為：某個特定波長的入射光在一個特定的繞射級數下與入射光能量的比值(17)。繞射效率一般與繞射光柵的巨觀形狀有關，與其表面輪廓的細微結構及材料表面特性更是息息相關。一般在作繞射效率的檢測時，會利用繞射效率對波長的曲線圖來表示，還須另外繪出不同偏極化光對效率的影響。

(3) 光柵的解析能力

解析能力是光柵的第三種重要特性，尤其是在原子光譜儀與應用於天文方面的天文攝譜儀最為注重此項光學性能。光柵解析能力的大小與光柵有效面積及光柵輪廓週期的均勻性有關。

對於凹面光柵的光學特性檢測而言，另外還需要考慮到影像像差 (image aberration) 的問題。在設計凹面光柵時，需同時考慮輸出影像像差與色散的影響，有時還需在像散 (注重能量的集中性) 和彗差 (注重光柵的解析度) 之間作出最佳的選擇。

12.7.1 繞射效率的檢測方式

一般繞射效率的量測可分為兩種：一種是相對繞射效率，另一種是絕對繞射效率。對於一般光柵的使用者而言，都是以絕對繞射效率來定義一個光柵的光學性能，此絕對繞射效率定義為在某個特定繞射級數下的繞射光能量與入射光柵的單色光能量的比值，而入射光的頻寬選定須考慮待測光柵本身的色散能力。

單光儀 (monochromator) 與光柵一樣在量測時需同時考慮不同極化方向的繞射效應(17)，一般在量測時會對這兩種不同極化方向的入射光場取一個適當的集合以進行量測，當入射光的電場向量平行於光柵條紋方向時，稱為 TE 波或是 p 平面極化，而入射光的電場向量若垂直於光柵條紋方向時，則稱為 TM 波或是 s 平面極化。若要使用非偏極化光為入射光時，一般可將上述兩種偏極化光取算數平均數為入射光，或在量測時使用 45 度的偏極化片等兩種方式，後者在使用上比較方便也較節省時間，但是卻存在一個缺點，就是無法提供光柵極化特性的相關訊息。

　　相對繞射效率定義爲在某個繞射級數的繞射光能量與具有相同材質金屬表面的反射光能量的比值，在此所定義 100% 效率的參考光能量爲一個反射鏡面的反射能量，而不是入射光能量本身，這種方式的優點是可以直接扣除因材料本身特性的影響所造成的量測誤差。

12.7.2 平面光柵的檢測

　　傳統的平面光柵檢測系統包含一個可以提供光源的單光儀和一個裝有待測光柵的第二個單光儀[18]，提供光源的單光儀須是一個可提供較寬波長範圍的光源，一般常用的波長範圍從 190 nm 至 2500 nm，這種單光儀一般會裝置兩種以上的不同光源，以利涵蓋整個所需的波長範圍，例如氘燈 (deuterium lamp) 是一種可提供 190 nm 至 400 nm 波長範圍的光源，鎢絲電燈 (tungsten lamp) 可提供 300 nm 至 2500 nm 波長範圍的光源，至於低壓汞燈也是經常被使用的光源。另外，此種單光儀還會裝置三種可替換的標準光柵，包含兩個具有 1200 lines/mm 的光柵，一個光柵的閃耀角定義在紫外光波段，另一個是閃耀角定義在可見光波段的標準光柵，此外還有另一個紅外波段的光柵規格爲 600 lines/mm。Glan-Thompson 稜鏡是常被使用的偏振片 (polarizer)，如圖 12.44 所示，其被置放於光路上可避免短波長的高階繞射光與長波長的低階繞射光重疊。

　　待測光柵的檢測工作須以準直光束當作入射光源，因而使用了一個凹面反射鏡完成入射光束的準直動作，另一個凹面反射鏡則將待測光柵的輸出訊號聚焦在焦平面處。其中待測光柵放置在一個平移台上，利用此微動平移台適當的移動光柵，可使整個光

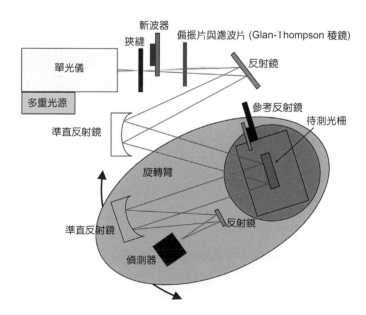

圖 12.44
檢測平面光柵的實驗裝置。

柵作適當的對準，以便準確的測試其光學特性能，一個光學斬波器 (optical chopper) 放置在光路上，利用此元件可產生一個正弦波的光學訊號，再利用一個鎖定振幅器 (lock-in amplifier) 解調出正確的光訊號，此一方式可有效地濾除輸出訊號的雜訊。當檢測設備包含紅外偵測器時，例如偵測器材料為 PbS 型式，再外加一個光電倍增管 (photomultiplier)，此一裝置將更能有效地提升量測訊號的訊雜比。將待測光柵與微動平移台放置於具有刻度尺的精密旋轉平台上，此旋轉平台的旋轉軸須與另一個旋轉臂同軸，此旋轉臂將帶動整個訊號偵測的光學系統，其旋轉角度將由另一個內建的記錄器所記錄。

　　量測時，以程式控制的精密旋轉平台適當的旋轉待測光柵，當待測光柵旋轉至某個特定角度時，準直後的入射光場能以所需的入射角入射至待測光柵，再插入一個參考鏡並轉動旋轉臂，致使偵測器能完全接受來自於參考鏡的光訊號，此時再將參考鏡收回並旋轉帶有偵測器的旋轉臂沿著各個繞射級數完成所需的量測工作。由於光柵特性的檢測與入射光的波長有關，因此需要放置適當的濾波片，若是所需量測的波段很廣則需適當的切換一系列不同的濾波片，並重複上述步驟。目前皆使用電腦控制這冗長的量測過程，且該電腦亦可用來蒐集輸出資訊或列印、描繪輸出結果。當供應之電壓及溫度條件都十分穩定時，上述繁複的程序便可縮短。例如藉由一天一到二次記錄單光儀輸出數值隨波長的變化，以證明量測結果的可靠性。或是藉由一個分光器 (beam splitter) 先行分出輸入光場，並利用一個參考偵測器量測所分出的光能量，以達到連續監控輸入光強度的目的；其中量測過程中的微擾動效應也會併入輸出能量的計算，而得到準確之量測值。

　　根據光柵繞射效率的曲線可知在某些波段下，繞射效率的變化十分迅速，而在其他波段則變化很緩慢。這些區段可藉由 λ/d 的比例來加以定義，其中 λ 為所使用的光源波長，d 為待測光柵的週期；當此比例小於 0.9 時，掃描波長的步進值須以 0.025 λ/d 為單位，當比例大於 0.9 時，則改以 $0.1\lambda/d$ 為步進單位。若在光柵的量測過程中考量此因素，將可節省許多檢測時間。

　　當利用繞射效率的檢測來監控光柵生產的均勻度 (production uniformity) 時，並不需要量測出完整的效率曲線。大約監控二到三種入射波長就足夠了，其中一波長設定在光學效率的峰值位置，並且在 TM 偏振態下量測，因為 TM 偏振態對於微擾動的影響較 TE 偏振態敏感。

　　若將待測光柵用於光譜分析模式，則入射於待測光柵的入射角必須先固定，其中只有偵測臂 (detection arm) 隨著入射波長的改變而旋轉。若在檢測光柵前先進行一次對各波長的完整量測，則可節省許多量測時間並能提升足夠的儀器穩定度與量測準確度。

　　雖然上述檢測程序是以平面光柵為例，對於半徑在 1 公尺以上的凹面光柵也同樣適用。換言之，若對於輸出光點影像品質的要求不高，此檢測方法也將適用，只要偵測器可以接收到各繞射級數的繞射光即可，在這種情況下不需要針對各種半徑的凹面光柵建構大型的測試設備，特別是長半徑的凹面光柵。

12.7.3 凹面光柵的檢測

　　若欲檢測半徑在 1 公尺以內之凹面光柵的繞射效率，則須修改平面光柵的檢測系統，因為對於凹面光柵的檢測必須考量它的成像條件[19]。但是由於此類型的光柵很少應用於紅外波段，單光儀的輸入與偵測系統可以加以簡化，圖 12.45 為一種凹面光柵的典型檢測系統架構圖。

　　從提供光源的單光儀所發出來的光一般涵蓋波長從 190 nm 至 900 nm，並聚焦到第二單光儀的入射針孔 (entrance pinhole)，再依序運用濾波片及偏振片來進行檢測工作。整個第二單光儀位於一個簡單的滑動平移台上，以便入射孔徑 (entrance aperture) 與待測凹面光柵間有正確的距離。另外凹面光柵必須置於一個旋轉平台上，旋轉平台的轉軸須與待測凹面光柵的方向相同，以便能確認入射光束的入射角。在旋轉平台的下方連接著如同量測平面光柵所用的旋轉臂，旋轉臂上將搭載檢測訊號用的偵測器，此旋轉臂的轉軸還須配合光柵之移動平台，而且偵測器與相關的放大器必須可以適當移動至正確的成像位置。只要偵測器可接收到所有的繞射光，這些調整並不是困難的問題。

　　上述的檢測方法用在絕對效率的量測上並不十分適合，所以這種方法多半應用在相對繞射效率的檢測上。凹面光柵在檢測的過程中可先利用一面與凹面光柵半徑相同的凹面反射鏡取代凹面光柵，再很快地對整個需要量測的頻譜範圍進行掃描，接著再更換回待測的凹面光柵也作相同的掃描量測動作，量測結果可以利用曲線圖及數值加以記錄，並算出相對繞射效率的比例。當給定一個很小的繞射角時，將相對繞射效率轉換成絕對繞射效率時，可藉由乘上已知金屬的反射率，這種方法量測誤差量很小。但是對於 TM 平面的誤差量可能會比較大，因為位於不規則繞射區 (anomalous diffraction region) 的光場可能會有較大的吸收效應。但需注意的是這種方法係假定產生輸入光源的單光儀在掃描切換時，需要一直維持穩定的輸出能量，或則是針對擾動問題需要有適當的補償機制。

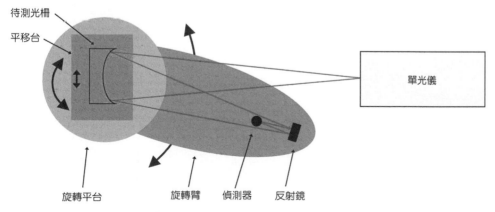

圖 12.45 檢測凹面光柵的實驗裝置。

參考文獻

1. 林宇仁, 微光學元件品質評鑑, 國立中央大學光電所碩士論文 (2001).

2. M. Mansuripur, *The Physical Principles of Magneto-optical Recording*, Cambridge University Press (1998).

3. J. C. Stover, *Optical Scattering*: *Measurement and Analysis*, 2nd ed. (1995).

4. S. Miller, "Scattered Thoughts", *SPIE's oemagazine* (2004).

5. Scatter in ASAP, ASAP Technical Guide, BRO (2006).

6. http://www.tydex.ru

7. http://www.sorl.com

8. D. Malacara, *Optical Shop Testing*, 2nd ed., New York: Wiley (1992).

9. E. H. Stupp and M. S. Brennesholtz, *Projection Displays*, New York: John Wiley & Sons (1999).

10. E. Hecht, *Optics*, 4th ed., New York: Addison Wesley (2002).

11. H. H. Karow, *Fabrication Methods For Precision Optics*, New York: John Wiley & Sons (1993).

12. Nikon, http://www.npt.com.tw/

13. G. W. Stroke, "Diffraction Gratings", *Handbook of Physics*, v.29, Optical Instruments, Berlin: Springer (1967).

14. M. C. Hutley, *Diffraction Gratings*, London: Academic Press (1982).

15. M. R. Shape and D. Irish, *Opt. Acta*, **25**, 861 (1978).

16. 施至柔, 利用稜鏡光柵製作高密度分波解多工系統和分色贋無繞射相位繞射元件之研究, 國立交通大學博士論文 (2005).

17. S. Huard, *Polarization of light*, Chichester, John Wiley (1997).

18. E. G. Loewen, *Diffraction Gratings and Applications*, New York: Marcel Dekker (1997).

19. E. G. Loewen, E. K. Popov, L. V. Tsonev, and J. Hoose, *J. Opt. Soc. Am.*, **A7**, 1764 (1990).

第十三章　薄膜品質檢測

　　隨著電子與光電時代來臨，薄膜除了光學之外，在電子、半導體、發光、太陽能、機械等不同領域之應用日益廣泛。為因應各項薄膜相關之產業快速成長，許多先進之製程技術、材料系統逐漸被開發出來，以符合上述應用所需之各項性質。在此研發過程中，藉由檢測技術可分析薄膜顯微結構與各項性質之關聯性，以回饋製程之調整依據並預測其使用之性能，縮短開發時程。

　　薄膜檢測技術於二十世紀前半段著重於光學性質之量測，以了解其光學參數、干涉效應產生之光學成效、堆積密度、表面輪廓及應力等參數。隨著薄膜應用趨於廣泛，許多原本使用於塊材之材料分析工具如 X 光繞射、電子顯微鏡等儀器，亦被使用於結晶態薄膜材料之顯微結構與成分分析，而原子力顯微鏡則可量測薄膜表面之粗糙度、導電性與磁性等參數。

　　目前薄膜製程技術無論在光電量子井、超晶格結構等先進研究或大面積量產之荷能蒸鍍技術等發展皆具一定之成熟度，其各項性質對應之檢測方法亦趨完善，惟薄膜製程與設備技術未來將往高深寬比及原子級厚度控制等方向演進，以橢圓偏光儀等儀器進行即時監控，或以模擬方法了解薄膜成長初期製程參數與其形態之關聯，並控制薄膜之成核成長過程，則屬亟待開發之技術。此外，若以場發射穿透式電子顯微鏡進行薄膜成長之即時監控，則可同時提供奈米或原子級解析度之形貌、成分與晶體結構之訊息。

　　薄膜測試分析儀器依尺寸、成本、操作環境及功能等不同屬性而有所區隔，本章內容旨在完整介紹薄膜之光學、顯微結構、表面形態、化學組成、電性及機械性質之量測原理與使用儀器。

13.1 穿透率、反射率、散射及吸收率

　　一般依據光學設計軟體設計膜層結構及完成鍍膜後，會針對鍍膜完的樣品進行檢測，以了解其光學性能是否可達到成品要求的規格，本文針對鍍膜後的成品應如何進行各項穿透率 (transmittance, %T)、反射率 (reflectance, %R)、散射 (scattering, S) 及吸收率

第 13.1 節作者為丁均怡小姐。

(absorption, *A*) 的檢測，以及該使用那些合適的量測工具，以達到準確檢測的目的逐一說明。目前的光學鍍膜元件多半是應用在顯示器等相關的產品中，所適用的波段多為可見光 (visible, Vis)，也有一些產品是適用在短一點的紫外光波段 (ultraviolet, UV) 或是長一點的近紅外光波段 (near infrared, NIR)。不論是 UV/Vis/NIR 的波段均可以利用分光光譜儀 (spectrometer) 來進行穿透率、反射率、散射及吸收率等光學性質的檢測，以下將分別說明。

13.1.1 UV/Vis/NIR 分光光譜儀

在檢測鍍膜元件時，常常希望能知道光學元件於各波段 (wavelength) 的能量分布情形，這時檢測得到的結果稱為光譜圖 (spectrum)，光譜圖可以提供很多的資訊，以幫助我們了解成品的最終品質是否已達到預設的目標。若是沒有達成，那些波段該做修正？該怎麼修正？都需要仰賴分光光譜儀所提供的光譜資訊來做判斷，所以一台可以提供光譜掃描 (scan) 的量測機台可以幫助我們完成這些工作。以下先就一般 UV/Vis/NIR 分光光譜儀檢測機台做介紹，一般而言，分光光譜儀的構造涵蓋四大部分：光源區 (lamp area)、單光器 (monochromator)、樣品放置區 (sample area) 及偵測器區 (detector area)，圖 13.1 所示為光譜儀的架構，其為 PerkinElmer Lambda 950 的光路設計，各部分分別說明如下。

(1) 光源區

通常量測的光譜波段為 UV/Vis/NIR 範圍，最常選用的光源為鎢鹵素燈 (tungsten-halogen) 及氘燈 (deuterium) 的組合或是單獨使用氙燈 (xenon)。

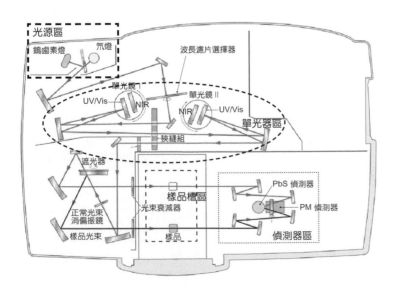

圖 13.1
光譜儀的架構，包括光源區、單光器區、樣品放置區及偵測器區。

(2) 單光器

　　不論是鎢鹵素燈、氘燈或是氙燈，其光譜能量都是連續分布，若想要了解單一波長的穿透或反射效果則必須先利用單光器來分光，以得到單一波長的檢測數據。簡單來說，單光器的功能就類似三稜鏡的作用，如圖 13.2 所示[1]，可以將連續的波長分開成各個單一的波長，如此才能檢測到單一波長下的穿透率、反射率、散射及吸收率。一般單光器的設計 (如圖 13.1 中的單光器區) 是先以一組波長濾片選擇器 (filter wheel)，將整段連續波長的光源能量經過波長濾片分成比較窄的波段，然後再利用光柵 (grating) 來分光，進一步把波段更細的分解開來；而波長能分得多細多窄當然和光柵的設計有關。一般光柵的規格都是標示成單位毫米多少條 (lines/mm)，當這個數字愈大就表示光柵的解析能力愈強。通常市面上的分光光譜儀大多都採用一次或二次分光，一次分光就是只有一片光柵分光，而二次分光就是使用二片光柵，可提供更高解析度 (resolution) 及準確度 (accuracy) 的光譜量測。而光柵解析後的單色光因為後段出口有狹縫 (slit) 的設計，更可進一步篩選波長，並利用狹縫的大小設定來選擇適合的解析度。

(3) 樣品放置區

　　一般分光光譜儀都會有一個空間來放置待測樣品進行檢測，如圖 13.3 所示，依據待測樣品所要檢測的項目或是樣品大小的不同，可以選擇適合的夾具或配件配合使用，其使用方式會分別在以下的穿透率、反射率、吸收率及散射量測的章節中一併介紹。除了放置樣品的位置外，還有另一組放置參考樣品的參考樣品槽，為雙光束 (double beam) 設計的分光光譜儀。因為雙光束的設計可以提供較穩定的量測數據，而且暖機的時間也比較短，所以現今市面上測量鍍膜樣品的分光光譜儀大都已採用雙光束的設計了。在使用雙光束設計的分光光譜儀做檢測時，可以將欲排除或比對的樣品放在參考樣品槽，例如欲分析的基板 (substrate) 樣品，這樣一來最後檢測的結果就是薄膜本身的光譜圖，並不是基板加上鍍膜的結果。至於在進行檢測時究竟要不要在參考樣品槽位置擺放任何樣

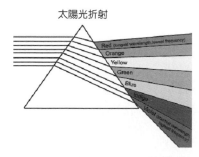

圖 13.2 三稜鏡的分光效應[1]。

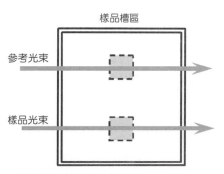

圖 13.3 樣品放置區。

品，就要看鍍膜成品的規格是如何定義的。一般而言，產品的規格都是定義整體的光譜分布 (基板加上鍍膜)，所以在量測這類成品時參考樣品槽的位置通常不放任何物體，而直接採用空氣來做比對。

(4) 偵測器區

偵測器區，顧名思義就是偵測器所在的區域。針對市面上常用的幾種型式，在這裡介紹提供讀者參考。一般偵測器會依波長的偵測範圍分為以下幾種：紫外光及可見光波長最常使用光電倍增管 (photo multiplier tube, PMT) 或是矽光電二極體 (silicon photodiode)，也有廠商採用矽光電二極體陣列 (silicon photodiode array) 或是 CCD；而針對較長的波段紅外光區大都採用電子冷卻式的硫化鉛 (Peltier cooled PbS) 偵測器。

13.1.2 穿透率

當光行進至物體表面後不是被物體吸收就是穿透或反射，物體表面的平坦度會影響到光穿透或反射的行為，簡單的用圖 13.4 來表示各種現象。樣品本身的表面粗糙程度對於穿透率的量測有決定性的影響，在此先介紹平滑 (polish) 物體的表面穿透率的檢測方法。一般鍍膜後會將成品放進樣品槽中做檢測，大部分的穿透率都是針對正向入射角檢測，入射角是指入射光和樣品法線面的夾角，如圖 13.4 所示。檢測時需注意樣品所擺置的角度是否和光入射方向完全垂直，即其入射角必須為零度。另一個注意的重點是樣品面積必須大於量測光束照射到樣品的光點大小 (spot size)，若光點大於待測樣品，所量測出來的結果就不準確，檢測出來的數據就沒有意義。然而當待測樣品的體積比較小時，如何克服這個問題？通常可以利用簡單的可調式光圈 (aperture)，如圖 13.5 所示[2]，放置在待測樣品的前方，預先將光點縮到比樣品小一些再進行量測，這樣的結果才會是有意

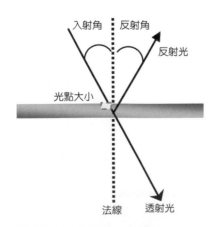

圖 13.4 透射及反射效應。

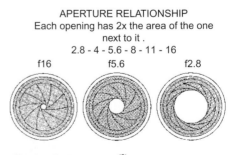

圖 13.5 可調式光圈[2]。

義的光譜數據。當我們使用光圈遮光的方式來縮小光點時，遮的光愈多則可量測的樣品就愈小。如目前手機照相鏡頭前方所使用的紫外光紅外光截止濾片 (UV-IR cut filter)，其面積通常很小，可能就需要利用這種方式來做量測。但當樣品更小時，例如光點可能要縮小到 1 mm 的大小，若仍然利用遮光的方式來做檢測，就有可能造成光譜圖雜訊 (noise) 過高，得到的數據就很難判斷，此時就必須利用聚光透鏡組 (beam condenser) 來達到縮小光點的作用。此種方式既可以達到縮小光點的功能又不會造成能量損失太多，其缺點就是價格昂貴而且可能犧牲一些波段無法量測。一般而言，正向入射的檢測是最單純的，只要注意這兩項重點通常量測結果就不會有問題。

若鍍膜的設計是針對特殊入射角的應用，也就是所謂的斜向入射，如業界有一些鍍膜產品是設計在 17 度或 45 度入射光使用的元件，或是鍍膜成品有特殊的光軸角時 (例如偏光片此類的光學元件)，檢測其穿透率就必須特別小心，須注意更多的細節才能達到準確的量測。以下就針對應注意的部分加以說明。在第 13.1.1 節中介紹過量測工具 UV/Vis/NIR 分光光譜儀並在第 12.6 節極化光量測中提到極化光的說明，一般而言，量測光在光譜儀分光後均有極化 (polarized) 效應產生，只是不同的機型極化程度不同，這時的光已經不是均勻化 (random) 的光。如果在量測時沒有注意到這一點，量測出來的光譜圖可能會有偏移 (shift) 不準確的問題產生，所以必須確定量測光是均勻的也就是非極化的光 (unpolarized light)，要如何達到非極化的光源？其實只要在樣品前方使用一組去偏極的晶體 (depolarized crystal) 就可以輕易達到去極化的作用。若鍍膜元件需檢測斜向入射的穿透率時，我們通常會準備一個簡單可旋轉角度的夾具 (holder) 來固定樣品，再把樣品旋轉到量測所需要的入射角就可以進行檢測了。如果更進一步想針對這些角度下的特殊偏極化光穿透率圖譜做檢測時 (例如 45 度入射角下的 s 光及 p 光的穿透率)，則在去偏極的晶體和待測樣品間多放一組極化晶體 (Glan-Taylor or Glan-Thompson polarize crystal)，然後設定晶體旋轉至 s 光或是 p 光的角度就可以進行穿透率的量測。

13.1.3 反射率

有些鍍膜元件的設計目的在於傳遞反射光，所以通常會針對此類元件做反射率的檢測。一般的量測是針對表面光滑的樣品進行反射的量測，也和透射一樣分不同的入射角量測，通常這類的反射我們稱爲鏡面反射 (specular reflectance)，反射率的量測當然就必須選用適合的反射配件來進行。目前市售的反射量測配件分爲兩大類：相對反射 (relative reflectance) 配件及絕對反射 (absolute reflectance) 配件。簡單來說，相對反射配件的光路設計如圖 13.6 所示，其主要的目的就是讓入射光經過鏡片組的反射後照到待測樣品的表面，再使用另一套鏡片組將樣品表面反射回來的光收集回偵測器作量測，也就是利用司乃耳定律 (Snell's law) 入射角等於反射角的原理而設計出來的。而利用相對反射配件進行量測時，必須先使用一片反射鏡做基線 (baseline) 的標準，然後才可以進行樣品的量測，所以檢測出的反射率圖譜必須經過換算才能得到樣品的真正反射率。

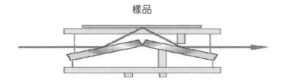

樣品

圖 13.6
相對鏡面反射配件及光路圖[3]。

$$R_{sample} = \frac{R_{measure}}{R_{standard\ mirror}} \times 100\%$$ (13.1)

　　所以進行量測時，都需要有一組已知反射率圖譜的標準鏡 (standard mirror) 來做為量測換算的標準。這一類的標準鏡可以和美國國家標準與技術研究院 (NIST) 或是各地的一級標準實驗室購買，大部分能買到的標準鏡片多是設計給近零度入射使用 (near normal angle)。而所謂近零度入射其實存在一個小角度的入射角 (一般定義在 10 度以內的入射角)，並不是真的零度。因為零度入射時反射角也是零度，表示光源和偵測器是放在同一點上，對於分光光譜儀或是反射配件的設計都是困難的。也因為如此，目前市面上的小角度有 5 度、6 度或是 8 度，不論是那一種角度都小於 10 度，所以我們都把它當成近零度入射來看。

　　當要檢測大於 10 度的反射率圖譜時，我們仍然可使用相對反射配件來做量測，但是會面臨一個很大的問題，就是沒有合適角度的標準鏡當作參考，以計算出樣品真正的反射率，例如若要量測 45 度的反射率就需要訂作一組 45 度的標準鏡來使用。因為在角度不同時，同一組標準鏡所得到的反射光譜圖也會不同。同理，若要量測 30 度就需要準備 30 度的標準鏡及反射配件才可以得到真正的樣品反射率圖譜。因為這個限制所以就有絕對反射配件的誕生，絕對反射配件就是將光行進路線設計成檢測出來的結果恰好是樣品本身反射率，不需再經過數學運算，所以就沒有標準鏡的問題和限制了。一般而言，絕對反射的光路設計分為兩種：VN 型式 (圖 13.7) 及 VW 型式 (圖 13.8)。先就 VN 型式說明，如圖 13.7 中所示，我們做任何量測時第一步是做基線校正 (baseline correction)。光線會沿著 M1 反射鏡 → M2′ 反射鏡→ M3′ 反射鏡→ L1 透鏡組的實線 V 到偵測器，這時偵測器會把配件中所經過的所有元件的能量損失當成基準點，定義此時的反射率為 100% 反射。待基線校正完成後 (也就是 100% 反射定義完成後)，將 M2′ 反射鏡的位置往樣品的方向移動到 M2″ 的位置，並將 M3′ 的反射鏡轉一個方向至 M3″ 的位置。反射鏡都沒變，只是擺放的位置改變，這時光線會順 M1 反射鏡 → M2″ 反射鏡 → 樣品→ M3″ 反射鏡 → L1 透鏡組的虛線 N 路徑到偵測器，而這兩條路徑的總長相同，所經過的反射鏡及透鏡組也完全一樣，唯一的差別就是樣品所造成的能量差別，所以這種光路設計所量出的反射率圖譜就是樣品本身的反射率，不需再換算，當然就沒有標準鏡取得不易的限制問題。

　　同樣地，另一種 VW 型式的光路設計，也有異曲同工之妙，只是因為 VW 的設計，

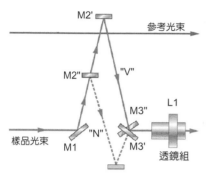

圖 13.7 VN 型式絕對反射配件光路圖[3]。

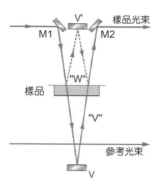

圖 13.8 VW 型式絕對反射配件光路圖[3]。

在量樣品時光線會行經樣品表面兩次 $(R \times R = R^2)$，所以將量出的反射率圖譜開根號才是樣品真正的反射率。這兩種設計各有優缺點，大致上 VW 型式的絕對反射配件比較適合應用在高反射率及較大樣品的檢測，若是樣品的尺寸太小或是反射率很低時，就比較適合使用 VN 型式的絕對反射配件來做檢測。

　　若是要處理 s 光或 p 光情況下的反射圖譜，就如同透射量測時一樣，可以選擇適合的極化鏡放置在配件的最前方來轉換 s 及 p 的光源，並搭配反射配件來進行檢測。

13.1.4 散射

　　若是樣品未經過拋光處理或是因為特殊功能需求，而添加一些顆粒在表面來形成粗糙的表面，光源照射到物體的表面後就會均勻的分散開來，如圖 13.9 所示。當需要測到所有散開的光則需要使用特別的配件例如積分球 (integrating sphere)[4]，如圖 13.10 所示，將所有散射的光收集起來。積分球其實是一個球體，球體的直徑大多設計成 60 mm 或是 150 mm 兩種尺寸。在球體上會預先做一些孔洞 (port) 來搭配不同的配件使用，大部分的積分球會有至少四組孔洞在球體上，包括前方及後方的樣品放置孔，分別用來偵測穿透型的散射光 (scattering transmittance) 及反射型的散射光－霧面反射 (diffuse reflectance)，

(a) 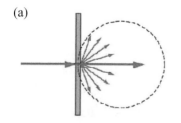 (b)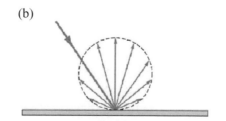

圖 13.9 樣品的散射效應：(a) 透射型的散射光，(b) 反射型的散射光。

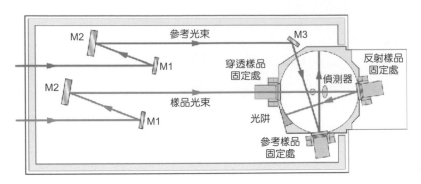

圖 13.10
積分球量測架構示意圖[4]。

另外兩組孔洞則是用來做參考樣品的量測使用。如果有特別的比較需求時，可以把參考物放置在這些孔洞上進行量測，若沒有特別需求，可以使用白片 (white standard) 將光收集回球體內部的偵測器偵測。至於球體的內部，其表面披覆上類似鐵氟龍的白色物質 (Spectralon™) 或是硫酸鋇 ($BaSO_4$)，以形成良好的反射面，將收集到大範圍的散射光全部導入偵測器量測。所以當有散射檢測的需求時，一般而言都會搭配積分球配件來做檢測。

　　除了一般的散射光譜檢測外，也常常會有散射程度量測的需求，也就是所謂的霧度 (haze)。要測定霧度時最常利用霧度計 (haze meter) 來做檢測，其實霧度計就是利用分光光譜儀搭配積分球來做為量測的工具。霧度的量測都是遵循 ASTM D1003 的標準方法所設計，以下將簡單說明霧度量測的原理[5]。詳細的步驟如圖 13.11 及表 13.1 所示，只要依照圖表中四個步驟 ($T1 \rightarrow T2 \rightarrow T3 \rightarrow T4$) 依序做量測，再經過簡易的數學運算就可以得到樣品的霧度值了。若以簡單的一句話來表示霧度的物理意義，其實就是樣品本身散射光的能力。經由計算公式 (13.2) 發現，霧度為散射光對全透射光 (total transmittance) 之比值。

$$\text{Haze\%} = [(\frac{T4}{T2}) - (\frac{T3}{T1})] \times 100\% \tag{13.2}$$

13.1.5 吸收率

　　吸收率的量測與穿透率、反射率及散射有密不可分的關係，為何它們之間息息相關？光行經物體時所產生的現象不外乎就是透射、反射、散射及吸收這四種現象，所以把入射光的能量當作 100% 的強度，經過待測樣品後這四種效應的總和也會是 100%，即 $T + R + S + A = 1$。因為遵循物質不滅定律，能量是守恆的，所以檢測吸收率時只要把前面三種效應扣除就是吸收率的結果。原理雖然簡單，但實際在量測應用上卻不是這麼容

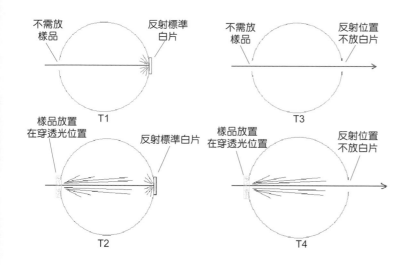

圖 13.11
霧度量測步驟示意圖。

表13.1 霧度量測內容說明[5]。

圖譜取得種類	樣品是否放置	遮光板是否放置	反射標準白片	註解
T1	否	否	是	入射光強度
T2	是	否	是	入射光加樣品的穿透效果
T3	否	是	否	儀器本身的散光強度
T4	是	是	否	儀器本身加樣品的散光強度

易，因為在檢測時仍有很多需注意的地方，譬如說透射量測時所使用的配件和反射或散射時用的不同，而且使用不同的配件量測時很難控制樣品的量測在同一點，如果樣品本身的鍍膜不均勻則可能量出的吸收率就會有很大的落差。一般而言，若是鍍膜鍍在經過拋光處理 (polish) 的基板上，我們會當作樣品沒有散射效應。那此時的量測就很單純了，我們只需將樣品的穿透率及反射率量測出來再用 100% 去扣掉，就可以得到樣品的吸收率 $(A = 1 - T - R)$[6]，最好的方式是使用同一組配件來做穿透率及反射率量測。一般吸收率很少用百分比來表示，大部分是用 A 或 OD 值 (optical density) 來表示，而 A 或 OD 值就是將透射或反射總和的倒數取對數值 $(OD = -\log(T + R))$。舉例來說，若一個樣品本身只有吸收及透射兩種效應發生時，就可利用 $A = 1 - T$ 的簡單公式算出來。

　　在此介紹兩種不同的光譜儀配件來量測一個鍍膜元件的吸收值。第一組配件比較適合沒有散射效應的樣品，可針對樣品做反射及透射量測[7]，如圖 13.12 所示。這是由荷蘭國家實驗室 (TNO TPD) 所設計出來的量測配件，這組配件和傳統量測方法的最大不同是，傳統量測方法使用穿透配件量測穿透率，反射配件量反射率[8]。但這組配件整合了穿透量測及反射量測，而且所測量的樣品範圍幾乎是控制在同一點，所以量出來的誤差非常小。我們可以由圖 13.13 中觀察透射及反射的光路行進，了解它是如何在同一套配件中運作。以下介紹的第二組配件不論樣品本身是否有散射的效應，均可利用此組配件進行量測，它是特殊設計的積分球，它在直徑 150 mm 的積分球上方開一個孔洞，將待測元件利用特殊的中心夾具 (center mount holder) 固定[9]，如圖 13.14 所示，固定好後直接放入積分球的中心點。此時偵測器會偵測到元件的穿透率、反射率及散射的總和，我們只要用 100% 扣除掉這個總和就可以直接得到吸收率了。但是使用這個配件的限制是樣品的體積不能太大，否則就無法放入直徑 150 mm 的積分球中。當然我們也可以利用這個設計的概念，自行設計及組裝更大的積分球，來針對較大的樣品做檢測，也是另一種解決的方法。

圖 13.12
透射反射二合一配件[8]。

(a)

(b)

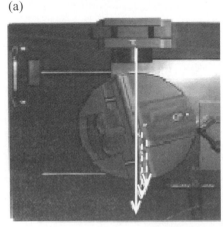
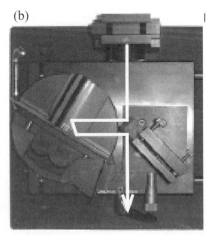

圖 13.13 透射反射二合一配件光路圖 (top view)，(a) 透射模式，(b) 反射模式[8]。

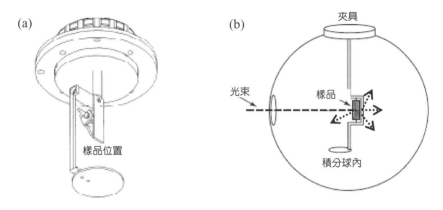

圖 13.14 特殊的中心夾具及量測示意圖，(a) 夾具外觀，(b) 量測光路[9]。

13.2 折射率與消光係數

13.2.1 橢圓偏光儀

隨著科技不斷地進步及奈米時代的來臨，許多光學元件皆朝向微小化的趨勢前進，爲了能夠精確控制各項微小光學元件的品質，檢測技術在其中扮演著相當重要的角色。而各個光學元件，無論在設計或製造的過程中，常常都需要其折射率、消光係數及厚度等係數資訊。在量測物質折射率及薄膜厚度的方法中，目前較常用的是光度法 (photometry) 及橢圓偏光術 (ellipsometry) 兩種；其中光度法是以量測光穿透或反射自樣品後強度的變化，以求得各項係數，而橢圓偏光術則是量測偏振光經樣品反射後之振幅與相位的變化，以求得各項係數。由於光度法在量測強吸收材料 (如金屬材料) 時有其侷限性，所以橢圓偏光術在應用範圍上就顯得較爲廣泛。利用橢圓偏光術所發展出之橢圓偏光儀，則是在量測物質折射率及薄膜厚度上，準確度最佳的儀器之一。因此，本文將針對橢圓偏光儀的原理、方法及應用作一簡單的介紹。

早在 1890 年代，Drude 就利用二道偏振方向互相垂直的光來量測薄膜的厚度，此種方法爲橢圓偏光儀量測最早的基本概念[10]。而在 1945 年，Alexandre Rothen 將此種利用不同偏振光來量測樣品厚度及其折射率的方法統稱爲橢圓偏光術[11]。雖然橢圓偏光術發展得相當早，但受限於光源、偵測器及數值運算的速度，其精確度及應用範圍都有相當的限制。在 1960 及 1970 年代，橢圓偏光儀的發展有著大幅的進步[12-14]，隨著光電倍增管、雷射及電腦產業的發展，大大地提升了橢圓偏光儀的精確度及應用層面[15-17]。各式不同類型的橢圓偏光儀也相繼出現[18,19]，商用的橢圓偏光儀產品技術也日益成熟。現今橢圓偏光儀的用途不再只侷限於實驗室中或學術研究上，而在半導體、光碟及液晶顯示器等產業上，都已是不可或缺的量測工具。

第13.2.1 節作者爲劉達人先生。

　　橢圓偏光儀的原理是以量測不同偏振態的光在經由樣品表面反射後所產生不同的改變量，得出兩獨立的角度 ψ 與 Δ，稱之為橢圓參數，再經由所建構的物理模型，反算求得折射係數 n、吸收係數 k 值及膜厚 t。使用橢圓偏光儀量測並無法直接得到樣品的物理參數，而是必須藉由一模型來描述樣品的物理性質，以數值分析求得實際上樣品的物理參數。因此，數值推算方法的好壞也決定了橢圓偏光儀量測的準確性及應用的範圍；其主要量測不同偏振態改變量的比例，而不是量測光的絕對強度，也因此增加了量測的精確度。

(1) 橢圓偏光儀基本原理[20-26]

(i) 橢圓參數定義

　　考慮一平面電磁波入射至均向單一介面的情形，如圖 13.15 所示，相對於入射平面，可將電磁波的電場振動方向分解為平行及垂直入射平面兩種，即兩種不同的偏振態，分別以 p-wave 及 s-wave 來表示。根據 Snell 定律、Maxwell 方程式及邊界條件，可分別解得此兩種不同偏振態下，其反射係數及穿透係數如公式 (13.3) 至公式 (13.6) 所示。

$$r_p = \frac{E_p(\text{reflect})}{E_p(\text{incident})} = \frac{n_1 \cos\Phi_0 - n_0 \cos\Phi_1}{n_1 \cos\Phi_0 + n_0 \cos\Phi_1} \tag{13.3}$$

$$r_s = \frac{E_s(\text{reflect})}{E_s(\text{incident})} = \frac{n_0 \cos\Phi_0 - n_1 \cos\Phi_1}{n_0 \cos\Phi_0 + n_1 \cos\Phi_1} \tag{13.4}$$

$$t_p = \frac{E_p(\text{transmit})}{E_p(\text{incident})} = \frac{2n_0 \cos\Phi_0}{n_1 \cos\Phi_0 + n_0 \cos\Phi_1} \tag{13.5}$$

$$t_s = \frac{E_s(\text{transmit})}{E_s(\text{incident})} = \frac{2n_0 \cos\Phi_0}{n_0 \cos\Phi_0 + n_1 \cos\Phi_1} \tag{13.6}$$

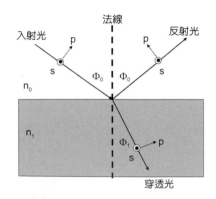

圖 13.15
反射光、穿透光與入射光在不同介質間的關係。

在上列的公式中，所有的係數皆有可能為複數，可將其表示為 $r_p = |r_p| e^{i\delta_p}$、$r_s = |r_s| e^{i\delta_s}$、$t_p = |t_p| e^{i\delta'_p}$ 及 $t_s = |t_s| e^{i\delta'_s}$。而一般橢圓偏光儀所量測的，即為 s-wave 及 p-wave 兩種不同偏振態間穿透係數及反射係數的比值，以反射式橢圓偏光儀為例，其定義為 ρ：

$$\rho = \frac{r_p}{r_s} = \frac{|r_p|}{|r_s|} e^{i(\delta_p - \delta_s)} = \tan\psi \cdot e^{i\Delta} \tag{13.7}$$

橢圓偏光儀所量測的為 $\tan\psi$ 及 Δ 兩項，即為橢圓參數，分別代表 s-wave 及 p-wave 經由介面反射後之振幅比及相位變化。

　　如圖 13.5 所示，若介質 **0** 為已知折射率介質 (如空氣)，且其厚度很厚以致於底層反射可忽略不計，則經由橢圓偏光儀所測得之 $\tan\psi$、Δ，代入公式 (13.3) 至公式 (13.7)，即可直接且唯一地解得介質 **1** 的折射率。

(ii) 多層膜結構模型

　　進一步討論較複雜之多層介質的一般情形，圖 13.16 所示為一含兩層膜之模型。考慮一多層膜中較簡單的模型，光從介質 **1** 入射到介質 **2** 中，當光遇到介質變化時，會產生一道反射光及一道穿透光，所以入射光遇到介質 **2** 時會產生一道反射光和穿透光；穿透光至介質 **2** 中，遇到介質 **3** 之後，又產生反射光及穿透光；由介質 **3** 反射回來的光遇到介質 **1** 及介質 **2** 的介面時，又會產生反射光及穿透光。如此下去，我們所量測到的總和反射光強與穿透光強實際上是由無窮多道光所組成的，經由無窮等比級數計算，p-wave 及 s-wave 兩種偏極態的反射係數可由公式 (13.8) 及公式 (13.9) 表示。

$$R^p = \frac{r_{12}^p + r_{23}^p \exp(-j2\beta)}{1 + r_{12}^p r_{23}^p \exp(-j2\beta)} \tag{13.8}$$

$$R^s = \frac{r_{12}^s + r_{23}^s \exp(-j2\beta)}{1 + r_{12}^s r_{23}^s \exp(-j2\beta)} \tag{13.9}$$

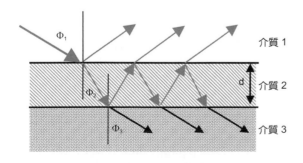

圖 13.16
在兩層介面間之反射光與穿透光。

其中，β 等於 $2\pi(d/\lambda)\tilde{N}_2\cos\Phi_2$。一般而言，$R^p$、$R^s$ 皆爲複數型態，β 表示了當光從薄膜 (介質 2) 的頂端穿透至底部時所產生的相位變化，可知總和的反射率 R^p、R^s 皆與薄膜 (介質 2) 的厚度及折射係數相關。

對於此較單純的結構，尚可以等比級數的公式加以計算。當考慮多層膜結構時，由於各層間都有交互作用，就無法利用級數法來求解，必須利用迭代的方式，一層層地計算出其穿透係數及反射係數，一般可利用電腦程式來計算之。

由以上多層膜的模型可以建構出理論的基礎，得出不同偏振態 p-wave 及 s-wave 下，反射係數、穿透係數與介質折射率及厚度的關係，而由橢圓偏光儀的量測則可得到 $\tan\psi$ 及 Δ 等橢圓參數，要聯繫此二者就需要依靠數值分析。因此電腦演算能力的進步在橢圓偏光儀的發展上扮演了極爲重要的角色，現今電腦功能強大，也使得橢圓偏光儀的型式及其應用範圍更爲多樣及寬廣，以下針對橢圓偏光儀幾種基本的類型作一簡單的介紹。

(2) 橢圓偏光儀類型

依據可量測的角度及量測波長來區分，現今橢圓偏光儀量測方法大致可分爲以下幾類：

第一類：固定波長單角度量測：這種方法是使用單一波長且固定角度進行量測，只有兩個已知數，故限制很多，多用於測量無 k 值或 k 值爲已知的單層膜樣品。

第二類：多角度入射量測：固定量測波長，變動量測角度，可獲得較多之已知數，可推算得到更準確之結果。

第三類：固定角度光譜量測：固定量測角，變動量測波長，可利用各種不同的色散公式 (dispersion formula；例如 Cauchy 色散定律)，求解 n、k 值與波長的關係及樣品的膜厚。

第四類：多角度光譜量測：變動幾個不同的量測角，改變量測波長，由於有多個對波長的曲線，因此可不藉由色散公式而能更準確地求解 n、k 值與波長的關係及樣品的膜厚。

相對於第一類與第二類的量測方式，第三類及第四類兩種量測方式能獲得待測樣品較多的資訊，使得反算的結果更爲準確，應用範圍及適用性也更廣。雖然所需處理之計算較爲複雜，但隨著電腦演算能力的日新月異，這兩種量測方式仍成爲現今較常用的橢圓偏光儀型式，圖 13.17 即爲一多角度光譜量測的橢圓偏光儀。

若依據光學實驗架構作區分，則可將常用的橢圓偏光儀分爲以下幾類：

① 零值型橢圓偏光儀

零值型橢圓偏光儀 (null ellipsometer) 是最早發展出來的橢圓偏光儀，其光學實驗架構如圖 13.18 所示，從光源 (light source) 發出的光經由偏振片 (polarizer)、補償片 (compensator) 入射至待測樣品上，而其反射光再經由析光片 (analyzer) 後進入光偵測器內。其量測是藉由調整偏振片 P、補償片 C 及析光片 A 的轉動角度，使得進入光偵測器

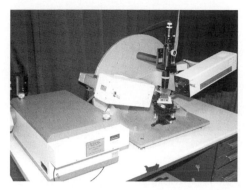

圖 13.17 多角度光譜量測的橢圓偏光儀。

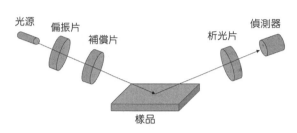

圖 13.18 零值型橢圓偏光儀與旋轉光度型橢圓偏光儀之光學實驗架構。

內的光強度為零,經由此三種光學元件的轉動角度 θ_P、θ_C、θ_A 即可計算得出橢圓參數 $\tan\psi$ 及 Δ。此種類型橢圓偏光儀的優點在於其設計簡單,造價成本低廉,不需太多的電子裝置,且其系統性誤差檢測容易,因此可將誤差降至最低。其缺點則是因需量測多個角度甚為費時,量測速度較為緩慢,也易受到光學元件與波長間相關性影響。

② 旋轉光度型橢圓偏光儀

　　旋轉光度型橢圓偏光儀 (rotating element photometric ellipsometer) 之光學實驗架構與零值型類似,可參考圖 13.18 所示。然其中補償片在有些設計中並不使用,而其與零值型的差別在於旋轉光度型橢圓偏光儀是將偏振片、補償片、析光片三種光學元件中的任一種以一低速固定頻率作連續性轉動 (約 5－50 Hz)。如此偵測器所得之光強訊號為時間的函數,再經傅利葉轉換來得到橢圓參數 $\tan\psi$ 及 Δ,因此型橢圓偏光儀較沒有光學元件與波長相關的問題,所以可用來作全光譜的量測,獲得的資訊與應用範圍較廣;缺點則是當各光學元件旋轉時,容易使得光線有微小橫向位移,使得偵測器所得之光點有抖動的現象,造成量測上的誤差。依據所旋轉的光學元件不同,此型橢圓偏光儀又可分為:旋轉偏極片型 (rotating polarizer ellipsometer)、旋轉析光片型 (rotating analyzer ellipsometer) 及旋轉補償片型 (rotating compensator ellipsometer) 三種。

③ 相位調制型橢圓偏光儀

　　相位調制型橢圓偏光儀 (phase-modulation ellipsometer) 其光學實驗架構如圖 13.19 所示,光源經由一偏振片及相位調制器 (modulator) 入射至待測樣品上,反射光再經由析光片後進入偵測器內;其中相位調制器為一以外加電壓控制,使進入的光在不同的軸上有隨著時間變化的相位差之裝置,其作用有如一可快速切換的補償片。由於外加電壓可以相當高的頻率來控制相位變化,且光學元件不需轉動,使得量測速度較快,適於作線上 (in-situ) 量測,缺點是調制器容易受到溫度及外界電磁雜訊的影響。

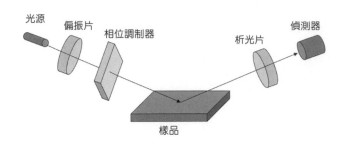

圖 13.19
相位調制型橢圓偏光儀之光學實驗架構。

　　為了能更清楚的瞭解橢圓偏光儀的量測及操作原理，以下將以旋轉偏極片型橢圓偏光儀為例，簡單地介紹橢圓偏光儀的量測流程及其如何得到橢圓參數 tanψ 及 Δ 的操作原理。

　　從光源發出的光經過一偏振片 P 後，被截出一偏振光，由於此偏振片一直以固定的頻率旋轉，所以光的偏振方向也隨之旋轉。旋轉的偏振光經樣品反射，再經由一偏振片 A 後，由光纖收集，經分光儀分光後，進入偵測器內，以電腦控制讀取訊號。

　　下文使用 Jones vector 及 Jones matrix 來描述及計算整個量測的過程。如圖 13.15可將偏振光分成 s-wave 及 p-wave 來考慮，其中 s-wave 為電場振動方向垂直入射－反射面的光，而 p-wave 為電場振動方向平行入射－反射面的光，則各光學元件的作用可分別表示如下：

光源發出的光：$\begin{bmatrix} E_p \\ E_s \end{bmatrix}$

偏振方向與 x 軸夾一角度 θ_P 之偏振片：$\begin{bmatrix} \cos\theta_P & -\sin\theta_P \\ \sin\theta_P & \cos\theta_P \end{bmatrix} \begin{bmatrix} 1 & 0 \\ 0 & 0 \end{bmatrix}$

等向性 (isotropic) 樣品：$\begin{bmatrix} r_p & 0 \\ 0 & r_s \end{bmatrix}$

偏振方向與 x 軸夾一角度 θ_A 之析光片：$\begin{bmatrix} \cos\theta_A & \sin\theta_A \\ -\sin\theta_A & \cos\theta_A \end{bmatrix} \begin{bmatrix} 1 & 0 \\ 0 & 0 \end{bmatrix}$

所以，光偵測器 D 所見到光之電場就可表示為：

$$\begin{bmatrix} E_{dp} \\ E_{ds} \end{bmatrix} = \begin{bmatrix} 1 & 0 \\ 0 & 0 \end{bmatrix} \begin{bmatrix} \cos\theta_A & \sin\theta_A \\ -\sin\theta_A & \cos\theta_A \end{bmatrix} \begin{bmatrix} r_p & 0 \\ 0 & r_s \end{bmatrix} \begin{bmatrix} \cos\theta_P & -\sin\theta_P \\ \sin\theta_P & \cos\theta_P \end{bmatrix} \begin{bmatrix} 1 & 0 \\ 0 & 0 \end{bmatrix} \begin{bmatrix} E_p \\ E_s \end{bmatrix}$$

(13.10)

　　光強度定義為 $I = E_{dp} \times E_{dp}^* + E_{ds} \times E_{ds}^*$，由於偏振片以一固定的頻率旋轉，所以也可將光強度表為：

$$I = I_0 \left[(1 + \alpha \cos 2\theta_p(t) + \beta \sin 2\theta_p(t) \right]$$

(13.11)

其中，$I_0 = \cos^2\theta_A / (\tan^2\psi + \tan^2\theta_A)$ ，而 $\alpha = (\tan^2\psi - \tan^2\theta_A)/(\tan^2\psi + \tan^2\theta_A)$ 、$\beta = (2\cos\Delta \times \tan\psi \times \tan\theta_A)/(\tan^2\psi + \tan^2\theta_A)$ ，且由公式 (13.7) 可知 $\rho = \tan\psi\, e^{j\Delta} = r_p / r_s = (|r_p|e^{j\Delta_{rp}})/(|r_s|e^{j\Delta_{rs}})$ ，代入公式 (13.11) 可得公式 (13.12) 及公式 (13.13)。

$$\tan\psi = \sqrt{\frac{1+\alpha}{1-\alpha}}\, \tan\theta_A \tag{13.12}$$

$$\cos\Delta = \frac{\beta}{\sqrt{1-\alpha^2}} \tag{13.13}$$

由前述討論可以得到橢圓參數 $\tan\psi$、Δ 與析光片角度，傅利葉係數 α、β 間的關係，又根據公式 (13.11)，可以將一週期分為 4 個部分來計算強度的積分，如下式表示：

$$
\begin{aligned}
S_1 &= \int_0^{\pi/4} I(P)\,dP = \frac{I_0}{2}\left(\alpha + \beta + \frac{\pi}{2}\right) \\[2mm]
S_2 &= \int_{\pi/4}^{\pi/2} I(P)\,dP = \frac{I_0}{2}\left(-\alpha + \beta + \frac{\pi}{2}\right) \\[2mm]
S_3 &= \int_{\pi/2}^{3\pi/4} I(P)\,dP = \frac{I_0}{2}\left(-\alpha - \beta + \frac{\pi}{2}\right) \\[2mm]
S_4 &= \int_{3\pi/4}^{\pi} I(P)\,dP = \frac{I_0}{2}\left(\alpha - \beta + \frac{\pi}{2}\right)
\end{aligned}
\tag{13.14}
$$

所以可得

$$
\begin{aligned}
\alpha &= \frac{(S_1 - S_2 - S_3 + S_4)}{2I_0} \\[2mm]
\beta &= \frac{(S_1 + S_2 - S_3 - S_4)}{2I_0} \\[2mm]
I_0 &= \frac{(S_1 + S_2 + S_3 + S_4)}{\pi}
\end{aligned}
\tag{13.15}
$$

而由光偵測器可得出 S_1、S_2、S_3、S_4 之量測值，所以橢圓參數 $\tan\psi$、Δ 即可藉由上述的計算得到。再經所建構之理論模型，由數值分析即可獲得薄膜厚度、折射率及吸收係數等實際上之物理參數。

　　爲了更清楚地了解橢圓偏光儀的量測分析過程，以下藉由以旋轉偏極片型橢圓偏光儀來實際進行一樣品的光譜量測爲例，並對其量測數據的分析過程加以說明。

　　首先，所量測的樣品爲在一矽基板上成長一單層的二氧化矽 (SiO₂) 薄膜，其結構如圖 13.20 所示，在進行量測得到樣品的橢圓參數 tanψ、cosΔ 後 (如圖 13.21)，需先建立一多層膜結構模型來進行分析。圖 13.20 所示爲一個三層結構，其最上層爲空氣介質；最下層爲矽基板，基板厚度可視爲無限大，而基板折射率則由已建立的資料庫中導入；中間一層則爲 SiO₂ 薄膜，厚度爲 d，其折射率與波長 λ 的關係則藉由色散公式中的 Cauchy 公式如公式 (13.16) 來描述。

　　首先，先給定所欲求得的 SiO₂ 薄膜之厚度 d 及折射率表示式中的 A、B、C、D、E、F 各參數一個起始值，代入多層膜結構模型的公式 (13.7)、公式 (13.8) 及公式 (13.9)，即可獲得一組 tanψ、cosΔ 與波長的關係，並與所量得的數據比較，若有差異則調整各參數反覆進行擬合 (fitting) 至最佳結果，則此時參數 d 即爲所欲求得之薄膜厚度。薄膜折射率也可由公式 (13.16) 代入 A、B、C、D、E、F 各參數來求得，以上所使用之擬合方式，皆可利用電腦程式來計算。

$$n(\lambda) = A + \frac{B}{\lambda^2} + \frac{C}{\lambda^4}$$

$$k(\lambda) = \frac{D}{\lambda} + \frac{E}{\lambda^3} + \frac{F}{\lambda^5}$$

(13.16)

圖 13.20
於矽基板上成長單層 SiO₂ 薄膜之結構示意圖。

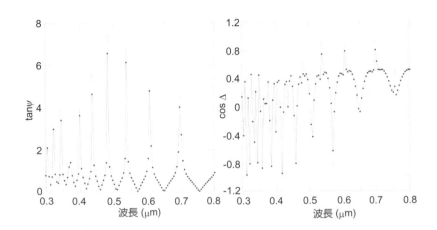

圖 13.21
量測於矽基板上成長單層 SiO₂ 薄膜樣品之數據 tanψ、cosΔ 及擬合計算結果。

(3) 橢圓偏光儀的應用

橢圓偏光技術發展相當早，初期即是應用於分析物質的各項光學參數，但由於量測速度極慢且數據分析不易，所以應用層面並不廣。隨著電腦科技的不斷進步、電腦運算能力的提昇，也促進橢圓偏光儀的發展，使其更能發揮量測上的特性，成爲現今產業界相當重要的量測工具。

現今的橢圓偏光儀在量測及數據分析的速度上都有著相當大的進展，由於橢圓偏光儀在薄膜厚度及光學常數上具極佳的量測能力，使其成爲現今薄膜製程環境中不可或缺的一環，且對各類薄膜皆能進行量測及分析，包括半導體、金屬、介電薄膜及聚合物鍍膜等，以下將介紹幾種橢圓偏光儀的應用。

① 半導體上的應用

隨著半導體製程線寬不斷降低，閘極氧化物及其他薄膜厚度持續減小，多數量測工具已無法準確的量測。由於橢圓偏光儀對薄膜的量測十分靈敏，對閘極氧化物超薄的厚度可以進行相當準確的量測，因此可用來監控整個薄膜製程的參數。

半導體材料中各式光學特性的研究，也是至今相當具有潛力的題目，對於各種不同的結構 (如多層磊晶薄膜、量子井及量子點等)，不同的摻雜濃度等皆會影響其光學特性，利用橢圓偏光儀量測樣品相關的光學特性，即可準確地分辨出結構上或摻雜濃度等條件所造成的影響，使其成爲對半導體發光元件的研究上一項有力的工具。

② 光微影技術及蝕刻製程上的應用

對於光微影技術而言，深紫外光的光阻已成目前的趨勢。因爲此一光阻對光線非常敏感，若可藉由配備分光儀裝置的橢圓偏光儀來作量測，即可顯著地減少照射的光強度，同時進行精確的量測。而藉由橢圓偏光儀的線上量測，更可以準確地掌握光微影製程中光阻厚度及光學常數的變化。

現今橢圓偏光儀的量測速度已非常快速，且其爲一非破壞性的量測方法，加上因光子能量很低，對大多數的反應並不會造成干擾，非常適於作線上的量測。例如在蝕刻製程中，橢圓偏光儀可測定蝕刻速率並測得瞬間的膜厚作爲蝕刻終點控制之用，進一步更能提供由蝕刻所引起的破壞及厚度不均勻等有用之資訊。

③ 薄膜電晶體 (TFT) 液晶顯示器上的應用

在現今相當熱門的液晶顯示器產業上，橢圓偏光儀也是應用非常廣泛的量測儀器之一。除了對薄膜特性的量測外，更可得到薄膜之殘餘應力，隨著液晶顯示器玻璃基板的尺寸越來越大，厚度越來越薄，薄膜應力的影響也越來越重要。因此在薄膜品質的控制，以及如何調整薄膜製程參數以避免薄膜應力之影響上，橢圓偏光儀也能提供許多重要的資訊。

(4) 結語

　　由於橢圓偏光儀具有對薄膜特性變化的高靈敏度、量測的高精確度及高速且非破壞性量測等特性，無論在產業應用及學術基礎研究上都有非常廣泛的應用層面。而隨著光源波長減短、分光及偵測器等技術的發展，可以預期在未來奈米時代的來臨下，橢圓偏光儀將更擴展至奈米等級的薄膜檢測上。

13.2.2 光譜儀 (包絡法)

　　一薄膜的光學成效與其光學常數 (optical constants)－折射率、消光係數及膜層厚度息息相關。通常可經由薄膜的穿透光譜 (transmission spectrum) 與反射光譜 (reflection spectrum) 反算出膜層之光學常數及厚度，但是以穿透與反射光譜來計算薄膜的光學常數需要掃描兩種不同之光譜，並且須經過繁複之電腦運算過程[27,28]。

　　相反地，一種簡單、直接的方法是利用光譜的上、下包絡 (envelopes) 而非運用光譜本身來計算膜層之光學常數 (n、k) 與厚度 d，此法稱為包絡法 (envelope method)。以穿透光譜之包絡來計算膜層的 n、k 與 d 首推 Manifacier 等人[29] 與 Swanepoel[30]，前者考慮膜層鍍於一半無窮大 (semi-infinite) 基板，並未考慮實際有限基板 (finite substrate) 之背面影響，而後者對於有限基板之背面效應一併納入計算。另外，利用反射光譜之包絡來計算膜層之 n、k 與 d 有 Kushev 等人[31] 與 Minkov[32]，相似地，前者考慮膜層鍍於一半無窮大基板，而後者則對於有限基板之背面效應一併納入考量。由於穿透率型式較為簡單，以下就 Swanepoel 所提議之演算步驟作一簡敘[30]。

　　在一有限厚度之透明基板 (折射率為 n_s) 鍍上一層均勻、均向性、固定厚度 d 之光學薄膜，其折射率及消光係數分別為 n 與 k，考慮正射 (normal incidence) 情形下，整個系統之穿透及反射如圖 13.22 所示。

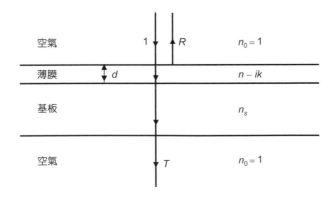

圖 13.22
一均勻、弱吸收薄膜鍍在一透明、有限厚度基板之系統。

第 13.2.2 節作者為劉裕永先生。

未鍍膜前，先量出裸基板 (bare substrate) 的穿透率光譜 $T_S(\lambda)$，由熟知之公式

$$T_S = \frac{2n_S}{n_S^2 + 1} \tag{13.17}$$

算出基板折射率 n_S 隨波長 λ 之色散 (dispersive) 關係

$$n_S(\lambda) = \frac{1}{T_S(\lambda)} + \left[\frac{1}{T_S^2(\lambda)} - 1 \right]^{1/2} \tag{13.18}$$

如圖 13.22 所示，整個薄膜系統之正射穿透率光譜 $T(\lambda)$ 可表示為

$$T(\lambda) = \frac{Ax}{B - [C\cos(2\delta) + C'\sin(2\delta)]x + Dx^2} \tag{13.19}$$

其中

$$A = 16n_S(n^2 + k^2) \tag{13.20}$$

$$B = [(n+1)^2 + k^2][(n+1)(n+n_S^2) + k^2] \tag{13.21}$$

$$C = 2[(n^2 - 1 + k^2)(n^2 - n_S^2 + k^2) - 2k^2(n_S^2 + 1)] \tag{13.22}$$

$$C' = -2k[2(n^2 - n_S^2 + k^2) + (n_S^2 + 1)(n^2 - 1 + k^2)] \tag{13.23}$$

$$D = [(n-1)^2 + k^2][(n-1)(n-n_S^2) + k^2] \tag{13.24}$$

$$\delta = \frac{2\pi nd}{\lambda} \tag{13.25}$$

$$x = \exp(-\alpha d) \tag{13.26}$$

$$\alpha = \frac{4\pi k}{\lambda} \tag{13.27}$$

　　對於 $n > n_S$ 而言，在 $k = 0$ 與 $n \gg k$ 之光譜區域，公式 (13.20) 至公式 (13.24) 中之 k 可被忽略，則公式 (13.19) 中 $T(\lambda)$ 考慮成只是 n 及 x 的函數，而 $T(\lambda)$ 之上、下包絡 $T_M(\lambda)$

、$T_m(\lambda)$ 分別通過穿透干涉圖形之極大、極小值如圖 13.23 所示，亦即對應於膜層相厚度 $\delta = m'\pi$、$\delta = (m'-1/2)\pi$ ，其中 m' 是正整數，因此上、下包絡可表示為

$$T_M(\lambda) = \frac{Ax}{B - Cx + Dx^2} \tag{13.28}$$

$$T_m(\lambda) = \frac{Ax}{B + Cx + Dx^2} \tag{13.29}$$

利用公式 (13.28) 及公式 (13.29) 之倒數差消去 x 以計算極值 (極大或極小) 處的折射率 n；即

$$\frac{1}{T_m} - \frac{1}{T_M} = \frac{2C}{A} = \frac{(n^2-1)(n^2-n_S{}^2)}{4n_S n^2} \tag{13.30}$$

解公式 (13.30)，得

$$n = [N + (N^2 - n_S{}^2)^{1/2}]^{1/2} \tag{13.31}$$

其中

$$N = 2n_S\left(\frac{1}{T_m} - \frac{1}{T_M}\right) + \frac{n_S{}^2 + 1}{2} \tag{13.32}$$

而干涉極值所對應之於級數 (order number, m，整數或半整數) 為

$$2nd = m\lambda \tag{13.33}$$

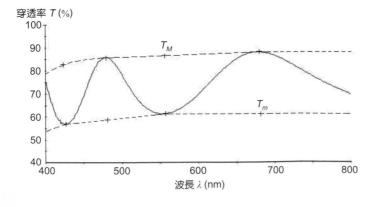

圖 13.23
穿透光譜 $T(\lambda)$ 與其上、下包絡 $T_M(\lambda)$、$T_m(\lambda)$(虛線)。

於各極值波位初次所算出之折射率表示成 n_1 可以公式 (13.33) 估算膜厚 d_1 爲

$$d_1 = \frac{\lambda_i \lambda_j}{2(\lambda_i n_{1,j} - \lambda_j n_{1,i})} \tag{13.34}$$

其中 λ_i、λ_j 是相鄰兩極大 (或兩極小) 之波長，而 $n_{1,i}$、$n_{1,j}$ 是所對應之折射率。

接著計算 d_1 之均值 $\overline{d_1}$，並以公式 (13.33) $2n_1\overline{d_1} = m_1\lambda$ 估算各極值波位之級數 m_1，然後校正 m_1 值成爲正確之 m；其中極大值之 m 對應於正整數，極小值之 m 則對應於半整數，而兩相鄰極值之 m 相差 1/2。

利用正確之 m 值與估算之 n_1，以式 $2n_1 d_2 = m\lambda$ 計算各級數 m 之 d_2，並求其均值 $\overline{d_2}$，此一步驟將可對膜厚度作精確之改進，之後再以 $2n_2\overline{d_2} = m\lambda$ 計算極值波位 λ 之 n_2，得出精確之折射率值 n_2。

上述之 $\overline{d_2}$ 可用簡單之畫圖法求得，將公式 (13.33) 改寫爲

$$\frac{l}{2} = 2d\left(\frac{n}{\lambda}\right) - m_0 \tag{13.35}$$

其中 $l = 0$、1、2、3… 而 m_0 是對應於所計算光譜區域第一個極值之級數。

以極值處之折射率 n_1 與波長 λ 代入公式 (13.35)，作 $l/2$ 對 n/λ 之圖，則直線斜率爲 $2d$，可輕易獲得膜厚 d。

公式 (13.28) 及公式 (13.29) 可用以計算出各級數 m 之 $x(\lambda)$，解公式 (13.28)，求出

$$x = \frac{E_M - [E_M^2 - (n^2-1)^3(n^2-n_S^4)]^{1/2}}{(n-1)^3(n-n_S^2)} \tag{13.36}$$

其中

$$E_M = \frac{8n^2 n_S}{T_M} + (n^2-1)(n^2-n_S^2) \tag{13.37}$$

解公式 (13.29)，求出

$$x = \frac{E_m - [E_n^2 - (n^2-1)^3(n^2-n_S^4)]^{1/2}}{(n-1)^3(n-n_S^2)} \tag{13.38}$$

其中

$$E_m = \frac{8n^2 n_S}{T_m} - (n^2 - 1)(n^2 - n_S^2) \tag{13.39}$$

又公式 (13.28) 及公式 (13.29) 之倒數和為

$$\frac{1}{T_M} + \frac{1}{T_m} = 2\frac{B + Dx^2}{Ax} \tag{13.40}$$

解公式 (13.40)，給出

$$x = \frac{F - [F^2 - (n^2 - 1)^3(n^2 - n_S^4)]^{1/2}}{(n-1)^3(n - n_S^2)} \tag{13.41}$$

其中

$$F = 4n^2 n_S \left(\frac{1}{T_M} + \frac{1}{T_m} \right) \tag{13.42}$$

再以公式 (13.26) 與公式 (13.27) 解出對應各級數 m 之消光係數

$$k = -\frac{\lambda}{4\pi d_2} \ln(x) \tag{13.43}$$

當各極值波位 λ 之折射率 n_2 與消光係數 k 均已求出，則可以最小平方適合 (least-squares fit) 求出薄膜光學常數之色散 (dispersion) $n(\lambda)$ 與 $k(\lambda)$ 如下

$$n(\lambda) = a + \frac{a_1}{\lambda^2} + \frac{a_2}{\lambda^4} + \cdots \tag{13.44}$$

$$k(\lambda) = b + \frac{b_1}{\lambda^2} + \frac{b_2}{\lambda^4} + \cdots \tag{13.45}$$

另外，類似上述程序，Liou 等人[33] 運用包絡法於穿透率監控曲線圖 (monitoring curve) 以計算薄膜光學常數隨著成長厚度 z 的變化情形 $n(z)$ 與 $k(z)$，藉以探討膜層折射率之非均勻性程度 (degree of inhomogeneity)。

13.2.3 全反射衰減儀

(1) 表面電漿簡介

　　具有類似自由電子氣體 (quasi-free electron gas) 性質的晶體或薄膜與電介質的界面上，表面電荷受外加電磁場的干擾而以同調的方式振盪，並且沿著界面以橫向電磁波的形式傳播，此種橫向傳遞的電磁波即稱為表面電漿波 (surface plasma wave, SPW，或稱為 surface polariton、surface plasmon, SP)。由於表面電漿波是光子 (photon) 和聲子的耦合態 (coupled state)，因而有放射性 (radiative) 與非放射性 (nonradiative) 之分，而且由於表面電漿波的發生會佔去一部分入射電磁波的動量和能量，Powell 及 Swan 就以電子穿透金屬薄膜並觀察散射電子的能量來證明表面電漿波的存在[34]；另外以電磁波的方法激發表面電漿可由反射率與透射率的變化看出表面電漿的存在。

　　考慮一金屬和介質的界面，該界面的電荷發生集體振盪，謂之表面電漿振盪，伴隨著產生沿著表面傳播的橫向電磁波，表面電漿在該上下無窮延伸的 ε_1 與 ε_2 介質邊界的色散關係 (dispersion relation) 如公式 (13.46) 所示。

$$k_x = \frac{\omega}{c} \sqrt{\frac{\varepsilon_2 \varepsilon_1}{\varepsilon_2 + \varepsilon_1}} \tag{13.46}$$

其中，ε_2 為介質 2 的介電常數，$\varepsilon_1 = \varepsilon_1' + \varepsilon_1''$ 為金屬的介電常數，含有實部和虛部的複數型式。取公式 (13.46) 的實部，可得 ω 對 k_x 的色散關係圖，如圖 13.24 所示，由表面電漿波的色散關係：表面電漿的色散關係曲線位於等頻率空氣中電磁波色散關係線 (light line) 的右邊 (點 1)，因此表面電漿波和空氣中電磁場之間無法直接耦合。金屬／空氣界面位於 $z = 0$ 之 x 軸上，若表面電漿波以頻率 ω，波向量 k_x 在界面上傳遞，則 $k_x > \omega/c$，c 為真空中之光速，在空氣中沿著垂直界面方向進入介質的波向量 $k_z = [\varepsilon_{air}(\omega/c)^2 - k_x^2]^{1/2}$，$k_z$ 為一純虛數，即表示表面電漿一般處於非放射的狀態，同時亦無法於空氣中直接激發表面

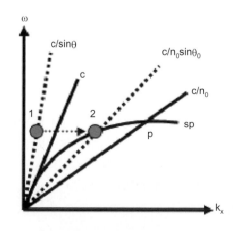

圖 13.24
為空氣中的色散關係曲線；c/n_0 為光入射到稜鏡內的色散關係曲線；sp 為表面電漿的色散關係曲線。

第 13.2.3 節作者為任貽均先生。

電漿。因此我們須在實驗上加一輔助工具以使得波向量 k_x 獲得或減少一額外的波向量 Δk_x，如此一來就可以激發非放射性表面電漿，同時也可以讓非放射性表面電漿耦合成放射性表面電漿 (點 **2**)。換言之，入射光在空氣中的波向量和表面電漿的波向量沒有交點，藉助幾種方法提供一個額外的波向量，以產生表面電漿[35]。

(2) 表面電漿波的激發

　　由空氣直接入射金屬膜，沿空氣／金屬界面的波向量 k_x 無法直接激發表面電漿，即無法直接使光子和表面電漿耦合，為了要增加入射光波向量，在實驗上的輔助工具有 (1) 光柵 (grating) 耦合方式：在具有光柵的表面上直接鍍上金屬膜[36]，(2) 稜鏡 (prism) 耦合方式：根據稜鏡與薄膜的相對位置，可分為 Otto 組態[37] 與 Kretschmann 組態[38]。

　　稜鏡耦合方式的表面電漿激發：電磁波由空氣直接入射至金屬，無法產生表面電漿，必須藉助高折率入射介電質的組態才能激發表面電漿，利用全反射衰減 (attenuated total reflection, ATR) 技術驗證表面電漿的激發。Kreastchmann 組態和 Otto 組態同樣是利用 ATR 的方法來激發表面電漿，所不同的是將金屬膜直接鍍在稜鏡底部平面上，沿金屬／空氣界面激發表面電漿波向量 $k_x = k_{\parallel} = (\omega/c)n_0 \sin\theta$，亦即代表 Kretschmann 的組態下提供了一額外的波向量 Δk_x 以激發表面電漿。

(3) 利用 ATR 曲線決定光學常數

　　在光學的領域中，介電常數 $\varepsilon(\omega)$ 具有相當重要的角色，因此，如何利用實驗的方法來決定介電常數是一項重要的課題。到目前為止，從紅外光區至近紫外光區之金屬介電常數主要是由橢圓偏光儀 (ellipsometry) 的方法作精確的量測，然而由於表面電漿的發現，使得金屬薄膜介電常數的量測能更加地簡單，在 Kretschmann 的組態下將金屬薄膜之介電常數 $\varepsilon(\omega)$ 的實部 ε_1'、虛部 ε_1'' 及金屬膜厚 d 代入反射率的菲涅耳方程式 (Fresnel's equation)，得到與 ATR 曲線最符合的值，即為具有相當精確的解；這種方法已被應用在銀 (Ag)、鋰 (Li)、鈉 (Na)、銅 (Cu)、金 (Au) 及鋁 (Al) 等材料上，且其精確度和橢偏儀相當。除了上述曲線擬合 (curve fitting) 的方法外，還可以利用 ATR 曲線的特徵，如最小座標、半寬度之大小，來決定金屬膜的介電常數與厚度。

(4) 稜鏡／金屬膜／空氣系統之反射率

　　以 p 偏極光束來激發表面電漿，光束在界面 (稜鏡／金屬) 以及 (金屬／空氣) 都會發生部分反射及部分透射的情形，各界面的反射係數可由菲涅耳方程式得到，兩界面合起來的反射係數，經考慮光在金屬膜中的多重反射及多重透射，可以艾瑞方程式 (Airy formula) 計算。以能量的觀點而言，表面電漿因與入射光耦合共振而吸收能量，經由入射角調制波向量讓表面電漿完全激發，此時反射率為最小。假若在同一頻率下，滿足表面電漿色散關係的波向量為 $k_{sp} = k_x^0 + \Delta k_x$，此一波向量之虛部，其阻尼效應來自金屬本身的消光特性，令 $\mathrm{Im}\{k_x^0\} = \Gamma_i$，稱為本質阻尼 (internal damping)；波向量之實部來自於稜鏡耦合所產生的額外波向量，令 $\mathrm{Im}\{\Delta k_x\} = \Gamma_{\mathrm{rad}}$ 稱為輻射阻尼 (radiation damping)；以 Γ_i 和 Γ_{rad} 表示反射率為：

$$R = 1 - \frac{4\Gamma_i \Gamma_{\mathrm{rad}}}{[k_x - (k_x^0 + \Delta k_x)]^2 + (\Gamma_i + \Gamma_{\mathrm{rad}})^2} \tag{13.47}$$

此 ATR 曲線表示式稱作勞侖茲曲線 (Lorentz curve)，此時入射角、反射率大小和半寬度即如圖 13.25 所代表的系統阻尼，當滿足 $\Gamma_i = \Gamma_{\mathrm{rad}}$ 及 $k_x = (k_x^0 + \Delta k_x) = k_{sp}^0$ 條件下，最小反射率會降為零，因此本質阻尼和輻射阻尼的匹配決定了反射率的深淺。

(5) 利用 ATR 曲線特徵決定光學常數與厚度的方法

利用實驗得來之 ATR 曲線，分析其最小值點與半寬度，可以得到以下特徵：ATR 曲線出現最小值的入射角度為 θ_0、表面電漿之波向量為 $k_{sp}^0 = k_x^0 + \Delta k_x$，平滑金屬膜的介電常數與厚度可依次推導：

步驟 1：稜鏡之折射率與激發光源之波長已知，由 ATR 曲線之最小值角度 θ_0 叮求得 $\mathrm{Re}(k_{sp}^0)$。

步驟 2：通常在 $|\varepsilon_1'| >> \varepsilon_1''$ 的情況下，$\mathrm{Re}(k_x^0) >> \mathrm{Re}(\Delta k_x)$，所以 $\mathrm{Re}(k_{sp}^0)$ 項可趨近為 $\mathrm{Re}(k_x^0)$，由步驟 1 所得之 $\mathrm{Re}(k_{sp}^0)$，可求出 ε_1 的實部 ε_1'。

步驟 3：測量 ATR 曲線之半寬度以求得 $\Gamma_i + \Gamma_{\mathrm{rad}}$，測量 ATR 曲線之最小值 $R_{\min} = 1 - \dfrac{4\Gamma_i \Gamma_{\mathrm{rad}}}{(\Gamma_i + \Gamma_{\mathrm{rad}})^2}$，解此二聯立方程式可得 Γ_i 和 Γ_{rad}。

步驟 4：將步驟 2 所求得之 ε_1' 代入步驟三所求得之 Γ_i 和 Γ_{rad}，則可以解得 ε_1 的虛部 ε_1''。

步驟 5：將以上四步驟所求得之 ε_1'、ε_1''、Γ_i 和 Γ_{rad} 代入 Δk_x 之虛部，則金屬膜厚度 d 可由此解得。

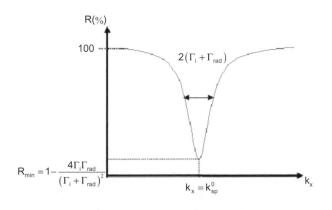

圖 13.25
ATR 曲線圖。

以上提供了一簡便的求解光學常數的方法，比起過去一些曲線擬合 (curve fitting) 的方法要來得方便，只是由上五步驟可以看出：所求出的解有兩組。一般而言，須在實驗時先後用兩不同波長之光源以求得兩組雙解，利用金屬膜厚度不隨波長改變的特性，從這兩組找到一共同厚度的解，其介電常數即為對應激發波長的正確解[39]。

然而，在實驗時可以不必麻煩地使用兩激發光源，而直接從鍍膜時的厚度監控 (如光學監控儀或石英振盪器) 上之厚度，將上述之雙解濾去厚度相差較大的解，剩餘的即為正確解。

(6) 稜鏡／金屬／待測薄膜／空氣系統之反射率

利用表面電漿波量測金屬表面之待測薄膜的光學常數，當單層金屬膜再加鍍一層待測薄膜而成為兩層膜系統，使得原本單層金膜的 ATR 曲線因為加附待測薄膜而造成曲線的變化，立即在反射率曲線量測中可看出明顯的漂移與變化，這是由於電磁波在不同界面的色散關係和表面電漿的色散關係的差異，可利用反射率大小、最小值的入射角度和半寬度的變化來計算所鍍上待測薄膜的光學常數及厚度。

量測上，先準備一層已知光學常數之金屬膜，且厚度須設定在能使表面電漿完全激發，在此前提下，提高量測的靈敏度，進行附著待測薄膜的分析。另一方面，利用 Kretschmann 組態進一步量測鍍在金屬膜表面單層膜及多層膜的光學常數，基於菲涅耳方程式之多層膜計算，計算含有各層介電常數及厚度的 ATR 曲線，以數值方法將 (稜鏡／金屬膜／待測薄膜／空氣) 系統所量到的全反射衰減曲線加以優化，即可精確量測各種材料薄膜之光學常數，而不只限於金屬薄膜[35]。

(7) 表面粗糙度對表面電漿色散關係之影響

隨著光學理論的進步，已經可以進一步分析膜層表面粗糙度對全反射衰減曲線的影響，將表面不可或缺的粗糙度納入考慮的範圍。藉著了解表面電漿在粗糙表面上的物理現象，可以計算表面粗糙度對全反射衰減法所造成的誤差，由 ATR 曲線之改變程度來決定粗糙度的影響程度，從而對膜層的折射率、消光係數、幾何厚度作更精確的測量，計算出因膜層表面結構所造成的折射率與消光係數的偏差。而表面電漿波在粗糙金屬表面上的各種能量衰減形式包括散射阻尼與誘發表面電漿阻尼，另外，經由理論的分析，表面電漿在界面上的能量衰減形式也可以作更深一層的認識[40]。

在 Kretschmann 組態下的 ATR 系統中，就表面電漿之色散關係受粗糙表面影響的程度而言，金屬／空氣界面之波向量會因為粗糙度而增加或減少一額外波向量 (原理同光柵系統)，平滑面之表面電漿共振點 (色散關係) 為反射係數分母為零之關係式所決定，而隨粗糙表面而來的物理現象有：(一) 表面電漿會激發至其他之表面電漿態[41,42]，(二) 表面電漿會以輻射的型式耦合成光子輻射至空間[43,44]。這兩種現象都會使得激發之共振點產生偏移，以金屬 / 空氣兩無窮大之半空間爲例，定義之粗糙高度爲 $z = s(x,y)$，$\theta(z)$ 爲 Heaviside's unit step function 則在此系統下之介電常數分布如公式 (13.48) 所示。

$$\varepsilon(z,\omega) = \theta\left[z - s(x,y)\right] + \varepsilon(\omega)\theta\left[s(x,y) - z\right] \tag{13.48}$$

因此，我們將粗糙度的效應歸入介電常數裡，由於表面電漿受粗糙度會引起四面八方的光散射及散布於界面上的電漿態 (不再局限於入射面上)，空間中電磁場 (包括表面電漿) 受表面粗糙的影響程度在各個方向均有其電磁場之解，便可以由含有空間分布之介電常數的馬克思威爾方程式解得，使用解格林函數 (Green's function) 的方法來求得電場，以 $\omega(k_{\parallel})$ 代表表面電漿在粗糙度下的色散關係如公式 (13.49)。

$$\omega(k_{\parallel}) = \omega_0(k_{\parallel}) + \frac{d\omega}{dk_{\parallel}}dk_{\parallel} = \omega_0(k_{\parallel}) + \Delta(k_{\parallel}) + i\Lambda(k_{\parallel}) \tag{13.49}$$

其中，$\omega_0(k_{\parallel})$ 則爲表面電漿在平滑表面下的色散關係，實部的 $\Delta(k_{\parallel})$ 爲因粗糙度造成的共振頻率偏移 (frequency shift)，而虛部的 $\Lambda(k_{\parallel})$ 爲表面電漿粗糙度下生命期 (lift time) 之倒數式。同理，當一束單頻光入射激發表面電漿，其共振點因粗糙度的波向量改變量之形式爲 $\left[\int_0^{\omega/c}dk_{\parallel}' + \int_{\omega/c}^{\infty}dk_{\parallel}'\right]f(k_{\parallel}',k_{\parallel},\omega,\delta,\sigma)$，第一項反映至電磁場的解表示波向量爲一實數，爲可耦合至光波的項，肇因於粗糙度所引起之光散射，稱爲前散色阻尼 (forward scattering damping)，第二項反映至電磁場的解表示波向量爲一純虛數，在空氣中傳播爲一衰減電磁波形式，肇因於粗糙度所引起表面電漿態之變化，此項爲誘發表面電漿阻尼 (SPW induced SPW damping)，故表面電漿之色散關係式由波向量表示爲公式 (13.50)。

$$k_{sp}(k_{\parallel},\omega) = k_{sp}^0(\omega) + \Delta k_{sp}(k_{\parallel},\omega) + i\Gamma_{sp}(k_{\parallel},\omega) \tag{13.50}$$

此式具有相同之形式和物理意義：實部 $\Delta k_{sp}(k_{\parallel},\omega)$ 因爲粗糙度造成的共振波向量偏移，而虛部 $\Gamma_{sp}(k_{\parallel},\omega)$ 爲表面電漿因爲粗糙度所造成的阻尼大小，表面電漿在粗糙度的影響下有新的極點 (pole) 表示式，即新的共振點，利用此一結果來定量討論 ATR 系統中受粗糙度影響反射率－角度曲線的程度，進而了解其對光學常數測量之誤差。

(8) 粗糙度於 ATR 系統中所扮演之角色

在 Kretschmann 組態下，由 ATR 曲線所決定之勞侖茲曲線，其分母之 $k_{sp}^0(\omega)$ 爲表面電漿之色散關係值。當 $k_{\parallel} = k_{sp}^0(\omega)$ 時，表面電漿吸收最好；當存在粗糙表面時，粗糙度會使得 $k_{sp}^0(\omega)$ 的形式有所改變，相對應的 ATR 曲線會有變化特徵。

　　考慮 ATR 系統為稜鏡 / 金屬膜 / 空氣之空間分布，存在於金屬 / 空氣界面之粗糙度對於空氣光散射以及表面電漿激發態之影響，在金屬膜 / 空氣界面之粗糙度對稜鏡之光散色 (back-scattering) 尚須考慮在內。其共振點因粗糙度的波向量改變量之型式分為二項 [40,41]：$\left[\int_0^{n\omega/c} dk_{\parallel}' + \int_{n\omega/c}^{\infty} dk_{\parallel}' \right] f(k_{\parallel}', k_{\parallel}, \omega, \delta, \sigma)$，第一項為可耦合至稜鏡之散射光，第二項為一衰減電磁波，肇因於粗糙度所引起表面電漿態之變化。此式較原先金屬膜 / 空氣兩無窮大之半空間之表面電漿態群再增加一肇因於背向散射 (back-scattering) 的項，這是由於 $k_{sp}^0(k_{\parallel}, \omega)$ 的實部與虛部都發生改變：$k_{sp}^0(k_{\parallel}, \omega)$ 實部的改變量會導致整個 ATR 曲線向左或向右偏移，而 $k_{sp}^0(k_{\parallel}, \omega)$ 虛部的改變量會導致 ATR 曲線半寬度的增加或減少，其改變量來自於 $\Delta k_{sp}(k_{\parallel}, \omega)$ 和 $i\Gamma_{sp}(k_{\parallel}, \omega)$ 的虛部。由於具有阻尼的性質，上式所對應之物理現象：$\Gamma_{sp}(k_{\parallel}, \omega)$ 的第一項為後散射阻尼 (backward scattering damping)，$\Gamma_{sp}(k_{\parallel}, \omega)$ 的第二項為誘發表面電漿阻尼 (induced SPW damping)。

　　粗糙度 σ 和 δ 對 ATR 曲線形狀定量的改變可由以上之討論得到：$k_{sp}^0(k_{\parallel}, \omega)$ 實部與虛部的改變量都大於零，反映至 ATR 曲線上則為：(1) 曲線向右偏移，(2) 半寬度增寬，(3) 曲線之最小值改變。

13.3 厚度

　　要了解薄膜的性質通常必須測量其厚度，例如薄膜的電阻率和光穿透率便與厚度有密切關係，在光學的應用中，尤其是多層鍍膜，要達成薄膜設計的各種光學成效，厚度的量測更需要嚴格的要求。雖然直接測量厚度較單純，但有時測量與厚度相關的物理量較為容易，再由這些物理量計算厚度，或是利用這些物理量來監控薄膜厚度的成長。

　　薄膜或鍍膜的厚度可由下列三種方式定義：(1) 幾何厚度、(2) 質量厚度及 (3) 物性厚度。幾何厚度是兩個表面之間的距離，只與表面原子 (分子) 有關，與薄膜內部之組成、密度和微結構無關，通常以 μm、nm 或 Å 為單位，但由於實際上存在的表面是不平整和不連續的，所以測量幾何厚度的問題常在於薄膜表面的定義。質量厚度表示薄膜中包含多少物質，通常以 $\mu g/cm^2$ 為單位，如果已知材料的密度，可將質量厚度轉換為物理厚度。物性厚度測量與薄膜的密度、組成、微結構和晶向相關的性質，如 X 光吸收、光穿透率、導電率或離子背向散射等，其測量方法通常需要標準樣品來作校正。

　　由以上所述，可知膜厚的定義應根據測量的方法和目的來決定，因此同一薄膜，使用不同的測量方法將得到不同的結果，即不同的厚度，表 13.2 為常用的測量膜厚的方法。下文說明最重要而且在實驗室常採用的方法。

第 13.3 節作者為詹德均先生。

表 13.2 膜厚的測量方法。

膜厚定義	測量方法	名　稱
幾何厚度	機械法 光學法 其　他	探針法 多光束干涉法、雙光束干涉法 電子顯微鏡法
質量厚度	質量測量法 原子數測量法	化學天平法、微量天平法、石英晶體振盪法 比色法、X 射線螢光法、拉塞福背向散射 法、放射性分析法
物性厚度	電性法 光學法	電阻法、霍爾電壓法、渦電流法、電容法 反射光譜法、橢圓偏光法、光吸收法

13.3.1 探針法

　　用直徑很小的探針在薄膜表面上移動時，探針會隨著薄膜表面的形貌作階梯式上下運動，再利用位移傳感器偵測位移變化量，並轉換成相應的電訊號，以電子線路放大此訊號後轉換成探針所運動的距離，放大倍率最高可達 $10^5 - 10^6$ 倍，所以薄膜表面的輪廓就可以清楚的記錄下來。因此在鍍膜時利用遮蔽或鍍膜後以蝕刻方式製作出相當於膜厚的台階，就可以利用此法來測量膜厚。探針法常用的位移傳感器有以下幾種：電感式傳感器、電容式傳感器及壓電式傳感器。

(1) 電感式傳感器
　　利用電感式傳感器偵測探針上下運動距離的原理如圖 13.26(a) 所示。圖中線圈 1 和線圈 2 的輸出反相連接，由於鐵心被探針牽動隨探針上下移動，而在線圈 1 和線圈 2 輸出差動電壓訊號，放大此電壓訊號並顯示相應於探針運動距離的數值。

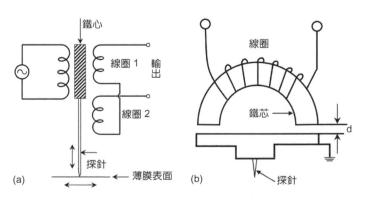

圖 13.26
探針測厚計的傳感器 (a) 電感式傳感器及 (b) 電容式傳感器。

(2) 電容式傳感器

　　電容式傳感器的原理如圖 13.26(b) 所示。由於探針上下運動使電感器的間隙 d 發生相應的變化時，容抗隨之變化，導致線圈阻抗改變。再利用放大電路放大並顯示該阻抗的變化量，即可顯示探針上下運動的距離。

(3) 壓電式傳感器

　　壓電式傳感器是利用壓電材料的壓電效應來放大，並顯示探針上下運動的距離。由於探針上下運動，作用在壓電晶體元件的壓力將隨之改變，從而導致元件的電訊號亦隨之改變。放大並顯示該電訊號的變化量，即可顯示探針上下運動的數值。

　　探針的頭部是用鑽石磨成半徑 $0.2-25\ \mu m$ 的圓弧後作成的，在探針上加有 $1-15\ mg$ 的可調節的壓力，因此在實際的應用中，必須根據薄膜的形貌來選擇適當的探針大小，才能得到最佳的量測值。例如選擇半徑為 $25\ \mu m$ 的探針，量測一寬度 $200\ \mu m$ 和深度 $20\ \mu m$ 的溝槽，如圖 13.27 所示，可以很容易測量到實際的大小。但是當溝槽的深度增加或寬度減少時，所得到的形貌便有部分的失眞，如果溝槽的寬度進一步縮減，探針的尖端將無法接觸到構槽底部而正確地測量其深度。

　　探針式膜厚度計廣泛應用在各種薄膜厚度的測量，其精度可達 0.1 nm。但在實際量測時，應注意下面幾點，以免影響其精度：

1. 由於探針尖端的面積非常小，容易穿透或刮傷鋁膜等較軟的薄膜表面，產生極大的測量誤差，因此測量時儘量選擇頭部半徑較大的探針和較慢的掃描速度。
2. 基板和薄膜表面的粗糙度所造成的雜訊會影響台階高度的判讀，而造成誤差，因此測量時應選擇表面平整的基板。
3. 周圍環境的震動亦會引起不必要的雜訊，因此裝置應放置在堅固的桌面或防震桌上，以減低背景震動的干擾。

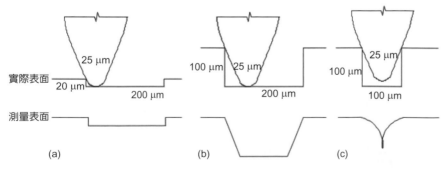

圖 13.27 (a) 25 μm 的尖端容易測量較大的溝漕；但當溝漕的深寬比增加時，不能正確的測量 (b) 寬度和 (c) 高度。

13.3.2 X 射線螢光法

以 X 射線照射薄膜 (或任何靶材)，若 X 射線光子能量高於薄膜原子的內層電子結合能，則它會吸收部分的 X 射線，並發射薄膜材料的特性波長的二次 X 射線，這叫 X 射線螢光 (X-ray fluorescence, XRF)[45]。因此薄膜變成二次 X 射線的輻射源，此二次 X 射線的輻射強度與薄膜材料的種類和數量有關，因為這些因素會影響一次 X 射線的吸收量和二次 X 射線通過薄膜的衰減量。在一定厚度下，此二次 X 射線的強度可以用來測量薄膜單位面積的質量。

XRF 分析所使用的儀器裝置如圖 13.28 所示[46]。一次 X 射線的波長 λ_p 必須小於二次 X 射線的波長 λ_s，這樣才能產生二次 X 射線。通常所使用的一次 X 射線的波長小於 0.1 nm。一次 X 射線首先通過準直器 **1**，以便限制光束的大小和定義入射角 θ_1。一次 X 射線在薄膜裡被部分吸收並激發二次 X 射線，然後在各方向輻射。

準直器 **2** 允許二次 X 射線以 θ_2 角度入射分析晶體，此分析晶體的功能是其晶軸的排列方向使得只有所選擇的特定波長的二次 X 射線能反射進入偵檢器。通常使用閃爍計數器來偵測二次 X 射線。在整個量測過程中功率的損失非常大，一般而言，到達偵檢器的光子數量只有從 X 射線管發射出的 X 射線光子數量的 10^{-14} 倍。

二次 X 射線的強度隨薄膜厚度增加而減小，偵測的強度與裝置的結構和薄膜的性質有關。考慮一理想的情況，一次 X 射線為單色光，薄膜只有單一元素，而且基板的二次 X 射線不會激發薄膜的二次 X 射線。二次 X 射線光束的強度 I_s，可由一次 X 射線光束的強度 I_0 和一個因子 K_1 (與一次對二次 X 射線的轉換係數有關) 表示為 $I_s = I_0 K_1 \rho t$，其中 ρ 為密度，t 為薄膜厚度。對薄膜而言，K_1 為常數，因此相同材料的已知厚度的標準樣品可以用來求得乘積 $K_1 \rho$，未知厚度的薄膜的 I_s 或 I_s/I_0 就可以與已知厚度的相對值來比較。

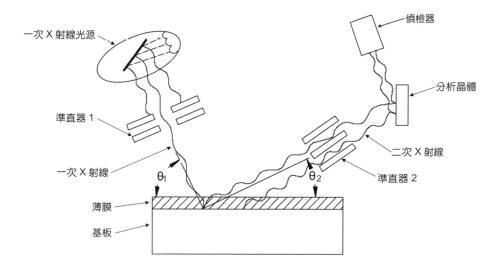

圖 13.28
XRF 量測示意圖。

在 XRF 中，薄膜組成的特性波長和質量吸收係數幾乎不受其化學狀態的影響，因為特性 X 射線的產生來自內部接近原子核的電子，而不是外層的共價電子。如果混合物或化合物的某個元素的特性 X 射線不與其他元素產生交互作用，則每一個元素可被視為單獨存在。當兩種元素同時顯著吸收一次 X 射線 (但不同的比例) 或是一種元素吸收另一種元素的特性 X 射線，則發生交互作用。在此情形下，必須以已知組成的標準樣品來作校正。如果基板的特性 X 射線的波長恰好可以被反射進入偵檢測器或是激發薄膜的特性 X 射線，則基板對偵測強度會有貢獻，因此通常基板不能含有與薄膜相同的元素。例如矽膜鍍在玻璃基板上無法測量，因為來自基板的矽輻射將會與薄膜的輻射相結合。不過 XRF 方法非常適合於日常例行的測量工作。

XRF 的優點包括：(1) 無需特別準備試片，(2) 非破壞性，(3) 對於大多數的基板，量測值與基板材料無關，(4) 可得到單位面積質量的絕對值，不需與已知厚度的標準樣品相比較。它的缺點則是無法直接測量厚度，必須先建立每一種薄膜的輻射強度相對於已知厚度的檢量線，其次是對於多層膜或合金膜無法測量，除非已知組成。

13.3.3 反射光譜法

對於透明薄膜而言，由於薄膜的上下表面本身就可以引起光的干涉，因而可以直接用光學方法來測量薄膜厚度而不必預先製備台階。當一束光垂直入射於薄膜上時，從薄膜的上下兩個界面反射回來的兩束光在上表面相遇後，會發生干涉現象。由干涉光學原理可知，如果兩束光的光程差等於波長的整數倍，則兩束光相互加強，形成建設性干涉；如果光程差等於半波長的奇數倍，則兩束光相互削弱，形成破壞性干涉。因此由上下兩個界面反射所產生的總反射量 R 可由一個方程式來表示，即

$$R \approx A + B \cos\left(\frac{2\pi}{\lambda} nd\right) \tag{13.51}$$

其中 A、B 為常數，λ 為光波長，n 為薄膜折射率，d 為薄膜厚度。

由公式 (13.51) 可知總反射量 R 隨著波長倒數 $1/\lambda$ 作週期性振盪。同時，若膜層愈厚則在測量波長範圍內，週期數愈多，若膜層愈薄則週期數愈少，甚至只有一個週期的部分而已。但在實際使用公式 (13.51) 時，還要考慮界面的粗糙度 σ 以及基板和薄膜的色散[47]，即反射係數 $R(\lambda)$ 與薄膜厚度 d、薄膜折射率 $n_f(\lambda)$、薄膜消光係數 $k_f(\lambda)$、基板折射率 $n_s(\lambda)$、基板消光係數 $k_s(\lambda)$ 及界面粗糙度 σ 等參數有關，因此反射係數可表示為

$$R(\lambda) = R\left[d, n_f(\lambda), k_f(\lambda), n_s(\lambda), k_s(\lambda), \sigma\right] \tag{13.52}$$

　　反射光譜法測量裝置的設備示意圖如圖 13.29 所示。光源為鹵素燈和重氫 (D_2) 燈，光譜波長範圍 240－860 nm。光經由光纜以幾乎垂直 (< 5°) 方式入射至樣品，此光纜包含有 6 支照射光纖及 1 支讀取光纖，所以樣品之反射光譜便可經由讀取光纖傳輸至由光電二極體陣列組成的分光計分光，最後由電腦記錄下來。由公式 (13.52) 知薄膜反射量 R 的大小和變化週期，是由薄膜的厚度、光學常數及粗糙度來決定，變數很多，因此只單一量測反射量 R 是無法求出薄膜的特性參數，必須配合薄膜的材料數學模型 (material model) 來與反射量 R 作曲線擬合 (curve fitting)。

　　此數學模型描述在所選定的波長範圍內，薄膜的光學常數與光波長的變化關係，因此一開始先設定一些起始值，經由電腦計算後與測量值 R 比對再調整參數，並一再重複此步驟 (iterations)，直到計算值與測量值的誤差小於設定值為止，如圖 13.30 所示，如此便可得到正確的薄膜的 n、k 及 d 值。

　　以反射光譜法來測量薄膜的特性參數，可說相當的快速、方便，而且設備結構簡單容易操作，不論是單層膜或是多層膜 (最多 5 層)，若已知膜薄的折射率，均可在數秒內求得薄膜厚度。若要同時求解光學常數、厚度及粗糙度則需要較長的時間來擬合曲線，因此材料數學模型的選擇便非常重要，惟有選擇合適的材料數學模型，才能快速正確的求解薄膜的各項特性參數。一般而言，不同材料的光學常數 (如介電質、半導體、金屬和非晶質材料) 與光波長的變化關係極為不同，需要不同的數學模型來描述。表 13.3 列出常用的數學模型及其適用的材料[47,48]。

　　在使用反射光譜法來測量薄膜厚度時，需注意以下幾點，以便能得到一個好的反射光譜來分析：

1. 膜層與基板必須是不同折射率的材料，如此才能得到有干涉效應的反射光譜。
2. 膜層在所選定的波長範圍內必須是透明的或至少是半透明的。例如金屬層可測量的範圍從 1 nm 至金屬層不再透明為止。
3. 膜層和基板必須足夠平滑，以便能測量到足夠的直接反射光。例如在白紙上的膜層無法測量，因為白紙表面會漫射大部分的入射光。然而膜層即使在粗糙的鋁板上，也能夠測量到好的反射光譜。

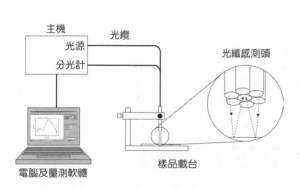

圖 13.29 反射光譜法量測示意圖。

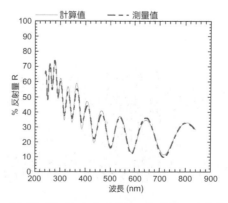

圖 13.30 厚度 1184 nm 的 SiO_x 沉積在矽晶片上的量測和模擬光譜。

表 13.3 材料數學模型。

模型名稱	數學模型	適用材料
Forouhi-Bloomer	$$k(E) = \sum_{i=1}^{q} \frac{A_i (E - E_g)^2}{E^2 + B_i E + C_i}$$ $$n(E) = n(\infty) + \sum_{i=1}^{q} \frac{B_{oi} E + C_{oi}}{E^2 + B_i E + C_i}$$	$q = 1$：非晶質材料 $q \geq 2$：多晶及結晶材料
Cauchy	$$n(\lambda) = A_n + \frac{B_n}{\lambda^2} + \frac{C_n}{\lambda^4}$$ $$k(\lambda) = A_k + \frac{B_k}{\lambda^2} + \frac{C_k}{\lambda^4}$$	透明材料，如 Al_2O_3、SiO_2、MgF_2、SiN_4、TiO_2、ITO、KCl、BK7 等。
Drude	$$\varepsilon = \varepsilon_\infty \left[1 - \frac{\omega_p^2}{E(E + i\nu)} \right]$$ $$\omega_p = \sqrt{\frac{4\pi n_e e^2}{m_e}}$$	金屬材料，如 Al、Ag 等。
Lorentz Oscillator	$$\varepsilon = \varepsilon_\infty \left[1 + \sum_{j=1}^{m} \frac{A_j^2}{\left(E_{center}\right)_j^2 - E(E - i\nu)} \right]$$	半導體材料，如 GaAs、InP、InAs、GeO、Si 等。
Tauc Lorentz	$$\varepsilon_2(E) = \sum_{j=1}^{m} \frac{A_j^2 \left(E_{center}\right)_{jv} \left(E - E_g\right)^2}{\left[E^2 - \left(E_{center}\right)_j^2\right]^2 + \nu^2 E^2} \cdot \frac{1}{E} \quad E > E_g$$ $$\varepsilon_2(E) = 0 \quad E \leq E_g$$ $$\varepsilon_1(E) = \varepsilon_\infty + \frac{2}{\pi} P \int_{E_x}^{\infty} \frac{\xi \varepsilon_2(\xi)}{\xi^2 - E^2} d\xi$$ (Kramer-Kronig relationship)	金屬、非晶質、結晶半導體及介電材料。

13.4 堆積密度與水氣吸收率

　　本書第九章介紹利用光學鍍膜方法可以改善光學系統的光學特性，而製鍍光學薄膜的方法爲在鍍膜機上設定蒸鍍參數，然後於基板表面上沉積適當厚度的薄膜材料，此薄膜的厚度與其折射率的乘積稱爲光學厚度。依據所設計的光學厚度變化將可控制各種光學特性成效，因此折射率也是主宰光學成效的重要因素之一。薄膜折射率的不穩定性將對有些光學薄膜的光學成效有極強的影響，例如窄帶濾波片[50] 和截止濾波片[51]，如圖 13.31 及圖 13.32 所示，薄膜因水氣吸收影響折射率的變化，造成實驗透射光譜與理論設

第 13.4 節作者爲徐進成先生。

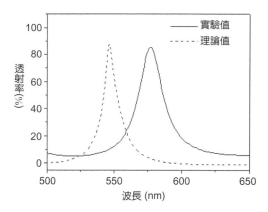

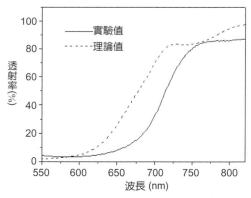

圖 13.31 窄帶濾波多層膜樣品其膜層設計為：基板 B270 | (HL)²H2LH(LH)²| 空氣，H、L 各為 1/4 波長光學厚度之 ZnS、MgF₂ 薄膜，設計波長為 550 nm。水氣造成實驗光譜的中心波長往長波漂移。

圖 13.32 截止濾波多層膜樣品其膜層設計為：B270 基板 | (HL)⁵0.5H | 空氣，H、L 各為1/4波長光學厚度之 ZnS、MgF₂ 薄膜，設計波長為 550 nm。

計值差距[52]。由於這些多層薄膜材料當中的氟化鎂 (MgF₂) 較容易吸收水氣，使破眞空後的薄膜折射率變大，導致光學厚度增加，使實驗相對於模擬的光譜圖會明顯的往長波偏移。所以掌握折射率的穩定性對精密光學薄膜的製鍍是項很重要的工作。

　　大部分光學薄膜是以介質薄膜爲主，在設計上常以公式 (13.53) 表示，此複數型式折射率是光波長 (λ) 的函數。

$$N(\lambda) = n(\lambda) - ik(\lambda) \tag{13.53}$$

其中，實數部分 (n) 是一般的折射率，而虛數部分 (k) 則是消光係數。理想的薄膜消光係數爲零，即無光吸收且擁有良好化學配比 (stoichiometry) 的薄膜。例如，二氧化鈦薄膜製鍍完成後的化學組成設爲 TiO_{2-x}，此時 $x = 0$，設計時往往以此條件爲前提。實際上薄膜製鍍是很難達到極小的消光係數 (例如小於 10^{-4})，因爲其成因除了薄膜材料的化學配比之外，還包含了物理堆積的膜層結構，結構緊密則吸收就較小，而結構鬆散則吸收就較大。

　　一般來說，堆積密度隨著眞空度、基板溫度、蒸鍍速率、甚至薄膜厚度的變化而所不同，也同時受限於鍍膜技術和設備。從微觀的尺度來看，Henderson[53] 及 Dirks[54] 等人則用凝聚原子或分子的有限遷移率作理論，模擬出薄膜具有孔隙的樹枝結構，是由於先沉積在基板的原子或分子會遮擋到後沉積的原子或分子，因爲有限遷移率致使沉積動能不足以撞開或移動先沉積於基板上的原子或分子，產生自我遮蔽效應 (self-shadowing effect)，導致膜層結構的緻密性不佳，造成膜層具有孔隙的柱狀結構。要改善到薄膜完全緊密無孔隙不是一般鍍膜可以達到的，在基板沉積薄膜的分子必須有較高的遷移率才能減低孔隙的產生，因此乃發展新的薄膜製鍍方法，例如：離子輔助蒸鍍 (ion-beam assisted deposition, IAD)、離子束濺鍍 (ion-beam sputtering, IBS) 等。在此具有較高能量的電漿中用離子轟擊正在成長的薄膜，可以使膜質達到最密集的程度。

13.4.1 堆積密度的定義

由於薄膜所沉積的分子或原子通常呈現無規則性的排列，為了描述薄膜孔隙有多少與膜質密度，因此定義了堆積密度 (packing density, p)，其指的是薄膜中膜質體積與膜質體積加上孔隙體積之比，也就是薄膜堆積密度為薄膜的實際佔有體積 (V_f) 與膜層整體總體積 (V_t) 之比值，其關係式如公式 (13.54) 所示。

$$p = \frac{V_f}{V_t} \tag{13.54}$$

若無離子輔助蒸鍍、離子束濺鍍等較高能量的製鍍方法，p 值一般位於 0.75 至 0.95 之間。薄膜結構除了密集度很高的薄膜之外，大致是呈現六角的柱狀結構。Kinosita 等人利用公式 (13.55) 粗略計算薄膜折射率，其中 n_s 為此柱狀結構薄膜之折射率，而 n_v 為圍繞於薄膜材料之孔隙折射率[55]。Ogura 則用實驗量測薄膜之折射率，並以薄膜之塊材折射率代替 n_s 來描述薄膜結構，也得到部分的滿足[56]。

$$n_f = (1 - p)n_v + p\,n_s \tag{13.55}$$

13.4.2 水氣吸收的影響

低堆積密度的膜層會有許多孔隙，當薄膜樣品從真空系統暴露至大氣中時，孔隙會因毛細作用而吸附空氣中的水氣，也因此使得薄膜整體膜堆的等效折射率有所改變，這也就是必須考慮水氣吸收和膜層堆積密度的原因。一般水氣吸附於真空壁上時就很難去除，在真空度 2×10^{-7} Pa 以下環境才有可能去除水氣。所以在一般真空度時則藉著加熱過程，使水氣得以脫離薄膜吸附，通常必須加熱到 300 °C 以上。然而，當薄膜於真空環境中冷卻到室溫，其殘留水氣將再次吸附於薄膜的孔隙內，也因為水氣強力的吸附於薄膜的孔隙中，測量堆積密度會與水氣吸收有密切關係，所以有下列數種測量堆積密度的方法。

・方法一

利用薄膜空隙具有毛細現象，待薄膜由真空取出於大氣中，吸飽水氣後，折射率 1.33 的水將充滿了空隙，改變薄膜的折射率為 n_f' 如公式 (13.56) 所示[57]。

$$n'_f = 1.33 \times (1-p) + p\, n_s \tag{13.56}$$

公式 (13.56) 與公式 (13.55) 相減得公式 (13.57)。

$$n_f - n'_f = (1-p) - 1.33 \times (1-p) \tag{13.57}$$

因此可求得堆積密度

$$p = \frac{n'_f - n_f + 0.33}{0.33} \tag{13.58}$$

若水氣無法完全填滿空隙，設總孔隙中被水填充的百分數為 a，薄膜折射率則為

$$n'_f = 1.33 \cdot a\,(1-p) + p\, n_s + (1-a)(1-p) n_v \tag{13.59}$$

　　Chopra 等人更利用 Lorentz-Lorentz 理論，以混合膜的觀念，導出 p 與薄膜折射率的關係如公式 (13.60) 所示，此公式對於高折射率薄膜有較精確的計算[58]。

$$n_f = \sqrt{\frac{(1-p)(n_s^2+2)n_v^2 + p(n_v^2+2)n_s^2}{(1-p)(n_s^2+2) + p(n_v^2+2)}} \tag{13.60}$$

・方法二

　　由於不同材料所形成膜層具有不同的非均勻性，薄膜成長會隨厚度增加而變得越密或愈鬆，自然薄膜所形成的孔隙也就不同。以 ZnS 及 MgF$_2$ 薄膜製鍍為例，ZnS 薄膜所成長的柱狀結構易形成外層緊密倒錐形的擴張圓柱 (expanding column)[59]，即薄膜外層的堆積密度大於內層，而 MgF$_2$ 則為外層鬆散正錐形的收縮圓柱 (contracting column)，即薄膜外層的堆積密度小於內層。因此 ZnS 薄膜比較不容易吸收水氣而 MgF$_2$ 則否，圖 13.33 及圖 13.34 為兩者薄膜 FT-IR 紅外線光譜所顯示出的差異[52]。實際上，薄膜折射率無法以簡單的公式完全表示，Harris[59] 則依薄膜成長模式分析，認為較適用於多數不同密集度的薄膜為 Bragg 公式[60]

$$n_f = \sqrt{\frac{(1-p)n_v^4 + (1+p)n_v^2 n_s^2}{(1+p)n_v^2 + (1-p)n_s^2}} \tag{13.61}$$

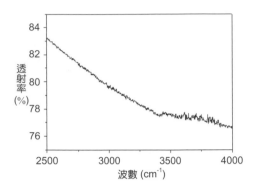

圖 13.33 ZnS 單層膜的 FT-IR 紅外線光譜，
　　　　 發現 ZnS 在波數 3400 cm⁻¹ 附近，
　　　　 穿透率只有些微的下降，表示水
　　　　 氣吸收的不多。

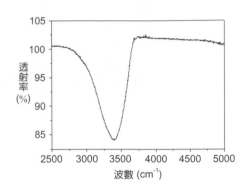

圖 13.34 以 B270 基板作基線 (baseline)，
　　　　 MgF₂ 單層膜的 FT-IR 紅外線光
　　　　 譜的量測，薄膜光學厚度約爲
　　　　 一波長厚 (波長 = 638 nm)，在
　　　　 波數 3400 cm⁻¹ 透射率明顯下降
　　　　 到 84%，堆積密度約爲 0.69。
　　　　 穿透率大於 100% 的原因是膜
　　　　 厚所造成建設性干涉效果。

上兩式都表示薄膜折射率 n_f 與堆積密度 p 的關係，若要由 n_f 倒求 p 可以利用 Excel 列表計算方式比較方便。

・方法三

　　石英晶體監控法[61] 是常用的薄膜厚度監控方法，利用石英晶體振動頻率 (f) 與其質量成反比的原理，當石英晶體被鍍上膜厚 Δd 後，其電子電路振動頻率減少 Δf，藉由 Δf 求出膜厚 Δd 值，可由電子電路直接顯示出薄膜厚度。因爲無法量測薄膜的光學厚度，一般從事精密之光學鍍膜時，所顯示的厚度大多只作爲參考，但石英監控器上都有鍍膜速率的顯示，可利用來控制鍍膜速率，且其輸出爲電訊號，很容易用來做製程的自動控制，所以石英監控器幾乎是鍍膜的基本配備，也可以利用石英監控器求出 p 值。

　　當在眞空中鍍膜沉積於石英晶片面上時，膜厚增加量爲 Δd 值，其質量增加 Δm，相對振盪頻率產生變動量如公示 (13.62) 所示[62]。

$$\Delta f = -S \frac{\Delta m}{A} \tag{13.62}$$

其中，S 爲靈敏係數，負號代表膜厚增加時頻率將減少，A 爲石英晶片被鍍到的面積，若薄膜的堆積密度爲 p，則 $\Delta m = p \times \rho_B \times A \times \Delta d$，$\rho_B$ 爲薄膜之塊狀材料的密度。待破眞空後薄膜吸滿水氣，水氣充滿於薄膜空隙間，此時質量增加了 $\Delta m'$，則 $\Delta m' = (1 - p) \times \rho_{H2O}$

$\times A \times \Delta d$，ρ_{H2O} (水的密度) 為 1，使頻率再漂移的增加量為 $\Delta f'$，所以

$$p = \frac{\Delta f}{\Delta f + \Delta f' \rho_B} \tag{13.63}$$

又因為 $\Delta f = -S \times p \times \rho_B \times \Delta d$，$\Delta f$ 近似正比於 Δd，若頻率變化 $\Delta f'$，在膜厚計所顯示出的厚度變化為 $\Delta d'$，則

$$p = \frac{\Delta d}{\Delta d + \Delta d' \rho_B} \tag{13.64}$$

・方法四

　　此方法是利用薄膜吸收水氣前後光譜會漂移的情形來求得 p 值。目前較先進真空鍍膜機都配置有光譜量測的設備作為光學監控的儀器，可以運用此儀器量測製鍍薄膜光學厚度 ($n_f d_f$)，n_f、d_f 分別為薄膜折射率與幾何厚度，當光學厚度達四分之一波長 ($\lambda/4$) 的整數倍 m，光譜即有波峰或波谷出現。薄膜吸水前後光學厚度分別為

$$n_f d_f = [(1-p) + p\, n_s] d_f = m\frac{\lambda}{4} \tag{13.65}$$

$$n'_f d_f = [1.33(1-p) + p\, n_s] d_f = m\frac{\lambda'}{4} \tag{13.66}$$

其中 λ' 為破真空吸水後相對應波峰或波谷位置漂移的波長，若設 $\Delta\lambda = \lambda' - \lambda$ 為相對應於波峰或波谷波長改變量，將公式 (13.66) 及公式 (13.65) 相減再經簡單的運算，可得堆積密度為

$$p = 1 - \frac{\Delta\lambda}{\lambda} \times \frac{n_f}{0.33} \tag{13.67}$$

・方法五

　　由於含有水氣的薄膜在透射光譜 2.97 μm (約波數 3400 cm^{-1} 附近) 的位置會出現一個水氣吸收帶 (absorption band)，所以可利用水氣在波長為 2.97 μm 有吸收的情形來求得 p 值。首先量測透射光譜，實際測得在 2.97 μm 的透射率含有水氣的薄膜為 T 及不含水氣的薄膜為 T_0，然後利用公式 (13.68)，求得水氣在膜層中的密度，其中，α_w 為水氣吸收率為 1.27×10^4 cm^{-1}，d_f 為薄膜厚度[63]。

$$p_w = \frac{\ln\left(\dfrac{T_0}{T}\right)}{\alpha_w d_f} \tag{13.68}$$

p_w 即水氣在膜層中的體積比值。若薄膜的孔隙完全被水氣佔滿時，薄膜的堆積密度 p 則為

$$p = 1 - p_w = 1 - \frac{\ln\left(\dfrac{T_0}{T}\right)}{\alpha_w d_f} \tag{13.69}$$

在圖 13.33 中，MgF_2 薄膜紅外光譜在 3400 cm^{-1} 的值為 84%，即 T_0/T 為 1.19，則 $p_w =$ 30%，p 為 0.7。

除了利用水透射吸收光譜，若假設薄膜為均勻介質，孔隙甚小於光波長，也可以利用 Clausius-Mossotti 方程式推得堆積密度 p 與薄膜折射率的關係式如下[64]：

$$\frac{n_f^2 - 1}{n_f^2 + 2} = \frac{n_B^2 - 1}{n_B^2 + 2} p + \frac{n_w^2 - 1}{n_w^2 + 2} a(1-p) \tag{13.70}$$

其中，n_f 為薄膜的折射率，n_B 為塊材的折射率，n_w 為水的折射率，a 為膜層孔隙吸附水氣的比例。a 值介於 0 與 1 之間，當 $a = 0$，表示膜層在不含水氣情形之下，則

$$p = \left(\frac{n_f^2 - 1}{n_f^2 + 2}\right)\left(\frac{n_B^2 + 2}{n_f^2 - 1}\right) \tag{13.71}$$

而當 $a = 1$ 時，則表示膜層中的孔隙全部都充滿水氣。

・其他方法

橢偏儀是量測光學薄膜折射率很靈敏的工具，利用光的偏振特性入射到薄膜，量取光的振幅及相位變化。再將薄膜建立以水與薄膜塊材兩者折射率為主要物質作成混合膜模型，再由所建立的模型理論計算出振幅及相位變化與實驗值作擬合 (fitting)，如此可以找出水在薄膜中的比率 p_w，薄膜的堆積密度 p 自然可求出 ($p = 1 - p_w$)。

另外，從光學薄膜設計軟體改變其設計中薄膜的折射率，模擬光譜的漂移量可估算出堆積密度。圖 13.31 及圖 13.32 就是針對 MgF_2 作水氣吸收的修正，可推測出堆積密度約為 0.69[52]。

13.4.3 薄膜堆積密度的提高

由於水氣吸收是造成膜層結構緻密性不佳的主因，膜層形成柱狀結構。因此如果可以提升膜層的緻密性，減少柱狀結構的生成，使膜層的堆積密度達到理想值 ($p = 1$)，相對就會使水氣吸收的影響降低，去除薄膜的光學不穩定性，讓薄膜品質和效能達到最好。因爲一般所使用的熱蒸鍍法或電子槍熱蒸鍍法在鍍膜過程中，無法提供被鍍分子或原子足夠的動能在基板上或膜層上有效遷移。因此，可以將薄膜沉積時的溫度提高到 250－350 °C，增加沉積分子或原子在基板上的遷移率，堆積密度可因此提高到 0.9 以上。另一方法爲使用離子輔助蒸鍍 (IAD) 的方式進行改善，藉由離子源所提供的數十 eV 能量離子轟擊沉積於基板的材料分子或原子，使膜層緻密性增加，提高堆積密度，同時也會讓薄膜品質更好，如圖 13.35 所示，用端部霍爾 (end-Hall) 離子源以不同的離子束能量作離子輔助蒸鍍製鍍厚度 530 nm 的 MgF_2 薄膜，在基板不加熱的環境下，以公式 (13.68) 計算堆積密度由 0.77 提升到 0.86[65]。

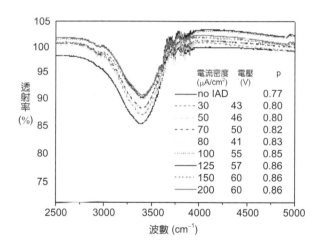

圖 13.35
使用離子束輔助熱蒸鍍法改善膜層堆積密度，FT-IR 紅外線光譜測量單層膜 MgF_2，並以基板 B270 作基線，在波數 3400 cm^{-1} 的透射率明顯的隨著離子輔助蒸鍍能量增加而上升，代表在薄膜中水氣減少，堆積密度增加。

13.5 顯微結構分析

電子顯微鏡爲材料顯微結構之主要分析儀器，其依放大倍率、解析度、試片型態及材料分析功能等要求，可概分爲穿透式電子顯微鏡 (transmission electron microscopy, TEM) 與掃描式電子顯微鏡 (scanning electron microscopy, SEM) 兩大類。二十世紀初期，隨著量子物理與晶體結構繞射理論之發展，Davisson 與 Germer 以電子繞射實驗證實了 de Broglie 提出的物質波理論。其後，第一部穿透式電子顯微鏡由 Ruska 與 Knoll 於 1932 年發表，歷經五十餘年，因穿透式電子顯微鏡在材料分析之應用日益重要，Ruska 於 1986 年獲諾貝爾獎。掃描式電子顯微鏡之技術發展歷程則與穿透式電子顯微鏡相仿。

第 13.5 節作者爲蕭健男先生及柯志忠先生。

對於薄膜材料之製程、可靠性與破壞程度等訊息，可藉由電子顯微鏡進行以下顯微結構分析而了解[66]。

1. 薄膜型態之粗略形貌，如厚度均勻性與階梯覆蓋性等。

2. 薄膜表面形貌，如晶粒尺寸與形狀、空孔與微裂縫等缺陷及附著情形等。

3. 截面觀察可了解多層膜結構、柱狀晶形貌、薄膜 / 基板介面、成核成長機制及元件尺寸與缺陷等。

4. 薄膜晶粒方位關係、微區成分、介面擴散及晶格影像原子解析度影像與成分分布等。

　　本文除介紹電子顯微鏡儀器系統、電子光學成像原理與新近高分辨穿透式電子顯微鏡 (high resolution transmission electron microscopy, HRTEM) 及高角度環場暗視野 (high angle annular dark field, HAADF) 等技術發展外，並導入光學薄膜、high k 薄膜材料及透明導電薄膜等先進薄膜製程之顯微結構分析實例。

13.5.1 穿透式電子顯微鏡

(1) 試片製備

　　進行穿透式電子顯微鏡分析的先決條件是取得合適之試片，於特定加速電壓及試片原子序之條件下，試片需夠薄，除能讓電子束穿透外，於操作中亦需具足夠的強度成像於影像偵測器。試片越薄、厚度均勻且薄區越大則越有利收集較大區域的影像、成分與結構等訊息。如 100 kV 之穿透式電子顯微鏡試片厚度約低於 100 nm，而高分辨穿透式電子顯微鏡則低於 50 nm，為減少試片之吸收效應則應低於 20 nm 以下。

　　一般試片製備方法有研磨、電解拋光、離子打薄 (ion mill) 及聚焦離子束 (focused ion beam, FIB) 等方法。其中聚焦離子束法能於特定目標區域取得適當試片且薄區厚度可均勻控制，廣泛應用於半導體元件、奈米材料及超硬材料等。

(2) 儀器架構

　　穿透式電子顯微鏡儀器系統一般可分為四部分：(1) 電子光源、(2) 電子光學系統 (electron optical system)、(3) 試片載台 (sample holder) 及 (4) 影像偵測與記錄系統，其各組件功能可對比於一般光學顯微鏡系統[67]，其光學系統比較圖如圖 13.36 所示。

・電子光源

　　電子槍可分為熱游離式 (thermionic source) 與場發射式 (field emission source) 光源，而電子槍燈絲選擇係考慮材料之功函數及高溫、高真空環境下之機械與化學穩定性等因素。目前常被使用的場發射式電子槍之燈絲針尖極細，增加電場後，使能障變小變薄，電子可直接「穿隧」通過能障離開陰極[68]，並由陽極進行電子束之吸取、聚焦及加速。另外，場發射式電子槍可視為點光源，球面波方向被侷限，相位接近，能量分布接近，

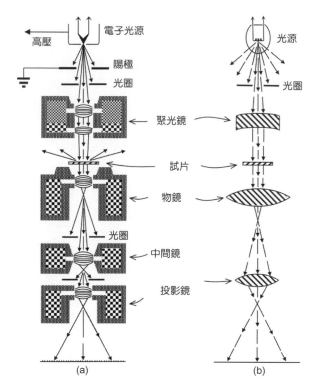

圖 13.36
穿透式電子顯微鏡儀器架構與光學顯微鏡系統比較圖，(a) 電子光學系統，(b) 光學系統。

波長接近 (近單色光)，故相干性 (coherency) 佳，且具有較高亮度 (brightness)，操作時將電子束會聚至奈米級尺度時，電流密度亦較高，可以由原子尺度分析物質的形貌、結構與化學成分，從而了解材料奈米微區顯微結構變化與其巨觀性質的關係。其功能與特點如下：

1. 電子束相干性佳，可得到高解析高對比之原子影像。
2. 電子束可會聚至 1 nm 或更小，提供奈米微區之晶體結構繞射分析。
3. 電子束收斂角度小，可提供更清晰的收斂束電子繞射影像 (convergent beam electron diffraction, CBED)，解析三度空間晶體結構。
4. 能量解析度佳，提供奈米級微區之 X 光能量分布光譜儀 (X-ray energy dispersive spectroscopy, EDS) 及電子能量損失光譜儀 (electron energy loss spectroscopy, EELS) 成分分析。
5. 可搭配高角度環場暗視野偵測器收集掃描穿透式電子顯微鏡 (scanning transmission electron microscopy, STEM) 繞射模式下的高角度散射電子成像。

· 電子光學系統

　　此系統包含電磁透鏡與光圈組合，如：聚光鏡 (condenser lens)、物鏡 (objective lens)、中間鏡 (intermediate lens) 及投影鏡 (projective lens) 與相關對應光圈。依據電子光

學中電子束可爲磁場偏折而聚焦之原理，電磁透鏡之功能如同光學系統中之玻璃透鏡，調整電磁透鏡電流 (磁場) 則可改變其焦距或倍率，一般而言，加速電壓越高則需要較強磁場以偏折電子束。而藉由電磁透鏡系統與光圈之組合則可控制成像 (影像解析度、對比、景深)、繞射 (繞射區選擇) 及成分分析 (收集角) 等所需訊號。另與玻璃透鏡相同，電磁透鏡亦具有球面像差 (spherical aberration)、色像差 (chromatic aberration) 與散光 (astigmatism) 等重要像差。

· 試片載台

　　試片載台通常爲側面置入 (side entry)，若需進行材料相變態或動力學等實驗，則可依需要配備可調整溫度、電壓或電流、應力或工作氣體等條件之特殊載台。

· 影像偵測與記錄系統－螢幕或影像處理系統。

(3) 傳統式穿透式電子顯微鏡成像原理

　　考慮物質波之粒子屬性，電子束與試片作用後，產生直射電子束及試片中參與繞射晶格平面並滿足 Bragg 定律之繞射電子束等彈性散射行爲，再經物鏡聚焦於後聚焦平面 (back focal plane) 形成繞射圖形 (diffraction patterns)，並於成像平面 (image plane) 成像。在操作上，常以改變中間鏡電流方式使中間鏡聚焦於物鏡之後聚焦平面或成像平面，再分別觀察繞射圖形或放大像[69]。圖 13.37 顯示兩種基本穿透式電子顯微鏡影像系統之操作模式[70]。

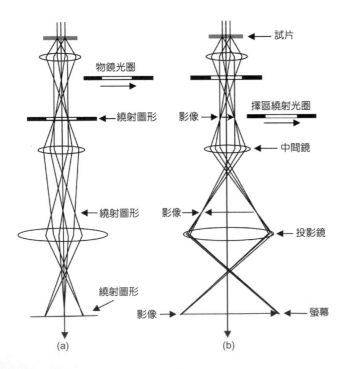

圖 13.37
二種基本穿透式電子顯微鏡影像系統之操作模式，(a) 繞射模式及 (b) 影像模式。

　　傳統穿透式電子顯微鏡電子束與試片作用後依不同繞射條件形成影像，稱爲繞射對比 (diffraction contrast) 成像。以物鏡光圈 (objective aperture) 遮擋繞射電子束，由直射電子束通過成像，稱爲明視野影像 (bright field image)；而遮擋直射電子束，由繞射電子束通過成像，則稱爲暗視野影像 (dark field image)。傳統暗視野影像因繞射電子束偏離光軸成像，有像差、散光及影像不易聚焦之問題，在操作實務上，可以傾斜 (tilt) 物鏡光圈以上之電子束 (傾斜角度與參與繞射晶面角度相同) 使繞射電子束平行光軸成像以改善影像品質，此技術稱爲 centered dark field (CDF)。在晶體結構分析方面，一般於影像中以中間鏡光圈圈選特定微小區域組織後得到其擇區繞射圖形 (selected area diffraction patterns) 進行分析，可得到微區晶體結構或方位關係等訊息。圖 13.38 表示前述藉由控制物鏡與光圈組合成像之光路圖 (a) 由直射電子束成像之明視野像[70]。

　　考慮實際分析實例，圖 13.39 爲兩相同晶體結構雙晶組織之穿透式電子顯微鏡[71]。一般而言，純粹以明視野像觀察材料顯微結構，而僅將穿透式電子顯微鏡作爲一放大鏡的分析工作，只發揮穿透式電子顯微鏡之部分功能且所得訊息並不夠客觀詳細，必須進一步分析其擇區繞射圖形方能鑑別各相之晶體結構與其於空間中之方位關係。

　　圖 13.39(d) 爲微雙晶組織的繞射分析，由圖中可以發現兩個完全對稱、共域軸 (zone axis) 皆爲 [011] 的體心立方 (BCC) 結構繞射圖形，從一晶體的 (211) 面 (另一晶體爲 (211) 面) 完全鏡射可得到另一晶體。傳統描述不同晶體的方位關係，通常是使用空間結構中相互平行的兩個面，及個別位於此兩個面上相互平行方向，例如 FCC 和 BCC 兩個晶體間之 KS/NW 方位關係。然而對於結構相同的兩個晶體，若此兩晶體之晶格沒有相互重合，則可使其一晶體晶格對某一軸旋轉一個角度，剛好和另一晶體晶格完全重合。因此我們可用一旋轉軸及旋轉角度來描述兩結構相同晶體方位關係，此即軸角對 (axis-angle pair) 概念[72]，兩相同晶體之雙晶方位關係可以此解釋。

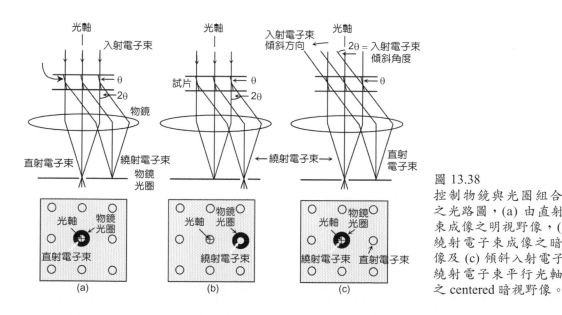

圖 13.38
控制物鏡與光圈組合成像之光路圖，(a) 由直射電子束成像之明視野像，(b) 由繞射電子束成像之暗視野像及 (c) 傾斜入射電子束使繞射電子束平行光軸成像之 centered 暗視野像。

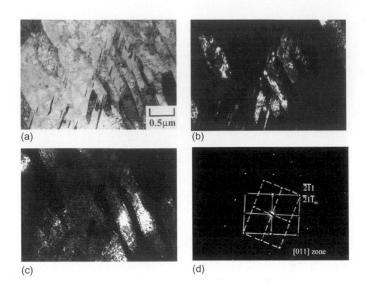

圖 13.39
雙晶組織之穿透式電子顯微鏡 (a) 明
視野像，(b)、(c) centered 暗視野像及
(d) 擇區繞射圖形。

使用軸角對分析，可以得到轉換矩陣：

$$(AJB)=\begin{bmatrix} 0.333405 & -0.666649 & 0.666649 \\ 0.666649 & 0.666702 & 0.333298 \\ -0.666649 & -0.333298 & 0.666702 \end{bmatrix} \qquad (13.72)$$

反矩陣：

$$(BJA)=\begin{bmatrix} 0.333405 & 0.666649 & -0.666649 \\ -0.666649 & 0.666702 & 0.333298 \\ 0.666649 & 0.333298 & 0.666702 \end{bmatrix} \qquad (13.73)$$

由其對應 24 組軸角對關係 (表 13.4) 可發現在第一組 ⟨011⟩/70.5° 及第二十四組軸角
對 ⟨211⟩/180°、第四組 ⟨111⟩/180°，可在圖 13.39(d) 上相對應。另外圖 13.39(d) 亦對應 24
組軸角對中包括第十六組軸角對 ⟨121⟩/180°、第二十一組 ⟨113⟩/146.4°。由此可驗證軸角
對的描述並不會隨著入射電子束方向 (繞射面 zone 方向) 而改變。

將 (AJB) 提出一分數使矩陣內為最小整數，可得：

$$(AJB)=(1/3)\begin{bmatrix} 1 & -2 & 2 \\ 2 & 2 & 1 \\ -1 & -1 & 2 \end{bmatrix} \qquad (13.74)$$

表 13.4 軸角對。

No.	Axis			Angle
1	.000	.7071	.7071	70.5
2	-.7071	-.0001	-.7071	70.5
3	.4083	-.0001	.8165	180.0
4	.5773	.5774	.5774	180.0
5	.315	-.9045	.3015	146.4
6	.9045	-.3015	-.3015	146.4
7	-.7071	.7071	.0000	109.5
8	.3015	.9045	.3015	146.4
9	-.9045	-.3015	-.3015	146.4
10	.7071	-.7071	-.0001	70.5
11	.0000	-.4472	.8944	131.8
12	.4472	.0000	-.8944	131.8
13	.7071	.0000	.7071	109.5
14	-.3015	.3015	-.9045	146.4
15	.5773	.5773	-.5773	60.0
16	.4083	.8165	.4083	180.0
17	-.8944	-.0000	.4472	131.8
18	-.4472	-.8944	.0000	131.8
19	-.5773	-.5774	.5773	60.0
20	.0000	-.7071	-.7071	109.5
21	-.3015	.3015	.9045	146.4
22	.8944	.4472	-.0000	131.8
23	-.0000	.8944	-.4472	131.8
24	.8165	.4082	.4082	180.0

可知共位晶界參數 (coincident site boundaries number) $\Sigma = 3$，亦即雙晶之兩晶體間每三個原子即有一原子重合。

在分析實務方面，首先以光學薄膜製程爲例，爲製鍍高穿透率及低雜散光之帶通濾光鏡，設計上需由短波通及長波通濾光鏡 (所需膜堆數視光譜規格而訂) 交疊而成，並於製程中依規格要求調整短波通及長波通之監控波長，以得到帶通濾光鏡之半高寬值與中心波長[73]。由於製程及後續光機鏡組組裝等因素之考慮，短波通及長波通膜堆經常需製鍍於基板單面，使製程時間延長，薄膜厚度監控之精確度亦受光學監控光源穩定度及機台可靠度影響。圖 13.40 爲以離子束輔助蒸鍍帶通濾光鏡之高、低折射率材料交疊多層薄膜 TEM 影像，可分析各短波通及長波通膜堆厚度監控之準確性。

另外隨著半導體元件的體積變得越來越小，電路結構亦變得越來越複雜，元件之線寬已跨入奈米尺度，先進奈米薄膜製程與分析技術之發展受到重視。舉例而言，電晶體之 SiO_2 閘極 (gate oxide) 目前已逼近 1.6 nm 之理論臨界厚度，若隨元件縮小而低於此厚度將引發穿隧效應產生漏電流，因此限制了未來半導體奈米製程技術進一步發展。針對此一困境，目前最常見之解決方法係以高介電材料 (high k) 取代傳統 SiO_2 材料 (k~3.9)，

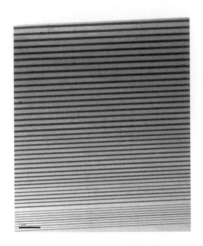

圖 13.40
離子束輔助蒸鍍帶通濾光鏡之高、低折射率材料交疊多層薄膜
穿透式電子顯微鏡影像。

以減少介電層的等效氧化層厚度 (effective oxide thickness, EOT)，降低介電層漏電流
(leakage current)，惟其高溫穩定性及與矽材料之匹配性仍尚待提升。未來半導體薄膜製
程技術將朝向大面積、日趨縮減的奈米級線寬、更薄的介電薄膜及更嚴苛的厚度均勻性
等方向演進，這些門檻無疑對現有製程是一種挑戰，傳統的物理氣相沉積與化學氣相沉
積等薄膜製程必須改良，才能符合需求。原子層沉積法 (atomic layer deposition, ALD) 目
前受到廣泛注意，其具有大面積、高階梯覆蓋率、高厚度均勻性、低溫製程及原子級膜
厚控制等特性，除了可以有效解決上述超薄高介電材料鍍膜需求外，亦可應用於半導體
奈米製程技術之銅擴散阻絕層 (如氮化鉭阻障層 (TaN barrier layer))、複雜的 DRAM 電容
結構及微機電元件等技術所需之高深寬比均勻鍍膜製程。前述應用之材料顯微結構分析
十分不易，且通常需包含奈米尺度定位之試片製作與其對應微區之形貌、結構與成分分
析技術，目前則僅能以聚焦離子束系統定位製作試片並以場發射穿透式電子顯微鏡配合
適當成分分析系統進行之。圖 13.41 則是利用場發射穿透式電子顯微鏡高倍率的分析能
力觀察以原子層磊晶系統於矽基板上成長 Al_2O_3 high-k 材料之薄膜厚度。

圖 13.41
以原子層磊晶系統於矽基板上成長 Al_2O_3 high-k
材料之穿透式電子顯微鏡明視野像。

　　在透明導電薄膜分析方面，目前的材料應用以銦錫氧化物 (indium tin oxide, ITO) 為主流，而同樣具有高穿透率和高導電特性的新式銦鋅氧化物 (indium zinc oxide, IZO, $In_2Zn_yO_{3+y}$)，在低於製程溫度 300 °C 以下仍呈現非晶質 (amorphous)，在元件製程中薄膜內部呈現較低的殘餘應力與維持較低薄膜粗糙度，提高了 IZO 薄膜在未來顯示器材料應用的潛力。圖 13.42 為以多靶平行濺鍍系統濺鍍功率為 250 W 條件成長的 IZO 薄膜顯微結構；圖 13.42(a) 明視野像表示 IZO 薄膜層並無明顯的影像對比，而圖 13.42(b) 顯示 IZO 薄膜層的擇區繞射分析，可清楚觀察到電子繞射圖為環形圖案 (ring pattern)，顯示 IZO 薄膜為具有極小的結晶尺寸。其中 (222) 具有較高的繞射強度，此結果與其 X-ray 繞射圖吻合[74]。

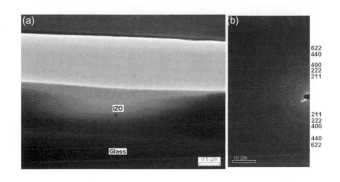

圖 13.42
離子束輔助濺鍍 IZO 透明導電薄膜之穿透式電子顯微鏡，(a) 明視野像及 (b) 擇區繞射圖形。

(4) 高分辨穿透式電子顯微鏡

　　考慮物質波之波動屬性，高亮度、高電流密度且相干性佳之電子束與試片交互作用後，受試片原子靜電位能影響而改變其方向、波長與相位，相互疊加後產生繞射 (類似波動光學之多狹縫繞射)，電子束繼續前進並為物鏡於後焦面聚焦為繞射圖形 (視為另一次傅利葉展開)，此時以物鏡光圈同時圈選直射電子束與繞射電子束 (即高低頻訊號均接收) 使其互相干涉而對應試片晶格平面成像 (視為另一次傅利葉展開) 為具週期之條紋，稱為晶格影像 (lattice image)，其影像對比與傳統穿透式電子顯微鏡不同之處在於，高分辨穿透式電子顯微鏡係由直射與繞射電子束經透鏡與光圈系統後相互干涉成像，稱為相位對比 (phase contrast)。有別於傳統的繞射對比，電子束間的相位關係對成像品質有重要影響。

　　電子顯微鏡之解析度目前約為 0.2 nm 或更佳，已與材料原子間距相近，在實際的觀察中，因適當試片製備困難與儀器像差等因素，不容易直接得到具晶體結構訊息的原子排列影像。一般條件下得到的是前述對應試片晶格平面之晶格影像，其亦包含對應單位晶胞尺度之訊息，搭配擇區繞射圖形亦能鑑定材料晶體結構，足以提供一般材料相變態研究或工業應用分析所需訊息。圖 13.43 為奈米級析出物之高分辨穿透式電子顯微鏡影像[75]，其鋸齒狀之條紋稱為 Moire fringe，係因電子束照射於兩晶格參數或方向有小偏差之重疊晶體而產生。另外，圖 13.44 為以電漿輔助化學束磊晶系統於 (0001) 藍寶石基板成長一維單晶氮化鎵奈米柱之高解析穿透式電子顯微鏡，由圖中可知氮化鎵奈米柱係沿基板最密堆積面方向成長[76]。

　　高分辨穿透式電子顯微鏡之影像品質受欠焦 (電磁透鏡讓高、低頻訊號通過之比例)、球面相差、色相差及光源相干性等因素影響，其整合效應表示為透鏡轉移函數 (lens contrast transfer function)：

$$T(H) = \exp\left(i\pi\lambda\Delta fH^2\right)\exp\left[i(\pi/2)C_s\lambda^3H^4\right]\exp\left(-\pi^2\Delta^2\lambda^2H^2/2\right)$$
$$\exp\left[-\pi^2\left(\alpha/\lambda\right)^2 q/\ln(2)\right] \tag{13.75}$$

其中前二項欠焦 $\exp\left(i\pi\lambda\Delta fH^2\right)$ 與球面相差 $\exp\left[i(\pi/2)C_s\lambda^3H^4\right]$ 造成電子束之相位差，而後二項色相差 $\exp\left(-\pi^2\Delta^2\lambda^2H^2/2\right)$ 及光源相干性 $\exp\left[-\pi^2\left(\alpha/\lambda\right)^2 q/\ln(2)\right]$ 則造成振幅衰減。

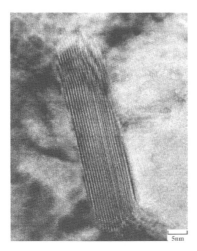

圖 13.43 奈米級析出物之高分辨穿透式電子顯微鏡影像 (Moire fringe)。

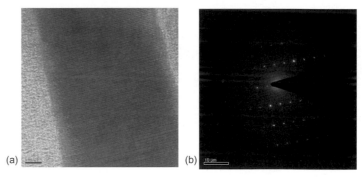

(a)　　　　　　　　　　　　(b)

圖 13.44 一維單晶氮化鎵奈米柱之高分辨穿透式電子顯微鏡，(a) 影像及 (b) 擇區繞射圖形。

　　雖然先進國家積極發展具球面像差修正器之高分辨穿透式電子顯微鏡，現行則多僅能調整欠焦，因此高分辨原子結構影像除受試片厚薄與儀器像差等因素改變電子束振幅與相位有所影響外，原子實際所在位置亦隨著調整欠焦值而有不呈現 (亮、暗對比)[77]。

　　高分辨穿透式電子顯微鏡之原子結構一般由軟體模擬比對決定，取得電子繞射圖形後，先假設一種可能之結構模型，再模擬試片出口波之位能狀態 (多層法 (multi slice simulation))，計算影像後與實驗值比對。

　　先進穿透式電子顯微鏡之儀器開發目前往原子級解析度分析技術發展，以美國國家電子顯微鏡中心 (National Center of Electron Microscope, NCEM) 主導之 TEAM (Transmission Electron Aberration-Corrected Microscopy) 計畫爲例，所建置之原子級解析度結合了場發射電子槍光源、單色器、球面相差修正器等組件，目標解析度爲 0.5Å，希望提供一個無相差的材料研究環境，進行原子影像、電子結構與鍵結等研究。

(5) 高角度環場暗視野

　　高角度環場暗視野技術爲掃描穿透式電子顯微鏡近期發展之一項重要功能，此技術係藉由相干性佳之電子束光源與試片作用後於高角度 (75–150 mrad)，以高角度環場暗視野偵測器偵測非相干彈性散射電子 (incoherent elastic scattering electron) 所提供之熱擴散散射 (thermal diffuse scattering, TDS) 訊號成像。不同於高分辨穿透式電子顯微鏡以由直射與繞射電子束經透鏡與光圈系統後相互干涉成像之相干影像 (coherent image)，高角度環場暗視野技術則以所收集互不相干涉訊號成像，稱爲非相干影像 (incoherent image)，此影像強度與原子序平方成正比，稱爲原子序對比 (Z-contrast)，故可分辨出不同原子之排列情形，達到原子級解析度。一般認爲此項技術無像差 (非相干影像解析度較高且欠焦敏感度較低)，不需進行影像處理即可分辨原子影像，惟實務上仍需考慮欠焦及訊號偵測角度等因素，再進行模擬成像。如圖 13.45 爲以 HAADF 技術取得之 Si 原子排列影像。

　　前述非相干彈性散射電子所提供之熱擴散散射訊號爲晶格熱振動之彈性散射波，其於高角度並不互相干涉 (即不加強或減弱)，可提供各別原子訊息。另因物鏡中之橫向相干長度 (transverse coherence length, TCL) 亦會影響非相干影像，掃描穿透式電子顯微鏡中之收集光圈 (collection aperture) 大於布拉格角 (Bragg angle)，且 TCL 小於原子間距，故各訊號波間互不相干涉。

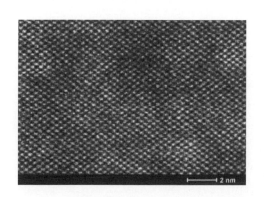

圖 13.45
以高角度環狀暗視野 (HAADF) 技術取得之矽原子排列影像。

非相干影像之影像強度表示為 $I(R) = O(R)^2 \times A(R)^2$，可先處理 $A(R)^2$ 後得到對應 $O(R)^2$ 之材料本質訊息，而高解析穿透式電子顯微鏡為相干影像，其影像強度表示為 $I(R) = \{O(R) \times A(R)\}^2$，較難各別處理原子訊息。

另熱擴散散射為原子熱振動之訊號，將試片傾斜至低指向方位 (exact zone)，因電子振動頻率遠低於原子振動頻率，一串原子之振動情形可能被記錄如下：

$$\sigma_{TDS} \propto \left[f(s) \right]^2 \cdot \left[1 - \exp\left(-2M \cdot s^2 \right) \right] \tag{13.76}$$

其中 $f(s)$ 為原子結構因子 (atomic structure factor)，M 為原子 Debye-Waller 因子 (原子熱振動振幅平方)，而 $s = \sin\theta/\lambda$ 與散射角 (scattering angle, 2θ) 相關。

而所成像之影像強度則正比於一串原子之振動 (TDS) 情形，以公式 (13.77) 表示，並正比於 Z 平方值。

$$I_x^{\text{TDS}}(s) = \left| f_x(s) \right|^2 \left\{ 1 - \exp\left[-2M_x(s) \right] \right\} \tag{13.77}$$

其中 $f_x(s)$ 為原子 x 之原子結構因子，$M_x(s)$ 為原子 x 之 Debye-Waller 因子。

最後再經軟體進行影像重建 (image deconvolution)，除去儀器貢獻訊號 (probe function)，保留材料之本質訊息 (object function)，即獲得電子束與試片作用後之位能分布，則可得到材料之原子級解析度影像與各原子串濃度分布之百分比等訊息[78]。

13.5.2 掃描式電子顯微鏡

在材料顯微結構分析技術中，掃描式電子顯微鏡因試片製備簡易、可提供一般所需之放大倍率、解析度、可加裝成分分析功能及操作方便等因素，使用率相當高。掃描式電子顯微鏡另一重要特性是具極佳的景深 (depth of field)，約為光學顯微鏡的 300 倍，使其適合觀察試片之表面形貌或破損分析 (failure analysis)。目前掃描式電子顯微鏡技術朝向場發射光源、低電壓、低真空與自動化等方向發展。

掃描式電子顯微鏡之儀器系統與穿透式電子顯微鏡於試片以上的架構設計相似，於真空系統中由電子槍發射電子束，經電磁透鏡聚焦，以光圈選擇電子束的尺寸，通過一組掃描線圈，再經物鏡聚焦後，掃描試片。其成像原理則與穿透式電子顯微鏡有所不同，電子束與試片交互作用後，激發出二次電子 (secondary electron) 與背向散射電子 (backscattered electron)，這些訊號分別為偵測器偵測，經放大器處理放大後送到陰極射線管成像。因掃描線圈電流與陰極射線管對應線圈電流同步，故於螢幕上顯示之亮度與對比，係根據電子束掃描試片表面後偵測器所偵測之電子訊號強度而調變，因此試片表面的形貌特徵可同步成像。如圖 13.46 為以原子層磊晶系統於矽基板上成長氧化鋁奈米薄膜球殼之掃描式電子顯微鏡影像。

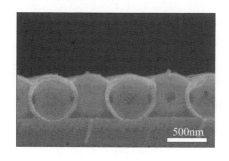

圖 13.46
以原子層磊晶系統於矽基板上成長氧化鋁奈米薄膜球殼之掃描式電子顯微鏡影像。

13.6 薄膜粗糙度

對光學薄膜的基本要求為必須能滿足幾項條件：(1) 吸收率小、透明度 (transparency) 高，(2) 折射率 (refractive index) 變化小，(3) 堆積密度 (packing density) 高，(4) 散射率 (scattering ratio) 小，(5) 材質均勻度 (uniformity) 高，(6) 良好的附著力 (adhesive force)、硬度 (hardness) 與抗擦性 (abrasion resistance)，(7) 應力 (stress) 小，(8) 化學穩定性高，(9) 抗輻射損傷 (radiation damage resistance) 能力高。

薄膜品質檢測過程中，藉由薄膜粗糙度的量測統計分析，可以進一步計算表面散射量與散射損耗值的關係[79,80]。經由觀察薄膜的微觀結構，可以得知組成膜層之晶態、晶粒大小、堆積密度及均勻度，皆為影響膜層折射率的重要原因。透過奈米壓痕 (nanoindenter) 檢測，可獲知材料的彈性係數、微硬度、磨耗特性及微結構之附著強度等[81-86]。近年來對於量測儀器的精度要求日趨嚴苛，檢測範圍小至 100 nm (10^{-7} m) 以下，直到原子尺度 (atomic resolution, 10^{-10} m)。其中掃描探針顯微術 (scanning probe microscopy, SPM) 為八〇年代發展的一種材料表面特性檢測儀器的總稱，主要用以觀察材料表面的各種特性。由於解析度達到奈米等級，甚至原子等級，對於材料的檢測條件限制少，而且在一般大氣環境下即可進行檢測，屬於非破壞性檢測，可作為製程中段監測品質使用，是故其應用領域逐年不斷擴展。

1972 年發明的探針式輪廓儀 (stylus profilometer) 建立了掃描探針顯微術的雛型，後續有了掃描電子顯微術 (scanning electron microscopy, SEM) 與勞倫茲顯微術 (Lorentz microscopy)。不過，掃描探針顯微術真正達到原子級的解析度，則是在 1982 年由瑞士 IBM 蘇黎式 (Zurich) 研究實驗室的兩位研究員 Gerd Binnig 和 Heinrich Rohrer 所提出的構想，其發明的掃描穿隧電流顯微術 (scanning tunneling microscopy, STM)，藉由量測探針針尖與樣品表面間的穿隧電流變化，進一步轉換成表面形貌的影像，可應用於導體材料的檢測[87,88]。1986 年 Gerd Binnig 和 Heinrich Rohrer 兩人與電子顯微鏡發明人 Dr. Ernst Ruska 共同獲得諾貝爾物理獎。

此後，各種用途之掃描探針顯微術相繼建立，並應用於材料表面不同的特性，其延伸技術包括原子力顯微術 (atomic force microscopy, AFM)、側向力顯微術／摩擦力顯微術 (lateral force microscopy, LFM／friction force microscopy, FFM)、磁力顯微術 (magnetic force

---

第 13.6 節作者為蘇健穎先生。

microscopy, MFM)、靜電力顯微術 (electrostatic force microscopy, EFM)、掃描近場光學顯微術 (near-field scanning optical microscopy, NSOM)、導電性原子力顯微術 (conductive atomic force microscopy, CAFM)、掃描電容顯微術 (scanning capacitance microscopy, SCM) 等。SPM 發展至今種類繁多，主要分成掃描穿隧顯微術 (STM) 與掃描力顯微術 (scanning force microscopy, SFM) 兩大類及其延伸技術，檢測特性涵蓋表面形貌尺度、電性、磁性、熱學特性、力學特性與光學特性等，其相關掃描探針顯微術及對應檢測特性如表 13.5 所列。

表 13.5 各式掃描探針顯微術一覽表。

簡稱	全名	中文名稱	檢測特性
STM	Scanning Tunneling Microscopy	掃描穿隧顯微術	穿隧電流
AFM	Atomic Force Microscopy	原子力顯微術	凡得爾瓦力
LFM	Lateral Force Microscopy	側向力顯微術	摩擦力
FFM	Friction Force Microscopy	摩擦力顯微術	摩擦力
FMM	Force Modulation Microscopy	力調變顯微術	表面彈性
MFM	Magnetic Force Microscopy	磁力顯微術	磁力
EFM	Electrostatic Force Microscopy	靜電力顯微術	靜電力
NSOM	Near-field Scanning Optical Microscopy	近場光學顯微術	近場光學特性
CAFM	Conductive Atomic Force Microscopy	導電性原子力顯微術	導電電流
PFM	Piezoelectric Force Microscopy	壓電反應力顯微術	壓電反應力
SCM	Scanning Capacitance Microscopy	掃描電容顯微術	載子濃度分布
KFM	Kelvin probe Force Microscope	表面電位顯微術	表面電位
SThM	Scanning Thermal Microscopy	熱分布顯微術	熱分布
…	…		…
−	Nanoindenter	奈米壓痕	彈性係數、微硬度、磨耗特性、附著性

以原子力顯微術 AFM 為例 (基本架構如圖 13.47 所示)，其解析度可達到原子級，成為直接觀察奈米尺度粒子的一項重要工具，包括半導體、金屬甚至介電材料等樣品都是有效的應用範圍[89]。AFM 系統組件主要包含微探針、感測模組、精密掃描平台與控制系統等四個部分。AFM 是利用探針尖端與試片表面間的原子力，即凡得瓦爾力 (Van der Waals force) 的原理，量測待測物的表面微小結構。所使用的微機電製程 (MEMS) 探針比 STM 的金屬探針更為尖銳，當探針與樣品表面的距離，小至原子力的作用有影響而不可忽略時，便產生非接觸的相對吸引力或相對排斥力。藉由在試片表面掃描過程中，即時紀錄掃描裝置於懸臂上下偏移時，所進行精密的高度回饋動作，進而產生樣品表面形貌的三維立體影像。AFM 幾乎不受成像環境的限制，不論是在大氣、真空或者是液面下皆能進行操作，且分析的樣品不限定是導體。因此 AFM 為目前最方便、被使用最廣泛的 SPM 之一，且相對而言維護比較容易，在維護成本上遠低於其他奈米尺度檢測設備。

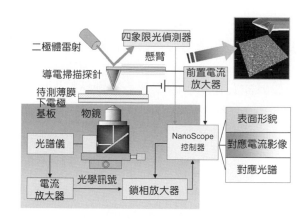

圖 13.47
原子力顯微術 AFM 的基本架構圖。

AFM 除了表面形貌的影像擷取功能之外，亦可進行粗糙度統計 (roughness)[90,91]、縱向截面分析 (section analysis)、橫切面區域統計 (bearing)、高度統計分布 (histogram)、用於薄膜厚度檢測的階高分析 (step-height analysis)[92]、週期性微結構相干程度分析 (correlation)、用於檢測晶格結構之傅立葉分析 (Fourier analysis)、粒徑分析 (grain analysis) 及材料特性之力曲線分析 (force curve) 等。

表面粗糙度統計中，以粗糙度均方根值 (root-mean-square roughness) 爲最常被使用。平均高度 z_0 如公式 (13.78) 所示，定義其爲平均零位面所在高度。假定區間內 N 爲離散且等間距，則粗糙度均方根值 δ 定義爲公式 (13.79) 所示。

$$z_0 = \left(\frac{1}{N} \right) \sum_{i=1}^{N} z_i \tag{13.78}$$

$$\delta = \sqrt{\frac{1}{N} \sum_{i=1}^{N} (z_i - z_0)^2} \tag{13.79}$$

其中，z_i 爲表面任一點的高度。由此可知平均高度必須先求得，以進一步計算粗糙度均方根值。對於具有波長較長的空間波長 (spatial wavelengths) 所組成的面，粗糙度均方根值與統計區域大小有關。假如每一個 z_i 值代表各個小區域的高度平均值，則粗糙度均方根值與各個區域所取的大小有密切關係。歸納得知，粗糙度均方根值的計算與下列主要因素有關：(1) 統計區域的大小 (包含最大空間組成波長)，(2) 選取統計區域的位置與橫向解析度的高低，(3) 取樣距離的大小 (資料點之間的距離)。因此即使對於同一個表面，粗糙度均方根值也會隨著檢測條件的差異而有所不同。

平均粗糙度 (average roughness, R_a) 通常用於加工表面的統計，其定義爲

$$R_a = \frac{1}{n} \sum_{i=1}^{N} |z_i - z_0| \tag{13.80}$$

如果待測表面沒有特別凸起或凹陷的形貌，表面高度分布與平均零位面接近時，粗糙度均方根值 δ 與平均粗糙度 R_a 會近似。反之，表面高度分布與平均零位面差距較大時，則 δ 會大於 R_a 值。

十點平均粗糙度 (ten-point height, R_z) 適用於表面有特別高的凸起或特別低的凹陷，計算方式取最高、最低高度與平均零位面的高度差各五點，最後再計算平均值即為 R_z；對於有兩點以上最大高度差者，且對於粗糙度統計有顯著影響的表面特別適用[93]。

求取粗糙度均方根值 δ 的平均值時，需先瞭解要檢測多少次數才具有代表性，這與表面高度分布的均勻性有關聯，即根據各檢測位置 δ 的差異性決定。若平均值為 δ_{AV}，則平均差 (average deviation, AD) 為公式 (13.81) 所示，一般而言光滑表面的平均差與 δ_{AV} 的比值約 0.10－0.20 之間。並且可在檢測統計 δ 的過程中，不斷循環計算得知標準差 (standard deviation, SD)，如公式 (13.82) 所示。每次輸入一個新的 δ 值時，當標準差增加超過 50% 時，則必須移除這個 δ 值，再用保留下來的 δ 值重新計算一次。

$$\text{AD} = \left(\frac{1}{N}\right)\sum_{i=1}^{N}|\delta_i - \delta_{AV}| \tag{13.81}$$

$$\text{SD} = \left\{\frac{1}{N(N-1)}\left[N\sum_{i=1}^{N}\delta_i^2 - \left(\sum_{i=1}^{N}\delta_i\right)^2\right]\right\}^{1/2} \tag{13.82}$$

由薄膜粗糙度統計分析，可以進而推算表面散射量與散射損耗值的關係。如圖 13.48 所示，薄膜表面微結構分布情形可分解為 (a)、(b) 與 (c)。(a) 代表在縱軸高度方向上高頻變化的不規則表面，是造成散射的主因，(b) 與 (c) 是代表有規則的各種不同波長的正弦波變化表面，主要影響入射光波前相位的變化。

全反射係數 (total reflectance, R_0)、鏡面反射係數 (specular reflectance, R_s) 與漫反射係數 (diffuse reflectance, R_d / all scattered light) 的關係式為

$$R_0 = R_s + R_d \tag{13.83}$$

對於非常光滑的表面而言，$R_s/R_0 \to 1$。由公式 (13.83) 計算得到

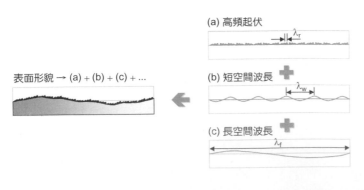

圖 13.48
薄膜表面微結構分布情形。

$$R_s = R_0 \exp\left[(-4\pi\delta/\lambda)^2\right] \approx R_0 \left[1 - (4\pi\delta/\lambda)^2\right] \tag{13.84}$$

$$\frac{R_d}{R_0} = \frac{(R_0 - R_s)}{R_0} = 1 - e^{-(4\pi\delta/\lambda)^2} \approx \left(\frac{4\pi\delta}{\lambda}\right)^2 \approx \frac{R_d}{R_s} \tag{13.85}$$

薄膜成長過程是沿著基板表面逐漸堆疊沉積，基板表面平整度對於成膜表面的影響不言而喻，另外沉積能量、速率與均向性的差異同樣會造成表面粗糙度的變化。因此，起因於表面粗糙度的散射問題，爲以上眾多因素總成的結果[94-96]。

13.7 結晶性與應力

在薄膜製鍍的過程中時常會伴隨著應力的產生，其影響著薄膜日後所展現出來的特性，最直接的關聯則爲薄膜與基板之間附著力的問題，殘留應力 (residual stress) 過大則薄膜表面容易造成龜裂甚至剝落，使得元件失效。因此薄膜應力的生成與量測的方式經常成爲鍍膜工程中的重要考量因素，其應力的來源主要可分爲熱應力 (thermal stress)、相變化應力 (stress due to phase transformation)、磊晶應力 (epitaxial stress) 及本質應力 (intrinsic stress) 等[97]。

在薄膜製鍍過程中，薄膜和基板都相對處於較高的溫度，當製鍍完成時基板與薄膜冷卻至常溫，但因基板與薄膜的熱膨脹係數不同而產生熱應力累積的效應。相變化所產生的應力則是由於相變化伴隨著體積膨脹應變，因而成爲薄膜應力的來源。磊晶應力則是由於薄膜與基板界面處晶格常數不匹配所造成。另外薄膜成長過程中所形的各種結構缺陷，例如空孔、插入型原子、取代型原子、差排、晶界等皆會造成本質應力的產生。

量測薄膜內應力的原理大致上可分爲三類：繞射法、機械法及干涉法。繞射法爲量測薄膜晶面間距的變化量來求得薄膜應力，因爲晶面間距的變化量是用 X-ray 或電子繞射來確定的，繞射法只適用於測定結晶薄膜；而機械法及干涉法則由鍍膜過程中基板或薄膜受應力作用後彎曲程度的變化來推算，因此對非晶質薄膜亦能適用。

13.7.1 X 光繞射法

正弦平方法 (method of $\sin^2\psi$) 爲常用的 X 光繞射量測薄膜內應力方式[98,99]，當繞射晶面 (hkl) 旋轉 ψ 角，再利用布拉格定律 (Bragg's law：$2d_{hkl}\sin\theta = n\lambda$) 求得晶面間距 d_{hkl} 之變化來決定之。傳統的 $\sin^2\psi$ 法還是有些缺點與限制，例如薄膜之繞射光強度太弱；近來提出一種改良式的量測方式，同樣使用 $\sin^2\psi$ 法的原理，但是利用低掠角入射 X 光 (與試片夾角 γ) 來提高繞射光之強度[97,100]。如圖 13.49 所示，$\mathbf{S}_i$ 定義爲試片表面的座標向量，

第 13.7 節作者爲黃嘉宏先生及林郁洧先生。

$\mathbf{S}_3$ 垂直試片表面，$\mathbf{S}_1$ 與 $\mathbf{S}_2$ 則沿著試片表面相互垂直；$\mathbf{L}_i$ 定義為繞射晶面的座標向量，$\mathbf{L}_3$ 垂直試片表面，$\mathbf{L}_1$ 與 $\mathbf{L}_2$ 則沿著繞射晶面相互垂直。如圖 13.50 及圖 13.51 所示，當試片表面沿著 $\mathbf{S}_1$ 軸旋轉 ψ 角，$\mathbf{L}_1$ 與 $\mathbf{S}_1$ 維持固定的角度 α，且 $\alpha = \theta - \gamma$。此時沿著 $\mathbf{L}_3$ 的應變 ε'_{33} 可隨之求得：

$$(\varepsilon'_{33})_{\alpha\psi} = \frac{d_{\alpha\psi} - d_0}{d_0} \tag{13.86}$$

其中 d_0 是沒有應力情況下的晶格間距，經二階張量轉換可求得：

$$(\varepsilon'_{33})_{\alpha\psi} = a_{3k} a_{3l} \varepsilon_{kl} \tag{13.87}$$

由於 a_{3k}、a_{3l} 為 $\mathbf{L}_3$ 與 $\mathbf{S}_k$、$\mathbf{S}_l$ 的方向餘弦，則其可表示為：

$$a_{ik} = \begin{vmatrix} \cos\alpha & 0 & -\sin\alpha \\ \sin\alpha\sin\psi & \cos\psi & \cos\alpha\sin\psi \\ \sin\alpha\cos\psi & -\sin\psi & \cos\alpha\cos\psi \end{vmatrix} \tag{13.88}$$

將 a_{3k}、a_{3l} 代入公式 (13.87) 可得：

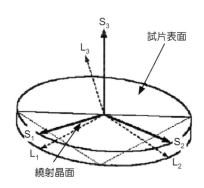

圖 13.49 座標向量之定義。

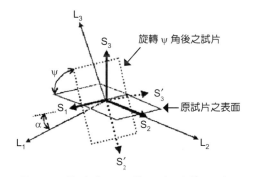

圖 13.50 試片表面沿著 $\mathbf{S}_1$ 軸旋轉 ψ 角。

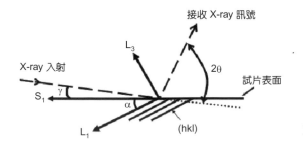

圖 13.51
X 光行徑圖與各夾角之關係。

$$(\varepsilon_{33}')_{\alpha\psi} = \frac{d_{\alpha\psi} - d_0}{d_0} = \sin^2\alpha\cos^2\psi\varepsilon_{11} - \sin\alpha\cos 2\psi\varepsilon_{12} + \sin 2\alpha\cos^2\psi\varepsilon_{13}$$
$$+ \sin^2\psi\varepsilon_{22} - \sin 2\psi\cos\alpha\varepsilon_{23} + \cos^2\alpha\cos^2\psi\varepsilon_{33} \qquad (13.89)$$

若此薄膜為等向性材料，則其應變可表示為：

$$\varepsilon_{ij} = \frac{1+\nu}{E}\sigma_{ij} - \delta_{ij}\frac{\nu}{E}\sigma_{kk} \qquad (13.90)$$

其中 E 為薄膜的楊氏彈性模數 (Young's modulus)，合併公式 (13.89) 及公式 (13.90) 二式可得：

$$\frac{d_{\alpha\Psi} - d_0}{d_0} = \frac{1+\nu}{E}(\sigma_{22} - \sigma_{11}\sin^2\alpha - \sigma_{33}\cos^2\alpha)\sin^2\psi$$
$$+ \frac{1+\nu}{E}(\sigma_{11}\sin^2\alpha + \sigma_{33}\cos^2\alpha) - \frac{\nu}{E}(\sigma_{11} + \sigma_{22} + \sigma_{33}) \qquad (13.91)$$
$$- \frac{1+\nu}{E}(\sigma_{12}\sin\alpha + \sigma_{23}\cos\alpha)\sin 2\psi$$

當應力表現形式為二軸時，應力張量為：

$$\sigma_{ij} = \begin{pmatrix} \sigma_{11} & \sigma_{12} & 0 \\ \sigma_{21} & \sigma_{22} & 0 \\ 0 & 0 & 0 \end{pmatrix} \qquad (13.92)$$

則公式 (13.91) 可改成：

$$\frac{d_{\alpha\psi} - d_0}{d_0} = \frac{1+\nu}{E}(\sigma_{22} - \sigma_{11}\sin^2\alpha)\sin^2\psi$$
$$+ \frac{1+\nu}{E}\sigma_{11}\sin^2\alpha - \frac{\nu}{E}(\sigma_{11} + \sigma_{22}) - \frac{1+\nu}{E}\sigma_{12}\sin\alpha\ \sin 2\psi \qquad (13.93)$$

當 $\sigma_{11} = \sigma_{22}$ 且 $\sigma_{12} = 0$，應力張量為：

$$\begin{pmatrix} \sigma & 0 & 0 \\ 0 & \sigma & 0 \\ 0 & 0 & 0 \end{pmatrix} \qquad (13.94)$$

則公式 (13.93) 簡化為：

$$\frac{d_{\alpha\psi} - d_0}{d_0} = \frac{1+\nu}{E}\sigma\cos^2\alpha\sin^2\psi + \frac{1+\nu}{E}\sigma\sin^2\alpha - \frac{2\nu}{E}\sigma \qquad (13.95)$$

公式 (13.95) 與傳統 $\sin^2\psi$ 法所得之方程式相類似，主要差異是利用低掠角方式所得之公式會多出修正項 $\cos^2\alpha$，但此新方法可解決傳統 $\sin^2\psi$ 法使用上的限制。並非所有的薄膜都可用此法來量測應力大小，使用 X 光繞射方式可以很清楚的由晶格間距變化量來推測薄膜應力，但其最大的困難點為非晶質薄膜不能使用，接下來所介紹的量測方式則可排除結晶性這項限制。

13.7.2 機械式懸臂法

此法為將基材之一端固定，另一端可自由活動，形成所謂機械式懸臂樑，如圖 13.52 所示。該技術可用於臨場監測鍍膜過程中的應力變化，將雷射光打在基板自由端的端點上，經鍍膜後基板即會因應力而彎曲變形，懸空的一端將發生位移，再由公式 (13.96) 推算出薄膜應力大小[101]，其中 θ 為自由端的撓度 (deflection)，該試片長度為 L，t_s 為基板厚度，t_f 為薄膜厚度。

$$\sigma = \frac{1}{3}\frac{E_s\theta}{L^2(1-\nu)}\frac{t_s^2}{t_f} \tag{13.96}$$

其中，E_s 為基板的楊氏彈性模數，ν 為基板之普松比 (Poisson's ratio)。

為了便於量測且達到較高的靈敏度，選用的基板要具備厚度均勻、厚度與長度的比值小且可因應力變化而有彎曲行為等特性。利用懸臂原理來檢測懸臂樑位移量的方法也有很多種，微量天平法是 1969 年由 Klokholm 提出，成功以電子微量天平在鍍膜期間即時量測懸臂基板自由端的撓度。目鏡直視法是利用可滑動的顯微鏡直接觀測基板自由端的位移量，其精確度取決於滑動顯微鏡的精密度。另一方式是在基板的自由端上方設置一電極，此電極與基板間即可形成一電容，由電容的變化量漸接求得自由端的位移，但其限制是基板必須能導電。光槓桿法是利用光源直接照射在基板自由端上，由於基板彎曲而引起反射光的偏移，由接收反射光的偏移量即可推算出應力變化。

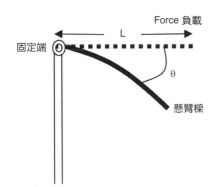

圖 13.52
懸臂法應力量測示意圖。

13.7.3 干涉式牛頓環法

　　1952 年 Finegan 和 Hoffman 率先使用圓薄板的曲率變化來量測應力，如圖 13.53 所示，其應用的原理與懸臂法類似，也是利用基板的變形來測定薄膜的應力，主要的差異是在基板的形狀上，牛頓法適用於圓形的基板。量測方法是藉著光學干涉來觀察牛頓環，再利用一光學平鏡來量測基板的彎曲，由其干涉條紋之半徑 r 即可導出其應力 σ：

$$\sigma = \frac{1}{6} \frac{E_s}{r(1-v)} \frac{t_s^2}{t_f} \tag{13.97}$$

$$\frac{1}{r} = \frac{1}{R_2} - \frac{1}{R_1} \tag{13.98}$$

$$R = \frac{1}{4} \frac{D_m^2 - D_n^2}{\lambda(m-n)} \tag{13.99}$$

其中，t_s 為基板厚度，t_f 為膜厚，E_s 為基板楊氏彈性模數，v 為基板之普松比，R 為基板彎曲之曲率半徑，λ 為光源的波長，m 和 n 皆為牛頓環的級數，D_m 和 D_n 則為第 m 條和第 n 條牛頓環的直徑，如圖 13.54 所示。

　　但因薄膜成長在基板上不一定為圓對稱，其後又有利用 Twyman-Green 干涉儀，量測薄膜曲面與參考平面之干涉圖，用相位移法求出未鍍膜前基板之曲率半徑 R_1 及鍍膜後之曲率半徑 R_2，再代入公式 (13.97) 及公式 (13.98) 求得薄膜之應力。用相位移法可以求出更精確之平均半徑值，因此所求得的薄膜應力也更精確[102]。

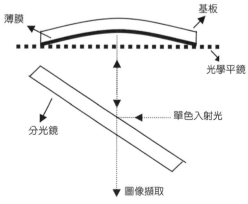

圖13.53 牛頓環應力量測示意圖。

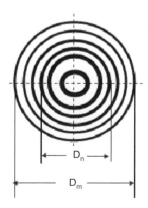

圖 13.54 牛頓環級數示意圖。

13.8 薄膜應力與熱膨脹係數

13.8.1 前言

　　薄膜應力一般是由外應力 (external stress)、熱應力 (thermal stress) 和內稟應力 (intrinsic stress)[103] 三種分量構成的[104]。顧名思義，外應力是由外力作用引起的，熱應力則是因為薄膜和基板的熱膨脹係數 (coefficient of thermal expansion, CET) 不同而引起的，一般發生在製鍍薄膜時基板加熱後冷卻至室溫取出而產生的。內稟應力則是由於薄膜的成長模式和微結構的相互作用與基板有異而產生的。

　　薄膜應力屬於薄膜力學性質的一種，可分為伸張 (tensile) 應力和壓縮 (compressive) 應力，如圖 13.55 所示，伸張應力會使基板形成凹表面，而壓縮應力會使基板形成凸表面。由於應力會造成薄膜元件彎曲，將增加光學元件膠合組裝的困難度，且當應力過大時，會造成薄膜和基板界面間的剝落或形成過多的空洞和裂縫，限制製鍍的最大膜厚度，不利於膜層堆疊結構且降低光學與膜質預期成效。而薄膜熱膨脹係數由於與基板熱膨脹係數不同，將影響薄膜應力大小與環境溫度穩定性，因此在薄膜製鍍工業裡，薄膜應力與熱膨脹係數是膜層設計與製程考量的重要因素。

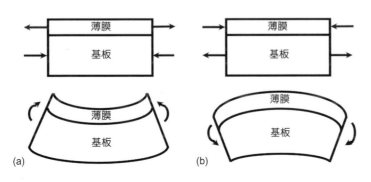

圖 13.55
(a) 因伸張應力形成凹的薄膜表面，(b) 因壓縮應力形成凸的薄膜表面。

13.8.2 原理

　　由於受檢測條件的限制，很難求得任意斷面上的應力，實際上僅考慮垂直基板表面斷面上的應力，有時可以推測出應力在膜厚上的分布，但是一般忽略其不均勻性，僅考慮平均值。假設薄膜應力為均向同性 (isotropic)，可以藉著薄膜蒸鍍前和蒸鍍後測量基板彎曲量 (相對高度) 的差值或基板的曲率半徑，代入公式 (13.100) 計算薄膜應力[105]。

$$\sigma = \frac{1}{6R}\frac{E_s d_s^2}{(1-v_s)d_f} = \frac{E_s \cdot d_s^2 \cdot \Delta\delta}{3r^2(1-v_s)d_f} \tag{13.100}$$

第 13.8 節作者為江政忠先生。

其中，σ 爲薄膜應力，$\Delta\delta$ 爲蒸鍍前後由基板中心點至半徑 r 處相對高度的差值，r 爲基板上量測位置的半徑值，R 爲鍍膜後基板的曲率半徑且假設鍍膜前基板形狀平坦無彎曲，d_s 爲基板厚度，d_f 爲膜厚，而 E_s 和 v_s 分別爲基板楊氏模數 (Young's modulus) 和蒲松比 (Poisson's ratio)。符號定義：σ 爲正值表示伸張應力，σ 爲負值表壓縮應力，換言之，基板彎曲量往下彎曲爲伸張應力而往上彎曲爲壓縮應力。

在無外應力的作用下，薄膜應力的產生基本上是薄膜和基板的材料不同且有相互作用導致的，可想像成在薄膜和基板的界面存在著作用力，如圖 13.56(a) 所示，且因達到靜止不動的平衡狀態，總作用力和總彎曲力矩必須等於零。在圖 13.56(a) 中，作用力 F_f 是等效於基板施予薄膜的作用力，且作用在薄膜的橫截面中心位置上；同理，作用力 F_s 是等效於薄膜給予基板的作用力，且作用在基板的橫截面中心位置上，由於總作用力爲零，因此 $F_f = F_s$。另外總彎曲力矩必須爲零，因此存在著薄膜彎曲力矩 M_f 和基板彎曲力矩 M_s，導致基板和薄膜形成彎曲形狀，且 M_f 和 M_s 等於由作用力 F_f 和 F_s 產生的力矩，如公式 (13.101) 所示。

$$\left(\frac{d_f + d_s}{2}\right)F_f = M_f + M_s \tag{13.101}$$

d_f 和 d_s 分別是薄膜和基板的厚度。現考慮受彎曲力矩 M 產生彎曲形狀的一個獨立樑 (beam)(例如薄膜或基板)，如圖 13.56(b) 所示，樑中央彎曲的曲率半徑爲 R，樑的厚度爲 d，樑寬度爲 w，樑長度相對於曲率半徑所對應的角度爲 θ。假設樑中央的長度未變，上表面受壓縮應力 σ_m 而壓縮 $(d/2)\theta$，下表面受伸張應力 σ_m 而伸長 $(d/2)\theta$，因此 $\sigma_m = Ed/2R$，且樑所受的應力大小與從樑中央算起的縱向距離成正比。彎曲力矩 M 可等於公式 (13.102)。

$$M = 2\int_0^{\frac{d}{2}} \sigma_m w \frac{y}{d/2} y dy = \frac{Ed^3W}{12R} \tag{13.102}$$

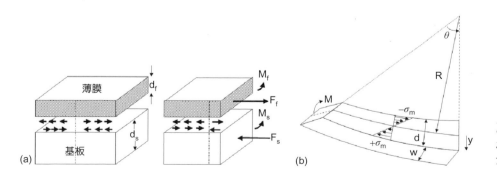

圖 13.56
薄膜應力分析示意圖。

　　將公式 (13.102) 結果代入公式 (13.101) 中，一般由於基板的厚度均遠大於薄膜的厚度，且使用 $E_s/(1-v_s)$ 取代 E_s，薄膜應力 σ 可得到一個良好的逼近表示式：

$$\sigma = \frac{F_f}{d_f w} = \frac{1}{6R} \frac{E_s d_s^2}{(1-v_s) d_f} \tag{13.103}$$

　　由於曲率半徑和彎曲量 (相對高度) 的差值具有 $R \approx r^2/2\Delta\delta$ (因為 R 遠大於 r)，代入公式 (13.103) 可得薄膜應力由公式 (13.100) 來表示。

　　熱膨脹係數的定義是當物體溫度上升 1 °C 時，其長度或體積的相對變化。因此當物體溫度從 T_1 變至 T_2 時，線性熱膨脹係數 α 定義為 $\alpha = \Delta l/l(T_2 - T_1)$，$l$ 為物體的長度，Δl 為物體溫度從 T_1 變至 T_2 時物體長度的變化量。現考慮薄膜沉積於基板上，假設 T_1 為薄膜的沉積溫度，T_2 為完成薄膜沉積後，薄膜從真空腔體取出後的環境溫度，α_f 與 α_s 分別為薄膜與基板的熱膨脹係數，E_f 與 E_s 分別為薄膜與基板的楊氏模數，v_f 與 v_s 分別為薄膜與基板的蒲松比，t_f 與 t_s 分別為薄膜與基板的厚度，F_f 與 F_s 分別為薄膜與基板所承受的等效作用力，w 為基板的寬度，ε_f 與 ε_s 分別為沉積溫度 T_1 降至環境溫度 T_2 後，薄膜與基板的應變 (strain) 量，其關係式為

$$\varepsilon_f = \alpha_f(T_2 - T_1) + \frac{F_f(1-v_f)}{t_f w E_f} \tag{13.104}$$

$$\varepsilon_s = \alpha_s(T_2 - T_1) - \frac{F_s(1-v_s)}{t_s w E_s} \tag{13.105}$$

由於受到邊界條件的限制，薄膜與基板的應變量會相等，所以

$$\varepsilon_f = \varepsilon_s \tag{13.106}$$

將公式 (13.104) 與公式 (13.105) 代入公式 (13.106)，且 $(1-v_s)/t_s E_s \ll (1-v_f)/t_f E_f$，則

$$F_f = \frac{(\alpha_s - \alpha_f) t_f w E_f(T_2 - T_1)}{(1-v_f)} \tag{13.107}$$

將公式 (13.107) 薄膜所承受的等效作用力 F_f 除以薄膜截面積，可得薄膜內的熱應力 σ_T

$$\sigma_T = \frac{F_f}{t_f w} = (\alpha_s - \alpha_f)\frac{E_f}{(1-v_f)}(T_2 - T_1) \tag{13.108}$$

$E_f/(1-v_f)$ 稱為薄膜的彈性模數 (elastic modulus)[106]。如薄膜無外應力的作用，則薄膜應力 σ 是由內稟應力 σ_I 與熱應力 σ_T 組成，將公式 (13.108) 代入可得

$$\sigma = \sigma_I + \sigma_T = \sigma_I + (\alpha_s - \alpha_f)\frac{E_f}{(1-v_f)}(T_2 - T_1) \tag{13.109}$$

此薄膜應力 σ 稱為內應力 (internal or residual stress)，一般在無外應力的情況下，儀器設備量測的薄膜應力均為內應力 σ。

13.8.3 量測方法

目前量測薄膜內應力的方法有很多種，不過大致上可以分成兩大類，第一類為量測基板的彎曲量，由於薄膜應力將使基板彎曲，如能在薄膜附著基板後，量測基板彎曲的差異程度，就可求出薄膜應力大小，且並不需要知道薄膜的彈性模數，使用上相當方便。第二類為利用 X 光繞射技術量測薄膜的彈性應變 (elastic strain) 與內應力，如薄膜有結晶態，在內應力的作用下，晶格會產生變化，因此測量晶格的變化就能計算內應力大小[107]。由於 X 光繞射技術與應用已撰寫在第 13.7 節「結晶性與應力」中，本節就不再陳述，本節將詳加討論第一類的薄膜應力量測方法。

在薄膜應力的量測儀器中如能裝設加熱設備於待測樣品治具上，可對待測樣品加熱升溫，假設在加熱過程中薄膜的內稟應力不變，則量測的應力值變化 $\Delta\sigma$ 為薄膜的熱應力變化，假設加熱的溫度差為 ΔT，在加熱過程中薄膜的熱膨脹係數與彈性模數保持定值，從公式 (13.109) 可得

$$\frac{\Delta\sigma}{\Delta T} = (\alpha_s - \alpha_f)\frac{E_f}{(1-v_f)} \tag{13.110}$$

雖然從儀器量測可得 $\Delta\sigma/\Delta T$ 值，但由於薄膜的熱膨脹係數與彈性模數為未知，可利用兩種已知熱膨脹係數的基板進行量測。以相同製程條件製鍍薄膜於此兩種基板上，產生兩組線性方程式，聯立兩組方程式進行線性擬合，就可解兩個未知量，獲得薄膜的熱膨脹係數與彈性模數，也可獲得薄膜的熱應力和內稟應力。

通常在量測薄膜的應力與熱膨脹係數上，待測樣品的形狀有兩種，一種為長條形，稱為樑彎曲法 (bending-beam methods)，另一種為圓形，稱為圓片法 (disk methods)；而在精密度高與操作便利方面，用來量測基板彎曲量的技術有雷射光槓桿法 (laser levered method) 與干涉相移法 (phase shifting interferometry method)，本文將詳細敘述此四種方法。

(1) 樑彎曲法

在樑彎曲法中，基板的形狀是長條形且一端固定，當薄膜附著後測量另外一端偏移的量；或兩端固定，量測中間位置的偏移量。基板的長度一般是寬度之十倍或大於十倍，基板需選擇彈性佳、厚度均勻之材質，常用的基板是雲母片和玻璃片。有很多檢測方法可以量測此偏移量，圖 13.57(a) 為利用顯微鏡測量基板自由端的偏移量[104]，(b) 為利用干涉法求得基板中間位置的偏移量[108]，此法的靈敏度取決於能夠量測最小偏移量的檢測方法。將量測得到的偏移量 $\Delta\delta$ 與偏移量量測位置的長度值 r 代入公式 (13.100)，並輸入膜厚 d_f、基板厚度 d_s、基板楊氏模數 E_s 和蒲松比 ν_s，就可計算獲得此薄膜的應力。

(2) 圓片法

在圓片法中，是以圓形基板中心位置的高度在鍍膜前後的改變量來計算薄膜附著後基板的偏移量與薄膜應力。圖 13.58 為圓片法的實驗裝置示意圖[104]，將基板放在光學標準平面石英玻璃上，算出干涉條紋 (牛頓環) 的變化量來獲得鍍膜前後圓形基板中心位置的高度差。在此法中，基板的材質大多為玻璃、石英、矽晶片，基板平整度 (flatness) 的要求較高，且基板的厚度不能太厚或薄膜厚度不能太薄，靈敏度受到基板厚度和薄膜厚度所限制。將量測得到的偏移量 $\Delta\delta$ 與偏移量量測位置的半徑值 r 代入公式 (13.100)，或使用 $R \approx r^2/2\Delta\delta$ 關係式求出曲率半徑 R 代入公式 (13.100)，並輸入膜厚 d_f、基板厚度 d_s、基板楊氏模數 E_s 和蒲松比 ν_s，就可計算獲得此薄膜的應力。

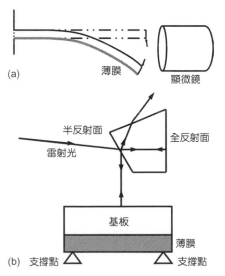

圖 13.57 樑彎曲法的實驗裝置示意圖，(a) 使用顯微鏡測量偏移量，(b) 利用光干涉法測量偏移量。

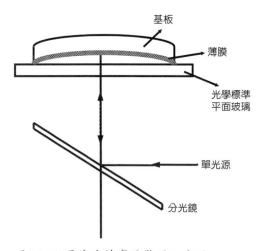

圖 13.58 圓片法的實驗裝置示意圖。

(3) 雷射光槓桿法

　　雷射光槓桿技術是樑彎曲法的改良，利用雷射光入射到基板上，再反射到屏幕上，不同基板位置會在屏幕上有不同的光點，可計算基板的曲率半徑，因此可獲得薄膜附著後基板的偏移量與薄膜應力。圖 13.59 為雷射光槓桿反射技術的實驗裝置示意圖[109]，將矽基板置於可加熱的平移台上，利用單一雷射光束入射到樣品上，再從樣品反射，經稜鏡與面鏡反射之後，投射在屏幕上。當雷射光束行經的路徑長度與待測樣品的平移量已知，測得雷射光點的位移量，即可得知基板的曲率半徑，所以在鍍膜前後與不同的環境溫度下量測，可獲得薄膜應力與熱膨脹係數。為了改善平移量的準確性，可使用旋轉面鏡方式來移動雷射光點入射到基板的不同位置，也可使用雙平行光束入射到樣品上，來取代單一雷射光束與平移台[110,111]。

(4) 干涉相移法

　　干涉相移技術是圓片法的改良，使用光的干涉原理和相移 (phase shifting) 技術，在鍍膜前後與不同量測溫度下獲得基板的輪廓圖與彎曲量，為一快速簡單的量測方法。且使用數位相移技術分析干涉圖形計算干涉相位大小，可準確地提供基板的彎曲量、薄膜應力與熱膨脹係數[112-120]。圖 13.60 為干涉相移技術的實驗裝置示意圖，首先建立一套相移式 Twyman-Green 干涉儀，再將溫控加熱設備安裝於此干涉儀上，由一氦氖雷射經一顯微物鏡與針孔所構成的空間濾波器形成一點光源，再經準直透鏡產生一平面波前，藉由分光鏡將平面波前振幅分割為反射波前和透射波前。然後反射光和透射光經參考面與待測面 (基板) 反射之後，兩反射光再經分光鏡重新合併成單一光束成像於毛玻璃屏幕上，利用 CCD 攝影機將干涉圖影像顯示在監視器上。溫控加熱設備安裝於接近待測基板的位置，使得待測基板面的溫度能夠調整至希望的量測溫度上，可以量測在某溫度上鍍膜前和鍍膜後基板的輪廓圖與彎曲量。相移方式的基本原理是遵循 Hariharan 相位還原法

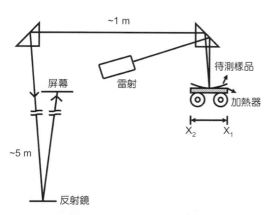

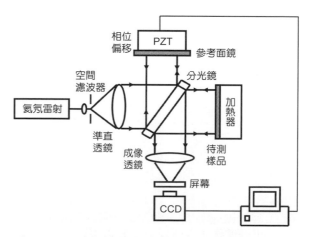

圖 13.59 雷射光槓桿反射技術的實驗裝置示意圖。

圖 13.60 干涉相移技術的實驗裝置示意圖。

[121]，於干涉儀的參考面處安裝一電腦控制的壓電陶瓷元件 (PZT)，以等位移量八分之一波長連續移動參考面至五個位置，就可獲得五張相移干涉圖 (間隔 $\pi/2$ 相位)。每一位置的干涉圖強度都可由影像處理卡予以數位化，再將強度代入 Hariharan 相位還原公式計算干涉條紋的相位，求出的相位函數則可代表待測樣品的輪廓圖與彎曲量。緊接著在某溫度上將鍍膜前和鍍膜後基板相位圖相減，得到的波數代表基板偏移量，因此可求出薄膜應力與熱膨脹係數。由於薄膜應力的作用，鍍在基板上的薄膜會使基板彎曲，基板厚度與薄膜厚度的比值如太大則彎曲的程度太小，較不容易測出，所以基板厚度與薄膜厚度的比值越小越好。但基板厚度如太薄，對於基板希望擁有較佳平坦度而言，研磨的困難性就相對提高很多，因此基板厚度必須符合量測和研磨的要求。

　　圖 13.61 中 (a) 及 (b) 為蒸鍍氧化鋁薄膜前基板和參考面之間的干涉圖，分別是相位移動 0° 和 180°，基板的厚度為 2 mm、材質為 BK-7、直徑為 25.4 mm，一面拋光，另一面打毛。圖 13.61 中 (c) 及 (d) 則分別是相位移動 0° 和 180°，蒸鍍氧化鋁薄膜後基板和參考面之間的干涉圖，薄膜厚度為 1.66 μm，製鍍溫度為 275 °C。在量測過程中，判斷蒸鍍前基板的表面形狀為凹表面，蒸鍍後基板的表面形狀也為凹表面，且變形量增大，可判斷此氧化鋁薄膜的應力為伸張應力。圖 13.62 為對應圖 13.61 之相位圖，為干涉圖經過 Hariharan 相位還原法和 Zernike 多項式擬合，將傾斜量扣除後的結果，由此圖可精確得知蒸鍍前後基板的表面形狀與偏移量。取距離基板中心 10 mm 的半徑處，計算相對於基板中心位置的平均偏移量為 0.413 μm，BK-7 的楊氏模數為 8.1×10^{11} dyne/cm^2，蒲松比為 0.208，代入公式 (13.100) 可獲得氧化鋁薄膜的平均內應力為 0.339 GPa。

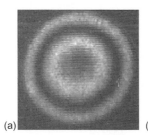 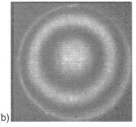 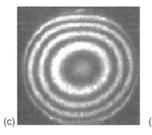 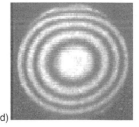

圖 13.61 氧化鋁薄膜蒸鍍前後之基板相移干涉圖，(a) 蒸鍍前 0° 相移干涉圖，(b) 蒸鍍前 180° 相移干涉圖，(c) 蒸鍍後 0° 相移干涉圖，(d) 蒸鍍後 180° 相移干涉圖。

(a) 蒸鍍前　　　　　(b) 蒸鍍後

圖 13.62
氧化鋁薄膜蒸鍍前後基板干涉相位圖，(a) 200 個灰階代表 2 個波長，(b) 200 個灰階代表 5 個波長。

　　圖 13.63 為離子源濺鍍五氧化二鉭薄膜的應力與量測溫度 25 °C – 70 °C 之線性關係圖，薄膜厚度為 0.299 μm。當量測溫度升高後，干涉條紋產生變化，利用相移干涉術擷取五張干涉圖，干涉圖經數位化處理，再利用相位還原法產生相位圖，此相位圖代表待測薄膜樣品在該溫度下加熱後的表面形狀。與加熱前基板的表面形狀比較，可得因熱膨脹所導致之基板偏移量與薄膜內應力。使用 BK-7 和 PYREX 兩種不同熱膨脹係數的玻璃材質為基板，BK-7 玻璃的熱膨脹係數為 7.4×10^{-6} °C^{-1}，PYREX 玻璃的熱膨脹係數為 3.25×10^{-6} °C^{-1}，產生兩組線性方程式，利用公式 (13.110) 的關係，使用最小平方法進行薄膜熱膨脹係數與彈性模數線性擬合，求得五氧化二鉭薄膜的熱膨脹係數為 2.42×10^{-6} °C^{-1}，內稟應力為 –0.403 GPa，彈性模數為 1549.4 GPa。

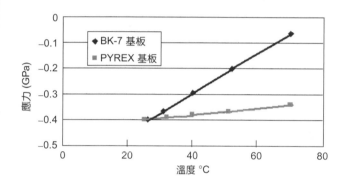

圖 13. 63
五氧化二鉭薄膜鍍在不同基板上的應力
對量測溫度之關係圖。

13.9 成分分析

　　薄膜組成成分對薄膜性質與結構有莫大的影響，在鍍膜過程中，製程參數的掌控左右了薄膜性質，也直接影響了薄膜的應用價值，因此薄膜製鍍後的分析為不可或缺的重要步驟。對於光學薄膜的分析，主要分為微結構與組成分析。微觀結構 (microstructure) 可以利用原子力顯微鏡 (atomic force microscope, AFM) 或掃描式電子顯微鏡 (scanning electron microscope, SEM) 觀察薄膜表面顯微結構；薄膜內部結構則可以用掃描式或穿透式電子顯微鏡 (transmission electron microscope, TEM) 觀察薄膜斷面，此部分於第 13.5 節已有詳述。分析光學薄膜化學組成最簡單的方式為利用紅外光譜儀分析薄膜之吸收光譜[122]，其中傅氏轉換紅外線光譜儀 (Fourier transform infrared spectrometer, FTIR) 使用中紅外光 (mid-infrared；波長 2.5 – 50 μm) 作為分析光譜的範圍，可量測波數 400 – 4000 cm^{-1} 之吸收光譜，其在定性與定量上已有廣泛之應用。另外也有利用電子束激發或離子束撞濺試片表面，接收不同訊號以進行元素分析，如歐傑電子能譜儀 (Auger electron spectrometer, AES) 或二次離子質譜儀 (secondary ion mass spectrometer, SIMS)。本節針對光學薄膜常用成分分析儀器作簡介，包括能量散布光譜儀 (energy dispersive spectrometer, EDS) 以及 X 光光電子能譜儀 (X-ray photoelectron spectroscope, XPS)。

第 13.9 節作者為蕭銘華先生。

13.9.1 能量散布光譜儀

(1) 基本原理

一高能電子束進入試片後產生彈性與非彈性作用，當進行非彈性碰撞時，試片原子內層電子被游離後，外層電子掉入原內層電子軌道填補內層空缺，釋放出 X 光，此 X 光能量為特定能階間之能量差，稱為特性 X 光 (characteristic X-rays)。要量測特性 X 光的能量強度大小需利用偵測器，能量散布光譜儀 (EDS) 所用的偵測器為固態 X 光矽偵測器。

(2) 儀器裝置

大部分 EDS 系統裝置於 SEM、TEM 或電子探針微區分析儀 (electron probe microanalyzer, EPMA) 上，其構造示意圖如圖 13.64 所示[123, 124]，包含窗口、固態 X 光偵測器、放大器等。架設機械構造及偵測器細部構造則如圖 13.65 所示[123, 124]。

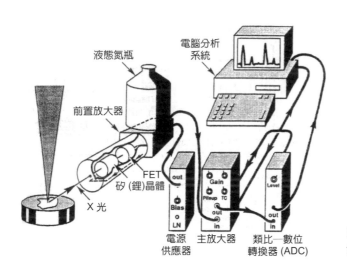

圖 13.64
能量散布光譜儀構造示意圖[123,124]。

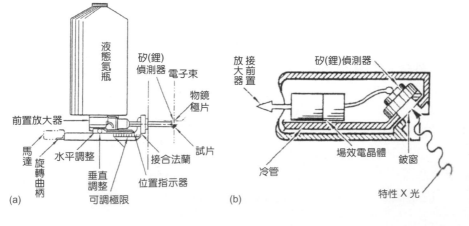

圖 13.65
(a) 液態氮瓶及矽 (鋰) 偵測器架設於可伸縮移動的機械構造圖，(b) 矽 (鋰) 偵測器細部構造圖。

　　一般來說，試片室前端會有一小預抽室，避免放入試片時導致試片室暴露於一大氣壓。但 X 光偵測器的窗口仍需有足夠的強度承受一大氣壓至 10^{-4} Pa (操作時) 的壓力差，而窗口的厚度亦不可太厚，以避免低能量的 X 光被吸收。窗口類型分為：鈹窗、高分子薄窗及無窗[125, 126]。一般鈹窗的厚度約為 7.5 μm，可防止矽晶受到污染，但鈹窗會吸收大多數低能量 (<1 keV) 的 X 光，因此鈹窗偵測器只能偵測原子序 ≥ 11 的元素。若要量測 C、N、O 的 X 光光譜，則須使用聚乙烯對苯化合物 ($C_{10}H_8O_4$) 作成的高分子薄窗，其厚度約為 2－6 μm。若要量測更輕元素 Be 與 B 的光譜，則要使用無窗的偵測器。無窗式的偵測器可使入射 X 光不受窗口材料吸收，低原子序的元素亦可被偵測到，其缺點為易造成污染物吸附。使用於 SEM 的 EDS 最新型偵測器可以同時擁有三種窗口；使用於 TEM 的 EDS 偵測器則因受到薄膜試片載台空間限制，偵測只能有一種窗口型式。

　　偵測器結構包含矽晶體、場效電晶體 (FET)、前置放大器 (pre-amplifier) 及類比－數位轉換器 (ADC) 等。固態 X 光偵測器有矽 (鋰) 及鍺 (鋰) 偵測器。矽偵測器為表層摻雜鋰之矽晶，於兩端施加一逆向偏壓 (reverse-bias, –100 至 –1000 V) 以分離電子及電洞。由於常溫下鋰原子容易擴散而造成雜訊產生，故矽晶體需用液態氮來冷卻以降低雜訊。電子束於試片上激發特性 X 光，經過鈹窗到達偵測器，矽 (鋰) 或鍺 (鋰) 偵測器在液態氮溫度 77 K 及高真空度環境下，擷取由試片發射出之 X 光。當矽晶吸收 X 光，由於離子化產生電子－電洞對，其所需平均能量為 3.8 eV，故電子－電洞對的數目 (n) 與入射 X 光能量 (E) 成正比，亦即如公式 (13.111) 所示。

$$n = \frac{E}{3.8 \text{ (eV)}} \tag{13.111}$$

　　由矽晶體吸收 X 光所產生的電荷量非常微小，故需將此訊號經由前置放大器中的場效電晶體轉換成階梯狀的輸出訊號，再經由主放大器以線性方式放大訊號。最後再由類比－數位轉換器 (ADC) 將類比訊號轉化成數位化的數據存放在多頻道分析儀 (multi-channel analyzer, MCA) 的記憶體中，經由電腦系統處理後，可以儲存或直接顯示 X 光譜的強度－能量圖。

　　EDS 分析可分為面掃描 (area-scan)、線掃描 (line-scan) 及點計算三種量測模式[126]。以面掃描方式可以得到分析區域之元素濃度分布圖；以線掃描方式可以得到沿線之元素濃度變化；點計算方式可作定性及定量分析，定性分析可確認試片分析點的組成元素，定量分析則運用標準片與試片在同樣量測條件下量測分析元素峰值強度，並利用 ZAF 方法，將原子序效應 (atomic number correction, Z)、吸收效應 (absorption correction, A) 以及 X 光螢光效應 (fluorescence correction, F) 的影響作理論計算加以修正，詳細方法可詳閱參考文獻 124－126。

(3) 應用實例

N. K. Sahoo 及 A. P. Shapiro 利用 Balzers BAK-760 電子束蒸鍍機製鍍氧化鋯及氧化鎂混合薄膜[127]，蒸鍍材料為氧化鋯及氧化鎂混合之固態材料，蒸鍍條件如表 13.6 所列。蒸鍍後利用 SEM-EDS 系統分析薄膜組成，SEM 型號為 Hitachi S-4000，掃描電子束能量為 10 keV，偵測器解析度為 145 eV。EDS 薄膜分析鋯／鎂／氧強度圖譜如圖 13.66 所示，其中鋯／鎂／氧之相對比整理如表 13.6 所列。當基板溫度為 239 °C 時 (圖 13.66(c))，鎂元素的相對強度較其他製鍍條件所得為低。而在較高氧壓力下所製鍍之薄膜，其 EDS 所測得氧元素相對強度亦隨之提高 (圖 13.3(f))。

圖 13.67 為上述不同製鍍條件下所得薄膜平均折射率與鎂／鋯及氧／鋯相對比之關係圖。從圖中可以看出薄膜中摻入適量的氧化鎂可提升氧化鋯薄膜的折射率。當鎂／鋯及氧／鋯相對比分別為 0.152 及 0.211 時，薄膜平均折射率最高為 2.023。由以上例子可以看出薄膜製程條件影響薄膜元素的含量，進而影響薄膜的光學性質。

表 13.6 不同製程條件下，蒸鍍氧化鋯及氧化鎂混合薄膜，以及利用 EDS 分析薄膜中鋯、鎂、氧元素之相對比[127]。

製程代號	基板溫度 (°C)	氧壓力 (mbar)	蒸鍍速率 (Å/s)	鋯：鎂：氧 (相對比)
B	室溫	不通氧	1.0	1：0.175：0.178
C	239	不通氧	1.0	1：0.081：0.135
D	167	不通氧	1.0	1：0.152：0.211
E	125	1.0×10^{-4}	1.0	1：0.127：0.228
F	125	8.0×10^{-4}	1.0	1：0.106：0.310

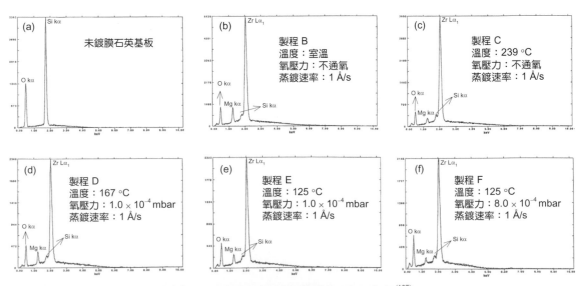

圖 13.66 不同製程條件所製鍍氧化鋯及氧化鎂混合薄膜之 EDS 分析[127]。

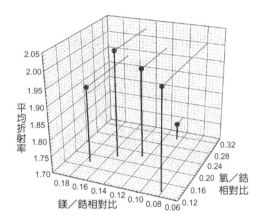

圖 13.67
薄膜平均折射率與鎂／鋯及氧／鋯相對比之關係圖[127]。

13.9.2 X 光光電子能譜儀 (XPS)

(1) 基本原理

　　X 光光電子能譜儀是藉由量測 X 光所激發之光電子能譜，分析材料表面各種元素的化學狀態，因具有化學分析的功能，故也稱為電子能譜化學分析儀 (electron spectroscopy for chemical analyzer, ESCA)[125]。當 X 光光束照射試片表面時，激發試片表面原子內層軌域電子，此即為光電子 (photoelectron)。藉由量測光電子之動能，可推算此光電子之束縛能 (binding energy)[126]；而量測光電子之數目則可得知試片中元素含量多寡。X 光能量 (hv)、光電子動能 (E_{ph})、電子束縛能 (E_b)、電子脫離表面位能束縛的功函數 (φ) 關係如公式 (13.112) 所示。

$$E_{ph} = hv - E_b - \varphi \tag{13.112}$$

　　由於各元素有不同的特定電子束縛能，故檢測光電子的動能可以鑑定元素種類。原子間因共價鍵結或離子鍵結造成彼此間鍵結能的變化，藉由量測 X 光光電子能譜可判定材料表面是否有化學反應發生。當化學變化產生時，原子間的鍵結電荷密度會重新分布，電子能階產生變化，造成電子能量產生位移，此現象稱為鍵結能位移 (binding energy shift) 或化學位移 (chemical shift)[126, 128]。

(2) 儀器裝置

　　X 光光電子能譜儀可分為大面積 (large area) 型、小面積 (small area) 型，以及單頻 X 光 (monochromated) 三種型式。X 光光電子能譜儀的裝置包括真空系統、X 光光源、試片台、電子能量分析器以及數據擷取系統等，如圖 13.68 所示[128]。

　　分析室需利用真空抽氣系統 (如渦輪幫浦或離子幫浦等) 抽至 10^{-10} Torr 的壓力。X 光光源為雙陽極 X 光光源，陽極材料如表 13.7 所列[128]，一般為鎂或鋁的 K_α 光束。

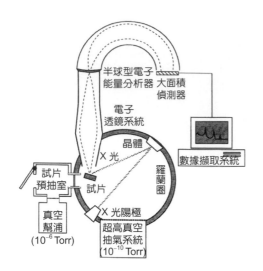

圖 13.68
X 光光電子能譜儀結構裝置圖[128]。

表 13.7 XPS 陽極 X 光光源的能量及其能量半高寬[128]。

陽極材料	發射譜線	能量 (eV)	能量半高寬 (eV)
鎂	K_α	1253.6	0.7
鋁	K_α	1486.6	0.85
矽	K_α	1739.5	1.0
鋯	L_α	2042.4	1.7
銀	L_α	2984	2.6
鈦	K_α	4510	2.0
鉻	K_α	5415	2.1

　　雙陽極 X 光光源結構示意如圖 13.69 所示[126]。陽極為銅製之基座，前端兩面分別鍍約 10 μm 厚度之鋁及鎂厚膜，膜面前端有兩組燈絲，依需求啟動燈絲發射高能量的電子束撞擊在鋁或鎂厚膜上便可得到不同之 X 光光源。由於高能電子束的撞擊會產生高溫，故陽極基座需通入冷卻水以降低溫度。分析室與 X 光光源間有一薄窗 (約幾個微米)，可以過濾部分高能量的 K_α 光源；另一方面可避免陽極因高溫釋氣進入超高真空的分析室，以保持試片表面之潔淨。

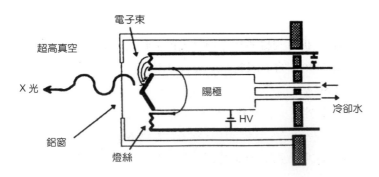

圖 13.69
雙陽極 X 光光源結構示意圖[126]。

試片台包含試片傳送裝置以及三軸定位。較常用的電子能量分析器為半球型電子能量分析器 (hemi-spherical electron energy analyzer)，其能量解析度較好。電子能量分析器分三部分：收集鏡組 (collection lens)、半球型電子能量分析器以及偵測器 (detector)。數據擷取系統包含能譜擷取軟體、數據資料庫等。

(3) 應用實例

C. C. Lee 等人利用電子束蒸鍍及離子助鍍方式製鍍二氧化鈦 (TiO$_2$) 薄膜於 BK-7 玻璃基板上[129]。離子源為 Kaufman 型式，工作氣體為氬氣，基板溫度為 150 °C，所用材料為 Ti$_3$O$_5$，周邊通入氧氣當反應氣體，壓力保持在 1.7×10^{-4} Torr，鍍膜速率為 0.12 nm/s。試片鍍製完成後，先於 100 °C 進行熱處理 200 分鐘後，於空氣中冷卻至室溫，量測相關性質後，再以同一批試片繼續加熱至不同溫度，分別為 150、200、250、300 及 350 °C。量測上述二氧化鈦薄膜之 XPS 鍵結能譜如圖 13.70 所示。

Ti^{0+} (金屬態) 及 Ti^{4+} (氧化態) 之 Ti $2p^{1/2}$ 及 Ti $2p^{3/2}$ 鍵結能差 ΔE 分別為 6.17 及 5.54 eV。從圖 13.70(a) 可以看出初鍍試片及 200 °C 退火時有 TiO$_x$ 次氧化物出現，Ti $2p^{3/2}$ 的峰值從初鍍時的 458.7 eV 移至 200 °C 退火後的 456.7 eV，表示鈦從 Ti^{4+} 轉變至 Ti^{3+}。而 300 °C 退火條件下薄膜之 ΔE 為 5.6 eV，表示在較高溫度下退火，薄膜呈現較完整之氧化物。圖 13.70(b) 中 529.9 eV 附近氧的 1s 峰值半高寬隨著退火溫度而有所變化。在 200 °C 退火溫度下，TiO^2 薄膜的氧鍵結能曲線在 526 eV 處呈現一小突起，有不完全氧化物存在，而薄膜氧含量只有 0.82N (N 為亞佛加厥數)，低於初鍍時氧含量之 1.25N 及 300 °C 退火後之 1.52N。因此退火溫度必須高於 200 °C 以上以避免薄膜氧含量的缺乏。

圖 13.71 為 S. Chao 等人利用離子束濺鍍方式，製鍍以 SiO$_2$ 及 TiO$_2$-SiO$_2$ (17%) 混合膜構成之反射鏡，並以 XPS 分析前三層的鈦、矽、氧元素之縱深分布[130]。圖 13.71(a) 為初鍍之試片，從圖中可知層與層之間界面元素分布並不陡峭，原因為離子束濺鍍與蒸鍍方式比較起來，屬於較高能量的鍍膜方式，故鍍膜原子在碰撞基板後仍擁有較高之動能，造成鍍膜原子有擴散現象發生。圖 13.71(b) 為 400 °C 退火後薄膜之元素縱深分布，

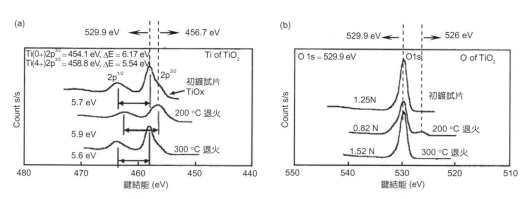

圖 13.70 在不同溫度下退火二氧化鈦薄膜之 XPS 鍵結能譜，(a) 為 Ti $2p^{1/2}$ 及 $2p^{3/2}$，(b) 為 O $1s$[129]。

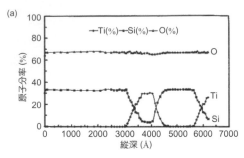 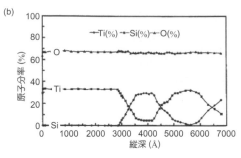

圖 13.71 以 SiO$_2$ 及 TiO$_2$-SiO$_2$ (17%) 混合膜構成反射鏡前三層鈦、矽、氧之 XPS 元素縱深分析，(a) 為初鍍試片，(b) 為經 400 °C 退火之試片[130]。

藉此分析可知試片經熱處理後元素之擴散情況，進而瞭解元素分布及組成對薄膜光學性質的影響。

13.10 薄膜硬度與附著性量測

13.10.1 薄膜硬度測試

薄膜的硬度 (hardness) 不外乎取決於材料的選擇、薄膜的組成及其製程參數等，以反應性濺鍍方式所沉積的 TiN 薄膜為例，其製程參數包括：基板溫度、濺鍍槍功率、N$_2$ 比率及基板偏壓等。一般而言，對於切削工具或是模仁外層之保護膜等應用，會特別要求薄膜硬度。

常見之硬度量測方式為壓痕測試，主要是對樣品施以荷重，量測使樣品材料產生永久壓痕所需施加之力，例如：Brinell 硬度測試、Rockwell 硬度測試、Vickers 硬度測試及奈米壓痕器 (nanoindenter) 硬度測試等。然而 Brinell、Rockwell 及 Vickers 等測試方法，所需施加荷重皆超過 5 公斤以上，考慮基板之影響，對於厚度僅為微奈米等級之薄膜並不適用，目前常用於微奈米等級的薄膜硬度測試法為奈米壓痕器。

圖 13.72 為奈米壓痕器之系統概略圖，整個系統是由試片載台、壓痕器、荷重控制線圈、壓痕器彈簧、位移偵測器及控制系統等部分所組成。主要操作方法為：將試片以膜面朝上方式固定於載台，並對壓痕器施加荷重，以對薄膜進行壓痕測試。測試時，記錄施加荷重與去除荷重時壓痕器的位移量，即可求得荷重與壓痕器位移量關係之曲線圖，如圖13.73 所示。當壓痕器施以荷重對薄膜進行壓痕時，此時薄膜是產生塑性變形；而當壓痕器去除荷重移開薄膜時，此時薄膜是產生彈性變形。因此可由去除荷重時之斜率求得薄膜之彈性模數 (elastic modulus, E) 或稱楊氏模數 (Young's modulus)。

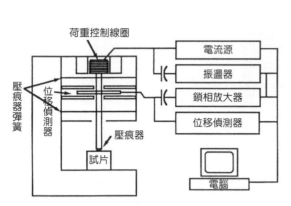

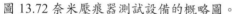

圖 13.72 奈米壓痕器測試設備的概略圖。

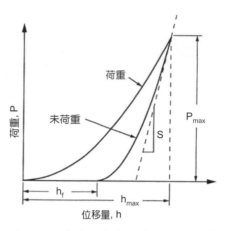

圖 13.73 薄膜以奈米壓痕器進行壓痕測試時，荷重與壓痕器位移量曲線圖。

$$S = \frac{dP}{dh} = \frac{2}{\sqrt{\pi}} E_r \sqrt{A} \tag{13.113}$$

其中，S 為去除荷重後壓痕器位移曲線初始所量測之斜率，又稱初始去除荷重剛性 (initial unloading stiffness, S)，E_r 為變形模數 (reduced modulus)，A 為彈性接觸的投影面積，並假設接觸面積等於壓痕光學量測的面積。又

$$\frac{1}{E_r} = \frac{(1-v^2)}{E} + \frac{(1-v_i^2)}{E_i} \tag{13.114}$$

其中，E 與 E_i 分別為薄膜及壓痕器之彈性模數，而 v 與 v_i^2 則分別為薄膜及壓痕器之蒲松比係數 (Poission's ratio，$v = -\varepsilon_y/\varepsilon_x = -\varepsilon_z/\varepsilon_x$，$\varepsilon_x$、$\varepsilon_y$、$\varepsilon_z$ 分別為 x、y、z 三個方向之應變，對於大部分材料而言，$v = 0.3 \pm 0.1$)。已知壓痕器之彈性模數與蒲松比係數，概估薄膜之蒲松比，則可計算求得薄膜之彈性模數。

　　另一方面，薄膜硬度的定義為，在施以荷重情況下，材料所能承受之平均壓力，即：

$$H = \frac{P_{max}}{A} \tag{13.115}$$

其中，P_{max} 為施以最大之荷重。由公式 (13.113) 及公式 (13.114) 可知，壓痕面積量測之精準度會影響到所有數值分析。圖 13.74 中 (a) 與 (b) 分別為 TiN 薄膜以奈米壓痕器進行壓痕測試前後之試片表面影像圖。由圖 13.74(b) 可知，經奈米壓痕測試後，會在表面上

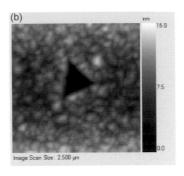

圖 13.74
TiN 薄膜以奈米壓痕器進行壓痕
測試，(a) 測試前、(b) 測試後之
試片表面影像圖。

形成一清楚之壓痕。對於此壓痕面積之量測，一般較大之壓痕面積，可使用光學投影方式或是掃描式電子顯微鏡進行量測；但對於較小之壓痕面積，由於壓痕深度小，因此無法精準量測壓痕面積，可採用穿透式電子顯微鏡複製法，來進行較小壓痕面積之量測。然而此量測方法的製程相當複雜且耗時，因此實際使用上，為了快速且精準量測壓痕面積，一般量測壓痕面積主要是以壓痕器位移量為主。圖 13.75 為壓痕測試時，壓痕器位移與薄膜厚度之剖面示意圖。由圖可知，壓痕器在任何荷重時，總位移量 $h = h_c + h_{ss}$。h_c 為接觸的垂直距離，又稱為接觸深度 (contact depth)，h_{ss} 為接觸表面的位移量。依據 Oliver 等人提出，壓痕器截面積為壓痕器與薄膜接觸垂直距離之函數[134]，即：

$$A = f(h_c) \tag{13.116}$$

　　假設試片 (specimen) 與荷重架構 (load frame) 各為一彈簧，而以串聯方式結合，則總量測柔軟性 (total measured compliance, C) 為：

$$C = C_s + C_f \tag{13.117}$$

其中，C_s 為試片之柔軟性，C_f 為荷重架構之柔軟性。在彈性接觸情況內，試片柔軟性為初始去除荷重剛性之倒數 $(1/S)$。將公式 (13.113) 代入公式 (13.117)，可得：

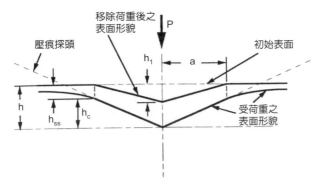

圖 13.75
奈米壓痕測試時，壓痕器位移與薄膜厚度
剖面示意圖。

$$C = \frac{\sqrt{\pi}}{2E_r\sqrt{A}} + C_f \tag{13.118}$$

當 E_r 為一常數，且 C 與 $A^{-1/2}$ 關係為線性時，則此圖的截距 (intercept) 為荷重架構之柔軟性 (C_f)。若是以硬度較低之材料 (如：鋁) 進行壓痕時，得到最大壓痕面積，公式 (13.118) 的第一項將變小，則可得到 C_f 值。對於一完美的 Berkovich 壓痕器而言，$A(h_c) = 24.5h_c^2$。藉由兩個最大壓痕實驗及 C 與 $A^{-1/2}$ 曲線，可求得 C_f 及 E_r 之初始值。因此，接觸面積 (A) 與柔軟性關係為：

$$A = \frac{\pi}{4E_r^2(C - C_f)^2} \tag{13.119}$$

再將公式 (13.119) 改寫成接觸面積與 h_c 之關係式，即：

$$A(h_c) = 24.5h_c^2 + C_1h_c^{1/2} + C_3h_c^{1/4} + ... + C_8h_c^{1/128} \tag{13.120}$$

$C_1 - C_8$ 為常數，可由曲線擬合法 (curve fitting) 求得。首項代表完美 Berkovich 壓痕器外形，其他項則是說明 Berkovich 壓痕器幾何形狀因鈍化而產生的偏差值。

由以上量測 h_c 而得到壓痕投影面積，代入公式 (13.113)、公式 (13.114) 及公式 (13.115)，則可得到薄膜硬度 (H) 及彈性模數 (E)。在進行奈米壓痕測試時，需注意選擇適當的壓痕器型式 (Berkovich 式或圓錐形) 與尺寸、荷重大小及壓痕器壓痕位移量等參數。此外，依據奈米壓痕器系統設計及其 h_c 量測能力，壓痕器壓痕位移量以不超過薄膜厚度 1/10 為原則，或是要求薄膜厚度需達一定程度，以避免基板效應影響到薄膜硬度量測。

另外，奈米壓痕器亦可進行磨耗 (wear) 測試，主要是量測薄膜對大面積磨損之抵抗能力，相當於薄膜硬度之另一判斷考量。測試方法為使用壓痕器，針對薄膜區域面積內，施以不同荷重進行磨耗並觀察薄膜表面形貌改變。圖 13.76 為 TiN 薄膜以 Hysitron Ubi-1 進行磨耗測試的結果，分別使用 100 μN、200 μN 及 300 μN 之荷重，於 25 μm^2 範圍內進行磨耗測試。由圖可知，當荷重小於 200 μN 時，薄膜形貌改變不大；當荷重達 300 μN 時，可以清楚看到，薄膜已經被壓痕器挖出相當深的痕跡。

13.10.2 薄膜附著性測試

薄膜經鍍製完成後，其與基板附著性的好壞，對於後續應用影響相當大，因為即使薄膜其他性質表現佳，然而當附著性差時，亦無法達到使用上之效果。一般而言，薄膜

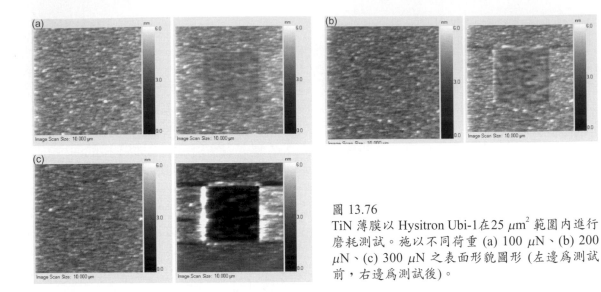

圖 13.76
TiN 薄膜以 Hysitron Ubi-1在25 μm^2 範圍內進行磨耗測試。施以不同荷重 (a) 100 μN、(b) 200 μN、(c) 300 μN 之表面形貌圖形 (左邊為測試前，右邊為測試後)。

與基板的附著力之強弱，與薄膜本身應力、薄膜與基板之熱膨脹係數差異、晶格常數及表面結合力等有關。薄膜附著性測試依施力類型，可區分為拉升型與剪力型兩大類型。拉升型則有：拉拔 (pull-off) 測試法、推拉 (topple) 測試法、加速 (acceleration) 測試法及衝擊波 (shock-wave) 測試法等方式。

(1) 拉拔測試法

　　拉拔法的測試架構如圖 13.77 所示，首先讓薄膜膜面向上，使用黏著劑將拉升棒以垂直膜面方式緊密地黏附於薄膜上，再施加垂直方向之拉力，致使薄膜與基板分開；其附著力大小為單位面積所承受將薄膜與基板分開所需之力。對於多孔性材質之薄膜並不適用此方法，主要是因為黏著劑會滲入多孔性薄膜內，使得薄膜與拉升棒之間產生空孔，容易造成數值誤判。

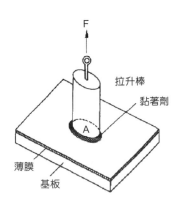

圖 13.77
拉拔法的測試架構示意圖。

(2) 推拉測試法

推拉法的測試架構如圖 13.78 所示，此方法與拉拔測試法相當類似，薄膜膜面向上放置，拉升棒也是以垂直膜面方式緊密地黏附於薄膜上。兩者差異點在於拉升棒的幾何形狀不同，且推拉法的施力方向平行於膜面，其量測數值為薄膜與基板分開所需之力矩，而拉拔測試法的施力是垂直於膜面的。對金屬薄膜而言，可考慮以焊錫方式代替黏著劑。

(3) 加速測試法

此法不同於上述兩種方式，主要是利用加速方式產生慣性，致使薄膜與基材分離。依照產生加速的方法又可區分為離心式及超音波式兩種方法。圖 13.79 為離心式加速測試法的示意圖，首先將試片做成圓柱狀，再進行加速旋轉直至薄膜與基板分離。其附著力大小為：

$$\text{Adhesion} = \frac{F}{A} = 4\pi^2 N^2 r\rho d - \frac{\sigma d}{r} \tag{13.121}$$

其中，N 為臨界角速度，r 為圓柱之半徑，ρ 與 d 分別為薄膜密度及厚度，σ 則為薄膜之張力。而超音波式之加速測試法，主要是以電磁或是壓電轉換器產生超音波，利用振盪而將薄膜與基板分離。其附著力大小為：

$$\text{Adhesion} = \frac{F}{A} = \rho_c da \tag{13.122}$$

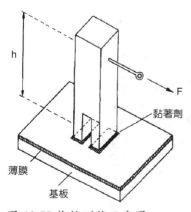

圖 13.78 推拉測試示意圖。

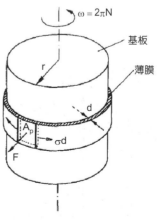

圖 13.79 離心式加速測試示意圖。

其中，ρ_c 爲薄膜密度、d 爲薄膜厚度、a 爲使薄膜分離基板時之加速振幅。由以上說明可知，不論是離心式或超音波式之加速測試法，薄膜的密度及厚度影響程度相當大。此法較適用於厚度大於 10 μm 之薄膜，若薄膜厚度小於 10 μm 時，則需更精密及產生更大加速度之儀器方能進行量測。

(4) 衝擊波測試法

　　此方法的原理爲對基板產生一壓縮衝擊波 (compressive shock wave)，經波導傳遞至薄膜，此時薄膜會產生相反方向之張力衝擊波 (tensile shock wave)，再由波導傳遞至基板。產生衝擊波的方式有許多種，圖 13.80 爲搭配脈衝雷射之衝擊波測試法的架構示意圖，主要是由脈衝雷射產生衝擊波，而吸收層之作用在於吸收雷射能量，以產生更多之衝擊波傳導至基板上，此法所判斷的附著性爲單位面積將薄膜與基板分開所承受之能量。

(5) 剪力型測試法

　　剪力型測試法的施力方向並非垂直於膜面，以美國測試及材料學會 (The American Society for Testing and Materials, ASTM) 所規範之 ASTM D 3359 方法最具代表性。依需測試之薄膜厚度不同，可區分爲方法 A (薄膜厚度超過 125 μm) 及方法 B (薄膜厚度小於 125 μm)，其方法的詳細說明請參見第 13.11 節薄膜環境測試。該方法主要是以黏性強之膠帶緊密貼附在膜面上，將膠帶以垂直膜面方式拉開，再檢查撕開後的膠帶或是試片表面，觀察是否有薄膜沾黏於膠帶上或是與表面脫落，亦稱爲膠帶法，其測試示意圖如圖 13.81 所示。

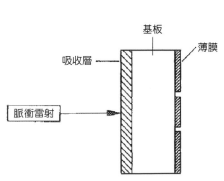

圖 13.80 脈衝雷射做爲衝擊波來源之
衝擊波測試示意圖。

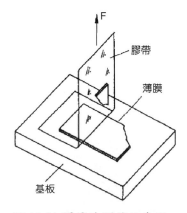

圖 13.81 膠帶法測試示意圖。

(6) 刮傷測試

　　除上述方法之外，刮傷 (scratch) 測試也是屬於剪力型之測試方法，一般常使用奈米壓痕器來進行刮傷測試。本方法主要原理爲壓痕器對薄膜施以荷重，不斷地增加荷重並沿單一方向移動，使薄膜與基板間的彈性變形量增加，直到表面區域發生破裂爲止。此時的荷重稱爲臨界荷重 (critical load)，可用於評估薄膜的附著性。臨界荷重可使用聲波偵測器、光學或掃描式電子顯微鏡等方法觀察量測，最常以光學顯微鏡作爲量測臨界荷重的觀察工具，因爲其可直接觀察到表面破裂；或是當薄膜表面發生破裂時，儲存於薄膜內的能量因薄膜表面破裂而釋放出來，此時可用聲波偵測器來量測，可作爲量測臨界荷重之依據，一般偵測頻率約爲 50－400 kHz 之間。圖 13.82 爲刮傷測試之示意圖，由圖中可知聲波發射偵測器與垂直、切線及側向三方向之力的相對位置。藉由對薄膜刮傷測試時量測薄膜垂直、切線及側向方向之力的改變量，量測薄膜臨界荷重。以 TiN 或是 TiC 薄膜鍍製在鋼材爲例，在進行臨界荷重量測時，由於垂直及側向方向之力的改變量過小不易偵測，因此以量測切線方向之力的改變量爲主。進行刮傷測試時，可藉由荷重 (或是量測切線方向之力) 對時間之曲線，其轉折點即爲薄膜之臨界荷重。此外，以奈米壓痕器進行刮傷測試時，除薄膜附著力外，亦可量測薄膜之摩擦係數。

　　在進行刮傷測試時，常見的參數包括：荷重速率 (dL/dt)、刮傷速度 (dx/dt)、壓痕器的型式及半徑等。在量測時，不同荷重速率或刮傷速度並不會影響到量測薄膜之臨界荷重，而壓痕器的選用主要是視薄膜材料而定。一般而言，薄膜厚度越厚，需施加更大之外力，方能使其表面破裂。此外，基板本身硬度、基板與薄膜表面粗糙度以及壓痕器與薄膜之間的附著性等，這些皆是影響到量測薄膜臨界荷重之因素。在使用上，雖然壓痕器材質爲 (001) 結晶指向之單晶鑽石，然而對於高硬度之薄膜進行刮傷 (或硬度及磨耗) 測試時，仍無法避免壓痕器表面磨損，應隨時注意壓痕器表面形狀，並觀察是否有待測物材料沾黏於壓痕器上，以確保量測準確性。

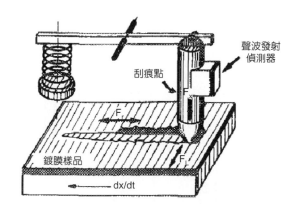

圖 13.82
刮傷測試示意圖。

13.11 光學薄膜環境測試

　　光學薄膜 (optical thin films) 之環境測試 (environmental test) 係以一系列環境等效條件 (equivalent condition) 之模擬測試規範及方法進行試驗，以了解於不同使用環境下，薄膜與基板之組合是否仍能保持理想的光學、機械及化學等性質。

　　本文討論於基板上製鍍單層或多層薄膜以改變其光學性質之光學薄膜的環境測試規範與方法，所述光學性質包含穿透率 (transmittance)、反射率 (reflectance)、折射率 (refractive)、吸收率 (absorptance)、散射 (scatter)、比色參數 (colourimetric parameters)、偏振 (polarization) 及相位關係 (phase difference) 等，而光學薄膜之功能則包含於特定波長範圍內其光學介面之反射 (reflecting)、抗反射 (anti-reflecting)、分光 (beam splitting)、衰減 (attenuating)、濾光 (filtering)、偏極 (polarizing)、吸收 (absorbing) 與相位變化 (phase changing) 等[139,140]。

　　在進行環境測試前後，宜以目視法觀察並記錄比較光學鍍膜之巨觀缺陷，一般鍍膜缺陷依據 ISO10110-7[141] 表面缺陷圖示規範，包含點、線、面及體缺陷等四類，其圖示與可能成因如表 13.8 所列。前述目視法則可依據 ISO9211-4 附錄所述，於黑色不反光背景以兩條 15 瓦螢光燈管作為唯一光源，於眼睛 45 公分距離內觀察鍍膜表面缺陷。

　　此外，光學基板缺陷與薄膜光學性能亦具關連性，於鍍膜之前宜就基板原有缺陷作一評估，以下係參照美國陸軍光學鏡片檢驗標準 MIL-O-13830B[142]，光學鏡片表面之刮傷 (scratch) 與刺孔 (dig) 等檢驗規範。其中刮傷以其寬度定義，單位為 μm (即 0.001 mm)；而刺孔則以直徑定義，單位為 0.01 mm，若為非圓形孔則取其最寬徑及最長徑之平均值代表「直徑」。一般刮傷／刺孔 (scratch/dig) 簡寫為 SC/DG (例如：60/40)，此二者檢驗規範如下所述。

表 13.8 鍍膜缺陷分類圖示[139,140]。

鍍膜缺陷	點缺陷	線缺陷	面缺陷	體缺陷
圖示				
可能成因	1. 針孔 2. 材料濺點 3. 小顆粒 4. 表面細粉塵 5. 結點	1. 意外刮傷 2. 直細線 3. 材料裂縫 4. 膜層裂紋 5. 細線刮紋	1. 水痕變色區 2. 表面擦傷 3. 纖維殘留 4. 鍍膜空隙	1. 膜層剝離 2. 膜片屑 3. 大濺點 4. 大顆粒 5. 水／氣泡

第 13.11 節作者為蕭健男先生及陳宏彬先生。

　　刮傷檢驗規範 (以下條件皆需符合)：
1. 在鏡片通光孔徑 (clear aperture) 內不容許有任何大於標準之刮傷存在。
2. 存在於圓形鏡片兩面之標準刮傷之總合長度，不可大於鏡片直徑之四分之一。
3. 刮傷最大總長度 (max combined lengths of scrathes) 之判斷值 $J = (N_1 \times L_1/D) + (N_2 \times L_2/D)$。

　　N_1、N_2 為第一、第二面分別之刮傷總數，L_1、L_2 為第一、第二面分別之刮傷總長度，D 為鏡片之直徑，圖 13.83 為刮傷檢驗圖示說明。當鏡片之二面皆發現有刮傷之存在，且判斷值 J 不大於 N_1 或 N_2 兩者中較大者 (MAX(N_1,N_2)) 之一半，即 $J \leq \text{MAX}(N_1,N_2)/2$ 時，則符合刮傷檢驗規範。而鏡片僅單面發現有刮傷之存在，且判斷值 J 不大於 N_1 或 N_2 兩者中較大者 (MAX(N_1,N_2))，即 $J \leq \text{MAX}(N_1,N_2)$ 時，亦符合刮傷檢驗規範。

　　刺孔檢驗規範 (以下條件皆須符合)：
1. 在鏡片通光孔徑內不容許有任何大於標準之刺孔存在。
2. 在直徑 20 mm 圓面積內，僅容許一顆標準刺孔存在。
3. 在直徑 20 mm 圓面積內，所有刺孔的刺孔直徑總合不得大於標準刺孔直徑的兩倍。
4. 直徑小於 2.5 μm 之刺孔則忽略不計。
5. 刺孔檢驗以鏡片之個別鏡面為檢驗單位，任一鏡面皆需符合上述一至三項之規範。

　　目前光學薄膜環境測試之方法很多，本文主要係參考 ISO9211、ISO9022[143] 及 MIL 等相關規範，其中各項環境測試需求依不同模擬等效使用條件定義，其嚴重程度隨數字增加 (如 01－04)。另外，不同使用環境亦需先進行分類評估，例如薄膜使用於：(A) 密封保護與被控制之環境，(B) 被控制之環境，有小磨損，(C) 一般戶外與被控制之環境，如相機之抗反射膜，(D) 嚴苛戶外與未受控制環境，鏡片將嚴重刮傷。

　　光學薄膜環境測試依薄膜與基板組合之待測性質可概分為四類：(1) 機械穩定性、(2) 溫度與熱循環之影響、(3) 化學穩定性及 (4) 特殊應用之其他耐久測試，以下就前述分類敘述之。

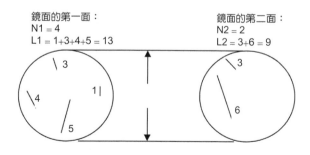

圖 13.83
刮傷檢驗圖示。

13.11.1 機械穩定性測試

　　機械穩定性測試包括：抗擦性 (abrasion)、附著性 (adhesion)、灰塵 (dust) 與溶解度 (solubility)。評估抗擦之目的在於了解光學薄膜受到不同條件之擦傷測試後，其光學與機械性質之變化情形。其測試時依模擬擦傷之嚴重程度 (依不同使用條件定義之) 選用粗棉布或橡皮擦等不同測試頭,垂直於已固定良好之試片,施以不同力量及擦數。測試後以目視法觀察試片上的薄膜是否損傷。測試方法可參考 ISO9211-3-1 與 ISO9211-4-4,如表13.9 所列。

　　薄膜附著力受材料種類、製程方法與參數及基板表面狀況等因素所影響,其測試在於了解薄膜受拉應力或剪應力作用時,其機械性質之變化情形。測試方法可參考 ISO9211-3-2 與 ISO9211-4-5 所載,如表 13.10 所列,以寬度 25 mm、黏性超過 9.8 N 之膠帶以垂直試片撕開,再以目視法觀察試片上的薄膜是否剝落,或膠帶上是否有殘留的薄膜。

　　另外可依據 ISO2409[144]、ASTM D3359 規範以百格刀對試片作 90 度交叉切割,形成十字形交叉方格後,以小清潔刷由 45 度斜角方向,輕輕掃去碎屑,再以膠帶黏貼於交叉區域迅速撕開,以放大鏡檢試交叉區域,並進行下列 (僅列一項) 之評估。

・ISO2409:切割邊緣平滑完整,完全無剝落。
・ASTM D3359 (剝落 %):5B、0%。

　　本試驗方法若使用於不同硬度基板材料 (如鋼或軟板) 則測試方法不同,此外,本方法不適用超過 250 μm 厚度之膜層。

　　灰塵測試亦可以了解薄膜之機械穩定性,特別是移動光學元件而產生之失效的行為,參考 ISO9211-3-3 與 ISO9022-6 所載之測試方法簡述如下,惟此項測試並不包含薄膜對大顆粒所造成之磨耗抵抗性。

表 13.9 薄膜抗擦性測試說明[139,140]。

測試項目	嚴重程度	說　明
抗擦性	01	粗棉布,力量 5 ± 1 N,擦數 50 次。
	02	粗棉布,力量 5 ± 1 N,擦數 100 次。
	03	橡皮擦,力量 10 ± 1 N,擦數 20 次。
	04	橡皮擦,力量 10 ± 1 N,擦數 40 次。

表 13.10 薄膜附著力測試說明 (膠帶)[139,140]。

測試項目	嚴重程度	說　明
附著力	01	膠帶撕開速度慢 (25 mm/2－3 sec)
	02	膠帶撕開速度快 (25 mm/1 sec)
	03	膠帶撕開速度迅速 (25 mm/小於 1 sec)

- 暴露於空氣的溫度：18－28 °C
- 空氣速度 8－10 m/s 與溼度在 25% 以下，需 6 時。
- 灰塵濃度：5－15 g/m^3
- 灰塵粒子尺寸及重量分布：140－100 μm (2%)、100－71 μm (8%)、71－45 μm (15%)、<45 μm (75%)。
- 灰塵粒子成分：SiO$_2$ (>97%)

　　薄膜溶解度測試目的在於了解評估薄膜與基板組合完全浸入蒸餾水、去離子水 (此二者電阻係數於 23 ± 2 °C 下，不低於 0.2 MΩ) 或鹽水溶液 (45 g/L NaCl、酸鹼值於 23 ± 2 °C 下，為 6.5－7.2) 後所造成光學或機械性質之變化，表 13.11 為 ISO9211-4 薄膜溶解度測試說明，測試後再以目視法觀察薄膜表面剝離情形。

表 13.11 薄膜溶解度測試說明[139,140]。

測試項目	嚴重程度	說　明
溶解度	01	蒸餾水或去離子水，6 小時
	02	蒸餾水或去離子水，24 小時
	03	鹽水溶液，24 小時

13.11.2 溫度與熱循環之影響

　　溫度與熱循環之影響包括：冷 (cold)、乾熱 (dry heat)、濕熱 (damp heat)、和緩的溫度變化 (slow temperature change) 與快速的溫度變化 (rapid temperature change)。

　　薄膜經常應用於恆溫、和緩或劇烈的溫度變化與熱循環之環境，這些溫度變化會造成薄膜的光學、電、磁等各項性質改變。另外薄膜與基板之熱膨脹係數不同，製鍍過程亦會導入張應力或壓應力，隨著光學系統實際使用溫度不同，需先進行溫度與熱循環測試以了解其性質。

　　薄膜溫、濕度變化測試可利用等效條件之環境模擬以了解薄膜於高溫工作或孔隙為水氣侵入所造成之性質變化，例如光學引擎冷光鏡於工作時承受鹵素燈泡與前方熱鏡之紅外線照射，仍需維持特定反射率。而熱循環測試則可模擬衛星於軌道運行時高真空、溫差變化大的太空環境，以測試其遙測酬載之光學元件在該環境下之運作功能，亦可了解內部反射鏡與各波段濾光鏡光譜是否漂移。表 13.12 為參考 ISO9211-3-5－8、ISO9022-2、ISO9022-14 之測試方法 (不包含熱循環測試)。

　　在濕熱部分，MIL-M-13508 則另有溫度 50 °C、濕度 95－100%、24 小時之測試規範。

表 13.12 薄膜溫度影響測試方法[139,140,143]。

測試項目	嚴重程度	說　明
冷	01	−0 ± 3 ℃、16 小時
	03	−15 ± 3 ℃、16 小時
	05	−25 ± 3 ℃、16 小時
	07	−35 ± 3 ℃、16 小時
	09	−55 ± 3 ℃、16 小時
	(1−10 級)	(溫度變化率：3 ℃/分以內)
乾熱	01	10 ± 2 ℃、16 小時
	03	55 ± 2 ℃、16 小時
	05	70 ± 2 ℃、6 小時
	06	85 ± 2 ℃、6 小時
	(1−8 級)	(相對溼度低於 40%，溫度變化率：5 ℃/分以內)
濕熱	01	40 ± 2 ℃、1 天
	03	40 ± 2 ℃、10 天
	06	55 ± 2 ℃、6 小時
	07	55 ± 2 ℃、16 小時
	(1−7 級)	(相對溼度 90−95%)
和緩溫度變化		T1　　　　T2
	01	−10 ± 3 ℃　40 ± 2 ℃
	03	−25 ± 3 ℃　70 ± 2 ℃
	05	−35 ± 3 ℃　63 ± 2 ℃
	07	−50 ± 3 ℃　70 ± 2 ℃
	09	−65 ± 3 ℃　85 ± 2 ℃
	(1−9 級)	高、低溫持溫時間：大於 2.5 小時 升、降溫速率：0.2−2 K/min 熱循環數：5，熱循環圖示請參考 ISO9022-2。
快速溫度變化 (熱衝擊 (thermal shock))		T1　　　　T2
	01	−10 ± 3 ℃　20 ± 2 ℃
	03	−40 ± 3 ℃　55 ± 2 ℃
	05	−65 ± 3 ℃　70 ± 2 ℃
	(1−5 級)	高、低溫持溫時間：大於 2.5 小時 升、降溫速率：20 sec−10 min 熱循環數：5，熱循環圖示請參考 ISO9022-2。

13.11.3 化學穩定性

　　化學穩定性測試包括：鹽霧及化學耐久性。薄膜常見柱狀晶結構，且孔隙率高，其密度不若塊材，鹽霧氣氛可造成金屬之腐蝕，鹽霧測試方法可參考 ISO9211-3-9 與 ISO9022-4。另外在特殊應用中需浸入水或化學藥劑中一段時間，以觀察其變化情形，測試方法參考 ISO9211-3-12。以上測試如表 13.13 所列。

13.11.4 特殊應用之其他耐久測試

　　特殊應用之其他耐久測試包括：太陽輻射 (solar radiation)、太空環境模擬輻射 (space simulation)、雷射輻射、冰／霜 (icing/frosting)、長黴 (mould growth)，雨的衝擊／侵蝕、稀泥磨損、腐蝕氣體、液體作用等，以下簡介數種特殊環境測試方法。

表 13.13 薄膜鹽霧、化學耐久性測試說明[139,140,143]。

測試項目	說　明
鹽霧	暴露於 35 ± 2 °C 之鹽霧、24 小時 鹽溶液 (濃度：5 ± 1%，pH 6.5 − 7.2) 由壓縮空氣 (0.4 ± 1.7 bar) 以 0.5 − 3.0 mL/80 cm^2/hr 之比率，進行薄膜表面鹽霧測試。
化學耐久性	分別浸入以下化學溶劑或水： 依據光學薄膜不同功能與應用，其化學溶劑或水之種類、浸入時間、濃度及溫度等條件依 ISO9022-12 規範指定。
・酸腐蝕	1. 硫酸 (H_2SO_4) 2. 硝酸 (HNO_3)
・鹼腐蝕	1. 氫氧化鉀 (KOH)
・溶劑溶解度	1. 丙酮 (CH_3COCH_3) 2. 乙醇 (C_2H_5OH) 3. 三氯乙烷 (CCl_3CH_3)
・沸水	沸點溫度之去離子水

　　光學薄膜元件需保存於乾燥環境，若發霉將會以遮蔽方式阻擋光路之行進 (如相機鏡頭)。薄膜長黴環境測試係了解其對長黴影響光學性質之抵抗能力而非避免黴菌生長，其測試方法參考 ISO9022-11 如下：

・對薄膜表面進行孢子懸浮液噴霧，測試時間：28 天及 84 天。
・懸浮液內之孢子數目：1,000,000 ± 200,000/mL。
・環境溫度、溼度條件：29 ± 1 °C、96 ± 2%R.H.。
・待測薄膜表面之孢子數目：15,000 ± 3,000/cm^2。

　　光學薄膜於太陽光電元件之應用日漸普及，如太陽電池之抗反射膜 (anti-reflection) 與低逸散 (low-emission) 節能玻璃等，太陽輻射環境測試方法可參考 ISO9211-3-10、ISO9022-9 與 ISO9022-17 等相關規範[139,140,143]，其中指出模擬氣氛、陽光輻射量、曝曬時間及光譜能量分布等測試條件。太陽輻射環境測試方法如表 13.14 所示。

　　另外太空環境亦會影響光學元件之性能及壽命，特別是複雜酬載次系統有可能因為環境的變化而損害，其環境變化以太空輻射最為嚴重，太空輻射來自范艾倫輻射環、太陽磁暴及宇宙射線等，皆會使材料本身產生性能衰減或損壞。雖然次系統皆有外殼與相關機構保護，但輻射的高穿透力往往造成元件性質改變與功能失效，因此需對光學薄膜等關鍵光學元件進行輻射模擬測試以了解其性質變化。

表 13.14 太陽輻射環境測試方法[143]。

測試項目	嚴重程度			說　明	
太陽輻射		T1	T2	輻射強度 (kW/m²)	照射時間 (日)
	01	25±2 ℃	55±2 ℃	1±0.1	3
	02	25±2 ℃	55±2 ℃	0-1	5
	03	25±2 ℃	40±2 ℃	1±0.1	4
	04	25±2 ℃	55±2 ℃	1±0.1	10

註：相對溼度：25±2%，循環空氣流速：1.5−3 m/s，溫度及照射循環請參考 ISO9022-9 圖示。

　　針對此問題，為評估輻射線對光學薄膜之影響，目前輻射測試以評估薄膜吸收之輻射總劑量為主。測試方法為預估系統 (例如衛星) 於不同軌道吸收之輻射總劑量後，以此劑量於實驗室內以固定強度的輻射線照射薄膜 (一般使用輻射源為鈷 60 產生之 γ 射線)，並檢驗其受損壞程度 (量測光學特性)，即可了解於太空任務中，系統受到相同太空輻射時，所搭載遙測酬載內光學薄膜之損壞程度。

　　舉例說明總劑量之計算：某衛星於距地表 400−600 公里軌道執行遙測任務時程為七年，其內部酬載因外殼保護，劑量較低，預估光學薄膜所受輻射模擬照射總計量約為 35 krad (一年估計 5 krad)，而系統表面接受到的輻射總計量則約為 1 Mrad。圖 13.84 所示光學遙測酬載之藍光帶通濾光鏡 (B1) 經 35 krad 與 1 Mrad 鈷 60 產生之 γ 射線照射後之穿透率光譜變化情形。

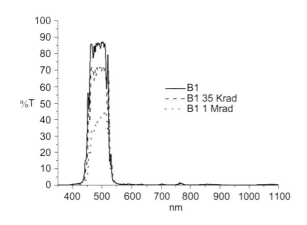

圖 13.84
光學遙測酬載之藍光帶通濾光鏡 (B1) 經太空輻射模擬環境測試後之穿透率光譜變化情形。

13.12 薄膜電阻

　　本節將介紹薄膜電阻特性 (electrical resistivity)，其即為施加一外電場與薄膜材料中所產生的電流之關係。電阻的量測方法通常簡單容易，且電阻為材料基本的物理特性，

第 13.12 節作者為潘漢昌先生。

其電阻的量測將直接反應製程參數設定偏移時的變化因素，可提供工程師即時的資訊。此外，薄膜電阻為定量檢測方法，經由量測試片中不同位置的薄膜電阻，即可以獲知其厚度或摻雜的均勻分布程度，因此是薄膜製程特性重要的監控參數之一。薄膜材料種類眾多，舉凡金屬、陶瓷 (氧化物)、高分子與複合物等，當施加電場於這類材料進行以定量方式檢測薄膜的電阻特性前，事先掌握薄膜本身的鍵結種類，將有助於了解材料的電流負載特性。

13.12.1 電阻率定義

薄膜材料的電阻率之基本定義如公式 (13.123) 所示。

$$\rho = \frac{1}{q(n\mu_n + p\mu_p)} \tag{13.123}$$

其中，n 與 p 分別為自由電子 (electron) 與電洞 (hole) 濃度 (concentration) 或稱載子數目，μ_n 與 μ_p 各自為電子與電洞的霍爾移動率 (Hall mobility)，q 為電荷量。

藉由量測薄膜本身載子濃度與霍爾移動率，再經由公式 (13.123) 推導可獲知待測材料之電阻率。然而若以此定義法計算薄膜電阻率，其必須先得知材料的載子濃度與霍爾移動率，其將增加電阻率量測的複雜性，因此一般多以四點探針儀 (four-point probe measurement) 直接量取薄膜電阻特性。在一些特殊例子中，如摻雜型薄膜材料研究，其主體材料之載子濃度遠高於其摻雜材料部分的載子濃度，而為了針對摻雜材料對於薄膜整體電阻率的影響時，可以藉由量測過程中改變環境溫度以量測其霍爾移動率與載子濃度的變化情形，進而分離出材料中少量的摻雜物對其電阻率的影響。

薄膜電阻率一般可以區分為接觸式 (contact) 與非接觸式 (contactless) 檢測，例如四點探針儀與霍爾效應量測系統 (Hall effect measurement system) 屬於接觸式量測，其藉由接觸於試片上的金屬探針同時施加電場並感測電流訊號，以量取待測薄膜電阻。另外，以渦電流 (eddy current) 感應的非接觸方式量取薄膜電阻率，適合應用於特別需要避免探針接觸時造成汙染或減少探針接觸時產生的機械損壞的非壞式量測。以接觸式量測薄膜電阻率而言，其僅提供一維的電阻訊號，而針對大面積薄膜成長或應用於離子佈植或高溫擴散方式於矽晶片上進行雜質摻雜的均勻分布量測，展阻量測方式 (resistivity mapping) 即可以提供矽晶片上電阻率實際分布的二維資訊。另外，奈米級導電式原子力顯微鏡術 (conductive atomic force microscopy, CAFM) 應用維持探針和試片表面間之作用力大小，使得探針在試片表面垂直方向起伏運動，探針做二維掃描而繪製出表面形態。表面形貌量測時同時對於試片施加偏壓，可以即時量測試片表面的電流分布，而此技術將可同時提供薄膜表面高解析形貌影像和電性分布，提供重要奈米級的表面電性分析資訊。以下依序詳述各種不同量測方法與技術。

13.12.2 四點探針儀

　　四點探針儀爲薄膜電阻量測方法中最常被使用的技術，而相較於探針的配置，四點探針儀將可以改善如三用電錶中雙探針方式量測薄膜電阻時造成的誤差，如圖 13.85 所示雙探針配置電阻量測方法中，其中每個探針同時量測電流值與電壓值，其所測得的總電阻值 (R_T) 爲公式 (13.124) 所示。

$$R_T = \frac{V}{I} = 2R_C + 2R_{SP} + R_S \tag{13.124}$$

其中，R_C 爲每個金屬探針與待測薄膜間的接觸電阻、R_{SP} 爲探針接觸待測薄膜表層間的雜散電阻 (spreading resistivity)、R_S 爲待測薄膜之電阻值。

　　雙探針電阻量測法中其接觸電阻隨著金屬探針與待測薄膜實際的接觸情況而異，雜散電阻大小則隨經由金屬探針流經待測薄膜表層之電流造成之電阻而改變，這使得在雙探針電阻量測過程中，無法精確測得接觸電阻與雜散電阻，因此進一步影響電阻量測的準確性。

　　爲了改善雙探針法在電阻量測上的誤差，四點探針儀改由排列於一條直線且等間距的四根金屬探針方式，其中兩探針用以施加電流而另外兩探針量取電壓變化，進而測得薄膜電阻。此法最早於 1916 年由 Wenner 用來量取地表電阻值[146]，稍後在 1954 年由 Valdes 提出以四點探針儀量測半導體晶圓之電阻值[147]。四點探針儀在電阻測量過程中，負責施加電流的兩探針與待測薄膜間同樣會發生雙探針法中的接觸電阻與雜散電阻，但另兩探針改採用高阻抗電位計或電壓計量取其電壓值而減少電流損失，在較少電流流過兩個電壓探針的損失條件下，R_C 與 R_{SP} 寄生電阻因此在電阻量測中可以被忽略不計。

　　圖 13.86 爲四點探針儀量測薄膜電阻示意圖，S 爲探針與探針間之距離，其中外側兩根探針施加電流而中間探針量取電壓降大小。爲了減少量測誤差，四根探針多固定於一針座，探針座上方可擺放法碼以確保探針確實接觸於薄膜表面且各探針間作用力大小相同。四點探針儀其量測薄膜電阻 ρ 可由公式 (13.125) 表示。

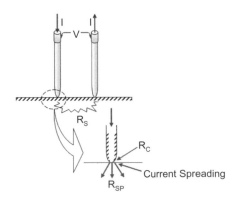

圖 13.85 雙探針電阻量測法中產生幾
　　　　　個重要的接觸電阻。

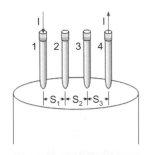

圖 13.86 四點探針儀量
　　　　　測薄膜電阻示
　　　　　意圖。

$$\rho = R_{\text{sheet}} \times T_f = c.f. \times \frac{V}{I} \times T_f \tag{13.125}$$

其中，R_{sheet} 爲片電阻 $(\Omega/\square)$，T_f 爲薄膜厚度，V 爲通過電壓探針之直流電壓值 (V)，I 爲通過電流探·針所施加的直流電流值 (A)，$c.f.$ 爲探針的修正因子，ρ 爲薄膜電阻率 $(\Omega \cdot cm)$。

13.12.3 任意形狀試片電阻量測

當待測試片爲薄膜樣品時，其片電阻的定義爲在一有限正方形薄片中兩平行端之間的電阻值，片電阻可定義如公式 (13.126) 所示。

$$R_S = \frac{\rho d}{td} = \frac{\rho}{t} \tag{13.126}$$

其中，施加電流通過試片兩端的截面積爲 $t \times d$，d 爲正方形的邊長、t 爲薄膜厚度，而電流通過路徑長同爲 d，由公式 (13.126) 可知片電阻值僅與薄膜厚度相關，其單位爲 Ω。

應用 Van der Pauw 量測法叫用以取代量測薄膜樣品的電阻率、載子濃度、霍爾遷移率，此法較不受樣品幾何形狀的限制。但薄膜電阻量測其試片必須符合以下條件：(1) 接觸點位於薄膜樣品中心位置，(2) 接觸點面積需小於試片邊長的 1/6，(3) 薄膜樣品厚度具有高均勻性，(4) 薄膜樣品表面平整。在電阻量測中，Van der Pauw 量測法由於具有不受幾何形狀限制的優點，因此成爲霍爾量測最普遍的方法，圖 13.87 所示爲幾個常用 Van dcr Pauw 法量測的幾何形狀。

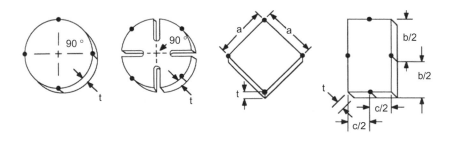

圖 13.87
常用 Van der Pauw 法量測薄膜電阻的幾何形狀 [148]。

13.12.4 霍爾效應量測系統

　　銦錫氧化物 (indium tin oxide, ITO)、銦鋅氧化物 (indium zinc oxide) 及鋁摻雜氧化鋅 (Al-doped zinc oxide, AZO) 等透明導電薄膜 (transparent conductive oxide) 廣泛用於太陽能電池、平面顯示器、有機發光二極體 (OLED) 顯示器與觸控螢幕等光電元件作為電極材料，因此電性為透明導電材料製作與開發中最重要的實驗數據之一。如同公式 (13.123) 中提及電阻率相關材料中電子和電洞的載子濃度與霍爾移動率，霍爾效應量測可以得知薄膜中載子移動率、載子濃度和電阻率。藉由這些性質可以了解各項製程參數對薄膜性質的影響，以尋求較高載子移動率、高載子濃度和高導電度的薄膜材料。

　　在考量具有良好電性薄膜元件時，對於薄膜結晶性與微觀結構在製作參數改變時，其性質的穩定性更顯重要。圖 13.88 為以脈衝雷射鍍膜法 (pulsed laser deposition) 製備 ITO 薄膜時，其電性隨著不同鍍膜基板溫度變化的關係圖。圖中電阻率明顯隨著基板溫度的提高而增加，其成因可能為基板溫度的提高使得薄膜內四價 Sn^{4+} 原子獲得足夠的能量，由間隙位置或晶界擴散至三價 In^{3+} 原子的晶格位置。此時，SnO_2 摻雜在 ITO 薄膜材料中扮演著施體 (donor) 的角色，貢獻出更多參與導電的載子，使得電阻率下降。此外，這個現象也可以由提高基板溫度促進薄膜的晶粒成長加以解釋。因為較大的晶粒尺寸有著相對較少的晶界 (grain boundary) 數目，減少了載子在材料內移動受制於晶界所造成的散射作用，因此載子移動率相對提高，薄膜電阻率降低。

　　另外，在 III-V 族氮化鎵／氮化銦鎵異質結構發光薄膜電性的量測中，變溫系統可以量測不同銦含量對於薄膜材料造成的缺陷，在不同溫度區間所受的散射效應之影響。可以由電中性平衡公式的理論分析推導而得，經由載子濃度對溫度的變化圖求出活化能，以了解薄膜的導電機制，獲得具有良好發光效率氮化鎵材料。

　　如圖 13.89 所示，考慮一個載子為電子的 n 型半導體材料中[150-153]，一電場 (E) 施加於正 x 軸方向，另一磁場 (B) 施加於正 z 軸方向，材料內中電子將受外加電場感應，而沿

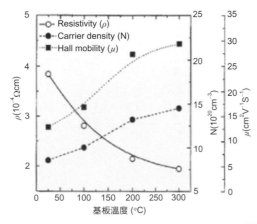

圖 13.88 薄膜電性與鍍膜基板溫度關係圖[149]。

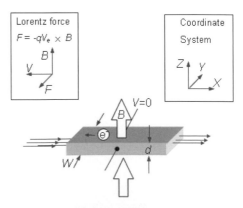

圖 13.89 具有歐姆接觸點之薄片狀半導體材料的霍爾效應之示意圖。

著負 x 軸方向移動，其移動速度可以表示爲公式 (13.127)。

$$V_e = -\mu E \tag{13.127}$$

其中，μ 爲傳導電子的移動率。當電子移動中通過磁場時，會受到一作用力而使其偏斜到負 y 軸方向，此作用力如公式 (13.128) 所示。

$$F = -qV_e \times B \tag{13.128}$$

其中，q 爲傳導電子的電荷量。結合公式 (13.127) 與公式 (13.128)，考慮圖 13.89 中影響電子移動的作用力其 y 方向分量如公式 (13.129) 所示。

$$F_y^B = -q\mu B_z E_x \tag{13.129}$$

此時，當電子聚集於材料底面時，其即造成在材料中沿 y 方向建立一電位差，此稱之爲霍爾電壓，此電壓提供一 y 方向分量作用於電子，因此由霍爾電壓產生的作用如公式 (13.130) 所示。

$$F_y^{\text{Hall}} = -qE_y \tag{13.130}$$

其中，E_y 爲霍爾電位差。

在平衡狀態下，如公式 (13.129) 中磁場作用於移動電子的力，恰可與公式 (13.130) 中霍爾電壓的作用力相互抵銷，此平衡條件可由公式 (13.131) 表示。

$$\begin{aligned} F_y^B + F_y^{\text{Hall}} &= 0 \\ (-q\mu B_z E_x) - (-qE_y) &= 0 \end{aligned} \tag{13.131}$$

其中，$E_y = -\mu B_z E_x$。此時，定義霍爾係數 (R) 爲：

$$R = \frac{-E_y}{B_z J_x} \tag{13.132}$$

其中，J_x 爲 x 方向的電流密度。因 $\sigma = nq\mu$，所以可以將公式 (13.132) 改寫爲公式 (13.133)。

$$R = -\frac{1}{nq} \tag{13.133}$$

如公式 (13.133) 所示，當霍爾係數 (R) 已測得而知，材料中的載子濃度即可以經由公式計算而得，而霍爾係數可利用公式 (13.132)，由已知的磁場大小 B_z 與電流密度 J_x，形成的霍爾電壓獲得。

13.12.5 展阻量測

隨著晶圓尺寸面積增加，薄膜大面積電性均勻性顯得越形重要，因此可以藉由電腦可程式控制四點探針儀在待測薄膜面積範圍內做二維移動量取其電阻值，如圖 13.90 所示經由高溫超導體 $YBa_2Cu_3O_y$ 薄膜試片位置與電阻值繪製作圖，即可得薄膜展阻 (resistance mapping) 分布[154]，其展阻量測法特色在於可以顏色對比方式清楚表達薄膜電阻分布均勻性。

13.12.6 導電式原子力顯微術

透明導電薄膜在應用上多作為電極材料，此時薄膜表面的粗糙度和電性將關係到元件的特性和可靠度。尤其當薄膜元件製作的尺寸已由微米、次微米，逐漸發展至奈米等級，因此材料研究中應用導電式原子力顯微鏡 (conducting atomic force microscope, CAFM)，藉由維持探針和試片表面間之作用力大小，使得探針在試片表面垂直方向起伏運動，探針做二維掃描而繪製出表面形態。量測時對於試片施加偏壓，可以同時量測試片表面的電流分布，因此可同時獲得薄膜表面高解析影像和電性分析，提供關鍵的電性評估。

圖 13.91 為 IZO 透明導電薄膜在氫／氧氣比例為 0% 與 3% 的條件下，濺鍍所得的原子力顯微像與相對應的電流分布圖。結果顯示薄膜的表面平整度為 $R_{rms} = 0.416$ nm，而表

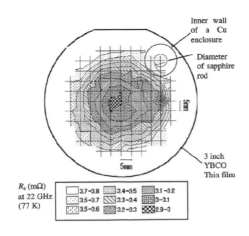

圖 13.90 高溫超導體 $YBa_2Cu_3O_y$ 薄膜試片
在薄膜展阻分布[154]。

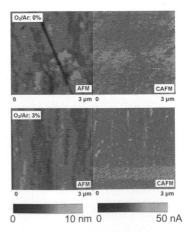

圖 13.91 IZO 透明導電薄膜的 AFM 與
對應 CAFM 電流影像圖。

面粗糙度為 R_{rms} = 0.403 nm。研究中應用 X 光繞射分析以鑑定 IZO 薄膜的結晶結構，結果發現在室溫成長的 IZO 薄膜呈現非晶質形貌，因此圖中所示的微細組織可視為未成相的 IZO 結晶相。薄膜表面的電流影像分布為施加 3 V 偏壓，影像中的明亮與黑暗對比代表著薄膜的導電性差異，由於 CAFM 所測得的訊號是轉換成電壓輸出，單位為 A/V，故須將圖中電壓大小各別乘上所測得結果 100 nA/V 和 5 nA/V。所測得的結果和電阻率的量測結果互相符合，表示薄膜組成更接近化學計量比。而由 IZO 薄膜導電的機制可知：薄膜在缺氧的情況下產生氧空缺 $(V_0 \rightarrow V_0^{\bullet\bullet} + e')$ 提供為載子，因此實驗中增加氬／氧比例為 3% 時，氧氣補償了氧空缺，氧空缺減少因此電阻率增加。

13.12.7 非接觸電阻率量測

將功能性薄膜製鍍於高分子基板和金屬薄片的新興可撓性電子 (flexible electronics)，其多應用連續式捲曲型鍍膜機 (roll-to-roll coater) 製程進行鍍膜，為了減少探針接觸於強度較差的高分子基板時造成的機械性損壞，可撓性基板之線上電阻率連續檢測，都需要以渦電流感應型式的非接觸法量取薄膜電阻率。

如圖 13.92 所示，高頻電流施加於兩相近且由軟鐵製成的磁鐵心感測器。當待測薄膜試片放置於兩感測器之間，經由高頻電感耦合在薄膜試片中產生渦電流。此時，感測器中導入的高頻電流會被薄膜試片所吸收，薄膜試片感應渦電流而產生焦耳熱，此吸收量與材料導電率 (為薄膜電阻率的倒數) 成一定比例。因此，藉由測量高頻電流損耗，即可以非接觸型式量測薄膜試片的電阻率。

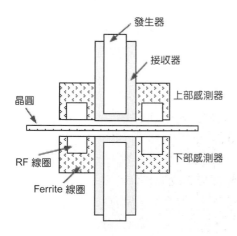

圖 13.92
渦電流感應型式的非接觸法量取薄膜電阻率之示意圖。

13.13 雷射破壞

隨著光電技術進步迅速，雷射的應用日益廣泛，不僅僅只是在軍事、加工業上，其他高科技產業應用上都愈顯雷射的重要性。由於雷射系統之輸出功率不斷的提升，並且一些應用必須將雷射光點侷限在小範圍的元件上 (如光學微影、光纖技術等)，使得元件在單位面積所承受的雷射功率大幅度的增加，不僅加速造成系統內部或外部元件的老化現象，更嚴重的會造成不可復原的雷射破壞 (laser damage)，這些反而成為限制使用高功率雷射系統的因素。因此研究雷射破壞的機制，並且找出改善系統雷射破壞的耐久度等課題，愈來愈廣泛的被重視和探討。

在光學系統中雷射破壞最常受到研究注意的是介電質薄膜所受到的破壞，因為光學系統中要達到高規格的光學特性 (例如：高反射率 99.5% 以上)，非利用光學鍍膜的方式來完成不可。但往往薄膜卻是光學系統中最易受到雷射破壞的部分，所以薄膜常成為系統中所能承受光學能量的限制因素，因此大多數雷射破壞的研究是針對介電質薄膜所進行。

13.13.1 雷射破壞的機制

究竟光學元件是如何受到雷射能量的破壞，此為非常複雜的問題，因為在不同的光電應用中所使用的雷射條件也大不相同，這意味其中有很多的破壞機制是與雷射的波長、脈衝長短、空間分布、工作週期 (duty cycle) 有關，另外也與光學材料及本身的性質有關。很多雷射破壞機制相關研究仍持續進行中，大體上可以將雷射破壞機制分成兩類來討論：其一與系統中雜質 (particle inclusion)、缺陷 (defect) 有關，另一則是與光學材料本質有關。

一般來說光學系統都非常重視潔淨度，光學元件乾淨與否，僅著眼於樣品表面是否沾有灰塵顆粒是不夠嚴謹的，亦要考慮其內部是否含有雜質與缺陷，若有以上情形，則此等樣品皆歸類為有缺陷的膜 (defect inclusion film)。此類光學材料受到雷射破壞的地方通常發生在這些雜質顆粒或缺陷所在處，其原因就是這些顆粒或缺陷吸收了雷射能量，使得局部累積大量熱能，進而造成該處膨脹、崩裂或熔化、燒焦而破壞了光學元件。解決此種雷射破壞的方法就是保持光學系統中元件的清潔，並從減少雜質的摻入與缺陷的產生著手，因此在製造光學元件過程的環境中即要注重清潔，並且在製程中避免雜質的摻入與缺陷的產生，以及使用光學系統及元件時注意保持潔淨的狀態。

另一種雷射破壞的機制，則與光學材料的物理性質以及與雷射光的交互作用有關。一般透明光學材料之所以透光，是因為材料在導帶 (conduction band) 的電子濃度非常少，絕大多數電子位在價帶 (valence band) 上，位於價帶上的電子不活潑且不容易與光能發生作用，因此此種材料並不會吸收太多的雷射能量。若材料對雷射光有足夠的吸收，使得價帶的電子躍遷至導帶，當導帶的濃度大到某個程度後，則材料對雷射能量的吸收才會大幅增加，並且開始造成明顯的破壞。

第 13.13 節作者為劉旻忠先生。

當雷射脈衝較長的時候，材料中的電子容易受到雷射電場的影響而開始振動，振動的電子彼此產生撞擊，將有機會把部分電子撞擊到導帶，此種效應稱作電子撞擊 (electron impact, EI)。當雷射脈衝較短時，材料會開始伴隨產生明顯的非線性光學吸收效應，在這過程中主要有兩種吸收作用：光子電離 (photon ionization) 與崩裂電離 (avalanche ionization)。

(1) 光子電離的發生

此是由光子激發而使電子產生躍遷的一種作用，並且主要有多光子電離 (multi-photon ionization, MPI) 及穿隧電離 (tunnel ionization, TI) 兩種激發模式。單個光子通常無法提供足夠能量使得透明材料中的電子由價帶躍遷至導帶，但是當雷射光非常高頻時，材料會產生非線性光學效應，電子會同時吸收多個光子能量，此即為多光子電離。當吸收的總能量大於材料的能帶間隙 (energy band gap) 時，會使得材料本身的電子自價帶躍遷至導帶[155]。當雷射電場強度大過鍵結電子與原子間庫倫力所造成的位能井時，則電子會穿隧位能障礙而變成自由電子，形成導帶的電子，此種效應即為穿隧電離，此較容易發生在較低頻但電場較強的雷射作用。

(2) 崩裂電離的發生

前文三種使電子自價帶躍遷至導帶的方式 (EI、MPI 及 TI)，都是由價帶電子和雷射光產生交互作用，但是當導帶的電子濃度夠高時，情況就會有所不同。由於導帶電子較價帶電子更容易吸收光能，且有機會因具有足夠的動能，可將價帶電子撞擊至導帶，更多的導帶電子又可以撞擊出更多的價帶電子，因此材料會開始產生崩裂電離的現象，造成介電質擊穿 (dielectric breakdown)[156]。

13.13.2 雷射破壞的量測

為了客觀地研究雷射破壞的現象與機制，因此定義了雷射破壞閥值 (laser-induced damage threshold, LIDT) 並給予明確的量測規範，以此閥值去討論雷射破壞的可能機制。

對雷射破壞閥值的定義，以量測方式來分類常採用兩種定義方式，其一為單發式 (single shot)，另一則為多發式 (multiple shot)。此兩種不同的雷射破壞閥值定義方式，均已有一套公認的標準。

(1) 單發式 (ISO/DIS 11254-1.2)

此種量測方式會在受測樣品表面上一處打一道雷射光束，若雷射光束並未造成該處破壞，則在樣本表面上更換另一處，再打一道更強的雷射光束，直到該次的雷射光束照射樣品上產生破壞爲止，定義此表面上單位面積所承受的雷射能量爲該樣品的雷射破壞閥值。

(2) 多發式 (ISO/DIS 11254-2:1995)

此種量測方式先以較弱的雷射光束照射受測樣品表面，若未對該照射處產生雷射破壞，則加強雷射光束的能量，並繼續照射同一處，直至觀察到破壞爲止，並定義此時樣品表面上單位面積所承受的雷射能量爲此樣品之雷射破壞閥值。

這兩種雷射破壞閥值的定義方式，即使雷射及受測樣品在相同的條件下，所定義出來的雷射破壞閥值也不一樣。一般來說，多發式量測方式會擁有較高的雷射破壞閥值，這是由於多發式量測方式讓受測樣品在受到雷射破壞之前，相同位置處就已經經過一次或數次較小能量雷射照射，以致於樣品吸收了部分的雷射能量，對樣品造成了雷射退火的效應，退火過後使得樣品缺陷減少，因此雷射破壞較不易發生，而擁有較高的閥值[157,158]。至於雷射破壞的觀測，以下列舉三種常見的方式：(1) 影像觀察法，(2) 雷射照射量測法，(3) 光聲量測法 (photoacoustic measurement)。

(1) 影像觀察法

受測樣品發生雷射破壞時，通常會在其表面外觀的形態上發生變化，依照不同的情況可能發生膨脹、崩裂或燒焦、熔化的情形，這些現象經由人眼即可分辨出來，因此使用影像觀察是最方便的，而進行觀測的方法又可分爲非同步及同步觀測。非同步觀測通常是將受測樣品先以雷射照射，照射完畢以後再將樣品直接以人眼或使用顯微鏡觀察受到破壞的情形，此種方式簡單明瞭，但是所花費的時間較長。至於同步觀察的方法則需使用影像監視設備，對照射點進行即時監視，即可立刻得知雷射破壞的發生與否，除了可避免雷射傷害人眼，亦可同時放大雷射照射處，使得較小的雷射破壞得以被觀察到。

(2) 雷射照射量測法

雷射破壞牽涉到材料在性質上的變化，這些變化有時足以使光學特性產生改變，以致於影響到系統的表現，但人眼卻不一定能馬上觀察出變化，等到受測樣品表面發生明顯的改變，此時所量測出之雷射破壞閥值卻已經大於其實際的閥值。因此利用樣品表面影像來觀察，並不一定能測量出精確的雷射破壞閥值，因此才有雷射照射量測法與光聲量測法，以精確地測出雷射破壞產生的時候。

雷射照射量測法其架構示意如圖 13.93 所示，在預定的雷射照射量測處另外照上一能量較小之 He-Ne 雷射，並使用光電倍增管 (PMT) 收集 He-Ne 雷射在樣品表面所產生之光學特性 (例如反射、表面散射等)。當破壞開始產生時，樣品表面產生微小變化的瞬間，其光學特性即會發生變化，此變化由光電倍增管收集，經即時訊號處理，即可得知雷射破壞的發生[159]。

(3) 光聲量測法

　　此種量測方式爲近來常見且精確的雷射破壞量測方式，其架構示意如圖 13.94 所示，在樣品將被雷射照射處上方，射入一平行於樣品表面的 He-Ne 雷射光束，並將此光束透過一狹縫以光電倍增管收集。雷射破壞發生之瞬間，樣品材質的內部結構會發生激烈的變化，此一變化通常會伴隨著聲波的產生並傳播開來，當聲波傳入空氣時，會對空氣介質的疏密造成影響，空氣密度的改變也會伴隨著折射率的變化。因此當聲波通過探測之 He-Ne 雷射光束時，會使得 He-Ne 雷射的行進方向受到偏折，經狹縫後所量到的雷射能量亦會有所變化，由此可決定雷射破壞的發生[160,161]。

　　雷射破壞對於光學系統以及相關光學元件是個非常重要的指標，所以如何提高雷射破壞閾值 (LIDT)，以增加相關光學系統與元件的壽命，是個重要的研究方向與課題。

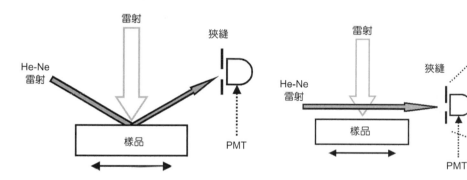

圖 13.93 雷射照射量測法之架構示意圖。　　圖 13.94 光聲量測法之架構示意圖。

參考文獻

1. http://www.stayintouchnz.co.nz

2. http://www.nanoelectronics.jp

3. http://www.perkinelmer.com/

4. ASTM E903-96

5. ASTM D1003-00

6. 李正中, 薄膜光學與鍍膜技術, 第四版 (1999).

7. P. A. Van, *Solar Energy*, **73** (3), 137 (2002).

8. TNO bidirectional R&T

9. S. L. Storm, *Labsphere Application Note*, No. 2, 1 (1998).

10. P. Drude, *Annalen der Physik und Chemie*, **36**, 532 (1889).

11. A. Rothen, *Rev. Sci. Instrum.*, **16**, 26 (1945).

12. E. Passaglia, R. R. Stromberg, and J. Kruger, *Ellipsometry in the Measurement of Surfaces and Thin Films*, Symposium Proceedings, National Bureau of Standards, Misc. Publ., 256, Washington (1964).

13. N. M. Bashara, A. B. Buckman, and A. C. Hall, *Proceedings of the Symposium on Recent Developments in Ellipsometry*, North Holland, Amsterdam (1969).

14. N. M. Bashara and R. M. A. Azzam, *Proceedings of the Third International Conference on Ellipsometry*, North Holland, Amsterdam (1976).

15. R. M. A. Azzam, Selected papers on *Ellipsometry, SPIE Milestone Series*, **MS 27**, SPIE, Bellingham, WA (1991).

16. J. A. Woollam, J. N. Hilfiker, C. L. Bungay, R. A. Synowicki, T. E. Tiwald, and D. W. Thompson, *AIP. Conf. Proc.*, **550**, 511 (2001).

17. B. Johs, J. A. Woollam, C. M. Herzinger, J. N. Hilfiker, R. A. Synowicki, and C. L. Bungay, *SPIE Proc.*, CR72 29 (1999).

18. S. N. Jasperson and S. E. Schnatterly, *Rev. Sci. Inst.*, **40**, 761 (1969).

19. G. E. Jellison, Jr. and F. A. Modine, *Appl.Opt.*, **29**, 959 (1990).

20. H. G. Tompkins and W, A. McGahan, *Spectroscopic Ellipsometry and Reflectometry, A User's Guide*, New York: John Wiley and Sons (1999).

21. J. C. Jans, *Philips J. Res.*, **47**, 347 (1993).

22. R. M. A. Azzam and N. M. Bashara, *Ellipsometry and Polarized Light*, North-Holland, Amsterdam (1977).

23. D. E. Aspnes and J. B. Theeten, *Phys. Rev. B.*, **20**, 3292 (1979).

24. W. Swindell, *Polarized Light*, Dowden, Hutchinson & Ross, Inc. (1975).

25. H. G. Tompkins and E. A. Irene, *Handbook of Ellipsometry*, Norwich, NY: William Andrew Publishing (2005).

26. L. Y. Chen and D. W. Lynch, *Applied Optics*, **26**, 5221 (1987).

27. A. Zakery, C. W. Slinger, P. J. S. Ewen, A. P. Firth, and A. E. Owen, *J. Phys. D: Appl. Phys.*, **21**, S78 (1988)

28. L. Vriens and W. Rippens, *Appl. Opt.*, **22**, 4105 (1983).

29. J. C. Manifacier, J. Gasiot, and J. P. Fillard, *J. Phys. E: Sci. Instrum.*, **9**, 1002 (1976).

30. R. Swanepoel, *J. Phys. E: Sci. Instrum.*, **16**, 1214 (1983).

31. D. B. Kushev, N. N. Zheleva, Y. Demakopoulou, and D. Siapkas, *Infrared Phys.*, **26**, 385 (1986).

32. D. A. Minkov, *J. Phys. D: Appl. Phys.*, **22**, 1157 (1989).

33. Y. Y. Liou, C. C. Lee, C. C. Jaing, C. W. Chu, and J. C. Hsu, *Jpn. J. Appl. Phys. Pt. 1*, **34**, 1952 (1995).

34. C. J. Powel and J. B. Swan, *Phys. Rev.*, **118**, 640 (1960).

35. H. Raethter, *Surface Plasmons on Smooth and Rough Surfaces and on Grating*, New York: Springer, Berlin, Heidelberg (1988).

36. Y. Teng and E. A. Stern, *Phys. Rev. Lett.*, **19**, 511 (1967).

37. A. Otto, *Z. Phys.*, **216**, 398 (1968).

38. A. D. Boardman, *Electromagnetic surface Modes*, New York, Amsterdam: Wiley (1982).

39. W. P. Chen and J. M. Chen, *JOSA*, **71**, 189 (1981).

40. C. C. Lee and Y. J. Jen, *Appl. Opt.*, **38**, 6029 (1999).

41. D. L. Mills, *Phys. Rev. B*, **12**, 4036 (1975).

42. H. J. Simon and J. K. Guha, *Opt. Comm.*, **18**, 391 (1976).

43. E. Kretschmann, *Opt. Comm.*, **5**, 331 (1972).

44. D. L. Hornauer, *Opt. Comm.*, **16**, 76 (1976).

45. 林正雄, 儀器總覽, V.5 材料分析儀器, 新竹: 國科會精儀中心, 16 (1998).

46. C. C. Shiflett, *Thin Film Technology*, New Jersey: Van Nostrand, 181 (1968).

47. A. V. Tikhonravov, M. K. Trubetskov, A. A. Tikhonravov, and A. Duparre, *Appl. Opt.*, **42**, 5140 (2003).

48. A. R. Forouhi and I. Bloomer, *Physical Review B*, **34** (10), 7018 (1986).

49. SCI FilmTek 2000 Operations Manual.

50. H. A. Macleod and D. Richmond, *Thin Solid Films*, **37**, 163 (1976).

51. P. F. Gu, *Thin Solid Films*, **156**, 153 (1988).

52. 張高榮, 研究以垂直及傾斜入射光線監控真空鍍膜的光學多層膜成長, 輔仁大學碩士論文, Chap. 5 (2006).

53. D. Henderson, M. H. Brodsky, and P. Chaudhari, *Appl. Phys. Lett.*, **25**, 641 (1974).

54. A. G. Dirks and H. J. Leamy, *Thin Solid Films*, **47**, 219 (1977).

55. K. Kinosita *et al.*, *J. Vac. Sci. Technol.*, **6**, 730 (1969).

56. S. Ogura, *Some features of the behavior of optical thin films*, Ph.D. Thesis, Newcastle upon Tyne Polytechnic, England. (1975).

57. K. Kinosita and M. Nishibori, *J. Vac. Sci. Technol.*, **6**, 730 (1969).

58. K. L. Chopra, S. K. Sharama, and V. N. Yadava, *Thin Solid Films*, **20**, 209 (1974).

59. M. Haris, H. A. Macleod, and S. Ogura, *Thin Solid Films*, **57**, 173 (1979).

60. W. L. Bragg and A. B. Pippard, *Acta Crystallogr.*, **6**, 865 (1953).

61. H. K. Pulker, *Coating on Glass*, Elsevier Amsterdom., Chap. 7 (1984).

62. J. E. Mahan, *Physical vapor deposition of thin films*, New York: Wiley, Chap. VIII.5 (2000).

63. G. Atanassov, R. Thielsch, and D. Popov, *Thin Solid Films*, **233**, 288 (1980).

64. C. Kittel, *Introduction to Solid State Physics*, New York: Wiley, 390 (1978).

65. 林冠廷, 以 end-Hall 型離子源輔助蒸鍍氟化鎂紫外光薄膜之研究, 輔仁大學物理學系碩士論文, 52 (2006).

66. M. Ohring, *Materials Science of Thin Films*, 2nd ed., Academic Press, 583 (2002).

67. L. E. Murr, *Electron Optical Applications in Materials Science*, McGRA W-HILL, 87 (1970).

68. 陳福榮, 場發射槍電子顯微鏡, 儀器總覽－材料分析儀器, 國科會精儀中心, 28 (1997).

69. 陳力俊, 材料電子顯微鏡學, 國科會精儀中心, 29 (1994).

70. D. B. Williams and C. B. Carter, *Transmission Electron Microscopy*, Plenum Press, 141 (1997).

71. C. N. Hsiao and J. R. Yang, *Materials Chemistry and Physics*, **74**, 134 (2002).

72. H. K. D. H. Bhadeshia, *Worked Examples in the Geometry of Crystals*, The Institute of Metals, 16 (1987).

73. 李正中, 薄膜光學與鍍膜技術, 第四板, 藝軒, 214 (2004).

74. H. C. Pan, M. H. Shiao, C. Y. Su, and C. N. Hsiao, *J. Vac. Sci. Technol. A*, **23** (4), 1189 (2005).

75. 蕭健男, 國立台灣大學材料研究所博士論文 (2000).

76. C. N. Hsiao, C. C. Kei, C. K. Chao, and S. Y. Kuo, Single-Crystal GaN Nanorod Arrays Grown by UHV RF-MOMBE, AVS 52nd International Symposium & Exhibit, Boston (2005).

77. 陳福榮, 電子顯微鏡應用實務研習班, 國研院儀科中心 (2006).

78. 楊哲人, 電子顯微鏡應用實務研習班, 國研院儀科中心 (2006).

79. H. K. Pulker, *Coating on Glass*, Amsterdam: Elvsevier (1984).

80. J. R. McNeil, L. J. Wei, and G. A. Al-Jumaily, *Surface smoothing effects of thin film deposition, Appl. Opt.*, **24**, 480 (1985).

81. W. C. Oliver and G. M. Pharr, *J. Mater. Res.*, **7** (6), Jun (1992).

82. M. D. Kriese, N. R. Moody, and W. W. Gerberich, *Mat. Res. Soc. Symp. Proc.*, **522**, 365 (1998).

83. L. G. Rosenfeld, J. E. Ritter, T. J. Lardner, and M. R. Lin, *J. Appl. Phys.*, **67** (7), 1 (1990).

84. ISO/DIS 14577-1.2, -2.2, -3.2: Metallic materials－Instrumented indentation test for hardness and material parameters－Part 1: Test method; Part 2: Verification and calibration of testing machines; Part 3: Calibration of reference blocks.

85. EU project: determination of hardness and modulus of thin films and coatings by nanoindentation, contract No. SMT4-CT98-2249 (2001).

86. A. C. Fischer-Cripps, *Nanoindentation*, New York: Springer-Verlag (2002).

87. G. Binnig and H. Rohrer, *Helv. Phys. Acta*, **55**, 726 (1982).

88. D. W. Abraham, H, J. Mamin, E. Ganz, and J. Clarke, *IBM J. Res. Dev.*, **30**, 492 (1986).

89. G. Binnig, C. F. Quate, and C. Geber, *Phy. Rev. Lett.*, **56**, 930 (1986).

90. K. J. Stout, P. J. Sullivan, W. P. Dong, E. Mainsah, N. Luo, T. Mathia, and H. Zahouani, publication no. EUR 15178 EN of the Commission of the European Communities, Luxembourg (1994).

91. G. Barbato, K. Carneiro, D. Cuppini, J. Garnaes, G. Gori, G. Hughes, C. P. Jensen, J. F. Jørgensen, O. Jusko, S. Livi, H. Mcquiod, L. Nielsen, G. B. Picotto, and G. Wilkening, *European Commission Catalog number*: CD-NA-16145 EN-C, Brussels Luxenburg (1995).

92. ISO 5436-1:2000, Geometrical Product Specifications (GPS)－Surface texture: Profile method; Measurement standards－Part 1: Material measures.

93. Standard: Surface Texture (Surface Roughness, Waviness, and Lay), ANSI/ASME B46.1-1985, The American Society of Mechanical Engineers.

94. P. Beckmann and A. Spizzichino, *The Scattering of Electromagnetic Waves from Rough Surfaces*, London: Pergamon Press (1963).

95. H. E. Bennett and J. O. Porteus, *J. Opt. Soc. Am.*, **51**, 123 (1961).

96. J. M. Elson, J. P. Rahn, and J. M. Bennett, *Appl. Opt.*, **22**, 3207 (1983).

97. U. C. Oh, J. H. Je, and J. Y. Lee, *J. Mater. Res.*, **10**, 634 (1995).

98. Society for Automotive Engineering, *Residual Stress Measurement by X-ray Diffraction*, 2nd ed., SAE J748a (1971).

99. I. C. Noyan and J. B. Cohen, *Residual Stress, Measurement by Diffraction and Interpretation*, New York: Springer-Verlag (1987)

100. C. -H. Ma, J. -H. Huang, and Haydn Chen, *Thin Solid Films*, **418**, 73 (2002).

101. G. G. Stoney, *Proc. R. Soc.* (Lond.), **A82**, 172 (1909).

102. 李正中, 薄膜光學與鍍膜技術, 三版, 藝軒圖書出版社, 421 (2002).

103. 國立編譯館, 物理學名詞, 2nd ed., 臺灣商務印書館, 230 (1990).

104. D. S. Campbell, *Handbook of Thin Film Technology*, 1st ed., New York: McGRAW-HILL, 12-22 (1970).

105. M. Ohring, *The Materials Science of Thin Films*, 1st ed., San Diego: Academic Press, 420 (1992).

106. D. S. Williams, *J. Appl. Phys.*, **57**, 2340 (1985).

107. 許樹恩, 吳泰伯, X 光繞射原理與材料結構分析, 中國材料科學學會, 390 (1996).

108. A. E. Ennos, *Appl. Opt.*, **5**, 51 (1966).

109. A. K. Sinha, H. J. Levinstein, and T. E. Smith, *J. Appl. Phys.*, **49**, 2423 (1978).

110. E. Kobeda and E. A. Irene, *J. Vac. Sci. Technol.*, **B4**, 720 (1986).

111. T. Aoki, Y. Nishikawa, and S. Kato, *Jpn. J. Appl. Phys.*, **28**, 299 (1989).

112. 江政忠, 李正中, 田春林, 中華民國專利, 111817 (2000).

113. 江政忠, 李正中, 田春林, 科儀新知, **21** (5), 65 (2000).

114. C. L. Tien, C. C. Lee, and C. C. Jaing, *J. Mod. Optics*, **47**, 839 (2000).

115. 江政忠, 李正中, 田春林, 何英哲, 中華民國專利, 119783 (2000).

116. 江政忠, 李正中, 田春林, 何英哲, 美國專利, US 6466308 B1 (2000).

117. C. L. Tien, C. C. Jaing, C. C. Lee, and K. P. Chuang, *J. Mod. Optics*, **47**, 1681 (2000).

118. C. C. Jaing, C. C. Lee, J. C. Hsu, and C. L. Tien, *Appl. Surf. Sci.*, **170**, 654 (2001).

119. C. C. Lee, H. C. Chen, and C. C. Jaing, *Appl. Opt.*, **44**, 2996 (2005).

120. C. C. Lee, H.C. Chen, and C. C. Jaing, *Appl. Opt.*, **45**, 3091 (2006).

121. P. Hariharan, B. F. Oreb, and T. Eiju, *Appl. Opt.*, **26**, 2504 (1987).

122. 李正中, 薄膜光學與鍍膜技術, 第三版, 藝軒圖書出版社 (2002).

123. 陳力俊等著, 材料電子顯微鏡學, 修訂版, 新竹: 國家實驗研究院儀器科技研究中心 (1994).

124. J. I. Goldstein, D. E. Newbury, P. Echlin, D. C. Joy, C. E. Lyman, E. Lifshin, L. Sawyer, and J. R. Michael, *Scanning Electron Microscopy and X-Ray Microanalysis*, 3rd ed., New York: Kluwer Academic (2003).

125. 伍秀菁, 汪若文, 林美吟編, 儀器總覽_表面分析儀器, 初版, 新竹：行政院國家科學委員會精密儀器發展中心 (1998).

126. 汪建民主編, 材料分析, 新竹: 中國材料學會 (1998).

127. N. K. Sahoo and A. P. Shapiro, *Appl. Opt.*, **37** (4), 698 (1998).

128. John C. Vickerman, *Surface Analysis－The Principal Techniques*, New York: Wiley (1997).

129. C. C. Lee, H. C. Chen, and C. C. Jaing, *Appl. Opt.*, **44** (15), 2996 (2005).

130. S. Chao, W. H. Wang, and C. C. Lee, *Appl. Opt.*, **40** (13), 2177 (2001).

131. C. R. Brundle, C. A. Evans, Jr., S. Wilson and L. E. Fitzpatrick, *Encyclopedia of Materials Characterization*, Butterworth-Heinemann (1992).

132. D. Brandon and W. D. Kaplan, *Microstructural Characterization of Materials*, New York: Wiley (1999).

133. M. Ohring, *The materials Science of Thin Films*, 2nd ed., San Diego, CA: Academic Press (2002).

134. W. C. Oliver and G. M. Pharr, *J. Mater. Res.*, **7**, 1564 (1992).

135. P. A. Steinmann and H. E. Hintermann, *J. Vac. Sci. Technol. A*, **7**, 2267 (1989).

136. 丁志華, 管正平, 黃新言, 戴寶通, 奈米通訊, **9**, 4 (2002).

137. 李正中, 薄膜光學與鍍膜技術, 第三版, 台北: 藝軒圖書出版社, 414 (2002).

138. J. V. Koleske, *Paint and Coating Testing Manual*, 14th ed., USA: BYK-Gardner, 517 (1995).

139. ISO9211, Optics and Optical Instruments--Optical Coatings (1994).

140. ISO 光學薄膜國際標準規範, 工業技術研究院光電工業研究所與中華民國光學工程學會合譯 (1996).

141. ISO10110-7, Optics and optical instruments -- Preparation of Drawings for Optical Elements and Systems -- Part 7: Surface Imperfection Tolerances (1996).

142. MIL-PRF-13830B (1997).

143. ISO9022, Optics and Optical Instruments--Environmental test methods (1994).

144. ISO2409, Paints and Varnishes - Cross-cut test (1994).

145. 黃偉哲, 工程材料原理, 台灣: 科技圖書股份有限公司 (1991).

146. *A method of measuring of earth resistivity*, Bull. of the US Bureau of Standards, **12**, 469 (1916).

147. L. Valdes, *Resistivity Measurements on Germanium transistors, Proceedings Institute of Radio Engineers*, **42**, 420 (1954).

148. D. K. Schroder, *Semiconductor Material and Device Characterization*, New York: John Wiley & Sons (1990).

149. H. Kim, C. M. Gilmore, A. Pique, J. S. Horwitz, H. Mattoussi, H. Murata, Z. H. Kafafi, and D. B. Chrisey, *J. Appl. Phys.*, **86**, 6451 (2001).

150. *"Standard Test Methods for Measuring Resistivity and Hall Coefficient and Determining Hall Mobility in Single-Crystal Semiconductors"* ASTM Designation F76, *Annual Book of ASTM Standards*, **10**, 5 (2000).

151. E. H. Hall, *Amer. J. Math.*, **2**, 287 (1879).

152. L. J. van der Pauw, *Philips Res. Repts.*, **13**, 1 (1958).

153. L. J. van der Pauw, *Philips Tech. Rev.*, **20**, 220 (1958).

154. M. Kusunoki, Y. Takano, K. Nakamura, M. Inadomaru, D. Kosaka, A. Nozaki, S. Abe, M. Yokoo, M. Lorenz, H. Hochmuth, M. Mukaida, and S. Ohshima, *Physica C*, **383**, 374 (2003).

155. I. M. Azzouz, *J. Phys. B: At. Mol. Opt. Phys.*, **37**, 3259 (2004).

156. L. H. Holway Jr. and D. W. Fradin, *J. Appl. Phys.*, **46**, 279 (1975).

157. Y. Zhao *et al.*, *Appl. Surf. Sci.*, **227**, 275 (2004).

158. M. E. Frink, J. W. Areberg, and D. W. Mordaunt, *Appl. Phys. Lett.*, **51**, 415 (1987).

159. L. Gallais and J.-Y. Natoli, *Appl. Opt.*, **42**, 960 (2003).

160. S. Petzoldt, A. P. Elg, M. Reichling, J. Reif, and E. Matthias, *Appl. Phys. Lett.*, **53**, 2005 (1988).

161. A. Rosencwaig and J. B. Willis, *Appl. Phys. Lett.*, **36**, 667 (1980).

第十四章 非球面檢測

　　非球面檢測是指使用表面接觸或光學干涉等方式，量取非球面相關的表面參數，例如圓錐常數 (conic constant, k)、中心曲率半徑 R_0 及表面形狀誤差等。現有的非球面量測依檢驗圖型式的不同可分為表面輪廓法、干涉圖法、陰影圖法 (knife edge test) 及點列圖法 (screen test)，如表 14.1 所列，其中表面輪廓法可分為接觸式與非接觸式兩種方式，而干涉法又細分有兩種，一是波前補償法 (null-test)，如電腦全像干涉法 (computer generated hologram, CGH)、補償鏡法等，另外一種是非波前補償法 (non-null test)，如各式剪切干涉法 (shearing interferometry)[1,2]、雙波長干涉法[3,4] 及 moiré 疊紋法[5]、光斑 (speckle) 法[6] 等。雖然非球面檢測的方法有數十種，但適合廣範圍的量測且精度可達 $\lambda/4$ 以上的方法只有波前補償法，尤其是電腦全像干涉法與補償鏡法，最近幾年已逐漸成為非球面檢測的標準方法。

表 14.1 非球面檢測分類一覽表。

檢驗圖形	量測法名稱	原理	說明
干涉法	電腦全像干涉法 (CGH)	干涉、繞射	
	剪切干涉法 (Shearing interferometry)	干涉	需連續面
	補償鏡法 (Null-lens)	干涉、折射	
	全像干涉法	干涉、繞射	低精度
	雙波長干涉法	干涉	可調精度
	長波長干涉法	干涉	低精度
	Sub-Nyquist 干涉法	波前的第一與第二階微分需連續	
	高密度 CCD 取像法	取像單元的間格微小化	
陰影法	補償鏡法 (Null-lens)	陰影、折射	定性分析
	Ronchi 法	陰影、折射、繞射	可定量分析
點列法	Harman 法	投影	大鏡片
	螺旋光罩法 (Helical screen)	投影	大鏡片
表面輪廓法	光學式 (非接觸)	干涉	小面積
	機械式 (接觸)	槓桿原理 (干涉)	一直線

第 14.1 節及第 14.2 節作者為余宗儒先生。

本章將針對常用的表面輪廓法、電腦全像干涉法、陰影圖法與補償鏡法等作詳細介紹，而非波前補償法中的剪切干涉法由於具有較高的實用價值，故一併提出來介紹，其餘方法因精度不足或實用上多有限制，在此不逐一詳述。

14.1 接觸式輪廓儀法

廣義來說，CD/DVD 讀取頭、手機與數位相機鏡頭內的非球面透鏡與 Fresnel 透鏡、自動光學檢測 (auto optical inspection, AOI) 設備使用的圓錐透鏡，以及衛星遙測鏡頭的主、次反射鏡等，均屬於非球面光學元件，大致可分為折射式非球面透鏡、反射式非球面鏡與繞射式光學元件 (diffractive optical element, DOE) 三種。由於非球面光學元件具有提高成像品質、減少光學系統中元件數量、體積、重量等優點，不但在光學系統、儀器上的應用愈來愈廣，消費性電子產品中所佔的比例亦愈來愈多，其中又以手機鏡頭與數位相機鏡頭中，利用射出成形及玻璃模造製程所製作的非球面透鏡最為大眾所熟悉。

隨著非球面光學元件製作技術愈趨成熟，相對應的檢測技術亦有相當的發展，一般來說，量測非球面形狀精度可分為接觸式與非接觸式兩種方式。接觸式的量測設備有接觸式輪廓儀 (stylus profilometer)，非接觸式量測設備有光學式輪廓儀、CGH 干涉儀、刀口儀等，不同的量測方式其量測範圍、精度、成本各不相同。本節先介紹接觸式輪廓儀法。

接觸式輪廓儀法顧名思義是以一探針 (probe) 接觸待測非球面表面，如圖 14.1 所示，得到其表面輪廓後，與設計值比較，計算出其形狀誤差 (form error)，如圖 14.2 所示，以 P-V (peak to valley) 值表示。輪廓儀探針上的探頭以人工鑽石及紅寶石 (ruby) 為

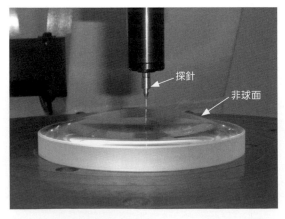

圖 14.1 輪廓儀所使用探針。

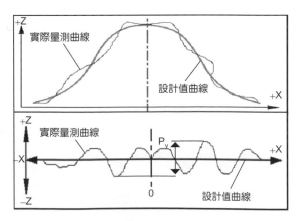

圖 14.2 計算形狀誤差值。

主，分別用來量測鏡片的表面粗糙度與輪廓。鑽石探頭圓錐球徑最小可到 0.01 mm，而紅寶石探頭球徑可到 0.3 mm。其量測原理為，探針以非常微小的接觸力在待測非球面表面拖曳，以固定力量的方式隨著待測面起伏，同時利用槓桿原理將探針經過的路徑以壓電或光學式干涉的方式將探針起伏的位置轉換成電子訊號，由軟體計算即可得到待測件的表面輪廓，跟使用者所輸入的設計值做比對，即可得到此非球面的形狀誤差。

由於輪廓儀所使用的探頭必須跟待測面接觸，而所量測的光學元件材料可能為玻璃、塑膠、金屬甚至是陶瓷等，因此需具備耐磨耗的特性，但又要避免探針刮傷鏡片表面，故使用紅寶石探針居多，且需控制接觸力在一定的力量範圍內。例如使用力量感測器，當接觸力量增加時將探針往上提升，減少接觸力量，或用氣流的方式來降低接觸力。再來就是依照待測件表面精度，選取適當大小的探針。

輪廓儀另一個重要的元件就是表面輪廓的收錄器 (transducer)。壓電式收錄器利用探針在待測物表面拖曳而上下移動時，使壓電材料受到擠壓，再將壓電材料產生的電壓轉換為電子訊號，其變化的程度即可描述待測物表面的實際情形，如圖 14.3 所示。另一種收錄器為光學干涉式，利用雷射干涉效應，比較發射的雷射光與反射回來的雷射光，即可量測微小位移量，如圖 14.4 所示。

接觸式輪廓儀使用直線量測的方式，所量測到的資料為二維曲線，對於軸對稱非球面元件的精度已具有相當的準確性。若有對應的非球面拋光機，還可將量測到的形狀誤差輸入至非球面拋光機做補償拋光。為求更精確地量測非球面表面精度，目前已有廠商開發出三維的接觸式輪廓量測儀，其使用原子力探針 (atomic force probe, AFP)，在待測物表面以極微小並固定的接觸力掃描 (量測力量約 0.3 mN)，且表面切線角度 (slope angle)

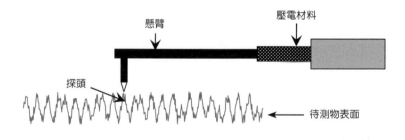

圖 14.3
壓電式收錄器。

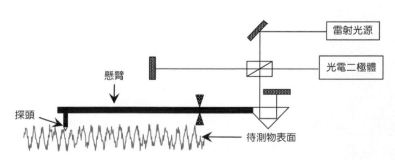

圖 14.4
光學干涉式收錄器。

即使到 60° 仍可量測。探針的上方有一反射鏡，用來反射 He-Ne 雷射光束，以計算探針的位移量。掃描的路徑可為直線來回掃描，或以軸對稱作環狀掃描，再將二維的資料結合成三維的曲面，即可得到表面輪廓與形狀誤差。更輕的接觸力量，避免了探針對精密光學元件表面的傷害 (如刮傷)，同時也確保量測的準確度。在非球面光學元件精度要求愈來愈高以及自由曲面光學元件加工技術的提升下，三維的表面輪廓量測儀器勢必是發展與使用的趨勢。

14.2 光學式輪廓儀法

前一節介紹接觸式表面輪廓儀，常用於檢測一般光電產品中的非球面元件，而隨著非球面元件在尺寸上的縮小，甚至於非球面陣列以及非軸對稱的表面形狀應用愈來愈多，接觸式輪廓量測儀有其量測限制，如待測件表面斜率過大、接觸力對待測件的刮傷等，因此光學式輪廓儀的使用愈來愈多。

光學式輪廓儀係利用白光干涉 (white-light interferometry) 理論為基礎，以直接干涉並記錄來進行表面輪廓量測，主要由顯微取像系統、相移系統、干涉儀系統組成，如圖 14.5 所示。圖 14.6 為 Mirau 干涉物鏡架構的干涉儀，包含影像擷取系統 (CCD camera)、光源 (light source)、壓電掃描器 (piezo-scanner)、Mirau 干涉物鏡 (Mirau interferometric objectives)、標準參考平面 (reference mirror) 等。其量測原理為以干涉儀量測待測件波前 (test wavefront) 與標準參考平面波前 (reference wavefront) 間的相位差。其中待測件波前為待測表面輪廓高低起伏的反射所構成，標準參考平面波前則由標準參考平面反射產生。

圖 14.5 Zygo New View 6000 光學式輪廓儀[7]。

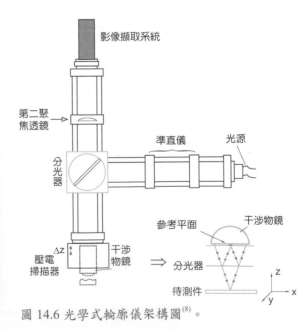

圖 14.6 光學式輪廓儀架構圖[8]。

待測件波前與標準參考平面波前間的相位差會產生干涉條紋，此干涉條紋正是反映此待測件表面高低落差值，經由 CCD 取像並由軟體計算即可得到待測件表面輪廓。其中在光學式輪廓儀的光路中引入相移技術 (phase-shifting technique) 來求得上述的相位差，利用相位重建技術 (phase unwrapping technique) 來重建連續分布的相位，進而推算出三維的表面輪廓結構。除了 Mirau 架構的干涉技術外，另有 Michelson 以及 Linnik 等干涉技術，其架構與比較如圖 14.7 所示。

　　光學式輪廓儀的垂直解析度已有廠商開發至 0.1 Å[11]，使用相位移模式掃描範圍 (Z 軸) 一般在 150 μm 以內，適合量測表面微小形貌變化；若用深度掃描模式可量測範圍到 15 mm，適合大範圍量測。而水平解析度隨著干涉物鏡的放大倍率有所不同，大致介於 0.4－12 μm 之間，量測範圍也依倍率放大而縮小，一般約在 0.04－14 mm。光學式輪廓儀適用於表面有高低起伏的輪廓結構與表面粗糙度的量測，且反射式與穿透式材料均可量測，但受限於量測範圍與水平精度的關係，目前多應用於 MEMS 結構、非球面微陣列結構、薄膜厚度量測、透鏡與模仁表面粗糙度量測等，檢測實例如圖 14.8 所示。由於

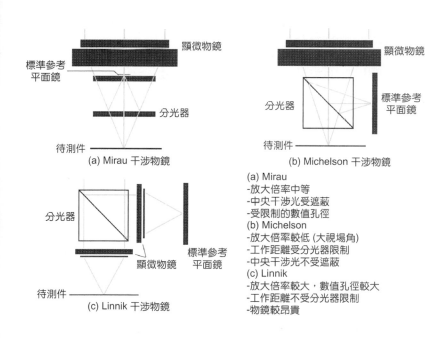

(a) Mirau 干涉物鏡

(b) Michelson 干涉物鏡

(c) Linnik 干涉物鏡

(a) Mirau
-放大倍率中等
-中央干涉光受遮蔽
-受限制的數值孔徑
(b) Michelson
-放大倍率較低 (大視場角)
-工作距離受分光器限制
-中央干涉光不受遮蔽
(c) Linnik
-放大倍率較大，數值孔徑較大
-工作距離不受分光器限制
-物鏡較昂貴

圖 14.7
干涉物鏡比較[10]。

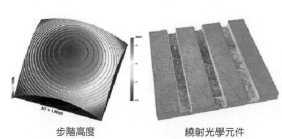

步階高度

繞射光學元件

杯狀陣列

微透鏡陣列

圖 14.8 光學式輪廓儀檢測實例[7,11,12]。

CCD 畫素尺寸 (pixel size) 的縮小、壓電掃描器精度提升、微電腦計算速度的進步，使得以白光干涉爲基礎的光學式輪廓儀能具有更高的精度與量測速度。

在量測非球面外形時，若表面斜率較大，可能會影響量測精度。因此接觸式與光學式輪廓儀均有廠商發展轉動待測件的檢測儀器。如圖 14.9 所示，爲三鷹光器的光學式輪廓儀量測方式。其使用眞空吸附待測件，B 軸轉動角度 ±30°，精度 0.001°，藉由轉動待測件，將待測件分段量測，再將各段資料用軟體結合，求出形狀誤差。可檢測表面切線角度達到 65°，可應用於手機相機鏡片、DVD 讀寫透鏡 (pick-up lens)、內視鏡鏡片、非球面模仁等，適合小尺寸 (ϕ20 mm 以內)、表面斜率大的非球面鏡片量測。

非球面外形的檢測目前仍是各家廠商努力的課題，必須在量測時間、成本、精度等考量下，選擇最適合的量測方式。但因應光電產品輕、薄、短、小的趨勢，以及精度要求逐漸進入奈米等級，其非球面形狀零組件的檢測方式勢必要有一些改進，此爲研究單位與儀器設備開發商一個發展的題目與方向。

圖 14.9
三鷹光器光學式輪廓
儀檢測方式[13]。

14.3 電腦全像干涉法

自西元 1948 年 Denis Gabor 提出一種以干涉圖案來記錄繞射的波前振幅與相位之方法後[14]，利用全像片干涉圖案所建立之參考波前，來量測物件複雜表面形狀的可行性變得來愈高。Gabor 全像片製作的架設如圖 14.10 所示，平行光穿過物件後產生繞射光波前，再與原平行光波前相互干涉並記錄在全像片上。若將 Gabor 全像片以平行光照射，則通過全像片的波前即形成量測用之參考波前，如圖 14.11 所示，此波前可用電腦模擬全像片的方式形成非球面參考波前，即可以用來量測非球面物件。

儘管波前補償器 (null lens/compensator) 在檢測架設上較爲方便，但受到補償器尺寸及設計偏離値不易控制的限制，目前多改用全像片繞射的方式以產生較大離球面之非球面波前，此法使用一個電腦全像片代替波前補償器，其架設方式如圖 14.12 所示。

第 14.3 節至第 14.6 節作者爲黃國政先生。

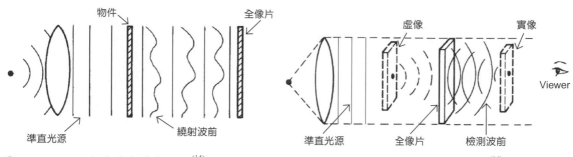

圖 14.10 Gabor 全像片製作架設圖[14]。　　　圖 14.11 Gabor 全像片重建檢測波前[14]。

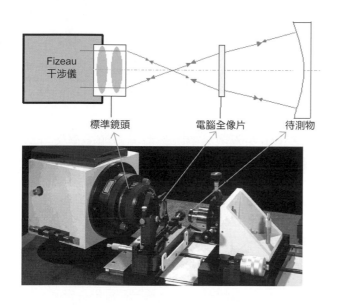

圖 14.12
Optotech CGH 干涉儀量測非球面物件架設
圖。

　　使用繞射式的全像片進行非球面量測時，光束因通過全像片而產生多個繞射波前，故在量測設計上須選擇一個繞射波前 (通常是 ±1 階的繞射波前)，並且另加一個空間濾波器以避免其他繞射波前之干擾，如圖 14.13 所示。二元全像片是電腦製版中最普遍的方式，常見的全像製造有 Lohmman 型式[15] 及 Lee 型式[16] 等。Lohmman 利用等距之畫素 (pixel) 各別記錄波前幅度與相位，而 Lee 則是將一個畫素分成四部分，分別記錄正負實虛像之波前，再由四個波前合成一個畫素波前。

　　電腦全像片製作的方法是將電腦軟體所模擬產生出來的繞射條紋，用化學、雷射或電子束蝕刻的方式將繞射條紋複製於一片非常薄且平行的玻璃片上，將此全像片架於定位平台即可做量測。以化學蝕刻製作出來的全像片，由於其繞射率過低 (≤25%)，檢測精度也因而降低，故目前逐漸改用離子束加光罩的方式來製作，二相位的繞射率可提高為 40%，若使用四相位方式製作，其繞射率可提高為 81%，如圖 14.14 所示。

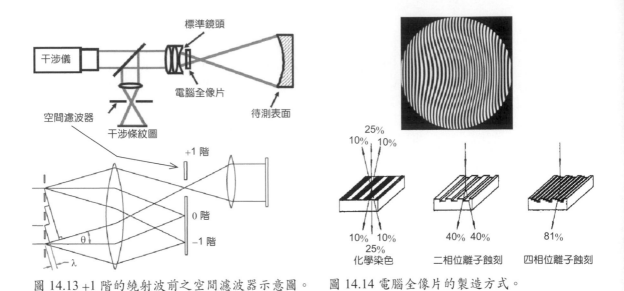

圖 14.13 +1 階的繞射波前之空間濾波器示意圖。　　圖 14.14 電腦全像片的製造方式。

使用電腦全像片進行非球面檢測時，如圖 14.15 所示，須確認標準鏡頭、全像片與待測物件是否在原光學模擬設計的位置，一般定位精度都要求在 0.01 mm 以內。此外，在進行軸外 (off-axis) 非球面物件檢測時，影響電腦全像檢測精度最重要的參數是扭曲 (distortion)，由 −1 階繞射波前所產生之波前扭曲[17] 爲：

$$\Delta w = \frac{f_m \times \Delta p}{f_g \times 2N\lambda} \tag{14.1}$$

其中，f_m 爲電腦全像片之最大的空間頻率，f_g 爲刻紋之空間頻率，Δp 爲干涉圖上最大之扭曲，N 爲最大繞射階數及 λ 爲檢測用雷射波長。

 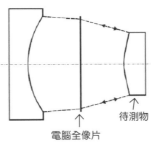

圖 14.15
德國 Jenoptik 公司以電腦全像片進行非球面檢測之架設圖。

14.4 剪切式干涉法

　　剪切 (shear) 干涉法是引用平板剪切干涉原理，採用一片具有一定厚度並帶有一個小楔角 (wedge) 的高品質光學平板，可將一個具有空間相干性的波前分爲兩個完全相同的波前，並且使這二個波前相互錯位，因爲波前上各點是彼此相干的，因此在這二個波前的重疊區將產生干涉，如圖 14.16 所示。如果剪切平板楔角方向與剪切方向垂直，當檢測光束完全平行時，則干涉條紋平行於剪切方向；如果檢測光束會聚或發散，則條紋將發生旋轉或彎曲，如圖 14.17 所示。

　　由於只要使用一片平板即可進行干涉檢測，且其利用被測波面反射之二個剪切波前實現干涉，無需參考表面，故剪切干涉儀 (shear interferometer) 是目前被視爲最簡單的干涉儀。考慮一側向剪切干涉儀 (lateral shear interferometer)，其在 x 方向具有 Δx 之剪切量，波前誤差量爲 Δw，故其干涉條紋方程可表示如下：

$$\Delta w(x + \Delta x, y) - \Delta w(x, y) = m\lambda \tag{14.2}$$

其中 m 爲一整數。若將公式 (14.2) 表示成微分式則可改寫成：

$$\frac{\partial \Delta w(x, y)}{\partial x} \Delta x = m\lambda \tag{14.3}$$

　　由公式 (14.2) 可知，剪切干涉條紋圖所代表的並非一般波前誤差圖，而是所測物件表面的斜率圖或是系統波前誤差斜率圖，所以要得到非球面物件表面精度誤差，需經電腦軟體積分方可求得。如果待測物件表面爲不連續面，如繞射元件 (DOE)、二元鏡片 (BOE)等，則在積分處理上會有困難，另若物件外徑大於剪切區域，則無法一次量得物件外形誤差。以剪切干涉法進行非球面物件檢測時，可以由剪切量 Δx 的大小來調整條紋的敏感度，意即剪切量愈大，敏感度愈大，可量測物件之離球面愈小，且可量測物件面積愈小。

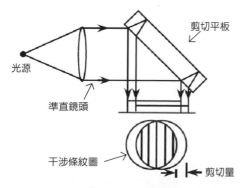

圖 14.16 平板剪切干涉原理圖。

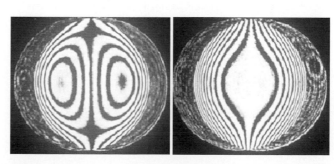

圖 14.17 旋轉或彎曲剪切干涉條紋

除了側向剪切干涉儀外,尚有徑向剪切干涉儀之架設方式,如圖 14.18 所示,分光鏡將檢測光束 (物件波前) 分成二個光束,再由不同倍率之擴束鏡頭 (透鏡組) 將檢測光束分成大小口徑 (S_1 及 S_2) 之光束,則檢測後之干涉條紋微分方程為:

$$\frac{\partial \Delta w(x,y)}{\partial r} \Delta r = m\lambda \qquad (14.4)$$

其中,r 為光束半徑。

在剪切干涉儀中,用來進行剪切光束的方式尚有許多形式,如 Wollaston 稜鏡式[18]、Savart 平板式[19] 及光柵式等,如圖 14.19 所示。

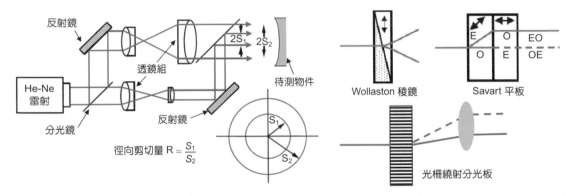

圖 14.18 徑向剪切干涉儀檢測非球面物件架設圖。　圖 14.19 常用的光束剪切 (分光) 光學元件。

14.5 補償鏡法

早在西元 1927 年,Couder[20] 就以陰影法 (knife-edge) 加兩片式補償鏡來進行一個直徑 300 m-f/5 的拋物面鏡之量測,如圖 4.20 所示,其量測的方式是使用補償鏡,將從拋物面鏡反射回來的非球面波前 (asphere wavefront) 折射成近似球面波前,以量測因拋物面鏡之表面形狀所造成的高低陰影落差。此後,Burch[21]、Ross[22]、Dall[23] 及 Offner[24] 等人,陸續以各種波前補償的方式檢測拋物面鏡、雙曲面鏡等。

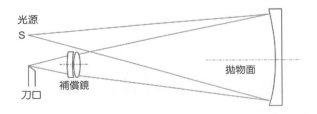

圖 14.20
Couder 兩片式補償鏡[20]。

　　不論是整套光學系統或單一鏡片，其最佳的成像波前皆為球面，例如平行光源經過一個平凸的球面透鏡，它的成像波前並不是球面，而是有稍許偏離球面的非球面波前，如圖 14.21 所示。波前補償的原理即是利用球面透鏡所產生的離球面波前來檢測非球面表面，而若將一片或幾片的球面透鏡或反射鏡組成一個可將球面或平面的波前修正成與待測面近似波前的鏡組，則此鏡組即為補償鏡。

　　補償鏡架設的方式有折射式、反射式及折反射式三種。折射式波前補償鏡是由球面透鏡組成，至於使用多少片透鏡，端看其使用之入射波前 (平面波或球波) 與非球面之離球面值決定之。如圖 14.22 及圖 14.23 所示，波前補償鏡由兩片透鏡所組成，以球面光源入射，分別檢測凹 (concave) 與凸 (convex) 的非球面鏡。

　　反射式補償鏡因為架設需要較精確的定位，否則易產生彗差 (coma) 現象，所以通常以一片反射鏡構成，又由於引用補償鏡的反射原理，故所量測出的誤差數值會有兩倍的效果。如圖 14.24 所示，待測物面 (拋物面) 將球面波前反射成平面波，再由補償鏡反射平面波經待測物面至干涉儀內進行干涉，需注意的是這種架設通常量測不到待測物面的中心誤差。

　　為了改善反射式補償鏡量測不到待測物面中心誤差的問題，Hindle[25] 將圖 14.24 的反射鏡改成透鏡，如圖 14.25 所示，補償鏡為一 Hindle 補償鏡 (Hindle sphere)，除可透射外亦可反射其波前，但是必須在反射面處鍍一層 50/50 的薄膜，以增加反射率。此種檢測架設若量測一個凸非球面，則其所搭配的 Hindle 補償鏡之外徑必定大於待測物外徑，故當待測物外徑非常大時，應考量其製作成本，宜改用其他方式。

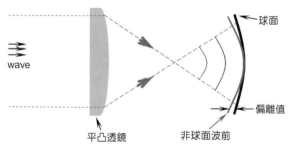

圖 14.21 偏離球面的非球面波前。

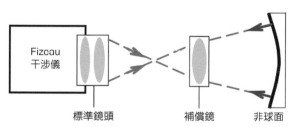

圖 14.22 (凹) 非球面鏡的量測示意圖。

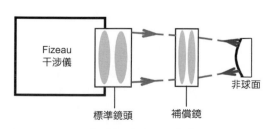

圖 14.23 (凸) 非球面鏡的量測示意圖。

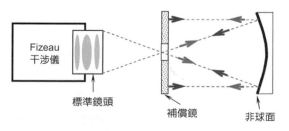

圖 14.24 反射式補償鏡。

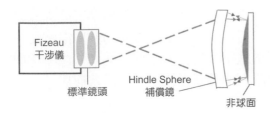

圖 14.25
使用 Hindle Sphere 補償鏡檢測非
球面鏡面示意圖[25]。

　　至於如何選用平面波或球面波當入射波源，則依待測面的形狀及補償鏡的位置而定，以折射式補償鏡為例，當待測面圓錐常數 k 大於 –1 時，曲線為橢球面，使用平面波源較易修正；反之，若待測面圓錐常數 k 小於 –1 (即雙曲球面)，使用球面波源較易修正。另外，當補償鏡位於球面波源之焦點前，如圖 14.23 所示，適合用在檢測凸的雙曲球面鏡；但若補償鏡位於球面波源之焦點後，如圖 14.22 所示，則適合用於檢測凹的橢球面鏡。

　　補償的方式與檢測系統的架設決定後，補償器的元件數 (即透鏡 / 反射鏡的片數) 之決定亦是一個重要的課題。一般來說，無高階項或離球面小 (F/# 大者) 的待測非球面僅需一片透鏡或反射鏡即可；但具高階項或離球面大者，則需兩片以上，可使用各式光學設計軟體進行設計及模擬分析，以提供從事檢測人員作參考。

　　依照光學設計軟體設計所得到波前誤差的設計值，波前誤差愈小，量測精度愈佳；反之則愈差。一般二階曲線之待測物，其曲線大小與中心曲率半徑成正比，波前補償設計誤差亦然，如果補償後的波前誤差很小，則設計出來的波前補償器有如球面的標準鏡頭般，可適用於某一範圍的 R_0 值或者是 k 值。

　　補償鏡若由兩片或兩片以上的光學元件 (透鏡) 所組成，則此兩元件在做檢測前，需先行組裝在一個光學機構內，如果補償器的機構尺寸不正確或元件與機構膠合後有偏心或傾角等誤差，則在待測物之表面形狀檢測值中會有彗差存在。一般補償器在組裝後，其偏心應在 $30''$(arcsec) 以內，方不致在量測時有組裝誤差。補償鏡是由透鏡或反射鏡組成，折射式補償鏡因光程對透鏡的形狀精度之敏感度不高，故一般透鏡形狀精度要求在 $\lambda/4$ 以內，但若引用在量測的是反射式補償鏡，則檢測之光程將會有兩倍反射鏡的形狀誤差，故一般會要求參與量測的反射鏡之形狀精度必須小於 $\lambda/10$。

　　每組補償鏡對應一片非球面鏡，如圖 14.26 所示，其曲率半徑或圓錐常數的適用範圍並不一定，一般說來，波前設計偏離值愈小，可適用的範圍愈大。補償鏡的定位精度亦會影響量測結果 (形狀精度)，實用上的定位精度通常要求在 0.1 mm 以內，所得到的量測誤差 (ΔP-V) 才可保持在 $\lambda/4$ 之內。另外，非球面外形偏離球面的值若不大於 3 μm (約五條牛頓圈)，該非球面的表面精度量測可以直接使用傳統球面檢測的結果，再經由影像處理的方式，得到真實的干涉條紋；但如果偏離球面值大於五條牛頓圈，其偏離值約十條，則條紋會因過密及不規則性而無法進行數值運算，如圖 14.27 所示，使用補償鏡的量測方式，才能得到正確的非球面干涉條紋。

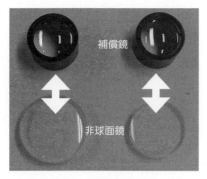

圖 14.26 補償鏡與對應的非球面鏡。

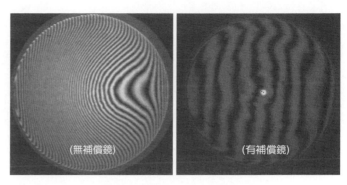

圖 14.27 有無補償鏡所量測之非球面干涉條紋。

14.6 非干涉量測法

　　非干涉量測法包含傅科刀口 (Foucault knife-edge) 法[26]、Shack-Hartmann 法[27]、線 (wire) 量測法[28] 及 Ronchi 法[29] 等。這些非球面量測法都是量測波前誤差的斜率,而非波前誤差。刀口法是由傅科於 1858 年所提出,其僅需一組光源及刀片即可對於各式不同形態的鏡片進行表面品質檢驗,儘管某些測試中需使用到補償鏡,但在所有的檢測方式中,其架設成本及簡便性仍是他法所無法比擬。

　　刀口法與其他鏡面檢測方式相較,刀口檢測法具有相當高靈敏度,幾乎所有鏡面上的高低起伏皆可藉由刀口調變成清晰的陰影圖形,其誤差理論辨識值可達 $\lambda/200\pi$。在傳統檢測中,刀口儀採用肉眼進行影像辨識,雖然易於進行即時的檢測,但相對而言也容易因為個人判斷上的誤差及眼睛的疲勞而產生誤判,此時數位取像系統的迅速發展,即可提供在檢測時的一個解決方式。

　　刀口法經過長時間的發展及應用後,已有許多不同的架設方式,取像系統方面則應用了彩色 CCD 及廣角鏡頭,以方便全場取像。數位刀口法量測儀器如圖 14.29 所示,光源由上方經光纖傳導後射向狹縫,光束經狹縫調變後,形成一個長方形發散光源,並射向下方之分光鏡片,由分光鏡反射光源至待測物表面,反射光波前記錄待測物之表面誤差形態之後,再經分光鏡進入儀器內,藉由儀器之位置及傾斜度之調整,可將光波收斂於刀緣位置上,並由取像系統將刀緣繞射而成的波前圖形記錄下來,供檢測人員使用及分析。

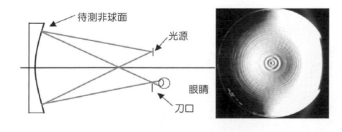

圖 14.28
Foucault 刀口檢測圖[26]。

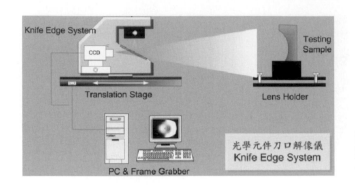

圖 14.29
國研院儀器科技研究中心研發之數位刀口解像儀。

　　線量測法及 Ronchi 法是刀口法的改良型，如圖 14.30 與圖 14.31 所示，線量測法即是將刀口法中的刀具換成一個狹縫。在定性分析上，線量測法不如刀口法精確，但因有清晰的相位圖，故比刀口法更能進行定量分析；例如，線量測法可以量測拋物面中心的曲率半徑等。Ronchi 法則是在刀口與光源前端擺置一片低空間頻率 (low-frequency) 的光柵元件 (亦即 Ronchi 規)，使得定量分析資料更充足。Hartmann 量測法最常使用在大型天文望遠鏡之主鏡量測上。在進行量測時，將「Hartmann 點規 (screen)」放置於待測非球面元件前，如圖 14.32 所示，在光路上可設置二個以上的點列圖板，藉由點的排列形狀及與非球面鏡的距離，即可由電腦計算出非球面的形狀誤差。Hartmann 點規其實可以一個透鏡陣列取代，如圖 14.33 所示，如此一來即可由點列位移與非球面的位置反推得非球面表面形狀；此法即為修正型 Hartmann 檢測法[30]。

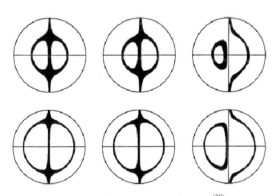

圖 14.30 線量測法 (wire test) 條紋圖[28]。

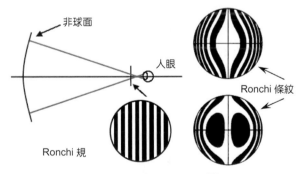

圖 14.31 Ronchi 量測架設與條紋圖[29]。

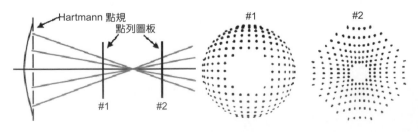

圖 14.32
Hartmann 量測法與點列圖。

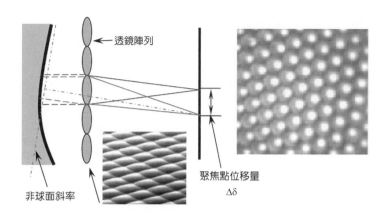

圖 14.33
修正型 Shack Hartmann 檢測法與
量測點列圖[27]。

參考文獻

1. M. P. Rimmer and J. C. Wyant, *Applied Optics*, **22**, 142 (1975).

2. J. C. Wyant, *Applied Optics*, **12**, 2057 (1973).

3. K. Creath, Y.-Y. Cheng, and J. C. Wyant, *Optica Acta*, **32**, 1455 (1985).

4. Y.-Y. Cheng and J. C. Wyant, *Applied Optics*, **23**, 4539 (1984).

5. D. Malacara and Z. Malacara, Infrared Spaceborne Remote Sensing III, *Proc. SPIE*, **2553**, 382 (1995).

6. S. Nakadate, T. Yatagai, and H. Saito, *Applied Optics*, **19**, 1879 (1980).

7. http://www.zygo.com

8. J. Aaltonen, I. Kassamakov, P. Vihinen, E. Hæggström, and R. Kakanakov, "*Scanning White-Light Interferometer and Its Applications*", *Proceedings of the XXXVIII Annual Conference of the Finnish Physical Society*, March 18-20, Oulu, Finland (2004).

9. 范光照, 陳一斌, 宋欣明, 機械工業雜誌, **253**, 178 (2004).

10. http://www.optics.arizona.edu/jcwyant

11. http://www.taylor-hobson.com

12. http://www.veeco.com/

13. http://www.mitakakohki.co.jp

14. D. Gabor, *Nature*, **161**, 777 (1948).

15. A. W. Lohmann and D. P. Paris, *Applied Optics*, **6**, 1739 (1967).

16. W. H. Lee, *Applied Optics*, **9**, 639 (1970).

17. A. Ono and J. C. Wyant, *Applied Optics*, **23**, 3905 (1984).

18. C. C. Montarou and T. K. Gaylord, *Applied Optics*, **38**, 6604 (1999).

19. C. T. Peek, *Applied Optics*, **10**, 2235 (1971).

20. A. Couder, *Rec. Opt. Theor. Instrum.*, **6**, 49 (1927).

21. C. R. Burch, *Mon. Not. R. Astr. Soc.*, **96**, 438 (1936).

22. F. E. Ross, *Astrophys J.*, **98**, 341 (1943).

23. H. E. Dall, *J. Br. Astron. Assoc.*, **57**, 194 (1947).

24. A. Offner, *Applied Optics*, **2**, 153 (1963).

25. W. Silvertooth, *Journal of the Optical Society of America*, **30**, 140 (1940).

26. L. M. Foucault, *C. R. Acad. Sci.*, **47**, 958 (1858).

27. I. Ghozeil and J. E. Simmons, *Applied Optics*, **13**, 1773 (1974).

28. H. Wolter, Minimun Strahl Kenn Zeichnung, German Patent No. 819925, Wetzler (1949).

29. A. Cornejo and D. Malacara, *Applied Optics*, **9**, 1897 (1970).

30. G. Dai, *SPIE*, **2201**, 562 (1994).

第十五章　絕對量測

　　一般以干涉儀量測鏡片之形狀精度及表面粗糙度時，會以一個標準鏡頭或標準平板作爲量測比對值，此爲「相對光學量測 (relative optical testing)」。在進行相對量測時，待測物所需要的量測精度不能高於標準鏡頭之精度，否則量測值無任何數學意義。當標準鏡頭內含一片或多片透鏡時，其最前方的一個透鏡表面爲掌控整個標準鏡頭精度的關鍵表面，如圖 15.1 所示，一般來說，此表面的形狀精度與表面粗糙度應低於標準鏡頭精度值的一半。以相對光學量測所得到的物件表面精度值並非是眞實之表面精度，此精度值是物件表面精度減去標準鏡頭精度之值。當待測元件的精度與標準鏡頭精度相近或待測元件就是標準面時，則需要檢測步驟較爲複雜的「絕對光學量測 (absolute optical testing)」，以取得實際待測物件之精度值。

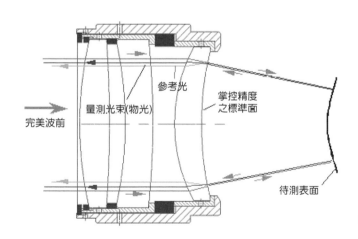

圖 15.1
標準鏡頭之標準面與量測機制圖。

15.1 絕對平面量測

　　絕對平面量測方法有三平板比對法 (three-flat method) 與奇偶函數分解法 (odd-even function decomposing method) 等。當兩個平板在進行牛頓干涉時，可以很容易得到干涉直線條紋，但不代表兩個平板的表面形狀精度 (平坦度 / 平面度) 都非常好，因為此二平板有可能一個為凸面而另一個為凹面，為了確認此二平板具有良好的平坦度，傳統的比對法是使用三個平板[1,2]。

三平板進行平坦度比對時，需取三片標準級的光學平板 (optical plate)，並標記平板 A、B 及 C 三板。在此 ABC 三板上註記 0 度軸方向 (即 x 軸)，並依圖 15.2 所示之四個牛頓干涉檢測步驟，取得四個形狀誤差函數方程 (干涉圖) 如下：

$$F_{\text{A\_B relative}}(x, y) = F{:}A_{\text{real}}(x, y) + F{:}B_{\text{real}}(-x, y) \tag{15.1}$$

$$F_{\text{A\_C relative}}(x, y) = F{:}A_{\text{real}}(x, y) + F{:}C_{\text{real}}(-x, y) \tag{15.2}$$

$$F_{\text{B\_C relative}}(x, y) = F{:}B_{\text{real}}(x, y) + F{:}C_{\text{real}}(-x, y) \tag{15.3}$$

$$F_{\text{B\_C' relative}}(x, y) = F{:}B_{\text{real}}(-x, -y) + F{:}C_{\text{real}}(-x, y) \tag{15.4}$$

整理公式 (15.1)、公式 (15.2) 及公式 (15.3)，並將 x 軸之邊界條件代入，可得 A、B 及 C 三板在 x 軸的絕對平坦度值如下：

$$2F{:}A_{\text{real}}(0, y) = F_{\text{A\_B relative}}(0, y) + F_{\text{A\_C relative}}(0, y) - F_{\text{B\_C relative}}(0, y) \tag{15.5}$$

$$2F{:}B_{\text{real}}(0, y) = F_{\text{A\_B relative}}(0, y) - F_{\text{A\_C relative}}(0, y) + F_{\text{B\_C relative}}(0, y) \tag{15.6}$$

$$2F{:}C_{\text{real}}(0, y) = -F_{\text{A\_B relative}}(0, y) + F_{\text{A\_C relative}}(0, y) + F_{\text{B\_C relative}}(0, y) \tag{15.7}$$

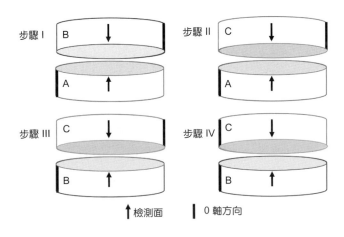

圖 15.2
三平板進行相互校驗平坦度。

再整理公式 (15.1)、公式 (15.2) 及公式 (15.4)，並將 y 軸之邊界條件代入，可得 A、B 及 C 三板在 y 軸的絕對平坦度值如下：

$$2F:A_{real}(x, 0) = F_{A\_B \, relative}(x, 0) + F_{A\_C \, relative}(x, 0) - F_{B\_C' \, relative}(x, 0) \tag{15.8}$$

$$2F:B_{real}(-x, 0) = F_{A\_B \, relative}(x, 0) - F_{A\_C \, relative}(x, 0) + F_{B\_C' \, relative}(x, 0) \tag{15.9}$$

$$2F:C_{real}(-x, 0) = -F_{A\_B \, relative}(x, 0) + F_{A\_C \, relative}(x, 0) + F_{B\_C' \, relative}(x, 0) \tag{15.10}$$

雖然經過簡單的數學運算可以得到平板之絕對平坦度值，但從公式 (15.5) 至公式 (15.10) 可知此絕對平坦度僅是一條線之值，而無法得到整面平坦度值，故 Grzanna 與 Schulz 等人提出改良型三板法[3-5]，以使用剪切、格點與旋轉平板等方式以得到整面平坦度值。

由於三平板比對法只能量測一條線的平坦度，改良型三板法又需大量的數學運算，為改善此缺點，Wyant 提出奇偶函數分解法[6]，首先藉由數學基本定義將平板的平坦度表示成一個由偶－奇 (even-odd)、奇－偶 (odd-even)、偶－偶 (even-even) 及奇－奇 (odd-odd) 所組成之 $F(x, y)$ 函數如下式：

$$F(x, y) = F_{ee}(x, y) + F_{oo}(x, y) + F_{oe}(x, y) + F_{eo}(x, y) \tag{15.11}$$

其中 (15.11)

$$F_{ee}(x, y) = [F(x, y) + F(-x, y) + F(x, -y) + F(-x, -y)]/4$$
$$F_{oo}(x, y) = [F(x, y) - F(-x, y) - F(x, -y) + F(-x, -y)]/4$$
$$F_{oe}(x, y) = [F(x, y) + F(-x, y) - F(x, -y) - F(-x, -y)]/4$$
$$F_{eo}(x, y) = [F(x, y) - F(-x, y) + F(x, -y) - F(-x, -y)]/4$$

公式 (15.11) 中，奇－偶及偶－奇函數可以類似三平板比對法表達方式，將 ABC 三平板之平坦度函數表示為：

$$A_{oe}(x, y) + A_{eo}(x, y) = (M_1 + M_2)/2$$
$$B_{oe}(x, y) + B_{eo}(x, y) = \{[M_1 - (M_1)^{180}]/2 - [A_{oe}(x, y) + A_{eo}(x, y)]X \tag{15.12}$$
$$C_{oe}(x, y) + C_{eo}(x, y) = \{[M_5 - (M_5)^{180}]/2 - [A_{oe}(x, y) + A_{eo}(x, y)]^{180}\}X$$

其中 $(F(x, y))^X = F(-x, y)$，$(F(x, y))^\theta = F(x\cos\theta - y\sin\theta, x\cos\theta - y\sin\theta)$，且 θ 單位為度。另外，$M_1 = A + B^X$、$M_2 = A^{180} + B^X$ 及 $M_5 = A^{180} + C^X$。

ABC 三平板平坦度之偶－偶函數亦可表示為：

$$A_{ee}(x, y) = (m_1 + m_5 - m_6 + (m_1 + m_5 - m_6)^X)/4$$
$$B_{ee}(x, y) = \{m_1 + (m_1)^X - 2A_{ee}(x, y)\}$$
$$C_{ee}(x, y) = \{m_5 + (m_5)^X - 2A_{ee}(x, y)\}$$

(15.13)

其中 $m_1 = [M_1 - (M_1)^{180}]/2$，$m_5 = [M_5 - (M_5)^{180}]/2$ 及 $m_6 = [M_6 - (M_6)^{180}]/2$，且 $M_6 = B + C^X$。

公式 (15.11) 中，除了 $F_{oo}(x, y)$ 為未知外，其餘 $F_{ee}(x, y)$ 與 $F_{oe}(x, y) + F_{eo}(x, y)$ 可由公式 (15.12) 及公式 (15.13) 求得。若將 $F_{oo}(x, y)$ 以 Fourier 級數展開表示，則 $F_{oo}(x, y)$ 可表示為：

$$F_{oo}(x, y) = F_{oo,2odd\,\theta}(x, y) + F_{oo,4odd\,\theta}(x, y)$$

(15.14)

而將此觀念應用於 ABC 三平板平坦度之奇-奇函數，以文獻 6 之運算則可順利得到：

$$A_{oo,2odd\,\theta}(x, y) = (M_1 - M_3 - A' + (A')^{90})/2$$
$$B_{oo,2odd\,\theta}(x, y) = (M_6 - M_7 - B' + (B')^{90})/2$$
$$C_{oo,2odd\,\theta}(x, y) = \{(M_7)^{-90} - M_6 - [(C')^X]^{-90} + (C')^X\}/2$$

(15.15)

及

$$A_{oo,4odd\,\theta}(x, y) = (M_1 - M_4 - A'' + (A'')^{45})/2$$
$$B_{oo,4odd\,\theta}(x, y) = (M_6 - M_8 - B'' + (B'')^{45})/2$$
$$C_{oo,4odd\,\theta}(x, y) = \{(M_8)^{-45} - M_6 - [(C'')^X]^{-45} + (C'')^X\}/2$$

(15.16)

其中 $M_3 = A^{90} + B^X$，$M_4 = A^{45} + B^X$，$M_7 = B^{90} + C^X$ 及 $M_8 = B^{45} + C^X$，且 $A' = A_{ee} + A_{oe} + A_{eo}$、$B' = B_{ee} + B_{oe} + B_{eo}$ 及 $C' = C_{ee} + C_{oe} + C_{eo}$；$A'' = A_{ee} + A_{oe} + A_{eo} + A_{oo,2odd\theta}(x, y)$、$B'' = B_{ee} + B_{oe} + B_{eo} + B_{oo,2odd\theta}(x, y)$ 及 $C'' = C_{ee} + C_{oe} + C_{eo} + C_{oo,2odd\theta}(x, y)$。

如上敘述，Wyant 以奇偶函數分解法成功計算出 ABC 三平板的絕對平坦度及相對誤差值，如圖 15.3 所示。

15.2 絕對球面量測

傳統的絕對球面 (absolute sphere) 量測是使用 Jensen 所提出的「三位置 (three-position) 絕對量測法」[7]，此法需要將待測球面物件放置於三個不同的量測位置，如圖

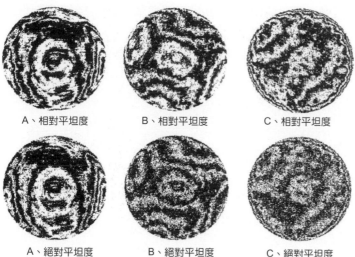

A、相對平坦度　　　　B、相對平坦度　　　　C、相對平坦度

A、絕對平坦度　　　　B、絕對平坦度　　　　C、絕對平坦度
(0.005 wave error)　　(0.004 wave error)　　(0.004 wave error)

圖 15.3
ABC 三平板的絕對平坦度及相對
誤差值。

15.4 所示，首先將待測球面物件的表面中心移至標準球面鏡頭 (transmission sphere, TS) 之光束聚焦點 (亦即 cat's-eye 位置)，以 Fizeau 干涉儀量取反射波前條紋圖，接續此步驟將待測球面物件位置往後推至量測表面形狀的位置 (0 度)，與翻轉待測物件 (180 度) 分別量取反射干涉條紋圖。其波前誤差 (wavefront error, W) 之數學關係式如下：

$$W_{\text{cat's-eye}} = W_{\text{ref}} + \frac{1}{2}(W_{\text{TS}} + \bar{W}_{\text{TS}}) \tag{15.17}$$

$$W_{0^\circ} = W_{\text{surf}} + W_{\text{ref}} + W_{\text{TS}} \tag{15.18}$$

$$W_{180^\circ} = \bar{W}_{\text{surf}} + W_{\text{ref}} + W_{\text{TS}} \tag{15.19}$$

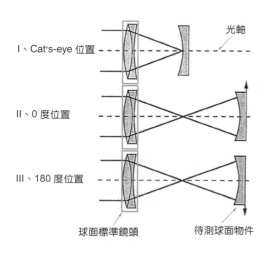

I、Cat's-eye 位置

光軸

II、0 度位置

III、180 度位置

球面標準鏡頭　　　　待測球面物件

圖 15.4
Jensen 之三位置絕對球面量測法。

其中 W_{ref} 爲標準鏡頭參考面之表面精度，W_{TS} 爲標準鏡頭波前誤差值，W_{surf} 爲待測物件之表面精度，上標橫線爲該波前誤差函數旋轉 180 度之值。

由公式 (15.17) 至公式 (15.19) 可解出待測物件之絕對表面精度值爲：

$$W_{surf} = \frac{1}{2}(W_{0°} + W_{180°} - W_{cat's-eye} - \bar{W}_{cat's-eye}) \tag{15.20}$$

且待測物件絕對表面精度與相對表面精度之差值，即量測誤差值，可由公式 (15.21) 得到。

$$W_{ref} + W_{div} = \frac{1}{2}(W_{0°} - \bar{W}_{180°} + W_{cat's-eye} + \bar{W}_{cat's-eye}) \tag{15.21}$$

在三位置絕對球面量測法中，系統光軸定義爲在進行第一位置 (cat's-eye) 時，干涉條紋爲同心環紋。量測進行中之對心 (所有物件光軸一致) 條件非常嚴謹，例如 CCD 感測器取像位置必須位於光軸上、待測物件移動或旋轉時也必須保持干涉條紋的樣式不變等。如果待測物件之光軸或旋轉軸與系統光軸不一致時，如圖 15.5 所示，則所有的量測值將無任何數學意義。

由於 Jensen 的「三位置絕對量測法」必須進行校準待測物件的光軸，當數值孔徑 (numerical aperture, NA) 逐漸變大時，校準光軸亦愈來愈困難，故 Creath 與 Wyant 提出「二位置近似絕對量測法 (two-position quasi-absolute testing)」以取代極爲困難的校準光軸的步驟[8]。二位置近似絕對量測法是將公式 (15.17) 與公式 (15.18) 相減可得：

$$W_{0°} - W_{cat's-eye} = W_{surf} + \frac{1}{2}(W_{TS} - \bar{W}_{TS}) \tag{15.22}$$

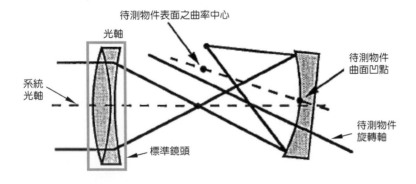

圖 15.5
待測物件光軸或旋轉軸與系統光軸不一致之示意圖。

　　波前誤差函數中之偶函數，如離焦 (defocus)、球差 (sphere aberration) 及散光 (astigmatism) 等，都會致使公式 (15.22) 等號右邊第二項為零，因此可得到下式：

$$W_{0°} - W_{cat's-eye} = W_{surf} \tag{15.23}$$

而波前誤差函數中之奇函數，如彗差 (coma)，則使得公式 (15.22) 可改寫為：

$$W_{0°} - W_{cat's-eye} = W_{surf} + W_{TS} \tag{15.24}$$

　　由於正常的拋光程序不會造成待測球面物件的彗差誤差，若忽略高階波前誤差的影響，並假設彗差都是由系統本身、標準鏡頭或對心校準不佳所致，則公式 (15.20) 可簡化為公式 (15.23)，此法可以免除待測球面物件旋轉 180 度對心校準之步驟。

　　Creath 與 Wyant 使用一片 0.4-NA 的球面待測物件，並使用 Fizeau 型 He-Ne 雷射干涉儀與 F/1.1 之標準鏡頭進行三位置與二位置絕對量測法差異分析，如圖 15.6 所示，可知三位置絕對量測法的誤差為 0.081λP-V 與 0.011λRMS，與二位置近似絕對量測法的量測結果 0.089λP-V 與 0.011λRMS，如圖 15.7 所示，兩者之差小於 0.01λP-V。若確認球面待測物件無彗差影響，使用二位置近似絕對量測法較為方便。

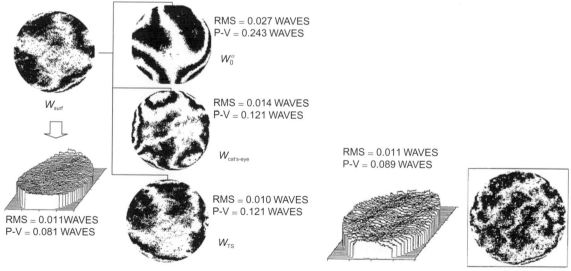

圖 15.6 三位置絕對球面量測之波前誤差圖。

15.3 絕對表面粗糙度量測

　　本節所描述的絕對表面粗糙度是使用干涉儀量測物件全面 (2D) 之表面粗糙度，即第 11.2 節中所提之光束干涉法，惟此節是針對具光學面物件之表面粗糙度而言。若要量測一個非常光滑的絕對表面粗糙度，必須將使用干涉儀量測的相對數值減去參考面對物件表面粗糙度的影響。一般用來量測絕對表面粗糙度的方法有二：第一種是依照 ANSI 國際標準 B46-1 節所述之法，即平均許多次之無相關 (uncorrelated) 反射面形貌量測值當作是參考面，再將量測值減去參考面量測值則是絕對表面粗糙度；第二種是 Wyant 和 Creath 所提出之待測面的兩個無相關量測差異法[8]。

　　在 ANSI B46-1 的方法中，首先需建立一個參考面的量測數值，參考面的形成可由一個光滑反射鏡進行 N 次的量測之平均而得，此反射鏡愈光滑 (表面粗糙度愈小)，所需量測的次數愈少。在 N 次的量測中，反射鏡必須在光軸上進行移動，且此移動量需大於量測之相關長度 (correlation length)[9]。只要參考面產生，即可進行絕對表面粗糙度的計算如下：

$$\sigma_{absolute} = \sqrt{\sigma_{means}^2 + \frac{\sigma_{mirror}^2}{\sqrt{N}}} \tag{15.25}$$

其中 $\sigma_{absolute}$ 是待測面絕對表面粗糙度值，σ_{means} 是減去參考面之任一待測面之表面粗糙度值，σ_{mirror} 是反射鏡之表面粗糙度值。

　　在 Wyant 和 Creath 的兩個無相關量測差異法中，除了待測面的移動量需大於相關長度外，亦強調在兩次量測中，參考面對量測的影響不能改變；亦即移動待測面時不能有任何側傾 (tilt) 現象 (相對光軸而言)。若將兩次的待測面量測值相減 σ_{diff}，可除去參考面的影響，即可得待測面之絕對表面粗糙度值如下：

$$\sigma_{absolute} = \frac{\sigma_{diff}}{\sqrt{2}} \tag{15.26}$$

　　Wyant 和 Creath 使用第一種參考面生成法與第二種差異法做比較，其在參考面生成法中，進行任一待測面之量測，得到表面粗糙度值爲 0.560 nm，如圖 15.8 所示，使用 16 次的反射面量測值平均之表面粗糙度值爲 0.531 nm，如圖 15.9 所示，其相減值與差異法數值如圖 15.10 所示，可知兩者之差僅爲 0.001 nm 而已。

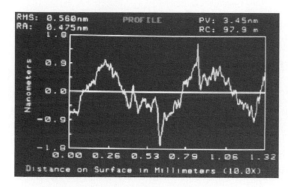
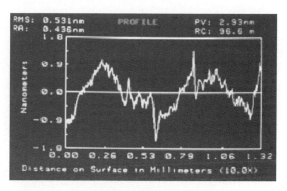

圖 15.8 待測面之干涉量測值圖。　　　　　　圖 15.9 使用 16 次反射面干涉量測之平均值圖。

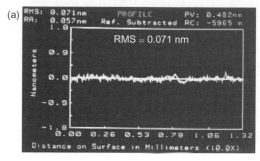
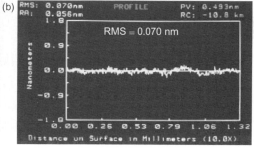

圖 15.10 (a) 參考面生成法之量測計算值，(b) 差異法之量測計算值。

15.4 絕對非球面量測

　　非球面元件在光學系統上的使用已非常普遍，例如數位相機及 DVD 讀寫頭等消費性光電產品等，為了達到光學成像需求，元件製造與表面品質的檢測益形重要。一般最常用來檢測高精密非球面元件的方法主要是 CGH 電腦全像干涉與補償鏡 (null-lens) 等方式，如圖 15.11 所示。

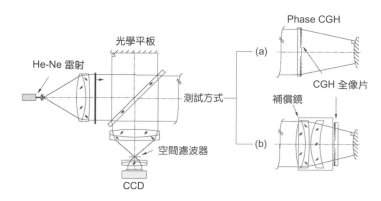

圖 15.11
(a) CGH 電腦全像干涉法，(b) CGH 電腦全像干涉與補償鏡法。

　　非球面元件檢測依外形可分爲軸對稱 (axially symmetric) 型、離軸 (off-axis) 型與自由曲面 (free-form) 型。最早進行絕對非球面量測的研究的是 Freimann 等人，不過僅能夠量測無彗差之非球面外形，亦即只要是對稱的非球面即可檢測[10]。另外，Evans 和 Kestner 曾利用多次不同旋轉角度的量測以得到干涉圖之非旋轉對稱誤差[11]。Fercher 首先在絕對非球面量測上引用雙重全像片 (dual hologram) 的量測觀念，其利用參考波與物波之非零階的繞射光束通過雙重全像片，以使全像片上的條紋扭曲誤差可以部分自我補償[12]。

　　延續雙重全像片觀念，Schwider 使用一種近似絕對非球面量測的方式，也就是雙波前全像片 (dual wavefront hologram)，其讓此種全像片同時重建一個球面校正波前與一個非球面量測波前以方便量測，但此法不能分離非球面量測誤差與全像片之條紋扭曲誤差，故在量測上必須假設條紋扭曲誤差對球面校正波前與非球面量測波前的影響是相同的[13]。爲了克服校正波前與檢測波前上的限制，Reichelt 等人提出多光路全像片 (multiplex hologram) 的方式，可順利進行軸對稱型、離軸型與自由曲面型非球面物件的絕對量測[14]。

　　在軸對稱絕對非球面量測中，Reichelt 使用雙用全像片 (twin-CGHs) 記錄兩組軸對稱波前函數，即 Fresnel 環鏡 (Fresnel zone mirror, FZM) 繞射波前與 CGH 非球面相位波前，如圖 15.12 所示。與球面絕對量測之「三位置絕對量測法」類似，非球面需要七個位置的量測步驟，首先使用 Fresnel zone plate 五位置測試法計算雙用全像片的球面波前位置誤差[15]，如圖 15.13 所示，再量取雙用全像片之五個量測波前函數方程式如下：

$$W_1 = W_{0°}^{\text{FZM}-\text{if}} + W_{\text{ref}} + W_{\text{TS}} \tag{15.27}$$

$$W_2 = W_{180°}^{\text{FZM}-\text{if}} + W_{\text{ref}} + W_{\text{TS}} \tag{15.28}$$

$$W_3 = W_{0°}^{\text{FZM}-\text{ef}} + W_{\text{ref}} + W_{\text{TS}} \tag{15.29}$$

$$W_4 = W_{180°}^{\text{FZM}-\text{ef}} + W_{\text{ref}} + W_{\text{TS}} \tag{15.30}$$

$$W_5 = W_{\text{ref}} + \frac{1}{2}(W_{\text{TS}} + \bar{W}_{\text{TS}}) \tag{15.31}$$

其中 FZM 爲在雙用全像片其中一個校正模態。雙用全像片於焦點前之校正量測以 if 表示，而 ef 代表於焦點後之校正量測。

　　由公式 (15.27) 至公式 (15.31) 可以求得波前誤差由於 CGH 上的刻紋 (W_{PD1}) 與 FZM 的形狀誤差 (W_{FE2}) 的影響如下：

$$W_{\text{PD1}} = \frac{1}{4}(W_1 + \bar{W}_2 - \bar{W}_3 - W_4) \tag{15.32}$$

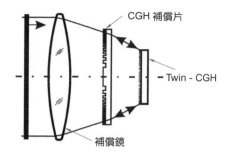

圖 15.12
以 Twin-CGHs 進行 CGH 全像片模式校正示意圖。

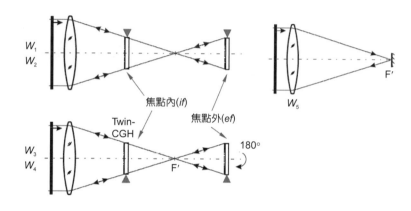

圖 15.13
Twin-CGHs 進行 FZM 模式
校正示意圖。

$$W_{FE1} = \frac{1}{4}(W_1 + \bar{W}_2 + \bar{W}_3 + W_4) - \frac{1}{2}(W_5 + \bar{W}_5) \qquad (15.33)$$

由於 W_{PD1} 與 W_{FE2} 會傳遞到 CGH 全像片上，且需考量側向扭曲 (lateral distortion) 的影響，故以 $W_{PD2'}$ 與 $W_{FE2'}$ 取代。如圖 15.12，第六位置是以雙用全像片校正 CGH 全像片，其波前誤差方程式為：

$$W_6 = W_{SYS} + (W_{PD2'} + W_{FE2'}) \qquad (15.34)$$

第七個位置檢測即為絕對非球面量測，如圖 15.14 所示，非球面量測之波前誤差為：

$$W_7 = W_{SYS} + (W_{ASPHERE}) \qquad (15.35)$$

其中 W_{SYS} 為干涉儀之系統誤差，$W_{ASPHERE}$ 為絕對非球面外形誤差函數。

因為 $W_{PD2'}$ 與 $W_{FE2'}$ 為系統的調整值 (此為已知條件)，故絕對非球面外形誤差可表示為：

$$W_{ASPHERE} = W_7 - W_6 + (W_{PD2'} + W_{FE2'}) \qquad (15.36)$$

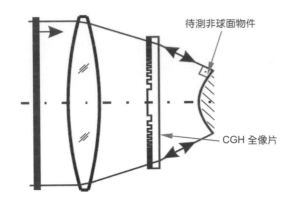

圖 15.14
非球面物件之 CGH 全像干涉檢測架設圖。

　　至於離軸型與自由曲面型之絕對非球面檢測步驟與軸對稱型略有差異，Reichelt 改用三重全像片 (triple-CGHs) 取代雙用全像片進行校正步驟，詳細方法可參考文獻 16。

參考文獻

1. G. Schulz, *Opt. Acta.*, **4**, 375 (1967).
2. G. Schulz and J. Schwider, "*Interferometric testing of smooth surfaces*," Progress in Optics XIII, E. Wolf, ed., Ch. IV, North-Holland, Amsterdam (1976).
3. B. S. Fritz, *Opt. Eng.*, **23**, 379 (1984).
4. J. Grzanna and G. Schulz, *Opt. Commun.*, **77**, 107 (1990).
5. J. Graznna and G. Schulz, *Appl. Opt.*, **31**, 3767 (1992).
6. C. Ai and J. C. Wyant, *SPIE*, **1776**, 72 (1992).
7. A. E. Jensen, *J. Opt. Soc. Am.*, **63**, 1313A (1973).
8. ANSI Standard B46.1, "Surface Texture", 34 (1978).
9. K. Creath and J. C. Wyant, *Appl. Opt.*, **29**, 3823 (1990).
10. R. Freimann, B. Dorband, and F. Holler, *Optics Communications*, **161**, 106 (1999).
11. C. J. Evans and R. N. Kestner, *Applied Optics*, **36**, 1015 (1996).
12. A. F. Fercher, *Optica Acta*, **23**, 347 (1976).
13. J. Schwider, "Interferometric tests of aspherics," in *Fabrication and Testing of Aspheres*, J. S. Taylor, M. Priscotty, and A. Lindquist, eds., **24**, 103, Optical Society of America (1998).
14. S. Reichelt and H. J. Tiziani, *Optics Communications*, **220**, 23 (2003).
15. S. Reichelt, C. Pruss, and H. J. Tiziani, "Specification and characterization of CGHs for interferometrical optical testing," in *Interferometry XI: Applications*, W. Osten, ed., SPIE, **4778**, 206 (2002).
16. S. Reichelt, C. Pruss, and H. J. Tiziani, *SPIE*, **5252**, 252 (2004).

第十六章　商品實例介紹

16.1 投影顯示技術

16.1.1 原理介紹

投影顯示技術的發展至今已有幾十年的歷史，早在 40 年代的美國就開發了 CRT 投影系統的原型，隨著經濟的發展，各種投影顯示技術逐漸成熟。目前爲止，根據成像原理的不同，投影顯示大致可分爲 CRT 投影、液晶顯示 (liquid crystal display, LCD) 投影、LCOS 投影、數位光源處理 (digital light processing, DLP) 投影，以下將分別簡介各項投影顯示技術。

(1) CRT 投影顯示技術

CRT 投影顯示技術的歷史最悠久，技術最成熟，而且還在不斷發展。CRT 是英文 cathode ray tube 的縮寫，中文含義爲陰極射線管。作爲成像器件，它是實現最早、應用最爲廣泛的一種顯示技術，由該技術實現的投影顯示具有顯示色彩豐富、色彩還原性好、分辨率高、幾何失眞調節能力強、可以長時間連續工作等特點。這種技術的投影顯示在工作時，把輸入信號源分解成 R (紅)、G (綠)、B (藍) 三種信號，並且分別對應紅、綠、藍三個 CRT 管的螢光屏上，螢光粉在高壓作用下發光，經系統放大、會聚；在大螢幕上顯示出彩色圖像，如圖 16.1 所示。光學系統與 CRT 管組成投影管，通常所說的三槍投影顯示就是由三個投影管組成的投影顯示，由於使用內光源，也稱爲「主動式投影模式」。但同時，由於該技術導致分辨率與亮度相互制約，所以 CRT 投影顯示的亮度普遍較低，到目前爲止，其亮度始終在 200 ANSI 流明左右。此外，由於 CRT 投影顯示操作複雜，特別是會聚調整繁瑣，機身體積大，許多 CRT 投影顯示器重量在 100 斤以上，因此該技術的投影顯示一般安裝在環境光較弱、相對固定的場所。

第 16.1 節及第 16.2 節作者爲林俊全先生。

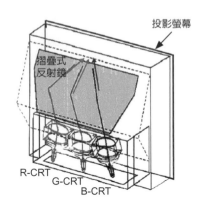

圖 16.1
CRT 投影顯示原理。

(2) LCD 投影顯示技術

　　LCD 投影顯示技術是液晶顯示技術和投影技術相結合的產物，液晶顯示技術利用了液晶的光電效應，如圖 16.2 所示，液晶的光電效應是指液晶分子的某一排列狀態由於外加電場而改變，影響液晶單元的透光率。某些液晶分子在不加電場時是透明的，而加了電場後就變得不透明了；有些則相反，在不加電場時是不透明的，而加了電場後就變得透明了。

　　LCD 投影顯示是利用金屬鹵素燈或高壓汞燈 (UHP) 提供外光源，以液晶板作為光的控制層，透過電信號控制對應像素的液晶，液晶透明度的變化控制了透過液晶的光的強度、顏色等，產生具有不同灰度層次及顏色的信號，顯示輸出圖像，屬於被動式投影模式。

　　目前市場上最常見的 LCD 投影顯示是三片式液晶板投影顯示，如圖 16.3 所示，用紅綠藍三塊液晶板分別作為紅綠藍三色光的控制層。光源發射出來的白色光經過鏡頭組

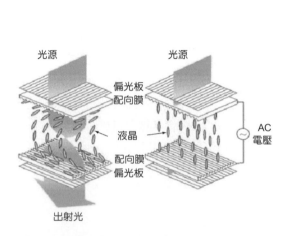

圖 16.2 LCD 面板工作原理。

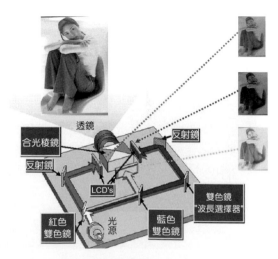

圖 16.3 三片式 LCD 投影顯示原理。

匯聚到達雙色鏡組，紅色光首先被分離出來，投射到紅色液晶板上，液晶板上對應的像素接收到來自信號源的電子信號，呈現不同的透明度，以透明度表示的圖像訊息被投射，生成了圖像中的紅色光訊息。綠色光被投射到綠色液晶板上，形成圖像中的綠色光訊息，同樣藍色光經藍色液晶板生成圖像中的藍色光訊息。三種單獨顏色的光在稜鏡中會聚，由投影鏡頭投射到投影幕上形成一幅全彩色圖像。

(3) LCOS 投影顯示技術

LCOS (liquid crystal on silicon) 投影顯示的基本原理與 LCD 投影顯示類似，只是 LCOS 投影顯示是利用 LCOS 面板來調變由光源發射出來欲投影至螢幕的光信號。如圖 16.4 所示，LCOS 面板是以 CMOS 晶片為電路基板及反射層，液晶被注入於 CMOS 積體電路晶片和透明玻璃基板之間，CMOS 晶片被磨平拋光後當作反射鏡，光線透過玻璃基板和液晶材料，經調光後從晶片表面反射出來。

LCOS 投影顯示與 LCD 投影顯示最大的不同是：LCD 投影顯示是利用光源穿過 LCD 作調變，屬於穿透式，而 LCOS 投影顯示中是利用反射的架構，所以光源發射出來的光並不會穿透 LCOS 面板，屬於反射式。

採用 LCOS 技術的投影顯示通常都採用三片 LCOS 面板。如圖 16.5 所示，LCOS 面板是以 CMOS 晶片為電路基板，無法讓光線直接穿過，因此在 LCOS 投影顯示系統中，LCOS 面板前皆多加了偏極分光鏡 (polarization beam spliter, PBS)，將入射 LCOS 面板的光束與反射後的光束分開。除了 PBS 以外，LCOS 投影顯示的主要架構在導光及分光合光部分的設計與 LCD 投影顯示大同小異。

PBS 是由兩個 45 度等腰直角稜鏡底邊黏合而成的稜鏡，當非線性偏極化光入射 PBS 時，PBS 會反射入射光的 S 偏光 (垂直入射線平面)，並且讓 P 偏光 (平行入射線平面) 透

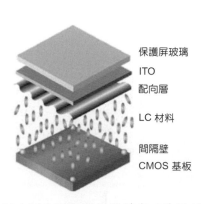
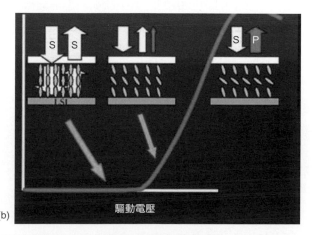

圖 16.4 (a) LCOS 面板結構與工作原理，(b) LCOS 的光反射量與驅動電壓對應關係。

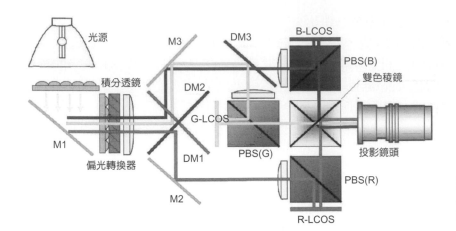

圖 16.5
三片式 LCOS 光機
引擎架構。

過。由光源所發出的光經由雙色鏡 (dichroic mirror) 後分成 R、G、B 三色光，此三色光分別透過各自的 PBS 後，會反射 S 偏光進入 LCOS 面板，當液晶顯示為亮態時，S 偏光將改變成 P 偏光，最後以雙色稜鏡 (dichroic prism) 組合調變過的三道偏極光，投射至螢幕處得到影像。

(4) DLP 投影顯示技術

　　DLP 投影顯示技術是基於美國德州儀器公司 (Texas Instruments, TI) 開發的數位微鏡面元件 (digital micromirror device, DMD) 的一種全數位反射式投影技術。

　　DMD 是由許多個微小的正方形反射鏡片 (簡稱微鏡) 按行列緊密排列在一起貼在一塊矽晶片的電子節點上，每一個微鏡對應著生成圖像的一個像素，因此 DMD 裝置的微鏡數目決定了一台 DLP 投影機的解析度，如圖 16.6 所示。輸入的影像或圖形信號被轉換成數字代碼，即由 0 和 1 組成的二進制數據。根據這些代碼，與微鏡相對應的存儲器控制 DMD 微鏡迎向 (即為狀態 ON) 或者背向 (狀態 OFF) DLP 投影系統的光源，從而在

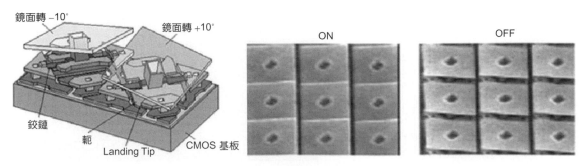

圖 16.6 DMD 微結構與工作狀態 (來源：Texas Instrument)。

投影表面生成亮或暗的像素，達到開啓或關閉光的作用。微鏡翻動的頻率可達每秒五千來次，當一個微鏡處於開狀態的時間多於關狀態，它所反射的像素亮度就相對較高；反之，當處於關狀態的時間更多，就反射出較暗的像素。透過這種模式，DLP 投影系統中的微鏡將輸入 DMD 的視頻或者圖形信號轉換成爲具有不同亮度等級的光信號。

在單片式 DLP 投影系統中，透過一個以 60 轉／秒高速旋轉的濾色輪來產生投影圖像中的全彩色，如圖 16.7 所示，濾色輪由 RGB (紅、綠、藍) 三色塊組成。由光源發射的白色光透過旋轉著的 RGB 濾色輪後，RGB 三色光會順序交替照射到 DMD 表面上。DMD 中每個微鏡的開或關狀態同色輪系統相協調，當 RGB 三色中的某一種顏色的光照射到 DMD 表面時，DMD 表面中的所有微鏡會根據自己所對應的像素中此種顏色光的有無在 ON 和 OFF 兩個位置上高速切換，切換到開位置的次數是由相應像素中此種顏色的數量而決定的。此種顏色的光由微鏡反射後，透過投影鏡頭投射到投影幕上。同樣，當其他兩種顏色的光到達 DMD 表面時，所有微鏡會重複上述動作。由於所有動作都在極短的時間內完成，就在人的視覺系統中形成了一幅全彩色圖像。

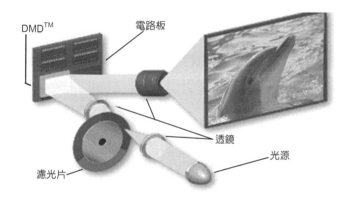

圖 16.7
DLP 投影顯示工作原理。

16.1.2 光機引擎光學零組件

背投影系統有三大部分：光機引擎 (optical engine)、投影螢幕、背投箱體。背投影系統組成及原理如圖 16.8 所示，投影光經過反射鏡反射後，在螢幕上成像。有的系統具有兩面反射鏡，通常稱爲「雙反系統」，只有一面反射鏡的通常稱爲「單反系統」。採用反射鏡的目的是縮短系統深度，方便應用。光機引擎是整個系統產生影像畫面的來源，依不同的技術可分爲 CRT、LCD、LCOS、DLP 等光機引擎。而背投箱體包括支架與反射鏡、幕框和箱體，其中反射鏡要用高反射率正面鍍膜反射鏡。螢幕的主要功能是使投影畫面在螢幕上成像。

光機引擎由投影光線所經過的所有光學元件加上與之配合的機構部分所組成。通

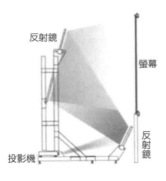

圖 16.8
背投影顯示工作原理。

常它獨立於電子、電源供應模組及其他相對機構件之外自成一體。光機引擎可分爲照明 (illumination) 和成像 (imaging) 兩大模組。前者將光線由燈泡傳遞至微型顯示面板，後者將光能量和微型影像輸出並放大畫面至螢幕。

(1) 勻光元件

　　光學積分模組有兩個功用，一爲將由光源中出射的非均勻光重新疊加積分，均勻地照射在影像顯示板上，二爲將圓形的光斑轉化爲 4:3 或 16:9 的長方形光斑。在液晶投影技術中，光學積分模組亦配合極化轉換元件作爲極化轉換模組中的一個元件，如圖 16.9 所示，勻光元件技術有下列兩種方式：

・陣列透鏡 (lens array)：將由拋物面出射的光線作平面空間切割，並疊加積分至影像顯示板上，此技術適合三片式影像顯示板技術。
・積分光管 (light pipe)：將由橢球面出射的光源作空間角度切割，並疊加積分至影像顯示板上，此技術適用於單片影像顯示板技術，例如 DLP 和 LCD。

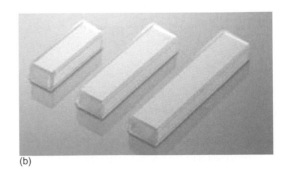

圖 16.9 (a) 陣列透鏡與 (b) 積分光管。

(2) 光源模組

　　光源模組 (light source) 是由燈芯 (burner)、反射罩 (reflector)、點燈器 (ballast) 所組成，前兩者通常組合成一體，如圖 16.10(a) 所示，而點燈器如圖 16.10(b) 所示。目前投影機所用的光源燈芯多為高壓汞燈，製造廠商包括歐系 OSRAM、Philips，日系 Panasonic、Ushio、Iwasaki、Toshiba Lighting、Phoenix、NEC，以及美系 GE、PerkinElmer 等廠商，目前的燈芯發光效率約在 55 至 65 lm/W。所以一個 200 瓦的超高壓汞燈大約可發出 200 + 60 = 12000 流明。通常燈泡製造商會提供光譜曲線圖以及配光曲線圖，如圖 16.11 所示，以協助設計者作為照明設計的依據。

　　典型的反射罩是由耐高溫材料如玻璃和陶瓷作成，形狀多為拋物面、橢球面或其他複合曲面，在現代投影技術中，反射罩對燈芯的熱流影響極為重要，過熱或過冷甚至不當的內部溫差都將導致燈芯壽命的縮短。反射器的集光效應由孔徑光闌 (F/#) 表示，通常其值接近 1，且光的能量分布非常不均勻。故我們必須在其後面加上光學積分元件

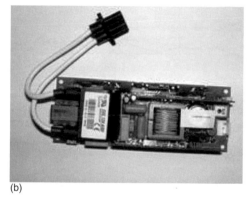

(a)　　　　　　　　　　　　　　(b)

圖 16.10 (a) 燈芯與反射罩模組，(b) 點燈器。

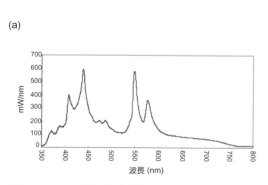
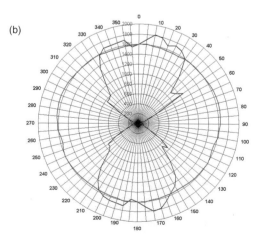

(a)

(b)

圖 16.11 (a) 光譜曲線圖，(b) 配光曲線圖。

(integration optical part) 及孔徑光闌轉換元件，以使光學元件能夠在最佳狀態下發揮最大的功效。陣列透鏡需和拋物面反射罩配合，如圖 16.12 所示，而積分光管與橢球面反射罩能達到最好的效率輸出，如圖 16.13 所示。

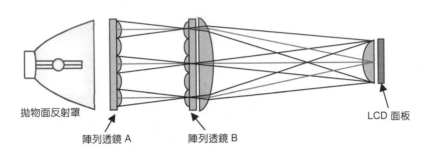

圖 16.12
拋物面反射罩與陣列透鏡的整體設計。

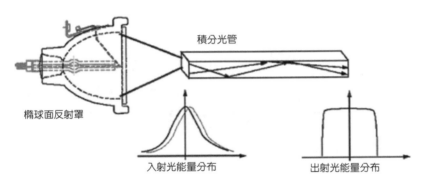

圖 16.13
橢球面反射罩與積分光管的整體設計。

(3) 偏極光轉換器

由於液晶顯示板只能使用線性極化光線，我們必須將由光源來的非極化光轉為單一的線性極化光線以提升光的利用率。如圖 16.14 所示，偏極光轉換器 (polarization conversion system) 是由數個條帶狀 PBS 稜鏡以及相差波板 (retarder) 所組成，必須與陣列透鏡一起考慮設計，如圖 16.15 所示，如此轉換效率約 70% 至 80%。

PBS 元件的應用有孔徑值的限制，一般在玻璃中的光線入射角不可大於 7 度，以保持出射極化光線的純度性，否者將會破壞系統的對比度。

(4) 分光模組

分光模組 (color separation) 多由雙色鏡 (dichroic mirror) 組合，在三片式投影技術中，這些雙色鏡將白色未調制光分成 RGB 三原色分別送往影像顯示板載入信號，如圖 16.16 所示。有時為了補償不同入射角所產生的色彩差異，會在二向色鏡上作漸層鍍膜，如圖 16.17 所示。

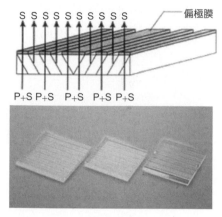

圖 16.14 偏極光轉換器。

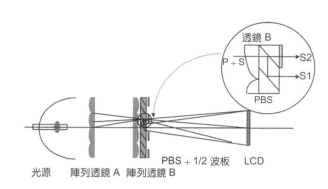

圖 16.15 偏極光轉換器與陣列透鏡搭配設計。

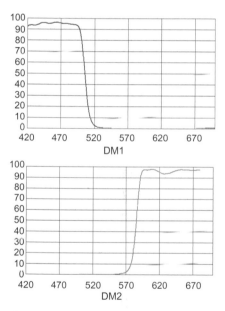

圖 16.16 DM1、DM2 雙色鏡將白光分出 RGB 三原色。

圖 16.17
漸層鍍膜之雙色鏡。

　　在三片式的光學引擎中分光模組爲二到四片濾光片 (color filter)，而在某些單片光學引擎架構下，這些濾光片會安置在高速轉動的馬達上以不同的時間分別送出不同的顏色，這種分光模組稱爲色輪 (color wheel)，如圖 16.18 所示。

(5) 中繼透鏡模組

　　中繼透鏡 (relay lens) 主要應用於光路徑較長的通道上，將中間成像的照明光形經放大 (也可不放大) 傳遞至影像顯示板上。圖 16.19 說明三片式光機引擎中，紅色光路遠比藍、綠色光路還長，利用中繼透鏡模組將照明光形傳遞至微型面板。

(6) UV-IR 濾鏡

　　超高壓金屬鹵化物 (metal halide lamp) 燈通常伴有大量的紫外線 (420 nm 以下) 和紅外線 (680 nm 以上)。前者對光路徑上有機光學元件像是偏光板 (polarizer)、檢偏鏡

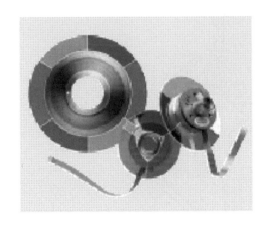

圖 16.18
色輪。

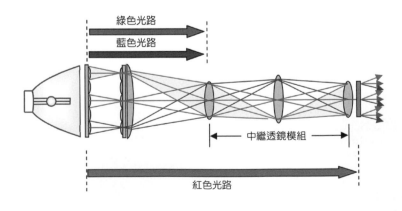

圖 16.19
中繼透鏡模組於三片式光機引擎的應用說明。

(analyzer)、相差波板 (retarder) 和 LCD、DLP 面板有破壞作用，而後者帶有大量的熱，能破壞光學元件及系統的穩定性。在大部分的光學系統中，UV-IR 濾鏡放置於光源的後方，如圖 16.20 所示，亦有將 UV-IR 濾鏡分開分別放置於藍色和紅色通道上。

(7) 偏光板與相差波板

　　偏光板與相差波板屬於極化光處理片，是置於液晶板前後的光學元件，如圖 16.21 所示。這是投影裝置中除液晶外唯一的非玻璃材料原件，耐熱性不佳，透光率低，約只有 80%。另外它對光線的入射角亦有一定的限制，一般 F/# 不可小於 2.0 左右，否則造成影像品質對比度不良。位相差板依據 R、G、B 三色的需求而有所不同，通常分別為 305 nm、275 nm、220 nm 等規格。

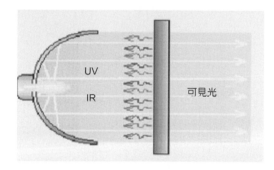
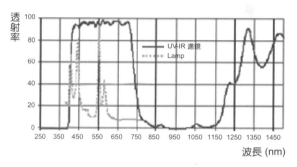

圖 16.20 UV-IR 濾鏡分離出高壓汞燈之可見光波段。

圖 16.21
偏光板與位相差板之複合片。

(8) 合光模組 (Color Recombination)

　　投影技術中的合色原件多爲膠合的稜鏡組合，三片穿透式液晶投影技術使用的是依對角線分開的四合一稜鏡，稱爲「X 稜鏡」，如圖 16.22 所示，同軸反射液晶式技術所使用的是米字形稜鏡，同時兼具部分分光的作用。由於合光稜鏡放置在影像顯示板後面，所以它亦是成像系統的一部分，在設計投影物鏡時必須考慮進去。

(9) 內全反射稜鏡

　　內全反射稜鏡 (total internal reflection (TIR) prisms) 其主要功能爲分離入射光和出射光 (如配合二向鍍膜，亦可依光譜分光)，使它們有足夠的角度分離，如圖 16.23 所示。主要應用於反射投影技術，如 DLP 與 LCOS 光機引擎。由於是利用完全內反射原理，它的入射光線有孔徑值的限制。由於 TIR 稜鏡放置在影像顯示板後面，所以它亦是成像系統的一部分。

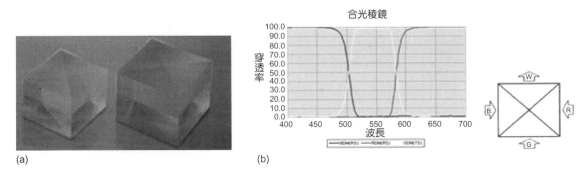

圖 16.22 (a) X 稜鏡，(b) X 稜鏡之工作原理與光譜曲線圖。

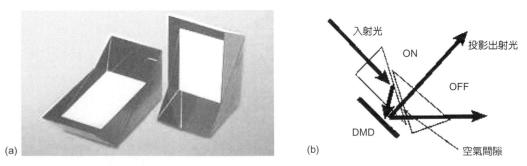

圖 16.23 (a) 內全反射稜鏡，(b) TIR 稜鏡的工作原理。

(10) 投影鏡頭

成像模組較爲單純，一般由投影鏡頭 (projection lens) 組成，如圖 16.24 所示。其光闌 (stop) 大小將決定整個投影機可從光源中攝取多少的可見光。投影物鏡的規格參數甚多，以下分別介紹之。

· 孔徑值 (F/#)：它同時也表示整個投影系統接受光束大小的最小光學光闌。在其他條件相同之下，孔徑值越小代表流明輸出越高，一般鏡頭的成本與此參數成正比關係。目前市面上大部分的鏡頭孔徑值在 2.0 至 3.6 左右。

· 投影距離除以影像寬度 (through ratio)：越小表示在相同投影距離螢幕越寬。小於 1.8 爲廣角鏡，典型的前投式投影機約在 2.2 至 2.5 左右，而後投式投影機可低於 1。

· 放大縮小的倍率 (zoom ratio)：同一投影距離下，螢幕可放大縮小的倍率差，市面上一般在 1.2 至 1.5 之間。

· 後工作距離 (back focal length)：一般較短的後工作距離投影物鏡較易設計，成本也低。設計時需考慮稜鏡的等效長度。

· 調制轉換函數 (modulation transfer function, MTF)：考慮像素的大小定出對應的解析度值。如一 0.7″ XGA 面板，組成像素爲 13.5 μm，投影物鏡的解析度可大致定在 0.4@36 lp/mm

· 線性失眞 (distortion) 的程度：前投小於 1%，後投影接近 0。

· 橫向色差 (lateral color)：一般須小於一個像素，較好的鏡頭可控制在 2/3 個像素之內。

· 漸暈參數 (vgneting factor)：會影響到螢幕邊緣的亮度分布。

· Flare 光斑：鏡頭製造公差引起的雜散光斑，應控制在一個像素以內。

(11) 微型影像面板

微型影像面板 (microdisplay panel) 在投影光學引擎中是最重要的關鍵元件。日系的穿透式高溫多晶矽液晶板 (high-temperature polysilicon (HTPS) LCD) 如圖 16.25 所示，其

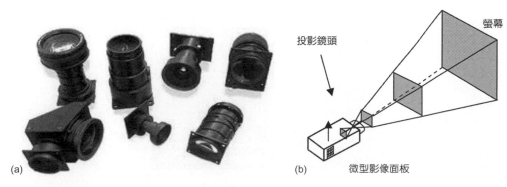

圖16.24 (a) 投影鏡頭，(b) 投影鏡頭工作原理。

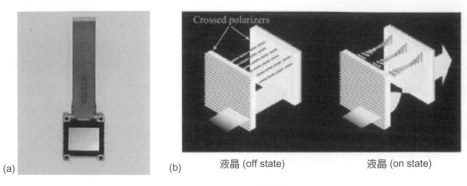

圖 16.25 (a) HTPS LCD，(b) HTPS LCD 之工作原理。

主要供應商有 Epson 和 Sony。美系數位微鏡面元件 (DMD) 掌控於德洲儀器公司，如圖 16.26 所示，HTPS LCD 和 DMD 為目前最主要的已商品化影像顯示元件。此外反射式液晶板 (LCOS) 如圖 16.27 所示，其製造商多達 20 家，但只有少數幾家可作商品化生產，如 JVC、Hitachi、Three-Five、Aurora 等廠商。

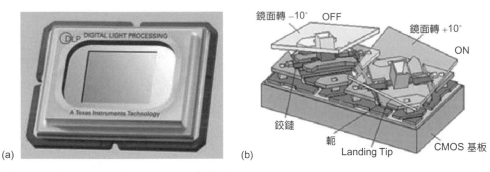

圖 16.26 (a) DMD，(b) DMD 之工作原理。

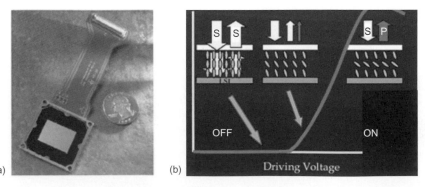

圖 16.27 (a) LCOS，(b) LCOS 之工作原理。

(12) 背投影螢幕

背投影螢幕分爲光學架構型背投影螢幕和散射型背投影螢幕兩大類。光學型背投影螢幕又稱爲專業型背投影螢幕或微架構光學型背投影螢幕。光學型背投影螢幕指的是利用微細光學架構來完成光能分布、實現螢幕功能的這一類螢幕。而散射型背投影螢幕指的是利用微細粒子對光的散射作用來完成光能分布、實現螢幕功能的這一類螢幕。

透過圖 16.28 來說明光學型背投影螢幕的原理，光學型背投影螢幕通常是三種光學微架構的組合：菲涅耳透鏡 (Fresnel lens)、柱面鏡 (lenticular lens) 及黑條紋 (black stripe)。

菲涅耳透鏡是所有光學型背投影螢幕都有的單元，其作用是將投影光變成平行光。柱面鏡完成投影光在水準方向和垂直方向上的光能分布。黑條紋 (黑顏料) 提升螢幕顯示的對比度。

從理論上講，投影光能在透過光學型背投影螢幕時，光能的損失僅是投影光能在入射面的反射，這就是光學型背投影螢幕能夠提升增益的根本原因。同樣，由於投影光在進入柱面鏡時均有同等的光學條件，它決定了光能分布的均勻性，從而有效地遏制了亮斑效應。在使用三槍投影機的情況下，光學型背投影螢幕的雙柱面架構還起著消除彩色位移 (color shift) 的作用。

圖 16.28(c) 是散射型背投影螢幕的示意圖。光線透過和繞過粒子時，粒了對光線的折射和繞射造成光線的散射。散射幕表面沒有微細光學架構，就是透過這種粒子散射能力來完成對光能的分布。實驗證明，隨著散射粒子體積的減小和濃度的增加，散射能力增強，投影光能分布更加均勻。但更多的光線發生後向散射，被多次折射後返回了入射表面，當散射粒子的體積減小、濃度增加到一定程度時，投影光被全部擋回入射面，這時的螢幕就完全喪失背投影螢幕功能了。

從以上的分析可知，散射型螢幕中的散射粒子對光線在 2π 立體空間內均等散射，因此在有效區間內的光能分布減弱，在相同視角內，螢幕增益降低。另外，由於投影光進入散射螢幕的土方向不一致，造成螢幕中間亮、邊緣暗，形成中心亮斑。

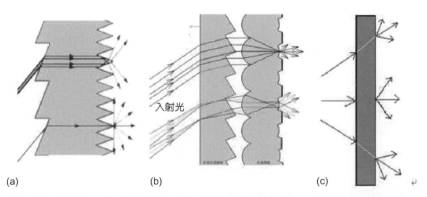

(a)　　　　　　　(b)　　　　　　　(c)

圖 16.28 (a) 菲涅耳型結構圖，(b) 黑條紋型結構圖，(c) 散射幕結構圖。

增益與視角為背投影螢幕主要的參數，把標準白板對白光的反射量定為 1，背投影螢幕光能透過的量與其比值稱為增益。視角分為水平視角與垂直視角，即在水平或垂直方向上偏離螢幕中心法線，當增益下降至中心增益的一半時的水平角度或垂直角度。

(13) 金屬線光柵

此種次波長的金屬光柵，可以依照應用情況的不同，而予以最佳化的調整，如圖 16.29 所示。若要扮演極化片的角色，可以將光垂直入射到次波長金屬光柵上，此時將僅有一個極化方向的光可以穿透，另一極化方向的光會反射並沿著入射的路徑返回到光源。另外，若是將入射光以入射角 45 度斜向入射至光柵上，兩個極化方向的光將會分別反射及穿透，進而分開成兩個不同的路徑，這也就是所謂的極化光分離器。

目前 Moxtek 成功的量產此一產品，其中最主要的優點在於次波長光學元件對於不需要的極化光是將之反射，並非如傳統的極化片予以吸收，如此可以避免元件因光吸收而產生的高熱效應，對於其壽命有正面的助益。進而可以將反射的光加以回收轉換成所需的極化光，大幅提高整體系統的光使用效率。此外，由於次波長光學元件比較起傳統的極化片 (MacNeile PBS) 可以提供較高的極化鑑別率 (extinction ratio)，因此對於整體液晶投影系統的對比度 (contrast ratio) 有相當顯著的提升。另外，這種次波長元件對於入射光的角度並不敏感，也因此在反射式的液晶投影系統中，其歪斜入射補償 (skew ray compensation) 將不再需要。

16.1.3 LCD 光機引擎技術分析

LCD 微型面板技術開發較早，迄今已有相當成熟的產品，主要有 Sharp、Epson、Sony 三大廠牌，其中 Sharp 的 3.6 吋與 6.4 吋 LCD 面板以及 Sony 的 1.6 吋 LCD 面板搭配單片式光機設計。而三片式光機引擎則採用 1.8 吋、1.3 吋、0.9 吋、0.7 吋、0.5 吋等 LCD 微型面板，該面板為 Sony 或 Epson 所供應。

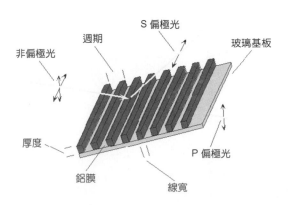

圖 16.29
金屬線光柵。

(1) 傳統型單片式 LCD 光機引擎

　　傳統型單片式 LCD 光機引擎如圖 16.30 所示，此種光機照度均勻化是透過非球面透鏡方式達成，但效果不佳。LCD 面板有 R、G、B 濾色片，使透光效率只剩三分之一，需使用高瓦數燈泡才能達到亮度需求，不過卻造成光機的散熱問題。

(2) 分光型單片式 LCD 光機引擎

　　圖 16.31 為分光型單片式 LCD 光機引擎的示意圖，該設計採用 Sony 出品的 1.6 吋微型面板，利用拋物面鏡燈源與非球面透鏡將光線匯聚於積分透鏡 (integrated lens) 將光束均勻化後作極化轉換，平行地打入紅藍綠濾鏡，由於紅藍綠濾鏡各相隔 2 至 4 度角，使得出射的紅藍綠色光以相隔 4 至 8 度打到液晶板上。內置於液晶板上微透鏡 (micro lens) 的每一顆微小透鏡將三束不同方向的光送至 RGB LCD 晶胞 (cell) 上形成一完整像素，此型光機利用了 R、G、B 分合光的技術，所以光利用效率比傳統型單片式 LCD 光機引擎為佳。

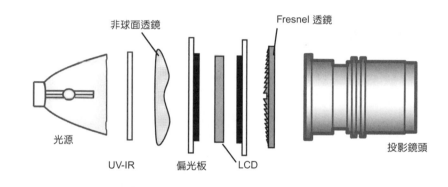

圖 16.30
傳統型單片式 LCD 光機引擎。

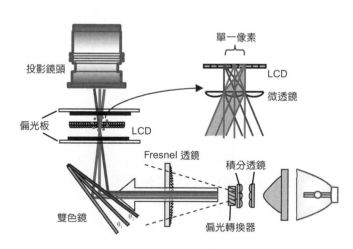

圖 16.31
分光型單片式 LCD 光機引擎。

(3) 雙色鏡型三片式 LCD 光機引擎

　　如圖 16.32 所示，該光機的特色是 R、G、B 照明通道採用等光程設計，利用 DM1、DM2 雙色鏡 (dichroic mirror) 當作分光元件。LCD 的照度均勻化是透過空間光學積分的方式達成的。平行光被積分透鏡切成大小相同的長方形光源通過物像映對關係成像到 LCD 上。雖然每一小長方形的光強度不均勻，但它們被同時照射在 LCD 上，疊加後照度趨於空間平均 (spatial uniform)。利用 DM3、DM4 兩片雙色鏡將 R、G、B 的 LCD 影像疊加一起，再由投影鏡頭成像至螢幕。此外，V 形偏光器 (V-group polarizer) 將非偏極光過濾成 P 偏極光，卻犧牲了 S 偏極光。而 DM3 與 DM4 的玻璃厚度引入像散，使得投影鏡頭解像力無法提高。

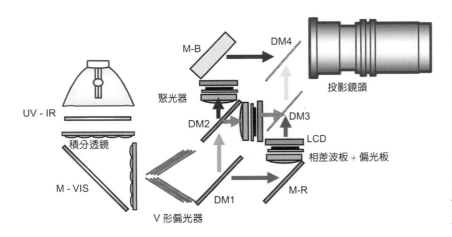

圖 16.32
雙色鏡型三片式 LCD
光機引擎。

(4) L-雙色稜鏡型三片式 LCD 光機引擎

　　如圖 16.33 所示，此型光機改善了上一型像散的缺點，使用 L- 雙色稜鏡當作 R、G、B 合光元件，卻也增加不少重量。採用偏光轉換器 (PS-converter) 提高光利用效率，偏光轉換器是由條狀稜鏡組成，在稜鏡的後方有條形極化轉換元件 (retarder) 將非線性光轉為單一方向的線偏振光。

(5) X 稜鏡型三片式 LCD 光機引擎

　　如圖 16.34 所示，此設計將紅色照明通道採用中繼透鏡 (relay lens) 設計，搭配 X 稜鏡作為合光元件，使得光機可以縮小，是目前 LCD 三片式光機最成熟的光學設計，幾乎成為主流。

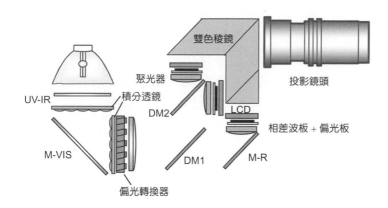

圖 16.33
L-雙色稜鏡型三片式 LCD 光機引擎。

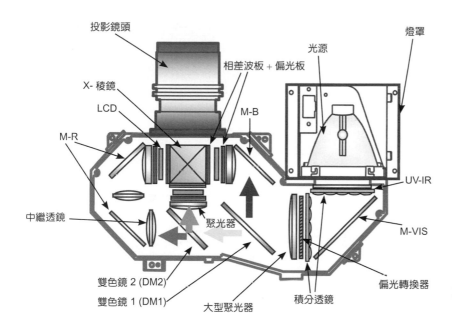

圖 16.34
X 稜鏡型三片式 LCD 光機引擎。

16.1.4 LCOS 光機引擎技術分析

LCOS 光機引擎種類很多，可分為同軸 (on-axis) 和離軸 (off-axis) 兩大類。同軸式的設計為最傳統的光學架構，其光學零組件本身的軸對稱線和系統的光軸重合，而離軸式光學引擎中光學零組件的中心軸卻不在系統的光軸上，看起來較不對稱。

(1) Four-Cube 型三片式 LCOS 光機引擎

圖 16.35 的三片式 LCOS 光機引擎是屬於 Four-Cube 型式。該光機之特色主要由一顆 X 稜鏡與三顆 PBS 組織成像系統，Four-Cube 的稱呼由此而來。利用積分透鏡與偏光

轉換器 (PS-converter) 獲得一空間均勻的 S 方向極化光，經雙色鏡分成紅綠藍後分射入三顆獨立的偏極化分光鏡 (PBS)，由於此時光束為平行於極化分光面的 S 光，被稜鏡膠合面分別反射入 R、G、B LCOS。出射後的 R、G、B 的 P 極化光在稜鏡的膠合面穿過，直達 X 稜鏡重新聚在一起，經投影物鏡放大在螢幕上。此光機是屬穩健成熟的設計，可獲得高對比的畫質，但唯一的缺點是光機的體積過大，不適於攜帶型投影機的市場。

(2) Philips 稜鏡型三片式 LCOS 光機引擎

　　Philips 稜鏡分色系統最基本的概念來自 Lang 與 Bouwhuis 於 1965 的專利，最早使用在單一路徑稜鏡模式的彩色電視攝影機，如圖 16.35 所示。此光機的工作原理：一空間均勻的 S 偏極光進入廣波域 PBS (W-PBS) 反射入第一個藍色全反射稜鏡，黃光 (由紅和綠色組成) 穿透藍色稜鏡，藍光經鏡面反射和全反射後到達藍色 LCOS 面板，經面板反射回 PBS 稜鏡並穿透到達鏡頭。黃光在剩下的旅程中再被分為紅色和綠色的光，紅光經鏡面反射和全反射後到達紅色 LCOS，經過藍色稜鏡與 PBS 稜鏡和藍光聚合。綠色光在經過 LCOS 反射後，回程和紅藍稜鏡再次照面，走過 PBS 稜鏡在鏡頭會合。

　　Philips 稜鏡雖然使得三片式 LCOS 光機引擎的體積縮小，但是該 Philips 稜鏡的鍍膜規格要求卻非常高，理由是分色用的鍍膜面必須同時滿足 S 與 P 偏極光的規格需求，因此造成 Philips 稜鏡的造價成本過高，生產良率偏低。

(3) 離軸型三片式 LCOS 光機引擎

　　如圖 16.36 所示，該光機比 Four-Cube 型光機少了三顆昂貴 R、G、B 的 PBS，它可以使用大部分的穿透式光學零件，成本幾可和使用同尺寸大小的穿透式 LCD 光機引擎相

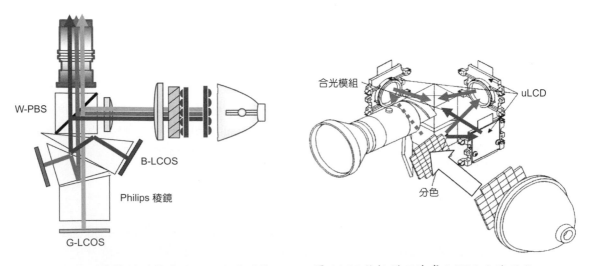

圖 16.35 Philips 稜鏡型三片式 LCOS 光機引擎。　　圖 16.36 離軸型三片式 LCOS 光機引擎。

當。光線在均勻化後作極化轉換進入 X 稜鏡，分成 R、G、B 三原色，此三色光以上仰角 12 度打到 LCOS 液晶板上，再反射進入 X 稜鏡進行合光，最後由投影鏡頭成像到螢幕上。離軸設計使得分光與合光完全分離，每一個顏色通道上的偏光片都可獨立調整，以提高對比度。但是投影鏡頭必須採用離軸設計，加上超長的後焦距，卻使得生產成本增加與量產良率降低。由於投影鏡頭無法採用遠心設計，容易造成 R、G、B 影像的放大倍率不一致，必須費時調整場鏡 (field lens) 的位置做為倍率修正，大大增加了光機組裝時間。

(4) Color-Quad 型三片式 LCOS 光機引擎

Color-Quad 是由 4 顆 PBS 與兩對色彩選擇器 (color-selector, G/M 與 R/B) 所構成，色彩選擇器是由多層高分子配向膜所組成的窄波長二分之一波片，其功用是將某特定色域光的極化方向改變 (S 轉 P 或 P 轉 S)，如圖 16.37 所示，此架構可使 LCOS 光機體積縮小，並且能獲得高對比的效果。由於 Color-Quad 的 PBS 需採用低應力玻璃材料，如 SF2、SF57、PBH55，再加上色彩選擇器僅由 ColorLink 公司獨家供貨，使得 Color-Quad 造價非常昂貴。如何使 Color-Quad 普及化是目前光學元件廠商所努力的課題。

(5) Color-Quad 改良型三片式 LCOS 光機引擎

如圖 16.38 所示，此型光機是由上一型 Color-Quad 架構改良而成，減少了一對色彩選擇器 (color-selector)，並且將第一顆容易受熱影響光學特性的 PBS 換成雙色鏡，不但避免熱應力的缺點，減輕光機重量，而且降低成本。已有漸漸成為三片式 LCOS 光機設計主流的趨勢。

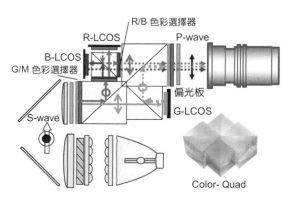

圖 16.37 Color-Quad 型三片式 LCOS 光機引擎。

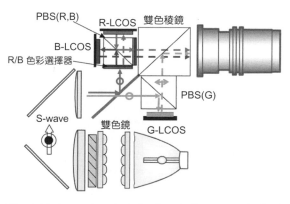

圖 16.38 Color-Quad 改良型三片式 LCOS 光機引擎。

(6) Color-Corner 型三片式 LCOS 光機引擎

　　該架構是由 Unaxis 公司所提出，類似 Color-Quad 改良型，如圖 16.39 所示，不過 W-PBS 為分光與合光的共路徑元件，因此受熱較為嚴重，熱應力讓 W-PBS 產生了雙折射效應，使得系統的對比度與色彩飽和度下降。

(7) 繞射分光型單片式 LCOS 光機引擎

　　此光機搭配 JVC 獨創的繞射分光型單片式 LCOS，如圖 16.40 所示，但由於光機過於複雜，使得成本過高，終至面臨停產的命運。

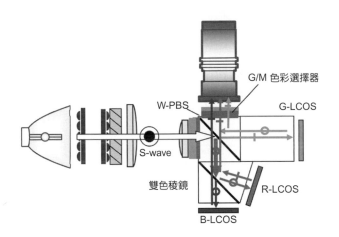

圖 16.39
Color-Corner 型三片式 LCOS 光機引擎。

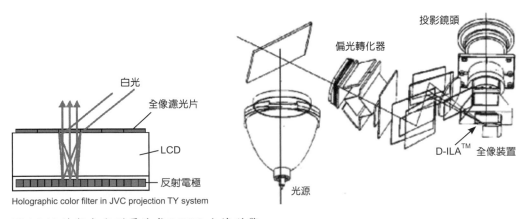

圖 16.40 繞射分光型單片式 LCOS 光機引擎。

(8) Color-Switch 型單片式 LCOS 光機引擎

此光機使用 ColorLink 公司出品的 ColorSwitch，作為電子式循序性濾光器，能將 R、G、B 色光作快速切換，搭配 MicroVue 公司出品的 FLC 型 LCOS 面板，如圖 16.41 所示。此設計體積小，架構單純，組裝容易，不過 ColorSwitch 的透光率以及 FLC 的反應速度皆須提升，才能增加亮度與色彩豐富性。

(9) 色輪型單片式 LCOS 光機引擎

如圖 16.42 所示，此設計以色輪做為循序性濾光器，利用 Moxtek 公司出品的 ProFlux 反射型偏光板與導光管 (rod) 構成勻光與偏光轉換系統，光學元件成熟，是一值得推薦的設計。

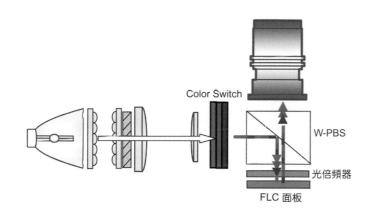

圖 16.41
Color-Switch 型單片式 LCOS 光機引擎。

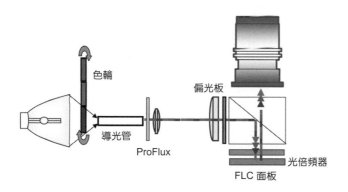

圖 16.42
色輪型單片式 LCOS 光機引擎。

(10) 捲動式稜鏡型單片式 LCOS 光機引擎

如圖 16.43 所示，該設計是 Philips 獨家專利，搭配 1.2 吋 Philips LCOS 面板，由於使用捲動式稜鏡 (scanning prism)，使得面板上在每一時刻都能獲得 R、G、B 三種能量，所以是單片式 LCOS 光機引擎中，光利用效率最好的設計，不過體積龐大，僅適合背投電視的市場。

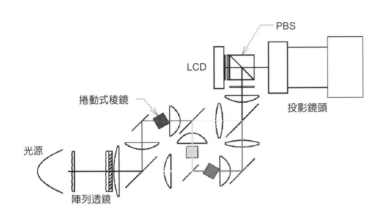

圖 16.43
捲動式稜鏡型單片式 LCOS。

16.1.5 DLP 光機引擎技術分析

DMD 是由美國德州儀器公司利用微機電 (MEMS) 製程方式所研發的微型顯示器關鍵元件。DMD 面板加上由德州儀器公司提供的驅動電路板統稱為數位光源處理技術 (digital light processing, DLP)。單片式 DLP 光機設計在光線的處理方面比 LCD 簡單得多，由於影像顯示板沒有偏極化的限止，加上分合色系統由色輪 (color wheel) 及電子軟體共同完成，其光學架構大大簡化，相當利於大量生產。

單片式 DLP 光機的照明系統設計在各種不同的引擎架構中相當類似，尤以光均勻化和分色元件的一致性更高。光源通常配備橢圓形反射器，將光線聚焦在積分光管 (light tunnel or rod) 的入口處，光線在光管中根據不同的 F/# 反射一至三次，達到均勻化後經過中繼透鏡 (relay lens) 成像於 DMD 上。分色用的色輪一般放在光管之前，以每秒 60 到 240 轉的速度送出 RGB 三色光。一般前投引擎的色輪均含有透明部分以增加白畫面的亮度，而此種四色輪將降低投影畫面的色彩飽合度。

(1) TIR 稜鏡型單片式 DLP 光機

如圖 16.45 所示，利用全反射稜鏡將在 DMD 上的入射和反射光作角分離是這一設計方案的最大特色，這是最先出現的遠心 (telecentric) 設計方案，德州儀器公司的大部分實

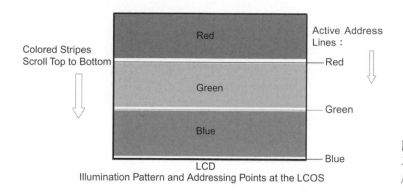

圖 16.44
單片式 LCOS 面板上的照明對應。

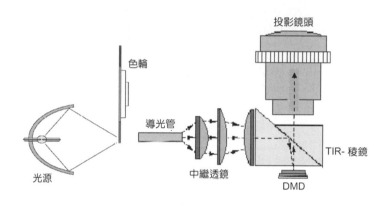

圖 13.45
TIR 稜鏡型單片式 DLP 光機。

驗都是以這種設計為基礎的。由於在 DMD 上的入射和出射光均保持平行,使得在設計上較易將照明系統和投影物鏡的設計完全分開。其特色是設計和調整較為簡單,對比均勻度極佳,是初入 DLP 投影機這一行業的適當選擇。

(2) 中繼透鏡型單片式 DLP 光機

該光機屬於典型非遠心 (non-telecentric) 設計,中繼透鏡使用非球面透鏡,以減少照明系統透鏡的數量,機構調整簡單,對比度高,但體積稍大,如圖 16.46 所示。

(3) 凹面反射鏡型單片式 DLP 光機

凹面反射鏡 (concave mirror) 設計最早由日本 Plus 公司所提出,屬於非遠心設計的改良型,如圖 16.47 所示,光線在經過均勻化後由平面反射鏡送至非球面反射鏡再打入 DMD。經影像顯示板 DMD 反射後的光束以最細的直徑進入投影物鏡放大於螢幕上成像。此設計方案的優點是對比高、體積小,缺點是光效率不高、凹面反射鏡精度要求高、調整不易。

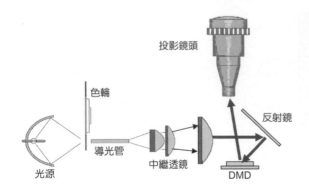

圖 16.46
中繼透鏡型單片式 DLP 光機。

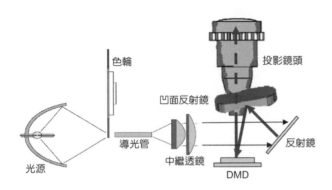

圖 16.47
凹面反射鏡型單片式 DLP 光機。

(4) 場鏡型單片式 DLP 光機

場鏡 (field lens) 設計是德國 Carl Zeiss 公司的專利，利用貼近 DMD 的場鏡作入射與出射光的分離，屬於遠心設計的一種，如圖 16.48 所示。該設計將照明系統完全和投影系統組合在一起，設計時必須一起考慮，其好處是光效率高，但雜散光問題不易處理。

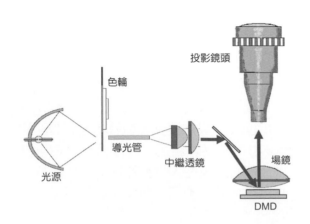

圖 16.48
場鏡型單片式 DLP 光機。

(5) Philips 稜鏡型兩片式及三片式 DLP 光機

Philips 稜鏡型兩片式與三片式 DLP 光機如圖 16.49 及圖 16.50 所示，主要應用於少量高單價的專業 (professional) 市場，其架構於 Philips 稜鏡設計上，工作原理與 Philips 稜鏡型 LCOS 光機近似。

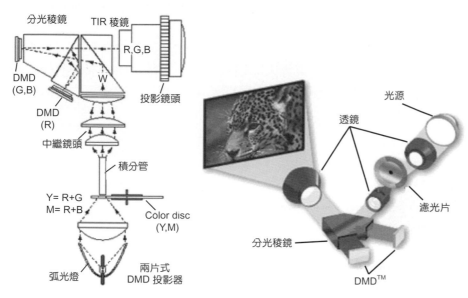

圖 16.49 Philips 稜鏡型兩片式 DLP 光機。

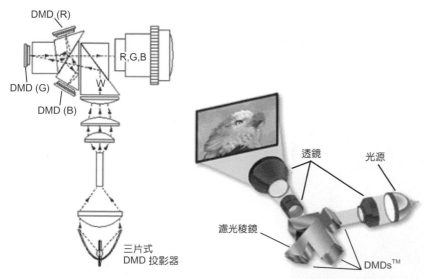

圖 16.50 Philips 稜鏡型三片式 DLP 光機。

(6) SCR 型單片式 DLP 光機

　　SCR (sequential color recapturing) 技術爲德州儀器公司目前積極研發的新技術。其優點爲將某些光學元件作一些修正即可將這一技術移植到目前的 DLP 引擎架構下，光能量可增加 40% 左右，改善了單片 DLP 技術低光能效率的問題。由圖 16.51 中可以看出，色輪的位置由光管之前移到光管之後，原本扇形的濾鏡改爲阿基米得螺旋線。從光管的出口方向看，在任何時間白光依位置不同可同時遇上紅色綠色藍色濾鏡 (可能有透明的 W)，三分之一的光在第一次遇色輪時穿過濾鏡，三分之二被反射回光管，送至光管的入口。雖然有一部分漏出光管的入口，但大部分的光被入口處的反射面重新反射回光管，再一次達到光管的出射口。如此反覆，光束每來回經過光管一次就再生一部分前幾次被丟棄的光束。由無窮數列公式可推斷總體光學效率提高了 40% 以上。光管入口反射面上的開口與反射面積比值的最佳值約在 0.25 到 0.35 之間。

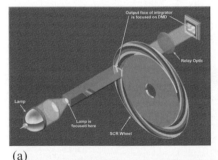

(a)

(b)

圖 16.51
(a) SCR 型單片式 DLP 光機，(b) SCR 工作原理。

圖16.52
SCR 技術專用之色輪。

16.1.6 結語

不管採用何種微型面板，一個成功的光機設計除了需要考量成本、性能之外，光機的簡單化往往是研發人員容易疏忽的重點，複雜的設計將對生產成本甚至對退貨率都有不利影響。另外，研發人員常犯的毛病是爲了創新設計，而讓同一組光學元件承擔過多的功能需求，導致該光學元件造價昂貴無法量產。

從投影顯示器技術發展的觀點來看，目前穿透式 LCD 與 DLP 投影機仍然佔有相當重要的角色，而 LCOS 技術近二、三年來的蓬勃發展也開創了另一種投影技術的選擇。然而對於 LCOS 技術，除了面板供應不足與品質尚未十分穩定之外，在 LCOS 光機引擎架構上也是呈現百花齊放、各家爭鳴的景況，一方面顯示出各家廠商對於發展 LCOS 技術的重視，然而另一方面也顯示出 LCOS 技術仍未十分成熟。因此投影機製造廠商與零組件廠商在 LCOS 投影技術上均仍存在許多風險。

16.2 LED 光源迷你投影機

過去，數位投影機的體積一直是商務人士最爲詬病的問題之一，在 1 公斤等級的超可攜式投影機出現後，似乎已滿足多數人需求，但超可攜式投影機仍需要電源插座才能使用，某種條件下似仍有限制存在。在 CeBIT 2005 中，廠商投入研發已久且使用發光二極體 (LED) 爲光源的新一代超迷你投影機正式與消費者見面，廠商表示，眞正不受時間、電源限制的個人簡報時代即將來臨。

在 2005 國際展場中，Mitsubishi、InFocus、Toshiba、BenQ、Premier、Samsung 等大廠均展出新一代 LED 光源超迷你數位投影機，且皆採用德州儀器公司 DMD 微鏡反射裝置技術。因爲使用超高亮度的紅藍綠三原色 LED，因此省去 DLP 技術的色輪 (color wheel) 模組及高壓電源變壓器等機構，使得體積得以大幅縮小，甚至無需插電，僅使用外接式電池進行投影工作。

筆記型電腦廠商不斷研究產品輕量化和電池使用壽命增長的技術，目的其實就是希望能夠滿足消費者隨時隨地操作筆記型電腦的需求；而投影機業者也不斷開發出可攜式、甚至超可攜式的輕量化投影機，其目標其實也是希望達成使用者隨時隨地進行簡報的要求。

16.2.1 產品發展現況

(1) Mitsubishi (三菱)

在美國 「2005 CES」 展示會上，三菱發布採用 DLP 技術的迷你投影機，這種投影機不使用交流電源，僅使用電池供電，重量僅 397 克左右，能夠快速的啓動電源，擁有能使用 10 年以上的 20000 小時高亮度 LED。據報導這種投影機預計售價為 699 美元，該機的備用電池售價約為 199 美元。據德州儀器公司介紹，這款袖珍投影機使用 LED 光源，沒有使用色輪，而是透過採用高速切換紅、綠、藍圖像，進行彩色顯示的模式，實現了小型化設計；其亮度達到 250 lux、尺寸為 123 mm × 47 mm × 97 mm、分辨率為 SVGA (800 × 600)、重量 400 g，只有手掌大小，完全屬於小型超便攜設計。在展示會上，此款袖珍投影機展示出：在光線昏暗的展台上向投影機前方約 1 m 處投射了約 40－50 英吋的 DVD 影像、分辨率為 800 × 600 像素。

圖 16.53 三菱公司所生產約手掌大小的概念型迷你 DLP 投影機。

圖 16.54 另一款三菱公司生產的迷你 DLP 投影機和手機放在一起作大小對比。

(2) InFocus (富可視)

富可視公司 (InFocus) 展示的袖珍 DLP 投影機是使用高亮度 LED 為光源，其體積更小。別開生面的是，由於耗電僅為 17 W，可以用內部電池為電源，從而徹底去掉了電源線，成為真正的「可攜式」產品。

圖 16.55
富可視公司的迷你 DLP 投影機。

(3) Toshiba (東芝)

東芝公司也發布了採用高亮度 LED 做為光源的 DLP 迷你投影機,該機輕便小巧,長和寬分別只有 13.8 cm 和 10.3 cm,比一張 A6 紙還要小,只重 565 g,應用 0.55 英吋的數位鏡像晶片 (DMD),可以提供 SVGA (800 × 600) 分辨率的清晰圖像,對比度達 1500:1。投影機可以隨身攜帶,自身備有一塊重 250 g 的電池,充電 3 個小時,可以連續運轉 2 個小時。

和其他的 DLP 投影機一樣,這款投影機應用的是高亮度三基色 LED 技術,內部不需要裝備燈管和色輪,可以投影出足夠亮度和鮮豔顏色的圖像。而且因為不用光管,只應用了冷發光的 LED,所以投影機不用裝配冷卻風扇,可以比一般投影機更安靜、更節能、更輕便。預計這款投影機的建議零售價大約在 999 歐元左右。

圖 16.56
約一支筆寬度的東芝 DLP 迷你投影機。

(4) Premier (普立爾)

國內數位相機生產大廠普立爾 (Premier) 近年來也積極地進行了投影機產品的研發製造,在 Computex 2005 展覽中,普立爾首次展出了以高亮度 LED 為光源的迷你 DLP 投影機:PD-S682,體積僅比手掌稍大一些,十分便於攜帶使用。為了讓 LED 投影機的超級迷你機身的可攜性得到最大程度的發揮,普立爾在 PD-S682 的機身下方內置了可充電鋰電池,即使在沒有電源插座的戶外也能投射影像。如果擔心內置的鋰電池的電力不夠,普立爾另外提供了外接式大容量鋰電池選購件。除此之外,普立爾 PD-S682 內置了 SD 卡讀卡器,只要使用者將保存有相片的 SD 卡插入投影機中,就可以隨時隨地地欣賞大畫面照片。在介面方面,普立爾 PD-S682 還具備 VGA、S-VIDEO、A/V 介面。

圖 16.57
普立爾 DLP 迷你投影機。

(5) BenQ (明基)

　　明基於 CeBIT 2005 首度展出的 LED 光源迷你投影機，機身只有巴掌大小。不過明基方面表示，因為產品距離完美還有許多需要改善的地方，因此於 CeBIT 的展出目的主要是希望聽取客戶的反應和意見，作為產品修改和上市的參考，目前關於上市日期和價格等問題，都尚未有明確的答案。

　　明基方面指出，目前 LED 投影機產品的投射亮度接近 20 流明，在亮度上還有很大的改善空間。雖然 LED 投影機有亮度上的瓶頸，造成使用環境的條件要求極高，且高亮度三原色 LED 的高昂成本造成價格下降不易，但是 LED 光源投影機在產品上市初期，主要鎖定特定用戶或是專業玩家市場，因此仍有經營的市場空間。

圖 16.58
1.5 倍手機大小明基 DLP 迷你投影機。

(6) Epson (愛普生)

　　愛普生於 2005 年 9 月 2 日至 7 日在德國柏林舉行的國際電子消費品展覽會 (IFA) 上首次對外展出這種迷你投影機。這款迷你投影機使用 LED 光源，底面長 13.8 公分，寬 10.3 公分，面積不足一頁 A6 紙，同時具有超薄外形，如此小巧的設計使得這款僅重 500 克的原型投影機，可以很輕鬆地放在手掌上。

　　LED 光源的使用在使投影機外觀變得更加小巧，同時具備了諸多的優勢，比如迅速投影就緒、運轉時間長，以及關閉簡便快捷等功能。可以說，LED 光源在投影機上的應用是 3LCD 光源在該領域邁出的第一步。據悉，目前愛普生還沒有將這款投影機立即上市的打算，但公司負責人表示，該款產品能夠顯示出未來的可移動 3LCD 投影機的小巧風格。據了解，對 LED 以及 3LCD 技術的開發，是愛普生在投影機領域技術突破過程中的一個發展階段。

3LCD 投影機內部光路是由光源、三塊 LCD 液晶板及合光稜鏡所組成，因此三片機光路的局限性對超可攜式投影機外形幾何尺寸設計有很大影響，採用高亮度 LED 發光二極體為光源超可攜 3LCD 投影機在體積還是比單片 DLP 要大一些。在做到最小的情況下，只能採用鏡頭中置的模式進行設計。因為在 LCD 大小一定的情況下，三片機的光路是影響超可攜 3LCD 投影機的重要元素。相信在 LCD 的尺寸做到 0.5 英吋以下後，3LCD 的投影機尺寸將會有一定幅度的縮小。

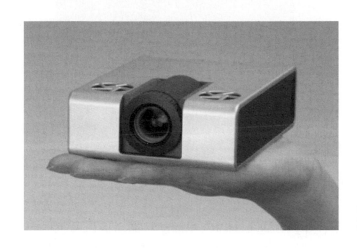

圖 16.59
採用高亮度 LED 發光二極體的愛普生
3LCD 迷你投影機。

(7) Samsung (三星)

三星推出的 LED 光源投影機命名為 Pocket Image 系列，使用 0.55 吋 DMD 晶片，解析度為 SVGA (800 × 600)，目前亮度可達 30 流明，對比為 500：1，投射畫面尺寸在 10－70 吋之間，重量為 500 公克。具備 HDMI 高畫質輸入介面，使用外接電池可以連續使用 2 個小時。三星人員表示，上市的預訂售價約在 600 歐元左右。

(8) ITRI (工研院)

用高亮度 LED 發光二極體的迷你投影機不僅在日韓國家產品紛出，工研院也在 2005 年的光電展中展出了一台以 LED 為光源的迷你投影機。和以上所有投影機不同的是，該投影機既沒有採用美國德州儀器公司的 DLP 晶片，也沒有採用日系廠家的 3LCD

晶片，而是採用 LCOS 晶片製造。這是世界上首台採用高亮度 LED 發光二極體的 LCOS 迷你投影機。和 LCD 投影機相比，LCOS 投影機兼有 DLP 投影機的高亮度和 LCD 的豐富色彩雙重特點，再加上 LCOS 面板價格比 DLP 面板具競爭優勢，相信該產品產業化後，將在採用高亮度 LED 發光二極體技術的迷你投影機市場中獨佔鰲頭。

圖16.60 約二倍手機大小的三星 DLP 迷你投影機。

圖 16.61 小於一支筆的寬度的工研院 LCOS 迷你投影機。

16.2.2 高亮度發光二極體 (LED) 光源

高亮度 LED 的出現已經有很長的時間了，但由於生產製造高亮度藍光 LED 仍存在著技術困難，而無法形成真正的系統產品。近幾年高亮度藍光 LED 量產技術突破生產製造高亮度三基色 LED 的障礙，促使三基色 LED 進入全彩色視頻顯示領域成為事實。目前高亮度三基色 LED 的發光效率已經超過 60 lm/W (流明／瓦特)。雖然 LED 商品目前的最大功率也僅為數瓦特，但其低廉的價格，將導致部分投影機產品的小型化、超可攜化。

實際應用在單片 DLP 投影機中的高亮度 LED，是將紅綠藍三基色 4 個 LED 晶片集成在一塊陶瓷底板上形成一個點光源，這四個 LED 中有 2 個是綠色 LED 晶片，紅色和藍色 LED 晶片各 1 個，作為迷你投影機的光源。使用 2 個綠色 LED 是因為在合成標準白色時，綠色光所占的比例是最多的！(主要原理基於彩色電視亮度方程：$Y = 0.30R + 0.69G + 0.11B$。) 採用 LED 發光二極體作為投影燈後，由於 LED 能夠快速通斷，變換投影燈光的色彩不再需要採用複雜而精密的色輪系統，只需要切換紅、綠、藍三基色的發光二極體，讓它們輪流發光即可轉換彩色。這種透過將紅、綠、藍 LED 三基色光源進行高速切換來取代單片 DLP 旋轉色輪及其附屬設施的模式，進一步減少了體積和耗電，實現了小型化設計。

圖 16.62 使用高亮度白光 LED 製作
的各種普通照明產品。

圖 16.63 一種高亮度白光 LED 的實物照片。

應用在 3LCD 投影機中的高亮度 LED，按照投影機光路分析，應該是紅綠藍三基色高亮度 LED 獨立在各自的陶瓷底板上，和單片 DLP 投影機一樣，以彩色電視亮度方程原理，綠色光源應該使用兩個綠色高亮度 LED 集成為一個發光器件。

目前白光 LED 的發光效率已經達到 20－30 lm/W，已超過白熾燈 (15 lm/W)，但不如螢光燈的 80－100 lm/W。專家認為，LED 的發光效率如果從目前的 25 lm/W 提升到 200 lm/W，價格從目前的每千流明 186 美元，降低到每千流明 1.9 美元，就能實現照明技術的革命。而投影燈是照明燈的高價值產品，必然成為發展重點。LED 之所以成為世界照明的發展方向，就因為它具有壽命長 (75000 小時，是白熾燈的十倍以上)、發熱量低、耗電量少 (為白熾燈泡的 1/8，螢光燈泡的 1/2)、成本低、可靠性高、衝擊震動不破碎、體積小、重量輕、容易開發小巧產品等優點。

採用 LED 光源的微型 DLP 投影機，將在今後的市場上有越來越多的品牌和產品出現，傳統投影機價格大幅降價的現象會更加明顯。這對早已於計畫購買投影機的用戶是一個大好機會，可以用比較低的價格買到自己滿意的投影機。因為 LED 投影機的亮度短期內還不可能達到目前投影機的水準，消費者可以等待使用 LED 的新型投影機亮度實用化後進入市場。新型 LED 投影機不僅噪聲低、壽命長，而且更加省電、輕便、小巧，價格還會更便宜，使用成本也會更低，這勢必促進投影機更為普及。採用高亮度三基色 LED 的迷你投影機，雖然還無法取代採用高壓汞燈 (UHP) 的投影機，但它將在某些不需要太大投影影像及可攜性要求較高的領域獲得廣泛的應用，此外對於電力不方便的場所，該投影機也將大顯身手。

16.2.3 未來展望

雖然在「2005 CES」展會上出現的 LED 投影機僅只是一個「概念產品」，媒體報導上述樣機說：「展示中的迷你投影機 (mini projector) 在不太明亮的環境中，向約 1 m

遠處投射了約 40−50 英吋的影像。」它的實際投影效果對現有投影機產品完全不構成威脅，但是 LED 照明正在成為世界性的產業。由於光源的革命，LED 照明如果在投影機中得到廣泛的應用，加上美國德州儀器公司傾銷般的向市場推銷該公司的 DLP 晶片，製造投影機的關鍵晶片被日系上游廠家壟斷的局面將可徹底打破。在這樣的環境下，投影機製造的技術門檻將像組裝電腦一樣，大量中游廠家將擁有該類型產品製造能力，關鍵晶片被上游廠家大量傾銷，相關產品價格由於中游製造廠家的激增而變得越來越低，投影機市場極有可能在近幾年內重新洗牌。

16.3 相機手機鏡頭技術

　　2003 年手機產業在 GPRS 服務逐漸成熟、彩色手機漸趨普及，以及多媒體應用逐漸廣泛的刺激之下，全球手機的市場銷售量逐漸回春。在手機的出貨量自 2002 年的 4.08 億支成長至 2003 年的 4.4 億支水準下，台灣廠商除了手機製造廠受惠於國際手機大廠的訂單釋出外，手機相關的周邊產品也隨著手機景氣的回升而大幅成長，尤其是搭配新興多媒體簡訊應用 (MMS) 的手機用數位相機的出貨量。台灣廠商以往在手機周邊產品的全球市場佔有率一直名列前矛，在歐美手機大廠尋求快速切入手機用數位相機市場的前提之下，台灣的相關製造廠商已成為趨勢成長下的最大受惠者。

16.3.1 相機手機獨領風騷

　　相機手機 (camera phone) 從日本市場興起後，近期已成為全球最熱賣之商品。雖然目前主流相機手機主要為 130 萬畫素，與數位相機主流的 600 萬畫素相比，仍舊有不小的差距。最近，相機手機已推近 300 萬等級，甚至已切進高階變焦鏡頭機種，表示畫像品質足可取代中低階數位相機的機種。但是，手機具有輕薄短小且習慣攜帶的優勢，因此，將相機功能整合進手機當中，深受消費者的喜愛。整體而言，相機手機的應用趨勢已愈加明顯，將朝向下列幾項發展：

1. 相機手機朝高性能化：相機手機的發展，將朝 400 萬畫素或 100 萬畫素兼具變焦功能邁進。相機手機已在日韓市場普及，百萬畫素之相機手機也已進入市場，未來幾年在歐美市場也將趨於普及。根據 Nokia 指出，2005 年相機手機將佔整體手機市場的一半，將是業者兵家必爭之地。至此，相機手機之高性能化便是重點所在。

2. 相機手機數位相機化：一旦相機手機走向高性能化，其目標便是希望相機手機能達到數位相機的水準。目前數位相機的主流市場已由 300 萬畫素跨越到 600 萬畫素，兼具 3 倍光學變焦與閃光燈功能。因此，若相機手機也能達到 300 萬至 500 萬畫素之水

第 16.3 節作者為趙偉忠先生。

準，相機手機將可能會蠶食數位相機市場。目前在畫素方面，要達到 200 萬已無問題，但前提是必須克服一些難題，如各元件的小型化設計以及耐衝擊性的提高等，如此，主流要達到 300 萬畫素以上便指日可待。

3. 光學變焦是重點：元件小型化以及耐衝擊性的提高也是實現光學變焦的關鍵。目前變焦功能的小型元件製作技術倍加困難，若要考量手機厚度並同時提高變焦倍率，另一折衷方式是採用伸縮鏡頭，但其耐衝擊性就比較差。

4. 高性能相機手機有市場需求：在過去相機手機基於其「通訊」的功能，使用的目的主要是與人交流聯絡。然而，對當前相機手機的主要用戶為年輕人來看，相機手機已是「隨時隨身攜帶，一旦有什麼發現，先拍下來，然後留待以後欣賞」的用途相當普遍，在這種情況下，相機手機要達到與數位相機一樣的水準變成必然。這便是相機手機走向高性能化、數位相機化之因素所在。

16.3.2 影像感測元件的技術趨勢[1-3]

目前應用在數位相機當中的影像感測元件，可概分為光電耦合元件 (charge-coupled device, CCD) 與互補式金屬氧化半導體 (complementary metal oxide semiconductor, CMOS) 等兩種技術，兩者的比較如表 16.1 及表 16.2 所列。

表 16.1 CCD 與 CMOS 尺寸比較。

CCD 與 CMOS 尺寸比較			
產品種類	攝影機	數位相機	手機用相機
採用技術	1/4" – 1/6" CCD	1/2" – 1/3" CCD	1/4" – 1/7" CMOS
光學倍數	10 × Zoom	3 × Zoom	定焦，2 × - 3 ×
影像感測器厚度	115 mm	35 mm	7 mm
影像感測器直徑	40 mm	35 mm	10 mm
與 CMOS 高度比較	15 倍	5 倍	—
耗電量	12 V、100 W	12 V、100 W	12 V、100 W

表 16.2 CCD 與 CMOS 於手機應用的比較。

CCD 與 CMOS 於手機應用的比較				
項目	內建型 CMOS	內建型 CCD	外掛式 CMOS	外掛式 CCD
影像品質	佳	感光度甚佳	可 (受傳輸介面限制)	—
電源管理	低耗電、易管理	需外加功率電子元件，較複雜	可	手機無法負荷
體積大小	因光學限制，高度需較高	需整合其他元件不利體積縮小	可	—
綜合比較	技術創新空間大	具技術領先優勢	具相對成本優勢	—

(1) CCD 產品現況

CCD 是日本的 Sony、Sharp、SANYO、Toshiba 於 1980 年起開始發展的，CCD 所採用的生產模式是屬於特殊半導體製程，而與一般的矽製程有所不同。現階段關於 CCD 的主要技術、專利與生產方式皆由日本廠商掌握，因此全球的 CCD 產品幾乎皆由上述的 Sony、Sharp、SANYO、Toshiba 等四大廠商供應。CCD 技術發展至今已超過 20 年，再加上 Sony、Sharp、SANYO、Toshiba 等四大廠商也為消費性電子產品的主要供應廠商，因此 CCD 目前在產品的技術發展層面上已趨於完備，現階段商品化的 CCD 產品已可達到 1 照度以下、8 mega pixel 的水準。不過由於 CCD 的鏡片組需採外加的方式，且因是採特殊半導體製程，因此包括邏輯、控制等迴路晶片需採外加的方式來搭配，而造成 CCD 的模組產品體積無法有效的縮小，再加上 CCD 的成像方式需要以較高的電壓來成像，因此 CCD 產品的耗電量也相對較高，此對於將採用 CCD 技術的數位相機，整合於講究體積小與低耗電的手機、PDA 等行動式產品將會是一大挑戰。

(2) CMOS 產品概況

CMOS 的影像感測模組具有標準且獨立的介面，其構成的元件包含塑膠鏡座 (holder)、鏡片組 (lens)、紅外線濾膜 (IR filter)、影像感測晶片 (sensor IC)、被動元件 (peripheral electronics components)、載板 (substrate)、軟性印刷電路 (flexible printed circuit) 等，CMOS 影像感測模組架構如圖 16.64 所示。

CMOS 的影像感測技術主要是架構在半導體矽製程下所發展的，屬於較新的應用層面。CMOS 因採用矽半導體製程製作，所以產品的整合性要較 CCD 來得高，包括周邊的控制單元與處理單元都能夠整合到 CMOS 的晶片當中。就長期而言，CMOS 會朝向單晶片的方向來發展，而製程的微小化也能夠使得 CMOS 的體積縮小。整體而言，CMOS 的產品具有微小化以及低耗電的優勢，不過在微小化的同時，搭配 CMOS 之鏡片的製作難度將會大幅增加，而後段製程因需將鏡片與晶片一同封裝，因此組裝的難度也將會大幅提升。

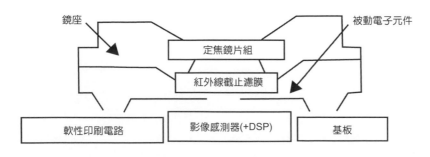

圖 16.64
CMOS 影像感測模組架構。

　　CMOS 感測元件目前全球並沒有廠商專司製造，產品的製造大多是由 IC 設計公司設計完成之後，再交由晶圓代工廠進行代工。也因為沒有專業廠來進行一貫化的製造，因此產品產出的良率普遍偏低。現階段的 CMOS 影像感測元件所應用的半導體製程是以 0.18 μm 製程為主流，產品的普遍良率約落在 50%－60% 的水準，除前端的晶片製造本身就有一定的困難度外，後端的封裝與組合不易更是造成良率無法提升的主要原因。雖是如此，但 CMOS 所應用矽製程的普及性較高，產出量的提升可由投產量增加來解決，不同於 CCD 產品產能受限於日系四大廠的限制，因此在市場需求急遽增加之際，CMOS 的產出將較 CCD 更具彈性。再者，隨著 CMOS 需求的提升，專業一貫廠的設立也將逐漸落實，未來 CMOS 的產出良率在專業廠逐步設立的背景之下，將會有所提升，因此就產能的角度而言，CMOS 產品的發展空間要較 CCD 來得大。而 CMOS 產品在耗電與體積上的優勢也優於 CCD 產品，因此目前手機用數位相機的領域當中，CMOS 產品囊括了大部分的市場。雖然日本部分的行動電訊廠商如 J-PHONE、DoCoMo 等公司，於去年第四季推出強調高畫質的 CCD 規格手機數位相機，不過高耗電、大體積的問題還是無法有效解決，因此預計短期內 CMOS 產品還會是手機用數位相機最主要應用的解決方案。

16.3.3 相機手機的基本規格[4]

　　由於半導體製程技術的提升，CMOS 影像感應器的畫素尺寸愈來愈小，目前每單位畫素的尺寸為 2.2 μm，所以 200 萬畫素的 CMOS 影像感應器已達到四分之一吋。相形之下，光學鏡頭的設計已朝向短、薄、輕、小。相機手機鏡頭的發展趨勢如表 16.3 所列。

表 16.3 手機相機鏡頭的發展趨勢。

發　展　年　度		2003	2004	2005	2006
薄形化	2M 定焦模組高度	9.7	～7.0	6.5－7.0	6.5－7.0
	畫素大小 (μm)	3.18	2.8	2.2	2.2
高性能	有效畫素	2M	3M	4M	4M
	動畫攝影	QVGA 15 f/s	QVGA 30 f/s	VGA 15 f/s	VGA 30 f/s
	光學變焦	無	2 倍	3 倍	3 倍

- 高度：縮短
- 影像感測器：更小
- 成本：降低
- CCD → CCD/CMOS

- 組裝：人工→自動
- 鍍膜：紅外光截止膜 (IR-cut) 或抗反射膜 (AR coatings)
- 濾鏡 (filter)：紅外光截止濾膜 (IR-cut filter) 及光學低通濾光鏡 (OLPF)

在光學鏡頭設計中，除了總體長度的限制外，這個部分主要受限於手機製造商的需求，同時必須考慮到電力消耗的問題。通常，光學設計考慮的條件會依據 CMOS 影像感測器的規格而訂立。對整個影像模組而言，光學鏡頭及影像感測器的搭配極為重要，否則無法表現出優質的影像畫質。基於上述條件，光學設計規格通常訂立如表 16.4 所列。

目前，應用相機手機的鏡頭大多採用定焦鏡頭型式，近期將往變焦鏡頭型式設計。在因應鏡頭總長 (total track) 短小及客戶需求時，會有不同鏡型設計組合產生，以符合設計規格及客戶要求。最後設計的結果需衡量可製造性及良率。通常，光學鏡頭型式設計的參考準則如表 16.5 所列。

表 16.4 光學規格參考表。

項　　目	規　　格
有效焦距	4.5 ± 0.1 mm
F#	2.8 ± 0.1
視角	> 60 度
光學 /TV 畸變	$< \pm 3.0\% / < \pm 1.0\%$
後焦長度 (in Air)	> 1.9 mm
最大主光線出光角度	< 15 度
最小像圈大小	> 5.1 mm
鏡頭全長	< 7.5 mm
相對照度	70% (0.7 fd) / 60% (1.0 fd) / 50% (1.1 fd)
鏡頭解析度 (lp/mm)	> 160 in 0.0 field > 125 in 0.5 field > 100 in 0.75 field > 80 in 1.0 field 均勻性 > 90%
鍍膜／紅外光截止濾膜	TBD

表 16.5 光學鏡頭設計型式。

畫素規格	鏡頭型式	優缺點說明
CIF/11 萬畫素	+	凸向前 (畸變小，品質差)，凸向後 (畸變大，品質佳)
VGA/30 萬畫素	++ 或 +-	+- 色差較小，品質較佳但公差較緊
Mega/百萬畫素	+-+ 或 ++-	+-+ 倍率色差較小，設計品質較佳但公差緊

註：+ 代表正透鏡型式，- 代表負透鏡型式。

16.3.4 高階相機手機為未來趨勢

所謂的相機手機是指內建攝影模組的行動電話而言，高階相機手機鏡頭將超越二、三百萬畫素以上，甚至以光學變焦鏡頭為主。相機手機專用的光學鏡筒耐衝擊性要求，比一般數位相機與數位攝影機更嚴格，雖然目前並無統一規範可供參考，不過從 1.5 公尺的高度自由落下 10－20 次，撞擊水泥地面後動作、功能完全正常，已經成為業界公認的測試方法。除此之外光學變焦機構的耗電性、光軸方向的高度、價格都受到非常嚴格的要求，東芝公司在 2004 年第二季開始量產的相機手機用相機模組，該模組的耗電量為 25 mW，遠低於其他同等級的產品。搭配 1/4 英吋取像元件時，2.5 倍變焦模組外形總高度為 15 mm，價格則低於 1000 日圓。該相機模組採用靜電致動器 (actuator) 作為驅動源，因此能克服光學變倍機構不易小型化的難題。一般直覺上都以為靜電致動器方式的製作成本比電磁致動器高，不過實際上成本變高的主要原因是利用精密加工的電極數量太多所造成。有鑑於此，東芝公司採用單邊電極設計方式，同時將電極設置在上下兩面，簡化定位精度，藉此抑制靜電致動器的製作成本。本攝影模組從廣角轉換成望遠攝影時，2.5 倍變焦只需 2 秒左右，變焦時的最小移動量為 16 μm。此外東芝公司計畫今後繼續開發總高度 5 mm 的超小型變焦攝影模組。

(1) 200 萬畫素相機手機照得住

高檔相機手機越拍越像樣！過去只能拍大頭貼的相機手機，在照相功能上已大幅提升，不但照片解析度從過去的 30 萬畫素一躍成為 200 萬畫素，手機閃光燈、變焦、連拍等功能也一應俱全，拍下的美麗相片還可以直接與其他人分享，讓低階數位相機嚴重受到挑戰。

Sony Ericsson 推出的相機手機 K750i，不但強調是一台輕薄型的直立式手機，在功能設計上更媲美現有的數位相機，像是 200 萬畫素的解析度，與一般數位相機相同的滑蓋式鏡頭蓋，還內建相機補光燈，讓夜晚拍照絕對不會一片漆黑。

在操作功能上，K750i 絲毫不遜於一般數位相機，使用者可以使用近拍、4 連拍、全景照、白平衡以及夜間模式等相機功能外，也提供自動對焦的功能，使用者只要像一般傻瓜相機般半按快門，就能立刻抓準焦距，讓每張相片都清晰動人。如果消費者有需求，也可以搭配手機專用的閃光燈，最遠可以在黑暗環境中達到 3 公尺的拍攝距離。

除了 Sony Ericsson 的 K750i 外，包括 NEC 及 Sharp 推出的相機手機，一樣跨過 200 萬畫素的高門檻，其中 NEC 手機 N840，具備動態影音的拍攝功能，除了可以在手機中觀看清晰的照片外，也可以洗出 4×6 吋或 5×7 吋的彩色照片。而 Sharp GX-T300 則是強調增加自動、半自動、手動等 3 種對焦模式，使用起來一點不輸數位相機。200 萬畫素手機特性比較如表 16.6 所列。

另外，為了讓消費者可以大量用手機拍照及聽音樂，200 萬畫素手機也都提供記憶卡擴充功能，像是 K750i 除了內建 32 MB 的記憶體外，還提供 MS Duo 卡的擴充功能；
N840 支援 mini SD 卡的擴充；Sharp GX-T300 則可透過 SD 與 MMC 卡，將手機容量一
次變大。圖 16.65 所示為 Sony Ericsson K750i 手機與 Sharp GX-T300 手機外形。

表 16.6 200 萬畫素手機特性比較。

200 萬畫素手機特性比較		
手機	Sony Ericsson K750i	NEC N840	Sharp GX-T300
畫素	200 萬眞實畫素	200 萬眞實畫素	200 萬眞實畫素
尺寸 (mm)	100 × 46 × 20.5	100 × 48 × 25	96 × 49 × 27
頻率系統	三頻	四頻	三頻
主螢幕	26 萬色	26 萬色	26 萬色
手機外形	直立式	折疊式	折疊式
閃光燈	有	有	有
相機功能	30 段 4 倍數位變焦、近拍、4 連拍、全景照、夜間模式	6 倍 17 段變焦、錄影一次 60 秒	自動、半自動、手動等三種對焦，錄影一次 90 秒

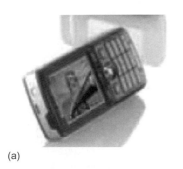
(a)

(b)

圖 16.65 (a) Sony Ericsson K750i 手機，(b) Sharp GX-T300 手機。

(2) 300 萬畫素相機手機蓄勢

　　從全球範圍來看，新一代相機手機的開發專案已經陸續啓動。其目標是在手機上實
現 400 萬畫素或者 100 萬畫素且帶變焦功能。

　　爲了突出產品特色，各廠商均在全力以赴提高手機的相機性能，目標是在手機上實

現與數位相機能夠相媲美的相機功能。數位相機中目前的暢銷機型多爲 300 萬畫素,具備 3 倍光學變焦功能和閃光燈功能。如果手機也能夠達到這一水準,相機手機甚至有可能會蠶食數位相機市場。但是,相機手機要想達到如此水準,還存在諸多課題,包括各元件的小型化設計和耐衝擊性的提高等。

問題在於 300 萬畫素以上相機手機的生產。因爲「要想達到 300 萬畫素,就需要使用數位相機中標準配備的機械快門」。而手機配備這種快門目前還極爲困難,因爲機械快門與電子元件容易損壞。人們使用手機時一般都比較隨意,常常會一不小心掉到地上,因此「設計上必須保證從頭部高度-大約 1.5 m 掉到水泥地上也不會摔壞」,要滿足此條件難度相當高。

機械快門主要是爲了防止「浸潤 (smear)」現象,此種現象是指當拍攝強光光源時,在其上下 (或左右) 位置會產生白線。白天直接拍攝太陽時、或在室內拍攝鹵光燈時以及夜間拍攝車前燈時,都易發生這種浸潤現象。此外,在室外拍攝時,當拍攝物件具有鮮豔的原色色彩時,有時也會因色彩的浸潤現象而降低照片的美感。

2006 年 2 月 28 日,Sony Ericsson 在北京發表了第一次使用作爲高品質影像標誌的 Cyber-shot 品牌的相機手機 K800i 和 K790i,將相機手機提升到前所未有的水準。集合 Ericsson 獨特的移動應用和 Sony 的數位影像技術,K800i 和 K790i 再次引領了全新影像溝通的生活時尚。借助這兩款採用 Cyber-shot 品牌的相機手機,隨時隨地拍攝任意圖像並與他人分享生活的每一刻精彩。K800i 爲 WCDMA/GSM 3G 雙模手機,而 K790i 爲 GSM 3 頻 EDGE 手機,都將於 2006 年第二季上市。本次採用 Carl Zeiss 3.2M 定焦相機鏡頭,襯托出高品質的照相水準。Sony Ericsson K790i/K800i 300 萬畫素相機手機如圖 16.66 所示。

同樣,在 2006 年四月 Nokia N93 內建 320 萬畫素相機也相繼出爐,最高可拍攝 2048 × 1536 pixels 的影像,畫素雖然不算驚人,但足以應付 4 × 6 吋的照片沖印需求。N93 的相機模組獲得專業光學廠 Carl Zeiss 的大力奧援,具備 3 倍光學變焦、自動對焦與近拍切換功能,規格幾乎和隨身數位相機無異,效能比 N90 躍進了不只一大步。Nokia N93 300 萬畫素相機手機如圖 16.67 所示。

圖 16.66
Sony Ericsson K790i/K800i 300 萬畫素手機相機。

　　Sharp WX-T91 具備 2 倍光學變焦、自動對焦等高階照相功能，使用 320 萬畫素 CCD 感光元件，搭載全新的影像處理引擎更是讓 Sharp WX-T91 如虎添翼，呈現媲美消費級數位相機的優異影像，滿足你對行動拍照的所有需求。你也可以利用設置在螢幕右上方的 11 萬畫素 CMOS 相機，與朋友進行即時影像電話。WX-T91 挾著其 320 萬畫素 CCD 鏡頭和可提供 160 度觀看的 ASV 螢幕技術，進而在目前的 WCDMA/GSM 系統手機中，成為新一代的機王。WX-T91 的相機配備有自動對焦和兩倍光學變焦系統，使用上幾乎和一般相機相同，操作時螢幕會顯示出是否合焦，進而拍攝。而其鏡頭由六枚五組鏡片群構成，能有效減低單一鏡片色差與色散的缺點，提供更好的拍照品質，絕非一般鏡頭能比擬。Sharp WX-T91 300 萬畫素相機手機如圖 16.68 所示。

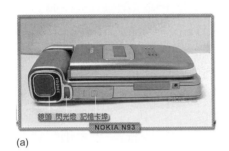

(a)　　　　　　　　　　　　　　　　　　　　(b)

圖 16.67　(a) Nokia N93 300 萬畫素手機相機，(b) Nokia N93 300 萬畫素手機相機的規格 F/3.3、變焦距離 4.5－12.4 mm。

圖 16.68
Sharp WX-T91 300 萬畫素手機相機。

16.3.5 相機手機發展的瓶頸

　　目前流行的機種仍是以 130 萬畫素為主，拍攝到的畫面為 1024 × 1080，適合在手機上觀看，已經適合沖洗列印，甚至放在電腦上觀看，但由於 CMOS 影像感應元件的靈敏度還不夠好，仍無法達到良好的效果。因此，日本廠商推出百萬畫素機種，雖然解決部分的問題,如放置在電腦上,但在沖印及通訊無線傳輸仍碰上了問題。沖洗 3 × 5 照片至少要 200 萬畫素方可獲得較佳品質,而單張照片儲存容量約 150 kB 左右,以 2G 傳輸 9.6k 的速度,易造成頻寬不足而傳不出去或傳送時間過長等問題。而且在設計與生產上也面臨了更大的挑戰,由於手機在輕薄化的趨勢下並無法改變大小,因此影像處理等線路複雜度增加,且畫素增加 (照片儲存容量的增加) 也將造成配備小型記憶卡的插槽等問題。另外,鏡頭組亦改採 3 片式玻璃片,而感測器也改採搭配交錯式 (interlace) 掃描與機械式快門。整體而言,設計困難度加倍但效果的表現上並不是加倍,並受到無線網路傳輸速度等問題的羈絆。而且在相機手機持續往高畫素邁進的同時,是否兼顧到一般年齡層多重視變焦功能、開機時間長短、傳送郵件難易度等訴求,以及年齡層越低的消費者則越在意可否拍攝動態影像及圖檔儲存張數等功能。因此,相機手機越走往高畫素發展,技術困難度必定提升,但又面臨不得不做的情況。

日本 Docomo 公司曾提供了一份沒有結論的研究報告,這項研究顯示在該公司的 4,100 萬個用戶中,60% 的用戶配備相機手機。據透露 80% 的 Docomo 相機手機用戶每個月至少使用設備拍照一次,三分之一的用戶每月拍照 2 到 3 次,30% 的用戶每周拍照 1 或 2 次。該公司沒有發現任何收入或網路流量的成長與使用相機手機直接相關,因為他們看到全部的通訊量都是電子郵件或 Web 封包。儘管如此,Docomo 正率先發展行動視訊電話業務,除了已部署 300 萬部具備視訊功能的手機外,他們還計畫再出貨 1,000 萬部這樣的手機。

當製造商的高層主管們致力於為相機手機創造市場的同時,工程師們正設法解決將 200 萬畫素以上的影像器和即時視訊功能整合在手機中的設計難題。目前 VGA 等級的相機手機只能在較短的距離範圍內以及最佳的光照條件下產生聚焦影像。零組件製造商正著手解決影像處理環節面臨的各類問題,在整合閃光模組和鏡頭於相機手機時,機械和功耗問題是最大的挑戰。限制因素是鏡頭和光學元件,鏡頭製造商面臨多方面的挑戰。他們必須產生更好的影像,同時縮小元件的尺寸或至少維持元件尺寸不變。這將導致更小的畫素尺寸,因而使每個畫素的亮度變小。目前,VGA 照相模組的尺寸大約是 10 mm × 10 mm × 7.5 mm,並使用 4.9 μm 的畫素,百萬畫素模組朝 9 mm × 9 mm × 6.5 mm 的尺寸和 3.2 μm 的畫素發展,甚至往 2.2 μm 及 1.8 μm 的畫素逼進。相形之下,對光學鏡頭及光機元件將面臨嚴苛的技術挑戰。

在 100 萬畫素以上的產品中,一些鏡頭製造商正由使用三個塑料元件轉向混合採用塑膠與玻璃元件,這將使得成本上升。據悉,飛利浦電子和至少一家新興公司正為 300 到 500 萬畫素的產品開發液體鏡頭。下一代鏡頭還將整合更好的自動聚焦、數位變焦和更高解析度的視訊擷取功能。由於更昂貴的鏡頭和製造成本,這些增強措施已經使 CMOS 感測器模組的 BOM 成本倍增,由 VGA 等級產品的 5.50 美元變成百萬畫素單元的 10.10 美元。三星希望能以不到 20 美元的成本生產出一種帶 MPEG4 視訊功能的 200 萬畫素 CMOS 模組。

　　所有的變化正使原已複雜的相機模組市場出現短期的斷層。在這個市場，鏡頭、感測器和影像處理器製造商們與一大批專業裝配廠商合作開發模組。「今天，只有 Omnivision、Hynix、IC Media 和美光 (Micron) 等四家公司供應採用 CMOS 感測器的百萬畫素模組，而供應低複雜性 VGA 模組的廠商則多達 15 到 20 家。」當我們從 VGA 邁向百萬畫素時，相機手機供應短缺源於全球性的鏡頭短缺。由於鏡頭、模組和 CMOS 感測器的競爭廠商大為減少，供應鏈產生了重大變化。隨著鏡頭製造商和 CMOS 感測器供應商擴大生產，短缺狀態可望結束。三菱、三洋和夏普已經供應以 CCD 為主的 200 萬畫素感測器，但相機手機製造商仍偏愛較低成本的 CMOS 感測器模組。

　　在晶片方面，感測器製造商表示，他們不得不放棄從 200 萬畫素產品開始處理 RGB 訊號的計畫，儘管這可以改善色彩平衡和其他性能。今天的 VGA CMOS 感測器可以對 RGB 訊號進行前端處理，然後將它交給 DSP 或基頻處理器。但在 200 萬畫素水準，CMOS 感測器將把 RGB 訊號交給媒體處理器或 DSP 進行前端處理，並輸出 YUV 訊號。

　　Epson 於 2005 年研究 500 萬畫素的影像引擎。憑藉在嵌入式與低功率影像方面的經驗，Epson 已經在早期的相機手機中贏得重大的設計訂單，並希望這能為它帶來成長機會。Epson 相信，當 200－500 萬畫素的相機手機成為主流時，它們將大幅取代數位相機，在 2007 年，200 萬畫素手機將是主流產品。

16.3.6 遠景及未來發展

　　相機手機 (camera phone) 從日本市場興起後，近期已成為全球最熱賣之商品。雖然目前主流相機手機以 130 萬畫素為主，與數位相機主流的 600 萬畫素相比，仍舊有不小的差距。但是手機具有輕薄短小且習慣攜帶的優勢，因此將相機整合進手機當中，深受消費者的喜愛。目前推出市面的最高相機手機機種已可達到 200 萬畫素的等級，預計將逐漸侵蝕低階的數位相機市場。

　　In-Stat 預期，到 2007 年將有超過一半的手機具有嵌入式相機。宣布將採用百萬畫素相機的手機廠商包括 Kyocera (京瓷)、Nokia、Samsung (三星電子)、Motorola 與 Sony Ericsson。因此，相機手機的關鍵元件－相機手機模組，將成為各類廠商贏得市場先機的關鍵。相機手機模組基本上包括鏡頭模組、感測器、軟板、後端處理晶片，而鏡頭模組則包含鏡片、框架、連接線與相關周邊元件。後端晶片部分，如何將原始資料妥善處理至 RGB 之訊號輸出，則是決定影像品質好壞之重要關鍵。

　　根據 iSuppli 報告，相機手機在 2004 年的出貨量為 1.92 億支規模，預計到了 2007 年，將大幅成長至四億三千七百萬支，2004 至 2007 年複合成長率為 41.9%，遠高於手機 2004－2007 年的年複合成長率 8.2%。若以佔手機整體比重來分析，將由 2004 年的 38% 成長至 2007 年的 69%[5]。

　　目前相機手機市場正面臨世代交替，受新機種快速推出與價格滑落之影響，30 萬畫素相機手機快速在亞洲市場崛起，取代日本成爲成長最快的市場。另外，今年百萬畫素手機相機已成爲市場主流，由於百萬畫素以上的相機手機需要更強大的後端處理晶片來處理更多視訊資料，因此對台灣的手機後端處理晶片開發廠商而言，高畫素相機手機也將開啓另一波市場機會。

16.4 數位攝錄影機之變焦鏡頭

精巧細緻的靈魂之窗，讓人觀賞到五彩繽紛的綺麗世界；而結合創意與工藝的光學取像裝置，如相機、攝錄影機等，更可將眼中所見之剎那化爲能保存的永恆影像。相機記錄了靜態的影像，而攝錄影機則記錄了動態的影像以及聲音訊號，此兩類產品都是典型的精密光學元件之商品應用實例。

雖說數位相機 (digital still camera, DSC) 的盛行不過是最近幾年的事，但相機的歷史卻已超過一百年，以 Sony 這幾年熱賣的超薄型 T1 系列的流行數位相機爲例，其鏡頭係由德國 Carl Zeiss 公司的 Vario-Tessar® 鏡頭衍生而來[6]，圖 16.69 中的 Vario-Tessar® 鏡頭原型僅有七片鏡片，適用於輕巧的小型相機，數位或傳統底片相機 (film camera) 均可使用，能提供三倍的光學變焦及快速的對焦能力。而實際的 T1 鏡頭則爲了配合超薄的造型，採用了 10 片鏡片另加一片轉折用的稜鏡，全鏡組爲五群結構，其中有三個非球面鏡片，此三鏡片共具有五個非球面。

更進一步探究 Vario-Tessar®，則可追溯到如圖 16.70 所示的西元 1902 年由德國 Carl Zeiss 公司開發出的 Zeiss Tessar® 鏡頭，之後此鏡頭也成就了舉世聞名的鷹眼鏡頭。

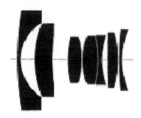

圖 16.69 德國 Carl Zeiss 公司的 Vario-Tessar® 鏡頭[6]。

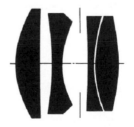

圖 16.70 德國 Carl Zeiss 公司的 Zeiss Tessar® 鏡頭[6]。

相較於相機百年以上的歷史，攝錄影機可算是資淺的了，若不計三○年代 RCA 開發的眞空攝像管以及隨後的 Vidicon，即使最早的商業用磁帶攝影機距今也僅 50 年；但眞正一統家庭動態影像格式的 VHS，則是七○年代中期之後才產生的技術，所以通常均視攝錄影機的發展歷史不過僅二十餘年。傳統相機和攝錄影機因功能、儲存媒體與輸出方式均不同，基本上屬於互補性產品，市場區隔較為明確。由於數位時代的來臨，當二者皆數位化之後，因同樣採用 CCD 或 CMOS 為影像感測元件，及以數位訊號為基礎的影像技術，已導致二者的部分功能重複，市場開始出現交互重疊取代的態勢[7]。自 2003 年起一系列數位相機與數位攝錄影機 (digital video camcorder, DVC) 二合一的產品出現[8]，使得二者的市場區隔更加模糊，而消費者也可藉由單一機台同時滿足動態與靜態攝影的雙重拍攝功能。

16.4.1 數位攝錄影機與數位相機變焦鏡頭的差異

(1) 常見的變焦鏡頭種類與其應用

　　變焦鏡頭係由二群或二群以上的光學鏡片組成，為了要達到焦距變化的目的，會有鏡群需作移動，稱為變焦群；而為了維持成像面在變焦過程保持良好的成像品質，另一鏡群需作相配合的移動，此為補償群。除了變焦群和補償群需完成焦距變化的要求外，若要考慮到被拍攝物體的距離變化時，需有一個對焦群能負責解決物距變化時的對焦問題。

　　變焦鏡頭種類繁多，並不易作清楚的分類，不過大體上還是可依據第一群的焦距為正 (P-lead) 或負 (N-lead) 以及整個鏡頭所擁有的鏡群數，分作下列數類：

1. P-lead 2－3 群：如 (+ −) 及 (+ − +) 型，多用於較小巧型式的標準變焦鏡頭 (如傻瓜相機 LS)，其變倍率為 2×－5×。

2. N-lead 2－5 群：如 (− +)、(− + +)、(− + − +) 及 (− + − + +) 型，應用於各式標準變焦鏡頭 (如單眼相機 (single lens reflect, SLR)、數位相機、投影機 (projector)、手機相機 (phone camera, PC)) 及廣角變焦鏡頭，其變倍率為 2×－5×。

3. P-lead 4－5 群：如 (+ − + +)、(+ − − + +) 及 (+ − + − +) 型，用於各式望遠變焦鏡頭、攝影變焦鏡頭 (如數位攝錄影機、電視攝錄影機 TVC) 及部分標準變焦鏡頭，其變倍率 > 5×。

　　較詳細的變焦鏡頭分類可參考表 16.7 所列。

(2) 常見的數位相機變焦鏡頭

　　數位相機的變焦鏡頭要求較高的成像解析力，最常使用之最大光圈為 F/2.8，變倍率 3 倍。與傳統的底片相機相比較，數位相機的變焦鏡頭有一些不同的特性，詳細的差異可參考表 16.8 所列。

表 16.7 常見的變焦鏡頭種類與其應用。

類型	應用	特徵
(+ −)	LS	2 – 3×
(+ − +)	LS、SLR	LS (Gl↔)；SLR (Std → Tele)
(− +)	SLR	Std → Wide，< 3×
(− + +)	DSC、PC	~ 3×
(− + − +)	SLP、PC	Std → Wide，< 5×
(− + − + +)	LCD	Long BFL
(+ − + +)	SLR、DVC、DSC	SLR (Std → Tele)；DVC ≥ 8×
(+ − − +)	SLR、DSLR	Std → Tele
(+ − − + +)	TVC	≥ 20×
(+ − + − +)	SLR	≥ 3×

表 16.8 數位相機與傳統的底片相機之光學特性差異。

比較項目	CCD/CMOS 數位相機	傳統底片相機
焦長 (focal length)	~1/10 傳統相機	≥35 mm (Std lens)
視場 (field of view)	~53° (Std lens)	~53° (Std lens)
光圈數 (F-number)	≥F/1.2	≥F/1.2
像高 (image height)	~1/10 傳統相機	~43 mm (24 × 36)
最大主光線角度 (maximum chief ray angle)	≤10° − 20°	沒有限制
失眞 (distortion)	TV Dist − 1/3 Opt Dist	≤4 − 5%
相對照度 (relative illumination)	≥50%	≥15 − 20%
波長 (wavelength)	CeF	CdF
像素 (pixel count)	<10 M	>10 M
IR 截止及低通濾光片	需要	不需要
超焦距 (hyperfocal distance)	短	長

　　基於上述數位相機變焦鏡頭的功能要求以及所具之特性，數位相機變焦鏡頭常見的架構大致分二種，最常見的一種是 (− + +) 架構，圖 16.71 所顯示的就是數位相機常見的 (− + +) 變焦鏡頭架構。

　　另一型用於數位相機的變焦鏡頭架構為 (+ − + +)，如圖 16.72 所示，此型其實也可視為前述 (− + +) 架構的一種衍生型，因為第一群正透鏡的光焦度 (optical power) 很低，所以一、二兩群的總焦度仍為負值。因此若將此 (+ − + +) 的一、二兩群視為一個單一的負透鏡群內的二個子群，則此 (+ − + +) 架構就回到前述的 (− + +) 架構。

　　當然市售數位相機的變焦鏡頭架構絕非僅限於上述二種，不過大體上還是以 (− + +) 架構為主流，而根據各公司不同的產品要求以及特性，也可衍生出不同效果的各種變化型。日本佳能公司於 2004 年 ICO (International Commission for Optics) 會議中發表該公司

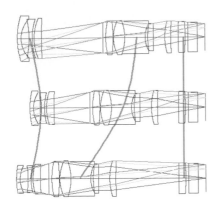

圖 16.71 數位相機最常見的 (− + +)
　　　　變焦鏡頭架構。

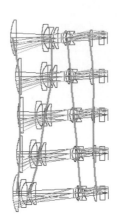

圖 16.72 用於數位相機的 (+ − + +)
　　　　變焦鏡頭架構。

用於 IXY Digital 30 數位相機上的變焦鏡頭架構為 (− + + +)[9]，也算是由 (− + +) 所衍生出的另一型變焦鏡頭架構。

(3) 數位攝錄影機變焦鏡頭

　　即使數位化使得數位攝錄影機與數位相機的部分功能重疊，但二者仍有許多先天上的差異，這些差異也使得數位攝錄影機的變焦鏡頭會和數位相機的變焦鏡頭具備不同的要求與特性。

　　當 DSC 持續往千萬等級的高畫素發展時，多數的 DVC 只具 60 萬至 100 萬畫素的影像感測元件，因對目前的 TV 乃至常見的 640 × 480 VGA 或再高一些分辨率的 DVD 格式均已足夠了，就算是最新的高解析數位電視規格，200 萬畫素也足夠了，也因此近幾年有少數的 DVC 可提供達 200 萬畫素的動態影像。事實上，太高的畫素對 DVC 而言，不僅功能不大，因為播放端無法支援，而且還會影響到動態影像播放時的流暢度，動態影像很重視影像感測元件與後端影像處理晶片所能提供的畫面率 (frame rate)，過高的畫素，加重的不僅是影像處理晶片的負擔，也同時增加了影像壓縮儲存等處理所需的效能。

　　無論 DVC 的動態畫素有多高，目前主流的 TV 屏幕之分辨率僅在 32 萬畫素左右，因此影像感測元件多出的畫素主要被用於電子防抖動，許多 DVC 其影像感測元件總畫素為 68 萬，但實際有效畫素卻僅有 34 萬。由於 DVC 需求的畫素不高，因此使用的影像感測元件一般較 DSC 的為小，單純的 DVC 通常是 1/6 − 1/4 英吋。若從畫質來看，DVC 要提高畫質有二個方式：

1. 使用 R、G、B 單色影像感測元件來感光，這也就是有些廠商如 Panasonic 偏好在 DVC 上使用 3 CCD 技術的原因，3 CCD 確實在景物光的利用及高畫質呈現上有其優勢。

2. 增大影像感測元件上每個畫素的受光面積，畫素大則動態範圍也就大，在雜訊抑制上的表現較佳。不過 DVC 習慣上要求較高的光學變倍率，若影像感測元件太大，會使得整個變焦鏡頭模組的長度及體積均增加，所以 DVC 上的影像感測元件通常不會太大，以往能達到 1/3.6 英吋就是少數了，現在則為了 DVC/DSC 雙模式功能，因此 1/3 英吋也是很流行的一種尺寸。

DVC 的光學變倍率要求較 DSC 為高，一般均達 10 倍。除了光學變倍率外，DVC 還有不少光學要求與 DSC 不同，例如：

1. 更大的光圈，DSC 的最大光圈通常要求 F/2.8，而 DVC 通常要求 F/1.8，這也是考慮到環境太暗時，DSC 還有內建閃光燈可補光，而 DVC 通常只得靠本身的大光圈了。
2. 更要求防抖動的影像穩定功能，較高的光學變倍率對影像抖動更為敏感，同時 DVC 也不像 DSC 還有快門可作為抑制影像抖動的機制。由於 DVC 對畫素的需求不高，因此可使用影像感測元件多出的畫素供電子防抖動之用。
3. 使用中灰密度濾光鏡 (neutral density (ND) filter) 來增加鏡頭曝光值 EV 的範圍，並維持鏡頭在環境太亮時的成像品質，不致於太早被小光圈的繞射現象所惡化
4. 較重視夜視功能的增強，這也是為了解決夜間動態拍攝時的需求。

基於上述的光學特性及要求，DVC 最常見的變焦鏡頭架構如圖 16.73 所示，是一種 (+ − + +) 的變焦鏡頭架構。與圖 16.72 中用於數位相機的 (+ − + +) 變焦鏡頭架構來相比較，值得一提的是雖然 DVC 一、二兩群的總焦度也是負值，但在此卻不能如同圖 16.72 一般將其視為 (− + +) 架構的一種衍生型。主因為圖 16.73 中第一群所扮演的角色較圖 16.72 中第一群為重，不可將其簡化地視為由第二群負群所衍生出的一部分，此點亦可由片數之多寡及一、二群有效孔徑之差異看出一些端倪。

圖 16.73 中兩種 DVC 常用的變焦鏡頭架構中，第一群和第二群的型態非常的類似，主要差異僅在三、四兩群有些不同，這也是 DVC 變焦鏡頭的特色之一。圖 16.73 的 DVC 變焦鏡頭架構是典型的 60 萬至 100 萬畫素及 10 倍變倍率的要求下，一組相當不錯的解。此時一、三兩群乃固定不動，僅二、四兩群移動，其中第二群為變焦群而第四群為補償群兼對焦群，亦即第四群的變焦軌跡不僅與第二群的焦距變化有關，也和物距有關。

當產品的規格變高時，圖 16.73 中的變焦鏡頭架構或其簡單的衍生變化可能就無法滿足要求，此時就需要增加鏡片數目或增加第三群為移動群，以設法滿足規格要求。圖 16.74 就是一個當要求的畫素大幅提高至 300 萬時的例子。

(4) DVC 變焦鏡頭在製作及組裝之要求

變焦鏡頭產品開發時程長，日本顧問為主要技術來源且介面問題不易整合，加以對人員經驗倚賴過重的情況，導致產品開發過程無法對各階段的不同問題作有效預防。即使在有經驗的日本公司也會發生設計完成卻無法製作，或是勉強可製作樣品但無法生產

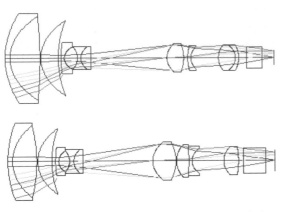

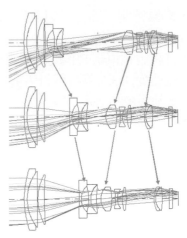

圖 16.73 用於數位攝錄影機的 (+ − + +) 變焦鏡頭
架構。

圖 16.74 用於高畫素數時三群
移動的 (+ − + +) 變焦
鏡頭架構。

的情況。DVC 變焦鏡頭由於變倍率高，在初步的性能設計後，更應注重含製作及組裝在內之公差與所需的調芯及補償分析[10]，以降低後續開發生產階段之風險。

訂定合理的製作及組立之公差要求，是成本、品質與良率的重要考慮因素，依目前的光學工藝水準，可將 DVC 變焦鏡頭在製作及組立之公差要求，按產品的精密等級，從玩具等級到極致工藝約略分成 10 級，如表 16.9 所示。

16.4.2 發展回顧

雖然相機的百年以上歷史遠較攝錄影機悠久，但若由專利文獻來探究二者的發展軌跡時，卻可發現 DVC 變焦鏡頭所採用的基本設計概念其實已有相當年代，反倒是 DSC 的許多專利都是較晚期才開發出來的技術。如表 16.7 所列，常見的變焦鏡頭種類與其應用中，用於 DVC 或更高倍率的專業型電視攝錄影機 TVC 的主要為 (+ − + +) 及 (+ − − + +) 兩型。

八〇年代的 (+ − + +) 產品，大致上用的是圖 16.75 所顯示的技術，鏡片 (群) 1、鏡片 (群) 2、鏡片 (群) 3 分別作為對焦群、變焦群和補償群，並組成一組 afocal zoom section，鏡片 (群) 4 為 master lens (relay lens) 負責成像，就如同一個傳統定焦鏡頭。光圈置於最後一片移動鏡片 (鏡群 3) 之後以維持變焦 (zooming) 過程中 F/# 不變，照近物時對焦群往前伸出，使物距對 zoom kernel (鏡群 2、鏡群 3) 近似保持恆定。至於 (+ − − + +) 型產品，大致上用的是圖 16.76 所顯示的技術，鏡片 (群) 4 功用在達成無焦 (afocal) 效果，並非一定必需的，不過當時的想法是將各功能簡易組合，所以物距的變化不讓鏡群 2 及其後鏡群感受到，同理，焦距的變化也不讓最後的成像鏡群感受到，所以光圈前的變焦鏡群要維持無焦的效果。

表 16.9 各種不同等級的製作及組立公差。

	球面鏡片					非球面鏡片						
	面精度/粗度	厚度	折射率	Abbe 值	面傾斜(min)	單面非球面 P/I	雙面非球面 P/I	厚度	折射率	Abbe 值	面偏心	面傾斜
e1	0.5/0.1	0.0100	0.00001	0.01	0.17	0.5/0.1	0.5/0.1	0.0100	0.00001	0.01	0.001	0.17
e2	1/0.1	0.0125	0.00003	0.03	0.30	1/0.1	1/0.1	0.0125	0.00003	0.03	0.003	0.30
e3	1/0.25	0.0250	0.00005	0.05	0.50	1/0.25	1/0.25	0.0200	0.00005	0.05	0.005	0.50
e4	2/0.25	0.0375	0.00008	0.08	0.80	2/0.25	2/0.25	0.0375	0.00008	0.08	0.008	0.80
e5	2/0.5	0.0500	0.00010	0.10	1.00	2/0.5	2/0.5	0.0500	0.00010	0.10	0.010	1.00
e6	3/0.5	0.0750	0.00030	0.30	1.50	3/0.5	3/0.5	0.0750	0.00030	0.30	0.030	1.50
e7	3/1	0.1000	0.00080	0.50	2.00	3/1	3/1	0.1000	0.00080	0.50	0.050	2.00
e8	5/2	0.1500	0.00080	0.80	3.00	8/2	5/2	0.1500	0.00080	0.80	0.080	3.00
e9	10/3	0.2000	0.00100	1.00	4.00	10/3	10/3	0.2000	0.00100	1.00	0.100	4.00
e10	12/8	0.5000	0.00200	1.20	5.00	12/8	12/8	0.5000	0.00200	1.20	0.200	5.00

	平板元件				組裝公差				
	面精度/粗度	厚度	折射率	Abbe 值	鏡片傾斜	鏡片位置	鏡群傾斜	鏡群偏心	鏡群位置
e1	0.5/0.1	0.0100	0.00001	0.01	0.17	0.0100	0.17	0.001	0.0100
e2	1/0.1	0.0125	0.00003	0.03	0.30	0.0125	0.30	0.003	0.0125
e3	1/0.25	0.0250	0.00005	0.05	0.50	0.0250	0.50	0.005	0.0250
e4	2/0.25	0.0375	0.00008	0.08	0.80	0.0375	0.80	0.008	0.0375
e5	2/0.5	0.0500	0.00010	0.10	1.00	0.0500	1.00	0.010	0.0500
e6	3/0.5	0.0750	0.00030	0.30	1.50	0.0750	1.50	0.030	0.0750
e7	3/1	0.1000	0.00080	0.50	2.00	0.1000	2.00	0.050	0.1000
e8	5/2	0.1500	0.00080	0.80	3.00	0.1500	3.00	0.080	0.1500
e9	10/3	0.2000	0.00100	1.00	4.00	0.2000	4.00	0.100	0.2000
e10	12/3	0.5000	0.00200	1.20	5.00	0.5000	5.00	0.200	0.5000

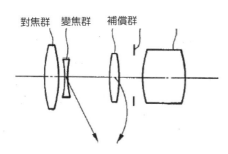

圖 16.75 八〇年代 (+ − + +) 變焦鏡頭產品的技術架構。

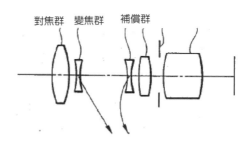

圖 16.76 八〇年代 (+ − − + +) 變焦鏡頭產品的技術架構。

　　1987 年 Olympus 與 Canon 二家公司大約在同一時期提出新的 (+ − + +) 變焦鏡頭專利，其中一、三兩群乃固定不動，僅二、四兩群移動，第二群為變焦群而第四群為補償群兼對焦群。從此「(+ − + +)，一、三群固定，二、四群變焦，第四群對焦」的這種光學架構就成為 DVC 的主流，直至今日仍是如此。此種架構有許多的優點，尤其在鏡筒機構的設計上，可大幅簡化機構複雜度並縮小體積與重量[11]。而在光學方面，也能提供良好的光學品質[12]，也因此使得常用的 DVC 變焦鏡頭架構中，第一群和第二群的型態往往非常類似，主要差異僅在三四兩群有些微的不同，這也是 DVC 變焦鏡頭的特色之一。以八○年代與九○年代的鏡頭大小來比較，典型的尺寸約是：口徑 (ϕ) 49.0 mm、總長 (TT) 105.0 mm vs. ϕ 19.3 mm、TT 42.9 mm，即可看出由前群對焦改為後群對焦在縮小體積上的成效。

　　欲深入瞭解 DVC 變焦鏡頭的技術開發歷程，專利文獻是不可或缺的重要資訊來源，圖 16.77 列出了 Canon 至 2002 年止在攝影用變焦鏡頭專利布局的情況，而圖 16.78 更進一步針對攝影用 (+ − + +) 變焦鏡頭的專利布局作一個整理。對於世界性的領導廠商，藉由分析其在專利上的布局，可明白其重要技術的發展軌跡，這對於有志從事此類變焦鏡頭的個人或企業，是未來技術開發過程的一個最佳知識庫。

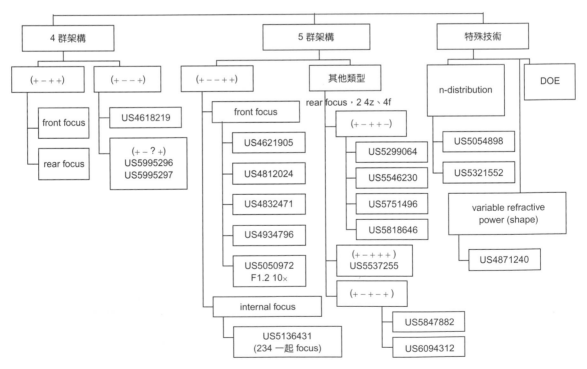

圖 16.77 Canon 攝影用變焦鏡頭專利布局。

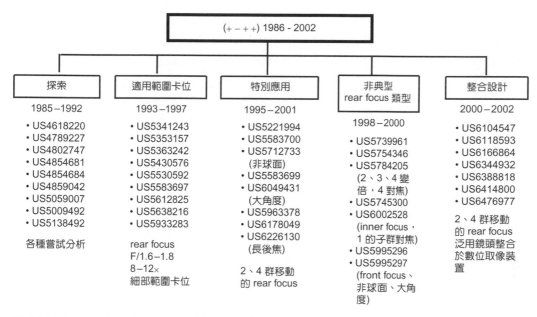

圖 16.78 Canon 攝影用 (+ − + +) 變焦鏡頭專利布局。

16.4.3 商品實例介紹

　　前面曾提及,要提升 DVC 畫質有二個主要方式,第一是使用 R、G、B 單色影像感測元件來感光,也就是使用 3 CCD 技術,第二個方法是增加影像感測元件上每個畫素的受光面積,亦即使用較大的影像感測元件。圖 16.79 中的 Panasonic AG-DVX100 是個將二種方法都用上的例子,三個 1/3 吋 CCD,有效畫素 44 萬,最大光圈 F/1.6,10 倍光學變焦,再將圖 16.79(b) 的鏡組架構和圖 16.73 中的 DVC (+ − + +) 變焦鏡頭基本架構相比較,更能體會出這一顆 DVC 變焦鏡頭在提高畫質上的努力。

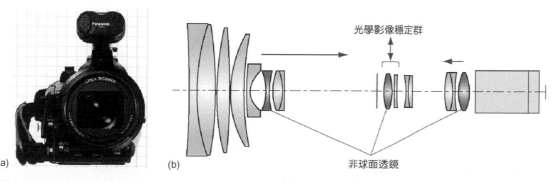

圖 16.79 Panasonic AG-DVX100:Mini-DV Recorder。

　　若從影像感測元件的大小以及畫素多寡來看，數位取像變焦鏡頭的產品分布如圖
16.80 所示。傳統上，DSC 為高畫素、低變倍率，而 DVC 則是低畫素、高變倍率。然而
近幾年的市場趨勢卻呈現出一種新的態勢，即 DSC 的變倍率增高，而 DVC 的畫素也增
加，使得 DSC 與 DVC 的分際顯得模糊，也就是圖中用虛線標示的區塊，因此出現了高
變倍率的 DSC 以及高畫素的 DVC，更有不少廠商推出 DSC/DVC 的二合一機種。

　　二合一機種的首次展出應是在 2003 CES 大展上，三星 (Samsung) 公司的
SCD-5000，如圖 16.81 所示，此機的 DSC 功能為 3 倍光學變焦，1/1.8 英吋 CCD 具有
413 萬像素，分辨率可達到 2272 × 1704，光圈值為 F/2.7－4.9；而 DVC 部分使用較小
尺寸的 CCD，68 萬像素具有 10 倍光學變焦。SCD-5000 其實就是將一台 DSC 跟一台
DVC 硬擺在一起，兩個模式間的切換需作一個 180 度旋轉的動作，其後再開發的新機種
SCD6040 和 SCD6050 雖然不必再旋轉鏡頭，本質上仍是將兩顆鏡頭放在一起，故屬於雙
鏡頭式的設計。

　　真正作到二合一功能的機種，冠上 Carl Zeiss Vario-Sonnar T* 鏡頭的 Sony DCR-
PC-330 毫無疑問地是一項代表作，如圖 16.82 所示。PC-330 採用 1/3 吋 331 萬畫素
CCD，動態有效畫素高達 205 萬，靜態為 305 萬畫素，雖說高達 205 萬的動態有效畫

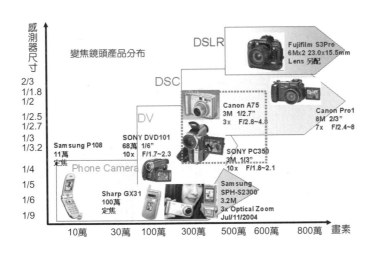

圖 16.80
數位取像變焦鏡頭產品分布。

圖 16.81
三星公司的 DSC/DVC 雙鏡頭機種
SCD-5000。

素，其實是商業廣告的成分更勝於實際的用途。因為扣除掉應用在手震補償及數位放大 (zoom) 的畫素外，實際應用在影像取樣並輸出的仍為 720 × 480 (約 34 萬畫素)，不過選用 1/3 吋300 萬畫素的 CCD 確實是 DSC/DVC 二合一機種的極佳選擇。鏡頭部分，焦距 5.1－51 mm 轉換至 35 mm 相機時動態拍攝 45－450 mm，靜態拍攝 37－370 mm，顯見只有靜態拍攝用了 CCD 的全部 6.0 mm 直徑範圍，動態拍攝僅用到 CCD 直徑 4.94 mm 的部分；光圈 F/1.8－2.1，光學變倍率 10×，濾光鏡的直徑 37 mm。PC-330 之後，Sony 再推出更精巧的 PC-350，如何使 PC-330 的鏡頭縮小，個中奧妙可由 PC-350 的鏡頭規格看出。外觀上，濾光鏡的直徑由 37 mm 縮至 30 mm，鏡頭焦距在動態拍攝時維持 5.1－51 mm 的 10 倍光學變焦，靜態拍攝時卻成為 6.0－51 mm 的 8.5 倍光學變焦，光圈值也變成 F/1.8－2.9，轉換至 35 mm 相機時動態拍攝仍為 45－450 mm，靜態拍攝 44－374 mm，所使用 CCD 的部分是和 PC-330 相同的。顯然 PC-350 是將 PC-330 的光圈縮小，使廣角端光圈值維持 F/1.8，但望遠端光圈明顯變暗；另一方面光圈縮小的同時，鏡片的通光孔徑跟著縮小，雖使前群鏡片口徑明顯縮減，卻也導致廣角端的相對照度不足，而降低了變倍率。這是基於市場需求與品質要求二者兼顧時，從系統設計的技術觀點所作的一種平衡協定 (trade-off)。

　　自 2003 年起多種高變倍率且高畫素的產品陸續出現，二年一度的 Photokina 攝影器材大展是最重要的一個展場，Photokina 2004 除 Sony DCR-PC350 外，Panasonic NV-GS400 是 400 萬畫素靜態拍攝、12 倍光學變焦的 3 CCD 鏡頭，如圖 16.83 所示。

　　基本上 Panasonic NV-GS400 屬於 DVC 外形，而 Lumix DMC-FZ20 如圖 16.84 所示，則屬於 DSC 外形，採用 1/2.5 吋 500 萬畫素的 CCD 還能擁有 12 倍的光學變焦，F/2.8 的光圈也確實是為 DSC 設計的。JVC Everio 用的是 1/3.6 吋 200 萬畫素 CCD，靜態有效畫素 200 萬、動態有效畫素 123 萬，光圈 F/1.8－2.2，光學變倍率 10×，還有二種造型可供選擇，如圖 16.85 所示。

圖 16.82 Sony DCR- PC330：Carl
　　　Zeiss Vario-Sonnar T*。

圖 16.83 Panasonic NV-GS400。

圖 16.84 Panasonic Lumix DMC-FZ20。

圖 16.85 JVC Everio 有二種造型可供選擇。

　　圖 16.86 中的 PENTAX Optio MX4 也是一台高畫素且高變倍率產品，1/2.7 吋 CCD，
400 萬有效畫素，10 倍光學變焦，外觀上顯出 DVC 的外形，但 F/2.9－3.5 的光圈值卻呈
現 DSC 的規格。

　　2006 年的 Photokina 於 9 月 26 日循往例在德國科隆舉行，各大廠商仍推出許多令人
目光爲之一亮的數位視訊影像產品，含高性能變焦鏡頭的數位攝錄影機也仍然還是其中的
耀眼商品之一，由於變焦鏡頭中的傳統光學以及光機技術已相當成熟，較不易有大幅度
的變化，但由產品端來看，則可發現 DVC 漸往高畫質 (high definition camcorder) 發展，而
DSC 也朝千萬畫素的產品開發，可知畫素的增加仍爲目前市場的一個重要趨勢。

圖 16.86
PENTAX Optio MX4。

16.4.4 產業遠景及發展

　　視訊影像裝置與現代人的生活及工作密切相關，影像產業隨著技術發展已進入高度
數位化的時代，產業內的技術競爭態勢永遠不會停止，然而這塊市場的龐大商機是極爲

明確且長期看好的。當影像的處理及儲存媒體數位化後，DSC 及 DVC 的界線就越來越
模糊了，也因此 DSC 逐漸將動態攝影功能列為必備[13]，而 DVC 也普遍存在著小型記憶
卡供靜態影像的輸出。

　　目前台灣在 DSC 產業已有很強的群聚效應，然 DSC 市場漸趨飽和，數量雖大但成
長已有限且價格持續下滑。同時，台灣以代工為主的 DSC 產業形態，正面臨產業外移
的殺價競爭中。相形之下，DVC 的獲利空間大且具有長期穩定成長的市場，不啻為延續
DSC 產業的新利基市場。雖然現在的 DVC 仍是以磁帶為主要紀錄媒體，因磁帶的技術
仍算是目前最成熟且相對便宜的。然而磁帶技術，包括磁帶、磁頭等關鍵零組件，多掌
握在日本廠商手上，台灣產業很難切入。但現在數位式的紀錄媒體技術發展快速，如 GB
的小型記憶卡、DVD、Microdrive 或是其他半導體的記憶體等，都可能對目前以磁帶技
術為主的 DVC 產業產生衝擊，也為台灣帶來很大的機會。

　　儲存媒體解決之後，變焦鏡頭成為唯一尚未生根且無替代選擇的關鍵零組件。由於
變焦鏡頭的開發，涉及諸多複雜的光學、光機以及機電的設計、製程和整合技術，目前
台灣在整體的設計技術能力雖有提升，但尚未紮實，必須作長期的扎根打算，並結合方
法與流程的創新[14]，才可使我們更有效地提升產業價值及競爭力，而現在也正是一個關
鍵且極佳的時機。不僅如此，在國內相關產業的群聚效應已出現，而市場競爭愈加激烈
之時，唯有強調研發，解決關鍵模組的自主，才能永續經營，且在國民所得 34000 美元
的日本仍能從此類產品獲利的情況下，對國民所得 14000 美元的我們，絕對是值得介入
且充滿機會的。

16.5 HD-DVD 讀取物鏡

　　本章節主要是介紹 HD-DVD (high density digital versatile disc) 讀取物鏡的相關技術，
內容包含了物鏡的光學設計及利用超精密加工技術車削物鏡的原型件，驗證物鏡設計後
的光學特性，並使用射出成形技術來達到量產物鏡的目的。最後介紹 HD-DVD 物鏡的量
測技術，以評價物鏡的光學品質是否合格。即是將讀取物鏡從最初的光學設計至物鏡成
形及量測的技術作一概括性的介紹。

　　在光資訊存取技術中，光碟機的發展扮演著極重要的角色，而光學讀取頭 (optical
pick-up head) 更是光碟機的心臟，是光碟機硬體中的關鍵性零組件。近年來光碟機的發
展趨勢為朝向更快速的存取資料與低價位，因此輕巧簡便的讀取頭設計與製作技術，已
成為各生產讀取頭公司發展的關鍵技術。所以由最初的多片球面玻璃透鏡組成的物鏡已
被單片非球面塑膠透鏡所取代。塑膠鏡片的優點在於質輕，而且利用射出成形的方式製
作可大量生產並降低成本，但因塑膠材質的收縮率較大，而使製作高精度的塑膠透鏡難
度提高。以讀取頭物鏡而言，從光學設計、塑膠材料之選用到射出模具的設計、非球面
模仁加工、射出成形參數的選用等技術皆會影響到物鏡光學特性的表現。

第 16.5 節作者為趙偉忠先生。

16.5.1 光學設計技術

在光碟機系統中三個主要關鍵零組件為光學讀取頭、主軸馬達及晶片組。光學讀取頭為讀取光碟訊號時之關鍵元件，利用雷射光源經準直鏡及高數值孔徑 (NA = 0.65 或 0.85) 之物鏡聚焦成為極低光學像差的光斑，讀取光斑直徑大小約為 0.2 μm，再將碟片讀取訊號折回到光偵測器上。在整個讀取頭中，聚焦物鏡可以說是最關鍵之元件。聚焦物鏡之好壞直接影響到整個讀取系統之功能。物鏡之 NA 在藍光的應用區分為 0.65 和 0.85 兩種，主要著眼於系統規格的不同。通常由於碟片本身的偏心及主軸馬達轉速之不穩定，因此在碟片上的光點品質可能無法隨時滿足碟片讀取的條件，因此一個體積小但光學品質佳的物鏡一直是讀取頭設計的要點。

現階段光學物鏡應用在 HD-DVD 光學讀取頭在設計概念上，為利用一顆具多焦光學特性物鏡的設計應用。這是依據光學讀取頭的光路設計不同而有所不同，圖 16.87 即說明多焦式物鏡光學讀取頭工作原理。

物鏡是光學讀取頭的關鍵元件，其數值孔徑決定了光斑大小。光學物鏡應用 HD-DVD 光學讀取的規格大多數均採用多焦式物鏡技術，亦即此物鏡在讀取不同厚度 CD 碟片及 DVD 碟片時，依然能獲得很好的聚焦光斑。一般應用在唯讀 (read-only) 碟片時，光學物鏡的 NA 依 CD 及 DVD 之區別，可分為 0.45 及 0.6，在 HD-DVD 時因使用藍光物鏡依系統規格分為 0.65 或 0.85，細部規格可參考表 16.10 所列。

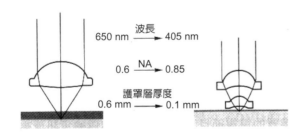

圖 16.87
多焦式物鏡光學讀取頭的工作原理。

表 16.10 多焦式光學物鏡規格。

規格項目	HD-DVD	DVD	CD
雷射波長 (nm)	405−408	635−660	780−785
焦長 (mm)	3.10	3.20	3.21
物鏡 NA 值	0.65 / 085	0.6	0.45
物鏡作動距離 (mm)	1.70	1.78	1.49
像物距離	無窮大	無窮大	無窮大
護罩層 (cover glass) 厚度	0.6 mm n = 1.62	0.6 mm n = 1.58	1.2 mm n = 1.57
設計溫度 (design temperature)	40 °C	40 °C	25 °C
機械直徑 (mechanical diameter)	φ5.2 mm		
重量 (g)	0.02		

　　物鏡在 CD、DVD 及 HD-DVD 讀取訊號時，由於碟片厚度不同所以規格上的作動距離 (working distance) 亦不同。所謂作動距離是指物鏡到碟片底面的距離，如圖 16.88 所示。

　　在光學設計上，物鏡屬於大數值孔徑、小視場、高鑑別率的光學透鏡，要求像質接近無像差設計以得到最小的光斑。嚴格而言，中心波面像差需小於 $\lambda/20$，在光學設計時應修正球面像差、正弦差及像散。所以光學設計時考慮幾個重點：(1) 物在無限遠 (如圖 16.89 所示)、(2) 以凸平透鏡為起始點、(3) 以非球面為主、(4) 加上繞射結構設計，以及 (5) 與光碟基板像差平衡。

　　在光學設計過程中需考慮實際加工公差的影響，需作完整的公差分析，如透鏡傾斜量 (lens tilt)、像高 (image height)、偏心 (decenter) 及碟片傾斜量 (disk tilt) 等因素，並配合加工與製程的特性，計算出適合加工且滿足像質的物鏡。為確保接近無像差之像質，通常光學設計時會將物鏡要求設計貼近繞射極限的等級，以降低物鏡因加工製程因素所造成的像差，通常 HD-DVD 物鏡在光學像差之要求如表 16.11 所列，這些標準亦是物鏡出貨時檢驗的標準，幾乎接近無像差的品質。

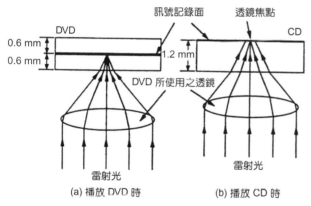

圖 16.88 物鏡在讀取不同碟片厚度時，(a) 為讀取 DVD 碟片時的狀態，(b) 為讀取 CD 碟片時的狀態。

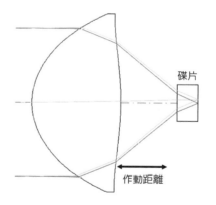

圖 16.89 光學物鏡假設物在無窮遠處之示意圖。

表 16.11 光學物鏡的像差品質檢驗標準。

項目	數　值
波前像差	0.040λ RMS 以下
球前像差	0.040λ RMS 以下
彗差	0.025λ RMS 以下
像散	0.025λ RMS 以下

16.5.2 製程技術

　　為了降低光碟機的生產成本及減少體積，目前市售的光碟機讀取頭幾乎多採用非球面透鏡的光學設計，而除了特殊的使用環境外 (如車用光碟機)，透鏡的材質亦使用塑膠，以達到快速量產物鏡的目的。

　　一般在完成讀取頭之光學設計後，並不會馬上進行物鏡的量產技術開發，而是先以超精密加工技術，製作出物鏡的原型件，進行物鏡光學特性的驗證，以決定物鏡是否可量產或必須要修改光學設計。待物鏡光學特性驗證通過後，才進行物鏡量產技術的開發，此舉將會有助於縮短物鏡的開發時程及降低研發成本。

16.5.3 超精密加工技術車削 HD-DVD 讀寫頭之物鏡

　　以超精密加工技術車削物鏡原型件的工作流程如圖 16.90 所示。為使 HD-DVD 讀取物鏡的光學特性能夠較不受外在環境變化的影響，所以在進行物鏡的光學設計時需選用耐候性較佳的材料，例如日本 Ticona 公司所生產的 Topas 5013 光學塑膠材料。

(1) 物鏡粗胚退火處理

　　因日本 Ticona 公司僅生產適用於射出成形的塑膠顆粒，所以若要利用超精密加工技術車削物鏡的原型件，需先以射出成形方式，將塑料轉變成板材，再將板材裁切成適當的尺寸。板材在射出成形之後及在鏡片粗加工過程中，會有內應力及殘留應力產生，因

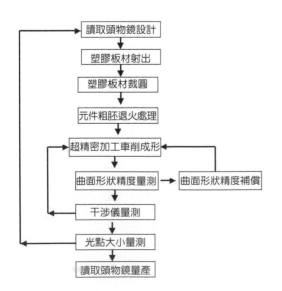

圖 16.90
讀取頭物鏡製作流程。

此在進行超精密車削之前,通常需先對鏡片粗胚施以退火處理,以消除其殘留應力。鏡片退火的條件須視使用何種塑膠材料來決定退火溫度及退火時間。以 Topas 5013 材料為例,其退火溫度為 125 °C、退火時間 24 小時。物鏡粗胚在經退火處理後,以超精密車削技術所製作而成的 DVD 讀取頭物鏡,使用雙片偏光鏡檢測物鏡內應力分布狀況,其分布狀況如圖 16.91 所示,比較製作完成的 DVD 物鏡原型件與市售的物鏡,其內應力分布狀況相當類似。

(2) 超精密加工技術車削藍光讀取頭物鏡

本文中用於車削讀取頭物鏡所使用的超精密加工機,是日本 Toshiba 公司製造的自由曲面超精密加工機,型號為 ULG-100H3。表 16.12 是 ULG-100H3 的基本規格,圖 16.92 為 ULG-100H3 外觀圖。

 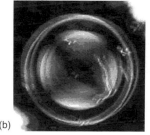

(a) (b)

圖 16.91
使用雙片偏光鏡檢測 DVD 物鏡 (NA = 0.6) 雙折射現象,(a) 市售的 DVD 物鏡,(b) 車削的 DVD 物鏡。

表 16.12 ULG-100H3 基本規格表。

項　目	規　格
控制系統	PC 個人電腦控制器
機械移動位置之偵測	使用雷射干涉儀之位置回饋方式
解析度	0.01 μm
床台驅動方式	伺服馬達驅動
機械之防震措施	氣墊防震台
工件主軸	氣動軸承
工件主軸轉速	3000－15000 rpm
工件夾持	筒夾或真空吸盤
X 軸最大行程	150 mm
Z 軸最大行程	100 mm
最快移動速度	0.25－1500 mm/min
可加工最大直徑	50 mm

圖 16.92 Toshiba-ULG 外觀圖。

　　藍光讀取頭物鏡的傾斜量 (tilt) 精度要求在 ±1 μm 以內，物鏡的夾持方式以採眞空吸附方式爲佳，物鏡直接以眞空吸盤固定，使物鏡完全緊貼在吸盤上，可得到最小的傾斜誤差量。物鏡加工的固定方式如圖 16.93 所示，將鏡片固定在眞空吸盤上時，需確認眞空吸盤表面與超精密加工機旋轉主軸相互垂直，確保物鏡在車削完成後有最小的傾斜誤差量。使用眞空吸盤的另一優點爲可降低物鏡在車削時因夾持力而產生的形變，避免造成物鏡的光學品質不佳。

(3) 車削藍光讀取頭物鏡的製程條件

　　因藍光讀取頭物鏡的直徑僅約 5 mm 左右，可供眞空吸盤吸附的表面積不多，所以在進行車削物鏡時，車削深度 (depth of cut) 應特別注意，以避免物鏡因車削力太大而脫離眞空吸盤。物鏡的材質爲塑膠，故在進行車削時，不可使用冷卻液，僅需使用加壓氣體 (pressure air) 將切屑吹離鏡片表面即可，避免冷卻液污染鏡片表面，造成物鏡的表面品質不佳。在車削物鏡同時，需使用眞空吸引方式，將切屑集中在集塵袋內，避免切屑刮傷物鏡表面及污染加工室的環境。以 Toshiba ULG-100H3 超精密加工機車削讀取頭物鏡爲例，其製程條件如表 16.13 所列。

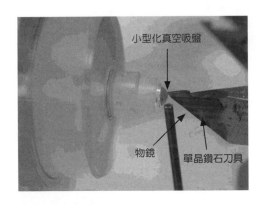

圖 16.93
物鏡加工的固定方式。

表 16.13 以超精密加工機車削讀取頭物鏡之製程參數。

	刀具 R 值 (mm)	進刀速率 (federate) (mm/min)	轉速 (spindle) (rpm)	車削深度 (μm)	冷卻方式
粗加工	0.2	25	8000	10	加壓氣體
細加工	0.2	20	8000	7	加壓氣體
精加工	0.2	15	8000	5	加壓氣體

(4) 藍光讀寫頭之物鏡光學品質量測技術

物鏡精度量測方式可分爲接觸式及非接觸式量測,在此所使用的接觸式量測設備是英國 Taylor Hobson 公司生產的 Form Talysurf (S5),表 16.14 爲 Form Talysurf (S5) 基本規格,圖 16.94 爲其外觀圖。

表 16.14 Form Talysurf (S5) 基本規格。

項 目	規 格
最大量測範圍	120 mm
解析度	10 nm@6 mm range
探針移動速度	1 mm 或 0.5 mm/s
量測力	70 mgf
探頭種類	紅寶石:球形 R = 0.5 mm 鑽石:尖端 R = 2 μm
可分析表面 形狀精度的種類	非球面、球面、平面、橢圓面、 拋物面、表面粗糙度

圖 16.94
Form Talysurf 外觀圖。

以超精密加工機車削藍光物鏡時,因單晶鑽石刀刃的 R 值曲率誤差及環境溫度變化等因素的影響,所以無法直接車削出理想的曲面形狀,因此必須利用非球面形狀精度量測儀檢測出物鏡曲面的形狀誤差量 (如使用的量測設備是 Form Talysurf (S5),其探針測頭的 R 值爲 2 μm、夾角爲 60 度)。根據 Form Talysurf 所量測到的物鏡曲面形狀誤差值,以進行車削刀具路徑的誤差補正。開始進行車削時,是使用車削藍光物鏡原始的刀具路徑程式,進行物鏡曲面的車削加工,車削完成後得到曲面形狀精度 (P-V) 值爲 5.9409 μm。

根據此量測資料，使用刀具路徑誤差補正軟體，進行第一次刀具路徑補正。根據補正後的刀具路徑程式，再次車削物鏡曲面，得到 P-V 值爲 1.0696 μm，但此精度仍未達到要求，因此需再次進行刀具路徑補正。依上述方法再次進行第二次刀具路徑補正，重新車削物鏡曲面，得到 P-V 值爲 0.1684 μm，其三步驟之形狀精度分別如圖 16.95 所示。

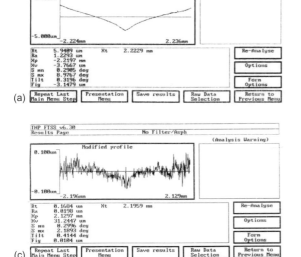

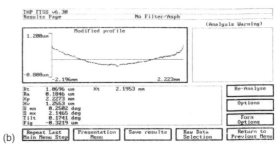

圖 16.95
(a) 使用原始刀具路徑車削，P-V 值爲 5.9409 μm。(b) 刀具路徑第一次補正，P-V 值爲 1.0696 μm，(c) 刀具路徑第二次補正，P-V 值爲 0.1684 μm。

　　在物鏡的曲面形狀精度及中心厚度皆達到要求之規格後，需使用干涉儀來量測物鏡的全波前誤差能力。干涉儀量測屬於非接觸式量測，使用干涉儀量測物鏡的優點是不會刮傷物鏡表面，及可得到物鏡的整體光學品質。但藍光讀取頭物鏡的二個曲面皆爲非球面，目前市面上僅有少數的干涉儀可量測非球面，且非球面量需在一定範圍內方能量測。因此，要以干涉儀進行藍光讀取頭物鏡的光學品質量測，需搭配一些量測治具，以模擬 DVD 讀取頭光路行進的方式進行量測。一般而言，以干涉儀量測 DVD 物鏡的全波前誤差有二種方式。其一是先使用一個標準平面鏡，讓平行光穿過物鏡之後，在約 1.5 mm 左右的位置收斂成一個點光源，並聚焦在玻璃平板上，之後再將標準反射球面鏡置於一適當的位置，將雷射光反射至干涉儀。其二是先使用一標準球面鏡，讓雷射光先聚焦在玻璃平板上，點光源穿過物鏡之後將光源變成平行光，再利用標準平面鏡將平行光反射至干涉儀。這二種方式皆是使用標準的單一波長，使其在穿透物鏡之後，判斷標準的光波形在穿過物鏡後的變形量，進而求出物鏡的光學品質。利用干涉儀量測 DVD 物鏡波前像差的量測方法示意圖，如圖 16.96 所示。

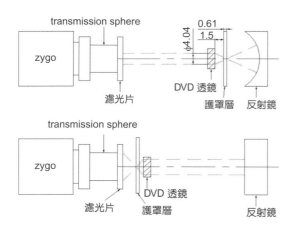

圖 16.96
干涉儀量測藍光物鏡波前像差的量測示
意圖。

可使用的干涉儀如美國 Zygo 公司的 GPI-XP 干涉儀,其光源是氦氖雷射,波長為 0.6328 μm,干涉儀外觀如圖 16.97 所示。此型號干涉儀的鏡頭為四吋,但因藍光物鏡的曲率有效面積僅為 4 mm 左右,實際量測時可加裝一個四吋轉一吋的標準鏡頭,使干涉儀在量測物鏡時,所取得的畫素較多,以得到較為正確的量測結果。利用干涉儀量測車削完成的藍光讀取頭物鏡的全波前誤差,其量測結果為全波前誤差 0.030λ,如圖 16.98 所示。

物鏡在經由干涉儀檢測之後,仍需使用光點大小 (spot size) 檢查機台來量測物鏡眞正的聚焦能力,可使用的設備如 KUGE 公司的 PST-103 光點大小檢查機。物鏡焦點大小的計算方式為 $d_{FWHM} = 0.52 \times \lambda/NA$。藍光物鏡的 NA 值為 0.65、使用波長 ($\lambda$) 為 408 nm,因此藍光物鏡的聚焦點的尺寸 (d_{FWHM}) 需在 0.3 μm 以下。

圖 16.97 Zygo 干涉儀外觀圖。

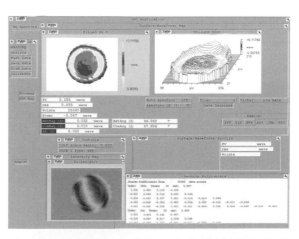

圖 16.98 車削完成的藍光物鏡全波前誤差為 0.03λ。

16.5.4 藍光讀取頭物鏡射出成形技術

以超精密加工製程技術車削適用於藍光讀取頭的物鏡，雖然可以在最短時間內製作出原型件，用以驗證物鏡的光學特性，減少物鏡開發的時間及成本，但此技術僅適用於少量生產，若要大量生產物鏡，唯有採用射出成形技術方有可能達到。

藍光讀取頭的物鏡由於形狀精度要求高、曲率半徑小、厚薄比約爲 0.6、光學有效徑比率達 88% 以上，所以在射出成形及物鏡光學品質量測的技術上有很高的困難度，因此需要整合模具設計、零件加工、模具組立、成形條件、物鏡成形後形狀誤差補償及光學品質量測等技術，藍光物鏡射出成形技術的開發流程如圖 16.99 所示。

以工研院所開發的一模四穴藍光讀取頭物鏡射出成形技術爲例，使用塑膠材料是日本 Zeon 公司生產之 Zeonex E48R，在射出成形機方面是使用日本 FANUC 公司生產的 50 噸全電動射出機，型號爲 ROBOSHOT α50iA，其外觀如圖 16.100 所示。使用全電動射出成形機的優點是精度高、潔淨度佳，使鏡片在射出成形時穩定性較高，容易得到較佳的鏡片形狀精度。

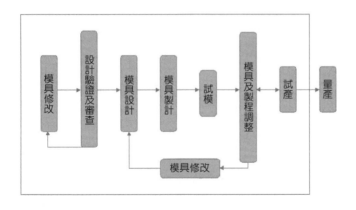

圖 16.99
藍光物鏡射出成形技術的開發流程。

圖 16.100
全電動射出機外觀圖。

　　一般藍光讀取頭的物鏡在成形時需先進行塑料的前處理，讓塑膠顆粒預熱、乾燥並且除去粉塵，以確保塑膠顆粒的潔淨度。再將塑膠顆粒送進射出機料管內進行加熱，使其變成熔融狀態，接續施以高壓、高速將塑料注射至模穴內，讓塑料填滿模穴。模具在保持壓力一段時間後，即可進行冷卻動作，並將物鏡從模穴內頂出。整個物鏡的成形時間從塑料預熱至成品取出大約是 80 秒左右。圖 16.101 為藍光物鏡射出模具組立圖及射出後的成品圖。

16.5.5 結論

　　如何將光學設計者設計完成的藍光讀取頭物鏡製作完成且又符合光學特性，端看物鏡加工者的能力。車削藍光讀取頭物鏡的關鍵技術力包含：物鏡內應力的消除方式、物鏡夾持方式、超精密車削物鏡條件的選用、刀具幾何形狀的設計、物鏡光學品質量測、誤差補償方法及環境的控制等。在車削物鏡時，上述任一條件若沒有符合規格，皆會影響到物鏡的聚焦能力。光碟機讀取頭的市場相當大，2006 年全世界市場的需求預估有六億顆。物鏡的產能要符合市場的需求，唯有靠精密射出成形技術。開發藍光物鏡需仰賴的核心製程技術為：精密模具設計技術、射出製程條件控制技術、物鏡曲面誤差補正技術及鏡片澆口剪斷技術等技術。

(a)

(b)

圖 16.101
(a) 藍光物鏡射出模具組立圖，(b) 藍光物鏡射出後的成品圖。

16.6 人眼視光學系統的檢測技術

　　現今日常生活中所能「看到」與「應用」的資訊產品所獲得的大量資訊，最終還是需要透過人用「眼睛」加以吸收與消化，才能為人所用，因此一個人的眼睛視力好壞往往決定了光學產品最終所需滿足的規格。例如在數位影像產品中的數位相機，若最終的資訊輸出為「相片」，則可以根據所輸出相片的尺寸大小、使用者的觀看距離與使用者的視力狀況等影響因素來決定相機系統輸出的影像須達何種解析度才足夠使用，進而可決定相機中所使用的鏡頭對某些規格的要求程度 (如 MTF 等)。

第 16.6 節作者為張銓仲先生。

16.6.1 Landolt 測試圖樣

對於人眼視力的檢測技術而言，大家最常接觸到的即屬由眼科醫師或驗光師執行的相關視光學檢測。在各項視力檢測方式中，最常見的應該就是採用 Landolt 的測試圖樣。標準的 Landolt 測試是將特定形狀的測試圖置於人眼前方約 5 米處，驗光人員藉由人眼對不同大小的測試圖之反應正確與否來判定視力狀況。此種測試圖的基本假設是理想的人眼可在 5 弧分 (arc-minute，簡稱為「分」) 的視角下分辨出 1 分的圖樣，因此根據觀察距離 5 米、最大視角 5 分與視角分辨率 1 分的假設下，可以繪製出一個標準的圖樣如圖 16.102 所示。視力值 V 的定義為

$$V = \frac{1}{\theta} \tag{16.1}$$

其中，θ 為視標中的開口所對應的視角大小。因此若人眼在此程序下可清楚分辨圖 16.102(b) 圖樣，則定義此人視力為 1.0。根據不同視角分辨率的大小，可以製作出一系列的測試圖，各測試圖的大小與相對應的視力狀態列如表 16.15 所列。

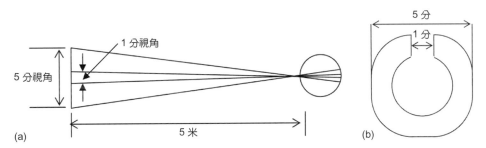

圖 16.102 標準視力測試下 (a) 視力 1.0 的視標與測試距離示意圖，(b) 視力 1.0 之 Landolt 視標。

若依上述 Landolt 測試圖來做視力測試，則測試結果可以分成標準視力與準標準視力兩種，此兩種視力的差異在於對同樣視標有不同的正確判定次數之規定 (如表 16.16 所列)。舉例而言，若同一人在視力測試中結果如下：
(1) 對 0.9 的 5 個視標中全部回答正確。
(2) 對 1.0 的 5 個視標中有 3 個回答正確。
(3) 對 1.2 的 5 個視標中有 0 個回答正確。
則根據表 16.16 所列，此人的標準視力為 1.0，而準標準視力為 0.9[22]。

表 16.15 視力與 Landolt 測試圖中圖樣規格。

視力	視角 (分)	外徑 (mm)	寬度 (mm)
0.1	10.00	75.00	15.00
0.2	5.00	37.50	7.50
0.3	3.33	25.00	5.00
0.4	2.50	18.75	3.75
0.5	2.00	15.00	3.00
0.6	1.67	12.50	2.50
0.7	1.43	10.70	2.10
0.8	1.25	9.38	1.88
0.9	1.11	8.33	1.67
1.0	1.00	7.50	1.50
1.2	0.83	6.25	1.25
1.5	0.67	5.00	1.00
2.0	0.50	3.75	0.75

表 16.16 視力判定程序與基準。

視標數量	標準視力 正確反應數量	準標準視力 正確反應數量
1	—	1
2	—	2
3	—	3
4	—	3
5	3	4
6	4	—
7	4	—
8	5	—
9	5	—
10	6	—

16.6.2 波前前導儀

當然，視力的檢測並非如以上所述那般單純，還須同時考慮測試環境的亮度、被檢者本身受測時瞳孔的大小、測試圖樣照射至被檢者眼睛的亮度，甚至不同眼睛的檢測程序等都會影響視力測試的結果；而視力的測試項目也並非如上述僅使用測試圖即可判定，例如散光 (俗稱亂視)、遠點的測定、瞳孔間距、老花眼、白內障等視力障礙與視力參數也都是相當重要的資訊。隨著技術的進步，對於人眼視力的檢測也漸漸新增了更多精準的設備，這些設備之中也慢慢加入了許多精密的光學元件，並採用全自動的檢測技術。

在這些設備之中，市面上最普遍使用的當屬所謂的雷射「屈光手術」中所採用的設備。雖然乍聽之下手術似乎與視力檢測無關，但實際上執行屈光手術前一定要使用視力量測設備，一般這種設備被稱作「波前前導儀」。波前前導儀的主要功能在於量測人眼的整體光學像差，藉由光學像差的量測，以協助醫師在手術時判定對人眼結構所需進行的切割區域與切割量大小；藉由像差的量測，亦可以同時測出人眼的視力、散光方向等以往需要經過繁複程序才能得知的視力參數。

(1) 量測原理

市面上之波前前導儀的像差量測方式分成 Hartmann-Shack 與 Laser-scanning 兩種方式，其中又以採用 Hartmann-Shack 架構的機種占絕大多數。Hartmann-Shack 是由 Hartmann 改良而來，而過去 Hartmann 的檢測方式經常運用在鏡頭的檢測之中。以下將簡單介紹 Hartmann 與 Hartmann-Shack 的基本原理。

Hartmann 的檢測是由傳統的星點檢測 (star-test) 變形而來，採用一個準直度良好的光源搭配一個 Hartmann plate 所構成，其量測架構與 Hartmann plate 的構造如圖 16.103 所示[23]。

在如圖 16.103(a) 的量測架構之中，準直度良好的光源因通過 Hartmann plate 後，變成在不同高度上分別出射的光線，這些光線通過待測元件 (通常是具有成像功能的鏡頭／鏡片) 後會聚焦，而藉由不同高度光線的聚焦位置與現象，可以分析出待測元件的球差、色差、場曲等像差特性[23]。

而若將圖 16.103(a) 中的 Hartmann plate 利用微透鏡陣列取代後，同時將量測架構更改成圖 16.104 之架構，即形成 Hartmann-Shack 的量測。這種量測架構可以分析光學系統中各區域波前斜率，藉由波前斜率的獲得以求出整體波前的分布狀況，再利用相關的波前計算方法求出如 Zernike 係數、PSF 分布函數等必要的資訊。

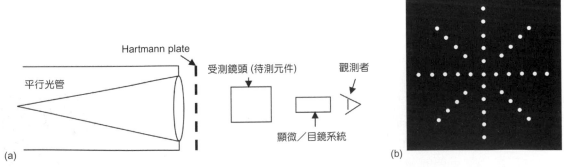

圖 16.103 (a) Hartmann 量測架構示意圖，(b) Hartmann plate 構造示意圖。

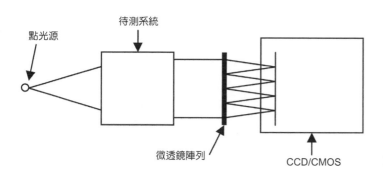

圖 16.104
Hartmann-Shack 量測架構示意圖。

(2) Hartmann-Shack 法量測波前斜率

當一平行波前垂直通過一個透鏡時，光線會因透鏡的作用而聚焦在焦平面與光軸的交會處，如圖 16.105(a) 所示。當入射波前與透鏡光軸產生夾角時，聚焦的光點位置會隨入射角度變化而改變，如圖 16.105(b) 所示，此時若以圖 16.105(a) 的光點位置作為基準，則可以利用圖 16.105(b) 與圖 16.105(a) 的光點位置變化量與透鏡的有效焦距，計算出入射波前與透鏡光軸的夾角，即求出波前的斜率與變化方向，其關係式如 (16.2) 所示，其中 x 為偏移距離，f 為焦距。

$$\theta = \arctan\left(\frac{x}{f}\right) \tag{16.2}$$

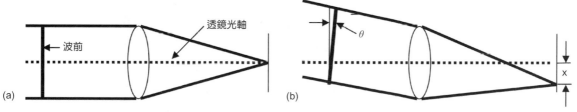

圖 16.105 (a) 平面波前入射示意圖，(b) 非垂直入射平面波前示意圖。

(3) 波前前導儀基本架構

在波前前導儀中大致可以將光路分成兩大部分，第一部分稱為瞄準光路，第二部分稱作量測光路，如圖 16.106 所示。在瞄準光路中最重要的便是提供一個受測人眼固定觀看的影像，由於人眼為一個活體結構，在觀看時人眼會持續運動，因此需要提供一個固定的影像給人眼觀看 (與上述視力測試時所用的 Landolt 視標類似)，以減少人眼運動的頻率，以利量測之進行。

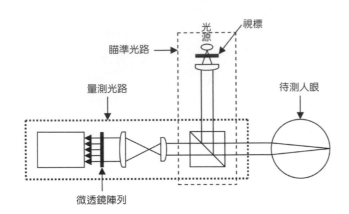

圖 16.106
波前前導儀內部光路示意圖。

　　瞄準光路大致上是由光源、視標、照明光學元件所構成。其中光源提供人眼在瞄準視標時所需的照度，視標提供一個特定的物體給人眼做瞄準用，而照明光學元件最重要的功能在於使視標所產生的虛像至少位於受測人眼 5 米以上距離，如此才能提供一個夠遠的影像給人眼做瞄準用。

　　在量測光路之中，通常採用半導體二極體雷射作爲光源，所使用的波長通常爲780－790 nm。由於採用的爲近紅外光，因此可以降低對人眼的損害，但需要注意的是，不論使用哪種光源與波長，均需要注意對人眼的損害程度，以雷射光源爲例則可參考IEC 60825-1、ANSI Z136.1 等規範[24]。

　　一般人眼的瞳孔大小約爲 2－7 mm，雷射光需經過適當的擴束／縮束以及整形後進入人眼並聚焦在視網膜之上。由於視網膜本身的反射效應，因此雷射光束會由視網膜反射經過水晶體、角膜後再進入量測光路之中，經由分光稜鏡分光後進入微透鏡陣列與影像感測器 (CCD 或 CMOS 感測器)，再利用影像處理與電腦運算即可求出待測人眼的像差參數、光軸方向、度數等相關資料。

(4) 商品實例

　　目前在各大波前前導儀的製造商中，完全針對人眼的量測系統所開發的各式波前前導儀廠牌與型號如表 16.17 所列。圖 16.107 至圖 16.109 分別爲 VISX 與 WaveFront Sciences 廠商所製作之儀器圖片，從圖中可以明顯看出這類儀器的構造簡單，圖 16.109爲將波前前導儀與雷射屈光手術機台作整合後的系統。

　　另外，波前前導儀並非只能運用於對人眼系統的量測上，其他如雷射波前形狀分布、自適應天文望遠鏡系統等方面均有相當大量的應用實例。

表 16.17 各式市售之波前前導儀廠牌與型號。

廠牌	型號	註解
VSIX	WaveScan	Fourier based algorithm, PSF calculation
Alcon	LADRAWave	
Topcon	BV-1000	CSF, *etc.*
WaveFront Sciences	COAS	

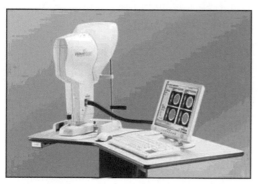

圖 16.107 VISX WaveScan 系統外觀圖[25]。

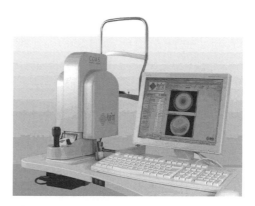

圖 16.108 WaveFront Sciences COAS 系統外觀圖[26]。

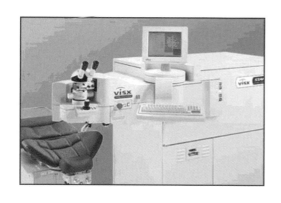

圖 16.109
VISX STAR S4 系統外觀圖 (與手術機台整合)[25]。

16.7 立體 (3D) 顯示技術

16.7.1 前言

　　早在數百年前，人們就注意到，雖然人有兩隻眼睛，兩眼視網膜所接收到的影像也不盡相同，但人卻不會有看到雙重影像的困擾。到了十九世紀末，David Hubel 與 Torsten

---

第 16.7 節作者為蔡朝旭先生。

Wiesel 直接在貓的大腦視皮質區內進行測試，進而找到雙眼敏感細胞 (binocular cell)。其後 Barlow、Blakemore 與 Pettigrew (1967)，Pettigrew、Nikara 與 Bishop (1968) 等人遵循 Hubel 和 Wiesel 的生理測電法，相繼地在眼肌被麻醉了的貓大腦視皮質區中，找到兩眼不同位置 (即不同像差) 反應的細胞，這類細胞被稱為像差敏感細胞 (disparity cell 或 disparity detectors)。至此，初步確定「中央眼」確實在大腦中有專屬的細胞掌管。

　　1975 年 Blake 與 Hirsch 展開了新一輪的貓眼視覺實驗，確定了像差敏感細胞確實是經過後天練習刺激生成。這個實驗讓一生下來的幼貓就戴上單眼眼罩 (因應保護動物人士的要求，眼罩左右輪流戴，以避免後天性眼盲)。使幼貓從來不用雙眼同時對焦的注視物體，讓大腦皮質區內的雙眼敏感細胞無法受到刺激而生長，從而再利用 Hubel 與 Wiesel 的實驗方法，證實在這些戴眼罩的幼貓腦中找不到這些雙眼敏感細胞。反之，有正常雙眼立體感的貓，就可以找到這些雙眼敏感細胞。透過這項研究，終於證實大腦內確實存在著像差感應，也由於這樣的細胞存在，人類的中央眼感官才得以發揮。David Hubel 與 Torsten Wiesel 於 1981 年獲諾貝爾獎，由於他們的實驗，使得人類更進一步認識視覺神經，也開啟了立體視覺的新研究領域。

　　雖然人們對於立體視覺的研究要到二十世紀後才算成熟，不過早在一百多年前就有立體的畫面產生了。目前根據可靠的文獻資料表示，英國科學家 Sir Charles Wheatstone (1802－1875) 在 1833 年就利用雙眼視差法在兩張手繪的草圖上創造出了世界上第一組的立體圖像，並於 1838 年成為第一個利用像差原理作出立體鏡的人。而在 13 年後，同是英國科學家的 Sir David Brewster (1781－1868)，則以兩個透鏡做了一個較實用的立體看片箱，透過兩部相機同時拍攝的照片，放在一起觀賞。該發明在 1851 年的世界博覽會中展出，立刻使得立體相片 (stereo photograph) 的風潮席捲全世界，在接下來的五年中，就賣出了五十萬套看片箱，這也使得立體相片在十九世紀晚期大受歡迎，圖 16.110 (a) 和 (b) 分別是 Wheatstone 和 Brewster 的立體鏡構造示意圖。

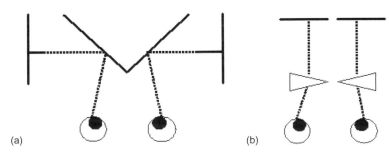

圖 16.110 (a) Wheatstone 和 (b) Brewster 的立體鏡構造示意圖。

16.7.2 發展現況

立體顯示技術從 Charles Wheatstone 起，經過一百多年的發展，在戴眼鏡式立體顯示技術方面，可以說已經相當成熟，近幾年來並沒有新技術被開發出來。然而，人是永遠不會滿足的動物，追求更自然、更逼真的視覺享受，是亙古不變的真理。因此在 1960 年代，彩色電視取代黑白電視的趨勢銳不可當，此自然視覺的追求如今延燒到了不戴眼鏡的立體顯示技術，也就是裸眼式立體顯示技術上。然而黑白電視花了十幾年就達到全面彩色化，由平面顯示到立體化顯示似乎就沒那麼順利了。戴眼鏡式立體顯示器在 IMAX、Disney 世界或其他遊樂區的 3D 劇場及遊戲機等娛樂用途，已經有了不錯的應用成績，但是如果要擴大應用範圍，全面取代平面顯示器，則似乎非要拿掉那累贅的眼鏡不可。開發可以讓人舒舒服服隨意看到立體影像的裸眼式立體顯示器，其技術遠非從黑白電視轉變為彩色電視那麼簡單，目前尚未見到理想的技術問世，不過近幾年來，也的確有些進展。以下簡介裸眼式立體顯示技術目前在世界上的發展情況。

(1) 從專利申請趨勢看技術發展

從專利數的變化往往可以了解一個技術的發展趨勢和現況，圖 16.111 是從美國專利資料庫搜尋並加以篩選之後製作的專利申請數分布趨勢圖。由分析中發現，在八○年代中期之前，由於戴眼鏡式立體顯示技術已大致成熟，僅剩相關技術的力求精緻化等技術改進性質的研究，因此只有零星的專利分布。到了八○年代晚期及近九○年代時，從麻省理工學院媒體實驗室的 Holo-Video 技術研究開始，引起了世界各地的研究單位投入各種裸眼式立體顯示技術的研究，後來這些技術逐漸擴散到美日歐許多較具企圖心的企業，使得研究動作更趨積極，專利的累積更加快速，這也造成在九○年中期之後，專利數呈倍數成長。

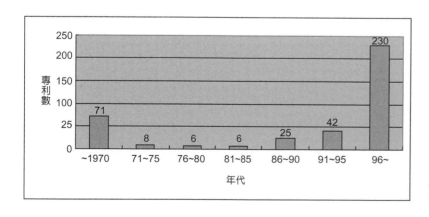

圖 16.111
歷年立體顯示技術專利分布 (至 2002 年)。

(2) 世界各國發展現狀

日本

　　日本一向以其執世界牛耳的顯示技術自豪，不管是目前當紅的液晶顯示器、電漿顯示器，還是投影顯示器，其技術都在世界上居於領先地位。爲了繼續保持優勢，日本在未來顯示技術的開發上，更是不遺餘力。在立體顯示技術方面，1990 年代初期，由日本郵政省主導，與產業界及學術界共同成立了以立體電視相關技術研究爲目的的研究所 TAO (Telecommunication Advancement Organization)，該研究所以十年時間分兩階段從事立體電視的顯示、傳播及視覺等技術的研究。目前該研究所已經解散，其研究人員則轉往產業界和學術界擴散。TAO 成立的任務規劃示意圖如圖 16.112 所示。

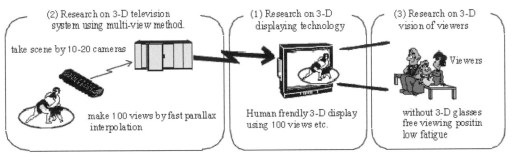

圖 16.112 TAO 成立的任務規劃。

　　除了 TAO，日本各大企業，如 NHK、Sanyo、NTT、Sharp、Toppan、Hitachi、Mitsubishi、NEC 等，在立體顯示技術的研究上，也都相當積極，各公司均有其長程研究計畫進行。其中，NHK 因其本身屬電視傳播產業，在立體顯示技術的開發規劃上，也以家用電視應用爲目標。其顯示技術希望提供觀賞者可以在坐或臥、直或斜等不同姿勢、不同角度下，皆可看到優質的立體影像內容。在此要求下，目前該公司正在開發兼具水平和垂直視差的 Integral Photography 技術。此外，NHK 在立體影像傳輸技術上也有所著墨，於 2001 年該公司曾在琉球和東京之間，進行實驗性的立體影像無線傳輸。Sanyo 是最早發售立體電視的企業，1994 年該公司首先推出 40 吋立體電視產品，接著又陸續推出 70 吋及 110 吋的產品，其使用的是 Lenticular 技術。由於該產品觀賞者必須將頭部固定在一小範圍內才能看到立體效果，而且用來欣賞一般非立體內容時，解析度不佳，因此並未得到消費者的青睞。

　　Sanyo 的立體電視雖然推出了商品，但嚴格來講並未眞正量產，眞正第一個大量生產的裸眼式立體影像顯示商品，應該算是由 Sharp 公司製造、由 NTT DoCoMo 發行，而在 2002 年 11 月推出的 3D 手機 SH251is，其外形如圖 16.113 所示。該手機同時內建 2D

圖16.113
Sharp 的 3D 手機 SH251is。

影像轉 3D 影像的軟體，可以立刻將所拍攝的照片轉成立體，顯示在該手機 2.2 吋的立體螢幕上。隨後 Sharp 又在 2003 年 6 月推出另一款 3D 手機 SH505i，除了螢幕變大、解析度提高之外，其他功能和第一款大同小異。這兩款手機都在推出後數週內就賣出二十幾萬支，算是不錯的成績。該產品會得到消費者的肯定，其中有一個關鍵因素，就是這兩款手機都可以在 2D 顯示和 3D 顯示之間作切換。在 2D 顯示模式下，該手機和一般手機完全沒有兩樣，顯示文字內容不會有解析度不足的問題。在 Sharp 的規劃中，手機只是其計畫陸續推出之立體產品的第一項，按其 2002 年在橫濱顯示器展中所呈現的展示品看來，其產品將涵蓋從小到大的各式顯示器商品。2003 年 11 月，Sharp 使用同樣的技術，又推出了 3D 筆記型電腦 — Mebius PC-RD3D；2004 年 1 月，NEC 也使用了 Sharp 的 3D 液晶面板，推出自己的 3D 筆記型電腦。

Sharp 的積極動作不只在推出一系列的立體顯示產品，為了推動其後續產品的相關應用及市場，Sharp 更在 2003 年 3 月結合 Itochu、NTT、Sanyo、Sony 等企業共同發起成立了 3D 聯盟 (3D Consortium) 的組織，截至 2003 年底止，參與廠商數已突破一百五十家以上，包括 Microsoft、Kodak、Philips、Samsung、LG 等，都是該聯盟的會員。

美國

美國包括政府機構、學術界及產業界，均在立體顯示領域有相當前瞻性的研究，其中政府機構的研究，多針對航太、傳輸、醫療等特殊應用領域的影像、顯示技術進行研究，例如 NASA。在學術界，大多以研究較前瞻性技術為主，其中以 MIT Media Lab. 的 AOM 式 Holo-Video 為代表。在產業界方面，則呈現非常多樣化，有許多是過去在學術界的研究成果，移轉成立新公司落實為產品，例如 Vrex；有的則是從早期戴眼鏡式立體顯示技術就已經開始耕耘，進而延續到裸眼式立體顯示技術的開發，例如 StereoGraphics；也有國際級大企業從事相關技術研究，例如 Kodak、AT&T 等。

韓國

在韓國顯示器研究組合 (南韓研究機構) 支持下，南韓產、官、學界自 1998 年開始舉辦相關研討會。爲促進 3D 顯示技術的開發，產、官、學界合組「三次元放送影像協會」。近幾年來，南韓大型企業如 Samsung、LG 等積極投入裸眼式立體顯示技術之研發，帶動韓國在此相關領域的研究風氣。因此，其在各相關國際會議中發表的論文數均直線上升，如今幾與美、日並駕齊驅。2002 年，韓國與日本合辦世界盃足球賽，韓國便藉此機會在世足賽中採 3D 放映模式，累積了豐富的軟硬體經驗。同時藉由大肆在各相關國際會議上發表論文，達到宣傳效果，同時提升其國際知名度及國內研究力道。

歐洲

以德國和英國的研究最爲積極，包括政府機構從事較前瞻性研究，如英國的 DERA (Defense Evaluation and Research Agency，2001 年 7 月 2 日起分割爲兩個單位：QinetiQ 公司及 Defense Science and Technology Laboratory)；也有學術界研究成果衍生公司，如德國的 Dresden 3D、英國的 Cam3D；大型企業的研究則以 Philips 爲代表。2002 年起，在 Philips 主導下，結合八大企業和研究單位，成立 ATTEST (Advanced Three-Dimensional Television System Technologies) 研究計畫，以模組化及相容於現今數位 2D 電視系統的 3D-TV 爲標的。

台灣

直到 2003 年以前，台灣產、學、研各界，唯一眞正進行裸眼式立體顯示技術相關研究的，只有工研院光電所一個單位，其他包括產業界和學術界均付之闕如。國內有幾家小型公司過去多年來一直在立體影像領域默默耕耘，但是其產品多以戴眼鏡式立體顯示之相關零組件爲主，例如液晶快門眼鏡 (LCD shutter glasses)，鮮少有自己開發裸眼式立體顯示技術之能力。而學術界也一直缺乏相關研究的團隊，因此長期以來均未培養出相關人才，形成產業研究需求和人才供給均缺的惡性循環。

此現象在去年日本 Sharp 陸續推出 3D 顯示產品，而國科會也將 3D 顯示技術列入顯示技術整合型計畫五大重點支持題目之一以後，情況稍有改善。首先是國內幾家顯示技術相關的大型企業開始規劃投入此領域的研究，接著若干大學光電研究所也開始將 3D 顯示列爲未來發展方向之一。希望由此開始，在學術界和產業界兩端的帶領下，國內在此領域的研究進入良性循環而逐漸蓬勃發展。

16.7.3 百家爭鳴的技術現況

立體顯示器要能夠全面取代目前的平面影像顯示器，還有很多層面問題亟待解決，但是首先必須要有理想的立體顯示器硬體。從一個使用者的角度來看，理想的立體顯示器必須具有：無視角限制、無距離限制、無立體視覺疲勞、全方位視差 (full parallax)、無閃爍、高解析度等特性。目前已有的技術距離符合此需求都還相當遙遠，僅能算是過渡性的技術。就是因為沒有一種技術可以滿足需求，也就不斷有人提出新的方法，每一種技術都有其優點，但也有其限制。新技術雖不一定能取代舊有技術，但也不難取得存在的一席之地，形成目前各種技術並存、百家爭鳴的熱鬧景象。

　　目前世界上的立體顯示技術五花八門，若以需不需要佩帶特殊光學顯示裝置於觀賞者的眼前來分的話，可做如圖 16.114 的分類，以下並簡單介紹這些 3D 顯示技術。

圖 16.114
3D 顯示技術之分類。

(1) 戴眼鏡式 3D 顯示技術

(a) 快門眼鏡

　　快門眼鏡 (shutter glasses) 立體顯示技術就是利用快門的啓閉時間差讓左右眼看到不同視差的影像，其所使用的立體眼鏡同一時間只有一個鏡片能看出去。換言之，左右鏡片是一下打開一下關閉，當右眼的鏡片打開時，螢幕上也同時輸出給右眼看的影像；當左眼的鏡片打開時，螢幕上的影像也得剛好是輸出給左眼看的影像，如圖 16.115 所示。

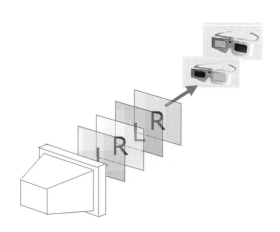

圖 16.115
快門眼鏡式立體顯示原理。

現今歐美正逐漸盛行的 IMAX 立體電影院和國內外常見的立體劇場有些採用的就是此種技術。

　　為了避免配戴立體眼鏡時眼前的影像忽暗忽明，鏡片切換的速度必須非常迅速，通常每秒至少要開關 60 次以上，才不致造成配戴者的不適感。此外，影像的輸出也必須配合眼鏡切換的速度，舉例來說，如果左右眼的鏡片開關頻率 60 Hz，那麼每秒影像的輸出就必須是 120 個畫面。快門眼鏡有兩種類型，一種是有線的，另一種是無線的。目前市面上有好幾款的顯示卡都有配合快門眼鏡的顯示功能，甚至只要購買這類型的顯示卡和有線快門眼鏡，設定好撥放模式，將眼鏡的插頭插入顯示卡上預留的插槽便可享受立體效果了。

(b) 偏光立體眼鏡

　　當紅綠眼鏡漸漸流行後，紅綠立體眼鏡開始困擾著一些觀眾，他們就是色盲族群。由於先天的遺傳問題，色盲通常對「紅綠」兩種色彩無法感應，也因此對他們來說無法理解究竟螢幕上到底在演些什麼。而偏光立體眼鏡 (polarization glasses) 的發明似乎解決了此問題。偏光鏡立體和紅綠立體相似，觀看的時候也需要適當影像內容型態的配合，如此我們在觀賞立體電影時，便能左右眼各看不同視距的分圖，得到立體效果。

　　紅綠眼鏡立體顯示技術是利用光的不同顏色來將左右眼的影像區分出來，偏光眼鏡立體顯示技術便是利用光的偏振特性來達到同樣的功能。圖 16.116 是一般偏光眼鏡式立體投影系統的架構，圖 16.117 則是與其搭配而可以看到立體效果的偏光眼鏡。目前偏光眼鏡式立體電影或劇場就是利用這種架構，若使用的是互相垂直的線性偏振光 (0 度和 90 度或是 45 度和 135 度) 便需要搭配同角度線性偏光膜，若是利用圓形偏振光則有分左旋和右旋兩種；也是要搭配左旋和右旋偏光膜來使用。

　　偏光眼鏡式立體顯示技術在一般的顯示器上倒是罕見，因為一般的顯示器所提供的影像不是未帶特別光偏振特性 (如 CRT、PDP) 就是只帶一種偏振特性 (如 LCD)，所以無法利用此技術。不過，有一種微位相差板 (microretarder) 的技術可以使一般的顯示器也

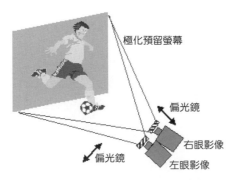

圖 16.116 偏光眼鏡式立體投影顯示系統。

圖 16.117 偏光眼鏡。

能具有偏光眼鏡式立體效果。首先要使一般顯示器帶有一種偏振性，LCD 原本就已經有了，像 CRT、PDP 之類的則外加一片偏光膜就可以做到。接著再對準貼上或掛上一適當規格的微位相差板，硬體方面就搞定了。微位相差板的作用如圖 16.118 所示。

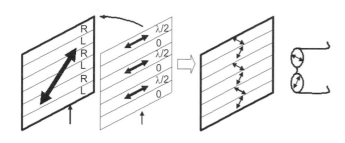

圖 16.118 微位相差板作用原理。

(c) 紅綠眼鏡

　　受限於立體看片箱的大小，早期要享受 3D 視覺效果的人，必須緊縮在一個小框框之中。而且雙眼距離因人而異，Brewster 的設計不能滿足人們追求大視野與 3D 便利性的要求。到了 1950 年代中期，紅綠立體圖 (anaglyph) 出現，此時你只要戴上兩眼色澤不同的有色眼鏡，便可看出這張混層圖的立體感，這種紅綠眼鏡儼然成為 3D 新寵。

　　紅綠眼鏡式立體顯示技術在十九世紀便已經發明了，在二十世紀時，紅綠眼鏡式的立體電影更曾經造成流行風潮，連台灣也有一些觀光休閒景點都曾設立這類的立體電影院。本技術的原理乃是利用顯示影像的色彩將左右眼的影像分給左右眼觀看，且互不相擾。簡單來說便是，將兩眼的影像分別利用色彩加碼後播放，再利用紅綠眼鏡解碼給左右眼。此類技術主要是靠兩部分互相搭配而使得觀賞者能夠享受到立體視覺的樂趣。其一是播放的影像內容部分，顯示器的色彩是由紅藍綠三原色組合而成，其頻譜大概如圖 16.119 所示之分布。要顯示立體影像，首先我們必須取得分別要提供給左右眼的兩種視差的影像 (不論是直接拍攝的或是電腦動畫)，再將其中一眼的影像 (例如右眼影像) 僅以紅色呈現，另一眼的影像 (例如左眼影像) 則僅以藍綠色呈現，兩個影像因此可以合併在一起顯示，當沒有佩帶專用眼鏡直接看該影像時，看起來就像圖 16.120 的樣子。

圖 16.119 顯示器三原色頻譜示意。

圖 16.120 紅綠眼鏡式立體圖片。

　　接下來就是眼鏡端的配合了。眼鏡的功能就是要讓右眼只看到右眼影像，而左眼只看到左眼影像，因此眼鏡的右眼必須把藍綠光遮掉，而左眼則必須把紅光遮掉，也就是如圖 16.121 所示的特性。如此一來，就可以讓人看到令人驚艷的立體效果了。

(d) Pulfrich 效應

　　Pulfrich 效應是以首先解釋這現象的德國科學家 Carl Pulfrich 來命名的，雖然他因為有一隻眼盲而從未看過這現象。它的原理是當雙眼的入射光強度不同時會有快慢不同的知覺感受，接受較暗的光者，會較接受到較強光者的感受慢一點。所以當雙眼同時注視同一移動物體時，兩隻眼睛所看到的會是不同位置的物體影像，形成視差效應，從而讓人感受到立體視覺。相較於其他 3D 表現方法，利用 Pulfrich 效應的最大好處就是不需要特殊的雙鏡頭攝影機，而且當觀者不戴特殊眼鏡時也不會感覺跟一般影帶有何差異，但是在戴上眼鏡後又可立刻看到 3D 效果。Pulfrich 效應的缺點則是必須在移動的內容上才有辦法表現出立體感，在靜態物體上就失去作用了。

　　最有名的 Pulfrich 效應例子就是 Pulfrich 單擺。如圖 16.122 之左側，當一球型物體向左移動而右眼接受亮度較低時，由於 Pulfrich 效應之右眼反應較晚的結果，我們會覺得物體在螢幕之後，而反方向運動我們會認為其在螢幕之前。所以 Pulfrich 效應也屬於雙眼視差法的立體表現方式，但僅限於運動後才會產生的效果。在這種情形下，簡單的平面左右移動會被大腦解釋為由上方看似順時鐘的轉動。

　　至於左右的亮度比例與 Pulfrich 效應的強烈程度，應該會隨著觀者個人感受不同而略有差異，一般的建議值為 1.2 到 1.4 間；當然移動物體的速度也會影響立體深度的程度。這也就是 Pulfrich 立體眼鏡通常作成亮度可調整的目的。

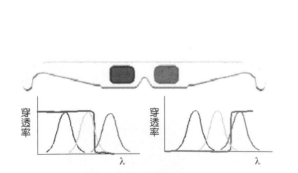

圖 16.121 紅綠眼鏡及其原理。

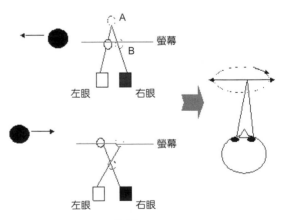

圖 16.122 Pulfrich 單擺。

(e) 頭盔式立體顯示器 (3D Head Mount Display)

　　人類的眼睛原本就持續看到不同觀察角度的影像，因此最直接的方式就是讓左右眼各看不同的螢幕，而每個螢幕的輸出都正好是左、右眼所看的影像。現行的虛擬實鏡 (VR) 頭盔裡，有兩個供左右眼看的小尺寸 LCD 螢幕，因此只要能分別輸出不同角度的影像到兩個 LCD 螢幕即可。為了維持畫面的解析度與執行的效率，設計上頭盔式立體顯示器是採用兩台 PC 分別輸出左右眼所要觀察的影像，目前尚且不論輸出影像內容的品質如何，假定輸出的內容夠好且夠精緻的話，此種技術的最高難度挑戰便是如何讓兩部機器精確地同步輸出。

　　由於兩部電腦必須藉由網路連線互送訊息以求能精確地同步輸出，而在網路傳輸的同時又可能會影響到同步的精確性，因此連線的技術是一大考驗。另外兩台電腦的運作效能也不可能一模一樣，因此這個架構設計之初，似乎有不少工程上的問題有待解決。

　　目前的技術可將網路的傳輸延遲降到 3 ms 以下，幾乎感受不到有延遲，而且畫面輸出也確實控制到完全同步，頭盔式立體顯像效果總算可以實現。

　　頭盔式立體顯示器可以將鬼影和兩眼間的漏光消除，應是個很理想的雙眼視差式的立體顯示器，不過其成本較高、同步顯示技術門檻高和佩帶不方便 (特別是原本就有戴眼鏡的人)，應是限制其普遍化的主要因素。

(2) 裸眼式 3D 顯示技術

(a) 全像式 (Holographic) 立體顯示技術

　　全像片可以顯示非常優質的立體影像，因此利用全像原理實現 3D 顯示技術是頗為直接的想法。目前在這類技術方面最著名的應屬美國麻省理工學院 (MIT) 媒體實驗室的 Stephen A. Benton 教授所帶領的研究團隊了，Benton 教授是彩虹全像片 (rainbow hologram) 的發明人，他在全像技術方面累積了十數年的經驗，因此他利用全像術的原理來開發立體影像顯示器。

　　首先，使用 He-Ne、DPSS Nd:YAG 及 He-Cd 三種雷射為紅綠藍三色光源，分別通過各自一個通道 (channel) 的聲光調變器 (acoustic optical modulator, AOM)，AOM 可以在其晶體中產生相位型光柵，光柵以音速在晶體中傳播，帶著光柵訊息的三色雷射光經全像光學元件 (holographic optical element, HOE) 合併後，利用多面鏡及反射鏡進行水平及垂直掃描，水平掃描的多面鏡掃描速度必須和晶體內的音速完全一致，以使光柵不會產生飄移。

　　此種方式的立體影像顯示器所需的頻寬，主要取決於顯示屏幕大小及視角。美國麻省理工學院曾製作了兩代的全像式立體影像顯示器 (Holo-Video)，如圖 16.123 所示，都只有左右視差，且顯示屏幕及視角很小，連顯示頻率也都為了降低頻寬而犧牲了，且僅能顯示簡單幾何形狀的物體，如此可以看出其頻寬問題的嚴重性。兩代全像式立體影像顯示器的規格如表 16.18 所列。

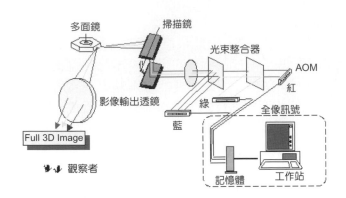

圖 16.123
MIT Holo-Video 架構示意。

表 16.18 兩代全像式立體影像顯示器的規格。

	顯示影像大小	視角	顯示頻率	顏色
第一代 (Mark I)	25 mm × 25 mm × 25 mm	15°	20 Hz	彩色
第二代 (Mark II)	150 mm × 75 mm × 75mm	30°	2.5 Hz	單色

　　除了 MIT 之外，日本和歐洲也都有從事全像式 3D 顯示研究的計畫，日本憑藉其在 LCD 方面的精良技術，直接採用精密 LCD 面板來顯示全像光柵；歐洲則利用 OASLM (optically addressed spatial light modulator) 的高解析度特性，將 LCD 影像縮影投射在 OASLM 上來顯示全像光柵。不管是用什麼方法，目前此技術均只能顯示極為簡單的物件，其主要原因在於光柵的微細程度仍無法達到需求及傳輸和計算頻寬要求太高。

(b) 體積式立體顯示技術

　　在眞實世界中，每一個物體都可視爲由其表面無數個小光點組成，如果我們能夠在空間中建立這些光點，則看起來就會和該物體眞的存在一樣，所謂體積式 (volumetric) 立體顯示器就是利用這個原理來產生立體影像。

　　早在 1964 年，就有人提出利用球形 CRT 製作體積式立體顯示器的構想，如圖 16.124 所示。1979 年，Edwin Berlin 提出圓柱形 rotation light array，如圖 16.125 所示。近幾年從事這方面研究的有德州儀器 (Texas Instruments Inc.) 和德國 Felix 公司的螺旋面雷射掃描立體顯示器、Acualiity 公司和三星 SDI 的旋轉投影螢幕方式，如圖 16.126 所示。

　　體積式立體顯示器因爲是直接模擬實際物體表面光點，理論上可以產生極爲眞實的立體影像，具有完整的視差，且不會有影像扭曲、鬼影、視角小等缺點。然而，它還是有嚴重的空間解析度、頻寬等問題，尤其致命的是，它所顯示的物體一定是透明的，也就是不能有前物遮後物的效果，這一點大大限制其可能的發展。

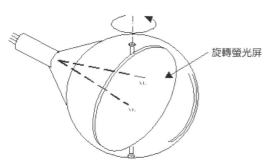

圖 16.124 球形 CRT 立體顯示器。

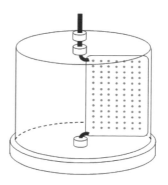

圖 16.125 圓柱形 rotation light array 結構示意圖。

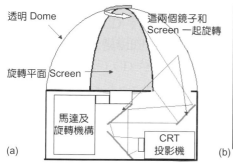

(a)

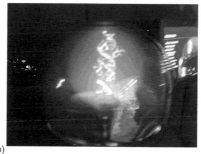

(b)

圖 16.126
旋轉投影螢幕系統，
(a) 架構示意圖，(b)
3D 影像效果。

(c) 2D 多工式立體顯示技術

　　所謂 2D 多工式立體顯示技術 (2D-multiplexed 3D display) 指的是不試圖在空間中呈現 3D 物體影像，而是分別提供觀者兩個眼睛一個具有視差的 2D 影像，利用大腦融合視差影像產生立體知覺的原理，讓觀者自然感受到具有深度的 3D 影像。由於此種方法在現階段就可以實現高影像品質的 3D 視覺，最具商品化的潛力，因此頗受研究者歡迎，也是目前主要的研究方向。

　　為了讓使用者可以自由移動位置，而所看到的 3D 影像角度還可以不同，只有兩個視差影像是不夠的。實際上，視差影像數越多，3D 視覺就越接近真實。因這些視差影像的顯示方式不同，此類技術又可以分成：(i) 空間多工式、(ii) 時間多工式、(iii) 觀者追蹤式。

　　其中，空間多工式立體顯示技術是將一系列視差影像「同時」呈現在顯示器上，並在顯示系統中利用光學原理將影像呈現角度分離，讓使用者從不同角度看到不同視差影像，當兩眼因視角不同而接收到不同的視差影像時，就會因大腦融像作用而產生立體視覺，如圖 16.127 (a) 所示。所謂時間多工立體顯示技術的原理是在極短的時間內，在空間中依照時間順序產生多個視域，以提供觀賞者來感受立體視覺的效果，如圖 16.127 (b) 所示。

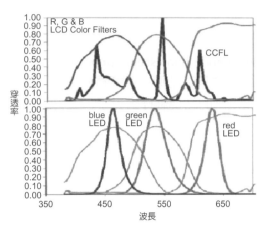

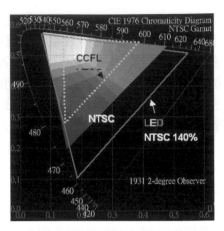

圖 16.128 CCFL 及 LED 光譜及濾光片之光　　　　圖 16.129 CCFL 及 LED 色域面積圖。
　　　穿透頻譜。

　　除了色彩的表現外，RGB LED 可以個別調整亮度，以混合出適當的影像色溫 (color temperature) 因應軍事及醫療等特殊用途的需求。在使用壽命上，LED 也有較長的壽命，根據 Nichia 及 Lumileds 網站的資料，在 2010 年左右 LED 的壽命將達十萬小時，約為 CCFL 的兩倍。另外，在環保議題日益高漲的趨勢下，不含汞的 LED 也將成為下世代照明光源的主流。

16.8.2 LED 背光系統技術

　　使用 LED 作為背光模組光源，早已廣泛見於小型面板上。這類用途通常只要求較低階的照明，取其省電及體積小等優點以應用在手機、PDA 等攜帶型電子產品上。本技術已有許多相關文章介紹，本文不再詳談。小面積背光模組通常會採用邊緣導光設計，以求輕薄短小。在大面積的 LCD 產品應用上，為求高輝度 (brightness)，通常將光源直接放置於 LCD 面板下方 (直下式)，此架構將是未來大型 LCD 顯示器背光模組的主流。目前大型 LCD 所使用的 CCFL 背光模組已採用直下式設計，LED 背光模組也將朝此趨勢發展。由於大面積液晶顯示器講究影像品質，所以對背光模組的輝度、均勻度 (uniformity) 及色彩均齊度 (color distortion) 等規格均有嚴謹的規範。LED 通常成顆粒狀，和長條狀的 CCFL 光源大不相同。

　　CCFL 光源出射白光，而使用 RGB LED 的背光模組卻需有混光機制，以使其混成白色背照光，因此 LED 背光模組需有特別的系統設計。目前最常使用的架構是直接將 RGB LED 排列成長條狀，如圖 16.130 所示，模擬 CCFL 的發光配置以直接套用其背光模組架構。由於目前綠光發光效率較低，所以採用 RGGB 的方式排列。

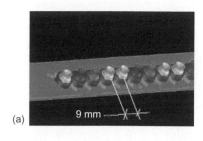

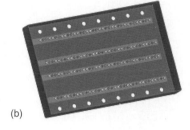

圖 16. 130
(a) RGGB 排列的直線狀 LED 光源及 (b) 其背光系統[30]。

　　由於色光需經一段距離之後才能混合爲白光，Lumileds 公司在 LED 晶片上加特殊光學鏡片，可將 LED 發出的光線折向側邊，如圖 16.131 所示，如此可以增加混光距離，而不至於使背光模組變厚。LED 加上適當的光學鏡片除了增強色光混合外，亦可將 LED 的光線導引至正確的方向，以增加光的利用率，並降低 LED 的數目。卓越而低成本的導光鏡片設計將是未來 LED 背光模組競爭的重點。圖 16.131 的 LED 的規格爲 1 W、350 mA 單晶片封裝，晶片尺寸爲 1 mm×1 mm，屬高功率 LED，並非一般的 20 mA、200 μm × 200 μm 低功率 LED。封裝方式爲先在單晶片上以環氧樹脂 (epoxy) 作 SMD (surface-mount device) 封裝後，再置放塑膠鏡片。圖 16.131 中的鏡片形狀特別，應是採用特殊成形方式製作，以利大量生產。

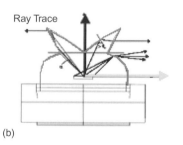

圖 16.131
(a) 具光學封裝之 LED 及其 (b) 光線追蹤圖[30]。

　　由於目前 LED 的取光效率 (light extraction ratio) 不高，加上其阻抗大，所以產生的溫度相當高，高功率的封裝尤其嚴重。Lumileds 公司在封裝上應已考慮散熱問題，否則將造成光學鏡片變形進而影響光分布。除此型封裝外，Lumileds 公司也陸續發展新型側光鏡片。目前已展示 LED 背光液晶電視的幾家大廠如 Sony、AUO、Samsung 等均採用 Lumileds 公司提供的側光型 LED 光源來製作背光模組，這也是目前應用於背光最成熟的 LED 產品。工研院光電所也投入開發使用國產 LED 晶粒的 LED 背光電視，期望突破國外大廠的專利限制，如圖 16.132 所示。除了 Lumileds 公司外，目前也有數家國際 LED 大廠如 OSRAM、OMRON 等也大力投入 LED 導光的設計與開發，並在專利上積極布局。

圖 16.132
工研院光電所研發成功使用國產 LED 作背光照明
的液晶電視。

　　目前 LED 的發光效率並不高，即使因光譜較 CCFL 優越，可以有 7% 左右的液晶面板穿透率 (throughput)，但耗能卻偏高。舉例而言，市面上液晶電視的輝度要求約爲 500 nits，在不考慮吸收散射的情況下，以三十吋面板的照明來說，約需要 6000 流明 (lumen, lm) 左右的光功率，目前 RGB LED 的平均發光效率約爲 20 流明／瓦 (lm/W)，以一般每顆 1 瓦的高功率封裝估計，約需要 300 顆 LED，因此光照明光源本身就需要 300 瓦電功率，加上 LCD 面板的電路損耗，整機的耗能約爲 350 瓦到 450 瓦之間。相對於目前 CCFL 背光的 30 吋液晶電視耗能約爲 200 瓦來說，確實偏高。以目前 Lumileds 的價格估算，大量訂購的 Luxeon 側光型 LED 每顆約 3 美金，所以光源成本將近一千美元，此將大幅提升 LED 背光模組的成本。目前等光功率的 LED 成本大約是 CCFL 的五到十倍，當然 LED 的品質及價格未來將有極大的改善空間。根據 Lumileds 公司的預估，LED 的發展的時程及品質如圖 16.133 所示。目前歐美日等地區均以政府資源大力投資 LED 光源技術，背光的應用應可搭著節能風潮的順風車，不久的將來，高品質、低成本的 LED 製造技術將逐漸落實。

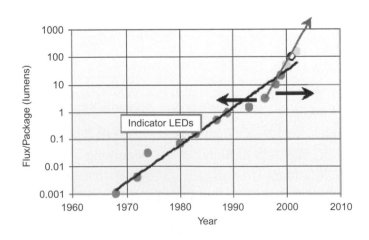

圖 16.133
LED 的發光效率進展。

16.8.3 技術問題及解決方案

　　除了成本之外，目前 LED 發熱量很大，在系統中會造成高溫。過高的溫度會影響 LCD 的功能，甚至失效，並會造成 LED 色溫改變，形成色差。在 LED 溫度問題尚未完全解決前，目前各公司發表的 LED 背光液晶電視，均以加系統風扇的方式解決 LED 背光模組過熱的困擾。經實驗證實，良好的光機系統熱流設計，可以讓整機的溫度控制在 40 °C 以下。在未來的發展上，則需從改善 LED 取光效率技術上著手。目前 LED 的內部效率 (internal efficiency) 相當高，但外部效率卻相當低。這是因為大部分的光都因介質折射率的差異造成的 Fresnel 反射、全反射 (total reflection) 而被陷 (trapped) 在 LED 的發光層中，如圖 16.134 所示，不只無法利用，還會造成溫度上升。所以如果能克服此問題，則可同時解決 LED 高發熱及效率的問題。LED 業者如期望切入此應用市場，應多著力於此問題的解決。依據文獻的記載，目前也有很多相關的研究，例如採用改變 LED 反射表面結構的方法以減少反射率，或將晶片四周裁切成非長方形 (truncated inverted pyramid (TIP) LED)，或採用覆晶式封裝 (flip-chip)，甚至利用光子晶體等都可以有效的提高取光效率。有朝一日，無風扇降溫的 LED 背光系統是可行的。

　　另外，由於每顆 LED 晶片的光衰減率 (decay rate) 不同，壽命也不同，所以背光模組的區域亮度會隨著時間改變，造成顯示器亮度不均勻。此現象除了可在磊晶階段改善外，另一方案是在系統設計上解決。由於 LED 在背光模組中為平面排列，可以在背光模組中加入光偵測器量測局部區域的輝度變化，並利用邏輯電路調整局部區域輸入 LED 的電流以平衡輝度值，此方法較為直接，但成本亦較高。也可以利用特殊的光學元件將各區域的光線作混合，減少區域性的輝度落差。由於用 RGB 作混光，所以光衰減率不同也會造成局部區域混光比不同，形成背光模組各區域間有色差。本問題也可以用偵測器來回饋各區域色光的輝度落差，並自動作電流控制以平衡色溫。

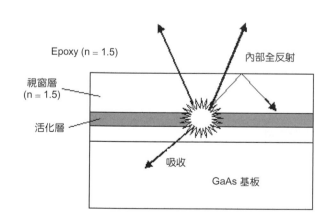

圖 16.134
全反射及吸收造成 LED 發光效率不佳。

16.8.4 產業契機

　　2004 年台灣 LCD 面板產業已超越日本，占全球第二位，如圖 16.135(a) 所示。國內 LED 的產值在 2004 年達四百億台幣，躍居全球第二位，而且上中下游的結構非常完整。然而台灣的 LCD TV 卻沒有挾此優勢攻佔全球市場，而且產值僅佔非常小的比例，如圖 16.135(b) 所示。全球生產的 LCD TV 有相當大的比重是採用本地生產的面板，長此以往，台灣恐怕又成為 LCD 面板的代工國。

　　目前世界各國均已訂出數位電視的時間表，如圖 16.136 所示。電視數位化後，由於訊號已無需在電視端作處理，所以外國產品再無法以其電視端的影像處理技術而以高價席捲高畫質電視市場。高畫質電視的定義也將從過去的高解析度、高影像品質轉為高色彩飽和度。面對數位電視產業的龐大商機，台灣應可挾本地之零組件優勢佔有市場。

　　LED 背光液晶電視的高色彩品質最符合未來高畫質電視的需求。國內更可以結合 LED 及 LCD 面板製造的兩個成熟技術，在數位電視的時代，共創本地高畫質電視產業的新契機。

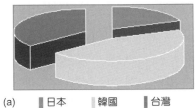

圖 16.135
(a) LCD 面板全球產值分布，(b) LCD TV 全球產值分布 (工研院 IEK)。

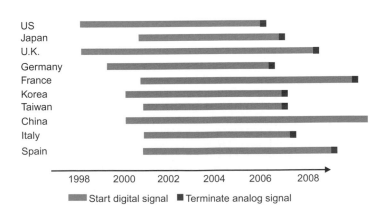

圖 16.136
各國數位電視開播時程。

參考文獻

1. 陳榕庭, 傑克遜, 半導體封裝與測試工程－CMOS 影像感測實務, 初版, 台北: 全華科技 (2004).

2. 楊雅嵐, 全球半導體封裝市場規模及技術藍圖預估, 工研院 IEK-ITIS 計劃產業分析.

3. 林峻毅, 手機用數位相機市場展望, 2003 年拓樸產業研究所.

4. 伍清欽, "手機相機鏡頭設計趨勢", 手機相機鏡頭設計及量測技術研究會, 工研院光電工業研究所, 10 月 25 日 (2005).

5. 王祐君, 數位相機與照相手機全球市場發展現況, 工研院 IEK-ITIS 計劃產業分析.

6. http://www.zeiss.com/

7. 林穎毅, "數位攝錄影機與數位相機鹿死誰手", OPTOLINK, PIDA (1998).

8. 林羿芬, "是 DVC 也是 DSC，看近期數位攝影機產品發展", MIC 產業研究報告 (2004).

9. Y. Itoh, "A new optical zoom lens designs so small it can be literally hide under a US dime", in *ICO' 04: Optics & Photonics in Technology Frontier*, Tokyo Japan, Technical Digest 12A2-4. (2004).

10. C. W. Chang, G. H. Ho, C. L. Wang, W. C. Chao, and J. D. Griffith, "Tolerance analysis of lenses with high zoom ratio", in *ICO20: Optical Design and Fabrication*, L. James Breckinridge, Yongtian Wang, ed., *Proc. SPIE*, **6034**, 60341P1-60341P7 (2006).

11. 鄭陳欽, "變焦機構設計", 光機電系統整合概論, 第 5.3 節, 國家實驗研究院儀器科技研究中心出版 (2005).

12. K. Tanaka, "Recent development of zoom lenses", in *Zoom Lenses II*, E. I. Betensky, A. Mann, I. A. Neil, ed., *Proc. SPIE*, **3129**, 13-22 (1997).

13. 鄭嘉隆. "數位相機對動態影像的需求探討", 工業技術研究院 IEK (2003).

14. C. W. Chang, C. L. Wang, C. C. Chang, Y. L. Wu, C. C. Cheng, and W. C. Chao, "Systematic design processes to improve the manufacturability of zoom lenses", in International Optical Design Conference, *Proc. SPIE*, **6342**, 634228 (2006).

15. Rank Taylor Hobson Inc., The Form Talysurf Series Operator's Handbook HB-100.

16. Precision Inc., Optoform-50 Operation and Maintain Manual.

17. Fanuc Inc., Roboshot α50iA Operation Manual.

18. Zygo Inc., GPI^{XP} Operation Manual.

19. 陳介聰, 塑膠精密模具及成形, 台南: 復漢出版社, 138-146 (1986).

20. 歐陽渭城, 精密模具之超精度加工, 台北: 全華科技圖書, 51-80 (1992).

21. 小泉幸久等, 精密工學會誌, **65**, 12, 1809 (1999).

22. 和泉行男, 眼科曲折力檢查, 東京眼鏡專門學院.

23. 王自強, 光學量測, 浙江大學出版社 (1989).

24. R. Henderson and K. Shulmeister, *Laser Safety*, IOP Publishing Ltd (2003).

25. http://www.visx.com

26. http://www.wavefrontsciences.com

17.1.1 實驗與分析

(1) 第一階段：驗證微影製程 DSRR 元件於微波波段

① 印刷電路板 DSRR 元件與實驗結果

　　DSRR 是根據 SRR 的基本概念所衍生出的新型分裂共振環結構，如圖 17.3 所示。DSRR 的上下半邊與 SRR 的兩個共振環作用相似。當磁場垂直通過此共振環時，將會在共振環上產生強烈的表面電流，藉此侷限住通過的磁場，而產生負的磁導率。

　　在本實驗中，DSRR 的規格和大小如圖 17.3 中所標記：$c = d = h = w = 0.655$ mm，$e = f = 1.31$ mm，$g = 2.62$ mm。所有的 DSRR 如圖 17.4 所示，都是製作在印刷電路板上，使用的金屬材料為銅，一塊印刷電路板上有 20×28 個 DSRR，其晶格長度為 5 mm (意即上下左右兩個 DSRR 之間的間隔為 5 mm)。而提供負介電常數的金屬條結構，則製作在印刷電路板的另一面，其規格為 0.254 mm × 100 mm，晶格長度也是 5 mm。

　　本實驗的實驗架構如圖 17.5 所示。一個微波發射器放置在印刷電路板前 20 cm 處，另一個微波接收器放在印刷電路板後 33 cm 處，電磁波行進的方向為 Z。發射器的電場平行 X 軸，磁場平行於 Y 軸；也就是說，當電磁場通過此週期結構時，磁場會與 DSRR 的法線平行。

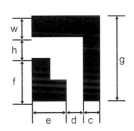

圖 17.3 DSRR 圖示。

圖 17.4 具有 DSRR 及金屬條結構
的印刷電路板樣品。

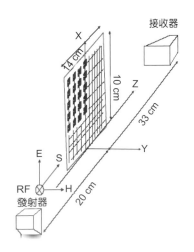

圖 17.5
微波實驗架構示意圖。

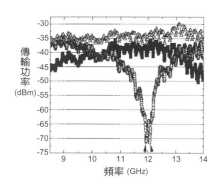

圖 17.6
微波實驗數據圖。

　　最後結果如圖 17.6 所示，三角形曲線代表參考頻譜 (發射器和接收器中間無任何物體)，圓圈曲線為 DSRR，而黑色實線則表示 DSRR 和週期性金屬線的結合。圖中可以很清楚的觀察到，DSRR 所代表的圓圈曲線在 12 GHz 附近形成了一個吸收頻帶。根據基本的電磁學原理，此吸收頻帶所代表的意義即為負的磁導率。也就是說，當磁導率小於零時，電磁波在此介質中呈現指數衰減，因此在接收端觀察不到電磁波的存在。而將代表負介電常數的週期性金屬結構和 DSRR 結合在一起時，發現了令人興奮的結果。在圖 17.6 中觀察到加上了週期性金屬結構的 DSRR，原本在 12 GHz 附近的吸收頻譜消失了，取而代之的是與參考頻譜相似的曲線。這代表原來在 11－13 GHz 附近負磁導率所造成的吸收頻譜和負介電常數結合之後，形成負的折射率，使得本來呈指數衰減的電磁波變成可以在這複合介質中傳遞的電磁波。值得觀察的是，在原本的吸收頻譜之外，也就是大於 13 GHz 和小於 11 GHz 的範圍，可以發現 DSRR 加上週期性金屬結構的穿透功率比單純的 DSRR 來得高，會發生這種現象的原因，乃是因為原本在吸收頻譜之外之處，磁導率是正的，加進了金屬結構之後，受到負介電常數的影響，電磁波會略有些衰減。這個現象也另外提供了一個複合的 DSRR 和金屬結構的確是負折射的證據。

　　由實驗的結果得知，此 DSRR 結構雖然與 SRR 有著不同的排列，但是其卻與 SRR 一樣擁有負磁導率的特性。在此列出三個 DSRR 和 SRR 的異同處：(1) 圖案上的不同，相較於 SRR 有兩個共振環的結構，DSRR 是由左右兩個共振環形成。(2) 物理上的不同，對於原來的 SRR 而言，兩個分裂共振環的用意，乃是要在其極小的空隙之間形成強大的電容，藉以影響通過的電磁場。然而，相對於 SRR，DSRR 的運作原理有些不同之處。當磁場通過 DSRR 的結構時，會驅動兩邊各半個金屬條的電流，然後在這兩個金屬條之間的小間隙形成靜電場，藉此影響通過的電磁場；這和 SRR 利用兩個共振環之間的電容是有所不同的。(3) 特性長度的不同，本次實驗所規劃 DSRR 的大小和 Pendry 所提出的 SRR 大小都一樣是 2.62 mm × 2.62 mm，但是其共振頻率卻有所不同。在同樣的晶胞大小下，SRR 的共振頻率約為 10 GHz，DSRR 的共振頻率卻約為 12 GHz，這表示在同樣的共振頻率下，DSRR 擁有較小的晶格長度，可以有效的減少整個負折射率材質的面積大小。對於想要將負折射率應用到光波波段來說，DSRR 無疑是個較好的選擇。

以 Au 導電係數 (σ_{Au}) 為 $4.1{\times}10^7$ 及導磁係數和工作頻率 16 GHz 來推導時，可計算出導電層所需厚度為

$$\delta = \frac{1}{\sqrt{\pi f \mu \sigma}} = 621 \ nm > 100 \ nm \tag{17.1}$$

　　計算出的膜厚理論值為 621 nm，大於實際所鍍的厚度，可能是造成印刷電路板實驗與微影製程實驗不同的原因。

　　由實驗的結果可以歸納出幾點結論：(1) 對於同樣的 DSRR 規格，在不同導電材料與基板上的實驗結果會有所不同，這也表示材料對實驗結果會有一定的影響。(2) 證實微影製程所完成的 DSRR 導電薄膜 Au 在微波實驗下具有吸收的現象。由於接下來的目標乃是在紅外波段實現負折射率材料，因此選擇一個紅外波段適合的材質與基板便是一個重要的課題。而本實驗成功的印證 Au 在微波波段的可行性，也替接下來的實驗打下一個較為穩固的基礎。

(2) 第二階段：驗證微影製程 DSRR 元件於光學波段階段

① 10.86 μm 光波實驗原理及結果

　　基於微影製程 DSRR 元件在微波波段的成功驗證，接下來要將其在光波波段實現。一般的半導體製程所用的基板大都為矽，如圖 17.14 所示，因此利用剝離法 (lift-off) 技術即可將 DSRR 金屬結構製作於晶圓上。為能使 DSRR 元件應用在光波波段，其結構必須縮小尺寸至實驗光波的六分之一以下，也就是說，在 10.86 μm 的實驗光波時，DSRR 的晶格長度必須小於 1.81 μm。因此訂出 DSRR 的規格如下：線寬為 0.2 μm，晶格長度為 1 μm，基於製程線寬小於 1 μm，實驗利用奈米微影製程 (nanolithography) 來製作剝離 (lift-off) 時所需光阻圖案，整個製作的流程如圖 17.15 所示。因考慮 Au 對於晶圓附著力不佳的情況，在濺鍍 Au 之前選擇 IZO 做介面層來增加附著力，製程結果如圖 17.16 所示。

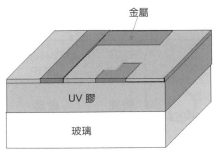

圖 17.13 DSRR 元件製作在透明材料上。

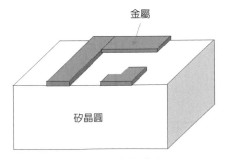

圖 17.14 DSRR 元件製作在矽晶圓上。

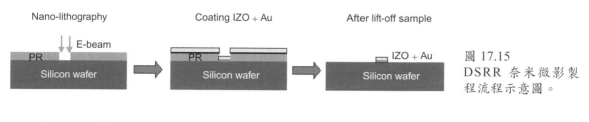

圖 17.15
DSRR 奈米微影製程流程示意圖。

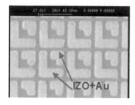

圖 17.16
DSRR 奈米微影製程樣品。

　　分析結果如圖 17.17 所示。圖 17.17(a) 為沒有 DSRR 結構但有披覆金膜的參考片，而圖 17.17(b) 則是具有 DSRR 金膜結構的元件。兩圖比較後可觀察到旋轉至 90 度時，DSRR 元件發生顯著的吸收。根據 DSRR 於微波波段實驗，微影製程的 DSRR 元件在光波波段亦會有明顯的吸收，而實驗結果證實用鍍膜 Au 在矽基板上的 DSRR 發生吸收反應。

② 1.5 μm 光波實驗原理及結果

　　對於紅外光而言，矽是一種反射極為嚴重的材料，在 1.5 μm 時，矽的反射率高達 50%，在實驗上，如此大的反射率可能造成一些不必要的效應，像是散射。更嚴重的是，假使最後在光波波段成功的證明負折射率的存在，矽的高反射率也會使得整個微光學元件的效率大打折扣。因此，我們將利用半導體製程及奈米壓印的技術，使 DSRR 圖案的金屬結構製作在透明壓克力或玻璃的基板上，如圖 17.13 所示，以期達到最大的效益。

　　此外將原本 DSRR 加上週期性金屬條結構如圖 17.17 所示，在此結構中，DSRR 和週期性的金屬條結構可各自發揮負磁導率和負介電常數的作用，而結合成為複合的負折射率材料。在本實驗中，DSRR 的規格和大小為：DSRR 線寬為 0.2 μm，晶格長度為 1.4 μm。整塊重複圖案的區域為 2 mm × 2 mm。

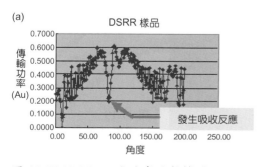

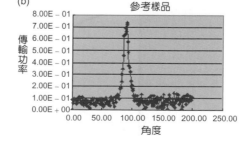

圖 17.17 10.86 μm 光波實驗數據圖。

　　在微波波段時，微波的波束遠大於基板的厚度，因此無需考慮任何波束被基板阻擋的問題；但是在光波波段時，基板的厚度為 2 mm，相對於直徑 5 mm 的雷射光而言，基板的厚度不可忽略，這也是為什麼壓克力基板優於矽基板的原因。因此，實驗過程中的擺設跟對準就成了十分重要的課題。

　　對此實驗結果，可能的原因有兩種。一是 DSRR 和週期性金屬條的確發揮其作用，成功的在光波波段造成負折射率和負介電常數，所以在 90 度入射時，可以看到只有負導磁率的 DSRR 之穿透功率比結合了負導磁率和負介電常數的 DSRR 及週期性金屬結構的功率來得高。另外一個可能的原因則是基板的厚度所造成的影響，由於製程技術的限制，使得每個基板的厚度不盡相同，因此造成一個巧合的結果，在圖 17.22 中 90 度入射時，DSRR 不似微波波段有一明顯的吸收頻帶，這也是將來必須釐清的重點。

17.1.2 結論及建議

　　本篇提出負折射率光學元件的研究與探討，在 DSRR 負磁導率結構下，首先驗證出在微波波段的微影製程 DSRR 同樣具有吸收反應，且與 PCB 製程的 DSRR 實驗結果有差異，提供了一個探討空間，瞭解表面電漿於材料及厚度的差別下有何反應。在此正面的效果出現後，得以進一步開發光波用的微影製程 DSRR 元件，應用光源 10.86 μm 到 1.5 μm，不僅是元件尺度需要大幅縮小，從線寬 200 nm 到 50 nm 之外，材料也必須從矽基板改成透明壓克力或玻璃，因此將微影製程提升至奈米電子束曝寫及應用奈米壓印技術，以達到 DSRR 應用光波的目標。若此負折射率結構生成在大型玻璃基板或是其他透光材質基板上，可製作平面式光學聚焦透鏡，這打破傳統光學聚焦透鏡皆為非平面式，其對於機械公差的高要求度將可大幅度的降低，此設計將提高光學系統組裝的效率和良率，降低生產成本。

　　此外，這結構材料可製作超解析度的光學聚焦透鏡，光波在負折射率的材質傳播將可被聚焦到可解析度為小於其光波波長，打破傳統光學透鏡的繞射極限，為超高解析度的光學元件。此結構也可應用在波導元件中，若搭配外加電路或是外加光學主動控制器，此元件為折射率可調式、聚焦效能可控制式的光學波導元件。為實現以上光波負折射的應用，需大量運用到奈米級精密製程，但隨著線寬縮小及面積增大的趨勢，製作費用與時程將會非常可觀，期望能在負折射材料的量產開發及未來廣大的應用下，解決這方面的困境。

17.2 自我複製式光子晶體

　　光子晶體可以簡單定義為電磁波在週期性變化的介電質材料內傳播所發生的特性，使電磁波於傳遞時產生能帶特性，進而改變光傳遞特性。

第 17.2 節作者為黃承揚先生、朱正輝先生、姚錦川先生、楊文亮先生及趙煦先生。

　　本節所介紹的自我複製式光子晶體即是以薄膜技術出發的光子晶體，沉積鋸齒狀高低折射率多層膜交互堆疊的結構，此技術挾帶著易大量生產、低成本、可精確控制晶格常數等優勢，深具商業化價值。

　　目前以此技術發展之元件包括：偏極分光元件、光波導、$\lambda/2$ 或 $\lambda/4$ 波板、共振濾波器等重要關鍵性零組件，分別應用在光通訊、顯示與檢測上，由於光子晶體為一般元件的十分之一或百分之一的大小，對於模組系統的積體化、微型化發展佔有不可或缺的地位。

17.2.1 光子晶體簡介

　　1987 年 Yabnolovitch[8] 與 John[9] 不約而同地，在討論抑制自發輻射與光子侷限時，提出了光子晶體 (photonic crystals) 此一新概念。其概略解釋如下，在介電係數呈週期性排列的材料中，電磁波在其中傳播時由於布拉格散射現象，某些頻率的電磁波會因干涉現象調制而無法在系統內傳遞，相當於在頻譜上形成能隙 (bandgap)，於是色散關係具有帶狀結構，此即所謂的光子能帶結構 (photonic band structures)。具有光子能帶結構的介電物質，即稱為光子晶體。若在一維週期排列介質材料下產生能隙，則為一維光子晶體，同理在有兩個維度以上的週期性介質排列則為二維、三維光子晶體，週期結構排列如圖 17.23 所示。光子晶體可稱做是人造週期性光學材料。近年來關於光子晶體技術發展迅速，在一維光子晶體的應用方面包括：全方位反射鏡 (omnidirectional-reflector)、色散補償 (dispersion compensation) 等，而在二維或三維光子晶體的應用，則有如光波導 (waveguide)、共振濾波器 (resonator)、超稜鏡 (super-prism) 等。

　　本文將從光學薄膜製程技術的角度看光子晶體的相關應用，開始簡介一維光子晶體發展與應用，對於二維、三維光子晶體則著重於自我複製式光子晶體技術介紹，利用光學鍍膜手段製作自我複製式光子晶體，使光子晶體應用朝向低成本、大面積製程、高附加價值成為可能，是一具有商業化價值之技術。

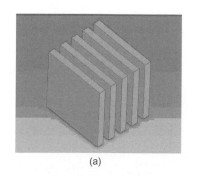
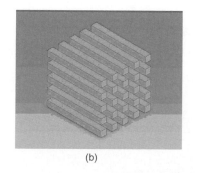
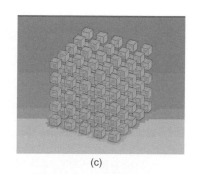

(a)　　　　　　　　　　　　(b)　　　　　　　　　　　　(c)

圖17.23 光子晶體週期結構排列示意圖，(a) 一維光子晶體，(b) 二維光子晶體及 (c) 三維光子晶體。

(1) 一維光子晶體

在單一維度作週期性變化，以高低折射率材料多層堆疊，就可形成光子能隙，讓光子禁制帶的反射率為 100%，無光波穿透。此即為一維光子晶體。由於能隙的作用使反射特性、光的偏極態，與光波入射角無關，可利用薄膜轉換矩陣法 (transfer matrix method, TMM) ，來描述一維光子晶體中傳播的能帶特性，相關計算能帶結構結果如圖 17.24 所示。黑色區塊的範圍為光子禁制帶無光波穿透，淺藍區塊的範圍光入射時會全穿透不被反射。Light Line 表示當這個一維光子晶體周圍的介質為空氣時，光的入射角為 90°；Brewster Line 則代表這個光源在薄膜內傳遞的折射角為布魯斯特角 (Brewster angle)。

一維光子晶體相對於二維、三維光子晶體來說，結構比較簡單，可用目前成熟的蒸鍍或濺鍍光學多層薄膜製程技術即可大量生產，藉由精確膜厚控制可輕易於可見光波段實現光子晶體禁制帶，目前已應用於各種光學元件上，如：全方位反射鏡 (omnidirectional-reflector)、全方位光纖 (omni-guide fiber)。以下將詳細介紹一維光子晶體之應用。

(2) 一維光子晶體之應用－全方位反射鏡

一維光子晶體可發展的元件繁多，本文主要介紹全方位反射鏡的應用。以多層膜堆疊於基材表面即可形成一維光子晶體，各層結構為四分之一波長厚度的高低折射係數交互而成，此時特殊頻率光波無法通過光子晶體禁制帶，進而完全反射光波，此即我們所稱的全方位反射鏡[10]。但另外文獻也顯示，如果使用非整數 λ/4 堆疊經過一定的設計，可加大全方位反射鏡的使用頻寬[11]。全方位反射鏡使電磁波全部反射，同時克服傳統金屬反射鏡吸收的問題，使傳播能量耗散損失降低，可應用在高功率高發散度光源的光束匯聚及處理， 1998 年 MIT 的研究人員指出全方位反射鏡可作為微波天線之反射收集器[12]。

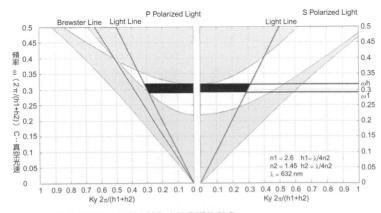

• 淺灰區塊表示，物理意義為光可穿透的部分。
• 白色區塊表示，物理意義為光不可穿透的部分。
• 黑色區塊表示為全向反射的波段，物理意義為光源的入射角從 0° 到
　90° 都無法穿透這個一維光子晶體 (周圍的介質為空氣)。

圖 17.24
一維光子晶體能帶結構圖。

　　若將片狀之全向反射鏡捲成圓柱形，狀似共軸電纜，則形成所謂的全方位光纖，整體結構如圖 17.25 所示[13]。光波可以近似電磁波模式，在全方位光纖內傳播，彎曲程度較傳統光纖大，模態限制 (mode confinement) 較佳，可避免串音干擾 (cross-talk)，用來製作光纖包層，使光傳輸具有很低的耗損。

　　若將全方位反射鏡應用於白光 LED 的封裝上，即於發光二極體晶片之外圍塗佈 RGB 螢光膠體，螢光膠上方覆蓋全方位反射鏡，結構示意如圖 12.26 所示，將可使 UV LED 紫外光在螢光膠內回收共振，激發 RGB 螢光膠體發出白光，並防止紫外光波段射出危害人眼，故所設計及製作出全方位反射鏡，需配合 UV LED 的發光波長，如圖 17.27 所示為針對 400 nm 之 UV LED 所製作的結果。

　　利用全方位反射鏡，在紫外光頻率出現禁制帶結構，同時輸出可見光波段，提高白光 LED 亮度輸出，如圖 17.28 所示亮度輸出功率增加 30%。

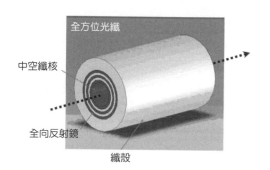

圖 17.25 全方位光纖之結構圖。

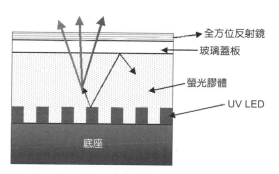

圖 17.26 全方位反射鏡應用於白光 LED 封裝的架構式意圖。

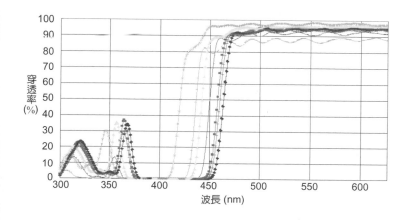

圖 17.27
針對 400 nm 之 UV LED 所設計的全方位反射鏡穿透光譜，各條曲線為不同入射角的量測結果。

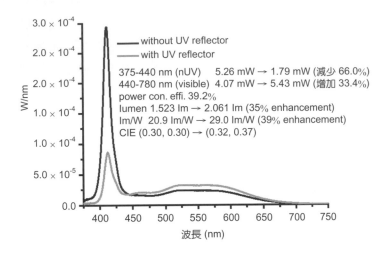

圖 17.28
白光 LED 輸出光譜。

(3) 二維、三維光子晶體

　　光子晶體的共通特性，在於能夠使光類似於電子在半導體中一般，得到一光子能帶。因二維、三維的週期性排列結構，各個傳播方向上的光模態皆控制其傳播特性，而成爲目前最受到重視的光子晶體，其可能的應用範圍很多，如二維光子晶體超稜鏡、利用點缺陷態的共振濾波器，及線缺陷產生光波導應用等。

　　關於嚴謹的光子晶體理論，須從 Maxwell 方程式出發，利用 Maxwell 方程式推導出週期性介質分布之電場與磁場關係如下：

$$\frac{1}{\varepsilon(\mathbf{r})}\nabla\times\left[\nabla\times\mathbf{E}(\mathbf{r},t)\right]=-\frac{1}{c^2}\frac{\partial^2}{\partial t^2}\mathbf{E}(\mathbf{r},t) \tag{17.2}$$

$$\nabla\times\left[\frac{1}{\varepsilon(\mathbf{r})}\nabla\times\mathbf{H}(\mathbf{r},t)\right]=-\frac{1}{c^2}\frac{\partial^2}{\partial t^2}\mathbf{H}(\mathbf{r},t) \tag{17.3}$$

　　公式 (17.2) 及公式 (17.3) 爲二階向量的偏微分方程式，若要求解波向量 (k-vector) 與頻率 (frequency, ω) 之間的色散關係較爲困難，目前主要求解方式是利用平面波展開法 (plane wave expansion, PWE) 推導光子晶體能帶結構，再以有限時域差分法 (finite difference time domain, FDTD) 計算頻率響應波段，若爲波導結構的光子晶體設計，大都使用波傳導法 (beam propagation method, BPM) 計算光傳遞方向。

　　本章節主要著重於二維光子晶體應用的介紹，如利用能帶邊界 (band edge) 的高色散特性所做的超稜鏡、製造瑕疵點形成的共振濾波器，以及若製造成瑕疵線，使光僅能在此線上傳播，達成光學導波的效果，這些都是光子晶體目前最重要的應用。

(4) 二維光子晶體之應用－超稜鏡

　　一般稜鏡對於波長相近的光幾乎不易分開，但利用光子晶體能帶邊界的高色散特性，於接近能帶邊界頻率的電磁波群速度，包括大小及方向會隨頻率作極大的改變，因此電磁波入射光子晶體的折射角會隨頻率作很大的改變，此稱為超稜鏡現象。對於具有一定頻寬的電磁波入射光子晶體，不同頻率的折射角差別很大[14]，可以有效的將各個頻率分開，其分光能力是一般玻璃稜鏡的 100 到 1000 倍，但所佔體積卻只有百分之一的大小，此一特性可應用在 DWDM 的分波多工器 (de-multiplexing) 上面[15]，對於光通訊傳播有重要意義。

(5) 二維光子晶體之應用－共振濾波器

　　點缺陷結構是藉由在光子晶體中製造一瑕疵點，使某些波段的光無法穿越此光子絕緣體晶體，將光子侷限在此瑕疵點中，形成高能量密度的共振場，相當於一個微空腔 (micro-cavity)，由於對波長具有選擇性，因此可以用在光通訊中將特性波長的光子取出，形成共振腔濾波器件，如圖 17.29 所示。

(6) 二維光子晶體之應用－光波導

　　光子晶體目前最重要應用，是需要藉由光學波導將光束縛在一狹小區域，使之不散開以便進行調變，但一般傳統的光學波導是製造一具較高折射率的區域，利用其與較低折射率介質間形成的全反射，而將光侷限在高折射率介質中，此光的能量傳遞、色散效應、可彎曲程度等皆受到限制。若製造一線缺陷態光子晶體，將可解決所有傳統光學波導的問題，使光積體化元件製作成為可能。

　　線缺陷態光子晶體是在能隙結構中製造一通道，使光波被強迫在此通道中前進，達成光學導波的效果，如圖 17.30 所示的線缺陷結構光子晶體，波導四周都是光子晶體形成的「禁制區」，電磁波在空間分布上只能侷限在波導上傳遞，如此可輕易的讓光做高角度的轉彎、能量分光，或與共振腔結合，成為波導共振濾波器。

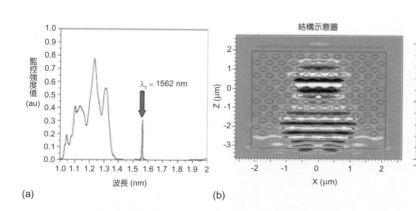

(a)　　　　　　　　　　　　　　(b)

圖 17.29
共振腔濾波器特性，
(a) 穿透光譜、(b) 光場
傳播。

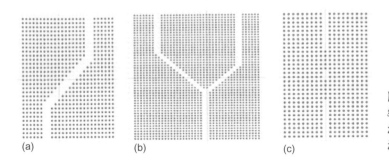

圖 17.30
線缺陷結構光子晶體的應用，(a) 波導、(b) 分光波導、(c) 波導共振濾波器。

17.2.2 自我複製式光子晶體

自我複製式光子晶體 (autocloning photonic crystal) 有別於先前之柱狀或打洞結構光子晶體，主要在於其週期性分布是利用鋸齒狀多層膜堆疊來達成；另外製作方式也不同於半導體蝕刻製程，主要利用精密光學薄膜技術完成結構。此技術挾帶著易大量生產、低成本、可精確控制晶格常數等優勢，使自我複製式光子晶體深具商業化價值。

(1) 鋸齒狀外形的成膜原理

自我複製式光子晶體是一種高低折射率膜材交互堆疊，形成多層鋸齒狀結構，以垂直方向折射率週期性分布，及水平方向鋸齒狀週期性分布，來仿擬光子晶體效果，圖 17.31 所示為自我複製式光子晶體結構示意圖。1987 年 Dr. Ting 提出一理論[16]，於不同傾斜角度的基板初始結構，會有不同的沉積與蝕刻速率，若控制兩速率的競爭曲線，將可修整出三角形之薄膜，當沉積薄膜材料在已有初始週期性結構基板上，同時以蝕刻機制修整薄膜成長特性，使逐漸形成鋸齒狀外形。

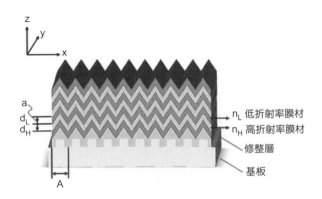

圖 17.31
自我複製式光子晶體結構示意圖。

(2) 先進國家發展近況

　　1996 年 Dr. T. Kawashima 發展出自我複製式製程技術 (autocloned process)[17]，其在日本東北大學的研究團隊利用 Ting 的模型理論，以射頻磁控濺射系統，成功堆疊多層膜之光子晶體結構，稱之為自我複製式光子晶體[18]，製程架構如圖 17.32 所示，其低吸收材料之鋸齒狀多層堆疊，達到低散射耗損的優異特性。2004 年最新研究指出，藉由五氧化二鉭 (Ta_2O_5) 與二氧化矽 (SiO_2) 形成之光子晶體波導元件，在 1550 nm 波段傳輸耗損小於 0.1 dB/mm[19]，為現階段耗損最低之光子晶體元件，在未來極具商業化開發的價值。

17.2.3 製作方法

　　光子晶體的理論進展迅速，因為有早已建立完整的固態物理能帶理論作為基礎，但在製作方面，結構尺度上次波長的要求是一大難題。由於目前還在初始階段，五花八門的製作方式都在嘗試之中，能否發展出方便可靠的製作方法，將是光子晶體能否被商業化廣泛應用的關鍵。

　　將光學薄膜成長製程、全像微影 (holography lithography) 與蝕刻技術配合，開發出自我複製式光子晶體，首先利用微影蝕刻技術，在基板上刻畫出週期性溝槽，再利用光學鍍膜方式製鍍多層膜於上方。此時即因基板表面型態，使薄膜藉由溝槽形狀，快速且有規矩的自我堆疊，形成鋸齒狀光子晶體結構。此製程方法具有低成本、大面積、再現性及製程容易等優點，以下將先詳細介紹製程技術。

(1) 基板微圖案製作

　　首先在基板週期性微圖案處理上，利用全像式微影技術，曝光定義光阻圖案，形成奈米級光柵結構。再利用乾式蝕刻，將光阻微圖案轉置在基板上，刻畫出週期性圖

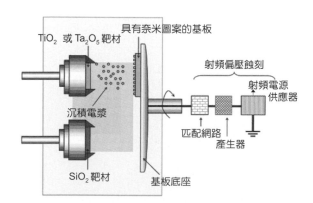

圖 17.32
磁控濺射法製作自我複製式光子晶體示意圖。

形，如圖 17.33 為全像式微影技術示意圖。經由微影與乾式蝕刻，可輕易製作出大面積奈米級圖案，結果如圖 17.34 所示。於玻璃基板 (BK-7) 上，拍攝有效面積達 20 mm × 20 mm，微圖案週期 390 nm、高度 230 nm，可作為自我複製式光子晶體基板之初始微圖案。

(2) 多層膜自我複製堆疊

完成定義的基板微結構，利用濺鍍技術交替地鍍上不同厚度的兩種薄膜材料。對於多層膜自我複製堆疊，最大的困難在於經過多層堆疊後，若不加任何機制，由於結構陰影遮蔽效應 (shadowing effect)，薄膜將會沿初始基板表面結構覆蓋，使外形逐漸圓弧化

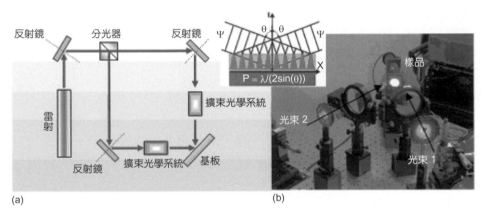

圖 17.33 全像式微影技術，(a) 架構示意圖、(b)實體拍攝情況。

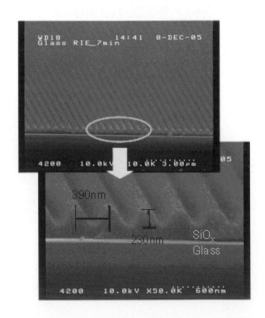

圖 17.34
定義完成之基板微結構圖案。

(edge rounding)，鋸齒結構無法維持，最後趨於平坦。若鋸齒狀週期分布無法重複複製，則光子晶體效果不明顯。

　　若在薄膜沉積時，同時加入蝕刻機制，如圖 17.35(a)、(b)，由鋸齒狀膜層堆疊的原理說明，沉積速率 (deposition rate) 與蝕刻速率 (etching rate) 受表面型態不同傾斜角度影響，而有不同速率，將可修正薄膜堆積外形，逐漸形成三角形結構。同時在陰影區或狹縫區，將會產生再次濺鍍 (redeposition) 的自然機制，使缺陷達到填補的效果。製作上，在基板上安裝射頻偏壓 (radio frequency bias, RF bias) 電漿，調變沉積粒子的方向，於大傾斜角度基板結構蝕刻速率較大，於小傾斜角度基板結構沉積速率較大，控制濺鍍沉積薄膜、蝕刻修整鋸齒形狀，以及再次濺鍍填補缺陷，此三種機制對角度關係的競爭曲線符合 Ting 的理論，如圖 17.35(c) 所示，達到動態平衡時，即可生成鋸齒狀結構。

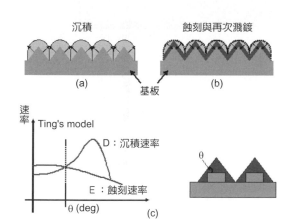

圖 17.35
鋸齒狀膜層堆疊的原理說明。

　　對於多層膜製程、為求均勻性與鋸齒結構完整，採用電子迴旋共振 (electron cyclotron resonance, ECR) 功率，Kaufman 型式的離子源，實驗設備實體如圖 17.36 之照片。以 2.45 GHz 之 ECR 電源供應器所產生的電漿源，擁有高密度低能量的優點，離子密度 (ion density) 達 $10^{11} - 10^{12}$ ions/cm^3，可使電漿造成薄膜表面損傷降到最低。以此電漿源組裝離子束濺鍍系統 (ion beam sputtering system, IBS)，以較高能量之離子源轟擊鉭五氧化二鉭 (Ta$_2$O$_5$) 與二氧化矽 (SiO$_2$) 靶材，通入反應氣體，使分別化合為五氧化二鉭 (Ta$_2$O$_5$)、二氧化矽，沉積在基板上，在薄膜沉積同時，以較低能量之射頻偏壓電漿，控制沉積粒子的方向，將可達多層的鋸齒狀堆疊，實驗結果的光子晶體斷面結構，如圖 17.37 所示。

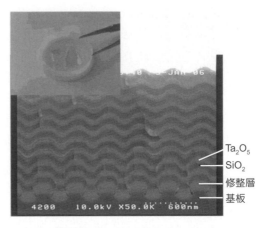

Ta$_2$O$_5$
SiO$_2$
修整層
基板

4200   10.0kV X50.0K 600nm

圖 17.36 離子濺鍍與射頻偏壓蝕刻系統。　　　　　圖 17.37 21 層自我複製式光子晶體斷面結構。

17.2.4 應用範例

在日本 Dr. T. Kawashima 的研究團隊於 1996 年即成立 Photonic Lattice Inc. 公司[20]，以此技術開發成熟的商業化元件，將光子晶體應用於光顯示、光通訊與檢測領域內。以下將介紹幾種元件之應用，包含有 (1) 偏極分光器 (polarization beam splitter)、(2) λ/2 波板 (half wave plate)、λ/4 波板 (quarter wave plate)、(3) 共振濾波器。

(1) 偏極分光器

偏極器 (polarizer) 是一種輸入自然光而輸出為偏極光的光學元件。以自我複製式技術製作此種光子晶體元件時，依照先前所述的理論，主要控制相關參數有：晶格常數；即基板微圖案之週期、高低折射率材料之厚度與光學常數、交互堆疊之週期與層數，即可計算出所需的極化分光器功效。利用光子晶體的能隙，控制能隙位置，使某些特定波長的 TE 模態有能隙，光無法穿透，反射率為一；同一波長的 TM 模態，沒有能隙光可穿透，即產生偏極分光效果，元件規格如圖 17.38 所示。虛線之光譜為 TM 模態，實線之光譜為 TE 模態，偏極效果 (P/S ratio) 可達 100 以上為藍色斜線區域。

(2) λ/2、λ/4 波板

具雙折射性質的光學元件可稱為波板 (wave plate)，光通過波板後電場沿快軸的振動比慢軸的振動快 1/2 波長光速度時，稱此為 λ/2 波板。同理，快軸比慢軸較快 1/4 波長光速度時，稱此為 λ/4 波板。利用快慢軸的相位差，可控制光的偏極特性，如線偏極光轉

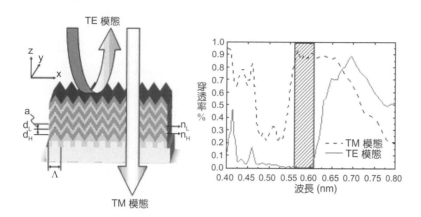

圖 17.38
自我複製式光子晶體極
化分光器。

成圓偏極光，光學上稱為相位延遲器 (retarder)。

　　將自我複製式光子晶體製作成多光軸的偏極器 (multi-axes photonic crystal polarizer)，也有波板的效果，控制入射光的 TE 與 TM 模態，在進入光子晶體後使相位差偏轉 90 度即形成 $\lambda/4$ 波板，如圖 17.39 所示。同理，若相位差偏轉 180 度即形成 $\lambda/2$ 波板。光子晶體波板體積只有一般光學波板的百分之一大小，目前被推廣於偏光分析儀器上應用，測量一束偏振光從被研究的表面或薄膜上反射後，偏振狀態產生的變化，如橢圓分析儀，系統體積可縮小十分之一，作為輕巧可攜的檢測設備。

(3) 共振濾波器與可調式共振濾波器

　　控制基板微圖案的尺寸與堆疊膜厚，使自我複製式光子晶體於斷面上產生等效折射率的差異，即可製作波導或共振濾波器。中間鋸齒間格較兩旁緊密，等效折射率較高，使光受兩旁侷限。另外控制上下膜堆群的低折射率材料較厚，中間膜堆群的高折射率材

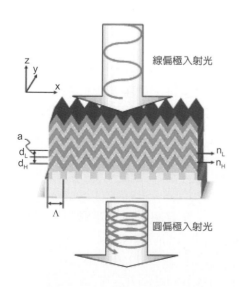

圖 17.39
自我複製式光子晶體之 $\lambda/2$、$\lambda/4$ 波板。

料較厚，使中間等效折射率高於上下膜堆。如此左右上下的侷限，讓正中間位置有如光纖中的纖核 (core)，擁有較高折射率分布；四周圍分布較低的折射率有如纖殼 (clad)，使光於斷面傳輸時，產生波導效果。若進一步控制第三維度的基板微圖案 (入射紙面的方向)，可以二維基板圖案製作三維光子晶體，光子晶體的共振濾波器，即是使光在波導傳輸同時，藉由光子能隙產生濾波效果，使某些特定波長穿透或反射，目前商業化產品主要在光通訊選波上的應用。

於 2005 年 Photonic Lattice 公司更將光子晶體與液晶相結合，形成可調式共振濾波器 (tunable resonator) 的元件。利用液晶的雙折射特性 (double refraction 或 birefingence)，尋常光線 (ordinary ray, o-ray) 的折射率 (n_o) 與非常光線 (extraordinary ray, e-ray) 的折射率 (n_e) 沿不同方向傳播時，對應的折射率是不同的。各向異性的正單軸晶體 ($n_o < n_e$) 介質受到電場所左右，當未加電場時液晶垂直配向，使光通過時所看到 o-ray 的折射率 (n_o) 較低，加入電場後液晶平躺，使光看到 e-ray 較高的折射率 (n_e)，如此可控制等 效折射率的變化，達到能隙隨電壓移動的特性，使共振濾波器可調。

17.2.5 結論

光子晶體的發現至今約不過十五年的時間，卻提供一全新的光學傳播機制。Dr. Yablonovitch 更聲稱光子晶體為光的半導體，利用它我們可以製造出各種光學元件：光子晶體光纖、全方位反射鏡、微諧共振腔、光學濾波器及積體光路等。

本文主要介紹之自我複製式光子晶體，因薄膜製程的成熟發展，可經由離子束濺鍍法輕易完成，使光子晶體迅速成為商業化的指標產品之一，對於光電子領域有巨大的影響潛力，可預見光子晶體的應用在未來五年將會快速進展。

17.3 微光學元件

微光學[21] 是指研究微米、奈米級尺寸之光學元件的設計、製程技術，及利用此類元件實現光波之發射、傳播、調變和接收的理論與技術之新學科。近年來由於奈 / 微米半導體技術、微機電製程與封裝技術等持續不斷地發展，帶動高科技的進步，相對地檢測儀器與 3C 電子產品大都朝向輕薄短小與多功能化發展，因而在系統中嵌入微小光學元件已是關鍵性技術。利用電腦輔助設計 (computer aided design, CAD) 與奈 / 微米加工技術製作之表面浮雕光學元件具有重量輕、造價低廉、複製容易之優點，又能實現傳統光學難以完成之陣列化、微小化、積體化及任意波面變換等功能，進而促使微光學工程與微光電技術在雷射微加工、光纖通訊、光計算、光連接、光資訊存取、生醫技術等眾多領域中，呈現出前所未有的商業契機與寬廣的應用趨勢。

17.3.1 製造技術

微光學元件之發展主要分爲三大部分[22]：(1) 以繞射理論爲基礎之繞射光學元件 (diffractive optical elements, DOEs) 或稱爲二元光學元件 (binary optics)[23]，(2) 以折射原理爲基礎之折射光學元件 (refractive optical element) 與梯度折射率 (gradient index, GRIN) 光學元件，(3) 以波導理論爲基礎之波導光學元件 (optical waveguide)；三者在元件性能與製程技術上，各有其優點與特色，其應用領域也不盡相同。由於半導體製程技術之蓬勃發展使得微光學與微電子學成爲相輔相成之新興技術，也是未來具有前瞻性的高科技產業，圖 17.40 爲微光學元件的分類組織圖[22]。

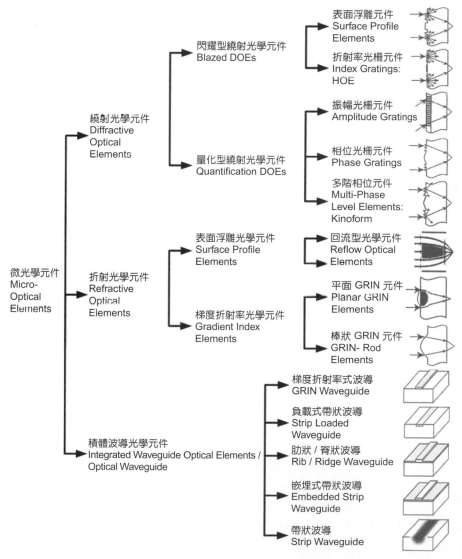

圖 17.40
微光學元件的分類組織圖[22]。

17.3.1.1 繞射光學元件

　　繞射光學理論是在 1980 年代末與 1990 年代初發展起來的一個新興光學理論分支 [23]。它是基於光波繞射理論、以半導體工業製程技術為加工方法，並研究如何利用繞射效應設計光學元件來實現各種光學功能的學科。繞射光學元件是一種振幅－相位型光學元件，其中純相位元件 (繞射相位元件) 因其無能量衰減損耗且繞射效率高，近年來已廣泛地被應用在微光電系統中。這種純相位的繞射元件是將一個厚度連續變化的表面浮雕輪廓微縮到近兩個波長厚度的薄層內，使其相對應的相位調制限制在 $(0, 2\pi)$ 內，理論上繞射效率可達 100%。繞射相位元件的製作方式可分為兩大類，說明如下。

(1) 階梯狀分布結構製程技術

　　利用多位階狀的相位分布來作近似表面輪廓結構，即所謂二元光學元件。該製程利用類似 VLSI 之半導體製程技術來製作繞射相位元件，一般相位分布有 2^N 個位階時，需要製作 N 個二元光罩，並進行 N 次光刻與蝕刻，套刻次數愈多，誤差就越大，進而製作高效率、高精度之二元光學元件就愈困難，其微加工程序如圖 17.41 所示。其他類似的方法，如準分子雷射光刻微加工法 (excimer laser ablation micromachining) [24-26]，此光刻微加工法無需任何半導體製程設備，僅需使用 LIGA 製程之光刻機 (如 excimer laser system)，即可完成高效率之高階繞射光學元件。此微加工製程是利用光罩投影方式，在材料 (如高分子聚合物：polyimide) 表面光刻圖樣，而省略了人工光罩對準、化學式顯影、蝕刻等步驟，是一種頗具有成本效益的快速製作微光學元件的流程，它可迅速地產生微繞射光學元件，其微加工程序如圖 17.42 所示。

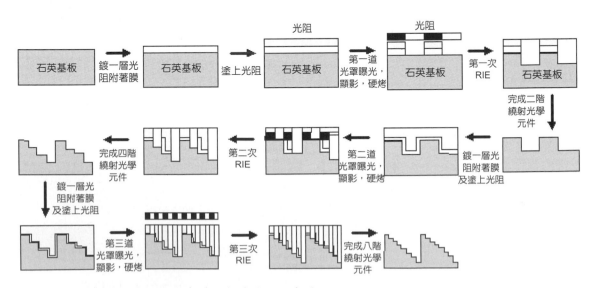

圖 17.41 八階繞射光學元件之半導體製作流程示意圖。

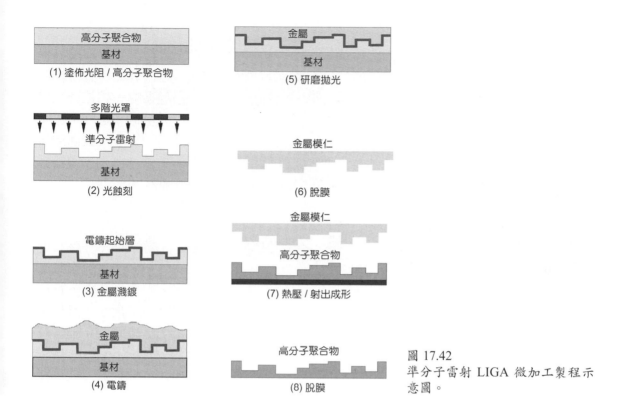

圖 17.42
準分子雷射 LIGA 微加工製程示意圖。

(2) 連續相位分布結構掃描微影 (scanning lithography) 製程技術[27] 或稱為直寫製程技術 (direct-writing process)

目前連續相位分布的繞射光學元件無需光罩即可由雷射光束或電子束在塗佈光阻的基材上曝光，改變光束的劑量以控制達到連續的表面輪廓深度，其加工流程如圖 17.43 所示。另有應用在 HEBS 玻璃的灰階光罩蝕刻法 (gray-scale mask on high-energy beam-sensitive glass)[28,29]，此灰階光罩法必須取得已獲專利之特殊玻璃材料 (HEBS)，以電子束直寫後製成灰階光罩，再塗佈光阻於基材上，利用半導體製程之活性離子蝕刻機蝕刻成繞射光學元件。另外，亦可利用上述之準分子雷射微加工系統進行拖拉製程製作連續式表面輪廓繞射光學元件，如圖 17.44 所示。由於電子束微影技術具備製作次波長元件 (特別是短波長元件，如可見光波段) 的能力，再加上整合三維結構功能，而成為製作相關光學元件的利器之一，如用來製作菲涅耳鏡 (Fresnel lens)、平面式微光柵、閃耀式光柵、繞射式光學元件及全像片等。以電子束微影系統為製程平台，該圖形產生系統可外掛一產生三維圖形的程式。基本原理為將欲產生之三維結構圖案轉化成一 256 階的灰階圖檔，再藉由此外掛程式將灰階分布轉化成相對的電子劑量分布，經由微影製程後即可得到三維的奈米結構。

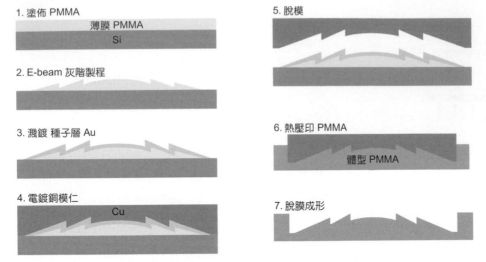

圖 17.43 電子束灰階微影技術流程示意圖。

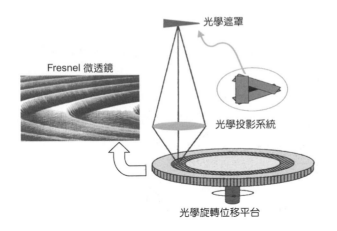

圖 17.44
雷射拖拉微加工製程製作連續式表面輪廓
繞射光學元件示意圖。

17.3.1.2 折射光學元件

　　折射式微光學元件，主要工作原理是以幾何光學理論為基礎，故折射式微光學元件對不同波長入射光的影響，主要在微光學元件材料之折射率不同導致光波匯聚、發散或偏折之現象，而其色散 (dispersion) 現象相對地比繞射元件小[22]。相較於繞射式微光學元件，折射式微光學元件係一多層次的扁平元件，利用材料折射率或表面起伏結構的調變技術，以獲得出射光所需之波前 (wavefront)，此特性使其與入射光之波長有相當密切的關聯，入射光波長微小的變動將對出射光的波前造成很大影響。為能同時具有前二者的優點，目前折射式微光學元件大都結合繞射式元件成複合式微光學元件，不但可解決有關色散、熱效應等問題，還可減少微光學元件的數量，達到減輕整體光學系統重量的目的[22]。折射式微光學元件相較於繞射式微光學元件具有較大的數值孔徑 (numerical aperture, NA)，且對不同波長入射光的影響較小，並可依所需排列組合成折射式微透鏡陣列，是雷射對光纖之光束耦合、VCSEL 之光束準直、光束塑形、液晶投影電視之亮度增強等應用的重要元件[30,31]。折射式光學元件的製作方法有熱熔回流 (thermal reflow)、LIGA 製作流程、離子交換 (ion exchange)[32]、雷射光刻 (laser photolithography)、點膠滴置 (droplet) 製程等多種成形方式[22,23,28,33]。

(1) 熱熔回流製程

在基板上塗抹一特定厚度的光阻，利用光罩對其曝光，再經顯影、定影等手續後、形成與透鏡口徑大小相同之各種形狀截面的柱狀物。爾後，再對光阻加熱，由於表面張力的作用，使這類柱狀物頂端形成半球狀外形，此即利用熱熔流動乾式蝕刻法製作之微透鏡陣列，可利用其半球曲率達到光線偏折之目的，如圖 17.45 及圖 17.46 所示。

(2) LIGA 製程

LIGA 製程係利用同步輻射光源 (X-ray) 或其他替代曝光光源如準分子雷射等，進行高深寬比 (high aspect ratio) 之三度空間微結構加工，其製作流程類似乾式蝕刻法。

(3) 梯度型折射率離子交換製程

所謂折射率梯度型離子交換 (ion exchange) 微透鏡是利用透鏡材料之折射率依一定之梯度分布，使光通過時產生偏折，於是造成聚焦效果。利用離子交換法製作折射率梯度型微透鏡陣列，其方法依摻雜物質折射率與基板折射率之差異而有所不同：若摻雜物質

圖 17.45 熱熔回流式乾蝕刻微透鏡陣列製作示意圖。

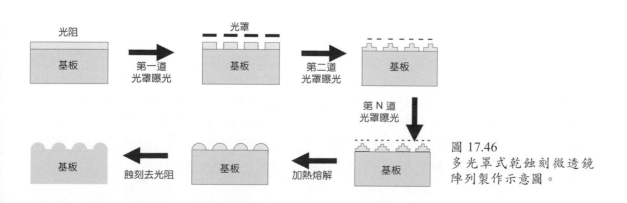

圖 17.46
多光罩式乾蝕刻微透鏡陣列製作示意圖。

折射率較基板之折射率高，則使用圓洞型光罩。摻雜物質是由圓洞中擴散進入基板，其形成之折射率分布，大部分是由雜質之擴散濃度來決定。若摻雜物質折射率較基板之折射率低，則使用圓盤型光罩。摻雜物質是由圓盤外方擴散而進入基板，其形成之折射率分布，則由均勻之擴散濃度與圓洞之擴散濃度兩者間之差距所決定，如圖 17.47 所示。

(4) 雷射光刻製程

首先將欲加工微結構的截面所設計成之圖形製作出光罩，再利用雷射光通過此光罩，並移動加工平台的加工模式進行微透鏡的拖拉加工，此加工模式可參考圖 17.48 所示。由於準分子雷射為脈衝式雷射，且平台連續地移動，所以第一個脈衝雷射輸出後，會將光罩上的二維圖形光刻 (ablation) 在材料上成形，當第二個脈衝雷射輸出時，加工平台又移動了一段距離，此時再次將光罩上二維圖形疊加光刻在材料上，如此經過一連串程序設定之連續光刻，結果使得光罩上透光區域在前端的地方被光刻的深度較深，透光區域較後端的地方光刻深度相對較淺，所以形成三維結構的微光學元件。

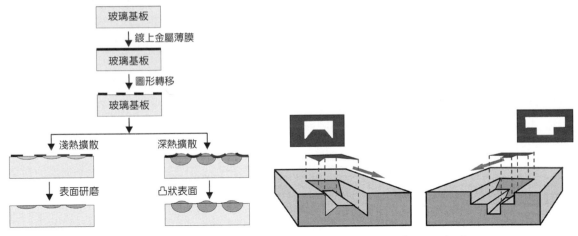

圖 17.47 使用離子交換法製作折射率梯度型微透鏡流程圖。　圖 17.48 雷射拖拉光刻製程示意圖。

(5) 點膠滴置製程

點膠滴置 (droplet) 的微光學元件製程之架構與流程如圖 17.49 所示，主要是由點膠機構與 XYZ 三維定位平台所構成，微透鏡材料為負型光阻劑或 UV 感光劑。點膠機構是利用氣壓將活塞針筒內的感光阻劑滴置於正下方的基板上，藉由氣壓、點膠時間、針孔直徑等參數的調整，控制負型光阻劑的滴出量。利用此技術成形的微光學元件陣列必須再經軟烤、UV 曝光、曝光後烘烤等步驟，使其交聯固化後，可製作出較簡易之微光學元件，其缺點為填充率較低，若再結合 LIGA 製程可完成量產模仁。

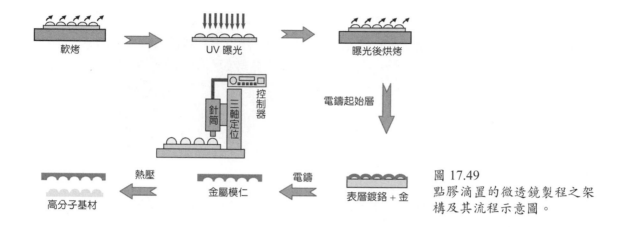

圖 17.49
點膠滴置的微透鏡製程之架構及其流程示意圖。

17.3.1.3 波導光學元件

　　近年來由於網路之快速發展，相對地帶動了通訊之高頻寬需求，未來在寬頻通訊的大量成長以及網際網路的蓬勃發展下，波導光學元件將深具市場潛力。因此對光通訊之光波導系統需求就格外迫切，而積體波導光學和光纖之光學元件則是此系統之基礎，這一類的波導光學元件包含如光纖、雷射、光偵測器、光調變器 (modulator)、光開關 (optical switch) 及波長分波元件 (wave length demultiplexer, WDM) 等。而波導光學元件目前所發展出來的製程大多使用半導體製程，其差別除了基材不同外，傳導光波的核心層 (core) 及包覆層 (cladding) 也有分為有機材質與無機材質。

17.3.1.4 次波長繞射光學元件

　　近年來由於半導體製程技術的進步，使得元件的加工線寬已經可以達到小於波長的等級，當光學元件的加工線寬小於波長，其物理現象會有一些改變，比較常見的應用是次波長光柵，該應用可以用於元件表面的高穿透或是高反射的現象，對於不同的偏極光也可控制其穿透率與反射率，通稱為零級繞射現象[34,35]，如圖 17.50 所示。可利用嚴格耦合波理論進行模擬與設計，並以上述的零級繞射現象為理論基礎，進行設計抗反射結構之次波長繞射元件，使光學材料表層無需進行多層膜抗反射製程，即可達到幾近於 99% 之穿透效率，而且對入射角度不敏感，這是多層膜抗反射製程技術很難達到的功能。CO_2 高功率雷射系統常使用之透鏡材料，其穿透光譜大約只有 75%，如圖 17.51(a) 所示，筆者設計一款表面改質之次波長繞射結構後，無需進行多層膜抗反射鍍膜，其穿透率可高達到 98.9% (@10.64 μm)，如圖 17.51(b) 所示。不僅入射頻寬大，而且入射角範圍可擴大至 ±30 度，穿透效率高於 95%，換言之此結構對於入射波長及入射角皆不敏感，參考圖 17.52 所示。

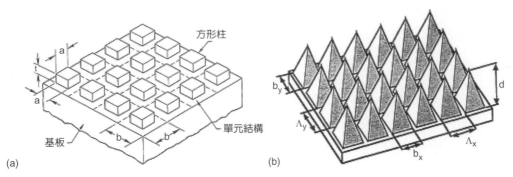

(a)

(b)

圖 17.50 當光學元件的加工線寬小於波長，(a) 柱狀陣列結構 (pillar array)，(b) 金字塔陣列結構 (pyramid array)；元件表面的高穿透或是高反射的現象，甚至是對不同的極化光有不同的穿透與反射率，通稱為零級繞射現象[35,36]。

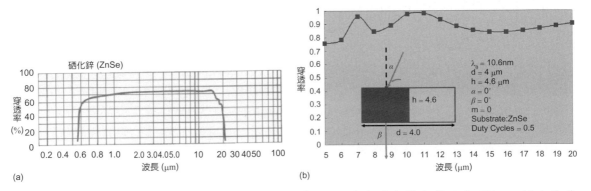

(a)

(b)

圖 17.51 CO_2 高功率雷射系統常使用之透鏡材料，(a) 其穿透光譜大約只有 75%，經次波長繞射結構表面改質後，無需進行多層膜抗反射鍍膜，其穿透率即可高達 98.9% (@10.64 μm)，(b) 其最優化設計後之抗反射次波長繞射元件的效率分析圖。

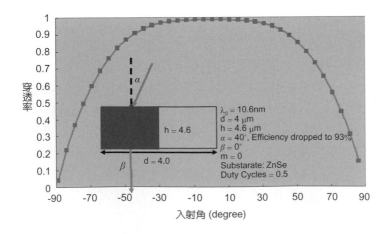

圖 17.52
CO_2 高功率雷射系統常使用之透鏡材料，表面經次波長繞射結構後，入射角範圍可擴大至 ±30 度，穿透效率維持在 95% 以上。

17.3.2 應用趨勢

在光學系統中嵌入微小光學元件，已經是普遍的技術且廣泛地被應用在各種領域。由於奈／微米加工技術製作之表面浮雕光學元件具有重量輕、造價低廉、複製容易之優點，且易於陣列化、微小化、積體化、任意波面變換等新穎功能，因而大量地應用於雷射微加工、光纖通訊技術、光計算、光連接、光資訊存取及生醫技術等眾多領域中。若將微光學元件的基本元素：微折射元件與繞射元件，重新組合排列後，可衍生出多種功能性微光學次系統元件[36]：(1) 複合式光學元件 (hybrid optical elements)、(2) 平面式積體光學元件 (planar optical elements)、(3) 堆疊式積體光學元件 (stacked optical elements)，如圖 17.53 所示。將上述三種功能之微光學元件，兩兩互相組合，重新組合排列後，可衍生出無數種創新功能之複合式微光學元件，例如繞射－折射、波導－折射、繞射－波導，或三種任意組合，折射－繞射－折射、繞射－折射－繞射及波導－繞射－折射等，組合成各種複合式微光學元件。

17.3.2.1 複合式微光學元件的應用趨勢

1977 年 Sweatt 提出在一個平面或球面折射透鏡上製作非常薄的 Fresnel 繞射元件 (即所謂的 kinoform 結構) 的理論，稱爲 Sweatt 模型，該理論須假設在折射透鏡表面形成一個厚度很薄 (與入射波長相比較)，而且具有龐大折射率 (huge index of refraction)，通常大於 $10^3 - 10^4$ 或趨近於無窮大的超薄相位披覆 (thin phase screen)[37]。由於該模擬須假設一個具有極大折射率的薄膜，當利用現有之光學設計套裝軟體優化設計時，所得的結果精確度低且可靠度不佳[38]。

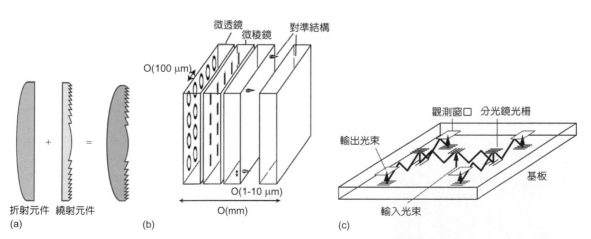

圖 17.53 各類型微光學元件重新組合排列後，可衍生出多種複合功能之微光學次系統元件：(a) 複合式微光學元件、(b) 堆疊式微光學元件、(c) 平面式微光學元件[22]。

傳統的折射式微光學系統爲了提高成像品質與消除各種像差，大都由折射式微透鏡所組合而成。一種由非球面與多種繞射曲面結構所組合而成的所謂繞／折射微光學元件 (diffractive/refractive micro optical element, DRMOE) 或稱爲複合型微光學元件 (hybrid micro-optics)，如圖 17.54 所示，此種元件具有傳統微折射元件的功能，如透鏡、面鏡、稜鏡等，又擁有微繞射元件的特殊性能，如 HOE、DOEs、CGH (computer-generated holograms)、微繞射光柵等；整體上，複合型微光學具有消除各類像差與完美成像品質外，如圖 17.54(a) 所示，還有多波長多焦點 (如 DVD 雙焦點讀寫頭[39]，如圖 17.54(b) 所示) 與減少光學系統的透鏡數等多種功能。該複合透鏡巨觀而言，是由雙凸／凹、凹凸或平凸／凹非球面所形成，而微觀時，其中之一折射面是由許多繞著光軸的同心環帶所組成之繞射結構 (kinoform)，其主要功能是使高階的繞射光束具有較短的焦距或消除特定色差等，這種複合透鏡可廣泛應用於手機相機鏡頭、微型數位／傳統相機鏡頭、微型投影機鏡頭系統與 DVD/R/RW、CD-R/RW/ROM 或 MO 等光碟機之讀寫頭上。圖 17.55 所示爲國研院儀器科技研究中心於 2005 年所完成開發之複合式繞／折結構手機取像透鏡之超精密加工製程品，其爲 30 萬與 130 萬畫素共用鏡頭組 (兩片元件)其中之複合式繞射／折結構元件實體圖，其面精度 (*Rt*) 約 0.2748、粗糙度 (*Ra*) 約 0.0108。

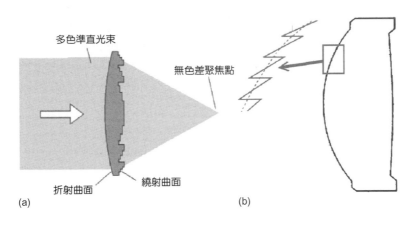

(a)　　　　　　　　　　　　　　(b)

圖 17.54
繞／折射複合型透鏡三種類型的元件與系統示意圖：(a) 消色差複合透鏡，(b) 雙焦點 DVD 讀寫頭複合型物鏡[40]。

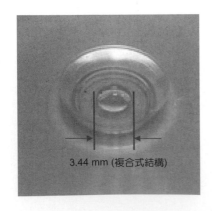

3.44 mm (複合式結構)

圖 17.55
國研院儀器科技研究中心所完成開發之複合式繞／折結構手機取像透鏡之超精密加工製程品。

另一種是利用諧振繞射元件理論中的相位匹配 Fresnel 元件法 (phase-matched Fresnel elements, PMFEs)[40] 設計複合奈米結構透鏡，使其具備對熱不敏感的消熱差或無熱輻射 (athermal) 繞／折射複合透鏡[36,41]，如圖 17.56 所示。此案例利用離子束聚焦研磨機 (focused-ion-beam milling, MIBM) 在 BK7 玻璃上製作出複合奈米結構透鏡，如圖 17.57 所示。此複合透鏡表面輪廓的誤差對元件的焦點位置並不敏感。繞射元件環帶的寬度與深度及折射元件的球面曲率的製程誤差，相較於溫度對材料之膨脹率對整體效率之影響而言更深遠。尤其是後者，相較於溫度的變動，其對焦距的改變有較大的影響。因此經由上述的實驗也證實在元件平面處的入射光場假設為平面波是可行的，故此設計方法也適用於製作整合微透鏡、微柱狀透鏡、微橢圓透鏡等。

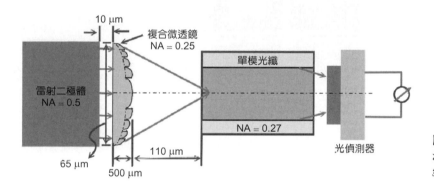

圖 17.56
消熱差繞／折射複合透鏡
結構示意圖[41]。

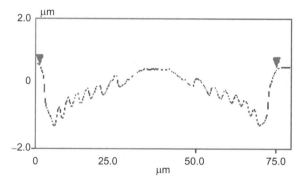

圖 17.57
利用離子聚焦蝕刻機在 BK7 玻璃上製作複合透鏡，並經由原子力顯微鏡測量其表面輪廓[41]。

17.3.2.2 微光學元件與系統應用趨勢

(1) 雷射系統光束整形器

　　設計應用於雷射加工方面的光束整形元件 (將高斯光束整形成均勻台階光束)，如圖 17.58(a) 所示，最近經常於出現於各類期刊上，從早期 (1981 年) 利用全像濾光片到目前使用單片或雙片式 DOEs 來整形雷射光束等，多年來此課題一直有學者不斷地在研究與改良。雷射加工系統中最重要器件之一的光束平頂整形器或稱光束均勻器 (更常應用於非同調光源如 LED)，若使用折射元件，通常必須使用數片光學玻璃，有時必須選擇不同折射率之光學材質才能設計出來，針對此問題，一新穎設計觀念，無需使用多片數光學玻璃和多種光學材質，只需一片光學材料，即可達成上述之功能。其免除雷射加工系統多種元件組裝與對準的困難，以及元件老化或污損時更換容易，容易維護清潔及降低成本，如圖 17.58(b) 所示。圖 17.59 爲方形平頂光場整形器的繞射元件及完成蝕刻後之表面輪廓檢測分析圖形。

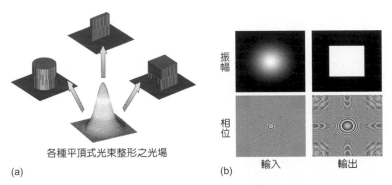

圖 17.58 雷射系統光束整形器應用於各種平頂式光束整形之光場分布示意圖：(a) 線形、圓形、方形等平頂式光束整形之光場示意圖，(b) 以方形平頂光場整形器之設計爲例，展示其輸入與輸出光場之振幅與相位分布狀況。

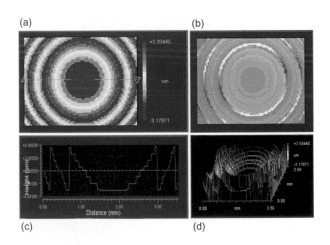

圖 17.59
以方形平頂光場整形器之設計爲例，繞射元件完成蝕刻後之 (a) Zygo 表面輪廓檢測分析圖形、(b) 顯微鏡觀測圖形結果、(c) Zygo 輪廓儀所分析出之 2D 表面輪廓結構與 (d) Zygo 輪廓儀所分析出之 3D 表面輪廓結構。

(2) 生醫晶片

　　近年來，生醫晶片或生醫微系統晶片之研究隨著微機電系統技術發展而大行其道，其將多種生化反應過程縮至一微小晶片上，具有所需樣品量大幅減少、節省昂貴試劑與降低實驗成本等優勢。因此，近年來如陣列式生醫晶片、微流體生醫晶片或微全分析系

統 (micro total analysis system, μ-TAS) 等各種晶片已經逐步地在文獻上發表。然而，生醫 (系統) 晶片大都必須經由特定之檢測系統加以讀取，而該類儀器除了昂貴外，體形龐大、管理與操作等皆很複雜，無庸置疑的更難實現其可攜性，檢測成本相對提高。因此，學術與工業上經常利用微光學元件與微機電製程技術來設計此類微型之微光電系統，如雷射誘導螢光 (laser induced fluorescence, LIF) 的微光學螢光檢測系統[42]，如圖 17.60 所示。微光學螢光檢測系統之三種微光學系統光學追蹤設計架構：(a) 兩層式雙柱狀微透鏡，光源採用正向入射；(b) 單層式三柱狀微透鏡，光源採用斜向入射；(c) 單層式單柱狀微透鏡，光源採用正向入射加金屬擋板。該系統能維持甚至超越傳統 LIF 檢測系統性能，尤其在避開入射光所造成之光害的設計上頗有獨到之見解，與可拋式生醫晶片搭配後，在成本、可攜之功能或是使用方便性等都能更具優勢。另一類被譽為比人類基因解碼更偉大之貢獻為繞射式圖形產生器應用於雷射光學鉗系統[43]，該系統使用繞射式圖形產生器將一束雷射光繞射成所設計之圖樣分布於雷射光學鉗系統的焦平面上，如圖 17.61 所示，使傳統的雷射光學鉗只能處理一顆細胞 (物質)，轉而變成陣列式數百、數千、數萬或更多光點的平行處理方式，對於人類生醫工程有顯著之貢獻。

17.3.3 結論

　　研究微米、奈米級尺寸之光學元件的設計與製程一般泛稱為微光學技術。利用此類技術可以進行光束的發射、傳收、調變等，因而大量地應用在現有之光電系統中。由於這種微小光學元件重量輕、複製容易，加上奈 / 微米加工技術的進步，因此很容易將微光學元件或系統予以陣列化、積體化，目前微光學工程技術在雷射微加工、光纖通訊技術、光計算、光連接、光資訊存取、生醫技術等領域中，已經扮演舉足輕重之角色。

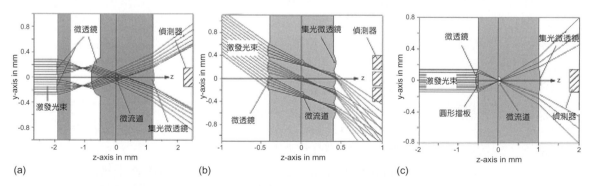

圖 17.60 微光學螢光檢測系統之三種微光學系統光學追蹤設計示意圖，(a) 兩層式雙柱狀微透鏡，
　　　　 正向入射；(b) 單層式三柱狀微透鏡，斜向入射；(c) 單層式單柱狀微透鏡，正向入射加金
　　　　 屬擋板[43]。

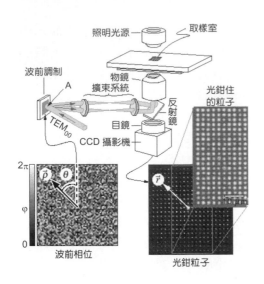

圖 17.61
利用繞射式圖形產生器應用於雷射光學鉗系統實驗的系統示意圖[44]。

17.4 結語

本章報告了光學元件的目前發展方向，這些方向不外乎縮小光學元件和系統的體積及提高成像品質。其中負折射率元件尚在發展階段，光子晶體和繞射元件已被使用在部分光學系統中；例如在熱成像系統 (thermal imaging system) 中，繞射元件已被成功使用在消除色像差、減少系統體積和降低成本；光子晶體技術在光通訊和提高 LED 發光率上已有明顯成效，目前國內在一維光子晶體技術上已可提升至 30% 左右的效率，而二維光子晶體技術也在積極開發，估計二維晶體技術在 LED 光效率的提升可數倍於一維光子晶體技術。干涉法是產生二維光子晶體微圖案最經濟與快速的方法，但干涉法的穩定度要求非常嚴苛，目前並無商業化產品，設備的開發有必要提前展開。

近年來由於半導體雷射的快速發展，不論在可見光和近紅外光雷射均有不錯的表現。其中近紅外光陣列半導體雷射的一個雷射發射源 (emitter) 就有數瓦特的輸出功率，其相關應用也就越來越多。除了在數位印刷 (digital printing)、焊接 (welding) 和打標 (marking) 外，半導體雷射投影電視機的開發也已展開，這些相關的光學設計與零組件開發也將是未來發展的重要課題。在半導體光學系統中採用了一些非傳統的光學零組件，例如非球面柱面陣列透鏡組 (aspherical cylindrical lens array)、非線性晶體、柱面透鏡和柱面鏡，這些光學元件在國內光學產業是較少被重視的一環，其相關之生產和檢測技術應提早準備，以因應未來半導體相關產業的大量需求。

液態和液晶光學透鏡 (liquid lens 和 liquid crystal lens) 在本章中並未被提及，但目前這兩種技術均在積極發展中。液態透鏡是比較成熟的技術，其由兩種不同折射率的液體置於玻璃容器中，兩種液體的折射率差在小數點第二位，液體導電後，厚度會隨著設定值沿垂直光軸方向改變，使得兩種液體產生透鏡的功能，其焦距變化約由 –200 mm 到 +50 mm。目前液態透鏡的缺點在於穩定度和焦距變化範圍的限制，不過這些缺點應該遲

第 17.4 節作者為薛新國先生。

早會被解決。液晶透鏡不同於液態透鏡，液態透鏡是藉由改變兩種不同折射率的曲率變化來改變焦距，液晶透鏡則是以改變液晶的折射率來達到變化透鏡焦距的目的，液晶透鏡的折射率改變範圍可達 0.25，但液體的厚度和折射率的變化量會影響反應速度，有限的厚度限制了液晶透鏡的發展。目前液晶透鏡的進度落後於液態透鏡，但藉由國內在液晶技術的潛力，相信會有解決方案。

除了以上介紹的先進光學元件外，對於傳統光學元件的品質要求也將更為嚴苛。例如以藍光雷射為光源的高容量儲存系統，其波長約為可見光的一半，所以其光學元件品質要求也將提升百分之五十，目前以紅綠光為檢測標準的設備將不適用，必須升級以因應發展趨勢。

光電科技日新月異，伴隨的光學元件也不斷推陳出新。台灣在許多領域都有很好的表現，但因應未來的挑戰，基礎研究是不可或缺。在這方面，學術界與業界必須充分配合以面對未來的挑戰。

參考文獻

1. V. G. Veselage, *Sov. Phys.-Usp.*, **10**, 509 (1968).

2. J. B. Pendry, A. J. Holden, W. J. Stewart, and I. Youngs, *Phys. Rev. Lett.*, **76**, 4773 (1996).

3. J. B. Pendry, A. J. Holden, D. J. Robbins, and W. J. Stewart, *IEEE Trans. Microwave Theory Tech.*, **47**, 2075 (1999).

4. J. B. Pendry, *Phys. Rev. Lett.*, **85**, 3966 (2000).

5. R. A. Shelby, D. R. Smith, and S. Schultz, *Science*, **292**, 77 (2001).

6. D. R. Smith, S. Schultz, P. Markos, and C. M. Soukoulis, *Phys. Rev. B*, **65**, 195104 (2002).

7. E. Ozbay, K. Aydin, E. Cubukcu, and M. Bayindir, *IEEE Trans. Antennas Propagation*, **51**, 2592 (2003).

8. E. Yablonovitch, *Phys. Rev. Lett.*, **58**, 2059 (1987).

9. S. John, *Phys. Rev. Lett.*, **58**, 2486 (1987).

10. J. N. Winn, *et al.*, *Opt. Letters*, **23** (20), 1573 (1998).

11. H.-Y. Lee and T. Yao, *J. of Appl. Phys.*, **93** (2), 819 (2003).

12. Y. Fink, J. N. Winn, S. Fan, C. Chen, J. Michel, J. D. Joannopoous, and E. L. Thomas, *Science*, **282**, 1679 (1998).

13. http://www.omni-guide.com/

14. H. Kosaka, *et. al.*, *Appl. Phys. Letts.*, **74** (10), 1370 (1999).

15. M. Gerken, Ph.D. dissertation, "Wavelength multiplexing by spatial beam shifting in multilayer thin film structures", March 2003, EE of Stanford university.

16. C. Ting, *et al.*, *J. Vac. Sci. Tech.*, **15**, 1105 (1978).

17. S. Kawakami, *Elec. Lett.*, **33** (14), 1260 (1997).

18. Y. Ohtera, *et al.*, *Elec. Letts.*, **35** (15), 1271 (1999).

19. Y. Ohtera, *et al.*, *Opt. Eng.*, **43** (5), 1022 (2004).

20. http://www.photonic-lattice.com/

21. W. B. Veldkamp, *SPIE*, **1544**, 287 (1991).

22. S. Sinzinger and J. Jahns, *Microoptics*, Verlag GmbH: Wiley-Vch (1999).

23. W. B. Veldkamp and T. J. McHugh, *Scientific American*, **266** (5), 92 (1992).

24. G. P. Behrmann and M. T. Duignan, *Applied Optics*, **36** (20),4666 (1997).

25. X. Wang, J. R, Leger, and R. H. Rediker, *Applied Optics*, **36** (20), 4660 (1997).

26. F. H. H. Lin, *et al.*, *SPIE*, **3511**, 35 (1998).

27. W. Daschner, M. Larsson, and S. H. Lee, *Applied Optics*, **34** (14), 2534 (1995)

28. W. Daschner, P. Long, R. Stein, C. Wu, and S. H. Lee, *Applied Optics*, **36** (20), 4675 (1997).

29. M. R. Wang and H. Su, *Applied Optics*, **37**, 7568 (1998).

30. B. P. Keyworth, D. J. McMullin, and L. Mabbott, *Applied Optics*, **36** (10), 2198 (1997).

31. N. F. Borrelli, *Microoptics Technology*, New York: Marcel Dekker (1999).

32. 西澤紘一, 光技術コンタクト, **35** (6), 79 (1997).

33. D. L. MacFarlane, V. Narayan, J. A. Tatum, W. R. Cox, T. Chen, and D. J. Hayes, *35. IEEE Photonics Technology Letters*, **6** (9), 1112 (1994).

34. M. E. Motamedi, W. H. Southwell, and W. J. Gunning, *Applied Optics*, **31** (22), 4371 (1992).

35. D. H. Raguin and G. M. Morris, *Applied Optics*, **32** (7), 1154 (1993).

36. H. P. Herzig, *Micro-Optics: Elements, Systems and Applications*, Taylor & Francis (1997).

37. W. C. Sweatt, *J. Opt. Soc. Am. A*, **67** (6), 803 (1977).

38. L. N. Harza, *et al.*, *Opt. Comm.*, **117**, 31(1995).

39. K. Maruyama and J. Kamikubo, United States Patent, 5838496 (1998).

40. R. E. Kunz and M. Rossi, *Opt. Commun.*, **97**, 6 (1993).

41. Y.-Q. Fu and N. K. A. Bryan, *Applied Optics*, **40** (32), 5872 (2001).

42. J. C. Roulet, R. Volkel, H. P. Herzig, E. Verpoorte, N. F. de Rooij, and R. Dandliker, *Optical Engineering*, **40** (5), 814 (2001).

43. D. G. Grier, *Nature*, **424**, 810 (2003).

中文索引

英文索引

ENGLISH INDEX

光學元件精密製造與檢測

Precision Manufacturing & Inspection of Optical Components

發 行 人 / 蔡定平
發 行 所 / 財團法人國家實驗研究院儀器科技研究中心
　　　　　新竹市科學工業園區研發六路 20 號
　　　　　電話：03-5779911 轉 303、304
　　　　　傳眞：03-5789343
　　　　　網址：http://www.itrc.org.tw
編 　 輯 / 伍秀菁・汪若文・林美吟
美術編輯 / 吳振勇

初 　 版 / 中華民國九十六年五月
初版二印 / 中華民國九十九年三月
行政院新聞局出版事業登記證局版臺業字第 2661 號

定 　 價 / 精裝本　新台幣 980 元
　　　　　平裝本　新台幣 850 元
郵撥戶號 / 00173431 財團法人國家實驗研究院儀器科技研究中心

打 　 字 / 玩藝創意有限公司 03-6669999
印 　 刷 / 友旺彩印股份有限公司 037-580926

ISBN 978-986-81409-3-6 (精裝)
ISBN 978-986-81409-2-9 (平裝)

國家圖書館出版品預行編目資料

光學元件精密製造與檢測 = Precision
manufacturing & inspection of optical
components / 伍秀菁, 汪若文, 林美吟編輯.
-- 初版. -- 新竹市：國研院儀器科技研究
中心， 民96
　　面；　　公分
含參考書目及索引
ISBN 978-986-81409-2-9 (平裝). -- ISBN
978-986-81409-3-6 (精裝)

1.　光學　2.　光學－材料　3.　光學檢測

336　　　　　　　　　　　　96006598